数据库原理

及新技术研究

主　编　郑晓霞　孙　亮　张　浩
副主编　岳　园　麻兴东　王　亚　姚　林

SHUJUKU YUANLI
JI XINJISHU YANJIU

中国水利水电出版社
www.waterpub.com.cn

内 容 提 要

本书对数据库理论、方法及新型数据库技术等知识进行阐述，内容涉及数据模型、系统结构、研究领域、关系模型及关系操作、SQL语言基础及数据库操纵功能、关系数据的查询优化、关系数据规范化理论、数据库安全、恢复及并发控制技术等，同时还对一些新型数据库技术进行了讨论，包括XML数据管理、实时数据库、多媒体数据库、移动对象数据库、时态数据库、空间数据库、主动数据库、数据挖掘等。

本书内容丰富、取材先进、文字表述简单扼要，是一本比较适合数据库领域研究爱好者的实用性强的学术著作类图书，同时对相关领域的研究人员也是一本颇为有益的参考书。

图书在版编目（CIP）数据

数据库原理及新技术研究 / 郑晓霞，孙亮，张浩主编. -- 北京 : 中国水利水电出版社，2015.2（2022.10重印）
ISBN 978-7-5170-2986-1

Ⅰ. ①数… Ⅱ. ①郑… ②孙… ③张… Ⅲ. ①数据库系统—研究 Ⅳ. ①TP311.13

中国版本图书馆CIP数据核字(2015)第038875号

策划编辑:杨庆川　责任编辑:陈　洁　封面设计:崔　蕾

书　名	数据库原理及新技术研究
作　者	主　编　郑晓霞　孙　亮　张　浩
	副主编　岳　园　麻兴东　王　亚　姚　林
出版发行	中国水利水电出版社
	(北京市海淀区玉渊潭南路1号D座 100038)
	网址:www.waterpub.com.cn
	E-mail:mchannel@263.net(万水)
	sales@mwr.gov.cn
	电话:(010)68545888(营销中心)、82562819(万水)
经　售	北京科水图书销售有限公司
	电话:(010)63202643、68545874
	全国各地新华书店和相关出版物销售网点
排　版	北京鑫海胜蓝数码科技有限公司
印　刷	三河市人民印务有限公司
规　格	184mm×260mm　16开本　26.25印张　672千字
版　次	2015年7月第1版　2022年10月第2次印刷
印　数	3001-4001册
定　价	89.00元

前　　言

数据库技术是计算机科学技术中发展最快的领域之一，也是现代信息社会必不可少的重要技术，它在各行各业均有广泛应用。随着数据库与信息技术的发展，数据量急剧增加，各种信息系统应运而生。这些信息系统大多数都是以数据库为后台技术支撑，借助于当前数据库领域的新技术和工具对复杂的数据进行保存和管理。随着各行各业信息化进程的加快，人们更加认识到数据库在信息化社会中信息资源管理与开发利用的重要性。可以说，数据库的应用水平已成为衡量一个部门或一个企业信息化程度的重要标志。

近年来，为了支持现代工程应用，人们开始将数据库技术与其他现代信息/数据处理技术、数据库技术与网络通信技术、面向对象技术、多媒体技术、人工智能等技术相互渗透、结合，这也逐步成为数据库新技术发展的主要特征，最终形成了新一代数据库技术体系。考虑到数据库技术的内容十分丰富，涉及的相关知识领域又十分广泛，我们本着了解最新发展动态，掌握成熟应用开发技术的指导思想来规划和设计了本书内容。

本书分为15章，对数据库理论、方法及新型数据库技术等知识进行阐述，其中第1～7章讨论了数据库的相关理论，包括数据库的发展、数据模型、数据库系统结构、数据库的研究领域、关系模型及关系操作、SQL语言基础及数据库操纵功能、关系数据的查询优化、关系数据规范化理论、数据库的安全性与完整性、数据库系统的恢复和并发控制技术等；第8～15章讨论了一些新型数据库技术，涉及XML数据管理技术、实时数据库技术、多媒体数据库技术、移动对象数据库技术、时态数据库技术、空间数据库技术、主动数据库技术、数据挖掘技术，这些数据库技术都处于研究的前沿，由于其诱人的应用前景，多年来一直是国内外数据库学者关注的焦点。其中，一部分数据库技术已经十分成熟，在应用领域中取得较大的进展；另一部分则至今仍处于研究或实验阶段，并没有完善的商品化产品问世。

全书由郑晓霞、孙亮、张浩担任主编，岳园、麻兴东、王亚、姚林担任副主编，并由郑晓霞、孙亮、张浩负责统稿，具体分工如下：

第9章、第12章～第14章：郑晓霞（集宁师范学院）；

第1章、第2章、第11章：孙亮（兰州文理学院）；

第3章、第7章：张浩（商洛学院）；

第4章、第8章：岳园（西北民族大学）；

第6章、第15章：麻兴东（海南科技职业学院信息工程学院）；

第10章：王亚（许昌学院）；

第5章：姚林（许昌学院）。

在本书出版之际，特别感谢学院领导的鼓励和支持。同时，本书的出版还得到了中国水利水电出版社编辑的大力支持和帮助，在此表示由衷的感谢。另外，本书在编写过程中，参考了大量有价值的文献与资料，吸取了许多人的宝贵经验，在此向这些文献的作者表示敬意。

限于编者学识水平、时间仓促，加之新技术层出不穷，本书中的疏漏和错误在所难免，恳请各位专家同仁和广大读者予以批评指正。

编　者

2014 年 12 月

目　　录

第1章　导　论

当前，数据库技术已经在各行各业得到了广泛的应用，成为存储、使用和更新信息资料的主要手段，从小型单项事务处理系统到大型信息系统，从联机事务处理到联机分析处理，从一般企业管理到计算机辅助设计与制造、计算机集成制造系统、办公信息系统、地理信息系统等，越来越多新的应用领域采用数据库存储并处理信息资源，产生了巨大的经济效益和社会效益。数据库的建设规模、数据库信息量的大小和使用频度已成为一个国家、一个地区、一个单位信息化程度的重要标志。

1.1　数据管理技术的产生和发展

数据管理是指如何对数据进行分类、组织、编码、存储、检索和维护，是数据处理的中心问题。随着计算机硬件和软件的发展，数据管理经历了人工管理、文件系统、数据库系统三个初级阶段和高级数据库阶段。数据库的初级阶段的比较如表 1-1 所示。

表 1-1　数据管理三个初级阶段的比较

项目＼阶段		人工管理阶段	文件系统阶段	数据库系统阶段
背景	应用背景	科学计算	科学计算、管理	大规模管理
	硬件背景	无直接存储设备	磁盘、磁鼓	大容量磁盘有数据库管理系统
	软件背景	没有操作系统	有文件系统	有数据库管理系统
	处理方式	批处理	联机实时处理、批处理	联机实时处理、分布处理、批处理
特点	数据的管理者	人	文件系统	数据库管理系统
	数据面向的对象	某一应用程序	某一应用程序	现实世界
	数据的共享程度	无共享、冗余度极大	共享性差、冗余度大	共享性高、冗余度小
	数据的独立性	不独立、完全依赖于应用程序	独立性差	具有高度物理独立性和一定的逻辑独立性
	数据的结构化	无结构	记录内有结构、整体无结构	整体结构化，用数据模型描述
	数据的控制能力	应用程序自己控制	应用程序自己控制	由数据库管理系统提供数据安全性、完整性、并发控制和恢复能力

1.1.1　人工管理阶段

20 世纪 50 年代中期以前，计算机主要用于科学计算。当时的硬件状况是，外存只有纸带、卡片、磁带，没有磁盘等直接存取的存储设备；软件状况是，没有操作系统，没有管理数据的专门软件；数据处理方式是批处理。人工管理数据具有如下特点：

(1)数据不保存

由于当时计算机主要用于科学计算，一般不需要将数据长期保存，只是在计算某一课题时将数据输入，用完就撤走。不仅对用户数据如此处置，对系统软件有时也是这样。

(2)应用程序管理数据

数据需要由应用程序自己设计、说明(定义)和管理，没有相应的软件系统负责数据的管理工作。应用程序中不仅要规定数据的逻辑结构，而且要设计物理结构，包括存储结构、存取方法、输入方式等。因此程序员负担很重。

(3)数据不共享

数据是面向应用程序的，一组数据只能对应一个程序。当多个应用程序涉及某些相同的数据时，必须各自定义，无法互相利用、互相参照，因此程序与程序之间有大量的冗余数据。

(4)数据不具有独立性

数据的逻辑结构或物理结构发生变化后，必须对应用程序做相应的修改，这就加重了程序员的负担。

在人工管理阶段，程序与数据之间的一一对应关系可用图 1-1 表示。

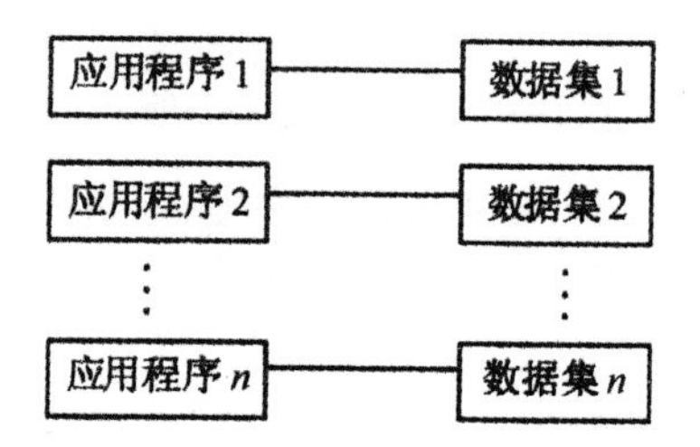

图 1-1　人工管理阶段应用程序与数据之间的对应关系

1.1.2　文件系统阶段

从 20 世纪 50 年代后期到 60 年代中期，计算机应用领域拓宽，不仅用于科学计算，还大量用于数据管理。这一阶段的数据管理水平进入到文件系统阶段。在文件系统阶段，计算机外存储器有了磁盘、磁鼓等直接存取的存储设备；计算机软件的操作系统中已经有了专门的管理数据的软件，即所谓的文件系统。文件系统的处理方式不仅有文件批处理方式，而且还能够联机进行实时处理。有了文件系统，数据的增、删、改等操作都变得比较轻松，更重要的是数据的复制变得相当容易，使数据可以反复使用。程序员在免除了数据管理工作以后，不仅可以专心从事其他更有意义的工作，而且减少了错误。

文件管理方式本质上是把数据组织成文件形式存储在磁盘上。文件是操作系统管理数据的基本单位。文件可以命名，通过文件名以记录为单位存取数据，不必关心数据的存储位置。由于文件是根据数据所代表的意义进行组织的，所以文件能反映现实世界的事物。

显然，数据组织成文件后，逻辑关系非常明确，使数据处理真正体现为信息处理，按名存取数据，既形象，又方便。由于有了直接存取存储设备，所以文件可以组织成多种形式，如顺序文件、索引文件等，从而对文件中的记录可以顺序访问，也可以随机访问。

以文件方式管理数据是数据管理的一大进步，即使是数据库方式也是在文件系统基础上发展起来的。这一阶段数据管理的特点如下：

(1)数据需要长期保留在外存上供反复使用

由于计算机大量用于数据处理，经常对文件进行查询、修改、插入和删除等操作，所以数据需要长期保留，以便反复操作。

(2)程序和数据之间有了一定的独立性

操作系统提供了文件管理功能和访问文件的存取方法，程序和数据之间有了数据存取的接口，程序可以通过文件名直接存取数据，不必再寻找数据的物理存放位置。至此，数据有了物理结构和逻辑结构的区别，但此时程序和数据之间的独立性还不够充分。

(3)文件的形式已经多样化

由于已经有了直接存取的存储设备，文件也就不再局限于顺序文件，出现了索引文件、链表文件等。因此，对文件的访问可以是顺序访问，也可以是直接访问。

(4)数据的存取基本以记录为单位

文件系统是以文件、记录和数据项的结构组织数据的。文件系统的基本数据存取单位是记录，即文件系统按记录进行读/写操作。在文件系统中，只有通过对整条记录的读取操作，才能获得其中数据项的信息，而不能直接对记录中的数据项进行数据存取操作。

文件系统阶段程序和数据之间的关系如图1-2示。

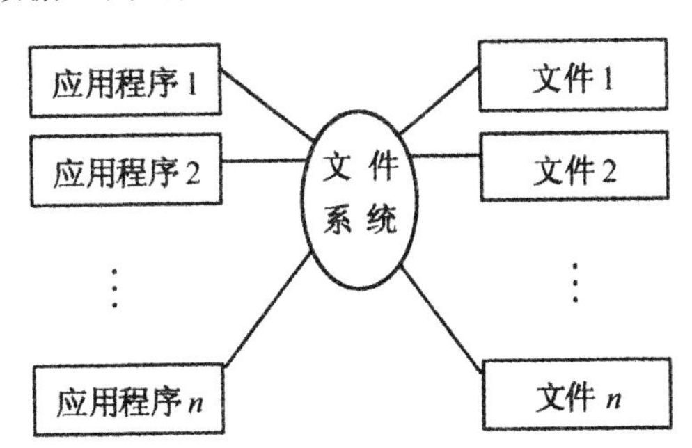

图1-2　文件系统阶段程序和数据之间的关系

由图1-2可以看出，文件系统中的数据和程序虽然具有一定的独立性，但还很不充分，每个文件仍然对应于一个应用程序，数据还是面向应用的。要想对现有的数据再增加一些新的应用非常困难，且系统不易扩充，一旦数据的逻辑结构发生改变，必须修改应用程序。并且，各个文件之间是孤立的，不能反映现实世界事物之间的内在联系，各个不同应用程序之间也不能共享相同的数据，从而造成数据冗余度大，且容易产生相同数据。

1.1.3　数据库系统阶段

传统的文件管理存在的许多问题终于在20世纪60年代末得到解决。这时进入了数据处理、管理和分析阶段。从计算机硬件技术来看，开始出现了具有数百兆字节容量、价格低廉的磁盘。从软件技术来看，操作系统已经开始成熟，程序设计语言的功能更加强大，操作和使用更加方便。这些硬件和软件技术为数据库技术的发展提供了良好的物质基础。从现实需求来看，数据量急剧增加，对数据的管理和分析需求力度加大。

标志传统的文件管理数据阶段向现代的数据库管理系统阶段转变的三件大事是：

1)1968年，IBM公司推出了商品化的基于层次模型的IMS(Information Management System,信息管理系统)系统。IMS 系统是一种宿主语言系统。某种宿主语言加上数据操纵语言就组成了 IMS 的应用系统。

2)1969 年,美国 CODASYL(Conference On Data System Language,数据系统语言队商会)组织下属的 DBTG(DataBase Task Group,数据库任务组)发布了一系列研究数据库方法的 DBTG 报告,该报告奠定了网状数据模型的基础。

3)1970 年,IBM 公司的研究人员 E. F. Codd 连续发表论文,提出了关系模型,奠定了关系型数据库管理系统的基础。目前,广为流行的关系型数据库系统的理论基础依然是关系理论。

面向数据库系统的数据管理阶段又被称为数据库管理系统阶段。数据库管理系统克服了传统的文件管理方式的缺陷,提高了数据的一致性、完整性并减少了数据冗余。典型的现代数据库系统处理数据的方式如图 1-3 所示。在该数据管理方式中,许多应用程序可以在数据库管理系统的控制下共享数据库中的数据。

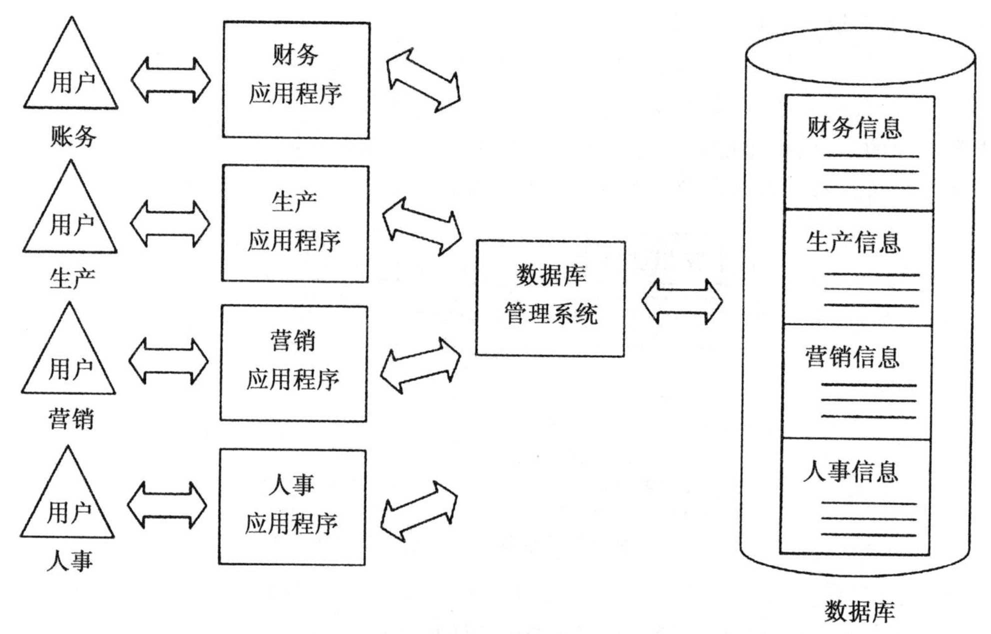

图 1-3 数据库系统处理数据方式示意图

与传统的文件管理阶段相比,现代的数据库管理系统阶段具有以下特点:

(1)使用复杂的数据模型表示结构

在这种系统中,数据模型不仅描述数据本身的特征,而且还要描述数据之间的联系。这种联系通过存取路径来实现。通过所有存取路径表示自然的数据联系是数据库系统与传统的文件系统之间的本质差别。这样,所要管理的数据不再面向特定的某个或某些应用,而是面向整个应用系统,从而极大降低了数据冗余性,实现了数据共享。

(2)具有很高的数据独立性

数据的逻辑结构与实际存储的物理结构之间的差别比较大。用户可以使用简单的逻辑结构来操作数据而无需考虑数据的物理结构,该操作方式依靠数据库系统的中间转换。在物理结构改变时,尽量不影响数据的逻辑结构和应用程序。这时,就认为数据达到了物理数据的独立性。

(3)为用户提供了方便的接口

在该数据库系统中,用户可以非常方便地使用查询语言,例如SQL(Structured Query Language,结构化查询语言)或实用程序命令操作数据库中的数据,也可以使用编程方式(例如在高级程序设计语言中嵌入查询语言)操作数据库。

(4)提供了完整的数据控制功能

这些功能包括并发性、完整性、可恢复性、安全性和审计性。并发性是允许多个用户或应用程序同时操纵数据库中的数据,而数据库依然保证为这些用广或应用程序提供正确的数据。完整性是始终包含正确的数据,例如通过定义完整性的规则使数据值可以限制在指定的范围内。可恢复性是指在数据库遭到破坏之后,系统有能力把数据库恢复到最近某个时刻的正确状态。安全性是指只有指定的用户才能使用数据库中的数据和执行允许的操作。审计性就是指系统可以自动记录所有对数据库系统和数据的操作,以便跟踪和审计数据库系统的所有操作。

(5)提高了系统的灵活性

对数据库中数据的操作既可以记录为单位,也可以以记录中的数据项为单位。例如,在SQL语言中,可以使用SELECT语句指定记录或记录中的数据项。

从文件系统发展到数据库系统是信息处理领域的一个重大变化。在文件系统阶段,人们对信息处理方式关心的中心问题是应用系统功能的设计,程序设计处于主导地位,数据只起着服从程序设计需要的作用。在数据库系统管理阶段,人们最关心的问题是数据结构的设计,它是整个数据库应用的核心,而数据库应用的设计则处于以既定的数据结构为基础的外围地位。

从数据库技术的发展过程和演变趋势来看,数据库系统本身也在不断发展,从最初的层次数据库系统、网状数据库系统,向关系型数据库系统、关系对象数据库系统、对象数据库系统发展。

1.1.4　高级数据库阶段

自20世纪80年代以来,以分布式数据库和面向对象数据库技术为代表,使数据管理技术进入了高级数据库阶段。此后,随着数据管理应用领域的不断扩大,如知识库、多媒体数据库、工程数据库、统计数据库、模糊数据库、主动数据库、空间数据库、并行数据库、面向对象数据库,以及数据仓库等新型数据库系统如雨后春笋般大量涌现,为数据管理和信息的共享与利用带来了极大的方便。

(1)分布式数据库系统

随着地理上分散的用户对数据共享的要求日益增强,以及计算机网络技术的发展,在传统的集中式数据库系统基础上产生和发展了分布式数据库系统。分布式数据库系统并不是简单地把集中式数据库安装在不同场地,用网络连接起来实现的(这是分散的数据库系统),而是具有自己的性质和特征。集中式数据库系统中的许多概念和技术,如数据独立性的概念,数据共享和减少冗余的控制策略,并发控制和事务恢复的概念及实现技术等,在分布式数据库中有了不同的、更加丰富的内容。

(2)面向对象数据库系统

尽管在数据处理领域中关系数据库的使用已相当普遍、相当出色。但是现实世界存在着许多具有更复杂数据结构的实际应用领域,如多媒体、多维表格数据和CAD(计算机辅助设计)数据等应用问题,需要更高级的数据库技术来表达,以便于管理、构造与维护大容量的持久数据,并使它们能与大型复杂程序紧密结合。而面向对象数据库正是适应这种形势发展起来的,它是面向对象的程序设计技术与数据库技术结合的产物。

面向对象数据库系统主要有以下两个特点。

1)面向对象数据模型能完整地描述现实世界的数据结构,能表达数据间的嵌套、递归的联系。

2)具有面向对象技术的封装性(把数据和操作定义在一起)和继承性(继承数据结构和操作)的特点,提高了软件的可重用性。

(3)各种新型的数据库系统

数据库技术是计算机软件领域的一个重要分支,经过三十余年的发展,已经形成相当规模的理论体系和实用技术。但受到相关学科和应用领域(如网络、多媒体等)的影响,数据库技术的研究并没有停滞,仍在不断发展,并出现许多新的分支。在数据模型方面,关系模型与面向对象模型并存,关系模型仍然为主流数据模型,将两者相结合而产生的关系-对象模型具有广宽的应用前景;在数据分布方面,集中式数据库与分布式数据库并存,分布式应用越来越广;在数据处理方式方面,出现了并行数据库且日益显示出其巨大的威力;在数据库外部连接方面,强调开放性、互联性和与 Internet 的连接,产生了 Web 数据库和许多与网络应用相关的新技术,使数据库的应用提高到一个新的阶段。

1.2 数据描述与数据模型

数据模型是数据库系统的核心和基础。数据库的发展集中表现在数据模型的发展。从最初的层次数据模型、网状数据模型发展到关系数据模型,数据库技术产生了巨大的飞跃。随着数据库应用领域的扩展,希望数据库管理的数据对象类型越来越多越来越复杂,传统的关系数据模型开始暴露出许多弱点,如对复杂对象的表示能力较差,语义表达能力较弱,缺乏灵活丰富的建模能力,对文本、时间、空间、声音、图像、视频、流数据、半结构化的 HTML 和 XML 等数据类型的处理能力差等。为此,人们提出并发展了许多新的数据模型。

1.2.1 数据与信息

当今信息化社会中的关键技术是信息技术(Information Technology,IT),而信息系统在信息技术中占有重要的地位,它是数据库技术最直接的应用领域。在信息技术领域,数据和信息是两个重要的基本概念,它们之间既有联系又有区别。

数据是数据库系统存储、处理和研究的对象,它是指描述客观事物的数、字符以及所有能输入计算机并被计算机程序处理的符号的集合。因此,在计算机科学技术中,数据的含义是十分广泛的,它不仅可以是数值,其他诸如字符、图形、图像乃至声音等都可以视为数据。数据集合中的每一个个体称为数据元素,它是数据的基本单位。

数据有“型”和“值”之分。数据的型是指数据的结构,而数据的值是指数据的具体取值。数据的结构指数据的内部构成和对外联系。

信息在管理和决策中起着主导作用,是管理和决策的依据,是一种重要的战略资源。在信息技术中,信息通常是指“经过加工而成为有一定的意义和价值且具有特定形式的数据,这种数据对信息的接收者的行为有一定的影响”。

信息具有以下一些基本特征：

1)时间性。即信息的价值与时间有关,它有一定的生存期,当信息的价值变为零时,则其生命结束。

2)事实性。即信息需是正确的、能够反映现实世界事物的客观事实,而不是虚假的或主观臆造的。

3)明了性。即信息中所含的知识能够被接收者所理解。

4)完整性。即信息需详细到足够的程度,以便信息的接收者能够得到所需要的完整信息。

5)多样性。即信息的定量化程度、聚合程度和表示方式等都是多样化的。可以是定量的也可以是定性的,可以是摘要的也可以是详细的,可以是文字的也可以是数字、表格、图形、图像、声音等表示形式。

6)共享性。即信息可以广泛地传播,为人们所共享。

7)模糊性。即由于客观事物的复杂性、人类掌握知识的有限性和对事物认识的相对性,信息往往具有一定的模糊性或不确定性。

由上可知,数据是信息的素材,是信息的载体;而信息则是对数据进行加工的结果,是对数据的解释,是数据的内涵。数据与信息的关系如图 1-4 所示。这里指出,尽管数据与信息的概念是有区别的,但在某些场合人们通常并不去严格地区分它们。

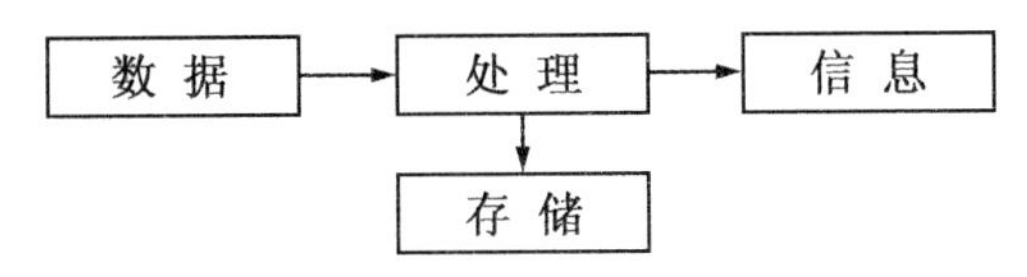

图 1-4　数据与信息的关系

数据库系统的每项操作,均是对数据进行某种处理。数据输入计算机后,经存储、传送、排序、计算、转换、检索、制表以及仿真等操作,输出人们需要的结果,即产生信息。

1.2.2　数据描述的 3 个世界

数据库管理系统 DBMS(DataBase Manager System)是采用数据模型来为现实世界的数据建模,这其中涉及 3 个世界:现实世界、信息世界和机器世界。现实世界、信息世界和机器世界这 3 个领域是由客观到认识,由认识到使用管理的 3 个不同层次,后一领域是前一领域的抽象描述。关于 3 个领域之间的术语对应关系,见表 1-2。

表 1-2　信息的 3 个世界术语的对应关系表

现实世界	信息世界	机器世界
事物总体	实体集	文件
事物个体	实体	记录
特征	属性	数据项
事物之间的联系	概念模型	数据模型

信息的 3 个世界的联系和转换过程如图 1-5 所示。

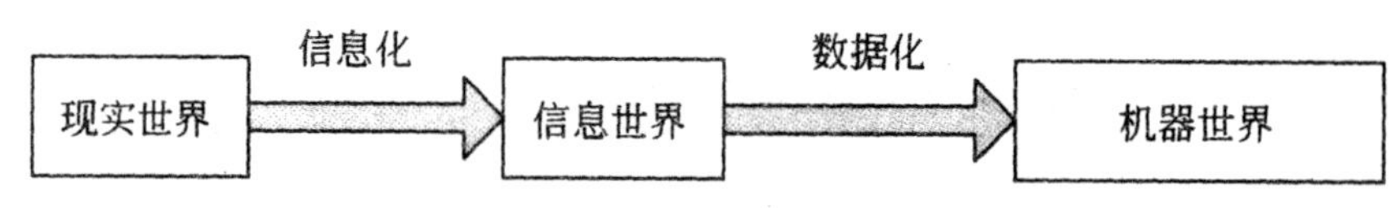

图 1-5 信息的 3 个世界的联系和转换过程

1. 现实世界

现实世界是由各种事物以及事物之间错综复杂的联系组成的，计算机不能直接对这些事物和联系进行处理。计算机能处理的内容仅是一些数字化的信息，因此必须对现实世界的事物进行抽象，并转化为数字化的信息后才能在计算机上进行处理。比如，我们现在所处的这个世界就是现实世界，人与人之间有联系，物与物也有联系。

2. 信息世界

信息世界是现实世界在人脑中的反映。现实世界中的事物、事物特性和事物之间的联系在信息世界中分别反映为实体、实体的属性和实体之间的联系。信息世界涉及的概念主要有：

(1)实体

实体(Entity)是客观存在的可以相互区别的事物或概念。实体可以是具体的事物，也可以是抽象的概念。例如，一个工厂，一个学生是具体的事物，教师的授课、借阅图书、比赛等活动是抽象的概念。

(2)属性

描述实体的特性称为属性(Attribute)。一个实体可以用若干个属性来描述，如学生实体由学号、姓名、性别、出生日期等若干个属性组成。实体的属性用型(Type)和值(Value)来表示，例如，学生是一个实体，学生姓名、学号和性别等是属性的型，也称属性名，而具体的学生姓名如"张三"，具体的学号如"20110101"，描述性别的"男、女"等是属性的值。

(3)域

属性的取值范围称为该属性的域(Domain)。例如，姓名属性的域定为 4 个汉字长的字符串，职工号定为 7 位整数等，性别的域为(男，女)。

(4)码

唯一标识实体的属性或属性集称为码(Key)。例如，学生的学号是学生实体的码。

(5)实体型

具有相同属性的实体必然具有共同的特征和性质，用实体名及其属性名的集合来抽象和刻画同类实体，称为实体型(Entity Type)。例如，学生(学号，姓名，性别，出生日期，系)就是一个实体型。

(6)实体集

同类实体的集合称为实体集(Entity Set)。例如，所有学生，一批图书等。

(7)联系

联系(Relationship)包括实体内部的联系与实体之间的联系。实体内部的联系指实体的各个属性之间的联系，实体之间的联系指不同实体集之间的联系。例如，实体内部的联系，"教工"实体的"职称"与"工资等级"属性之间就有一定的联系(约束条件)，教工的职称越高，往往工资等级也就越高。实体之间的联系比如说"教师"实体和"课程"实体，教师授课。

3. 机器世界

信息世界中的信息经过转换后，形成计算机能够处理的数据，就进入了机器世界(也称计算机世界，数据世界)。事实上，信息必须要用一定的数据形式来表示，因为计算机能够接受和处理的只是数据。机器世界涉及的概念主要有以下几种。

1)数据项(Item)：标识实体属性的符号集。

2)记录(Record)：数据项的有序集合。一个记录描述一个实体。

3)文件(File)：同一类记录的汇集。描述实体集。

4)键(Key)：标识文件中每个记录的字段或集。

1.2.3 概念模型

概念数据模型简称为概念模型，也称为信息模型。它是一种独立于计算机系统的数据模型，完全不涉及信息在计算机中的表示，只是用来描述某个特定组织所关心的信息结构，是对现实世界的第一层抽象。概念模型是按用户的观点对数据进行建模，强调其语义表达能力，概念应该简单、清晰、易于用户理解，它是对现实世界的第一层抽象，是用户和数据库设计人员之间进行交流。

概念模型是按用户的观点来对数据进行建模，强调的是语义表达能力。概念模型的设计方法很多，其中最早出现的、最著名的、最常用的方法便是实体-联系方法(Entity-Relationship Approach，E-R 方法)，即用 E-R 图来描述现实世界的概念模型。

E-R 数据模型的基本思想是：首先设计一个概念模型，它是现实世界中实体及其联系的一种信息结构，并不依赖于具体的计算机系统，与存储组织、存取方法、效率等无关，然后再将概念模型转换为计算机上某个数据库管理系统所支持的逻辑数据模型。因此，概念模型是现实世界到计算机世界的一个中间层。在 E-R 模型中只有实体、联系和属性三种基本成分，所以简单易懂、便于交流。

E-R 模型是各种数据模型的共同基础，也是现实世界的纯粹表示，它比数据模型更一般、更抽象、更接近现实世界。

E-R 模型包含 3 个基本成分：实体、属性和联系。

实体(Entity)是可区别且可被识别的客观存在的事、物或概念，它是一个数据对象。例如，一把椅子、一个学生、一个产品、一个部门等都是一个实体。具有共性的实体可划分为实体集(Entity set)。实体的内涵用实体类型(Entity Type)表示。在 E-R 图中，实体以矩形框表示，实体名写在框内。

属性(Attribute)是实体所具有的特性或特征。一个实体可以有多个属性，例如，一个大学生有学生的姓名、学号、性别、出生年月、所属学校、院、系、班级、健康情况等属性。在 E-R 图中，属性以椭圆形框表示，属性名写在其中，并用线与相关的实体或联系相连接，表示属性的归属。对于多值属性可以用双椭圆形框表示，而派生属性则可以用虚椭圆形框表示。值得一提的是，不仅实体有属性，联系也可以有属性。

唯一标识实体集中的一个实体，又不包含多余属性的属性集称为标识属性，如实体“学生”的标识属性为“学号”。实体的一个重要特性是能唯一标识。

联系(Relationship)表示一个实体集中的实体与另一个实体集中的实体之间的关系，例如，隶属关系、亲属关系、上下级关系、成员关系等。联系以菱形框表示，联系名写在菱形框内，并用连线分别将相连的两个实体连接起来，可以在连线旁写上联系的方式。通常，根据联系的特点和相关程度，联系可分为以下四种基本类型：

1)一对一联系。一对一联系(记为1∶1)是指实体集A中的一个实体至多对应实体集B中的一个实体。例如，学生与教室座位，每位学生都具有一个座位。

2)一对多联系。一对多联系(记为1∶N)是指实体集A中至少有一个实体对应于实体集B中的一个以上的实体。例如，班级与学生，每个班级有多名学生等。

3)多对多联系。多对多联系(记为M∶N)是指实体集A中至少有一个实体对应于实体集B中的一个以上的实体，且实体集B中至少有一个实体对应于实体集A中的一个以上的实体。例如，学生与课程，每个学生选修多门课程，一门课程可供多名学生选读。

4)条件联系。条件联系是指仅在某种条件成立时，实体集A中有一个实体对应于实体集B中的一个实体，当条件不成立时没有这种对应关系。例如，职工姓名与子女姓名，仅当该职工有子女这个条件成立时，才有确定的子女姓名，对于没有子女的职工，其子女姓名为空。

属性又可分为原子属性和可分属性，前者是指不可再分的属性，后者则是还可以细分的属性。例如，在学生的属性中，学生的姓名、性别、出生年月、所属学校、院、系、班级都是原子属性，而健康情况则是可再细分为身高、体重、视力、听力等属性的可分属性。

属性的可能取值范围称为属性的值域，简称为属性域。属性将实体集中每个实体和该属性的值域中的一个值联系起来。一个实体诸属性的一组特定的属性值，就确定了一个特定的实体，实体的属性值是数据库中存储的主要数据。

1.2.4 数据模型的组成要素

模型是对现实世界的抽象，在数据库技术中，模型是一组严格定义的概念的集合。数据库管理系统的一个主要功能就是将数据组织成一个逻辑集合，为系统定义该集合的数据及其联系的过程称为数据建模，其使用技术与工具则称为数据模型。数据模型就是关于数据的数学表示，包括数据的静态结构和动态行为或操作，结构又包括数据元素和元素间的关系的表示。这些概念精确地描述了系统的静态特性、动态特性和完整性约束条件(Integrity Constraints)。数据模型由数据结构、数据操作和完整性约束三部分组成。

1.数据结构

数据结构规定了如何把基本的数据项组织成较大的数据单位，以描述数据的类型、内容、性质和数据之间的相互关系。它是数据模型最基本的组成部分，规定了数据模型的静态特性。在数据库系统中，通常按照数据结构的类型来命名数据模型。例如，采用层次型数据结构、网状型数据结构、关系型数据结构的数据模型分别称为层次模型、网状模型和关系模型。数据结构是刻画一个数据模型性质最重要的方面。

数据结构描述了数据库的组成对象以及对象之间的联系。一般由两部组成：与对象的类型、内容、性质有关的，如网状模型中的数据项、记录，关系模型中的域、属性、关系等；与数据之间联系有关的对象，如网状模型中的系型(Set Type)。

在数据库系统中，通常人们都是按照其数据结构的类型来命名数据模型的，如层次结构、网状结构和关系结构的数据模型分别命名为层次模型、网状模型和关系模型。

2. 数据操作

数据操作是指一组用于指定数据结构的任何有效的操作或推导规则。数据库中主要的操作有查询和更新(包括插入、删除、修改)两大类,此外还有数据模型定义的操作。数据模型要给出这些操作确切的含义、操作规则和实现操作的语言。因此,数据操作规定了数据模型的动态特性。

3. 数据的约束条件

数据的约束条件是一组完整性规则的集合,它定义了给定数据模型中数据及其联系所具有的制约和依存规则,用以限定相容的数据库状态的集合和可允许的状态改变,以保证数据库中数据的正确性、有效性和相容性。

完整性约束的定义对数据模型的动态特性做了进一步的描述与限定。因为在某些情况下,若只限定使用的数据结构及可在该结构上执行的操作,仍然不能确保数据的正确性、有效性和相容性。为此,每种数据模型都规定了通用和特殊的完整性约束条件:

1)通用的完整性约束条件:通常把具有普遍性的问题归纳成一组通用的约束规则,只有在满足给定约束规则的条件下才允许对数据库进行更新操作。例如,关系模型中通用的约束规则是实体完整性和参照完整性。

2)特殊的完整性约束条件:把能够反映某一应用所涉及的数据所必须遵守的特定的语义约束条件定义成特殊的完整性约束条件。例如,关系模型中特殊的约束规则是用户定义的完整性。数据结构、数据操作和数据的约束条件又称为数据模型的三要素。

1.2.5 基本数据模型

目前,在数据库领域中常见的数据模型有以下5种:

- 层次模型(Hierarchical Model);
- 网状模型(Network Model);
- 关系模型(Relational Model);
- 对象-关系模型(Object-Relational Model);
- 面向对象模型(Object-Oriented Model)。

其中,层次模型和网状模型统称为非关系模型或格式化模型。基于非关系模型的非关系数据库在早期曾非常流行,现在已经被基于关系模型的关系数据库取代了。

1. 层次模型

层次模型(Hierarchical Model)是按照层次结构的形式组织数据库数据的数据模型,是三种传统的逻辑数据模型(层次模型、网状模型和关系模型)之一,是出现最早的一种数据库管理系统的数据模型。

层次模型采用树形结构来表示实体及实体之间的联系,数据被组织成由“根”开始的“树”,每个实体由根开始沿着不同的分支放在不同的层次上。树中的每一个结点代表实体型,连线则表示它们之间的关系。根据树形结构的特点,要建立数据的层次模型需要满足如下两个条件:

1)有且只有一个结点没有双亲结点,这个结点就是根结点。

2)根结点以外的其他结点有且仅有一个双亲结点,这些结点称为从属结点。

层次模型是按照层次结构(即树型结构)来组织数据的,树中的每一个结点表示一个记录类型，箭头表示双亲-子女关系。因此，层次模型实际上是以记录类型为结点的有向树，每一个结点除了具有1)、2)性质外，还具有：

3)由“双亲-子女关系”确定记录间的联系，上一层记录类型和下一层记录类型的联系是一对多联系。

层次模型这种结构方式反映了现实世界中数据的层次关系，如机关、企业、学校等机构中的行政隶属关系以及商品的分类等，比较简单、直观。

在层次模型中，每个结点表示一个记录类型，它对应实体联系模型中的实体，每个记录类型包含若干字段，它表示实体中的属性。记录类型及其字段都必须命名，各个记录类型不能同名，同一记录类型的各个字段也不能同名。父子结点之间用直线(有向边)相连，它们是一对多的联系，同一双亲的子结点称为兄弟结点(Twin)，没有子结点的结点称为叶子结点，对于层次模型还需做以下说明：

1)结点所表示的记录类型的任何属性都是不可再分的简单数据类型，即具有原子性。

2)层次模型中的树为有序树，规定树中任一结点的所有子树的顺序都是从左到右的，这一限制隐含了对层次模型数据库的存取路径的一种控制。

3)树中实体间的联系是单向的，即由父结点指向子结点，而且一对父子结点不存在多于一种的联系。这一规定限制了两个实体间可能存在的多种联系的建模。

4)层次模型中的联系只能是双亲结点对子结点的一对多的联系，这一规定限制了层次模型对多对多联系的直接表示。

层次模型不能直接表示多对多的联系，通过层次模型表示多对多的联系时，必须首先将其分解成多个一对多的联系。通常的分解方法有两种：冗余结点法和虚结点法。

·冗余结点法，采用冗余结点法就是增加两个结点，将多对多的联系转换成两个一对多的联系，具体如图1-6所示。

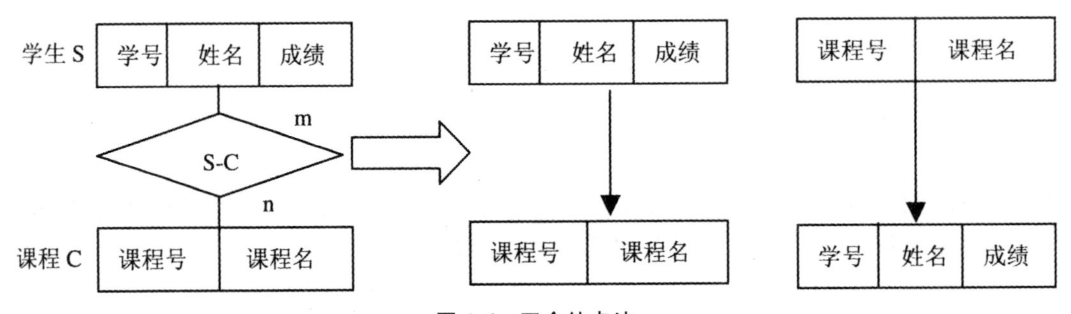

图1-6　冗余结点法

·虚结点法，采用虚结点法就是将冗余结点法中的冗余结点换为虚拟结点，这个结点存放指向该虚结点所代表的结点的指针，具体如图1-7所示。

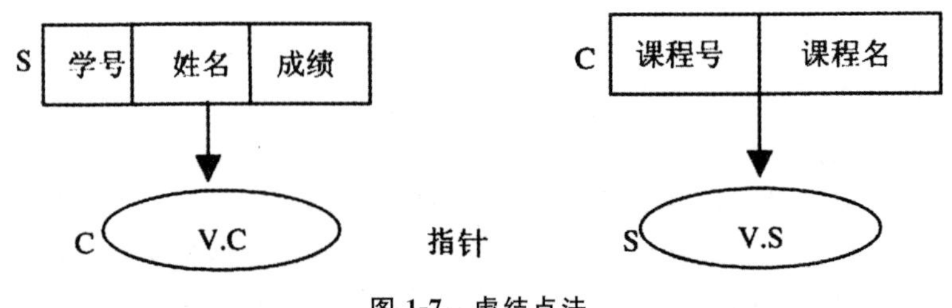

图1-7　虚结点法

一般来说，冗余结点法结构清晰，允许结点改变存储位置，但是占用存储空间大，有潜在的不一致性；虚拟结点法占用存储空间小，能够避免潜在的不一致问题，但是改变存储位置时可能会引起虚拟结点指针的改变。

在层次模型中，通过指针来实现记录之间的联系，查询效率较高。但是，由于层次数据模型中的从属结点有且仅有一个双亲结点，所以它只能描述1∶M联系，且复杂的层次使得数据的查询和更新操作比较复杂。因此，需要使用其他的数据模型来描述实体间更复杂的联系。

层次数据模型的优缺点：

(1)优点

1)层次模型结构简单，层次分明，便于在计算机内实现。

2)在层次数据结构中，从根结点到树中任一结点均存在一条唯一的层次路径，为有效地进行数据操纵提供了条件。

3)由于层次结构规定除根结点以外所有结点有且仅有一个父亲，故实体集之间的联系可用父结点唯一地表示，并且层次模型中总是从父记录指向子记录，因此记录型之间的联系名可省略。由于实体集间的联系固定，因此层次模型DBMS对层次结构的数据有较高的处理效率。

4)层次数据模型提供了良好的完整性支持。

(2)缺点

1)层次数据模型缺乏直接表达现实世界中非层次关系实体集间的复杂联系，如多对多(M∶N)的联系只能通过引入冗余数据或引入虚拟记录的方法来解决。

2)对插入或删除操作有较多的限制。

3)查询子结点必须通过父结点。

2.网状模型

在现实世界中事物之间的联系更多的是非层次关系，用层次模型表示非树形结构很不直接的，网状数据模型(简称网状模型)则可以克服这一缺点。

网状模型的典型代表是DBTG系统，亦称CODASYL系统，这是20世纪70年代数据系统语言研究会(Conference On Data System Language，CODASYL)下属的数据库任务组(Data Base Task Group，DBTG)提出的一个系统方案。DBTG系统虽然不是实际的软件系统，但是它提出的基本概念、方法和技术具有普遍意义。它对于网状数据库系统的研制和发展产生了重大的影响。

网状数据模型用以实体型为结点的有向图来表示各实体及其之间的联系，且各结点之间的联系不受层次的限制，可以任意发生联系。网状模型中的结点的特点是：

1)允许有一个以上的结点无双亲结点。

2)至少有一个结点有多于一个的双亲结点。

3)允许两个结点之间有两种或两种以上的关系。

网状模型中的联系用结点间的有向线段表示，每个有向线段表示一个记录间的一对多的联系。由于网状模型中的联系比较复杂，两个记录之间可以存在多种联系，这种联系也简称为系，一个记录允许有多个父记录，所以网状模型中的联系必须命名。如图1-8所示，即为网状数据模型。

在网状模型中，每个结点表示一个实体集，称为记录型，记录型之间的联系是通过“系(Set)”实现的，系用有向线段表示，箭头指向1∶N联系的“N”方。“1”方的记录称为首记录，“N”方的记录称为属记录。图 1-9 所示为学生选课网状数据模型。

层次模型实际上是网状模型的一个特例。

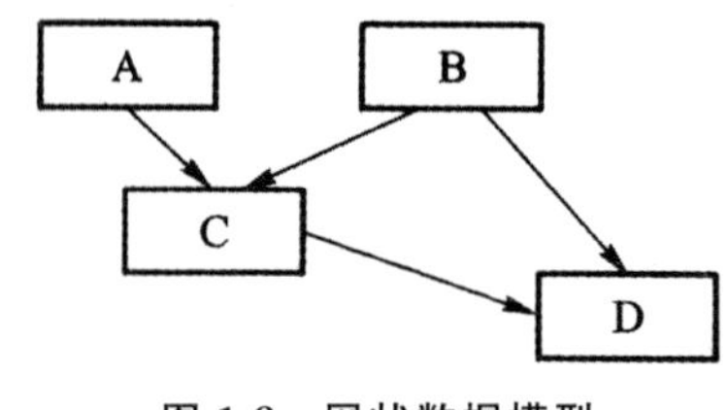

图 1-8 网状数据模型

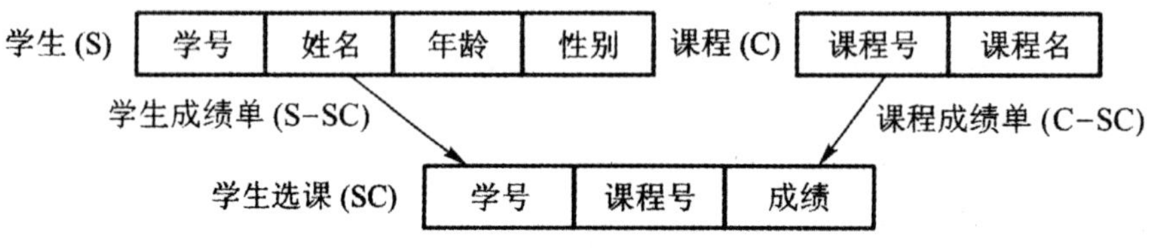

图 1-9 学生选课网状数据模型。

用网状模型设计出来的数据库称为网状数据库。网状数据库是目前应用较为广泛的一种数据库，它不仅具有层次模型数据库的一些特点，而且也能方便地描述较为复杂的数据关系。

网状模型一般没有层次模型那样严格的完整性约束条件，但具体的网状数据库系统（如DBTG），其数据操纵都加了一些限制，提供了一定的完整性约束。

1）支持记录键的概念，键即唯一标识记录的数据项的集合，因此数据库的记录中不允许出现相同的键。

2）保证一个联系中父记录和子记录之间是一对多的联系。

3）可以支持父记录和子记录之间的某些约束条件。例如，有些子记录要求父记录存在才能插入，父记录删除时也连同删除。

网状数据模型的优点：①能够更为直接地描述现实世界，如一个节点可以有多个双亲；②具有良好的性能，存取效率较高。网状数据模型的缺点：①结构比较复杂，而且随着应用环境的扩大，数据库的结构变得越来越复杂，不利于用户最终掌握；②其 DDL、DML 语言复杂，用户不容易使用。

网状模型和层次模型在本质上是一样的。从逻辑上看，它们都是基本层次联系的集合，用结点表示实体，用有向边表示实体间的联系。从物理结构上看，它们的每一个结点都是一个存储记录，用链接指针来实现实体之间的联系。当存储数据时这些指针就固定下来了，检索数据时必须考虑存取路径问题；数据更新时，涉及链接指针的调整，缺乏灵活性；系统扩充相当麻烦。网状模型中的指针更多，纵横交错，从而使数据结构更加复杂。

3. 关系数据模型

关系模型是目前最重要的、应用最广泛的一种数据模型，是一种逻辑数据模型，该数据模型的产生开创了数据库的新模式。它是在层次模型和网状模型之后发展起来的一种逻辑数据模型，由于它具有严格的数学理论基础且其表示形式更加符合现实世界中人们的常用形式，和层次、网状模型相比，数据结构简单，容易理解。

关系模型是用二维表格结构来表示实体以及实体之间联系的数据模型。关系模型的数据结构是一个“二维表框架”组成的集合，每个二维表又可称为关系，因此可以说，关系模型是“关系框架”组成的集合。

关系模型是数学化的模型，由于把表格看成一个集合，因此，集合论、数理逻辑等知识可引入到关系模型中。从用户观点看，关系模型由一组关系组成，每个关系的数据结构是一张规范化的二维表，用来表示实体集，表中的列称为属性，列中的值取自相应的域，域是属性所有可能取值的集合，表中的一行称为一个元组，元组用主键标识。一般的二维表都是由多行和多列组成。目前大多数 DBMS 都是基于关系模型的。

关系模型是数学化的模型，由于把表格看成一个集合，因此，集合论、数理逻辑等知识可引入到关系模型中。从用户观点看，关系模型由一组关系组成，每个关系的数据结构是一张规范化的二维表，用来表示实体集，表中的列称为属性，列中的值取自相应的域，域是属性所有可能取值的集合，表中的一行称为一个元组，元组用主键标识。一般的二维表都是由多行和多列组成。

1)关系(Relation)：一个关系就是通常说的一张二维表。

2)元组(Tuple)：表中的一行即为一个元组，描述一个具体实体，在关系数据库中称为记录。

3)属性(Attribute)：表中的一列即为一个属性，给每一个属性起一个名称即属性名，在关系数据库中称为数据项或字段。

4)关系模式(Relation Mode)：是对关系的描述。通常，关系模式可表示为关系名(属性 1，属性 2，…，属性 n)

5)域(Domain)：属性的取值范围称为域。例如，大学生年龄属性的域为(16～35)。

6)分量(Element)：元组中的一个属性值称为分量。

7)在关系模型中，键占有重要地位，主要有下列几种键：

· 超键(Super Key)：在一个关系中，能唯一标识元组的属性集。

· 候选键(Candidate Key)：一个属性集能够唯一标识元组，且不含多余属性。

· 主键(Primary Key)：关系模式中用户正在使用的候选键。

· 外键(Foreign Key)：如果模式 R 中某属性集是其他模式的主键，那么该属性集对模式 R 而言是外键。

关系模型的特征是：

1)可用关系直接表示多对多的联系。

2)描述的一致性，不仅实体用关系描述，实体之间的联系也用关系描述。

3)关系模型是建立在数学概念基础上的，有较强的理论基础。

4)关系必须是规范化的，即每个属性是不可分的数据项，不允许表中有表。

图 1-10 所示为一个简单的关系模型，其中图 1-10(a)给出了关系模式。

关系模型与非关系模型相比具有以下特点：

1)关系模型建立在严格的数学基础之上。关系及其系统的设计和优化有数学理论指导，容易实现且性能较好。

2)关系模型的概念单一，容易理解。在关系数据库中，无论是实体还是联系，无论是操作的原始数据、中间数据还是结果数据，都用关系表示。这种概念单一的数据结构，使数据操作方法统一，也使用户易懂、易用。

3)关系模型中的数据联系是靠数据冗余实现的，关系数据库中不可能完全消除数据冗余。由于数据冗余，使得关系的空间效率和时间效率都比较低。

4)关系模型的存取路径对用户隐蔽。用户根据数据的概念模式和外模式进行数据操作,而不必关心数据的内模式情况,无论是计算机专业人员还是非计算机专业人员使用起来都很方便,数据的独立性和安全保密性都比较好。

部门关系框架

部门编号	名称	经理	人数

员工关系框架

员工编号	姓名	性别	部门编号

(a)

部门关系框架

部门编号	名称	经理	人数
01	人事	A001	8
02	销售	B001	56

员工关系框架

员工编号	姓名	性别	部门编号
A001	张三	男	01
B003	李四	女	02

(b)

图 1-10 简单关系模型

基于关系模型的优点,关系模型自诞生以后发展迅速,深受用户的喜爱。随着计算机硬件的飞速发展,更大容量、更高速度的计算机会对关系模型的缺点给予一定的补偿。因此,关系数据库始终保持其主流数据库的地位。

4.面向对象的数据模型

面向对象数据模型(Object-Oriented Data Model,OO 数据模型)是面向对象程序设计方法与数据库技术相结合的产物,用以支持非传统应用领域对数据模型提出的新需求。它的基本目标是以更接近人类思维的方式描述客观世界的事物及其联系,且使描述问题的问题空间和解决问题的方法空间在结构上尽可能一致,以便对客观实体进行结构模拟和行为模拟。

在面向对象数据模型中,基本结构是对象(Object)而不是记录,一切事物、概念都可以看做对象。一个对象不仅包括描述它的数据,而且还包括对其进行操作的方法的定义。另外,面向对象数据模型是一种可扩充的数据模型,用户可根据应用需要定义新的数据类型及相应的约束和操作,而且比传统数据模型有更丰富的语义。因此,面向对象数据模型自 20 世纪 80 年代以后,受到人们的广泛关注。

对象是现实世界中实体的模型化,它是面向对象系统在运行时的基本实体,它将状态(State)和行为(Behavior)封装(Encapsulate)在一起,每个对象有一个唯一的标识。其中,对象的状态是该对象属性值的集合,对象的行为是在该对象属性值上操作的方法集(Method Set)。对象具有:封装性,是操作集描述可见的接口,界面独立于对象的内部表达;继承性,即一个类(子类)可以是另一个类(超类)的特化(层次关系);子类继承超类的结构和操作,且可加入新的结构和操作;多态性,又称为可重用性,是对象行为的一种抽象,是指允许存在名称相同但实现方式不同的方法,当调用某一个方法时,系统将自动进行识别并调用相应的方法。对象所具有的多态性可提高类的灵活性。

类是具有相同结构(属性)和行为(方法)的对象所组成的集合,属于同一个类的对象具有相同的操作。类具有若干个接口,它规定了对用户公开的操作,其中细节对用户不公开,用户通过消息(Message)来调用一个对象接口中公开的操作,一个消息包括接收消息的对象、要求执行的操作和所需要的参数。

在面向对象模型中，若类 Y 具有类 X 的操作时，则称类 Y 是类 X 的子类（也称导出类），而类 X 则称为是类 Y 的超类。子类除了具有超类的操作外，还可具有本身特有的操作。子类可再分为子类，即类具有层次性。一个子类可有多个超类，它可以从直接和间接超类中继承所有的属性和方法。

类中的每个对象称为实例。一个类的实例可聚集存放，一个类有一个实例化机制，提供访问实例的路径。

继承是指类继承，即继承是类之间的一种关系，它使一个类的定义和实现建立在其他已存在的类的基础上，也可以让其他的类共享该类的定义和实现。子类继承超类的属性和方法，子类也可以定义特殊的属性和方法或重新定义超类的属性和方法。子类从单一超类的继承称为单继承，直接从多个超类的继承称为多继承。在面向对象模型中，继承不仅支持代码的共享和重用，而且对于系统的扩展具有重大意义。

而目前面向对象数据模型还没有一个统一的定义，大概可归纳为：

1）面向对象数据模型的数据结构描述工具是对象、类和继承，其对应的约束条件可以包括每一个对象具有唯一的由系统定义的标识，每一个对象标识仅标识一个对象。

2）面向对象数据模型的操作集包括与对象相关的方法。

通常，若一个数据库管理系统是建立在面向对象数据模型基础上，并能够向用户提供定义面向对象数据库的模式的功能以及将一个面向对象数据库转换为另一个相同模式的面向对象数据库的操作，则称其为面向对象数据库管理系统。

根据数据模型的三要素：数据结构、数据操作和数据约束条件，将面向对象数据模型与关系数据模型做一下简单比较。

1）在关系数据模型中基本数据结构是表，相当于面向对象数据模型中的类（类中还包括方法），而关系中的数据元组相当于面向对象数据模型中的实例（也应包括方法）。

2）在关系数据模型中，对数据库的操作都归结为对关系的运算，而在面向对象数据模型中对类层次结构的操作分为两部分：一部分是封装在类内的操作，即方法；另一部分是类间相互沟通的操作，即消息。

3）在关系数据模型中有域、实体和参照完整性约束，完整性约束条件可以用逻辑公式表示，称为完整性约束方法。在面向对象数据模型中，这些用于约束的公式可以用方法或消息表示，称为完整性约束消息。

面向对象数据模型具有封装性、信息隐匿性、持久性、数据模型的可扩充性、继承性、代码共享和软件重用性等特性，并且有丰富的语义便于更自然地描述现实世界。因此，面向对象数据模型的研究受到人们的广泛关注，有着十分广阔的应用前景。

1.3　数据库系统结构

在数据库系统中，由于种种原因可能会使数据的物理存储结构发生变化，或数据的全局逻辑结构发生变化，但对用户来说，绝对不希望自己面对的那部分数据的局部逻辑结构也随之发生变化。为此，实际的数据库管理系统都实现了数据库的三级模式结构，尽管支持的数据模型、采用的技术和使用的数据库语言可能会有所不同。

1.3.1 数据库系统的三层模式结构

数据库的三级模式结构(图 1-11)是数据的 3 个抽象级别,用户只要抽象地处理数据,而不必关心数据在计算机中如何表示和存储。

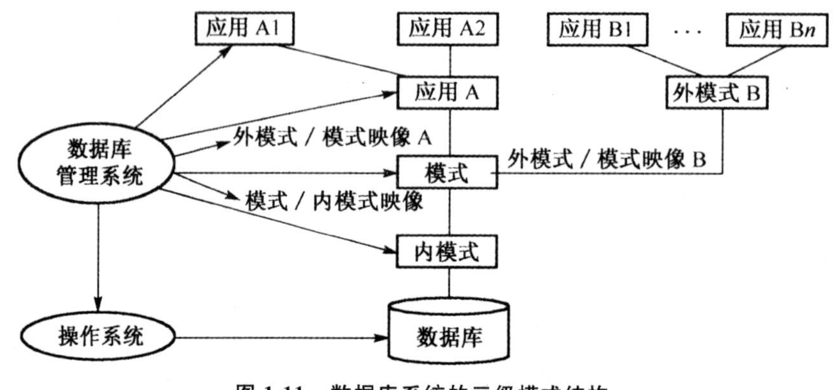

图 1-11 数据库系统的三级模式结构

(1)外模式

外模式(External Schema)又称为用户模式,是数据库用户和数据库系统的接口,是数据库用户的数据视图(View),是数据库用户可以看见和使用的局部数据的逻辑结构和特征描述,是与某一应用有关的数据的逻辑表示。

一个数据库通常有多个外模式。当不同用户在应用需求、保密级别等方面存在差异时,其外模式描述就会有所不同。一个应用程序只能使用一个外模式,但同一外模式可为多个应用程序所使用。

外模式是保证数据安全的重要措施。每个用户只能看见和访问所对应的外模式中的数据,而数据库中的其他数据均不可见。

(2)模式

模式(Schema)又可分为概念模式(Conceptual Schema)和逻辑模式(Logical Schema),是所有数据库用户的公共数据视图,是数据库中全部数据的逻辑结构和特征的描述。

概念模式(Conceptual Schema)也称为逻辑模式,是对数据库中的全体数据的逻辑结构和特征的描述,是所有用户的公用数据视图。概念模式处于数据库系统的模式结构的中间层,既不涉及数据的物理存储细节和硬件环境,又与具体应用程序无关。一个数据库只有一个概念模式。数据库概念模式统一综合考虑了所有用户的需求,并将这些需求有机地结合成一个逻辑整体。定义模式时不仅要定义数据的结构,例如,数据记录由哪些数据项构成,数据项的名字、类型、取值范围等,而且还要定义数据之间的联系,定义与数据有关的安全性、完整性要求。一般 DBMS 都提供模式描述语言(模式 DDL)来严格定义模式。

逻辑模式处于数据库三级模式的中心和关键,它独立于数据库的其他层次,设计数据库模式结构时应首先确定数据库的逻辑模式。

(3)内模式

内模式(Internal Schema)也称为存储模式,它是数据物理结构和存储方式的描述,是数据在数据库内部的表示方式。数据的结构和存储方式主要有:文件类型、数据的存储方式(顺序存储、按照B树结构存储、按Hash方式存储)、索引文件的结构、数据的压缩或加密处理、存储设备、物理块的大小等。一个数据库只有一个内模式,DBMS中提供内模式描述语言(内模式DDL)来严格定义内模式。

数据库的内模式依赖于它的全局逻辑结构,即内模式,但独立于数据库的用户视图即外模式。内模式的设计目标是保证物理存储设备有较好的时间和空间效率。

1.3.2 数据库系统的二级映像功能

DBMS为实现三级模式结构,不仅提供了定义内模式、模式、外模式的语言,而且还在三级模式之间提供了两级映像:外模式/模式映像和模式/内模式映像。正是这两级映像保证了数据库系统中的数据具有较高的逻辑独立性和物理独立性。

(1)外模式/模式映像

模式描述的是数据的全局逻辑结构,外模式描述的是数据的局部逻辑结构对应于同一个模式可以有任意多个外模式。对于每一个外模式,数据库系统都有一个外模式/模式映像,它定义了该外模式与模式之间的对应关系。这些映像定义通常包含在各自外模式的描述中。当模式改变时(如增加新的数据类型、新的数据项、新的关系等),由数据库管理员对数据库外模式/模式映像做相应的改变,可以使外模式保持不变,从而不必修改应用程序,保证了数据的逻辑独立性。

(2)模式/内模式映像

数据库中只有一个模式,也只有一个内模式,所以模式/内模式映像是唯一的,它定义了数据全局逻辑结构与存储结构之间的对应关系。例如,说明逻辑记录和字段在数据库内部是如何表示的。该映像定义通常包含在模式描述中。当数据库的存储结构发生改变时(例如,采用了更先进的存储结构),由数据库管理员对模式/内模式映像做相应的改变,可以使模式保持不变,从而保证了数据的物理独立性。

数据独立性是数据库系统追求的目标。DBMS实现的三级模式和二级映像机制,使得数据库系统具有较强的逻辑独立性和物理独立性。因为特定的应用程序是在外模式描述的数据结构的基础上编写的,依赖于特定的外模式,但独立于数据库的模式和存储结构。数据库的二级映像保证了数据库外模式的稳定性,从而从底层保证了应用程序的稳定性。另一方面,数据与应用程序的独立性,使得数据的定义和描述可以从应用程序中分离出去。而且,由于数据的存取和存储由DBMS管理,用户不必考虑存取路径等细节,因此简化了应用程序的编制,减少了应用程序的维护与修改工作,提高了应用程序的质量。

1.3.3 数据库应用系统的体系结构

一般一个数据库应用系统中都会包括数据存储层、业务处理层与界面表示层3个层次。数据存储层主要完成对数据库中数据的各种维护操作;业务处理层也称应用层,即数据库应用将要处理的与用户紧密相关的各种业务操作;界面表示层也称用户界面层,是用户向数据库系统提出请求和接收回答的地方,主要用于数据库系统与用户之间的交互,是数据库应用系统提供给用户的可视化的图形操作界面。

根据对数据库系统的应用需求,可以把数据库应用系统的体系结构分为:单用户结构、集中式结构、客户机/服务器结构、浏览器/服务器结构和 Internet 结构。

1. 单用户结构

单用户数据库应用架构也称桌面型数据库管理系统(Desktop DataBase Management System),是指可以运行在个人机上的数据库系统。桌面型 DBMS 虽然在数据的完整性、安全性、并发性等方面存在许多缺陷,但是已经基本上实现了 DBMS 所应具备的功能。目前,比较流行的桌面型 DBMS 有 Microsoft Access、Visual FoxPro 等。

2. 主从式结构

主从式结构也称为集中式结构,指的是由一个主机连接多个终端用户的结构。这种结构将操作系统、应用程序、数据库系统等数据和资源均放在作为核心的主机上,而连接在主机上的许多终端,只是作为主机的一种输入/输出设备。

在集中式结构中,由于所有的处理均由主机完成,因而对主机的性能要求很高,这是数据库系统初期最流行的结构。随着计算机网络的兴起和 PC 性能的大幅度提高且价格又大幅度下跌,这种传统的集中式数据库应用系统结构已经被客户机/服务器数据库应用系统结构所代替。

3. 分布式结构

分布式结构是指数据库中的数据在逻辑上是一个整体,但物理地分布在计算机网络的不同结点上。网络中的每个结点都可以独立处理本地数据库中的数据,执行局部应用;并且也可以同时存取和处理多个异地数据库中的数据,执行全局应用。

分布式结构的数据库系统是计算机网络发展的必然产物,它适应了地理上分散的公司、团体和组织对于数据库应用的需求。但是数据的分布存放给数据的处理、管理与维护带来了困难;当用户需要经常访问远程数据时,系统效率会明显地受到网络通信的制约。

4. 客户机/服务器结构

客户机/服务器(Client/Server,C/S) 结构是目前比较流行的数据库应用系统结构。客户机/服务器架构本质上是通过对服务功能的分工来实现的,即客户机提出请求,服务器对客户机的请求作出回应。

在 C/S 结构中,客户机负责管理用户界面,接收用户数据,处理应用逻辑,生成数据库服务请求,并将服务请求发送给数据库服务器,同时接收数据库服务器返回的结果,最后再将返回的结果按照一定的格式或方式显示给用户。数据库服务器接收客户机的请求,对服务请求进行处理,并返回处理结果给客户机。

客户机/服务器应用架构使应用程序的处理更加接近用户,这样整个系统就具有了较好的性能。除此之外,该架构的通讯成本比较低,其原因有两个:第一,降低了数据传输量,服务器返回给客户机的是执行数据操作后的结果数据;第二,将许多简单的处理交给了客户机,因这样就免去了一些不必要的通讯连接。

5. 浏览器/服务器结构

浏览器/服务器(Browser/Server,B/S)结构是针对 C/S 结构的不足而提出的一种数据库应用系统结构。基于 C/S 结构的数据库应用系统把许多应用逻辑处理功能分散在客户机上完成,就要求客户机必须拥有足够的能力运行客户端应用程序与用户界面软件,同时还必须针对每种要连接的数据库安装客户端软件造成客户机臃肿的局面。此外，由于应用程序运行在客户机端，当客户机上的应用程序修改之后，就必须在所有安装该应用程序的客户机上重新安装此应用程序，维护起来非常困难。

而在B/S结构的数据库应用系统中，客户机端仅安装通用的浏览器软件就可以实现同用户的输入/输出，应用程序则主要在服务器端安装和运行。在服务器端，除了要有数据库服务器保存数据并运行基本的数据库操作外，还要有另外的称做应用服务器的服务器来处理客户端提交的处理请求，即B/S结构中客户端运行的程序转移到了应用服务器中，而应用服务器则充当了客户机与数据库服务器的中介，架起了用户界面同数据库之间的桥梁，因此也可称为三层结构。

6. Internet结构

随着Internet技术的迅猛发展，数据库的应用架构也开始由客户机/服务器架构向Internet数据库应用架构转变。Internet数据库应用架构的核心是Web服务，负责接收远程（或本地）浏览器的超文本传输协议（Hypertext Transfer Protocol，HTTP）数据请求，然后根据查询条件到数据库服务器获取相关的数据，并将结果翻译成超文本标记语言（Hypertext Markup Language，HTML）文件传送给提出请求的浏览器。

1.4 数据库技术的研究领域

关于数据库的研究一般都是从数据库管理系统软件的研制、数据库设计和数据库理论三个方面来看的。

1. 数据库管理系统软件的研制

DBMS是数据库系统的基础，其核心技术的研究和实现是这些年来数据库领域所取得的主要成就。DBMS是一个基础软件系统，它提供了对数据库中的数据进行存储检索和管理的功能。

DBMS的研制包括研制DBMS本身及以DBMS为核心的一组相互联系的软件系统，包括工具软件和中间件。研制的目标是提高系统的可用性、可靠性、可伸缩性，提高性能和提高用户的生产率。

2. 数据库设计

数据库设计的主要任务是在DBMS的支持下，按照应用的要求，为某一部门或组织设计一个结构合理、使用方便、效率较高的数据库及其应用系统。其中主要的研究方向是数据库设计方法学和设计工具。包括数据库设计方法、设计工具和设计理论的研究，数据模型和数据建模的研究，计算机辅助数据库设计方法及其软件系统的研究，数据库设计规范和标准的研究等。

3. 数据库理论

该理论研究主要集中于关系的规范化理论、关系数据理论等。近年来，随着人工智能与数据库理论的结合、并行计算技术等的发展，数据库逻辑演绎和知识推理、数据库中的知识发现（Knowledge Discovery from Database，KDD）、并行算法等成为新的理论研究方向。

计算机领域中其他新兴技术的发展对数据库技术产生了重大影响。数据库技术和其他计算机技术的互相结合、互相渗透，使数据库中新的技术内容层出不穷。数据库的许多概念、技术内容、应用领域，甚至某些原理都有了重大的发展和变化，建立和实现了一系列新型数据库系统，如分布式数据库系统、并行数据库系统、知识库系统、多媒体数据库系统等。它们共同构成了数据库系统大家族，使数据库技术不断地涌现新的研究方向。

数据、应用需求、计算机硬件及相关技术的发展是推动数据库发展的三个主要动力或重要因素。随着计算机系统硬件技术的进步、Internet 和 Web 技术的发展，数据库系统所管理的数据以及应用环境发生了很大的变化，表现在数据种类越来越多、数据结构越来越复杂、数据量剧增、应用领域越来越广泛，可以说数据管理无处不需、无处不在，为数据库技术带来了新的需求、新的挑战和发展机遇。研究的范围和重点已从数据库核心技术逐渐拓展到信息基础设施等与信息管理相关的各个领域。

数据库技术作为管理数据的技术，随着近年 Internet 的广泛应用和不断涌现的新的数据源，数据类型越来越多，数据结构越来越复杂，数据量越来越巨大。

传统的数字类型和字符串数据类型一直是数据库管理的主要数据对象。现在，新的数据类型不断涌现。例如，图形、图像数据、视频数据、音频数据、文本数据、动画、多媒体文档、数据仓库中的 Cube 类型数据、多维数据、Web 上的 HTML、XML 数据、时间序列数据、流数据、过程或“行为”数据等。

上述新数据类型要么具有复杂的结构，要么是半结构的或无结构的，或没有清晰的结构。对复杂数据的建模(Data Modeling)比传统的结构化数据要困难和复杂得多。因此对它们的数据操作、存储策略、存取方法和服务质量也随之复杂得多。数据采集和数字化技术的飞速发展，使得今天人们可以获得的数据量正在以 TB(tera bytes，10^{12})和 PB(peta bytes，10^{15})数量级增长。巨大变化给数据管理领域提出了一系列挑战性问题。例如，DBMS 的架构问题，是在传统的 DBMS 中增加对复杂数据类型的存储和处理功能，还是应该重新思考 DBMS 基本架构，是当前数据库界面临的重要问题。还有对复杂数据的数据建模、数据查询和检索以及服务质量问题，对海量数据的数据存储、管理和使用问题等。这些问题不仅涉及数据库技术，而且涉及网络技术、多媒体、人机交互、全文检索、海量存储系统等众多领域，数据库的研究和发展需要多学科交叉和融合。数据库系统真正成为计算机应用系统的核心和基础。

20 世纪 80 年代以后，出现了一大批新的数据库应用，如工程设计与制造、办公室自动化、实时数据管理、科学与统计数据管理、多媒体数据管理等。

20 世纪 90 年代以后，数据库的应用从联机事务处理扩展到联机分析处理，数据仓库、OLAP 分析、数据挖掘等技术为企业商务智能高层决策应用提供了强有力的支持。数字图书馆、工作流管理也成为数据库的重要应用领域。

目前其最主要的应用领域要数 Internet。这是一个全新的应用领域和应用环境，它向数据库提出了前所未有的应用需求，电子商务、电子政务、Web 医院、Web 信息管理、Web 信息检索、远程教育等一大批新一代数据库应用应运而生。在 Internet 应用环境下所有应用已经从企业内部扩展为跨企业间的应用。例如，在最成熟的传统事务处理应用领域，数据库应用也已经从封闭的企业或部门内部的处理方式发展为以网络和 Internet 为基础，跨部门跨行业的开放的处理方式，需要 DBMS 对信息安全和信息集成提供更有力的保障和支持。

在应用领域，Internet 是当前最主要的驱动力。另一个重要的应用领域是科学研究领域。

前面已经提到，这些研究领域产生大量复杂的数据，需要比目前数据库技术和产品所能提供的更高级的支持。同时，它们也需要信息集成机制，需要对那些在数据分析和对顺序数据的处理过程中产生的中间数据进行管理，需要和全球范围内的数据网格进行集成。

数据库应用不再限于机构内部的商务逻辑管理，而是面向开放的和有更多其他要求的应用环境。分布自治的计算环境、移动环境、实时处理要求、隐私保护等成为数据库的研究题目。新一代应用提出的挑战极大地激发了数据库技术的研究和开发者，使数据库技术的研究和开发不断深入不断扩大。

1.5　数据库技术的未来发展

信息技术的不断发展和信息需求的不断增长是数据库技术不断发展的动力。信息需求的深入和多样化不断提出了许多需要解决的问题，信息技术不断快速发展和功能增强，为数据库技术提供了坚实的基础。

1.5.1　数据库技术面临的挑战

在许多新的数据库应用领域前面，传统的数据库技术和系统已不能满足需求，对传统的数据库技术和研究工作提出了挑战。数据库技术面临的挑战主要表现在以下几个方面：

1)环境的变化。数据库系统的应用环境由可控制的环境转变为多变的异构信息集成环境和Internet环境。

2)数据类型的变化。数据库中的数据类型由结构化扩大至半结构化、非结构化和多媒体数据类型。

3)数据来源的变化。大量数据将来源于实时和动态的传感器或监测设备，需要处理的数据量成倍剧增。

4)数据管理要求的变化。许多新型应用需要支持协同设计和工作流管理。

为了应付这些挑战，许多数据库技术研究和实践人员认为有两条可行的途径。第一条可行途径是反思原先的研究和开发思路，将原有的思想和技术进行扩充、推广和转移来解决面临的难题。第二条可行路径是拓宽研究思路，研究全新的技术，提出新的数据库管理系统概念。实际上，只有结合这两个方面，才有可能开辟新的数据库技术研究局面。

1.5.2　现代应用对数据库系统的新要求

1.数据模型的新特征

(1)数据特征

现代应用中的数据，本身表现出了与一般传统应用数据的不同特征：

1)多维性：每个数据对象除了用值来表示外，每个值还有与其相联系的时间属性，即数据是二维的；更进一步，如果联系到空间，其值就是三维的；如果考虑到时间的两维性(有效时间和事务时间)以及空间的三维性，数据的维就会更加复杂。

2)易变性：数据对象频繁地发生变化，其变化不仅表现在数据的值上，而且表现在它的定义上，即数据的定义可以动态改变。

3)多态性：数据对象不仅是传统意义下的值，还可以是过程、规则、方法和模型，甚至是声音、影像和图形等。

(2)数据结构

1)数据类型：不仅要求能表达传统的基本数据类型，如整型、实型和字符型等，还要求能表达更复杂的数据类型，如集合、向量、矩阵、时间类型和抽象数据类型等。

2)数据之间的联系：数据之间有了各种复杂的联系，如 n-元联系；多种类型之间的联系，如时间、空间、模态联系；非显式的联系，如对象之间隐含的关系。

3)数据的表示：除了表示结构化、格式化的数据，还要表示非结构化、半结构化的数据以及非格式、超格式的数据。

(3)数据的操作

1)数据操作的类型：数据操作的类型不仅包含通常意义上的插入、删除、修改和查询，还要进行各种其他类型的特殊操作，如执行、领域搜索、浏览和时态查询等；另外，还要能够进行用户自己定义的操作。

2)数据的互操作性：要求数据对象可以在不同模式下进行交互操作，数据可以在不同模式的视图下进行交互作用。

3)数据操作的主动性：传统数据库中的数据操作都是被动的、单向的，即只能由应用程序控制数据操作，其作用方向只能是应用程序到数据。而现代应用要求数据使用的主动性和双向作用，即数据的状态和状态变迁可主动地驱动操作，除了应用作用于数据外，数据也可以作用于应用。

2. 对数据库系统的要求

(1)提供强有力的数据建模能力

数据模型是一个概念集合，用来帮助人们研究设计和表示应用的静态、动态特性和约束条件，这是任何数据库系统的基础。而现代应用要求数据库有更强的数据建模能力，要求数据库系统提供建模技术和工具支持。

一方面，系统要提供丰富的基础数据类型，除了整型、实型、字符型和布尔型的原子数据类型外，还要提供如记录、表、集合的基本构造数据类型及抽象数据类型(Abstract Data Type，ADT)。

另一方面，系统要提供复杂信息建模和数据的新型操作，有多种数据抽象技术，如聚集、概括、特化、分类和组合等，并提供复杂的数据操作、时间操作、多介质操作等新型操作。

(2)提供新的查询机制

由于数据类型的多样化，要求系统提供特制查询语言功能，如特制的图形浏览器、使用语义的查询设施和实时查询技术等。而且，系统要求能够进行查询方面的优化措施，如语言查询优化、整体查询优化和时间查询优化等。

(3)提供强有力的数据存储与共享能力

要求数据库系统要有更强的数据处理能力，一方面，要求可以存储各种类型的“数据”，不仅包含传统意义上的数据，还可以是图形、过程、规则和事件等；不仅包含传统的结构化数据，还可以是非结构化数据和超结构化数据；不仅是单一介质数据，还可以是多介质数据。另一方面，人们能够存取和修改这些数据，而不管它们的存储形式及物理储存地址。

(4)提供复杂的事务管理机制

现代应用要求数据库系统支持复杂的事务模型和灵活的事务框架，要求数据库系统有新的实现技术。例如，基于优先级的调度策略，多隔离度或无锁的并发控制协议和机制等。

(5)提供先进的图形设施

要求数据库系统提供用户接口、数据库构造、数据模式、应用处理的高级图形设施的统一集成。

(6)提供时态处理机制

要求数据库系统有处理数据库时间的能力，这种时间可以是现实世界的“有效时间”或者数据库的“事务时间”，但是不能仅仅是“用户自己定义的时间”。

(7)提供触发器或主动能力

要求数据库系统有主动能力或触发器的能力，即数据库系统中的“行为”不仅受到应用或者程序的约束，还有可能受到系统中条件成立的约束。例如，出现符合某种条件的数据，系统就发生某种对应的“活动”。

1.5.3 数据库技术的发展特点

当前数据库技术的发展特点可总结为：

(1)数据模型的发展

随着数据库应用领域的扩展和数据对象的多样化，传统的关系数据模型开始暴露出许多弱点，例如对复杂对象的表示能力较差，语义表达能力较弱，缺乏灵活丰富的建模能力，对文本、时间、空间、声音、图像和视频等数据类型的处理能力差等。为此，人们提出并发展了许多新的数据模型，例如复杂数据模型、语义数据模型、面向对象数据模型以及XML数据模型等。

(2)数据库技术与其他相关技术相结合

数据库技术与其他学科的内容相结合，是数据库技术的一个显著特征，随之也涌现出以下各种新型的数据库系统。

1)数据库技术与分布处理技术相结合，出现了分布式数据库系统。

2)数据库技术与Web技术相结合，出现了网络数据库。

3)数据库技术与XML技术相结合，出现了XML数据库。

4)数据库技术与多媒体技术相结合，出现了多媒体数据库系统。

5)数据库技术与模糊技术相结合，出现了模糊数据库系统等。

6)数据库技术与移动通信技术相结合，出现了移动数据库系统。

7)数据库技术与并行处理技术相结合，出现了并行数据库系统。

8)数据库技术与人工智能技术相结合，出现了知识库系统和主动数据库系统。

计算机科学中的技术发展日新月异，这些新的技术对数据库的发展产生重大影响，给数据库技术带来了新的生机。数据库与这些技术不是简单的集成和组合，而是有机结合、互相渗透，数据库中的某些概念、技术内容、应用领域甚至某些原理都有了重大的变化。

(3)面向应用领域的设计

数据库应用的需求是数据库技术发展的源泉和动力，为了适应数据库应用多元化的要求，结合各个应用领域的特点，一系列适合各个应用领域的数据库新技术层出不穷。例如，数据仓库、工程数据库、统计数据库、科学数据库、空间数据库和地理数据库等。数据库技术被应用到特定的领域中，使得数据库领域的应用范围不断扩大。

1.5.4 主流数据库技术发展趋势

1.信息集成

信息系统集成技术已经历了20多年的发展过程，研究者已提出了很多信息集成的体系结构和实现方案，但是这些方法所研究的主要集成对象是传统的异构数据库系统。随着Internet的飞速发展，Web迅速成为全球性的分布式计算环境，Web上有极其丰富的数据资源。如何获取Web上的有用数据并加以综合利用，即构建Web信息集成系统，已成为一个引起广泛关注的研究领域。Web数据源具有不同的数据类型（数据异构）、不同的模式结构（模式异构）、不同的语义内涵（语义异构），并具有分布分散、动态变化、规模巨大等特点。这些都使得Web信息集成成为与传统的异构数据库集成非常不同的难题。

信息集成的方法可以分为：数据仓库方法和Wrapper/Mediator方法。在数据仓库方法中，各数据源的数据按照需要的全局模式从各数据源抽取并转换，存储在数据仓库中。用户的查询就是对数据仓库中的数据进行查询，对于数据源数目不是很多的单个企业来说，该方法十分有效。但对目前出现的跨企业应用、数据源的数据抽取和转化要复杂得多，数据仓库的方法存在诸多不便。

目前，比较流行的建立信息集成系统的方法是Wrapper/Mediator方法。该方法并不将各数据源的数据集中存放，而是通过Wrapper/Mediator结构满足上层集成应用的需求。这种方法的核心是中介模式（Mediated schema）。信息集成系统通过中介模式将各数据源的数据集成起来，而数据仍存储在局部数据源中，通过各数据源的包装器（Wrapper）对数据进行转换使其符合中介模式。用户的查询基于中介模式，不必知道每个数据源的特点，中介器（Mediator）将基于中介模式的查询转换为基于各局部数据源的模式查询，它的查询执行引擎再通过各数据源的包装器将结果抽取出来，最后由中介器将结果集成并返回给用户。Wrapper/Mediator方法解决了数据的更新问题，从而弥补了数据仓库方法的不足。但是，由于各个数据源的包装器是要分别建立的，因此Web数据源的包装器建立问题又给人们提出了新的挑战。近年来，如何快速、高效地为Web数据源建立包装器成为人们研究的热点。

自20世纪90年代以来，数据库界在Web数据集成方面虽然开展了大量研究，但是问题远没有得到解决。

2.移动数据管理

研究移动计算环境中的数据管理技术，已成为目前一个新的方向，即嵌入式移动数据库技术。移动计算环境指的是具有无线通信能力的移动设备及其运行的相关软件所共同构成的计算环境。移动计算环境使人们可以随时随地访问任意所需的信息。移动计算环境具有其鲜明的特点，主要包括移动性和位置相关性、频繁的通信断接性、带宽多样性、网络通信的非对称性、移动设备的资源有限性等。

在嵌入式移动数据库系统中需要考虑与传统计算环境下不同的问题，例如对断接操作的支持、对跨区长事务的支持、对位置相关查询的支持、对查询优化的特殊考虑以及对提高有限资源的利用率的考虑等。嵌入式移动数据库的关键技术主要包括数据复制/缓存技术、移动数据处理技术、移动查询处理、服务器数据源的数据广播、移动用户管理、数据的安全性等。

3. 网格数据管理

网格是把整个网络整合成一个虚拟的、巨大的超级计算环境，实现计算资源、存储资源、数据资源、信息资源、知识资源、专家资源的全面共享。其目的是解决多机构虚拟组织中的资源共享和协同工作问题。在网格环境中，不论用户工作在何种"客户端"上，系统均能根据用户的实际需求，利用开发工具和调度服务机制，向用户提供优化整合后的协同计算资源，并按用户的个性提供及时的服务。按照应用层次的不同，可以把网格分为3种：计算网格，提供高性能计算机系统的共享存取；数据网格，提供数据库和文件系统的共享存取；信息服务网格，支持应用软件和信息资源的共享存取。

网格环境下的数据管理目标是，保证用户在存取数据时无需知道数据的存储类型和位置。高性能计算的应用需求使计算能力不可能在单一的计算机上获得，因此必须通过构建"网络虚拟超级计算机"或"元计算机"获得超强的计算能力，这种计算方式称为网格计算。它通过网络连接地理上分布的各类计算机（包括机群）、数据库、各类设备和存储设备等，形成对用户相对透明的、虚拟的高性能计算环境，应用包括了分布式计算、高吞吐量计算、协同工程和数据查询等诸多功能。网格计算被定义为一个广域范围的"无缝的集成和协同计算环境"。网格计算模式已经发展为连接和统一各类不同远程资源的一种基础结构。网格计算有两个优势，一个是数据处理能力超强；另一个是能充分利用网上的闲置处理能力。为实现网格计算的目标，必须重点解决3个问题：

1）异构性：由于网格由分布在广域网上不同管理域的各种计算资源组成，怎样实现异构资源间的协作和转换是首要问题。

2）可扩展性：网格资源规模和应用规模可以动态扩展，并能不降低性能。

3）动态自适应性：在网格计算中，某一资源出现故障或失败的可能性较高，资源管理必须能够动态监视和管理网格资源，从可利用的资源中选取最佳资源服务。

网格环境下的数据管理目标是保证用户在存取数据时无须知道数据的存储类型（如数据库、文档、XML）和位置。涉及的问题包括：如何联合不同的物理数据源，抽取元数据构成逻辑数据源集合；如何制定统一的异构数据访问的接口标准；如何虚拟化分布的数据源等。

目前，数据网格研究的问题之一是如何在网格环境下存取数据库，提供数据库层次的服务，因为数据库应该是网格中十分宝贵且巨大的数据资源。数据库网格服务不同于通常的数据库查询，也不同于传统的信息检索，需要将数据库提升为网格服务，把数据库查询技术和信息检索技术有机地结合起来，提供统一的基于内容的数据库检索机制和软件。

信息网格是利用现有的网络基础设施、协议规范、Web和数据库技术，为用户提供一体化的智能信息平台，其目标是创建一种架构在操作系统和Web之上的基于Internet的新一代信息平台和软件基础设施。在这个平台上，信息的处理是分布式、协作和智能化的，用户可以通过单一入口访问所有信息。

信息网格追求的最终目标是能够做到按需服务（Service On Demand）和一步到位的服务（One Cliek Is Enough）。信息网格的体系结构、信息表示和元信息、信息连通和一致性、安全技术等是目前信息网格研究的重点。目前，信息网格研究中未解决的问题包括个性化服务、信息安全性和语义 Web。

数据库技术和网格技术相结合，就产生了网格数据库。网格数据库当前的主要研究内容包括 3 个方面：网格数据库管理系统、网格数据库集成和支持新的网格应用。

4.传感器数据库技术

随着微电子技术的发展，传感器的应用越来越广泛。例如，可以使小鸟携带传感器，根据传感器在一定的范围内发回的数据定位小鸟的位置，从而进行其他的研究；还可以在汽车等运输工具中安装传感器，从而掌握其位置信息；甚至于微型的无人间谍飞机上也开始携带传感器，以便在一定的范围内收集有用的信息，并将其发回到指挥中心。

当有多个传感器在一定的范围内工作时，就组成了传感器网络。传感器网络由携带者所捆绑的传感器及接收和处理传感器发回数据的服务器所组成。传感器网络中的通信方式可以是无线通信，也可以是有线通信。

传感器网络由大量的低成本的设备组成，用来测量诸如目标位置、环境温度等数据。每个设备都是一个数据源，将会提供重要的数据，这就产生了新的数据管理需求。

在传感器网络中，传感器数据就是由传感器中的信号处理函数产生的数据。信号处理函数要对传感器探测到的数据进行度量和分类，并且将分类后的数据标记时间戳，然后发送到服务器，再由服务器对其进行处理。传感器数据可以通过无线或者光纤网存取。无线通信网络采用的是多级拓扑结构，最前端的传感器结点收集数据，然后通过多级传感器结点到达与服务器相连接的网关结点，最后通过网关结点，将数据发送到服务器。光纤网络采用的是星形结构，各个传感器结点通过光纤与服务器相连接。

传感器结点上数据的存储和处理方法有两种：第一种类型的处理方法是将传感器数据存储在一个结点的传感器堆栈中，这样的结点必须具有很强的处理能力和较大的缓冲空间；第二种方法适用于一个芯片上的传感器网络，传感器结点的处理能力和缓冲空间是受限制的，在产生数据项的同时就对其进行处理以节省空间，在传感器结点上没有复杂的处理过程，传感器结点上不存储历史数据；对于处理能力介于第一种和第二种传感器网络之间的网络来说，则采用折中的方案，将传感器数据分层地放在各层的传感器堆栈中进行处理。

传感器网络越来越多地应用于对很多新应用的监测和监控。在这些新的应用中，用户可以查询已经存储的数据或者传感器数据，但是这些应用大部分建立在集中的系统上收集传感器数据。因为在这样的系统中数据是以预定义的方式抽取的，因此缺乏一定的灵活性。

由于大量传感器设备具有移动性、分散性、动态性和传感器资源的有限性等特点，因此传感器数据库系统需要解决许多新的问题。例如，传感器数据的表示和传感器查询的表示和执行，在整个传感器网络中查找信息时，应该尽可能将计算分布到各个结点上以提高性能。传感器资源的有限性需要研究传感器结点上的查询处理新技术。在传感器网络上，查询执行要适应随时迅速变化的情况。例如，传感器从网络上分离或者消失，查询计划也需要随之变化，这在当前的数据库系统中是没有的。此外，传感器还提出了处理更复杂信息的需求，一个常见的情况是，传感器没有完全校准，某个传感器的准确值要依据其他传感器的信号来求证。更复杂的情况是，传感器数据处理的目标可能要从多个低级别的信号演绎出一个高级别的信息。例如，需要综合温度、声音、振动等多种传感器信号来定位附近的一个人。

5. DBMS的自适应管理

随着RDBMS复杂性的增强以及新功能的增加，对于DBA的技术需求和熟练DBA的薪水支出都在大幅度增长，从而导致企业人力成本的迅速增加。随着关系数据库规模和复杂性的增加，系统调整和管理的复杂性相应增加。基于上述原因，数据库系统自调优和自管理工具的需求增加，对数据库自调优和自管理的研究也成为关注的热点。

目前的DBMS有大量的“调节按钮”，允许专家从可操作的系统上获得最佳的性能。通常，生产商要花费巨大的代价来完成这些调优。事实上，大多数的系统工程师在做这样的调整时，并不非常了解这些调整的意义，只是他们以前看过很多系统的配置和工作情况，将那些使系统达到最优的调整参数记录在一张表格中。当处于新的环境时，他们在表格中找到最接近当前配置的参数，并使用相关的设置，这就是所谓的数据库调优技术。它其实给数据库系统的用户带来极大的负担和成本开销，而且DBMS的调优工作并不是仅依靠用户的能力就能完成的。通常，把基于规则的系统和可调控的数据库联系起来是可以实现数据库自动调优的。目前，广大用户已经在数据库调优方面积累了大量的经验，例如，动态资源分配、物理结构选择以及某种程度上的视图实例化等。

数据库系统的最终目标是“没有可调部分”，即所有的调整均由DBMS自动完成。它可以依据默认的规则，对响应时间和吞吐率的相对重要性做出选择，也可以依据用户的需要制定规则。因此，建立能够清楚描述用户行为和工作负载的更完善的模型，是这一领域取得进展的先决条件。除了不需要手工调整，DBMS还需要能够发现系统组件内部及组件之间的故障，例如，数据冲突，侦查应用失败，并且做出相应的处理。这就要求DBMS具有更强的适应性和故障处理能力。

第 2 章　关系模型及关系操作

1970 年美国 IBM 公司的 E. F. Codd 提出关系模型，奠定了关系数据库的理论基础。关系模型自提出以来，立即引起学术界和产业界的广泛重视和响应，在理论与实践两个方面都对数据库技术产生了强烈的冲击。自此，一大批基于关系模型的关系数据库系统很快被开发出来并迅速商品化，占领了市场。DB2、Oracle、Sybase、SQL Server 等都是关系 DBMS。很显然，关系数据库是采用数学方法来处理数据库中的数据的。

2.1　关系模型及其三要素

2.1.1　关系数据结构

关系模型的数据结构非常简单，无论是现实世界中的实体还是联系，在关系模型中都用一个统一的概念——关系(表)表示。关系有着基于集合论的严格定义。

1. 关系的数学定义

关系模型的基本概念是域，域是具有相同数据类型的值的集合。如整数域是所有整数的集合，实数域是所有实数的集合等。若域中元素个数有限，则元素个数称为域的基数。

多个域可进行笛卡尔积运算。域 $D_1, D_2, \cdots, D_n$ 的笛卡尔积定义为：

$$D_1 \times D_2 \times \cdots \times D_n = \{(d_1, d_2, \cdots, d_n) \mid d_i \in D_i, i=1,2,\cdots,n\}$$

其中，$D_1, D_2, \cdots, D_n$ 中的某些域可能相同。笛卡尔积可形象地用一个二维表来表示，笛卡尔积中的每个元素 $(d_1, d_2, \cdots, d_n)$ 称为一个 n 元组，对应于表中的一行；组成笛卡尔积的每个域对应表中的一列；而每个元组中的每个值 d_i 称为一个分量，对应于表中的一个单元格。

如给定以下的域：

D_1 = {数据结构，算法}

D_2 = {张三，李四}

D_3 = {9−117，9−201，9−135}

则 D_1，D_2 与 D_3 的笛卡尔积如表 2-1 所示。

表 2-1　域 D_1，D_2 与 D_3 的笛卡尔积

D_1	D_2	D_3
数据结构	张三	9−117
数据结构	张三	9−201
数据结构	张三	9−135

续表

D_1	D_2	D_3
数据结构	李四	9－117
数据结构	李四	9－201
数据结构	李四	9－135
算法	张三	9－117
算法	张三	9－201
算法	张三	9－135
算法	李四	9－117
算法	李四	9－201
算法	李四	9－135

关系是笛卡尔积的子集，即域 $D_1, D_2, \cdots, D_n$ 上的关系为笛卡尔积 $D_1, D_2, \cdots, D_n$ 的子集。关系中域的个数称为关系的度或元，一个包含 n 个域的关系通常称为 n 元关系。为便于区别，需要为每个关系指定一个名字。由于关系是笛卡尔积的子集，因此也是一个二维表。同样为便于区分，需要为关系中的每个列指定一个名字，称为属性。一个拥有 n 个属性 $A_1, A_2, \cdots, A_n$ 的名为 R 的关系通常表示为 $R(A_1, A_2, \cdots, A_n)$，如表 2-2 中域 $D_1, D_2, \cdots, D_n$ 上的一个关系 R 拥有三个属性 course、teacher 和 classroom，记为 R(course，teacher，classroom)。

表 2-2　域 $D_1, D_2, \cdots, D_n$ 上的关系 R

course	teacher	classroom
数据结构	张三	9－117
数据结构	李四	9－201
算法	李四	9－135

若关系中某些属性的值组合起来能够唯一确定关系中的一个元组，则称该属性集合为关系的一个超键。一个关系至少拥有一个超键，即关系中所有属性的集合，但还可能拥有更多的超键。有一类特殊的超键，它的所有真子集都不构成一个超键，称之为候选键。如对于关系 R，属性集{course，teacher}为一个候选键（即课程及授课老师确定了，则上课地点也随之确定）。与超键类似，一个关系也至少拥有一个候选键。可以从关系的候选键中选择一个作为关系的主键，主键包含的属性称为主属性，其他属性称为非主属性。在关系定义中主属性用下划线表示，如标识了主属性的关系 R 表示如下：

R(course，teacher，classroom)

在存在多个关系时，可以要求其中一个关系（设为 R）的某些属性的值要能够在另一属性（设为 S）的主键中找到对应的值，这时 R 中的这些属性称为 R 的一个外键。外键构成关系模型的参照完整性。

2. 关系的性质

关系具有以下性质：

(1)列是同质的

即对于关系中的每一列,其所有值都来自于同一个域。如不允许一个关系中某一列的某些值是整数(来自于整数域),而另一些值是字符串(来自于字符串域)(当然,若将整数与字符串的并看做是一个特殊的域,则这种情况是允许的)。

(2)列只能取原子值

即关系中每一列的值都是一个不可分割的整体。这包括两方面的含义:首先,每个值都只能包含来自于对应域的一个值,而不是值的集合,如一个记录 email 地址的列的取值不能包含多个 email 地址;其次,每个值不能分解为更小的分量,如一个记录地址的值是一个字符串,不能将其分解成更小的分量如国家、城市、街道等。

(3)不能有相同的元组

由于关系实际上是元组的集合,根据集合的不重复性,关系中不能存在两个完全相同的元组。

(4)行的顺序无关

同样,由于关系是元组的集合,由于集合的元素顺序无关性,关系中各行(即元组)的顺序也是无关的。

2.1.2 关系操作概述

关系模型与其他数据模型相比,最具有特色的是关系数据操作语言。关系操作语言灵活方便,表达能力和功能都非常强大。

1.关系操作的基本内容

关系操作采用集合操作方式,即操作的对象和结果都是集合,这种操作方式也称为一次一个集合的方式。相应的,非关系数据模型的数据操作则为一次一记录的方式。

关系模型中常用的关系操作包括(选择、投影、联接、除、并、交、差)和更新操作(增、删、改)两大部分。查询的表达能力是其中最重要的部分。

关系模型中的关系操纵能力早期通常是用代数方法或逻辑方法来表示,分别称为关系代数(Relation Algebra)和关系演算(Relation Calculus)。关系代数是用对关系的运算来表达查询要求的方式;关系演算是用谓词来表达查询要求的方式。关系演算又可按谓词的基本对象是元组变量还是域变量分为元组关系演算和域关系演算。关系代数、元组关系演算和域关系演算 3 种语言在表达能力上是完全等价的。

关系代数、元组关系演算和域关系演算均是抽象的查询语言,这些抽象的语言与具体的 DBMS 中实现的实际语言并不完全一样,但它们能用作评估实际系统中查询语言能力的标准或基础。

2.关系操作的特点

关系操作具有以下 3 个显著的特点:

(1)关系操作语言操作一体化

关系语言具有数据定义、查询、更新和控制一体化的特点。关系操作语言既可以作为宿主语言嵌入到主语言中,又可以作为独立语言交互使用。关系操作的这一特点使得关系数据库语言容易学习，使用方便。

(2)关系操作的方式是一次一集合方式

其他系统的操作是一次一记录(record-at-a-time)方式，而关系操作的方式则是一次一集合(set-at-a-time)方式，即关系操作的初始数据、中间数据和结果数据都是集合。关系操作数据结构单一的特点，虽然能够使其利用集合运算和关系规范化等数学理论进行优化和处理关系操作，但同时又使得关系操作与其他系统配合时产生了方式不一致的问题，即需要解决关系操作的一次一集合与主语言一次一记录处理方式的矛盾。

(3)关系操作语言是高度非过程化的语言

关系操作语言具有强大的表达能力。例如，关系查询语言集检索、统计、排序等多项功能为一条语句，它等效于其他语言的一大段程序。用户使用关系语言时，只需要指出做什么，而不需要指出怎么做，数据存取路径的选择、数据操作方法的选择和优化都由 DBMS 自动完成。关系语言的这种高度非过程化的特点使得关系数据库的使用非常简单，关系系统的设计也比较容易，这种优势是关系数据库能够被用户广泛接受和使用的主要原因。

关系操作能够具有高度非过程化特点的原因有两条：

1)关系模型采用了最简单的、规范的数据结构。

2)它运用了先进的数学工具——集合运算和谓词运算，同时又创造了几种特殊关系运算——投影、选择和连接运算。

关系运算可以对二维表(关系)进行任意的分割和组装，并且可以随机地构造出各式各样用户所需要的表格。当然，用户并不需要知道系统在里面是怎样分割和组装的，他只需要指出他所用到的数据及限制条件。然而，对于一个系统设计者和系统分析员来说，只知道面上的东西还不够，还必须了解系统内部的情况。

3. 关系操作语言的种类

实际的查询语言除了提供关系代数或关系演算的功能外，还提供了许多附加功能，例如，关系赋值、算术运算等。关系语言是一种高度非过程化的语言，用户不必请求 DBA 为其建立特殊的存取路径，存取路径的选择由 DBMS 的优化机制来完成。

另外，还有一种介于关系代数和关系演算之间的语言称为结构化查询语言(Structured Query Language，SQL)。SQL 不仅具有丰富的查询功能，而且还具有数据定义和数据控制功能，是集查询、DDL 和数据控制语言(Data Control Language，DCL)于一体的关系数据库语言。它充分体现了关系数据库语言的特点和优点，是关系数据库的标准语言。因此，关系数据库语言可以分为以下三类：

1)关系代数语言，例如 ISBL(Information System Base Language)。

2)关系演算语言，其中包括：

- 元组关系演算语言，例如 ALPHA 和 QUEL(Query Language)。
- 域关系演算语言，例如 QBE(Query By Example，按列查询)。

3)具有关系代数和关系演算双重特点的语言，例如 SQL。

这些关系数据库语言的共同特点是，语言具有完备的表达能力，是非过程化的集合操作语言，功能强，能够嵌入高级语言中使用。

2.1.3 关系的完整性

随着关系数据库中数据的不断更新，要维护数据库中数据与现实世界中的一致性，就必须对关系数据库加以约束。关系模型中的完整性规则是对关系的某种约束条件。关系模型中的完整约束包括域完整性约束（Domain Integrity Constraint）、实体完整性约束（Entity Integrity Constraint）、参照完整性约束（Referential Integrity Constrain）和用户定义完整性约束。其中实体完整性约束和参照完整性约束是关系模型必须满足的完整性约束条件，被称做是关系的两个不变性，应该由 DBMS 自动支持。

1. 域完整性约束

域完整性约束是指关系中属性的值应是域中的值，并由语义决定其能否为空值（NULL）。NULL 是用来说明在数据库中某些属性值可能是未知的，或在某些场合下是不适应的一种标志。例如，在教师关系 T 中，一个新调入的教师在未分配具体单位之前，其属性“系部”一列是可以取空值的。

域完整性约束是最简单、最基本的约束。在目前的 RDBMS 中，一般都有域完整性约束检查。

2. 实体完整性约束

实体完整性（Enity Integrity）约束的规则是：主关键字值必须是唯一的，且任何组成部分都不能是空值。

这一规则的理论根据如下：由定义可知，任何元组必须是可辨识的。在关系数据库中，主关键字起唯一的标识作用。一个标识项（主关键字）全都是空值，起不到标识的作用。这等于说有这样一些元组，它们并没有任何唯一的标识项，即不能和其他元组区别开来。这是不允许的，因此主关键字不能全部为空值。类似分析表明，即使标识项的一部分是空值也是不允许的。

3. 参照完整性约束

一个关系涉及对另一关系的引用是常有的现象。例如，选课关系经由它的属性学号和课程号，既涉及对学生关系的引用，又涉及对课程关系的引用。很显然，如果选课关系的一个元组含有学号属性的某个值，如“140013”，那么在学生关系中，学号为“140013”的学生元组就应该存在。否则，选课关系的元组显然涉及了一个并不存在的学生，这是不允许的；对于课程情况也是如此。为此，必须引入一定的参照完整性约束规则，要求不引用不存在的实体。

参照完整性（Referential Integrity）又称为引用完整性，其约束的规则是：设 D 是一个主域，R_1 是一个关系，它有一个在 D 上定义的属性 A，那么在任何给定的时刻，R_1 中 A 的每个值或者是空值，或者等于以 A 为主关键字的某个关系 R_2 中的一个主关键字值（R_1 和 R_2 可以相同）。

主关键字和外来关键字提供了一种表示元组之间联系的手段。外来关键字要么空缺，要么引用一个实际存在的主关键字。

一个给定的域被选择为主域，当且仅当有一个单一属性的主关键字是在这个域上定义的。注意，不是所有能起这种“联系”作用的属性都是关键字。例如，学生和教师之间有一个联系“年龄”，这个联系是由学生关系和教师关系的年龄属性表示的，但年龄并不是外来关键字。

实体完整性约束是一个关系的内部制约，参照完整性约束是不同关系之间或一个关系的不同元组之间的制约。

4. 用户定义完整性约束

用户定义完整性约束：针对某一具体数据的约束条件，由应用环境决定。由于不同的数据库系统所应用的环境不同，往往需要用户根据需要制定一些特殊的约束条件。用户按照实际的数据库运行环境要求，对关系中的数据定义约束条件，它反映的是某一具体应用所涉及的数据必须要满足的语义要求。例如，考试表中“成绩”的取值范围是 0～100，学生登记表中“性别”的取值为“男”和“女”等，都是针对具体关系提出的完整性约束条件。DBMS 应该提供定义和检查这类完整性的机制，以便用统一的系统方法处理它们，不再由应用程序承担这项工作。

总之，关系数据模型中存在完整性约束。为了保持数据库的一致性和正确性，必须使数据库中的数据满足完整性约束。

2.2　关系代数

关系代数是关系数据模型最重要的数据操作语言，其中的关系数据操作语言有元组关系演算和域关系演算，但都没有关系代数通用。关系代数定义了在一组给定关系之上的运算及其语义，这些运算包括选择(σ)、投影(π)、广义笛卡尔积($\times$)、集合并($\cup$)、交($\cap$)、差($-$)、重命名(ρ)等。各基本关系代数运算的操作数与运算结果都是关系，因此一个运算的运算结果又可作为另一运算的操作数，由此组成复杂的关系代数表达式。

2.2.1　基本的关系运算

基本的关系运算包括选择、投影、笛卡尔积、并、差、重命名运算。关系的集合运算要求参加运算的关系必须具有相同的目(即关系的属性个数相同)，且相应属性取自同一个域。

1. 选择(σ)

选择(Select)又称为限制(Restriction)，是在给定关系 R 中选择满足条件的元组。选择运算可表示为

$$\sigma_F(R)=\{t \mid t\in R \land F(t)='真'\}$$

其中，F 表示选择条件，它是一个逻辑表达式，逻辑表达式由逻辑运算符$\neg$，$\land$，$\lor$ 连接各算术表达式组成。取逻辑值“真”或“假”。

逻辑表达式 F 的基本形式如下

$$X\theta Y$$

式中，θ 表示比较运算符，它可以是$>$、$\geqslant$、$<$、$\leqslant$、$=$或$\neq$，X、Y 等是属性名或常量或简单函数。

选择运算实际上是从关系 R 中选取使逻辑表达式 F 为真的元组，它是从行的角度进行的运算。

2. 投影(π)

投影(Projection)也是一元关系操作，用于选择关系的某些属性。它对一个关系进行垂直分割，消除某些属性，并重新安排属性的顺序，再删去重复的元组。投影运算可表示为

$$\prod_A(R)=\{\ t[A]\mid t\in R\}$$

其中，A 为 R 中属性组，且 $A\subseteq U$。在关系二维表中，选择是一种水平操作，它针对二维表中行，而投影则是一种垂直操作，它针对的是二维表中的属性列。投影后不仅取消了原关系中的某些列，而且还可能取消某些元组。这主要是因为取消了某些属性列后，就可能出现重复行，按关系的要求应取消这些完全相同的行。

3. 笛卡尔积(×)

由于这里所指的笛卡尔积的元素是元组，因此可以将笛卡尔积定义为广义笛卡尔积(Extended Cartesian Product)。

两个分别为 n 目和 m 目的关系 R 和 S 的笛卡尔积是一个$(n+m)$列的元组的集合。元组的前 n 列是关系 R 的一个元组，后 m 列是关系 S 的一个元组。例如，假设 R 有 k_1 个元组，S 有 k_2 个元组，则关系 R 和关系 S 的笛卡尔积有 $k_1\times k_2$ 个元组。记为

$$R\times S=\{\widehat{t_r t_s} t_r\in R\wedge t_s\in S\}$$

两个关系的笛卡尔积就是一个关系中的每个元组和第二个关系的每个元组的连接。

4. 并(∪)

两个关系的并运算(Union)是指将一个关系的元组加到第二个关系中，生成新的关系。在并运算中，元组在新的关系中出现的顺序是无关紧要的，但是必须消除重复元组。并运算可表示为

$$R\cup S=\{t\mid t\in R\vee t\in S\}$$

其结果关系仍为 n 目关系，且由于属于 R 或属于 S 的元组组成。

5. 差(－)

两个关系的差运算(Difference)是指包括在第一个关系中出现而在第二个关系中不出现的元组的新关系。差运算可表示为

$$R-S=\{t\mid t\in R\wedge t\notin S\}$$

其结果关系仍为 n 目关系，由属于 R 而不属于 S 的所有元组组成。

6. 重命名(ρ)

重命名操作为关系及其属性指定新的名称。重命名运算用字母 ρ 表示。有两种形式的重命名操作，形如 $\rho_x(E)$的重命名操作将关系 E 重命名为 x，形如 $\rho_{x(A_1,A_2,\cdots,A_n)}(E)$的重命名操作不但将 E 重命名为 x，同时还将其各属性重命名为 $A_1,A_2,\cdots,A_n$。

通常有两种情况需要使用重命名操作：

1)当两个相同关系进行笛卡尔积运算时，为区分笛卡尔积之后的属性，需要将其中一个关系重命名。

2)某些关系运算产生的关系不具有名称和属性名。如集合并、差运算，由于参与运算的两个关系未必同名，对应属性的名称也未必相同，因此其结果没有名称，结果中各列也没有属性名，这时可用重命名操作为该结果及其属性指定名称以方便引用。

2.2.2 附加的关系运算

在关系代数中，有 4 种附加的关系运算，分别是交、连接、除法和外连接运算。

1. 交(∩)

两个关系的交运算(Intersection)是指包含同时出现在第一和第二个关系中的元组的新关系。交运算可表示为

$$R \cap S = \{t \mid t \in R \wedge t \in S\}$$

其结果关系仍为 n 目关系,且由既属于 R 又属于 S 的元组组成。

关系的交可以用差来表示,即

$$R \cap S = R - (R - S)$$

2. 连接(⋈)

连接又称 θ 连接,是从两个关系的笛卡儿积中选取属性间满足一定条件的元组。连接运算可表示为

$$R \underset{A\theta B}{\infty} S = \{\widehat{t_r t_s} \mid t_r \in R \wedge t_s \in S \wedge t_r[A]\theta t_s[B]\}$$

其中,A 和 B 分别为 R 和 S 上度数相等且可比的属性组。θ 是比较运算符。连接运算从 R 和 S 的笛卡儿积 $R \times S$ 中选取 R 关系在 A 属性组上的值与 S 关系在 B 属性组上值满足比较关系 θ 的元组。

连接运算中有两种最为重要也最为常用的连接:等值连接(Equi-join)和自然连接(Natural join)。

1)等值连接是指 θ 为"="的连接运算。它是从关系 R 与 S 的笛卡儿积中选取 A、B 属性值相等的那些元组。等值连接可表示为

$$R \underset{A=B}{\infty} S = \{\widehat{t_r t_s} \mid t_r \in R \wedge t_s \in S \wedge t_r[B] = t_s[B]\}$$

2)自然连接是一种特殊的等值连接,它要求两个关系中进行比较的分量必须是相同的属性组,并且要在结果中把重复的属性去掉。若 R 和 S 具有相同的属性组 B,则自然连接可表示为

$$R \infty S = \{\widehat{t_r t_s} \mid t_r \in R \wedge t_s \in S \wedge t_r[B] = t_s[B]\}$$

一般连接操作都是从行的角度进行运算。但是,对于自然连接来说还需要取消重复列,同时从行和列的角度进行运算。

自然连接与等值连接的不同点表现在:自然连接要求两个关系中进行比较的属性或属性组必须同名和相同值域,而等值连接只要求比较属性有相同的值域;自然连接的结果中,同名的属性只保留一个。

3. 除(÷)

除法运算时用一个$(m+n)$元的关系 R 除以一个 n 元关系 S,操作结果产生一个 m 元的新关系。除法用÷表示,关系 R 和 S 相除必须满足下面两个条件才能相除:

1)关系 R 中的属性包含关系 S 中的全部属性。

2)关系 R 中的某些属性不出现在 S 中。

R 和 S 的除运算得到一个新的关系 $P(X)$,P 是 R 中满足下列条件的元组在 X 属性列上的投影:元组在 X 上分量值 x 的象集 Yx 包含 S 在 Y 上投影的集合。除运算可以表示为

$$R \div S = \{t_r[X] t_r \in R \wedge \pi y(S) \subseteq Yx\}$$

其中,Yx 为值 x 在 R 中的象集,表示为 R 中属性组 X 上的值为 $x(x = t_r[X])$的元组在属性组 Y

上分量的集合。

关系的除操作还可以用其他基本操作表示为

$$R \div S = \Pi x(R) - \Pi x(\Pi x(R) \times \Pi y(S) - R)$$

4. 外连接($\bowtie_O$)

外连接是自然连接的扩展，也可以说是自然连接的特例，可以处理缺失的信息。假设两个关系 R 和 S，它们的公共属性组成的集合为 Y，在对 R 和 S 进行自然连接时，在 R 中的某些元组可能与 S 中所有元组在 Y 上的值均不相等，同样，对 S 也是如此，那么在 R 和 S 的自然连接的结果中，这些元组都将被舍弃。使用外连接可以避免这样的信息丢失。外连接运算有三种：左外连接、右外连接和全外连接，具体可见表 2-3 所示。

表 2-3　扩展的关系代数运算

名称	符号	键盘格式	示例
外连接	$\bowtie_O$	OUTERJ	R $\bowtie_O$ S　　R OUTERJ S
左外连接	$\bowtie_{LO}$	LOUTERJ	R $\bowtie_{LO}$ S　　R LOUTERJ S
右外连接	$\bowtie_{RO}$	ROUTERJ	R $\bowtie_{RO}$ S　　R ROUTERJ S

(1)左外连接(left outer join)

取出左侧关系中所有与右侧关系的任一元组都不匹配的元组，用空值 NULL 填充所有来自右侧关系的属性，再把产生的元组加到自然连接的结果上。左外连接可以表示为：

左外连接＝内连接＋左边表中失配的元组

其中，缺少的右边表中的属性值用 NULL 表示。

(2)右外连接(right outer join)

与左外连接相对称，取出右侧关系中所有与左侧关系的任一元组都不匹配的元组，用空值 NULL 填充所有来自左侧关系的属性，再把产生的元组加到自然连接的结果上。右外连接可以表示为：

右外连接＝内连接＋右边表中失配的元组

其中，缺少的左边表中的属性值用 NULL 表示。

(3)全外连接(full outer join)

完成左外连接和右外连接的操作，既填充左侧关系中与右侧关系的任一元组都不匹配的元组，又填充右侧关系中与左侧关系的任一元组都不匹配的元组，并把结果加到自然连接的结果上。全外连接可以表示为：

全外连接＝连接＋左边表中失配的元组＋右边表中失配的元组

其中，缺少的左边表或者右边表中的属性值用 NULL 表示。

2.2.3　关系代数表达式的优化策略

在前面的讲述过程中可知关系代数表达式的运算涉及了关系的操作步骤。不同的操作步骤，有不同的操作效率。要达到高效率的查询，就需要选择合适的优化策略。

下面就如何安排操作的顺序来达到优化进行讨论。当然，达到优化的表达式不一定是所有等价表达式中执行查询时间最少的表达式。一般地，优化策略包括以下几方面。

1)在关系代数表达式中应该尽可能早地执行选择操作。通过执行选择操作，可以得到比较小的中间结果，减少运算量和输入输出的次数。

2)同时计算一连串的选择和投影操作，避免因为分开运算而造成的多次扫描文件，从而节省查询执行的时间。

3)如果在一个表达式中多次出现某个子表达式，那么应该把该子表达式计算的结果预先计算和保存起来，以便以后使用，减少重复计算的次数。

4)对关系文件进行预处理，适当地增加索引、排序等，使两个文件之间可以快速建立连接关系。

5)对于表达式的书写应该仔细考虑关系的排列顺序，因为这种顺序对于从缓存中读入数据有非常大的影响。

2.3　关系演算

关系演算是以数理逻辑中的谓词演算为基础的。以谓词演算为基础的查询语言称为关系演算语言。用谓词演算作为数据库查询语言的思想最早见于 Kuhns 的论文。把谓词演算用于关系数据库语言是由 E. F. Codd 提出来的。关系演算按谓词变元的不同分为元组关系演算和域关系演算。可以证明，关系代数、元组关系演算和域关系演算对关系运算的表达能力是等价的，它们可以相互转换。

2.3.1　元组关系演算

关系 R 可用谓词 $R(t)$ 表示，其中 t 为变元。元组关系演算的查询表达式为

$$R=\{t|\varphi(t)\}$$

式中，R 是所有使 $\varphi(t)$ 为真的元组 t 的集合。$\varphi(t)$ 是由关系名、元组变量、常量以及运算符组成的公式。在这里采用关系的元组变量 t 进行运算，也就是说，元组关系演算的结果是符合给定条件的元组的集合，也就是一个关系。

1. 元组公式的形式

在元组关系演算中，常把 $\{t|\varphi(t)\}$ 称为一个演算表达式，把 $\varphi(t)$ 称为一个公式，t 为 φ 中唯一的自由元组变量。一般的，公式是由原子公式组成的，元组公式有以下三种形式：

1)$R(s)$，其中 R 是关系名，s 是元组变量。它表示这样的一个命题：s 是关系 R 的一个元组。

2)$s[i]\theta u[j]$，其中 s 和 u 都是元组变量，θ 是算术比较运算符。该原子公式表示这样的命题：元组 s 的第 i 个分量与元组 u 的第 j 个分量之间满足 θ 关系。

3)$s[i]\theta a$ 或 $a\theta s[i]$，这里 a 是一个常量。该原子公式表示这样的命题：元组 s 的第 i 个分量与常量 a 之间满足 θ 关系。

2.元组演算中的各种运算符

在一个公式中,如果一个元组变量的前面没有代表存在量词∃或全称量词∀的符号,那么称为自由元组变量,否则称为约束元组变量。

在元组演算的公式中,各种运算符的运算优先次序为:

1)算术比较运算符最高。

2)量词次之,且按∃、∀的先后次序进行。

3)逻辑运算符优先级最低,且按¬、∧、∨、→(蕴含)的先后次序进行。

4)若加括号,括号中的运算优先。

3.基本元组关系演算表达式

关系代数的六种基本运算均可用元组关系演算表达式来表示,其表示如下:

1)并:$R \cup S=\{t \mid R(t) \vee S(t)\}$;

2)交:$R \cap S=\{t \mid R(t) \wedge S(t)\}$;

3)差:$R-S=\{t \mid R(t) \wedge \neg S(t)\}$;

4)投影:

$\Pi_{i1,i2,\cdots ik}(R)=\{t^{(k)} \mid (\exists u)(R(u) \wedge t[1]=u[i1] \wedge t[2]=u[i2] \wedge \cdots t[k]=u[ik])\}$;

5)选择:$\sigma_F(R)=\{t \mid R(t) \wedge F'\}$;

6)连接:$R \infty_F S=\{t^{(n+m)} \mid (\exists u^{(n)})(\exists v^{(m)})(R(u)) \wedge S(v)$

$\wedge t[1]=u[1] \wedge t[2]=u[2] \wedge \cdots t[n]=u[n] \wedge t[n+1]=v[1] \wedge \cdots t[n+m]=v[m] \wedge F'\}$

4.元组关系演算语言 ALPHA

典型的元组关系演算语言是 E. F. Codd 提出的 ALPHA 语言,尽管到目前这种语言没有实际实现,但由于关系数据库管理系统 INGRES 最初所用的 QUEL 语言是参照 ALPHA 语言研制的,与 ALPHA 类似,因此这里简单地对 ALPHA 语言进行说明。

ALPHA 语言主要包括 GET、PUT、HOLD、UPDATE、DELETE、DROP 6 条语句,基本的格式为

操作语句　工作空间名(表达式):操作条件

其中,表达式说明的是要查询的结果,可以是关系名或(和)属性名,一条语句可以同时操作多个关系或多个属性;操作条件是一个逻辑表达式,说明查询结果要满足的条件,用于将操作结果限定在满足条件的元组中,操作条件可以为空。除此之外,还可以在基本格式的基础上加上排序要求、定额要求等。

下面进行一些简单地操作,如检索操作,常用 GET 语句实现;更新操作,主要通过 UPDATE 语句实现。

(1)简单检索

简单检索是一种不带条件的检索形式。

例如,查询所有被选修的课程号码:

GET W(SC.Cno)

W 为工作空间名。这里条件为空,表示没有限定条件。

再如，查询所有学生的数据：

GET W(Student)

(2)限定检索

限定的检索是一种带条件的检索形式。

例如，查询信息系(IS)中年龄小于 20 岁的学生的学号和年龄：

GET W(Student_Sno,Student. Sage):Student. Sdept='IS'∧Student. Sage<21

(3)带排序检索

例如，查询计算机科学系(CS)学生的学号、年龄，结果按年龄降序排序：

GET W(Student. Sno,Student. Sage):Student. Sdept='CS'DOWN Student. Sage

其中，DOWN 表示降序排序。

(4)带定额检索

例如，取出一个信息系学生的学号：

GET W(1)(Student. Sno):Student. Sdept='IS'

注意，排序和定额可以一起使用。所谓带定额的检索是指规定了检索出元组的个数，方法是在 W 后括号中加上定额数量。

又如，查询信息系年龄最大的三个学生的学号及其年龄，结果按年龄降序排序：

GET W(3) (Student. Sno,Student. Sage):Student. Sdept='IS' DOWN Student. Sage

(5)利用元组变量检索

元组关系演算是以元组变量作为谓词变元的基本对象。元组变量实在某一关系范围内变化(页可以称为范围变量 Range Variable)。一个关系可以设多个元组变量。

元组变量主要有两方面的用途：

1)简化关系名。当关系名字很长时，就可以设一个较短名字的元组变量来代替关系名。

2)操作条件中使用量词时必须用元组变量。

例如，查询信息系学生的名字：

RANGE Student X

GET W(X. Sname):X. Sdept='IS'

ALPHA 语言用 RANGE 来说明元组变量。其中，X 是关系 Student 上的元组变量，用途是简化关系名，即用 X 代表 Student。

(6)利用存在量词的检索

操作条件中使用量词时必须用元组变量。

例如，查询选修 2 号课程的学生名字：

RANGE SC X

GET W(Student. Sname):∃X(X. Sno=Student. Sno∧X. Cno='2')

又如，查询选修了这样课程的学生学号，其直接选修课是 6 号课程：

RANGE Course CX

GET W(SC. Sno):∃CX(CX. Cno=SC. Cno∧CX. Pcno='6')

再如，查询至少选修一门其选修课为 6 号课程的学生名字：

RANGE Course CX

SC SCX

GET W(Student. Sname)：∃SCX(SCX. Sno＝Student. Sno∧

∃CX(CX. Cno＝SCX. Cno∧CX. PCno＝'6'))

该例中的元组关系演算公式可以变换为前束范式(Prenex normal form)的形式：

GET W(Student. Sname)：∃SCX∃CX(SCX. Sno＝Student. Sno∧

CX. Cno＝SCX. Cno∧CX. PCno＝'6')

元组变量都是为存在量词设的，由于该例还需要对两个关系作用存在量词，所以设了两个元组变量。

(7)带有多个关系的表达式的检索

查询表达式中可以有多个关系。

例如，查询成绩为90分以上的学生名字与课程名字：

RANGE SC SCX

GET W(Student. Sname，Course. Cname)：∃SCX(SCX. Gradet＞90∧

SCX. Sno＝Student. Sno∧Course. Cno＝SCX. Cno)

该查询所要求的结果是学生名字和课程名字，分别在Student和Course两个关系中。

(8)利用全称量词的检索

例如，查询不选1号课程的学生名字：

RANGE SC SCX

GET W(Student. Sname)：∀SCX(SCX. Sno≠Student. Sno ∨SCX. Cno≠'1')

本例也可以用存在量词来表示：

RANGE SC SCX

GET W(Student. Sname)：¬∃SCX(SCX. Sno＝Student. Sno∧SCX. Cno＝'1')

(9)利用两种量词的检索

例如，查询选修了全部课程的学生姓名：

RANGE Course CX

SC SCX

GET W(Student. Sname)：∀CX∃SCX(SCX. Sno＝Student. Sno∧

SCX. Cno＝CX. Cno)

(10)利用蕴涵的检索

例如，查询最少选修了95002学生所选课程的学生学号。

首先，依次检查Course中的每一门课程，看95002是否选修了该课程，如果选修了，则再看某一个学生是否也选修了该门课。如果对于95002所选的每门课程该学生都选修了，则该学生为满足要求的学生。把所有这样的学生全都找出来即可。

RANGE Course CX

SC SCX(注意，这里SC设了两个元组变量)

SC SCY

GET W(Student. Sno)：∀CX(∃SCX(SCX. Sno＝'95002'∧SCX. Cno＝CX. Cno)

⇒SCY(SCY. Sno＝Student. Sno∧SCY. Cno＝CX. Cno))

（11）聚集函数

用户在使用查询语言时，经常要作一些简单的计算，为了方便用户，关系数据语言中建立了有关这类运算的标准函数库供用户选用。这类函数通常称为聚集函数或内置函数（Built-in Function）。关系演算中提供了 COUNT，TOTAL，MAX，MIN，AVG 等聚集函数，其含义如表 2-4 所示。

表 2-4　关系演算中的聚集函数

函数名	功能
COUNT	对元组计数
TOTAL	求总和
MAX	求最大值
MIN	求最小值
AVG	求平均值

例如，查询学生所在系的数目：

GET W(COUNT(Student. Sdept))

COUNT 函数在计数时会自动排除重复值。

又如，查询信息系学生的平均年龄：

GET W(AVG(Student. Sage)：Student. Sdept＝'IS')

（12）修改操作

用 UPDATE 语句实现修改操作的步骤如下：

1)用 HOLD 语句将要修改的元组从数据库中读到工作空间中。

2)用宿主语言修改工作空间中元组的属性值。

3)用 UPDATE 语句将修改后的元组送回数据库中。

需要注意的是，单纯检索数据使用 GET 语句即可，但为修改数据而读元组时必须使用 HOLD 语句，HOLD 语句是带上并发控制的 GET 语句。

例如，把 95007 学生从计算机科学系转到信息系：

HOLD W(Student. Sno，Student. Sdept)：Student. Sno＝'95007'

（从 Student 关系中读出 95007 学生的数据）

MOVE 'IS' TO W. Sdept　　（用宿主语言进行修改）

UPDATE W　　（把修改后的元组送回 Student 关系）

其中，HOLD 语句用来读 95007 的数据，而不是用 GET 语句。

如果修改操作涉及两个关系的话，就要执行两次 HOLD—MOVE—UPDATE 操作序列。

在 ALPHA 语言中，修改关系主码的操作是不允许的，例如不能用 UPDATE 语句将学号 95001 改为 95102。如果需要修改主码值，只能先用删除操作删除该元组，然后再把具有新主码值的元组插入到关系中。

(13)插入操作

用 PUT 语句实现插入操作的步骤如下:

1)用宿主语言在工作空间中建立新元组。

2)用 PUT 语句把该元组存入指定的关系中。

例如,学校新开设了一门 2 学分的课程“计算机组织与结构”,其课程号为 8,直接先行课为 6 号课程。插入该课程元组。

```
MOVE '8' TO W. Cno
MOVE '计算机组织与结构' TO W. Cname
MOVE '6' TO W. Cpno
MOVE '2' TO W. Ccredit
PUT W(Course)  (把 W 中的元组插入指定关系 Course 中)
```

PUT 语句只对一个关系操作,也就是说表达式必须为单个关系名。

(14)删除

用 DELETE 语句实现删除操作的步骤如下:

1)用 HOLD 语句把要删除的元组从数据库中读到工作空间中。

2)用 DELETE 语句删除该元组。

例如,95110 学生因故退学,删除该学生元组:

```
HOLD W(Student):Student. Sno='95110'
DELETE W
```

又如,将学号 95001 改为 95102:

```
HOLD W(Student):Student. Sno='95001'
DELETE W
MOVE '95102' TO  W. Sno
MOVE '李勇' TO  W. Sname
MOVE '男' TO  W. Ssex
MOVE '20' TO  W. Sage
MOVE 'CS' TO  W. Sdept
PUT W(Student)
```

例如,删除全部学生:

```
HOLD W(Student)
DELETE W
```

由于 SC 关系与 Student 关系之间的具有参照关系,为保证参照完整性,删除元组时相应地要删除 SC 中的元组(手工删除或由 DBMS 自动执行):

```
HOLD W(SC)
DELETE W
```

2.3.2 域关系演算

域关系演算类似于元组演算,但不同于元组演算,其公式中的变量不是元组变量,而是表示元组变量各个分量的域变量。

1.域演算表达式的形式

域演算表达式的一般形式为

$$\{<x_1,x_2,\cdots,x_n>|\varphi(x_1,x_2,\cdots,x_n)\}$$

其中，$x_1,x_2,\cdots,x_n$ 表示域变量，φ 表示演算公式，是由关系、域变量、常量及运算符组成的公式。

域关系演算的结果是符合条件的域变量值序列的集合，也就是一个关系。域关系演算以元组变量的分量，即域变量作为谓词变量的基本对象。域关系演算允许像元组演算一样定义域演算的原子公式。

通常情况下，域演算的原子公式有以下两种形式：

1)$R(x_1,\cdots,x_k)$，R 是 k 元关系，每个 x_i 是常量或域变量。

2)$x\theta y$，其中 x 是域变量，y 是常量或域变量，θ 是算数比较运算符。

域关系演算的公式也可使用 ∨、∧、¬ 等逻辑运算符，还可用($\exists x$)和($\forall x$)形成新的公式，但要注意变量 x 是域变量，不是元组变量。

元组关系演算转换为域关系演算的基本方法如下：设元组关系演算表达式为$\{t|\varphi(t)\}$，域关系演算表达为：$\{<x_1,x_2,\cdots,x_n>|\varphi(x_1,x_2,\cdots,x_n)\}$

1)如果 t 是有 n 个分量的元组变量，则为 t 的每个分量 $t[i]$ 引进一个域变量 x_i，用 x_i 来替代公式中所有的 $t[i]$。相应的域关系表达式则有 n 个域变量，形式为

$$\{<x_1,x_2,\cdots,x_n>|\varphi(x_1,x_2,\cdots,x_n)\}$$

2)出现存在量词($\exists u$)，或者全称量词($\forall u$)时，如果 u 是有 m 个分量的元组变量，则为每个分量 $u[i]$ 引进一个域变量 u_i，将量词辖域内所有的 u 用 $u_1,u_2,\cdots,u_m$ 替换，所有 $u[i]$ 用 u_i 替换。

2.运算的安全限制及等级问题

关于关系的各种运算的安全限制及等级问题：

1)在关系代数中，不用求补运算而采用求差运算的主要原因是有限集合的补集可能是无限集。关系的笛卡尔积的有限子集，其任何运算结果也为关系，因而关系代数是安全的。

2)在关系演算中，表达式$\{t|\neg R(t)\}$等可能表示无限关系。

3)在关系演算中，判断一个命题正确与否，有时会出现无穷验证的情况($\exists u$)($W(u)$)为假时，必须对变量 u 的所有可能值都进行验证，当没有一个值能使 $w(u)$ 取真值时，才能作出结论，当 u 的值可能有无限多个时，验证过程就是无穷的。又如判定命题($\forall u$)($W(u)$)为真也如此，会产生无穷验证。

若对关系演算表达式规定某些限制条件，对表达式中的变量取值规定一个范围，使之不产生无限关系和无穷运算的方法，称为关系运算的安全限制。施加了安全限制的关系演算称为安全的关系演算。

关系代数和关系演算所依据的基础理论是相同的，因此可以进行相互转换。人们已经证明，关系代数、安全的元组关系演算、安全的域关系演算在关系的表达能力上是等价的。

3.域关系演算语言QBE

域关系演算以域变量作为谓词变元的基本对象。1971年由M. M. Zloof提出的QBE就是一个很有特色的域关系演算语言，该语言于1978年在IBM 370上得以实现。QBE(Query By Example)用示例元素来表示查询结果可能的例子，示例元素实质上就是域变量。QBE是一种

高度非过程化的基于屏幕表格的查询语言，用户通过终端屏幕编辑程序以填写表格的方式构造查询要求，而查询结果也是以表格形式显示。QBE 查询的表格示意图如图 2-1 所示。

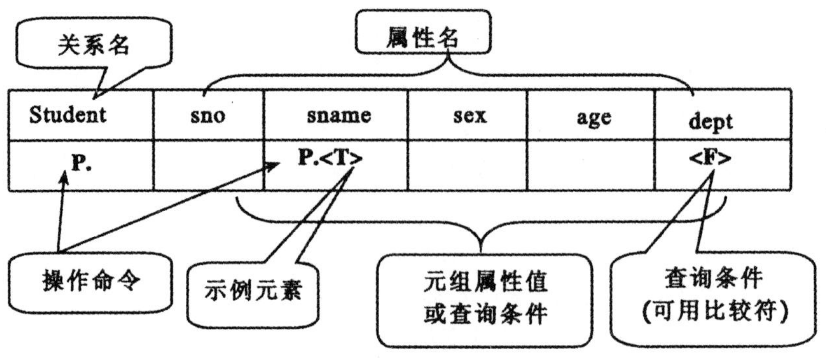

图 2-1　QBE 查询的表格示意图

第 3 章　SQL 语言基础及数据操纵功能

SQL 最早是由 IBM 的圣约瑟研究实验室为其关系数据库管理系统 SYSTEM R 开发的一种查询语言，其前身是 SQUARE 语言。SQL 语言结构简洁、功能强大、简单易学，自从 IBM 公司 1981 年推出以来得到了广泛的应用。如今无论是像 Oracle、Sybase、Informix、SQL Server 这些大型的数据库管理系统，还是像 Visual FoxPro、PowerBuilder、Access 这些微机上常用的数据库开发系统，都支持 SQL 语言作为查询语言。由于 SQL 所具有的特点，目前几乎所有的关系数据库管理系统软件都采用 SQL 语言，使其成为一种通用的国际标准数据库语言。

3.1　SQL 语言概述

SQL 结构化查询语言，是 Structured Query Language 的缩写。SQL 语言提供了用来建立、维护及查询一个关系式数据库管理系统的命令。由于它功能丰富、使用方式灵活、语言简洁易学等突出特点，在计算机界深受广大用户欢迎，许多数据库生产厂家都推出各自的支持 SQL 的软件。1989 年，国际标准化组织 ISO 将 SQL 定为国际标准关系数据库语言。我国也于 1990 年颁布了《信息处理系统数据库语言 SQL》，将其定为中国国家标准。

3.1.1　SQL 语言的发展历程

SQL 是从 IBM 公司研制的关系数据库管理系统 SYSTEM-R 上实现的。从 1982 年开始，美国国家标准局(ANSI)即着手进行 SQL 的标准化工作，1986 年 10 月，ANSI 的数据库委员会 X3H2 批准了将 SQL 作为关系数据库语言的美国标准，并公布了第一个 SQL 标准文本。1987 年 6 月国际标准化组织(ISO)也作出了类似的决定，将其作为关系数据库语言的国际标准。这两个标准现在称为 SQL86。1989 年 4 月，ISO 颁布了 SQL 月 9 标准，其中增强了完整性特征。1992 年 ISO 对 SQL89 标准又进行了修改和扩充，并颁布了 SQL92(又称为 SQL2)，其正式名称为国际标准数据库语言(International Standard Database Language)SQL92。随着 SQL 标准化工作的不断完善，SQL 已从原来功能比较简单的数据库语言逐步发展成为功能比较丰富、内容比较齐全的数据库语言，具体可见表 3-1 所示的 SQL 标准发展进程。

表 3-1　SQL 标准发展进程

标准	大致页数	发布日期
SQL/86	—	1986 年 10 月
SQL/89(FIPS 127-1)	120 页	1989 年
SQL/92	622 页	1992 年
SQL99	1700 页	1999 年
SQL2003	3600 页	2003 年

由于SQL具有功能丰富、语言简洁、使用灵活等优点，因而受到广泛的应用，在其成为国际标准后，各个数据库厂家纷纷推出各自的支持SQL的软件或与SQL接口的软件。其趋势是:各种计算机，即不管是微机、小型机或者大型机上的数据库系统，都采用SQL作为共同的数据存取语言和标准接口。使不同数据库系统之间的互操作有了共同的基础。SQL不仅用于IBM公司的DBMS产品(如DB2、SQL/400、QMF等)中，而且也用于许多非IBM的DBMS产品(如Oracle、Sybase、Unify、SQL Server等大型数据库系统)中。此外，微型机上的Access、Delphi、Visual FoxPro等小型数据库系统也广泛使用了SQL语言。由于SQL的普及与推广，进一步促进了数据库技术的发展和应用。

此外，SQL对数据库以外的领域也产生了很大影响，有不少软件产品将SQL的数据查询功能与图形功能、软件工程工具、软件开发工具、人工智能程序结合起来，开发出功能更强的软件产品。可以预见，在未来一段相当长的时间内，SQL仍将是关系数据库的主流语言，而且在知识发现、人工智能、软件工程等领域，也具有广阔的应用前景。

3.1.2 SQL语言的特点

SQL之所以能够为用户和业界所接受，并成为国际标准，是因为它是一种综合的、通用的、功能极强、同时又简单易学的语言。其主要特点如下。

1.综合统一

数据库系统的主要功能是通过数据库支持的数据语言来实现的。

非关系模型(层次模型、网状模型)的数据语言一般都分为数据操纵语言(Data Manipulation Language,DML)和数据定义语言(Data Definition Language,DDL)。数据定义语言描述数据库的逻辑结构和存储结构。这些语言各有各的语法。当用户数据库投入运行后，如果需要修改模式，必须停止现有数据库的运行，转储数据，修改模式并编译后再重装数据库，十分繁琐。

SQL则集数据定义语言DDL、数据操纵语言DML、数据控制语言DCL的功能于一体，语言风格统一，可以独立完成数据库生命周期中的全部活动，包括定义关系模式、插入数据建立数据库、查询和更新数据、维护和重构数据库、数据库安全性控制等一系列操作要求，这就为数据库应用系统的开发提供了良好的环境。用户在数据库系统投入运行后，还可根据需要随时、逐步地修改模式，且并不影响数据库的运行，从而使系统具有良好的可扩展性。

另外，在关系模型中实体和实体间的联系均用关系表示，这种数据结构的单一性带来了数据操作符的统一，查找、插入、删除、更新等操作都只需一种操作符，从而克服了非关系系统由于信息表示方式的多样性而带来的操作复杂性。

2.高度非过程化

SQL是一种第四代语言(4GL)，是一种非过程化语言，它一次处理一个记录集，对数据提供自动导航。SQL允许用户在高层的数据结构上工作，而不对单个记录进行操作，可操作记录集。所有SQL语句接受集合作为输入，返回集合作为输出。SQL的集合特性允许一个SQL语句的结果作为另一SQL语句的输入。

SQL允许用户依据做什么来说明操作，而无需说明或了解怎样做，其存取路径的选择和SQL语句操作的过程都由系统自动完成。这不但大大减轻了用户负担，而且有利于提高数据独立性。

3. 面向集合的操作方式

非关系数据模型采用的是面向记录的操作方式，操作对象是一条记录。例如，查询所有平均成绩在 80 分以上的学生姓名，用户必须一条一条地把满足条件的学生记录找出来（通常要说明具体处理过程，即按照哪条路径，如何循环等）。而 SQL 采用集合操作方式，不仅操作对象、查找结果可以是元组的集合，而且一次插入、删除、更新操作的对象也可以是元组的集合。

4. 同种语法结构的两种使用方式

SQL 既是独立的语言，又是嵌入式语言。作为独立的语言，它能够独立地用于联机交互的使用方式，用户可以在终端键盘上直接键入 SQL 命令对数据库进行操作；作为嵌入式语言，SQL 语句能够嵌入到高级语言（例如 Java、C＋＋）程序中，供程序员设计程序时使用。而在两种不同的使用方式下，SQL 的语法结构基本上是一致的。所有用 SQL 写的程序都是可移植的。用户可以轻易地将使用 SQL 的技能从一个 RDBMS 转到另一个。这种以统一的语法结构提供两种不同的使用方式的做法，提供了极大的灵活性与方便性。

5. 语言简洁，易学易用

SQL 的功能极强，但由于设计巧妙，语言十分简捷，完成核心功能只用了 9 个动词，如表 3-2 所示。SQL 接近英语口语，因此容易学习，容易使用。

表 3-2　SQL 的核心动词

SQL 功能	动词
数据查询	SELECT
数据定义	CREATE，DROP，ALTER
数据操纵	INSERT，UPDATE，DELETE
数据控制	GRANT，REVOKE

3.1.3　SQL 语言的功能

SQL 语言是一种介于关系代数与关系演算之间的实际查询语言。它不仅仅能够实现数据查询，对于数据定义、数据查询、数据更新、数据控制等功能都能够一一完成。

1. 数据定义功能

通过数据定义语言能够实现 SQL 的数据定义功能，它用来定义数据库的逻辑结构，包括定义基本表、视图和索引。基本的 DDL 包括三类操作，即定义、修改和删除。

2. 数据操作功能

SQL 的数据操作功能通过数据操作语言实现，数据查询和数据更新两大类操作都包括在内，其中，数据查询指对数据库中的数据进行查询、统计、分组、排序等操作，数据更新包括插入、删除和修改三种操作。

3. 数据控制功能

SQL 的数据控制功能通过数据控制语言(Data Control Language,DCL)实现,它包括对基本表和视图的授权、完整性规则的描述以及事务开始和结束等控制语句。

3.1.4 SQL 语言基础

1. 操作对象

SQL 语言可以对两种基本数据结构进行操作,一种是“表”,另一种是“视图(View)”。视图由数据库中满足一定约束条件的数据所组成,这些数据可以是来自于一个表也可以是多个表。用户可以像对基本表一样对视图进行操作。当对视图操作时,由系统转换成对基本关系的操作。视图可以作为某个用户的专用数据部分,方便用户使用。SQL 支持关系数据库的三级模式结构,如图 3-1 所示,其中外模式对应于视图和部分基本表,概念模式对应于基本表,内模式对应于存储文件。

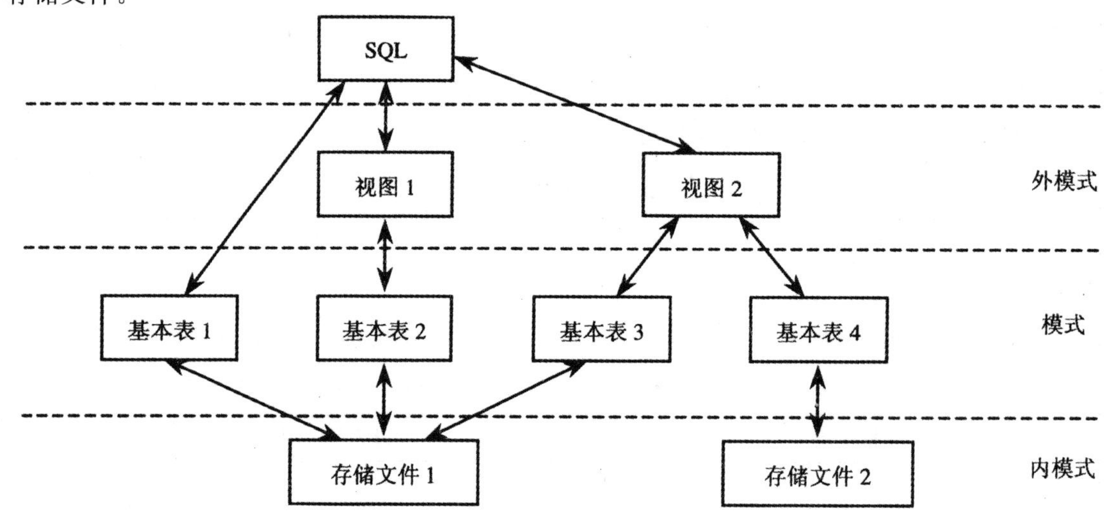

图 3-1 SQL 对关系数据库模式的支持

(1)基本表

基本表是本身独立存在的,在 SQL 中一个关系对应一个基本表。基本表是按数据全局逻辑模式建立的。一个表可以带若干个索引,索引存放在存储文件中。存储文件的逻辑结构组成了关系数据库的内模式,存储文件的物理结构是任意的,对用户的透明的。

(2)视图

视图是从基本表或其他视图中导出的表,它本身不独立存储在数据库中。也就是说,数据库中只存放视图的定义,数据仍存放在导出视图的基本表中。因此,视图实际上是一个虚表。视图在概念上基本表的等同,用户也可以在视图上在定义视图。

用户可以使用 SQL 语言对视图和基本表进行查询。对于用户而言,视图和基本表都是关系。

SQL 数据库的体系结构具有如下特征:

1)一个 SQL 模式是表和约束的集合。

2)一个表(Table)是行(Row)的集合,每行是列(Column)的序列,每列对应一个数据项。

不同的关系型数据库管理系统中，SQL语言的具体使用也略有不同，但他们应与ANSI SQL兼容。

2. 基本规则

在SQL语句格式中，有下列约定符号和相应的语法规定。

(1)语句格式约定符号

- ＜＞：其中的内容为必选项，表示实际语义，不能为空。
- [ ]：其中的内容为任选项。
- { }：必选其中的一项。
- [,…n]：表示前面的项可以重复多次。

(2)语法规定

1)一般语法规定：

- 字符串常数的定界符用单引号“'”表示。
- SQL中数据项(列项、表和视图)的分隔符为“,”。

2)SQL特殊语法规定：

- SQL语句的结束符为“;”。
- SQL采用格式化书写方式。
- SQL的关键词一般使用大写字母表示。

3. 数据类型

数据类型是一种属性，是数据自身的特点，主要是指定对象可保存的数据的类型。数据类型用于给特定的列提供数据规则，数据在列中的存储方式和给列分配的数据长度，并且决定了此数据是字符、数字还是时间日期数据。

每一个SQL的实施方案都有自己特有的数据类型，因此有必要使用与实施方案相关的数据类型，它能支持每个实施方案有关数据存储的理论。但要注意，所有的实施方案中的基本数据类型都是一样的，SQL提供的主要数据类型一般有以下几种：

(1)数值型

- SMALLINT：短整数。
- INT：长整数，也可写成INTEGER。
- REAL：取决于机器精度的浮点数。
- DOUB LE PRECISION：取决于机器精度的双精度浮点数。
- FLOAT(n)：浮点数，精度至少为n位数字。
- NUMBERIC(p,q)：定点数由p位数字组成，但不包括符号和小数点，小数点后面有q位数字，也可写成DECIMAL(p,q)或DEC(p,q)。

(2)字符型

- CHAR(n)：长度为n的定长字符串，n是字符串中字符的个数
- VARCHAR(n)：具有最大长度为n的变长字符串。

(3)日期型

- DATE：日期，包含年、月、日，格式为YYYY－MM－DD。
- TIME：时间，包含一日的时、分、秒，格式为HH：MM：SS。

(4)位串型

· BIT(n):长度为 n 的二进制位串。

· BIT VARYING(n):最大长度为 n 的变长二进制位串。

还有系统可能还会提供货币型、文本型、图像型等类型。此外,需要注意的是,SQL 支持空值的概念,空值是关系数据库中的一个重要概念,与空(或空白)字符串、数值 0 具有不同的含义,不能将其理解为任何意义的数据。

在 SQL 中有不同的数据类型,允许不同类型的数据存储在数据库中,不管是简单的字母还是小数,不管是日期还是时间。数据类型的概念在所有的语言中都一样。

4. 函数

在 SQL 中 FUNCTIONS 是函数的关键字,主要用于操纵数据列的值来达到输出的目的。函数通常是和列名或表达式相联系的命令。在 SQL 中有不同种类的函数,包括统计函数、单行函数等。

(1)统计函数

统计函数是在数据库操作中时常使用的函数,又称为基本函数或集函数。它是用来累加、合计和显示数据的函数,主要用于给 SQL 语句提供统计信息。常用的统计函数有 COUNT、SUM、MAX、MIN 和 AVG 等,如表 3-3 所示。

表 3-3 常用函数

函数名称	一般形式	含义
平均值	AVG([DISTINCI]＜属性名＞)	求列的平均值,有 DISTINCT 选项时只计算不同值
求和	SUM([DISTINCT]＜属性名＞)	求列的和,有 DISTINCT 选项时只计算不同值
最大值	MAX(＜属性名＞)	求列的最大值
最小值	MIN(＜属性名＞)	求列的最小值
计数	COUNT(*) COUNT([DISTINCT]＜属性名＞	统计结果表中元组的个数 统计结果表中不同属性名值元组的个数

(2)单行函数

单行函数主要分为数值函数、字符函数、日期函数、转换函数等,它对查询的表或视图的每一行返回一个结果行。

· 转换函数是将一种数据类型的值转换成另一种数据类型的值。

· 单行字符函数用于接受字符输入,可返回字符值或数值。

· 日期函数是操作 DATE 数据类型的值,所有日期函数都返回一个 DATE 类型的值。

· 数值函数用于接受数值输入,返回数值。许多函数的返回值可精确到 38 位十进制数字,三角函数精确到 36 位十进制数字。

5. 表达式

所谓表达式一般是指常量、变量、函数和运算符组成的式子,应该特别注意的是单个常量、变量或函数亦可称作表达式。SQL 语言中包括三种表达式,第一种是＜表名＞后的＜字段名表达式＞，第二种是 SELECT 语句后的＜目标表达式＞，第三种是 WHERE 语句后的＜条件表达式＞。

(1)字段名表达式

＜字段名表达式＞可以是单一的字段名或几个字段的组合，还可以是由字段、作用于字段的集函数和常量的任意算术运算(＋、－、*、/)组成的运算公式。主要包括数值表达式、字符表达式、逻辑表达式、日期表达式四种。

(2)目标表达式

＜目标表达式＞有4种构成方式：

1) * ——表示选择相应基表和视图的所有字段。

2)＜表名＞. * ——表示选择指定的基表和视图的所有字段。

3)集函数()——表示在相应的表中按集函数操作和运算。

4)[＜表名＞.]＜字段名表达式＞[，[＜表名＞.]＜字段名表达式＞]…——表示按字段名表达式在多个指定的表中选择。

(3)条件表达式

＜条件表达式＞常用的有以下6种：

1)集合。IN…，NOT IN…

查找字段值属于(或不属于)指定集合内的记录。

2)指定范围。BETWEEN…AND…，NOT BETWEEN…AND…

查找字段值在(或不在)指定范围内的记录。BETWEEN 后是范围的下限(即低值)，AND 后是范围的上限(即高值)。

3)比较大小。应用比较运算符构成表达式，主要的比较运算符有：＝，＞，＜，＞＝，＜＝，！＝，＜＞，！＞(不大于)，！＜(不小于)，NOT＋(与比较运算符同用，对条件求非)。

4)字符匹配。LIKE，NOT LIKE'＜匹配串＞'[ESCAPE'＜换码字符＞']

查找指定的字段值与＜匹配串＞相匹配的记录。＜匹配串＞可以是一个完整的字符串，也可以含有通配符"_"和"%"。其中"_"代表任意单个字符；"%"代表任意长度的字符串。如 c%s 表示以 c 开头且以 s 结尾的任意长度字符串：cttts，cabds，cs 等；c_ _s 则表示以 c 开头且以 s 结尾的长度为4的任意字符串：cxxs，cffs 等。

5)多重条件。AND，OR

AND 含义为查找字段值满足所有与 AND 相连的查询条件的记录；OR 含义为查找字段值满足查询条件之一的记录。AND 的优先级高于 OR，但可通过括号改变优先级。

6)空值。IS NULL，IS NOT NULL

查找字段值为空(或不为空)的记录。NULL 不能用来表示无形值、默认值、不可用值，以及取最低值或取最高值。SQL 规定，在含有运算符＋、－、*、/的算术表达式中，若有一个值是空值，则该算术表达式的值也是空值；任何一个含有 NULL 比较操作结果的取值都为"假"。

3.1.5　T-SQL 概述

SQL 语言是用于数据库查询的结构化语言，最早由 Boyce 和 Chambedin 于1974年提出，称为 SEQUEL 语言。1976年，IBM 公司的 San Jose 研究所在研制关系数据库管理系统 System R 时修改为 SEQUEL2，即目前的 SQL 语言。此后，SQL 开始在商品化关系数据库管理系统中应用。1982 年美国国家标准化组织 ANSI 确认 SQL 为数据库系统的工业标准，现在许多关系型数据库供应商都在自己的数据库中支持 SQL 语言，如：Access、Oracle、DB2 等。

Transact-SQL(简称为 T-SQL)是微软公司在 SQL Server 数据库管理系统中 ANSI SQL-99 的实现。T-SQL 的基本语法约定如表 3-4 所示，T-SQL 中不区分大小写。

表 3-4　T-SQL 的基本语法约定

语法约定	说明
|(竖线)	分隔括号或大括号内的语法项，只能选择一项
[](方括号)	表示可选项，在输入语句时，无需键入方括号
{}(大括号)	表示必选项，在输入语句时，无需键入大括号
[,…n]	表示前面的项可重复 n 次，每一项都由逗号分隔
[…n]	表示前面的项可重复 n 次，每一项都由空格分隔

在 T-SQL 语句中引用 SQL Server 对象对其进行操作，要求在 T-SQL 语句中给出对象的名称，T-SQL 的所有数据库对象全名都包括 4 个部分，基本格式如下：

[server_name..][database_name.][schema_name.]object_name

其中，server_name 是指服务器名称，database_name 是指数据库名称，schema_name 是指架构名称(也称为所有者)，object_name 是数据库对象名称。

所谓架构是 SQL Server 2005 数据库对数据库对象的管理单位。如果把表、索引和视图这样的数据库对象看成是操作系统的文件的话，那么架构就是文件的文件夹，一个架构中可以包含多个数据库对象。建立架构的目的是为了方便管理各种数据库对象。

在实际使用 T-SQL 编程时，使用全称往往比较繁琐且没有必要，所以常省略全名中的某些部分，对象全名的四个部分中的前三个部分均可以被省略，当省略中间部分时，圆点符“.”不可省略。把只包含对象完全限定名中的一部分的对象名称为部分限定名。

例如，服务器 LCB-PC 中有一个 school 数据库，school 中建立有一个架构 schema1，school 中的表 student 包含在 schema1 架构中。可用的简写格式包含下面几种：

LCB-PC. school. schema1. student

LCB-PC. school. . student(省略架构名称)

LCB-PC…student(省略数据库名称和架构名称)

schema1. student(省略服务器名称和数据库名称)

student(省略服务器名称、数据库名称和架构名称)

在 SQL Server 数据库中，T-SQL 语言由以下几部分组成。

1)数据定义语言(DDL)。用于执行数据库的任务，对数据库以及数据库中的各种对象进行创建、删除、修改等操作。DDL 包括的主要语句及功能如表 3-5 所示。

2)数据操纵语言(DML)。用于操纵数据库中各种对象，检索和修改数据。DML 包括的主要语句及功能如表 3-6 所示。

3)数据控制语言(DCL)。用于安全管理，确定哪些用户可以查看或修改数据库中的数据，DCL 包括的主要语句及功能如表 3-7 所示。

表 3-5　DDL 的主要语句及功能

语句	功能	说明
CREATE	创建数据库或数据库对象	不同数据库对象,其 CREATE 语句的语法形式不同
ALTER	对数据库或数据库对象进行修改	不同数据库对象,其 ALTER 语句的语法形式不同
DROP	删除数据库或数据库对象	不同数据库对象,其 DROP 语句的语法形式不同

表 3-6　DML 的主要语句及功能

语句	功能	说明
SELECT	从表或视图中检索数据	是使用最频繁的 SQL 语句之一
INSERT	将数据插入到表或视图中	
UPDATE	修改表或视图中的数据	既可修改表或视图的一行数据,也可修改一组或全部数据
DELETE	从表或视图中删除数据	可根据条件删除指定的数据

表 3-7　DCL 的主要语句及功能

语句	功能	说明
GRANT	授予权限	可把语句许可或对象许可的权限授予其他用户和角色
REVOKE	收回权限	与 GRANT 功能相反,但不影响该用户或角色从其他角色中继承许可权限
DENY	拒绝权限	与 REVOKE 不同之处:除收回权限外,还禁止从其他角色继承许可权限

4)T-SQL 增加的语言元素。包括变量、运算符、函数、流程控制语句和注释等。这些 T-SQL 语句都可以在查询分析器中交互执行。

每个数据库对象都有一个标识符来唯一地标识,例如数据库名、表名、视图名、列名等。

SQL Server 标识符的命名需要遵守一定的规则:

- 标识符包含的字符数必须在 1～128 之间。
- 标识符的第一个字符可以是字母、下画线_、符号@或符号#。
- 标识符中不应存在空格。

如果标识符是保留字或包含空格,则需要使用分隔标识符进行处理。分隔标识符包含在双引号(“”)或者方括号([])内。

在 SQL Server 管理控制器(SQL Server Management Studio)中,用户可在全文窗口中输入 T-SQL 语句,执行语句并在结果窗口中查看结果。用户也可以打开包含 T-SQL 语句的文本文件,执行语句并在结果窗口中查看结果。

SQL Server 管理控制器提供如下功能:

- 在 T-SQL 语句中使用不同的颜色,以提高复杂语句的易读性。
- 用于输入 T-SQL 语句的自由格式文本编辑器。

· 用于分析存储过程的交互测试工具。

· 以网格或自由格式文本的形式显示结果。

· 对象浏览器和对象搜索工具,可以轻松查找数据库中的对象和对象结构。

· 模板,可用于加快创建 SQL Server 对象的 T-SQL 语句的开发速度。模板是包含创建数据库对象所需的 T-SQL 语句基本结构的文件。

· 使用索引优化向导分析 T-SQL 语句以及它所引用的表,以了解通过添加其他索引是否可以提高查询的性能。

· 显示计划信息的图形关系图,用以说明内置在 T-SQL 语句执行计划中的逻辑步骤。这使程序员得以确定在性能差的查询中,具体是哪一部分使用了大量资源。用户可以试着采用不同的方法更改查询,使查询使用的资源减到最小的同时仍返回正确的数据。

在 SQL Server 管理控制器中执行 T-SQL 语句的操作步骤如下:

1)启动 SQL Server 管理控制器。

2)在左边的“对象资源管理器”窗口中展开“数据库”列表,单击“school”数据库,再单击左上方工具栏中“新建查询”按钮,右边出现一个查询命令编辑窗口,如图 3-2 所示,在其中输入相应的 T-SQL 语句,然后单击工具栏中的执行按钮或按 F5 键,即在下方的输出窗口中显示相应的执行结果。

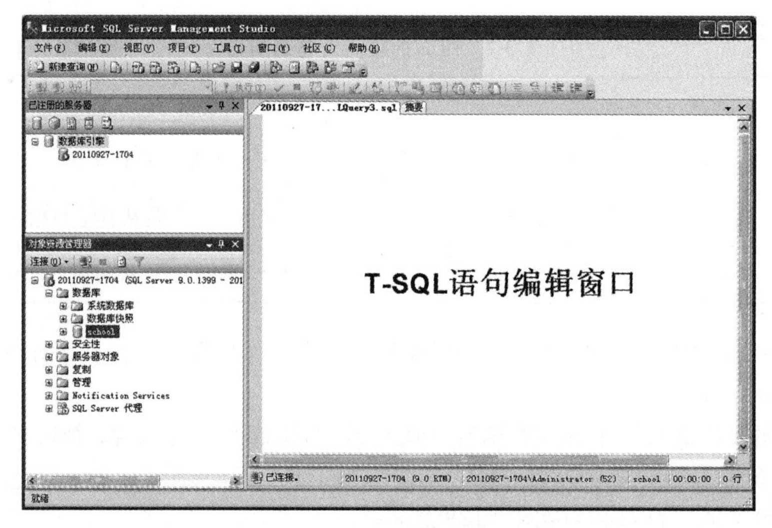

图 3-2 查询命令编辑窗口

3.2 数据定义

SQL 的数据定义功能包括模式定义、表定义、视图和索引的定义,如表 3-8 所示。

SQL 的数据定义功能是指定义数据库的结构,包括定义基本表、定义视图和定义索引三个部分。由于视图是基于基本表的虚表,索引是依附于基本表的,因此 SQL 通常不提供修改视图定义和修改索引定义的操作。用户如果想修改视图定义或索引定义,只能先将它们删除掉,然后再重建。不过有些产品如 Oracle 允许直接修改视图定义。

表 3-8　SQL 的数据定义语句

操作对象	操作方式		
	创建	删除	修改
模式	CREATE SCHEMA	DROP SCHEMA	
表	CREATE TABLE	DROP TABLE	ALTER TABLE
视图	CREATE VIEW	DROP VIEW	
索引	CREATE INDEX	DROP INDEX	

模式是数据库数据在逻辑级上的视图。一个数据库只有一个模式。

基本表是本身独立存在的表，在 SQL 中，一个关系就对应一个表。一个（或多个）基本表对应一个存储文件，一个表可以带若干索引，索引也存放在存储文件中。

视图是从基本表或其他视图中导出的表。它本身不独立存储在数据库中，即数据库中只存放视图的定义而不存放视图对应的数据，这些数据仍存放在导出视图的基本表中，因此视图是一个虚表。视图在逻辑上与表等同，即：在用户的眼中表和视图是一样的。

由于视图是基于基本表的虚表，索引是依附于基本表的，因此 SQL 通常不提供修改视图定义和修改索引定义的操作。用户如果想修改视图定义或索引定义，只能先将它们删除掉，然后再重建。

3.2.1　模式的定义与删除

模式也称逻辑模式或概念模式，是数据库中全体数据的逻辑结构和特征的描述，是所有用户的公共数据视图。模式实际上是数据库数据在逻辑级上的视图。一个数据库只有一个模式。定义模式时不仅要定义数据的逻辑结构，而且要定义数据之间的联系，定义与数据有关的安全性、完整性要求。

1. 定义模式

在 SQL 中，模式定义语句如下：

CREATE SCHEMA＜模式名＞AUTHORIZATION＜用户名＞

如果没有指定＜模式名＞，那么＜模式名＞隐含为＜用户名＞。

要创建模式，调用该命令的用户必须拥有 DBA 权限，或者获得了 DBA 授予的 CREATE SCHEMA 的权限。

例如，定义一个班级—课程模式 C-T

CREATE SCHEMA“C-T”AUTHORIZATION ME；

为用户 ME 定义了一个模式 C-T。

若语句是：

CREATE SCHEMA AUTHORIZATION ME；

该语句没有指定＜模式名＞，所以＜模式名＞隐含为用户名 ME。

定义模式实际上定义了一个命名空间，在这个空间中可以进一步定义该模式包含的数据库对象，例如基本表、视图、索引等。

在 CREATE SCHEMA 中可以接受 CREATE TABLE,CREATE VIEW 和 GRANT 子句。也就是说用户可以在创建模式的同时在这个模式定义中进一步创建基本表、视图,定义授权。即

CREATE SCHEMA＜模式名＞AUTHORIZATION＜用户名＞[＜表定义子句＞|＜视图定义子句＞|＜授权定义子句＞]

例如,

```
CREATE SCHEMA School AUTHORIZATION YOU
CREATE TABLE TAB1(COL1 VARCHAR,
                  COL2 INT,
                  COL3 CHAR(20),
                  COL4 NUMERIC(9,2),
                  COL5 DECIMAL(7,3));
```

该语句为用户 YOU 创建了一个 School 模式,并且在其中定义了一个表 TAB1。

2. 删除模式

在 SQL 中,删除模式语句如下:

DROP SCHEMA＜模式名＞＜CASCADE|RESTRICT＞

其中 CASCADE 和 RESTRICT 两者必选其一。

选择了 CASCADE(级联),表示在删除模式的同时把该模式中所有的数据库对象全部一起删除。

选择了 RESTRICT(限制),表示如果该模式中已经定义了下属的数据库对象(如表、视图等),则拒绝该删除语句的执行。只有当该模式中没有任何下属的对象时才能执行 DROP SCHEMA 语句。

例如,

```
DROP SCHEMA YOU CASCADE;
```

该语句删除了模式 YOU。并且,该模式中已经定义的表 TAB1 也一并删除了。

3.2.2 基本表的定义与维护

基本表(Base Table)是独立存放在数据库中的表,是实表。在 SQL 中,一个关系就对应一个基本表。基本表的创建操作并不复杂,复杂的是表应该包含哪些内容,这是在数据库设计阶段的主要任务。创建表时,需要考虑的主要问题包括:表中包含哪些字段,字段的数据类型、长度、是否为空,建立哪些约束,等等。

1. 定义表

创建了一个模式,就建立了一个数据库的命名空间,一个框架。在这个空间中首先要定义的是该模式包含的数据库基本表。

SQL 语言使用 CREATE TABLE 语句定义基本表,其基本格式如下:

```
CREATE TABLE＜表名＞(＜列名＞＜数据类型＞[列级完整性约束条件]
                    [,＜列名＞＜数据类型＞[列级完整性约束条件]]
                    …
```

[,<表级完整性约束条件>]);

说明：

1)建表时可以定义与该表有关的完整性约束条件,具体可见表3-9所示,包括primary key、not null、unique、foreign key或check等。约束条件被存入DBMS的数据字典中。当用户操作表中数据时,由DBMS自动检查该操作是否违背这些完整性约束条件。如果完整性约束条件涉及该表的多个属性列,则必须定义在表级上,称为表级完整性约束条件,否则完整性约束条件既可以定义在列级,也可以定义在表级。定义在列级的完整性约束条件称为列级完整性约束条件。

表3-9　完整性约束条件

完整性约束条件	含义
primary key	定义主键
not null	定义的属性不能取空值
unique	定义的属性值必须唯一
foreign key(属性名1)references 表名[(属性名2)]	定义外键
check(条件表达式)	定义的属性值必须满足check中的条件

2)在为对象选择名称时,特别是表和列的名称,最好使名称反映出所保存的数据的含义。比如学生表名可定义为students,姓名属性可定义为name等。

3)表中的每一列的数据类型可以是基本数据类型,也可以是用户预先定义的数据类型。

2.更新表

随着应用环境和需求的变化,有时需要修改已建立好的基本表(即修改关系模式)。对基本表的修改允许增加新的属性,但是一般不允许删除属性,确实要删除一个属性,必须先将该基本表删除掉,再重新建立一个新的基本表并装入数据。增加一个属性不用修改已经存在的程序,而删除一个属性必须修改那些使用了该属性的程序。

SQL语言使用ALTER TABLE命令来完成这一功能其一般格式为：

ALTER TABLE<表名>
[ADD<新列名><数据类型>[完整性约束]]
[DROP<完整性约束名>]
[ALTER COLUMN<列名><数据类型>];

- add子句用于增加新列和新的完整性约束条件。
- drop子句用于删除完整性约束。
- drop column子句用于删除列。
- alter column子句用于修改原有的列定义,包括修改列名和数据类型。

例如,在表名为user的表中增加一个年龄列.

ALTER TABLES user ADD 年龄 TINYINT;

注意:使用此方式增加的新列自动填充NULL值,所以不能为增加的新列指定:NOT NULL约束。

例如,将user表中的姓名列加宽到6个字符。

ALTER TABLE user ALTER COLUMN 姓名 CHAR(6)；

注意：使用 ALTER 方式有如下限制：

1)不能改变列名。

2)不能将含有空值的列的定义修改为 NOT NULL 约束。

3)若列中已有数据，则不能减少该列的宽度，也不能改变其数据类型。

4)只能修改 NULL|NOT NULL 约束，其他类型的约束在修改之前必须先将约束删除，然后再重新添加修改过的约束定义。

3. 向表中添加元组

由 CREATE TABLE 命令只是创建了基本表的结构，用户还必须使用 INSERT 命令向表中添加元组，其语句格式为：

INSERT

INTO＜表名＞[(＜属性列 1＞[,＜属性列 2＞…])]

VALUES(＜常量 1＞[,＜常量 2＞]…)

通过该命令能够将一个新元组添加到指定的表中；其中新元组属性列 1 的值取值常量 1，属性列 2 的值取值常量 2，…。INTO 子句中没有出现的属性列，其新元组在这些列上将取空值。但若在 CREATE 定义表的时候对某些属性列使用了 NOT NULL 约束，则新元组在该属性列上就不能取空值，否则会出错。

如果 INTO 子句中任何列名没有明确指出的话，则新插入的元组必须在每个属性列上均有值。

本章后面介绍的所有 SQL 命令都是在查询语句区输入并执行完成的，同时 SQL Server 也返回命令的执行情况信息。

4. 删除表

基本表的删除使用 drop table 命令，删除表时会将与表有关的所有对象一起删掉。基本表一旦删除，表中的数据、在此表上建立的索引都将自动被删除掉，而建立在此表上的视图虽仍然保留，但已无法引用。因此执行删除操作一定要格外小心。具体的语法格式为：

DROP TABLE＜表名＞[RESTRICT|CASCADE]

若使用了 RESTRICT 选项，并且表被视图或约束引用，DROP 命令不会执行成功，会显示一个错误提示。如果使用了 CASCADE 选项，删除表的同时也将全部引用视图和约束删除。

删除基本表后，表中的数据和在此表上的索引都被删除，而建立在该表上的视图不会随之删除，系统将继续保留其定义，但已无法使用。如果重新恢复该表，这些视图可重新使用。具体的不同产品对 DROP TABLE 的不同处理策略，如表 3-10 所示，为 DROP TABLE 时，SQL99 与 3 个 RDBMS 的处理策略比较。

表 3-10 中，“×”表示不能删除基本表，“√”表示能删除基本表，“保留”表示删除基本表后，还保留依赖对象。从比较表中可以知道：

1)对于索引，删除基本表后，这 3 个 RDBMS 都自动删除该基本表上已经建立的所有索引。

2)对于存储过程和函数，删除基本表后，这 3 个数据库产品都不自动删除建立在此基本表上的存储过程和函数，但是已经失效。

3)对于视图，ORACLE 9i 与 SQL Server 2000 是删除基本表后，还保留此基本表上的视图定义，但是已经失效。Kingbase ES 分两种情况，若删除基本表时带 RESTRICT 选项，则不可以删除基本表；若删除基本表时带 CASCADE 选项，可以删除基本表，同时也删除视图。

表 3-10　DROP TABLE 时，SQL99 与 3 个 RDBMS 的处理策略比较

标准及主流数据库的处理方式 / 依赖基本表的对象	SQL99		Kingbase ES		Oracle 9i		MS SQL Server 2000
	R	C	R	C		C	
索引	无规定		√	√	√	√	√
视图	×	√	×	√	√ 保留	√ 保留	√ 保留
DEFAULT，PRIMARY KEY，CHECK（只含该表的列）NOT NULL 等约束	√	√	√	√	√	√	√
外码 Foreign Key	×	√	×	√	×	√	×
触发器 TRIGGER	×	√	×	√	√	√	√
函数或存储过程	×	√	√ 保留	√ 保留	√ 保留	√ 保留	√ 保留

Kingbase ES 的这种策略符合 SQL99 标准。

4）如果想要删除的基本表上有触发器，或者被其他基本表的约束所引用（CHECK，FOREIGN KEY 等），可通过比较表中所列数据，即可得到这 3 个系统的处理策略。

3.2.3　视图的定义与维护

视图是从现有的表中全部或部分内容建立的一个表，用于间接的访问其他表或视图的数据，是存储在数据库中的预先定义好的查询，具有基本表的外观，可以像基本表一样对其进行存取，但不占据物理存储空间，也称做窗口。视图是一种逻辑意义上的特殊类型的表，它可以由一个表中选取的某些列或行组成，也可以由若干表满足一定条件的数据组成。在三层数据库体系结构中，视图是外部数据库，它是从一个或几个基本表（或视图）中派生出来的，它依赖于基本表，不能独立存在。

视图一经定义，就可以像表一样，被查询、修改、删除和更新。与实际存在的表不同，视图是一个虚表，即视图所对应的数据并不实际地存储在视图中，而是存储在视图所引用的表中，数据库中仅存储视图的定义。对视图的数据进行操作时，系统根据视图的定义去操作与视图相关联的基本表。

具体的基本表与视图之间关系见图 3-3 所示。

视图是定义在基本表上的，对视图的一切操作实际上都会转化为对基本表的操作。可见若合理适当地使用视图，会让数据库的操作更加灵活方便。视图的具体的优势作用主要有以下几个方面。

1）集中显示数据。有些时候用户所需要的数据分散在多个表中，定义视图可以根据需要将不同表的数据从逻辑上集中在一起，方便用户的数据处理和查询，这样也简化了用户对数据的操作。使用户能以多种角度、方式来分析同一数据，具有很好的灵活性。

2)简化操作,屏蔽数据库的复杂性。通过视图,用户可以不用了解数据库中的表结构,也不必了解复杂的表间关系,并且数据库表的更改也不影响用户对数据库的操作。

3)加强了数据安全性。在设计数据库应用系统时,可对不同的用户定义不同的视图,使机密数据不出现在不应看到这些数据的用户视图上,并自动提供了对机密数据的安全保护功能,达到保密的目的,这样可以增加安全性,简化用户权限的管理。

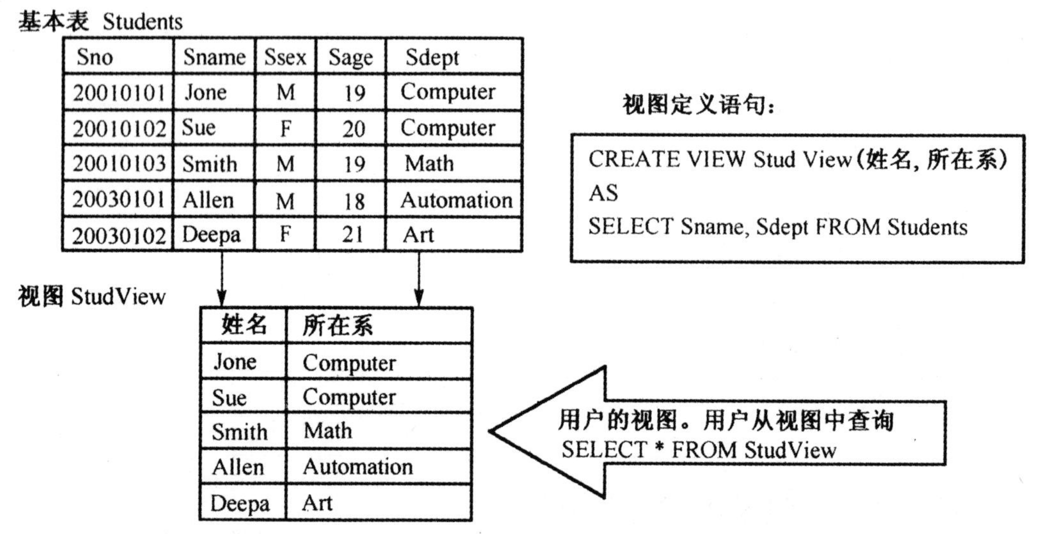

Sno	Sname	Ssex	Sage	Sdept
20010101	Jone	M	19	Computer
20010102	Sue	F	20	Computer
20010103	Smith	M	19	Math
20030101	Allen	M	18	Automation
20030102	Deepa	F	21	Art

姓名	所在系
Jone	Computer
Sue	Computer
Smith	Math
Allen	Automation
Deepa	Art

图 3-3　基本表与视图的关系

4)一定的逻辑独立性。能够很方便地组织数据输出到其他应用程序中,当由于特定目的需要输出数据到其他应用程序时,可以利用视图来组织数据以便输出。

5)便于数据共享:通过视图,用户不必定义和存储自己的所需的数据,只需通过定制视图来共享数据库的数据,使同样的数据在数据库中只需要存储一次。

在关系数据库中,数据库的重构最常见的情况是把一个表垂直地分割成两个表,在这种情况下,可以通过修改视图的定义,使视图适应这种变化。但由于应用程序从视图中提取数据的方式和数据类型不变,从而防止应用程序的频繁改动。

1. 定义视图

视图是根据对基本表的查询定义的,创建视图实际上就是数据库执行定义该视图的查询语句。SQL 中使用 CREATE VIEW 语句创建视图。

语句格式:

CREATE VIEW[＜数据库名＞.][＜拥有者＞.]视图名[(列名[,…n])]

AS＜子查询＞

[WITH CHECK OPTION];

功能:

定义视图名和视图结构,并将＜子查询＞得到的元组作为视图的内容。

说明:

1)WITH CHECK OPTION 表示对视图进行 UPDATE、INSE RT 和 DELETE 操作时要保证更新、插入和删除的行满足视图定义中的谓词条件,即＜子查询＞中 WHERE 子句的条件表达式。选择该子句,则系统对UPDATE、INSERT和DELETE操作进行检查。

2)＜子查询＞可以是任意复杂的SELECT语句,但通常不允许含有ORDER BY(对查询结果进行排序)和DISTINCT(从查询返回结果中删除重复行)短语。

3)一个视图中可以包含多个列名,最多可以引用1024个列。其中列名或者全部指定或全部省略。如果省略了视图的各个列名,则表明该视图的各列由＜子查询＞中SELECT子句的各目标列组成。但是在以下三种情况下,必须指定组成视图的所有列名:

· 需要在视图中改用新的、更合适的列名。
· ＜子查询＞中使用了多个表或视图,并且目标列中含有相同的列名。
· 目标列不是单纯的列名,而是SQL函数或列表达式。

该语句的执行结果,仅仅是将视图的定义信息存入数据库的数据字典中,而定义中的＜子查询＞语句并不执行。当系统运行到包含该视图定义语句的程序时,根据数据字典中视图的定义信息临时生成该视图。程序一旦执行结束,该视图立即被撤消。

视图创建总是包括一个查询语句SELECT。可利用SELECT语句从一个表中选取所需的行或列构成视图,也可以从几个表中选取所需要的行或列(使用子查询和连接查询方式)构成视图。

2. 删除视图

在SQL中删除视图使用DROP VIEW语句,具体格式为:

DROP VIEW ＜视图名＞[,…n]

创建视图后,若删除了导出此视图的基本表,则该视图将失效,但其一般不会被自动删除,要用DROP VIEW语句将其删除。

DROP VIEW只是删除视图在数据字典中的定义信息,而由该视图导出的其他视图的定义却仍存在数据字典中,但这些视图已失效。为了防止用户在使用时出错,要用DROP VIEW语句把那些失效的视图都删除。

3. 查询视图

一旦定义好视图后,用户便可和对基本一样,对视图进行查询。即所有对表的各种查询操作都可以作用于视图,但是视图中不含有通常意义的元组。视图查询实际上是对基本表的查询,其查询结果是从基本表得到的。因此,同样一个视图查询,在不同的执行时间可能会得到不同的结果,因为在这段时间里,基本表可能发生了变化。

DBMS执行对视图的查询时,首先进行有效性检查,检查查询的基本表、视图等是否存在。如果存在,则从数据字典中取出视图的定义,把定义中的子查询和用户的查询结合起来,转换成等价的对基本表的查询,然后再执行修正了的查询,这一转换过程称为视图消解(View Resolution)。

目前,多数关系数据库系统对视图的查询都采用了视图消解的方法,但也有一些关系数据库系统采用了其他的方法。具体的视图消解定义是:DBMS执行对视图的查询时,首先进行有效性检查,检查查询涉及的表、视图等是否在数据库中存在。如果存在,则从数据字典中取出查询涉及的视图的定义,把定义中的子查询和用户对视图的查询结合起来,转换成对基本表的查询,然后再执行这个经过修正的查询。这种将对视图的查询转换为对基本表的查询的过程称为视图消解(View Resolution)。

4. 更新视图

视图的更新操作包括插入 INSERT、删除 DELETE 和修改 UPDATE 三种，由于视图是由基本表导出的，视图本身并不存储记录，所以对视图的更新最终要转换成对基本表的更新。

在关系数据库中，并不是所有视图都可以执行更新操作。因为在有些情况下视图的更新不能唯一有意义地转换成对基本表的更新，所以对视图进行更新操作时有一定的限制和条件。

由于视图是通过 SELECT 语句对表中数据进行筛选构成的。因此，一个视图要能进行更新操作，对构成该视图的 SELECT 语句就有如下基本限制：

1)视图的数据只来源于一个表，而非多个表。

2)需要被更新的列是字段本身，而不是由表达式定义的列。

3)SELECT 语句中不含有 GROUP BY，DISTINCT 子句、组函数。

4)视图定义里包含了表中所有的 NOT NULL 列。

视图的删除操作必须满足 1)，3)两个限制；视图的修改操作必须满足前 3 个限制；而视图的插入操作需要满足以上全部限制条件。

一般的数据库系统只允许对行列子集的视图进行更新操作。对行列子集进行数据插入、删除、修改操作时，DBMS 会把更新数据传到对应的基本表中。一般的数据库系统不支持对以下几种情况的视图进行数据更新操作：

1)由两个基本表导出的视图。

2)视图的列来自列表达式函数。

3)在一个不允许更新的视图上定义的视图。

4)视图中有分组子句或使用了 DISTINCT 的短语。

5)视图定义中有嵌套查询，且内层查询中涉及与外层一样的导出该视图的基本表。

3.2.4 索引的分类、创建与删除

在使用关系数据库系统时，用户所看到和操作的数据就好像是在简单的二维表中，而实际上数据在磁盘上是如何存储的用户并不清楚。但是，数据的物理存储如何，却是决定数据库性能的主要因素。而索引就是最常见的改善数据库性能的技术，是索引是数据库随机检索的常用手段，它实际上就是记录的关键字与其相应地址的对应表。

简单地说，一个索引就是一个指向表中数据的指针。数据库中一个查询指向基本表中数据的确切物理地址。实际上，查询都被定向于数据库中数据在数据文件中的地址，但对查询者来说，它是在参阅一张表。

索引是 SQL 在基本表中列上建立的一种数据库对象，也可称其为索引文件，它和建立于其上的基本表是分开存储的。建立索引的主要目的是提高数据检索性能。索引可以被创建或撤消，这对数据毫无影响。但是，一旦索引被撤消，数据查询的速度可能会变慢。索引要占用物理空间，且通常比基本表本身占用的空间还要大。

当建立索引以后，它便记录了被索引列的每一个取值在表中的位置。当在表中加入新的数据时，索引中也增加相应的数据项。当对数据库中的基本表建立了索引，进行数据查询时，首先在相应的索引中查找。如果数据被找到，则返回该数据在基本表中的确切位置。

对于一个基本表，可以根据应用环境的需要创建一个或若干索引以提供多种存取途径，加快

查询速度。通常,索引的创建和撤消由DBA或表的拥有者负责。用户不能也不必在存取数据时选择索引,索引的选择由系统自动进行选择合适的索引作为存储路径。

1.索引的分类

在数据库中,对于一张表可以创建几种不同类型的索引,所有这些索引都具有相同的作用,即加快数据查询速度以提高数据库的性能。

(1)聚集索引与非聚集索引

按照索引记录的存放位置划分,索引可分为聚集索引与非聚集索引。聚集索引按照索引的字段排列记录,并且按照排好的顺序将记录存储在表中。非聚集索引按照索引的字段排列记录,但是排列的结果并不会存储在表中,而是存储在其他位。

易知,在检索记录时,聚集索引会比非聚集索引速度快,因为数据在表中已经依索引顺序排好了。但当要新增或更新记录时,由于聚集索引需要将排序后的记录存储在表中,所以其速度会比非聚集索引稍慢。另外,一个表中只能有一个聚集索引,而非聚集索引则可以有多个存在。

(2)唯一索引

唯一索引表示表中每一个索引值只对应唯一的数据记录,这与表的PRIMARY KEY的特性类似。唯一索引不允许在表中插入任何相同的取值。因此,唯一索引常用于PRIMARY KEY的字段上,以区别每一个记录。当表中有被设置为UNIQUE的字段时,SQL Server会自动建立非聚集的唯一索引。而当表中有PRIMARY KEY的字段时,SQL Server会在PRIMARY KEY字段建立一个聚集索引。使用唯一索引不但能提高性能,还可以维护数据的完整性。

(3)复合索引

复合索引是针对基本表中两个或两个以上的列建立的索引,单独的字段允许有重复的值。由于被索引列的顺序对数据查询速度具有显著的影响,因此创建复合索引时,应当考虑索引的性能。为了优化性能,通常将最强限定值放在第一位。但是,那些始终被指定的列更应当放在第一位。

在数据库中,究竟创建哪一种类型的索引,主要取决于数据查询或处理的实际需要。一般应首先考虑经常在查询的WHERE子句中用做过滤条件的列。如果子句中只用到了一个列,则应当选择单列索引;如果有两个或更多的列经常用在WHERE子句中,则复合索引是最佳选择。

选择索引是数据库设计的一项重要工作,恰当地选择索引有助于提高数据库操作的效率。而科学地设计、选择和创建索引,以使其得到高效的利用则有赖于DBA对表与表之间的关系、对查询和事务管理的要求以及对数据本身的研究。

2.索引的创建

在SQL语言中,建立索引使用CREATE INDEX语句,其一般格式为:

```
CREATE[UNIQUE][CLUSTERED]INDEX＜索引名＞
        ON＜表名＞(＜列名1＞[＜次序1＞][,＜列名2＞[＜次序2＞]]…);
```

其中,＜表名＞是要创建索引的基本表的名字。索引可以建立在该表的一列或多列上,各列名之间用逗号分隔。每个＜列名＞后面还可以用＜次序＞指定索引值的排列次序,次序可选ASC(升序)或DESC(降序),默认值为ASC。UNIQUE表示该索引的每一个索引值只对应唯一的数据记录。CLUSTERED表示要建立的索引是聚簇索引,它使得基本表中数据的物理顺序和索引项的排列顺序一致。

需要注意的是，SQL 中的索引是非显示索引，在改变表中的数据（如增加或删除记录）时，索引将自动更新。索引建立后，在查询使用该列时，系统将自动使用索引进行查询。索引数目无限制，但索引越多，更新数据的速度越慢。对于仅用于查询的表可多建索引，对于数据更新频繁的表则应少建索引。

3. 索引的删除

索引一经创建，就由系统使用和维护，无需用户进行干预。建立索引是为了减少查询操作的时间，但如果数据增、删、改频繁，系统会花费许多时间来维护索引。因此，在必要的时候，可以使用 DROP INDEX 语句撤消一些不必要的索引。其格式为：

DROP INDEX ＜索引名＞[，…n]

其中，＜索引名＞是要撤消的索引的名字。撤消索引时，系统会同时从数据字典中删除有关对该索引的描述。一次可以撤消一个或多个指定的索引，索引名之间用逗号间隔。

在 RDBMS 中索引一般采用 B＋树、HASH 索引来实现。B＋树索引具有动态平衡的优点。HASH 索引具有查找速度快的特点。索引是关系数据库的内部实现技术，属于内模式的范畴。用户可以决定创建一个何种类型的索引，但某个索引是采用 B＋树还是 HASH 索引则就由具体的 RDBMS 来决定。

3.3 数据查询

数据查询是数据库的核心操作，是 SQL 数据操纵功能的重要组成部分。在数据库的实际应用中，用户最经常使用的操作就是查询操作。其功能是指根据用户的需要以一种可读的方式从数据库中提取所需的数据，由 SQL 的数据操纵语言的 SELECT 语句实现。SELECT 语句是 SQL 中用途最广泛的语句，具有灵活的使用方式和十分强大的功能。

SQL 的数据查询语句（SELECT）之所以功能强大，是由于该语句的成分丰富多样，有许多可选的形式。灵活地运用 SELECT 语句可从数据库中查询到你所需要的各种信息。

3.3.1 查询语句的基本结构

一个完整的 SELECT 语句包括 SELECT、FROM、WHERE、GROUP BY 和 ORDER BY 子句，它具有数据查询、统计、分组和排序的功能。SQL 的所有查询都是利用 SELECT 语句完成的，它对数据库的操作十分方便灵活，原因在于 SELECT 语句中的成分丰富多彩，有许多可选形式，尤其是目标列和条件表达式。

SELECT 语句及各子句的一般格式如下：

SELECT[ALL|DISTINCT][＜目标列表达式＞[，…n]]
FROM＜表名或视图名＞[，＜表名或视图名＞，…]
[WHERE＜条件表达式＞]
[GROUP BY＜列名 1＞[HAVING＜条件表达式＞]]
[ORDER BY＜列名 2＞[ASC|DESC]，…]；

整个 SELECT 语句的含义是，根据 WHERE 子句的条件表达式，从 FROM 子句指定的表或视图中找出满足条件的元组，再按 SELECT 子句的目标列表达式，选出元组中的属性值形成结果表。如果有 GROUP 子句，则将结果按(列名 1)的值进行分组，该属性列的值相等的元组为一个组。如果 GROUP 子句带 HAVING 短语，则只有满足指定条件的组才予以输出。如果有 ORDER 子句，则结果表还要按(列名 2)的值的升序(ASC)或降序(DESC)排列。

1. SELECT 子句

SELECT 子句主要用于指明查询结果集的目标列。其中，＜目标列表达式＞是指查询结果集中包含的列名，可以是直接从基本表或视图中投影得到的字段、与字段相关的表达式或数据统计的函数表达式，目标列还可以是常量；DISTINCT 说明要去掉重复的元组；ALL 表示所有满足条件的元组。＜SELECT 表达式＞可以是字段名，也可以是与字段有关的系统函数；列名用于指定输出时使用的列标题，它不同于字段名；在 SELECT 子句中，省略＜目标列表达式＞表示结果集中包含＜表名或视图名＞中的所有列也可以用 * 号来表示查询表达式。

若目标列中使用了两个基本表或与视图中相同的列名，则要在列名前加表名限定，即使用"＜表名＞.＜列名＞"表示。

2. FROM 子句

FROM 子句用于指明要查询的数据来自哪些基本表或视图。查询操作需要的基本表或视图名之间用"，"间隔。

若查询使用的基本表或视图不在当前的数据库中，则需要在表或视图前加上数据库名进行说明，即"＜数据库名＞.＜表名＞"的形式。

若在查询中需要一表多用，则每种使用都需要一个表的别名标识，并在各自使用中用不同的基本表别名表示。定义基本表别名的格式为"＜表名＞＜别名＞"。

3. WHERE 子句

WHERE 子句通过条件表达式描述对基本表或视图中元组的选择条件。DBMS 处理语句时，以元组为单位，逐个考察每个元组是否满足 WHERE 子句中给出的条件，将不满足条件的元组筛选掉，因此 WHERE 子句中的表达式也称为元组的过滤条件，它比关系代数中的公式更加灵活。

4. GROUP BY 子句

GROUP BY 子句作用是将结果集按＜列名 1＞的值进行分组，即将该列值相等的元组分为一组，每个组产生结果集中的一个元组，可以实现数据的分组统计。当 SELECT 子句后的＜目标列表达式＞中有统计函数，且查询语句中有分组子句时，则统计为分组统计，否则为对整个结果集的统计。

5. HAVING 子句

HAVING 子句用在 GROUP BY 子句中，增加限制条件。一般情况下，如果没有 GROUP BY 子句，即不分组，则限制条件写在 WHERE 子句中。WHERE 子句与 HAVING 子句的区别在于，WHERE 子句的作用对象是表，SELECT 语句依据 WHERE 子句限定的条件，筛选出满足条件的记录；HAVING 子句的作用对象是由 GROUP BY 子句所分组产生的列表，HAVING

子句从列表中选择出满足条件的记录。

6. ORDER BY 子句

ORDER BY 子句是对结果集按＜列名 2＞的值的升序(ASC)或降序(DESC)进行排序。查询结果集可以按多个排序列进行排序,根据各排序列的重要性从左向右列出。

整个过程是:根据 WHERE 子句的条件表达式,从 FROM 子句指定的基本表或视图中找出满足条件的元组,再按 SELECT 子句中的目标列表达式选出元组中的列值形成结果集。如果有 GROUP 子句,则将结果集按＜列名 1＞的值进行分组,该列值相等的元组为一个组,每个组产生结果集中的一个元组。如果 GROUP BY 子句后带 HAVING 短语,则只有满足指定条件的组才予以输出。如果有 ORDER BY 子句,则结果集还要按＜列名 2＞的值的升序或降序进行排序。

此外,SQL 还提供了为属性重新命名的机制,这对从多个关系中查出的同名属性以及计算表达式的显示非常有用。它是通过使用具有如下形式的 AS 子句来进行的:

＜原名＞AS＜新名＞

在实际应用中有的 DBMS 可省略“AS”。

3.3.2 简单查询

简单查询是指在查询过程中只涉及一个表或视图的查询,也称单表查询,是最基本的查询语句。

1. 选择表中的若干列

选择表中的全部列或部分列,这就是关系代数的投影运算。在很多情况下,用户只需要表中的一部分属性列,于是便可以在 SELECT 子句的＜目标列表达式＞中指定要查询的属性列。

例如,查询学生表中年龄在 20～25 的学生的学号和姓名。

```
SELECT 学号,姓名
FROM 学生表
WHERE 年龄 BETWEEN 20 AND 25
```

如果想要查询表中所有的列则可以在 SELECT 关键字后面列出所有列名,若列的显示顺序和表中的顺序相同则也可以简单地将＜目标列表达式＞指定为 * 。

此外,用户还可以通过指定别名来改变查询结果的列标题,这对于含算术表达式、常量、函数名的目标列表达式非常有用。

2. 选择表中的若干元组

在选择若干元组时,有时两个本来并不完全相同的元组,投影到指定的某些列上后,可就变成相同的行了,这时用 DISTINCT 取消它们,若没有指定 DISTINCT,则缺省为 ALL,就会保留表中取值重复的行。

需要注意的如果用户要查询字符串本身含有通配符％或_,就需要用 ESCAPE'＜换码字符＞'短语,对通配符进行转义了。

ESCAPE'\'表示“\”为换码符,其后的紧跟的“％”或“_”就不再具有通配符的含义了,而为普通的“_”字符。

例如，在学生表中查询所有姓名以“JP_”开头的学生的所有信息。

SELECT *

FROM 学生表

WHERE 姓名 LIKE ‘JP_%’

用户可以结合其他语句、短语来查询所需的数据，其中需要注意的是 WHERE 子句和 HAVING 短语的区别在于作用对象不同，WHERE 子句作用于基本表或视图，从中选择满足条件的元组。HAVING 短语作用于组，并从中选择满足条件的组。

3.3.3 连接查询

在数据库的应用中，从多个相关的表中查询数据的操作比较频繁，如果多个表之间存在关联关系，则可以通过连接查询同时查看各表的数据。连接查询主要包括内连接、外连接和交叉连接。

可在 FROM 或 WHERE 子句中指定连接条件。连接条件与 WHERE 和 HAVING 搜索条件组合，用于控制 FROM 子句中的基表所选定的行。

在 FROM 子句中指定连接条件，有助于将这些连接条件与 WHERE 子句中可能指定的其他搜索条件分开。这种方法的使用建议在指定连接时使用。简单的子句连接语法如下：

FROM 表1 连接类型 表2 [ON 连接条件]

其中，连接类型指定所执行的连接方式，包括内连接、外连接或交叉连接。

1. 内连接

内连接一般是最常使用的，还可以称之为自然连接，它是用比较运算符比较要连接列的值的连接。它是通过(INNER JOIN 或者 JOIN)关键字把多表进行连接。语法如下：

SELECT 列名1，列名n

FROM 表1 INNER JOIN 表2

ON 表1.列名=表2.列名

内连接就是将参与的数据表中的每列与其他数据表的列相匹配，形成临时数据表，并将满足数据项相等的记录从临时数据表中选择出来。

2. 外连接

仅当至少有一个同属于两表的行符合连接条件时，内连接才返回记录。内连接消除与另一个表中的任何不匹配的行。而外连接会返回 FROM 子句中提到的至少一个表或视图的所有行。

内连接的功能在外连接中得以扩充，会把内连接中删除原表的一些记录保留下来，由于保留下来的行不同，可以把外连接分为左外连接、右外连接和全连接。

(1)左外连接

左外连接保留了第一个表的所有行，但只包含第一个表与第一个表匹配的行。第二个表相应的空行被放入 NULL 值。

左外连接的语法如下：

SELECT 列名1，列名n

FROM 表1 LEFTOUTER JOIN 表2

ON 表 1.列名＝表 2.列名

其中，OUTER 可省略。

(2)右外连接

右外连接保留了第二个表的所有行，但只包含第一个表与第二个表匹配的行。第一个表相应空行被写入 NULL 值。

右外连接的语法如下：

SELECT　列名 1，列名 n

FROM　表 1　RIGHTOUTER JOIN 表 2

ON 表 1.列名＝表 2.列名

类似于左外连接，OUTER 也可省略。

(3)全外连接

全外部连接返回左表和右表中的所有行。当某行在另一个表中没有匹配行时，则另一个表的选择列表列包含空值。如果表之间存在匹配行的话，则整个结果集行包含基表的数据值。

全外连接的语法如下：

SELECT　列名 1，列名 n

FROM　表 1 FULLOUTER JOIN　表 2

ON　表 1.列名＝表 2.列名

类似于前两个连接，OUTER 可省略。

3. 交叉连接

交叉连接(CROSS JOIN)的结果集中，两个表中每两个可能成对的行占一行。WHERE 子句在交叉连接中并未使用。在数学上，交叉连接就是表的笛卡儿积，即它查询出来的记录行数为两张表记录行数的乘积，对应记录也就是表 1×表 2。

3.3.4　嵌套查询

在一个 SELECT 查询语句中包含另一个(或多个)SELECT 查询语句就是嵌套查询。其中，外层的 SELECT 查询语句叫外部查询，内层的 SELECT 查询语句叫子查询。

嵌套查询的执行过程：首先执行子查询语句，得到的子查询结果集传递给外层主查询语句，作为外层主查询的查询项或查询条件使用。子查询也可以再嵌套子查询。

使用子查询时以下问题需要注意：

1)子查询可以嵌套多层。

2)子查询需用圆括号括起来。

3)子查询中 COMPUTE[BY]和 INTO 子句是不能使用的。

4)如前所述，子查询的 SELECT 语句中不能使用 image、text 或 ntext 数据类型。

1. 单列单值嵌套查询

如果子查询的字段列表只有一项，而且根据检索限定条件只有一个值相匹配。即子查询返回结果是单列单值，这样的查询就是所谓的单列单值嵌套查询。

由于子查询仅返回单列单值，因此，在主查询中与它的匹配的难度也不大，可直接使用比较运算符进行匹配筛选。

2. 单列多值嵌套查询

如果子查询的字段列表只有一项，但是根据检索限定条件有多个值相匹配，即子查询返回结果是单列多值，这样的查询称为单列多值嵌套查询。

由于子查询返回单列多值，因此，在主查询中不能够直接使用比较运算符进行匹配筛选。

(1)关键字[NOT] IN

在单列多值嵌套查询中，经常使用关键字 IN 或 NOT IN 用于确定查询条件是否在(或不在)子查询的返回值列表中。

(2)关键字 ALL 或 ANY

在单列多值嵌套查询中，除了关键字 IN 或 NOT IN，还经常使用关键字 ALL 或 ANY 用于确定查询条件是否满足子查询的返回值。

使用关键字 ANY 或 ALL 的同时也要注意比较运算符也必须使用，如表 3-11 所示。

表 3-11　关键字 ANY 或 ALL

关键字	含　义	应　用	
ALL	子查询中所有值	＞ALL	大于子查询结果中的所有值
		＜ALL	小于子查询结果中的所有值
		＞＝ALL	大于等于子查询结果中的所有值
		＜＝ALL	小于等于子查询结果中的所有值
		＝ALL	等于子查询结果中的所有值
		！＝(或＜＞)ALL	不等于子查询结果中的任何一个值
ANY	子查询中任一值	＞ANY	大于子查询结果的某个值
		＜ANY	小于子查询结果中的某个值
		＞＝ANY	大于等于子查询结果中的某个值
		＜＝ANY	小于等于子查询结果中的某个值
		＝ANY	等于子查询结果中的某个值
		！＝(或＜＞)ANY	不等于子查询结果中的某个值

3. 多列多值嵌套查询

如果子查询的返回结果是一个多行多列的表，这样的查询称为多列多值嵌套查询。由于子查询返回多列多值，因此，在主查询中只能够使用关键字 EXISTS 或 NOT EXISTS 进行匹配筛选。

[NOT] EXISTS 用于测试是否存在满足子查询条件的数据行，如果子查询至少返回一行数据记录，则判断存在，EXISTS 为 TRUE，NOT EXISTS 为 FALSE；反之，如果子查询没有一行数据记录返回，则 NOT EXISTS 为 TRUE，EXISTS 为 FALSE。

从集合的角度出发，EXISTS 和 NOT EXISTS 可以用来表示“交”和“差”两个集合运算：

EXISTS 表示主查询与子查询的交集;NOT EXISTS 则表示主查询与子查询的差集。

使用[NOT]EXISTS 时,需要注意以下两点:

1)[NOT]EXISTS 关键字前不存在列名、常量或表达式。

2)由[NOT]EXISTS 关键字引入的子查询的字段列表通常都是(*)。

3.3.5 集合查询

集合查询属于 SQL 关系代数运算中的一个重要部分,是实现查询操作的一条新途径。由于 SELECT 语句执行结果是记录的集合,因此需要对多个 SELECT 语句的结果可进行集合操作。集合操作主要包括并操作 UNION、交操作 INTERSECT 和差操作 EXCEPT。注意,参加集合操作的各查询结果的列数必须相同;对应项的数据类型也必须相同。

SELECT＜语句 1＞
  UNION[INTERSECT|EXCEPT][ALL]
SELECT＜语句 2＞
或 SELECT{
FROM TABLE＜表名 1＞UNION[INTERSECT|EXCEPT][ALL]TABLE＜表名 2＞;

用此命令可实现多个查询结果集合的并、交、差运算。

1. UNION

并操作 UNION 的格式:

＜查询块＞
UNION [ALL]
＜查询块＞

参加 UNION 操作的各结果表的列数必须相同;对应项的数据类型也必须相同;使用 UNION 进行多个查询结果的合并时,系统自动去掉重复的元组;UNION ALL 将多个查询结果合并起来时,保留重复元组。

2. INTERSECT

标准 SQL 中没有提供集合交操作,但可用其他方法间接实现。商用系统中提供的交操作,形式同并操作:

＜查询块＞
INTERSECT
＜查询块＞

其中,参加交操作的各结果表的列数必须相同;对应项的数据类型也必须相同。

3. EXCEPT/MINUS

标准 SQL 中没有提供集合差操作,但可用其他方法间接实现。商用系统中提供的差操作,形式同并操作:

＜查询块＞		＜查询块＞
MINUS	或	EXCEPT
＜查询块＞		＜查询块＞

要求参加差操作的各结果表的列数必须相同;对应项的数据类型也必须相同。

集合运算作用于两个表,这两个表必须是相容可并的,即字段数相同,对应字段的数据库类型必须兼容(相同或可以互相转换),但这也不是要求所有字段都对应相同,只要用CORRESPONDING BY指明做操作的对象字段(共同字段)的字段名即可运算。

3.4　数据操纵

创建数据库的目的是为了利用其进行存储和管理数据。实现数据存储的前提是向数据库的基本表中添加数据;而实现对基本表的良好管理则经常需要根据实际应用对表中的数据进行插入、修改和删除。

3.4.1　插入(INSERT)数据

SQL的数据插入语句INSERT通常有两种形式。一种是插入一个元组,另一种是插入子查询结果。后者可以一次插入多个元组。

1.插入单个元组

一次向基本表中插入一个元组,将一个新元组插入指定的基本表中,可使用INSERT语句。其格式:

INSERT INTO＜表名＞[(＜列名1＞[,＜列名2＞,…])]

VALUES([＜常量1＞[,＜常量2＞,…]]);

1)INTO子句中的＜列名1＞[,＜列名2＞,…]指出在基本表中插入新值的列,VALUES子句中的＜常量1＞[,＜常量2＞,…]指出在基本表中插入新值的列的具体值。

2)INTO子句中没有出现的列,新插入的元组在这些列上取空值。

3)如果省略INTO子句中的＜列名1＞[,＜列名2＞,…],则新插入元组的每一列必须在VALUES子句中均有值对应。

4)VALUES子句中各常量的数据类型必须与INTO子句中所对应列的数据类型兼容,VALUES子句中常量的数量必须匹配INTO子句中的列数。

5)如果在基本表中存在定义为NOT NULL的列,则该列的值必须要出现在VALUES子句中的常量列表中,否则会出现错误。

6)这种插入数据的方法一次只能向基本表中插入一行数据,并且每次插入数据时都必须输入基本表的名字以及要插入的列的数值。

2.插入多个元组

在SQL中,子查询可以嵌套在INSERT语句中,将查询出的结果,代替VALUE子句,一次向基本表中插入多个元组。其对应的语法格式:

INSERT INTO＜表名＞[(＜列名1＞[,＜列名2＞,…])]

＜子查询＞;

具体过程是:SQL先处理＜子查询＞,得到查询结果,再将结果插入到＜表名＞所指的基本表中。＜子查询＞结果集合中的列数、列序和数据类型必须与＜表名＞所指的基本表中相应各项匹配或兼容。

3.4.2 修改(UPDATA)数据

SQL 中修改数据的语句为 UPDATE,可以修改存在于基本表中的数据。在数据库中,UPDATE 通常在某一时刻只能更新一个基本表,但是可以同时更新一个基本表中的多个列。在一个 UPDATE 语句中,可以根据需要更新基本表中的一行数据,也可以更新多行数据。

其语句格式为:

UPDATE＜表名＞

SET＜列名＞=＜表达式＞[,＜列名＞=＜表达式＞][,…n]

[WHERE＜条件＞];

其中,＜表名＞指出要修改数据的基本表的名字,而 SET 子句用于指定修改方法,用＜表达式＞的值取代相应＜列名＞的列值,且一次可以修改多个列的列值。WHERE 子句指出基本表中需要修改数据的元组应满足的条件,如果省略 WHERE 子句,则修改基本表中的全部元组。也可在 WHERE 子句中嵌入子查询。

3.4.3 删除(DELETE)数据

当数据库的某些数据失去了应用和保存价值时,应将其从数据库的基本表中删除,以节省存储空间和优化数据。在 SQL 中使用 DELETE 语句进行数据删除。

语句格式:

DELETE FROM＜表名＞[WHERE＜条件＞];

通过上面的语句可以删除指定表中满足 WHERE 子句条件的所有元组。需要注意的是:SDELETE 语句删除的是基本表中的数据,而不是表的定义。省略 WHERE 子句,表示删除基本表中的全部元组。在 WHERE 子句中也可以嵌入子查询。数据一旦被删除将无法恢复,除非事先有备份。

3.5 数据控制

数据库中的数据由多个用户共享,为保证数据库的安全,SQL 提供数据控制语言 DCL 对数据库进行统一的控制管理。

3.5.1 数据控制机制

数据库管理系统通过以下三步来实现数据控制:

1)授权定义。具有授权资格的用户,如数据库管理员(Database Administrators,DBA)或建表户(Database Owner,DBO),通过数据控制语言(Data Control Language,DCL),将授权决定告知数据库管理系统。

2)存权处理。数据库管理系统把授权的结果编译后存入数据字典中。数据字典是由系统自动生成、维护的一组表，记录着用户标识、基本表、视图和各表的列描述及系统授权情况。

3)查权操作。当用户提出操作请求时，系统首先要在数据字典中查找该用户的数据操作权限，当用户拥有该操作权时才能执行其操作，否则系统将拒绝其操作。

3.5.2　权限与角色

1. 权限

在 SQL 系统中，安全机制一共有两种。一种是视图机制，当用户通过视图访问数据库时，此视图外的数据就不能再访问，视图机制提供了一定的安全性。另外一种是权限机制，是实际中主要使用的安全机制。给用户授予不同类型的权限是权限机制的思想所在，在必要时，授权需要被收回，使用户能够进行的数据库操作以及所操作的数据限定在指定的范围内，禁止用户超越权限对数据库进行非法的操作，使得数据库的安全性得到保证。

在数据库中，权限可分为系统权限和对象权限。

系统权限是指数据库用户能够对数据库系统进行某种特定操作的权力，它可由数据库管理员授予其他用户，如一个基本表(CREATE TABLE)的创建。

对象权限是指数据库用户在指定的数据库对象上进行某种特定操作的权力，对象权限由创建基本表、视图等数据库对象的用户授予其他用户，如查询(SELECT)、添加(INSERT)、修改(UPDATE)和删除(DELETE)等操作。

2. 角色

角色是多种权限的集合，可以把角色授予用户或其他角色。当要为某一用户同时授予或收回多项权限时，则可以把这些权限定义为一个角色，对此角色进行相关操作。这样许多重复性的工作得以有效避免，数据库用户的权限管理工作在一定程度上得以简化。

3.5.3　数据控制语言

数据操作权限的设置语句包括授权语句、收权语句和拒绝访问 3 种。

1. 授权语句

授权分对系统特权和对对象特权的授权两种。系统特权又称为语句特权，是允许用户在数据库内部实施管理行为的特权，主要包括创建或删除数据库、创建或删除用户、删除或修改数据库对象等。对象特权类似于数据库操作语言 DML 的权限，指用户对数据库中的表、视图、存储过程等对象的操作权限。

(1)系统权限与角色的授予

使用 SQL 的 GRANT 语句为用户授予系统权限，其语法格式为：

GRANT＜系统权限＞|＜角色＞[,＜系统权限＞|＜角色＞]…
TO＜NPZ＞|＜角色＞|PUBLIC[,＜用户名＞|＜角色＞]…
[WITH ADMIN OPTION]

其语义为：将指定的系统权限授予指定的用户或角色。其中，数据库中的全部用户是由 PUBLIC 代表的。WITH ADMIN OPTION 为可选项，指定后则允许被授权的用户将指定的系统特权或角色再授予其他用户或角色。

(2)对象权限与角色的授予

数据库管理员拥有系统权限，而作为数据库的普通用户，只对自己创建的基本表、视图等数据库对象拥有对象权限。如果要共享其他的数据库对象，则必须授予普通用户一定的对象权限。类似于系统权限的授予方法，SQL 使用 GRANT 语句为用户授予对象权限，其语法格式为：

GRANT ALL|＜对象权限＞[(列名[,列名]…)][,＜对象权限＞]…

ON＜对象名＞

TO＜用户名＞|＜角色＞|PUBLIC[,＜用户名＞|＜角色＞]…

[WITH GRANT OPTION]

其语义为：将指定的操作对象的对象权限授予指定的用户或角色。其中，所有的对象权限是由 ALL 代表的。列名用于指定要授权的数据库对象的一列或多列。如果列名未指定的话，被授权的用户将在数据库对象的所有列上均拥有指定的特权。实际上，只有当授予 INSERT 和 UPDATE 权限时才需指定列名。ON 子句用于指定要授予对象权限的数据库对象名，可以是基本表名、视图名等。WITH GRANT OPTION 为可选项，指定后则允许被授权的用户将权限再授予其他用户或角色。

2.收权语句

数据库管理员 DBA、数据库拥有者(建库户)DBO 或数据库对象拥有者 DBOO(数据库对象主要是基本表)可以通过 REVOKE 语句将其他用户的数据操作权收回。

(1)系统权限与角色的收回

数据库管理员可以使用 SQL 的 REVOKE 语句收回系统权限，其语法格式为：

REVOKE＜系统权限＞|＜角色＞[,＜系统权限＞|＜角色＞]…

FROM＜用户名＞|＜角色＞|PUBLIC[,＜用户名＞|＜角色＞]…

(2)对象权限与角色的收回

所有授予出去的权限在一定的情况下都可以由数据库管理员和授权者收回，收回对象权限仍然使用 REVOKE 语句，其语法格式为：

REVOKE＜对象权限＞|＜角色＞[,＜对象权限＞|＜角色＞]…

FROM＜用户名＞|＜角色＞|PUBLIC[,＜用户名＞|＜角色＞]…

3.拒绝访问语句

拒绝访问语句的一般格式为：

DENY ALL[PRIVILIGES]|＜权限组＞[ON＜对象名＞]TO＜用户组＞|PUBLIC；

其中，ON 子句用于说明对象特权的对象名，对象名指的是表名、视图名、视图和表的列名或者过程名。

3.6　嵌入式 SQL

3.6.1　嵌入式 SQL 概述

SQL 语言的第一种使用方法是作为一种独立的自含式语言，是联机终端用户在交互环境下使用的，称为交互式 SQL(Interactive SQL，ISQL)。SQL 语言另外一种使用方式是作为一种数据子语言嵌入某些高级语言中，通过高级语言程序访问数据库，即嵌入式 SQL(Embedded SQL，ESQL)。

1.应用嵌入式 SQL 的原因

SQL 是一种强有力的非过程性查询语言，实现相同的查询比用通用编程语言要简单得多，那么为什么还要用高级语言访问数据库呢？其原因如下：

1)有些事务性处理单纯使用 SQL 难以完成。存在着不少应用是过程化的，要求根据不同的条件来完成不同的任务。虽然 SQL 在逐渐增强自己的表达能力，但一方面扩充的能力有限，另一方面，太多的扩展会导致优化能力及执行效率的降低。

2)还有许多应用不仅需要查出数据，还必须对查询得到的数据进行随机处理。实际的应用系统是非常复杂的，数据库操作只是其中一个部分。有些动作如与用户交互、图形化显示、复杂数据的计算、处理等不借助于其他软件难以实现。

为了解决这些问题，将 SQL 作为一种数据子语言嵌入到高级语言中，利用高级语言的过程性结构来弥补 SQL 语言实现复杂应用方面的不足。接受 SQL 嵌入的高级语言，称为主语言(或宿主语言)。标准 SQL 语言可以嵌入到 COBOL、C/C＋＋、PASCAL、Java、FORTRAN、Ada 等主语言中使用。

2.嵌入式 SQL 的实现方式

对于主语言中的嵌入式 SQL，通常采用两种方式处理：

1)预编译方法。

2)扩充主语言使之能够处理 SQL 的方法。

目前主要采用第 1 种方式。其主要过程为：先由 DBMS 的预处理程序对源程序进行扫描，识别出 SQL 语句，然后将它们转换为主语言的调用语句，使主语言能够识别它们，最后由主语言编译程序将整个源程序编译成可执行的目标代码。

3.嵌入式 SQL 语句分类

嵌入式 SQL 语句根据其作用的不同，可分为：

1)可执行语句(数据定义、数据控制、数据操纵)。

2)说明性语句。

说明：在宿主程序中，任何允许出现可执行高级语言语句的地方，都可以写可执行 SQL 语句。任何允许出现说明性高级语言语句的地方，都可以写说明性 SQL 语句。

SQL 语言是一种双模式(Dual-Mode)语言，即任何可以在联机终端上交互式使用的 SQL 语句均能在嵌入方式下使用,但有使用方式上的差异。

4.使用嵌入式 SQL 面临的问题

使用嵌入式 SQL 需要面对以下三个主要问题:

1)程序中既有主语言的语句又有 SQL 的语句,如何识别这两种不同的语句。

2)程序中既有主语言变量又有 SQL 列变量,如何区分这两种不同的变量。

3)主语言变量一般为标量,而 SQL 中的列变量一般均为集合量,如何实现由集合量到标量的转换。

3.6.2 内嵌 SQL 语句的 C 程序组成

每一个内嵌 SQL 语句的 C 程序包括两个部分:应用程序首部和应用程序体。应用程序首部定义与数据库有关的变量,并为在 C 语言中操纵数据库做准备。应用程序体基本上由 C 和 SQL 的执行语句组成,处理对数据库的操作。嵌入 C 程序中的 SQL 语句前需加前缀 EXEC SQL,以便与宿主语言的语句相区别。

1. DECLARE 段

应用程序首部的第一段就是 DECLARE 段(说明段),它用于定义宿主变量(host variable)。宿主变量是宿主语言与 SQL 共享的内存变量,又称共享变量,它既可在 C 语句中使用,也可在 SQL 语句中使用,应用程序可以通过宿主变量与数据库传递数据。

DECLARE 段用下列语句作为开始和结束:

EXEC SQL BEGIN DECLARE SECTION;

EXEC SQL END DECLARE SECTION;

在这两个语句之间只允许有说明变量语句。

宿主变量的数据类型可以是 C 语言的数据类型的一种,同时必须与 SQL 数据值的所对应的列(属性)的数据类型相兼容。

宿主变量在 SQL 语句中使用时,其前面应加冒号":",以便与 SQL 本身的变量(属性名)相区别;而宿主变量在 C 语句中使用时则不必加冒号。为了在宿主语言中检测可执行 SQL 语句的执行结果状态,过去许多 SQL 的实现版本常用一个特殊的状态指示字段变量 SQLCODE,它包含了每一个可执行 SQL 语句运行之后的结果码,它的值为 0 表示 SQL 语句执行成功,值为负表示出错(错误码),值为正表示执行成功且带有一个状态码(警告信息)。宿主语言程序可以读取这些信息,检测 SQL 语句执行的情况。

现在,为了在宿主语言中检测可执行 SQL 语句的执行结果,SQL2 和 SQL3 标准规定使用一个特殊的共享变量 SQLSTATE。SQLSTATE 是一个由 5 个字符构成的字符数组,可以在 DECLARE 段中定义。在每一个 SQL 语句之后,DBMS 将一个状态代码放入 SQLSTATE。状态代码由数字和 A～Z 之间的大写字母组成,其前 2 个数字或字母是"类",接下来的 3 个数字或字母是"子类"。最重要的几个类如下:

1)类"00"是"SUCCESS",表示操作成功完成,一切正常。

2)类"01"是"SUCCESS WITH INFO"或"WARNING",表示警告,通常不必改变程序流的过程,但有不足之处。例如,在进行算术运算时,可能丢失了一些精度。

3)类“02”是“NO DATA”。每一个 FETCH 循环将监视这个信息，当再没有数据可取时，FETCH 将引起“NO DATA”。

4)所有其他类是“ERROR”，表示 SQL 语句出错。

在 DECLARE 段定义的 SQLSTATE 的长度为 6，这是因为 C 语言的字符串变量需含有结束符“\0”。

除了 SQLSTATE 外，SQL2 和 SQL3 标准还规定了 WHENEVER 语句和 GETDIAGNOSTICS 语句，可用于运行结果诊断。

2. CONNECT 语句

在对数据库中的数据进行存取操作之前，应用程序必须连接并登录到数据库。这通过连接语句 CONNECT 完成，其格式为

EXEC SQL CONNECT TO＜数据库名＞USER＜用户名＞

CONNECT 语句必须是应用程序中的第一条可执行 SQL 语句，即在物理位置上 CONNECT 语句位于所有的可执行 SQL 语句之首。CONNECT 语句也是应用程序首部的内容。

3. 应用程序体

应用程序体包含若干可执行 SQL 语句。应用程序体中的 SQL 语句只能放在应用程序首部之后，但是 C 语句不受此限制。

可执行 SQL 语句可以对数据库中的数据进行查询、操纵和控制，也可以对数据库实体(列、索引、表、视图、序列和用户名)进行操作。SQL 语句的执行是否成功，可通过检查 SQL 语句中的相应值来了解。

当对数据库的操作完成后，应该提交和退出数据库，这可使用简单的命令：

COMMIT WORK RFLEASE

3.6.3　无游标的 SQL 语句

嵌入式 SQL，即使不需要游标的语句，其语句格式和功能特点也与独立式 SQL 不同。

1. 不需要使用游标的 SQL 语句

下面 4 种 SQL 语句不需要使用游标。

1)用于说明主变量的说明性语句。SQL 的说明性语句主要有两条：

EXEC SQL BEGIN DECLARE SECTION;

EXEC SQL END DECLARE SECTION;

这两条语句必须配对出现，两条语句中间是主变量的说明。由于说明性语句与数据记录无关，所以不需要使用游标。

2)数据定义和数据控制语句。数据定义和数据控制语句在执行时不需要返回结果，也不需要使用主变量，因而也就不需要使用游标。

3)查询结果为单记录的查询语句。如果在操作前明确知道查询结果为单记录，主语句可一次将查询结果读完，不需要使用游标。

4)数据的插入语句和某些数据删除、修改语句。对于数据插入语句，即使插入批量数据，也只是在数据库工作区内部进行，不需要主语言介入，故不使用游标。

数据删除和修改语句分两种情况：独立的数据删除和修改语句不需要使用游标；与查询语句配合，删除或修改查询到的当前记录（在更新语句中，WHERE 的条件中使用 CURRENT OF＜游标名＞）的操作，与游标有关。

2. 不用游标的查询语句

不用游标的查询语句的一般格式为：

EXEC SQL

SELECT[ALL|DISTINCT]＜目标列表达式＞[,…n]

INTO＜主变量＞[＜指示变量＞][,…n]

FROM＜表名或视图名＞[,…n]

[WHERE＜条件表达式＞]；

说明：

1)在语句开始前要加 EXEC SQL 前缀，这也是所有嵌入式 SQL 语言必须加的前缀。

2)该查询语句中又扩充了 INTO 子句，其作用是把从数据库中找到的符合条件的记录，放到 INTO 子句指定的主变量中去。

3)在 WHERE 子句的条件表达式中可以使用主变量。

4)由于查询的结果集中只有一条记录，该 SELECT 语句中不必有排序和分组子句。

5)当 INTO 子句中的主变量后面跟有指示变量时，指示变量可能有三种值：如果查询结果的对应列值为 NULL，指示变量为负值，结果列不再向该主变量赋值，即主变量值仍为执行 SQL 语句之前的值；如果传递正常，指示变量的值为 0；如果主变量宽度不够，则指示变量的值为数据截断前的宽度。

6)如果查询结果并不是单条记录，即当结果为多条记录时，则程序出错，DBMS 会在 SQLCA 中返回错误信息；当结果为空集时，DBMS 将 SQLCODE 的值置为 100。

3. 不用游标的数据维护语句

(1)不用游标的数据删除语句

在删除语句中，WHERE 子句的条件中可以使用主变量。

(2)不用游标的数据修改语句

在 UPDATE 语句中，SET 子句和 WHERE 子句中均可以使用主变量。SET 子句中的主变量可以使用指示变量，当指示变量的值是负值时，无论它前面的主变量是什么，都会使它所在的表达式值成为空值。

(3)不用游标的数据插入语句

INSERT 语句的 VALUES 子句可以使用主变量和指示变量，当需要插入空值时，可以把指示变量置为负值。

3.6.4 带游标的 SQL 语句

游标机制用于解决 SQL 查询结果为集合而主语言处理方式为记录方式的矛盾。在处理中，必须使用游标的 SQL 语句有两种：一种是查询结果为多条记录的 SELECT 语句，另一种是使用游标的 DELETE 语句和 UPDATE 语句。

(1)定义游标命令

游标通过 DECLARE 语句定义,其语句格式为:

EXEC SQL

DECLARE<游标名>CURSOR

FOR<子查询>

[FOR UPDATE OF<列名 1>[,…n]];

游标应先定义后引用。一种查询只能使用一个游标名,同一个游标名不允许有两次或两次以上的定义,否则会引起游标定义的混乱。定义游标是一条说明性语句,说明了游标名、该游标名代表的子查询操作和是否利用该游标进行更新数据。游标在定义时,DBMS 并不执行其子查询,只是将其定义内容记录下来,待打开游标时才按它的定义执行子查询。

在 DECLARE 定义游标语句中有选择子句 FOR UPDATE OF,其作用是允许利用该游标进行更新操作。如果在游标定义时使用了 FOR UPDATE OF 子句,就可以用游标对当前记录进行修改操作。要利用游标删除当前记录,则不必加 FOR UPDATE OF 语句。

在利用游标的删除和修改数据的语句中,WHERE 子句应表达为:

WHERE CURRENT OF<游标名>

(2)打开游标命令

游标通过 OPEN 命令打开,打开游标语句的格式为:

EXEC SQL OPEN(游标名);

OPEN 语句的作用是执行游标对应的查询语句,并将游标指向结果集的第一条记录前。打开的游标处于活动状态,可以被推进。但由于游标指向的是第一条记录前,所以还不能读出结果集中的数据。

(3)推进游标命令

游标通过 FETCH 命令向前(或称向下)推进一条记录。推进游标的语句格式为:

EXEC SQL FETCH<游标名>INTO<主变量组>;

推进游标的作用是将游标下移一行,读出当前的记录,将当前记录的各数据项值放到 INTO 后的主变量组中。

SQL 的游标在使用时,只能向前推进,不能后退。如果需要后退游标,就执行关闭游标、再重新打开、逐步推进游标到指定的位置一系列的操作。FETCH 命令往往需要与主语言语句配合使用,通过主语言的控制来推进进程。

由于 FETCH 语句只能向前推进,这种限制给用户带来了诸多不便,所以许多 DBMS 对此做了改进,使游标能够逆向推进。SQL Server 具有可以使游标往返向前和后退的功能。

(4)关闭游标命令

关闭游标使用 CLOSE 命令,CLOSE 命令的具体格式为:

EXEC SQL CLOSE<游标名>;

由于许多系统允许打开的游标数有一定的限制,所以当数据处理完后应及时把不使用的游标关闭,以释放结果集占用的缓冲区及其他资源。游标被关闭后,就不再与原来的查询结果集相联系。关闭的游标可以再次被打开,与新的结果集相联系。

3.6.5 动态 SQL

一般的 SQL 语句，对于它所要访问的数据库、表和表中的列、列的数据类型，以及所要进行的操作，在预编译时都是已知的确定的，这种 SQL 语句称为静态 SQL 语句。在有些情况下，应用程序需要在运行中构造和执行各种 SQL 语句，如通用报表生成器，需要根据报表类型的不同，生成不同的 SQL 语句，以建立不同的报表。动态 SQL(Dynamic SQL)语句就是用于解决这类问题的。动态 SQL 语句允许在执行一个已经完成编译与连接的应用程序中，根据不同的情况动态地定义、编译和执行某些 SQL 语句。

一般而言，在预编译时如果出现下列信息不能确定的情形，就应考虑使用动态 SQL 技术：

1)主变量个数难以确定。

2)主变量数据类型难以确定。

3)SQL 语句中 WHERE 子句的条件可变。

4)SQL 引用的数据库对象(如属性列、索引、基表和视图等)难以确定。

动态 SQL 是根据情况在程序运行时动态指定 SQL 语句。它允许在执行一个已经完成编译与连接的应用程序中，根据不同的情况动态地定义和执行某些 SQL 语句。

动态 SQL 语句不是直接嵌入在宿主语言程序中的，而是在程序中设置一个接受它们的字符串变量，程序运行时交互式地输入或从某个文件读取动态 SQL 语句，接收到该字符串变量中去。注意，所接收到的合法 SQL 语句文本中不能含有前缀 EXEC SQL，也不能是下列的 SQL 语句：DECLARE，OPEN，FETCH，CLOSE，WHENEVER，INCLUDE，PREPARE，EXECUTE 等。

动态 SQL 的实质是允许在程序运行过程中临时"组装"语句。这些临时组装的 SOL 语句主要有三种基本类型：

1)具有条件可变的 SQL 语句。指 SQL 语句中的条件子句具有一定的可变性。例如，对于查询语句来说，SELECT 子句是确定的，即语句的输出是确定的，其他子句如 WHERE 子句和 HAVING 具有一定的可变性。

2)数据库对象、条件均可变的 SQL 语句。例如，对于查询语句，SELECT 子句中属性列名，FROM 子句中的基表名或视图名，WHERE 子句和 HAVING 短语中的条件均可由用户临时构造，即语句的输入和输出可能都是不确定的。

3)具有结构可变的 SQL 语句。在程序运行时临时输入完整的 SQL 语句。

一般地，应用程序提示用户输入 SQL 语句和用于该 SQL 语句的宿主变量的值，然后 DBMS 分析该 SQL 语句的语法，进行必要的检查，把宿主变量与 SQL 语句相联系，最后执行存放于字符串变量中的 SQL 语句，完成 SQL 语句所请求的操作。动态 SQL 语句可以使用不同的宿主变量值，反复地执行。

动态 SQL 为嵌入式 SQL 提供很多方便，使之能够开发通用的联机应用程序或交互式应用程序。

第 4 章　关系数据的查询优化

由于 SQL 语句的执行效率对数据库的效率能够产生较大的影响，为了提高查询语句的执行效率，还必须对查询语句进行优化。对查询语句进行优化的技术就是查询优化技术。查询优化技术在关系型数据库中有着非常重要的作用，关系型数据库系统和非过程化 SQL 语言的巨大成功，得益于查询优化技术的发展，查询优化是影响 RDBMS 性能的重要因素，也是其优势所在。

4.1　概述

查询优化对关系型系统来说既是挑战又是机遇。所谓挑战是指关系系统为了达到用户可接受的性能必须进行查询优化。由于关系表达式的语义级别很高，使得关系系统能够从关系表达式中分析查询语义，提供了查询优化的可行性。这为关系系统在性能上接近甚至超过非关系系统提供了机遇。

4.1.1　查询优化的引入

数据查询是数据库系统中的最基本、最常用和最复杂的数据操作，从实际应用的角度看，必须考察系统用于查询处理的开销代价。查询处理的代价通常取决于查询过程对磁盘的访问，磁盘访问速度相对于内存速度要慢很多。在数据库系统中，用户的查询通过相应的查询语句提交给 DBMS 执行。一般而言，相同的查询要求和结果存在着不同的实现策略，在执行这些查询策略时系统所付出的开销代价通常有很大差别，甚至可能会相差几个数量级。实际上，对于任何一个数据库系统来说，查询处理都是必须要面对的，如何从查询的多个实现策略中进行合理的选择，这种选择过程就是查询处理过程的优化，简称查询优化。

首先来看一个简单的例子，说明为什么要进行查询优化。

例如，求选修了 2 号课程的学生姓名。用 SQL 表达：

```
SELECT Student.Sname
FROM Student,SC
WHERE Student.Sno=SC.Sno AND SC.Cno='2';
```

假定学生一课程数据库中有 1000 个学生记录，10000 个选课记录，其中选修 2 号课程的选课记录为 50 个。

系统可以用多种等价的关系代数表达式来完成这一查询：

$$Q_1=\pi_{Sname}(\sigma_{Student.Sno=SC.Sno \wedge Sc.Cno='2'}(Student\times SC))$$

$$Q_2=\pi_{Sname}(\sigma_{Sc.Cno='2'}(Student \bowtie SC))$$

$$Q_3=\pi_{Sname}(Student \bowtie \sigma_{Sc.Cno='2'}(SC))$$

还可以写出几种等价的关系代数表达式，但分析这三种就足以说明问题了。由于查询执行的策略不同，查询时间相差很大。

1. 第一种情况

(1)计算广义笛卡尔积

把 Student 和 SC 的每个元组连接起来。一般连接的做法是:在内存中尽可能多地装入某个表(如 Student 表)的若干块,留出一块存放另一个表(如 SC 表)的元组。然后把 SC 中的每个元组和 Student 中每个元组连接,连接后的元组装满一块后就写到中间文件上,再从 SC 中读入一块和内存中的 Student 元组连接,直到 SC 表处理完。这时再一次读入若干块 Student 元组,读入一块 SC 元组,重复上述处理过程,直到把 Student 表处理完。

设一个块能装 10 个 Student 元组或 100 个 SC 元组,在内存中存放 5 块 Student 元组和 1 块 SC 元组,则读取总块数为

$$\frac{1000}{10}+\frac{1000}{10\times5}\times\frac{10000}{100}=100+20\times100=2100\text{ 块}$$

其中,读 Student 表 100 块。读 SC 表 20 遍,每遍 100 块。若每秒读写 20 块,则总计要花 105 s。

连接后的元组数为 $10^3\times10^4=10^7$。设每块能装 10 个元组,则写出这些块要用 $10^6/20=5\times10^4$ s。

(2)作选择操作

依次读入连接后的元组,按照选择条件选取满足要求的记录。假定内存处理时间忽略。这一步读取中间文件花费的时间(同写中间文件一样)需 5×10^4 s。满足条件的元组假设仅 50 个,均可放在内存。

(3)作投影操作

把第(2)步的结果在 Sname 上作投影输出,得到最终结果。

因此第一种情况下执行查询的总时间$\approx105+2\times5\times10^4\approx10^5$ s。这里,所有内存处理时间均忽略不计。

2. 第二种情况

1)计算自然连接。

为了执行自然连接,读取 Student 和 SC 表的策略不变,总的读取块数仍为 2 100 块花费 105 s。但自然连接的结果比第一种情况大大减少,为 10^4 个。因此写出这些元组时间为 $10^4/10/20=50$ s,仅为第一种情况的千分之一。

2)读取中间文件块,执行选择运算,花费时间也为 50 s。

3)把第 2)步结果投影输出。

第二种情况总的执行时间$\approx105+50+50\approx205$ s。

3. 第三种情况

1)先对 SC 表作选择运算,只需读一遍 SC 表,存取 100 块花费时间为 5 s,因为满足条件的元组仅 50 个,不必使用中间文件。

2)读取 Student 表,把读入的 Student 元组和内存中的 SC 元组作连接。也只需读一遍 Student 表共 100 块,花费时间为 5 s。

3)把连接结果投影输出。

第三种情况总的执行时间$\approx5+5\approx10$ s。

假如 SC 表的 Cno 字段上有索引,第一步就不必读取所有的 SC 元组而只需读取 Cno='2'的

那些元组(50个)。存取的索引块和SC中满足条件的数据块大约总共3～4块。若Student表在Sno上也有索引,则第二步也不必读取所有的Student元组,因为满足条件的SC记录仅50个,涉及最多50个Student记录,因此读取Student表的块数也可大大减少。总的存取时间将进一步减少到数秒。

这个简单的例子充分说明了查询优化的必要性,同时也给出一些查询优化方法的初步概念。把代数表达式 Q_1 变换为 Q_2、Q_3,即有选择和连接操作时,应当先做选择操作,这样参加连接的元组就可以大大减少,这是代数优化。在 Q_3 中,SC表的选择操作算法有全表扫描和索引扫描2种方法,经过初步估算,索引扫描方法较优。同样对于Student和SC表的连接,利用Student表上的索引,采用index join代价也较小,这就是物理优化。

4.1.2　查询优化的优点

查询优化的优点不仅在于用户不必考虑如何最好地表达查询以获得较好的效率,而且在于系统可以比用户程序的"优化"做得更好。

1)优化器可以从数据字典中获取许多统计信息,例如每个关系表中的元组数、关系中每个属性值的分布情况、哪些属性上已经建立了索引等。优化器可以根据这些信息做出正确的估算,选择高效的执行计划,而用户程序则难以获得这些信息。

2)如果数据库的物理统计信息改变了,系统可以自动对查询进行重新优化以选择相适应的执行计划。在非关系系统中必须重写程序,而重写程序在实际应用中往往是不太可能的。

3)优化器可以考虑数百种不同的执行计划,而程序员一般只能考虑有限的几种可能性。

4)优化器中包括了很多复杂的优化技术,这些优化技术往往只有最好的程序员才能掌握。系统的自动优化相当于使得所有人都拥有这些优化技术。目前RDBMS通过某种代价模型计算出各种查询执行策略的执行代价,然后选取代价最小的执行方案。在集中式数据库中,查询的执行开销主要包括磁盘存取块数(I/O代价),处理机时间(CPU代价),查询的内存开销。在分布式数据库中还要加上通信代价,即:

总代价＝I/O代价＋CPU代价＋内存代价＋通信代价

一般地,集中式数据库中I/O代价是最主要的。

查询优化的总目标是:选择有效的策略,求得给定关系表达式的值,使得查询代价最小(实际上是较小)。

4.2　关系代数表达式的变换

在该优化阶段查询优化器主要用于找出SQL语句等价的变换形式,提高SQL的执行效率。一条结构复杂的SQL查询语句往往包含多种类型的子句,优化操作依赖于表的一些属性信息(如索引和约束等)。可用的优化思路为:子句局部优化;子句间关联优化;局部与整体的优化;形式变化优化;语义优化。除此之外,还可以根据一些规则对非SPJ做的其他优化、根据硬件环境进行的并行查询优化等。各种逻辑优化技术依据关系代数和启发式规则进行。

4.2.1　关系代数等价变换规则对优化的意义

关系代数是查询优化技术的理论基础。关系数据库基于关系代数。关系数据库的对外接口是 SQL 语句，所以 SQL 语句中的 DML、DQL 基于关系代数实现了关系的运算。

关系代数的运算符包括以下四类：

1)传统集合运算符。并(UNION)、交(INTERSECTION)、差(DIFFERENCE)、积(EXTENDED CARTESIAN PRODUCT)。

2)专门的关系运算符。选择(SELECT)、投影(PROJECT)、连接(JOIN)、除(DIVIDE)。

3)辅助运算符。用来辅助专门的关系运算符进行操作的，包括算术比较符和逻辑运算符。

4)关系扩展运算符，如半连接(SEMIJOIN)、半差(SEMIDIFFERENCE)、扩展(EXTEND)、合计(COMPOSITION)、传递闭包(TCLOSE)等，这些操作符增强了关系代数的表达能力，但不常用。

用相同的关系代替两个表达式中相应的关系，所得到的结果是相同的，就可以说这两个关系代数表达式是等价的。两个关系表达式 E1 和 E2 是等价的，记为 E1≡E2。

查询语句可以表示为一棵二叉树，其过程为：首先是语法分析得到一棵查询数的过程；其次伴有语义分析等工作；再次是根据关系代数进行数据库的逻辑查询优化；最后是根据代价估算算法进行物理查询优化。优化后的结果被送到执行器执行。其中，叶子是关系；内部结点是运算符(或称算子、操作符，如 LEFT OUT JOIN)，表示左右子树的运算方式；子树是子表达式或 SQL 片段；根结点是最后运算的操作符；根结点运算之后，得到的是 SQL 查询优化后的结果；一棵树就是一个查询的路径；多个关系连接，连接顺序不同，可以得出多个类似的二叉树；查询优化就是找出代价最小的二叉树，即最优的查询路径，每条路径的生成，包括了单表扫描、两表连接、多表连接顺序、多表连接搜索空间等技术；基于代价估算的查询优化就是通过计算和比较，找出花费最少的最优二叉树。

根据运算符的特点，可以对查询语句进行不同的优化，以减少中间生成物的大小和数量，节约 IO、内存等，从而提高执行速度。保证优化前和优化后语义的等价是优化的前提。

不同运算符的优化规则和可优化的原因总结如表 4-1[①] 所示。

表 4-1　运算符主导的优化

运算符	子类型	根据特点可得到的优化规则	可优化的原因
选择	基本选择性质	对同一个表的同样选择条件，作一次即可	·幂等性：多次应用同一个选择有同样效果 ·交换性：应用选择的次序在最终结果中没有影响 ·选择可有效减少在它的操作数中的元组数的运算(元组个数减少)
	选择和叉积	合取，合并多个选择为更少的需要求值的选择，多个等式则可以合并	合取的选择等价于针对这些单独条件的一系列选择
		析取，分解它们使得其成员选择可以被移动或单独优化	析取的选择等价于选择的并集

① 李海翔等. 数据库查询优化器的艺术——原理解析与 SQL 性能优化[M]. 北京：机械工业出版社，2014.

续表

运算符	子类型	根据特点可得到的优化规则	可优化的原因
选择	选择和集合运算	尽可能先做选择	关系有 N 和 M 行，先做积运算将包含 N×M 行。先做选择运算减少 N 和 M，则可避免不满足条件的元组参与积的运算，节约时间同时减少结果的大小
		尽可能下推选择	如果积不跟随着选择运算，可以尝试使用其他规则从表达式树更高层下推选择
	选择和集合运算	选择下推到的集合运算中，如表 4-2 中的 3 种情况	选择在差集、交集和并集算子上满足分配律
	选择和投影	在投影之前进行选择	如果选择条件中引用的字段是投影中的字段的子集，则选择与投影满足交换性
	基本投影性质	尽可能先做投影	投影是幂等性的；投影可以减少元组大小
投影	投影和集合运算	投影下推到的集合运算中，如表 4-3 中的情况	投影在差集、交集和并集算子上满足分配律

表 4-2　选择下推到集合的运算

初始式	优化后的等价表达式		
	等价表达式一	等价表达式二	等价表达式三
$\sigma_A(R\backslash S)$	$\sigma_A(R)\backslash\sigma_A(S)$	$\sigma_A(R)\backslash S$	
$\sigma_A(R\cup S)$	$\sigma_A(R)\cup\sigma_A(S)$		
$\sigma_A(R\cap S)$	$\sigma_A(R)\cap\sigma_A(S)$	$\sigma_A(R)\cap S$	$R\cap\sigma_A(S)$

表 4-3　投影下推到集合的运算

初始式	优化后的等价表达式
$\prod_{A_1,A_2,\cdots,A_n}(R\backslash S)$	$\prod_{A_1,A_2,\cdots,A_n}(R)\backslash\prod_{A_1,A_2,\cdots,A_n}(S)$
$\prod_{A_1,A_2,\cdots,A_n}(R\cup S)$	$\prod_{A_1,A_2,\cdots,A_n}(R)\cup\prod_{A_1,A_2,\cdots,A_n}(S)$
$\prod_{A_1,A_2,\cdots,A_n}(R\cap S)$	$\prod_{A_1,A_2,\cdots,A_n}(R)\cap\prod_{A_1,A_2,\cdots,A_n}(S)$

对表 4-2 和表 4-3 进行分析，并以 $\sigma_A(R\times S)$ 为例。初始式是 $\sigma_A(R\times S)$，条件 A 可分解为"$B\wedge C\wedge D$"，条件 B 只与关系 R 有关，条件 C 只与关系 S 有关，则初始式可以变形为 $\sigma_{B\wedge C\wedge D}(R\times S)$，图 4-1 为查询树的结构。

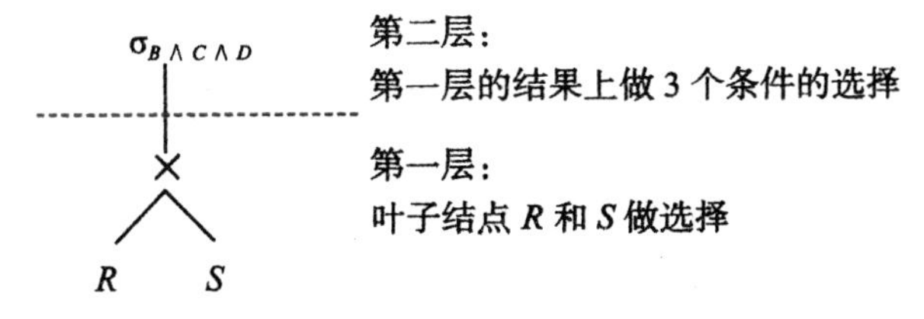

图 4-1　查询树结构的初始样式

图 4-1 是在连接后进行选择操作，一是中间结果的元组数量大，二是需要对中间结果的每条元组都进行 B、C、D 三个条件的判断，增加了条件判断的成本，效率很低。图 4-2 是第一层做完选择后，每个叶子结点对应的元组数“可能”比图 4-1 中的 R 和 S 少，如果 B 条件和 C 条件至少有一个能够大量减少 R 或 S 的元组，则中间结果大量减少，优化的效果会更好（B 条件和 C 条件对元组过滤程度依赖于“选择率”）。如果 R 和 S 上有 B 条件、C 条件可以使用的索引，则利用索引可加快元组的获取，优化的效果会更好。

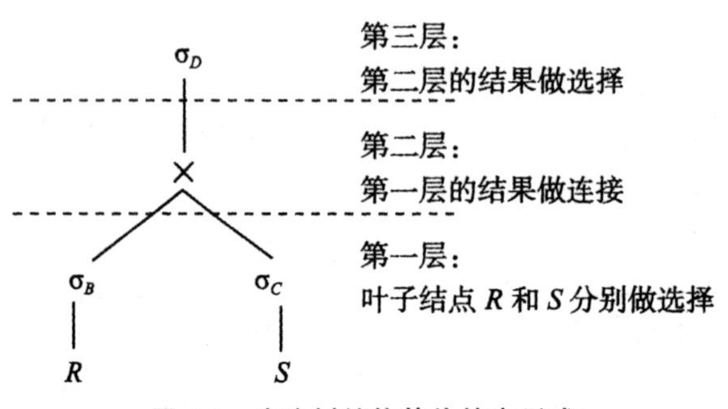

图 4-2 查询树结构等价的变形式

如果索引是唯一索引或主键（主键不允许重复，不允许为 NULL 值，多数数据库为主键实现了一个唯一索引）之类，条件表达式是等值表达式（=运算非范围运算），定位元组的速度更快（可直接利用索引而不用扫描数据）、满足条件的元组更少，所以优化的效果会更佳。相对于图 4-1 而言，图 4-2 是经过等价变换优化的，它避免了原始方式引入的坏处，使得查询效率明显获得提升。

4.2.2 常用关系代数等价变换规则

运算符中考虑的子类型实则是部分考虑了运算符间的关系、运算符和操作数间的关系，其本质是运算规则在起作用。因此，仅仅考虑过关系代数运算规则对优化的作用是不完整的，这里补充余下的对优化有作用的主要关系代数运算规则。

（1）连接，笛卡尔积交换律

$$E_1 \times E_2 \equiv E_2 \times E_1$$

$$E_1 \bowtie E_2 \equiv E_2 \bowtie E_1$$

$$E_1 \underset{F}{\bowtie} E_2 \equiv E_2 \underset{F}{\bowtie} E_1$$

做连接、做积运算，可以交换前后位置，其结果不变。如两表连接算法中有嵌套连接算法，对外表和内表有要求，外表尽可能小则有利于做“基于块的嵌套循环连接”，所以通过交换律可以把元组少的表作为外表。

（2）连接，笛卡尔积的结合律

$$(E_1 \times E_2) \times E_3 \equiv E_1 \times (E_2 \times E_3)$$

$$(E_1 \bowtie E_2) \bowtie E_3 \equiv E_1 \bowtie (E_2 \bowtie E_3)$$

$$(E_1 \underset{F_1}{\bowtie} E_2) \underset{F_2}{\bowtie} E_3 \equiv E_1 \underset{F_1}{\bowtie} (E_2 \underset{F_2}{\bowtie} E_3)$$

做连接、笛卡儿积运算，如果新的结合有利于减少中间关系的大小，则可以优先处理

(3)投影的串接定律

$\Pi_{A_1,A_2,\cdots A_n}(\Pi_{B_1,B_2,\cdots,B_m}(E))\equiv\Pi_{A_1,A_2,\cdots A_n}(E)$ $A_i(i=1,2,\cdots,n)$,$B_j(j=1,2,\cdots,m)$是列名,且$\{A_1,A_2,\cdots,A_n\}$是$\{B_1,B_2,\cdots,B_n\}$的子集。

在同一个关系上,只需做一次投影运算,且一次投影时选择多列同时完成。所以许多数据库优化引擎为同一个关系收集齐本关系上的所有列(目标列和 WHERE、GROUP BY 等子句的本关系的列)。

(4)选择的串接定律

$$\sigma_{F_1}(\sigma_{F_2}(E))=\sigma_{F_1\wedge F_2}(E)$$

选择条件可以合并,使得可一次就检查全部条件,不必多次过滤元组,所以可以把同层的合取条件收集在一次,统一进行判断。

(5)选择与投影的交换律

1)$\sigma_F(\Pi_{A_1,A_2,\cdots A_n}(E))\equiv\Pi_{A_1,A_2,\cdots A_n}(\sigma_F(E))$选择条件 F 只涉及属性 $A_1,\cdots,A_n$。

先投影后选择可以改为先选择后投影,这对于以行为存储格式的主流数据库而言,很有优化意义。存储方式总是在先获得元组后才能解析得到其中的列。

2)$\Pi_{A_1,A_2,\cdots A_n}(\sigma_F(E))\equiv\Pi_{A_1,A_2,\cdots A_n}(\sigma_F(\Pi_{A_1,A_2,\cdots A_n,B_1,B_2,\cdots B_m}(E)))$选择条件 F 中有不属于 $A_1,A_2,\cdots,A_n$ 的属性 $B_1,B_2,\cdots,B_m$。

先选择后投影可以改为带有选择条件中列的投影后再选择,最后再完成最外层的投影,这样,使得内层的选择和投影可以同时进行。

(6)选择与笛卡尔积的分配律

1)$\sigma_F(E_1\times E_2)\equiv\sigma_F(E_1)\times E_2$。其中,$F$ 中涉及的属性都是 E_1 中的属性。

2)$\sigma_F(E_1\times E_2)\equiv\sigma_{F_1}(E_1)\times\sigma_{F_2}(E_2)$。如果 $F=F_1\wedge F_2$,F_1 只涉及 E_1 中的属性,F_2 只涉及 E_2 中的属性。

3)$\sigma_F(E_1\times E_2)\equiv\sigma_{F_2}(\sigma_{F_1}(E_1)\times E_2)$。$F_1$ 只涉及中的属性,F_2 涉及 E_1 和 E_2 两者的属性。

先做选择后做积运算,这样可以减小中间结果的大小。

(7)选择与并的分配律

$\sigma_F(E_1\cup E_2)\equiv\sigma_F(E_1)\cup\sigma_F(E_2)$ E_1 和 E_2 有相同的列名。

先选择后做并运算,可以减小每个关系输出结果的大小。

(8)选择与差运算的分配律

$\sigma_F(E_1-E_2)\equiv\sigma_F(E_1)-\sigma_F(E_2)$ E_1 和 E_2 有相同的列名。

先选择后做差运算,可以减小每个关系输出结果的大小。

(9)投影与笛卡尔积的分配律

$\Pi_{A_1,A_2,\cdots A_n,B_1,B_2,\cdots B_m}(E_1\times E_2)\equiv\Pi_{A_1,A_2,\cdots A_n}(E_1)\times\Pi_{B_1,B_2,\cdots B_m}(E_2)$ $A_1,A_2,\cdots,A_n$ 是 E_1 的属性,$B_1,B_2,\cdots,B_m$ 是 E_2 的属性。

先投影后做积,可减少做积前每个元组的长度,使得做积后得到的新元组的长度也变短。

(10)投影与并的分配律

$\Pi_{A_1,A_2,\cdots A_n}(E_1\cup E_2)\equiv\Pi_{A_1,A_2,\cdots A_n}(E_1)\cup\Pi_{A_1,A_2,\cdots A_n}(E_2)$。$E_1$ 和 E_2 有相同的列名。

先投影后做并,可减少做并前每个元组的长度。

4.3 查询优化的一般策略

关系代数语言是以关系运算(如选择、投影、连接等)和集合运算为基本操作,它是基于关系数据模型的许多描述型语言的共同基础,其他查询语言可以方便地转换成与它等价的关系代数的表示。因此,其优化的基本思想与方法也适用于其他类型的查询语言。

下面是提高查询效率的常用优化策略:

(1)提前执行选择算法

在优化策略中这是最重要、最基本的一条。它常常可使执行时节约几个数量级,因为选择或投影运算一般均可使计算的中间结果大大变小。由于选择运算可能大大减少元组的数量,同时选择运算还可以使用索引存取元组,所以通常认为选择操作应当优先于投影操作。

(2)提前执行投影运算

进行投影运算时,一方面剪裁属性值而使元组规模变小,另一方面删去重复而使元组数目减少。因此提前执行投影运算,有利于提高执行效率。但一般地说,投影不宜提前到选择操作的前面。

(3)同一关系的选择运算序列或投影运算序列合并处理

对同一个关系如果有若干个连续的选择运算或投影运算,则可以把它们合并成一个选择操作或投影操作。对一个关系 R 进行选择运算或投影运算,一般要对 R 的元组扫描一次;如果进行多次的选择运算或投影运算,那么对 R 的元组就要扫描多次。而合并成一个运算后,仅需扫描一次,从而减少了 I/O 的次数,提高了执行效率。

(4)合并乘积与其后的选择为连接运算

把要执行的笛卡尔积与在它后面要执行的选择结合起来成为一个连接运算,连接特别是等值连接运算要比同样关系上的笛卡尔积省很多时间。

例如,$\sigma_{R.A>S.C}(R\times S)=R\underset{A>C}{\bowtie}S$

等式前是先做笛卡尔积,再做选择运算,要对表进行两次扫描;等式后是在两表中选出满足条件元组的同时进行连接,对两个表各扫描一遍即可完成。

(5)简化多余的运算

在关系表达式中,有些中间结果往往会出现空关系,即关系中的元组数为零。当一个关系操作中,它的变量有一个空关系时,那么这个运算是多余的运算,可以简化。有些操作虽然不包含空关系,但是它的两个自变量是同一个关系,则也可以简化。例如,$R\cup R$ 可简化成 R。

(6)公用子表达式的处理

如果某个子表达式重复出现,其结果不是一个很大的关系,并且从外存中读入这个关系比计算该子表达式的时间少得多,则先计算一次公共子表达式并把结果写入中间文件是合算的。

(7)让投影运算与其后的其他运算同时进行

把投影同其前或其后的双目运算结合起来,没有必要为了去掉某些属性列而专门扫描一随关系。

例如,$\Pi_{Sno}(S_1-S_2)$、$S_1\bowtie\Pi_{Sno}(S_2)$

以上两操作均仅对表扫描一遍即可完成。

4.4　优化的处理过程

RDBMS 查询处理可以分为查询分析、查询检查、查询优化和查询执行 4 个阶段(图 4-3)。

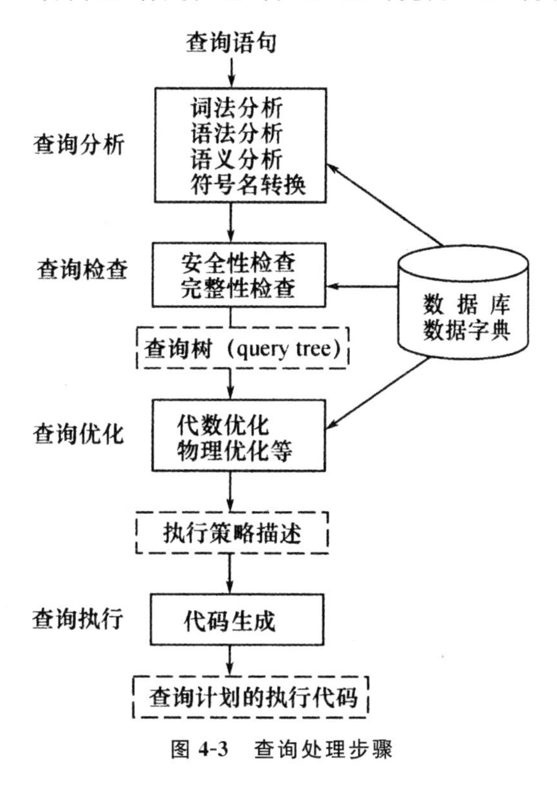

图 4-3　查询处理步骤

1. 查询分析

在查询分析过程中，对查询语句进行扫描、词法分析和语法分析，从查询语句中识别出语言符号，判断查询语句是否符合 SQL 语法规则。

查询处理中的语法分析与一般语言的编译系统中的语法分析类似，主要是检查查询的合法性，包括单词、其他句子成分是否正确，以及它们是否构成一个合乎语法的句子，并将其转换成一种能清楚地表示查询语句结构的语法分析树。

下面是一个查询的基本语法规则：

<Query>::<SFW>|<Rel－Exper>|<Query>

<Query>是所有规则 SQL 查询语句，<Rel－Exper>表示一个或多个关系和 UNION、INTERRSECT、JOIN 等操作组成的表达式，<SFW>表示常用的 Select-From-Where 形式的查询，即

<SFW>::=SELECT<S_List>WHERE<Condition>

<S_List>::=<Attribute>{,Attribute}|<S_Expr>

<F_List>::=<Relation>{,Relation}|<F_Expr>

{,}表示其中的元素为 0,1 或多个。<S_Expr>表示 SELECT 后的列表中的元素可以是表

达式或者聚集函数。＜F_Expr＞表示 FROM 后的列表中的元素可以为表达式。＜Condition＞为一般意义的条件表达式，包括由逻辑运算符 AND、OR、NOT 等构成的逻辑表达式，由比较操作符＝、＜、＞、≤、≥、≠构成的关系表达式等。

2.查询检查

根据数据字典对合法的查询语句进行语义检查，即检查语句中的数据库对象，如属性名、关系名，是否存在和是否有效。还要根据数据字典中的用户权限和完整性约束定义对用户的存取权限进行检查。如果该用户没有相应的访问权限或违反了完整性约束，就拒绝执行该查询。检查通过后便把 SQL 查询语句转换成等价的关系代数表达式。

RDBMS 一般都用查询树(query tree)，也称为语法分析树(syntax tree)，来表示扩展的关系代数表达式。这个过程中要把数据库对象的外部名称转换为内部表示。语法分析树是一个查询的语法元素构成的树，按树的结构定义，有：

＜Syntax－tree＞：：＝＜N,E＞

n：：＝＜Atom＞|＜Stn－Cat＞

＜Atom＞：：＝Syntaxpart

如关键字、关系属性名、常数、运算符等。

＜Syn－Cat＞：：＝＜Sub－tree＞

＜Sub－tree＞：：＝a tree formed by component

如＜SFW＞、＜Condition＞等。

E：：＝{$n_i - n_j$|n_j 按语法规则是 n_i 的一个部件}

语句翻译又称预处理，主要负责语义检查，检查关系和视图使用的合法性，检查并解释属性的使用；替换视图成定义它的语法树；最后转换成关系代数表达式树。①关系使用检查，保证在 FROM 子句的 F_List 表中出现的关系名必须是该查询所对应的模式中的关系或视图名。②视图替换，若查询语句中的关系实际上是一个视图，则在 FROM 子句的 F_List 表中该视图的出现都用其语法树来替代。语法树由视图的定义获得，其本质上就是一个查询语句。③属性使用检查与解析。SELECT 子句和 WHERE 子句中所涉及的每个属性必须是当前范围(extension)的某个关系的属性。如果在语句中，属性名前没有显式地冠上关系名，翻译器则将它所引用的关系名附到属性名上来解析(resolve)。同时还检查属性(值)的二义性，即同一属性(值)不能同时属于两个及两个以上具有该属性的关系的范围。④数据类型检查。所有用到的属性的类型及相联的运算符必须适当，且相互兼容。⑤关系代数转换。查询的语法树经过上述一系列的关系检查、视图替换、属性检查与解析后，若没有错误，则被转换成扩展的关系代数表达式树。该树的结点就是关系代数表达式的组件，包括运算符。

转换语法树成关系代数表达式(树)的基本规则有两条：对于简单的＜SFW＞式树，将其转换成代数表达式树，该树自底向上为：①＜F_List＞中的每一关系为一叶结点，若有多个关系，则其父结点为积运算符“×”。它们整体作为上一层结点的选择运算的参数。②再上一层结点为选择运算 σ_C，其中 C 就是＜Condition＞表达式。选择运算又作为上一层结点的投影运算的参数。③树根为投影运算 π_L，其中 L 就是＜S_List＞中的属性列表。对于嵌套查询的语法树，其转换规则为：①将子查询的＜SFW＞式树按上一条规则转换成关系代数表达式(子)树。②将外层的＜SFW＞式树也按上一条规则转换成代数表达式树。不过，不是采用代数选择运算 σ_C，而是采用一双参数选择运算 σ，<Condition>仍为其中一个参数，标识一个分析子树，该子树中包含子查询的代数表达式子树。被选择的对象为其另一个参数。③进一步用单参数选择和其他关系代数操作符来替换双参数选择操作符。这可能有多种情况。

设有一双参数选择，其参数分别为关系 R 和形如 t IN S 的<Condition>，其中 S 为一非相关子查询（即它与被检测的元组无关，可以只计算一次），t 是 R 的（某些）属性构成的一个元组。则树变换如下：

1)用子查询的表达式树代替 S。若有重复元组，表达式树的根应有“去掉重复”操作 δ，这样表达式树所产生的元组与元查询的元组树一样。

2)用一个单参数选择 σ_C 替换双参数选择，其中 C 是一个条件表达式，其条件是 t 的分量与 S 中相应属性值相等。

3)给 σ_C 一个单参数，即其子结点运算符“×”，它为子结点 R 与 S 的积运算。

3. 查询优化

查询优化(query optimization)就是指在多个可供选择的执行策略和操作算法中选择一个高效执行的查询处理策略。查询优化有多种方法。按照优化的层次一般可分为代数优化和物理优化。代数优化主要依据关系代数的等价变换做一些逻辑变换；物理优化则是指存取路径和底层操作算法的选择，即根据数据读取、表连接方式、表连接顺序、排序等技术对查询进行优化。实际 RDBMS 中的查询优化器都综合运用了这些优化技术，以获得最好的查询优化效果。

事实上，通过语句翻译得到的关系代数表达式树就是一个关系表达式，它已经是一个初步的逻辑查询计划。我们知道，在转换成关系代数表达式或生成逻辑查询计划时，使用的是扩展的关系代数，原因是 SQL 和其他查询语言有一些不能用经典关系代数表达的特征，如“GROUP BY”(分组)“ORDER BY”(排序)“DISTINCT”(去掉重复)等。另外，传统的关系代数在最初设计时，假定关系是集合，其中无重复的元素。而 SQL 中的关系是“包”(bag)，其中的元组可以重复出现多次。由此，要对传统的关系代数进行扩展，具体的操作符如下：

• “消去重复”操作符 δ：去掉关系中重复的元素，将包转换为集合。相当于 SQL 中 DISTINCT 的功能。

• “分组并聚集”操作符 γ_L：按 L 所列属性的值分组(每值一组)所有的元组，再按 L 中定义的聚集函数对各组进行计算，最后将分组属性的值与聚集属性计算结果值构成一个元组。所以分组与聚集通常一起优化。γ_L 相当于 SQL 中 GROUP BY 的功能。

• “排序”操作符 τ_L：它将所有元组按 L 所列的属性的值依次排序，相当于 SQL 中 ORDER BY 的功能。

另外，各种关系操作符的语义也有扩展，如使之能作用于包上、包含“重命名属性”等功能。

初步生成的逻辑查询计划并不是“最佳”的，还需要对它做一些工作，以便求得到一个(被认为是)最佳的逻辑查询计划。①利用各种优化查询的代数定律重写逻辑计划；②同一查询(语法树)可以生成由不同的关系操作符顺序或组合表示的不同逻辑计划。通过逻辑查询计划生成和优化后，可以认为获得了查询的一个高性能关系代数表达式。

4. 查询执行

依据优化器得到的执行策略生成查询计划，由代码生成器(code generator)生成执行这个查询计划的代码。

生成物理查询计划要做的主要工作为：

1)确定实现每一关系代数操作的算法(基于排序、基于 Hashing 和基于索引)。按操作实现的复杂度来分，有一趟(从磁盘读一遍数据)、两趟(自磁盘读两遍数据)和多趟(读多遍磁盘数据)算法。要确定各操作的算法，其中最主要的是确定：

• SELECT 操作的算法，包括扫描、二分查找和通过索引查找，其中索引查找又可分为＜主索引＋关键字等值＞法、＜主索引＋非关键字等值＞法、＜次索引＋索引属性等值＞法、＜主索引＋比较(＜，＞，＝，≠等)＞法、＜次索引＋比较＞法等；使用的索引可以是单个，也可以是多个；可以用简单索引，也可使用复合索引。

• JOIN 操作的算法。实现连接操作的算法与缓冲区的使用有很大的关系。若已知道(或可估算)执行连接所需缓冲区的大小，则可分别应用相适应的排序连接。Hashing 连接或索引连接算法。若不知或不能确定所需缓冲区的大小，则可用一趟连接(假定缓冲区足够大)或嵌套循环连接算法。

• 排序操作的算法。排序对查询处理很重要，排序操作的算法也极大地依赖于缓冲区的大小，若缓冲区足够大，能容纳整个关系，则许多已开发的标准算法，如“快速排序”法，可以直接使用。若缓冲区容不下整个关系，则要采用所谓的“外排序”(external sorting)，最常用的就是“外排序—合并”算法，其基本思想就是先依次地读取关系的一部分，并分别将其排序后存入若干临时文件，然后将各临时文件合并成一个。

2)决定中间结果何时被“物化”(materializing，即实际存储到各磁盘上)、何时被“流水作业地传递”(pipelining，即直接传送给一操作，而不实际保存)。理想的物理查询计划是一个物理操作序列，一个操作的结果在内存中直接被传送到下一操作作为其输入，这就叫流水作业，然而，有时需要实际存储一个操作的结果，这就叫物化，它可以节省另一个(甚至一些)操作所需的时间和内存时间。还可以有介于流水作业与物化之间的中间法，就是内存(不是磁盘上)物化，这实际是流水作业式传递的一种。

3)物理操作的确定与注释。物理查询计划由物理操作构成，每一操作实现计划中的一步。逻辑查询计划中的每一(扩展)关系代数操作都由特定物理操作来实现。物理查询计划中各个 DBMS 可能使用自己的不同操作。

• 扫描操作。在逻辑查询计划树上的叶子，即作为操作数的关系，生成物理查询计划时，它们将由一个“扫描”操作代替，这种扫描操作可以有：RelScan(R)，顺序地读入关系 R 的元组块；SortScan(R,L)。顺序地读入关系 R 的元组，再按列表 L 中给出的属性的值排序；IndexScan(R,C)，其中 C 形如 Aθc 的条件，A 是关系 R 的一个属性，θ 是一个比较操作符，C 是一个常数。该操作通对 A 建立的索引自 R 中读取满足 C 条件的所有元组；IndexScan(R,A)，A 是 R 的一个属性，通过对 $R.A$ 建立的一个索引读取整个关系 R。该操作似乎与 RelScan(R)一样，但在 R 未被聚集和/或其块查找较麻烦时，对某些情况该操作会更有效些。

• 选择的物理操作。对于关系代数操作 $\sigma_C(R)$，根据不同的情况使用不同的物理操作来实现：若 R 没有索引，或者没有关于条件 C 中出现的属性的索引，则使用 Filter(C)。此时，若 R 实际上是一个物化的中间结果或存储关系，则要先使用 RelScan(R)或 SortScan(R,L)来读取 R。其中，若 $\sigma_C(R)$的结果后面要被传递一个需要其变元排序的操作符，则使用 SortScan(R,L)较合适。若条件 C 能表示成 $A\theta c$ ANDC$'$，并且有一个关于 $R.A$ 的索引，则使用 IndexScan(R,Aθc)和 Filter(C')来代替 $\sigma_C(R)$。

· 物理排序操作。一个关系的排序可能发生在物理查询计划中的任何一点。在连接或分组操作中，当采用基于排序的算法时，则先要对变元排序；当实现 ORDER BY 子句或逻辑查询代数操作时，则可在物理查询计划的顶端进行排序操作。一般地，对于存储关系或物化的中间结果关系，可使用前面介绍的物理操作 SortScan(R,L)。但对于没有存储的操作数关系的排序，一般要用一个显式的物理排序操作 Sort(L)。

此外，需要注意，所有其他的关系代数操作都由一个适当的物理操作替代，并且给予一些注释，这些注释指明，如要执行的操作（连接、分组等）、必要的参数（连接中的条件、分组中的属性列表等）、所使用的算法的一般策略（基于排序、基于 Hashing 或基于索引的算法策略）、所有算法的实现策略（一趟、两趟或多趟的策略、预计所需缓冲区数）。

物理计划生成与优化是一个交替反复的过程，经多次反复后，当获得一个（被认为是）最优的物理查询计划，剩下要考虑的就是物理操作的顺序问题。

物理查询计划是以操作为结点的树的形式，而数据必须自叶结点沿着树向根流动，这就隐含着操作的顺序。下面是一个物理查询计划树中隐含事件的排序规则：在表示物化的边上将树分解为子树，然后将子树一次一棵地执行；对于整棵树，按前序遍历（即先下后上，先左后右）执行各子树，保证各子树按前序遍历退出的顺序依次执行；以迭代器网络来执行每一子树的所有结点，这样在一棵子树中的所有结点被同时执行，而以 GetNext 函数调用其中的操作符来决定事件的确切顺序。根据这个策略，现在可以最后生成查询的可执行代码，它也许就是一个函数调用序列。

物理计划的优化与生成过程是统一的。在上面的物理计划生成过程中，如何决定关系代数操作的实现算法、如何确定中间结果是物化还是流水作业、使用什么样的物理操作及注解等，其过程是反复的代价评估与选优的过程。物理计划的执行代价也是按其所需系统资源来度量，其中最主要的就是磁盘存取和 CPU 时间。为了进行有效的代价估算，必须使用有关的统计信息，要维护所涉及的关系 R 的有关信息，如存储的块数、元组的个数、元组的大小（字节数）、有关属性的不同值的个数（它决定作为 θ 连接和投影操作的结果关系的大小）。此外，还要维护有关索引的信息，如索引树的高度（层数）、索引的最低层的块数，以及缓冲区的大小等。

通过上述一系列处理后得到的最优物理查询计划由执行引擎具体执行。执行时向存储数据管理器发请求以获取相应的数据，依计划中给出的顺序执行各步操作；同时与事务管理器交互，以保证数据的一致性和可恢复性；最后输出查询结果。

4.5　物理优化

物理优化阶段的查询优化器主要用于解决下列问题：从可选的单表扫描方式中，挑选什么样的单表扫描方式是最优的？对于两个表连接时，如何连接是最优的？对于多个表连接，连接顺序有多种组合，哪种连接顺序是最优的？对于多个表连接，连接顺序有多种组合，是否要对每种组合都探索？如果不全部探索，怎么找到最优的一种组合？

4.5.1　查询代价的估算

查询代价估算的重点是代价估算模型，这是物理查询优化的依据。此外，选择率也是很重要的一个概念，对代价求解起着重要作用。

1. 代价模型

查询代价估算基于CPU代价和IO代价，代价模型的计算公式可表示为：

总代价=IO代价+CPU代价

COST=P * a_page_cpu_time+W * T

式中，P为计划运行时访问的页面数；a_page_cpu_time是每个页面读取的时间花费，其乘积反映了IO花费；T为访问的元组数，反映了CPU花费；W为权重因子，表明IO到CPU的相关性，又称选择率(selectivity)。

2. 选择率的计算

选择率的精确程度直接影响最优计划的选取。选择率计算方法如下：

1)无参数方法(Non-Parametric Method)。使用ad hoc数据结构或直方图维护属性值的分布，最常用的是直方图方法。

2)参数法(Parametric Method)。使用具有一些自由统计参数(参数是预先估计出来的)的数学分布函数逼近真实分布。

3)曲线拟合法(Curve Fitting)。为克服参数法的不灵活性，用一般多项式和标准最小方差来逼近属性值的分布。

4)抽样法(Sampling)。从数据库中抽取部分样本元组，针对这些样本进行查询，然后收集统计数据，只有足够的样本被测试之后，才能达到预期的精度。

5)综合法。将以上几种方法结合起来，如抽样法和直方图法结合。

4.5.2 单表扫描算法及扫描代价的计算

由于单表扫描是从表上获取元组，直接关联到物理IO的读取，因此不同的单表扫描方式，有不同的代价。

1. 单表扫描算法

单表扫描是完成表连接的基础。对于单表数据的获取，全表扫描表数据和局部扫描表数据是其常用方式。对于全表扫描，通常采取顺序读取的算法。为了提高表扫描的效率，有很多算法和优化方式被提出来。单表扫描和IO操作密切相关，所以很多算法在IO上倾注精力。

单表扫描算法主要有：顺序扫描(SeqScan)、索引扫描(IndexScan)、只读索引扫描(IndexOnlyScan)、并行表扫描(ParallelTableScan)、并行索引扫描(ParallellndexScan)、组合多个索引扫描、行扫描(RowldScan)。

对于局部扫描，根据数据量的情况和元组获取条件，可能采用顺序读取或随机读取存储系统的方式。选择率在这种情况下会起一定作用。如果选择率的值很大，意味着采取顺序扫描方式可能比局部扫描的随机读的方式效率更高。对于大表，顺序扫描会一次读取多个页，这将进一步降低顺序表扫描的开销。局部扫描通常采用索引实现少量数据的读取优化。这是一种随机读取数据的方式。虽然顺序表扫描可能会比读取许多行的索引扫描花费的时间少，但如果顺序扫描被执行多次，且不能有效地利用缓存，则总体花费巨大。索引扫描访问的页面可能较少，而且这些页很可能会保存在数据缓冲区，访问的速度会更快。所以，对于重复的表访问(如嵌套循环连接的右表），采用索引扫描比较好。

选择哪种扫描方式，查询优化器在采用代价估算比较代价的大小后才决定。有的系统对于随机读采取了优化措施，即把要读取的数据的物理位置排序，然后一批读入，保障了磁盘单向一次扫描即可获取一批数据，提高了 IO 效率。

并行操作时可能因不同隔离级别的要求，需要解决数据一致性的问题。如可串行化的处理，需要在表级加锁或者表的所有元组上加锁，这是因为索引扫描只在满足条件的元组上加锁，所以索引扫描在多用户环境中可能会比顺序扫描效率高。查询优化器在此种情况下倾向于选择索引扫描，这是一条启发式优化规则。

2. 单表扫描代价计算

因单表扫描需要把数据从存储系统中调入内存，所以单表扫描的代价需要考虑 IO 的花费。顺序扫描，主要是 IO 花费加上元组从页面中解析的花费；索引扫描和其他方式的扫描，由于元组数不是全部元组，需要考虑选择率的问题。

(1)顺序扫描

N_page * a_tuple_IO_time＋N_tuple * a_tuple_CPU_time

(2)索引扫描

C_index＋N_page_index * a_tuple_IO_time

式中，N_page 数据页面数；a_tuple_IO_time 一个页面的 IO 花费；N_page_index 索引页面数；a_tuple_CPU_time 一个元组从页面中解析的 CPU 花费；N_tuple 元组数；C_index 索引的 IO 花费；C_index＝N_page_index×a_tuple_IO_time；N_tuple_index 索引作用下的可用元组数；N_tuple_index＝N_tuple×索引选择率。

4.5.3　影响索引使用的因素

索引是建立在表上，通过索引直接定位表的物理元组，利用索引能够提高查询效率，加快数据获取。

1. 利用索引

通常查询优化器使用索引的原则为：①索引列作为条件出现在 WHERE、HAVING、ON 子句中，这样有利于利用索引过滤元组；②索引列是被连接的表(内表)对象的列且存在于连接条件中。除了上述的两种情况外，还有一些特殊情况可以使用索引，如排序操作、在索引列上求 MIN、MAX 值等。

对表做查询，没有列对象作为过滤条件(如出现在 WHERE 子句中)，只能顺序扫描，有列对象且索引列作为过滤条件，可做索引扫描，有列对象作为过滤条件，但索引列被运算符“－”处理，查询优化器不能在执行前进行取反运算，不可利用索引扫描，只能做顺序扫描。有列对象作为过滤条件，且目标列没有超出索引列，可做只读索引扫描，这种扫描方式比单纯的索引扫描的效率更高。有索引存在，但选择条件不包括索引列对象，只能使用顺序扫描。有索引存在，选择条件包括索引列对象，可使用索引扫描，对选择条件中不存在索引的列作为过滤器被使用。有索引存在，选择条件包括索引列对象，但索引列对象位于一个表达式中，参与了运算，不是“key＝常量”格式，则索引不可使用，只能是顺序扫描。有索引列对象作为过滤条件，操作符是范围操作符＞

或<，可做索引扫描。有索引列对象作为过滤条件，操作符是范围操作符<>，不可做索引扫描。有索引列对象作为过滤条件，操作符是范围操作符 BETWEEN-AND，可做索引扫描。

对于索引列，索引可用的条件为：①在 WHERE、JOIN/ON、HAVING 的条件中出现"key <op>常量"格式的条件子句(索引列不能参与带有变量的表达式的运算)。②操作符不能是<>操作符(不等于操作符在任何类型的列上不能使用索引，可以认为这是一个优化规则，在这种情况下，顺序扫描的效果通常好于索引扫描)。③索引列的值选择率越低，索引越有效，通常认为选择率小于 0.1 则索引扫描效果会好一些。

2.索引列的位置对使用索引的影响

在查询语句中，索引列出现在不同的位置，对索引的使用有着不同的影响。

(1)对目标列、WHERE 等条件子句的影响

索引列出现在目标列，通常不可使用索引(但不是全部情况都不能使用索引)。索引列出现在目标列，对查询语句的优化没有好的影响。聚集函数 MIN/MAX 用在索引列上，出现在目标列，可使用索引。索引列出现在 WHERE 子句中，可使用索引。索引列出现在 JOIN/ON 子句中，作为连接条件，不可使用索引。在过滤元组的条件中快速定位元组可以用索引，做连接条件的元组定位不一定用索引(代价估算决定那种扫描方式最优)。索引列出现在 JOIN/ON 子句中，作为限制条件满足"key<op>常量"格式可用索引。

(2)对 GROUP BY 子句的影响

索引列出现在 GROUP BY 子句中，不触发索引扫描，WHERE 子句出现索引列，且 GROUP BY 子句出现索引列，索引扫描被使用。WHERE 子句中出现非索引列，且 GROUP BY 子句出现索引列，索引扫描不被使用。

(3)对 HAVING 子句的影响

索引列出现在 HAVING 子句中与出现在 WHERE 子句中类似，是否能够使用索引，要看具体情况。WHERE 子句中出现非索引列，且 GROUP BY 和 HAVING 子句出现索引列，索引扫描被使用。

(4)对 ORDER BY 子句的影响

索引列出现在 ORDER BY 子句中，可使用索引。ORDER BY 子句中出现非索引列不可使用索引扫描。

(5)对 DISTINCT 的影响

索引列出现在 DISTINCT 子句管辖的范围中，与索引没有关联。DISTINCT 子句管辖范围内出现索引列，因 WHERE 子句内使用索引列，故其可使用索引扫描。

3.联合索引对索引使用的影响

使用联合索引的全部索引键，可触发索引的使用。使用联合索引的前缀部分索引键，可触发索引的使用；使用部分索引键，但不是联合索引的前缀部分，不可触发索引的使用。使用联合索引的全部索引键，但索引键不是 AND 操作，不可触发索引的使用。

4.多个索引对索引使用的影响

WHERE 条件子句出现两个可利用的索引，优选最简单的索引。WHERE 条件子句出现两个可利用的索引且索引键有重叠部分，优选最简单的索引。

4.5.4　两表及多表连接算法

连接运算是关系代数的一项重要操作，多个表连接是建立在两表之间连接的基础上的。研究两表连接的方式，对连接效率的提高有着直接的影响。

1. 基本的两表连接算法

基本的两表连接算法主要有嵌套循环连接算法、归并连接算法、Hash 连接算法等。

(1)嵌套循环连接算法

两表做连接，采用的最基本算法是嵌套循环连接算法。数据库引擎在实现该算法的时候，以元组为单位进行连接。元组是从一个内存页面获取来的，而内存页面是从存储系统通过 IO 操作获得的，每个 IO 申请以“块”为单位尽量读入多个页面。所以，如果考虑获取元组的方式，则可以改进嵌套循环连接算法，改进后的算法称为基于块的嵌套循环连接算法。

无论是嵌套循环连接还是基于块的嵌套循环连接，其本质都是在一个两层的循环中拿出各自的元组，逐一匹配是否满足连接条件。其他一些两表连接算法，多是在此基础上进行的改进。如基于索引做改进，在考虑了聚簇和非聚簇索引的情况下，如果内表有索引可用，则可以加快连接操作的速度。另外，如果内层循环的最后一个块使用后作为下次循环的第一个块，则可以节约一次 IO。如果外层元组较少，内层的元组驻留内存多一些(如一些查询优化器采用物化技术固化内层的元组)，则能有效提高连接的效率。

嵌套循环连接算法和基于块的嵌套循环连接算法适用于内连接、左外连接、半连接、反半连接等语义的处理。

(2)排序归并连接算法

排序归并连接算法又称归并排序连接算法，简称归并连接算法。这种算法的步骤是：

1)为两个表创建可用内存缓冲区数为 M 的 M 个子表，将每个子表排好序。

2)读入每个子表的第一块到 M 个块中，找出其中最小的先进行两个表的元组的匹配，找出次小的匹配……

3)依此类推，完成其他子表的两表连接。

归并连接算法要求内外表都是有序的，所以对于内外表都要排序。如果连接列是索引列，可以利用索引进行排序。归并连接算法适用于内连接、左外连接、右外连接、全外连接、半连接、反半连接等语义的处理。

(3)Hash 连接算法

基于 Hash 的两表连接算法有多种，常见的有 3 种：①用连接列作为 Hash 的关键字，对内表进行 Hash 运算建立 Hash 表，然后对外表的每个元组的连接列用 Hash 函数求值，值映射到内表建立好的 Hash 表就可以连接了；否则，探索外表的下一个元组。这样的 Hash 连接算法称为简单 Hash 连接(Simple Hash Join，SHJ)算法。②如果把内表和外表划分成等大小的子表，然后对外表和内表的每个相同下标值的子表进行 SHJ 算法的操作，可以避免因内存小反复读入内外表的数据的问题。这样的改进算法称为优美 Hash 连接(Grace Hash Join，GHJ)算法。③结合了 SHJ 和 GHJ 算法的优点的混合 Hash 连接(Hybrid Hash Join，HHJ)算法。HHJ 算法是把第一个子表保存到内存不刷出，如果内存很大，则子表能容纳更大量的数据，效率接近于 SHJ。

Hash类的算法都可能存在Hash冲突，如GHJ算法，当内存小或数据倾斜（不能均衡地分布到Hash桶，Hash处理后集中在少量桶中）时，通过把一个表划分为多个子表的方式，仍然不能消除反复读入的内外表数据的问题（称为“分区溢出”）。

Hash连接算法只适用于数据类型相同的等值连接。Hash连接需要存储Hash元组到Hash桶，要求较大的内存。如果表中连接列值重复率很高不能均匀分布，相同值的元组映射到少数几个桶中，Hash连接算法效率就不会高。Hash算法要求内表不能太大，通常查询优化器申请一段内存存放Hash表，如果超出且不能继续动态申请，则需要写临时文件，这会导致IO的颠簸（PostgreSQL存在此类问题）。

Hash连接算法适用于内连接、左外连接、右外连接、全外连接、半连接、反半连接等语义的处理。

2. 两表连接算法和索引及趟数的关系

从内存的容量角度看，两表连接算法可以分为一趟算法、两趟算法，甚至多趟算法。所谓“趟”是指从存储系统获取全部数据的次数。一趟算法因内存空间能容纳下全部数据，所以读取一次即可。两趟算法的第一趟从存储系统获取两表的数据，如做排序等处理后，再写入外存的临时文件；第二趟重新读入临时文件进行进一步处理（有的算法对其中一个表的元组只读取一次即可，属于一趟，因此两趟算法变为一趟半，但依然称为两趟算法）。多趟算法的思想和两趟算法基本相同，用以处理更大量的数据。趟数是一种方式，不是算法思想的改进，是代码实现中为减少IO所做的改进工作。

（1）嵌套连接

趟数：一趟。

1）支持用索引改进算法。

2）对外表R的每一个元组，如果r的值可作为S连接列上的索引键值，用索引扫描S的元组，与r判断是否匹配。

（2）基于Hash

趟数：一趟。

1）不支持用索引改进算法。

2）一趟读入S的数据，根据连接条件构造Hash，把元组散列到桶中；对于R，读入一部分到缓冲区，对读入的每个元组散列，如果有同样散列值的桶已经在读入S的过程中构造出来，则可进行连接；以此类推，逐步把R的其他部分读入缓存的同样方式处理。

（3）基于排序

趟数：两趟。

1）支持用索引改进算法。

2）第一趟，利用索引进行内外表的排序；第二趟，读入两个表排序的数据进行连接。

3. 连接操作代价计算

连接操作花费CPU资源。从理论的角度分析，连接操作的代价估算原理如下：

（1）嵌套循环连接

其代价估算公式如下：

· 基本的嵌套循环连接：C-outer＋C-inner

· 内表使用索引改进嵌套循环连接:C-outer+C-inner-index

(2)归并连接

其代价估算公式如下:

· 基本的归并连接:C-outer+C-inner+C-outersort+C-innersort

· 内外表使用索引,只影响排序,C-outersort、C-innersort 可能变化

(3)Hash 连接

C-createhash+(N-outer * N-inner * 选择率) * a_tuple_cpu_time

4. 多表连接算法

多表连接算法实现的是在查询路径生成的过程中,根据代价估算,从各种可能的候选路径中找出最优的路径(最优路径是代价最小的路径)。多表连接算法需要解决两个问题:①多表连接的顺序:表的不同的连接顺序,会产生许多不同的连接路径;不同的连接路径有不同的效率;②多表连接的搜索空间:因为多表连接的顺序不同,产生的连接组合会有多种,如果这个组合的数目巨大,连接次数会达到一个很高的数量级,最大可能的连接次数是 N!(N 的阶乘)。

(1)多表连接顺序

多表间的连接顺序表示了查询计划树的基本形态。一棵树就是一种查询路径,SQL 的语义可以由多棵这样的树表达,从中选择花费最少的树,就是最优查询计划形成的过程。而一棵树包括左深连接树、右深连接树、紧密树(1990 年,Schneder 等在研究查询树模型时提出了左深树 left deep trees、右深树 right deep trees 和紧密树 bushy trees)3 种形态,如图 4-4 所示。

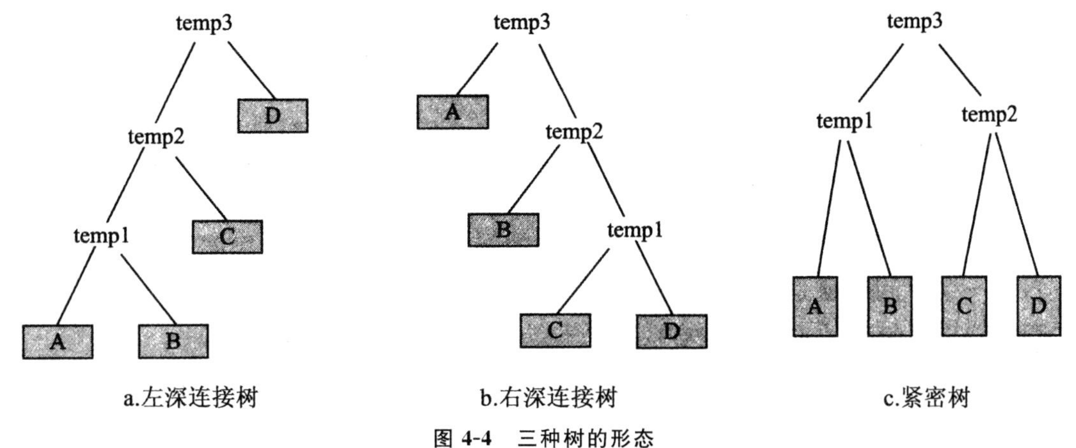

图 4-4 三种树的形态

左深树将从最下面的左子树 A 起,进行 AB 连接,连接后得到新的中间关系 temp1,再和 C 连接,生成新的中间关系 temp2,temp2 和 D 连接得到最终的连接路径 temp3(如图 4-4a 所示)。右深树的连接方式是从最右子树 D 开始,一直连接到 A 为止(如图 4-4b 所示)。而紧密树是 AB 连接生成 temp1、CD 连接 temp2,之后 temp1 和 temp2 连接得到 temp3(如图 4-4c 所示)。不同的连接顺序,会生成不同大小的中间关系,这意味着 CPU 和 IO 消耗不同,所以 PostgreSQL 中会尝试多种连接方式存放到 path 上,以找出花费最小的路径。

此外,对于同一种树的生成方式,还是有很多细节需要考虑的。在图 4-4a 中,{A,B}和{B,A}两种连接方式花费可能不同。比如最终连接结果是{A,B,C},但是需要验证是{A,B,C}、{A,C,B}、{B,C,A}、{B,A,C}、{C,A,B}、{C,B,A}中哪一个连接方式得到的结果,这就要求无

论是哪种结果，都需要计算这 6 种连接方式中每一种的花费，找出最优的一种作为下次和其他表连接的依据。

人们针对以上树的形成、形成的树的花费代价最少的，提出了诸多算法。树的形成过程，主要有两种策略：①至顶向下。从 SQL 表达式树的树根开始，向下进行，估计每个结点可能的执行方法，计算每种组合的代价，从中挑选最优的。②自底向上。从 SQL 表达式树的树叶开始，向上进行，计算每个子表达式的所有实现方法的代价，从中挑选最优的，再和上层（靠近树根）的进行连接，周而复始直至树根。在数据库实现中，多数数据库采取了第②种方式——自底向上，构造查询计划树。

(2)多表连接算法

表与表进行连接，对多表连接进行搜索查找最优查询树，通常有多种算法，比如动态规划、启发式、贪婪、System R、遗传算法等。

1)动态规划。最早用以表述通过遍历寻找最优决策解问题。“动态规划”将待求解的问题分解为若干个子问题（子阶段），按顺序求解子问题，前一子问题的解为后一子问题的求解提供了有用的信息。在求解任一子问题时，列出各种可能的局部解，通过决策保留那些有可能达到最优的局部解，丢弃其他局部解。依次解决各子问题，最后一个子问题就是初始问题的解。

2)启发式算法（Heuristic Algorithm）。相对于最优化算法提出的，是一个基于直观或经验构造的算法。在数据库的查询优化器中，启发式一直贯穿于整个查询优化阶段，在逻辑查询优化阶段和物理查询优化阶段，都有一些启发规则可用。常用的启发式规则分别是逻辑查询优化阶段可用的优化规则和物理查询优化阶段可用的优化规则。

3)贪婪（Greedy）算法。又称贪心算法。在对问题求解时，贪婪算法总是做出在当前看来是最好的选择，而这种选择是局部最优。局部最优不一定是整体最优，所以贪婪算法不从整体最优上加以考虑，省去了为找最优解要穷尽所有可能而必须耗费的大量时间（这点正是动态规划算法所做的事情），得到的是局部最优解。MySQL 查询优化器求解多表连接时采用了这种算法。

4)System R 算法。对自底向上的动态规划算法进行了改进，主要的思想是把子树的查询计划的最优查询计划和次优的查询计划保留，用于上层的查询计划生成，以便使得查询计划总体上最优。

5)遗传算法（Genetic Algorithm，GA）。是美国学者 Holland 于 1975 年首先提出来的。它是一种启发式的优化算法，是基于自然群体遗传演化机制的高效探索算法。他抛弃了传统的搜索方式，模拟自然界生物进化过程，采用人工进化的方式对目标空间进行随机化搜索。它将问题域中的可能解看作是群体的一个个体（染色体），并将每一个个体编码成符号串形式，模拟达尔文的遗传选择和自然淘汰的生物进化过程，对群体反复进行基于遗传学的操作（选择、交叉、变异），根据预定的目标适应度函数对每个个体进行评价，依据“适者生存，优胜劣汰”的进化规则，不断得到更优的群体，同时以全局并行搜索方式来搜索优化群体中的最优个体，求得满足要求的最优解时。

遗传算法可以有效地利用已经有的信息处理来搜索那些有希望改善解质量的串，类似于自然进化，遗传算法通过作用于“染色体”上的“基因”，寻找好的“染色体”来求解问题（对算法所产生的每个“染色体”进行评价，并基于适应度值来改造“染色体”，使适用性好的“染色体”比适应性差的“染色体”有更多的“繁殖机会”）。

除上述算法外，还有其他的一些算法，都可以用于查询优化多表连接的生成，如爬山法、分支界定枚举法、随机算法、模拟退火算法或多种算法相结合等。

4.6　实际应用中的查询优化

本节从实际应用层面讨论在使用数据库时需要采取哪些策略来提高查询优化的效率。

4.6.1　基于索引的优化

建立和删除索引的工作一般都是由数据库管理员 DBA 或表的主人(owner)即建立表的主人负责完成的。系统在存取数据时会自动选择合适的索引作为存取路径，用户不必显式地选择索引。使用索引的一个主要目的是避免全表扫描，减少磁盘 I/O，加快数据库查询的速度。但是，索引的建立降低了数据更新的速度，因为数据不仅要增加到表中，而且还要增加到索引中。另外，索引还需要额外的磁盘空间和维护开销。所以在设计和使用索引时应仔细考虑实际应用中修改和查询的频率，权衡建立索引的利弊，并应遵循以下原则：

1)值得建索引并且用得上。记录有一定规模，而且查询只限于少数记录，规模小的表不宜建立索引。索引在 WHERE 子句中应频繁使用，索引并不是越多越好，当对表执行更新操作时系统会自动更新该表的所有索引文件，更新索引文件是要耗费时间的，因此也就降低了系统的效率。

2)先装数据，后建索引。对于大多数基本表，总是有一批初始数据需要装入。建立关系后，先将这些初始数据装入基本表，然后再建立索引，这样可以加快初始数据的录入速度。

3)建立并应用复合索引。查询语句中经常进行排序或在分组(用 GROUP BY 或 ORDER BY 操作)的列上建立索引。如果待排序的列有多个，可以在这些列上建立复合索引。但应注意在建立复合索引时涉及的属性列不要太多，否则会增加索引的开销。当执行更新操作时会降低数据库的更新速度。组合索引前导列在查询条件中必须使用，否则该组合索引失效。如果 SQL 中能形成索引覆盖，性能将达到最优。

4)需要返回某字段局部范围的大量数据，应在该字段建立聚簇索引。经常修改的列不应该建立聚簇索引，否则会降低系统的运行效率。在经常进行连接，但没有指定为外键的列上建立索引，而不经常连接的字段则由优化器自动生成索引。

5)避免重复建立索引。在条件表达式中经常用到的重复值较少的列上建立索引，避免在重复值较多的列上建立索引。有大量重复值并且经常有范围查询(BETWEEN，>，<，>=，<=)时可考虑建立聚簇索引。

6)SELECT、UPDATE、DELETE 语句中的子查询应当有规律地查找少于 20%的表行。如果一个语句查找的行数超过总行数的 20%，它将不能通过使用索引获得性能上的提升。

一般来说，当检索的数据超过 20%时，数据库将选择全表扫描，而不使用索引。也就是说，表很小或者查询将检索表的大部分时，检索并不能提高性能。最好的情况是，将一些列包含在索引中，而查询恰好包含由索引维护的那些行，此时优化器将从索引直接提供结果集，而不用回到表中去取数据。

7)如果建表时就建立索引，那么在输入初始数据时，每插入一条记录都要维护一次索引。系统在使用一段时间后，索引可能会失效或者因为频繁操作而使得读取效率降低，当系统效率降低或使用索引不明不白地慢下来的时候，可以使用工具检查索引的完整性，必要时进行修复。另外，当数据库表更新大量数据后，删除并重建索引可以提高查询速度。

8)如果表中对主键查询较少，并且很少按照范围检索，就不要将聚集索引建立在主键上。由于聚集索引每张表只有一个，因此应该根据实际情况确定将其分配给经常使用范围检查的属性列，这样可以最大限度地提高系统的运行效率。

9)比较窄的索引具有较高的效率。对于比较窄的索引来说，每页上能存放较多的索引行，而且索引的深度也比较少，所以，缓存中能放置更多的索引页，这样也减少了I/O操作。

10)不应该对包含大量NULL值的字段设置索引。就像代码和数据库结构在投入使用之前需要反复进行测试一样，索引也是如此。应该用一些时间来尝试不同的索引组合。索引的使用没有什么固定的规则，需要对表的关系、查询和事务需求、数据本身有透彻的了解才能最有效地使用索引。索引也不是越多越好，只有适度参照上面的原则使用索引才能取得较好的效果。

在使用索引时可以有效地提高查询速度，但如果SQL语句使用得不恰当的话，所建立的索引就不能发挥作用。所以应该做到不但会写SQL语句，还要写出性能优良的SQL语句。

4.6.2 查询语言的优化

对于SQL语句的优化方法，虽然查询优化器已经帮用户做了很多优化，但是熟识这些方法可以在实际使用中提高查询效率。

(1)避免和简化排序

简化或避免对大型表进行重复的排序，会极大地提高SQL语句的执行效率。当能够利用索引自动以适当的次序产生输出时，优化器就避免了排序的步骤。

为了避免不必要的排序，必须正确地建立索引；如果排序不可避免，则应当简化它，如缩小排序列的范围等。在嵌套查询中，对表进行顺序存取对查询的效率可能产生致命的影响。如果采用顺序存取策略，一个嵌套3层的查询，如果每层都查询1000行，那么该查询就要查询1亿行数据，避免这种情况的主要方法就是对连接的列进行索引或使用并集来避免顺序存取。

(2)消除对大型表行数据的顺序存储(避免顺序存取)

在嵌套查询中，表的顺序存取对查询效率可能会产生致命的影响，比如一个嵌套3层的查询采用顺序存取策略，如果要每层都查询1000行，那么这个嵌套查询就要查询10亿行数据。避免这种情况的主要方法就是对连接列进行索引，还可以使用并集(UNION)来避免顺序存取。尽管在所有的检查列上都有索引，但某些形式的WHERE子句强迫优化器使用顺序存取。

(3)避免相关子查询

相关查询效率不高，如果在主查询和WHERE子句中的查询中出现了同一个列标签，就会使主查询的列值改变后，子查询也必须重新进行一次查询。查询的嵌套层次越多，查询的效率就会越低，所以应该避免子查询。如果子查询不可避免，那么就要在查询的过程中过滤掉尽可能多的行。

(4)避免困难的正规表达式

MATCHS和LIKE关键字支持通配符匹配，技术上称做正规表达式，但这种匹配较为消耗时间，另外还要避免使用非开始的子串，如

SELECT * FROM employee WHERE name LIKE '%zhang'

写为

SELECT * FROM employee WHERE name LIKE 'z%'

更有效。

(5)使用临时表加速查询

对表的一个子集进行排序并创建临时表，也能实现查询加速。在一些情况下，这样做有助于避免多重排序操作，而且在其他方面还能简化优化器的工作。

所创建的临时表的行要比主表的行少，其物理顺序就是所要求的顺序，这样就减少了磁盘I/O，降低了查询的工作量，提高了效率，而且临时表的创建并不会反映主表的修改。

(6)用排序来取代非顺序存储

磁盘存取臂的来回移动使得非顺序磁盘存取变成了最慢的操作。但是在SQL语句中这个情况被隐藏了，这样就使得我们在写应用程序时很容易写出进行了大量的非顺序页的查询代码，降低了查询速度，对于这个现象还没有很好的解决方法，只能依赖于数据库的排序能力来替代非顺序存取。

(7)避免大规模排序操作

大规模排序操作意味着使用ORDER BY、GROUPE BY和HAVING子句。无论何时执行排序操作，都意味着数据自己必须保存到内存或磁盘里(当以分配的内存空间不足时)。数据是经常需要排序的，排序的主要问题是会影响SQL语句的响应时间。由于大规模排序操作不是总能够避免的，所以最好把大规模排序在批处理过程里，在数据库使用的非繁忙期运行，从而避免影响大多数用户进程的性能。

(8)避免使用IN语句

当查询条件中有IN关键字时，优化器采用OR并列条件。数据库管理系统将对每一个OR从句进行查询，将所有的结果合并后去掉重复项作为最终结果，当可以使用IN或EXIST语句时应考虑如下原则：EXIST远比IN的效率高，在操作中如果把所有的IN操作符子查询改写为使用EXIST的子查询，这样效率更高。同理，使用NOT EXIST代替NOT IN会使查询添加限制条件，由此减少全表扫描的次数，从而加快查询的速度以达到提高数据库运行效率的目的。

(9)使用WHERE代替HAVING

HAVING子句仅在聚集GROUP BY子句收集行之后才施加限制，这样会导致全表扫描后再选择，而如果可以使用WHERE子句来代替HAVING，则在扫描表的同时就进行了选择，其查询效率大大提高了。但当HAVING子句用于聚集函数，不能有WHERE代替时则必须使用HAVING。

(10)避免使用不兼容的数据类型

float和int，char和varchar，binary和varbinary是不兼容的数据类型。数据类型的不兼容会使优化器无法执行一些本来可以进行优化的操作。例如，

SELECT * FROM SC WHERE Grade>62.5

在这条语句中，如果grade字段是int型的，则优化器很难对其进行优化，因为62.5是个float型的数据。应该在编程时将浮点型转化为整型，而不是等到运行时再转化。

第 5 章　关系数据库规范化理论

关系数据库的设计主要是关系模式的设计。关系模式设计的好坏将直接影响到数据库设计的成败。目前,在指导关系模式的设计中规范化设计占有主导地位,它是在数据库几十年的长期发展中产生并成熟的。将关系模式规范化,使之达到较高的范式是设计好关系模式的唯一途径。否则,所设计的关系数据库会产生一系列的问题。

在将建立的数据库模型转变为关系模式时经常会出现数据冗余的问题,即客观世界中的一个事实在关系元组中重复出现。此类问题影响了关系模式的设计和使用,所以需要采取合适的方法来消除这一设计过程中出现的问题。本章将要介绍的关系模式的规范化设计就能很好地解决这些问题。

5.1　规范化的问题

采用规范化设计可以生成一组关系模式,使之不必存储冗余信息,又可解决插入异常和删除异常问题。但由于是将一个关系模式分解为多个子模式来进行规范化处理的,当某个操作涉及多个子模式时要进行连接运算,这势必会影响操作速度。

反规范化是出于对数据库性能原因而对规范化的数据库的再考虑,它修改表结构以允许一些数据冗余。规范化的目的是对一个关系模式进行逐级分解,以期得到一个与之等价的关系模式的集合,而反规范化则是对若干关系模式进行连接,用连接得到的关系模式来取代这些关系模式。因此,在反规范化的数据库中,数据冗余是不断增加的,那为什么还要进行反规范化呢?原因就是可提高性能。

一个反规范化的数据库并不同于那些没有被规范化的数据库,当使用反规范化数据库时,它通常是规范化数据的派生物,是在规范化基础之上进行的,通过反规范化可以重新合并一些分开的表,或在这些表中创建重复的数据,以减少查询处理时所需进行连接的表的个数,减少 CPU 和 I/O 时间,但反规范化也需要更多的代价以便跟踪有关的数据。因此,当初始数据库设计完成后,为了提高和支持运行时物理数据库性能,采用反规范化,以获取应用程序在功能上的速度需求。所谓“提高性能”实际上是对某些应用而言的。

尽管反规范化对性能有所提高,但它也带来了额外的开销,而且数据模型由此变得不够灵活,维护变得更加困难,对数据库的更改以及对应的应用程序也更加复杂,虽然数据查询可能在反规范化后变得相当快,但对更新带来的却是负面的影响,因此,反规范化是在需要极大地提高性能时才进行的。

5.2　函数依赖

数据依赖是通过一个关系中数据间值的相等与否体现出来的数据间的相互关系，是实现世界属性间相互关系的抽象，是数据内在的性质。函数依赖、多值依赖和连接依赖等都是数据依赖的形式表现。

5.2.1　问题的提出

在构造关系时，经常会发现数据冗余和更新异常等现象，这是由关系中各属性之间的相互依赖性和独立性造成的。如果一个关系没有经过规范化，可能会导致上述谈到的数据冗余大、数据更新造成不一致、数据插入异常和删除异常问题。

例 5-1　学校要建立一个对学生的成绩进行管理的数据库，该数据库涉及的数据包括学生的学号、姓名、性别、院系、办公地点、课号、成绩、教工号。假设用一个关系模式"教学"来表示，则该关系模式的属性集合表示如下：

R={学号，姓名，性别，院系，办公地点，课号，成绩，教工号}

现实世界的已知事实(语义)如下：

1)一位学生只能有唯一的学号，规定一位学生只能登记一个姓名。

2)一位学生自然只有一种性别。

3)一个院系有若干学生，规定一位学生只属于一个院系。

4)规定一个院系只能有一个办公地点。

5)每位学生选修每一门课程只有一个成绩。

6)每位教工只教一门课，每门课由若干教工教。

7)某位学生选定某门课，就确定了一位固定的教工。

8)某位学生选修某位教工的课就确定了所选课的课号。

表 5-1 为某一时刻关系模式"教学"的一个关系。

表 5-1　"教学"表

学号	姓名	性别	院系	办公地点	课号	成绩	教工号
11001	李艳	女	计算机系	教二五楼	1	80	001
11001	李艳	女	计算机系	教二五楼	2	55	002
11001	李艳	女	计算机系	教二五楼	3	78	003
11001	李艳	女	计算机系	教二五楼	4	92	004
11002	秦朗	男	计算机系	教二五楼	2	36	002
11002	秦朗	男	计算机系	教二五楼	3	98	003

此关系模式存在如下问题：

(1)数据冗余太大

一个关系中某属性有若干个相同的值称为数据冗余。本关系模式数据冗余太大。比如,某学生选修了 n 门课程,那么其学号、姓名、性别、院系、办公地点等数据都要重复出现 n 次,这将浪费大量的存储空间。

(2)删除异常

一个关系中,因要清除某些属性上的值而导致连同删除了一个确实存在的实体,称为删除异常。

如果某个院系的学生全部毕业了,在删除该院系学生信息的同时,把这个院系及其办公地点信息也丢掉了。这就是删除异常。

(3)插入异常

"教学"关系模式的主键为(学号,课号)。如果一个院系刚成立,尚无学生,学号这一主属性为空值,根据实体完整性规则,无法把这个刚成立的院系名称及其办公地点信息存入数据库。这就是插入异常。

一个关系中,现实中某实体确实存在,但某些属性(尤其是主属性)的值暂时还不能确定,这会导致该实体不能插入该关系中,称为插入异常。

(4)修改异常

比如,要修改某院系的办公地点,必须逐一修改有关的每一个元组的"办公地点"属性值,否则就会出现数据不一致。这就是修改异常。

对于冗余的数据,如果只修改其中一个,其余的未修改,就会出现数据不一致,称为修改异常。

多问题,因此它是一个不好的关系模式。一个好的关系模式不会发生插入异常、删除异常、修改异常,而且数据冗余应尽可能少。

5.2.2 函数依赖的定义

定义 5-1 设 $R(U)$是一个属性集 U 上的关系模式。X,Y 是 U 的子集。若对于 $R(U)$的任意一个可能的关系 r,r 中不可能存在两个元组在 X 上的属性值相等,而在 Y 上的属性值不等,则称 X 函数确定 Y 或 Y 函数依赖于 X,记作 $X \rightarrow Y$。这里称 X 为决定因素,Y 为依赖因素。

函数依赖是语义范畴的概念,这和别的数据依赖是一样的。我们只能根据语义来确定一个函数依赖,而不能按照其形式化定义来证明一个函数依赖是否成立。例如,姓名→年龄这个函数依赖只有在该部门没有同名人的条件下成立。如果允许有同名人,则年龄就不再函数依赖于姓名了。设计者也可以对现实世界作强制的规定。例如,规定不允许同名人出现,这样就会使姓名→年龄函数依赖成立。这样当插入某个元组时这个元组上的属性值必须满足规定的函数依赖,如果发现有同名人存在,那么拒绝插入该元组。

需要注意,函数依赖不是指关系模式 R 的某个或某些关系满足的约束条件,而是指 R 的一切关系均要满足的约束条件。

下面对一些相关的术语和记号做一个简单介绍。

1)若 $X \rightarrow Y$,但 $Y \not\subset X$ 则称 $X \rightarrow Y$ 是非平凡的函数依赖。

2)若 $X \rightarrow Y$,但 $Y \subseteq X$ 则称 $X \rightarrow Y$ 是平凡的函数依赖。对于任一关系模式,平凡函数依赖都是必然成立的,它不反映新的语义。若不特别声明,总是讨论非平凡的函数依赖。

3)若 $X \to Y$,则 X 称为这个函数依赖的决定属性组,也称为决定因素(Determinant)。

4)若 $X \to Y$,并且 $Y \to X$,则记作 $X \longleftrightarrow Y$。

5)若 Y 不函数依赖于 X,则记作 $X \not\to Y$。

定义 5-2　在 $R(U)$ 中,如果 $X \to Y$,并且对于 X 的任何一个真子集 X',都有 $X' \not\to Y$,则称 Y 对 X 完全函数依赖,记作 $X \xrightarrow{F} Y$。

若 $X \to Y$,但 Y 不完全函数依赖于 X,则称 Y 对 X 部分函数依赖(partial functional dependency),记作:$X \xrightarrow{P} Y$。

定义 5-3　在 $R(U)$ 中,如果 $X \to Y$,$(Y \not\subset X)$,$Y \not\to X$,$Y \to Z$,$Z \notin Y$,则称 Z 对 X 传递函数依赖(transitive functional dependency)。记为:$X \xrightarrow{\text{传递}} Z$。

定义中之所以加上条件 $Y \not\to X$,是因为如果 $Y \to X$,则 $X \longleftrightarrow Y$,实际上是 Z 直接依赖于 X,即 $X \xrightarrow{\text{直接}} Z$,是直接函数依赖而不是传递函数依赖。

5.2.3　函数依赖和键码

本节从函数依赖的角度,给出一个规范的键码定义。

1. 超键码

定义 5-4　在某个关系中,若一个或多个属性的集合 $\{A_1, A_2, \cdots, A_n\}$ 函数决定该关系的其他属性,则称该属性的集合为该关系的超键码。

超键码的含义是关系中不可能存在两个不同的元组在属性 $A_1, A_2, \cdots, A_n$ 的取值完全相同。由定义可以看出,在一个关系中,超键码的数量是没有限制的,例如,如果属性集合 $\{A_1, A_2, \cdots, A_n\}$ 是超键码,那么包含该属性集合的所有属性集合都是超键码。

2. 键码

超键码定义范围太宽,使得其数量过多,使用起来很不方便。键码是在超键码定义的基础上,增加一些限制条件来定义的。

定义 5-5　在某个关系中,若一个或多个属性的集合 $\{A_1, A_2, \cdots, A_n\}$ 函数决定该关系的其他属性,并且集合 $\{A_1, A_2, \cdots, A_n\}$ 的任何真子集都不能函数决定该关系的所有其他属性,则称该属性的集合为该关系的键码。

在键码的定义中包括了两方面的含义,即关系中不可能存在两个不同的元组在属性 $A_1, A_2, \cdots, A_n$ 的取值完全相同,且键码必须是最小的。

同一个关系中可能键码的数目多于一个,可以选定其中一个最为重要的键码指定为主键码,把其他键码称为候选键码。

3. 外码

定义 5-6　关系模式 R 中属性或属性组 X 并非 R 的码,但 X 是另一个关系模式的码,则称 X 是 R 的外部码,也称外码。

主码与外码提供了一个表示关系间联系的手段。

5.2.4 函数依赖的基本性质

1. 投影性

由平凡的函数依赖定义可知,一组属性函数决定它的所有子集。

说明:投影性产生的是平凡的函数依赖,需要时也能使用的。

2. 扩张性

若 $X \to Y$ 并且 $W \to Z$,则$(X,W) \to (Y,Z)$。

3. 合并性

若 $X \to Y$ 并且 $X \to Z$,则必有 $X \to (Y,Z)$。

说明:决定因素相同的两函数依赖的被决定因素可以合并。

4. 分解性

若 $X \to (Y,Z)$,则 $X \to Y$ 并且 $X \to Z$。很容易看出,分解性为合并性的逆过程。

说明:决定因素能决定全部,当然也能决定全部中的部分。

由合并性和分解性,很容易得到以下事实:

$X \to A_1, A_2, \cdots, A_n$ 成立的充分必要条件是 $X \to A_i (i=1,2,\cdots,n)$成立。

5.2.5 函数依赖的逻辑蕴含

在讨论函数依赖时,经常会需要判断从已知的一组函数依赖是否能够推导出另外一些函数依赖。例如,设 R 是一个关系模式,A、B、C 为其属性,如果在 R 中函数依赖 $A \to B$ 和 $B \to C$ 成立,函数依赖 $A \to C$ 是否一定成立?函数依赖的逻辑蕴含就是要研究这方面的内容。

定义 5-7 假定 F 是关系模式 R 上的一个函数依赖集,X、Y 是 R 的属性子集,如果从 F 的函数依赖能够推导出 $X \to Y$,则称 F 逻辑地蕴含 $X \to Y$,或称 $X \to Y$ 可以从 F 中导出,或称 $X \to Y$ 逻辑蕴含于 F,记为 $P \Rightarrow X \to Y$。

定义 5-8 函数依赖集合 F 所逻辑蕴含的函数依赖的全体称为 F 的闭包(closure),记为 F^+,即 $F^+ = \{X \to Y | P \Rightarrow X \to Y\}$。

5.3 关系规范化

关系数据库是以关系模型为基础的数据库,它利用关系描述现实世界。一个关系即可用来描述一个实体及其属性,也可用来描述实体间的一种联系。关系模式是用来定义关系的,一个关系数据库包含一组关系,定义这组关系的关系模式的全体就构成了该数据库的模式。关系数据库的设计归根到底是如何把具体的客观事物划分为几个关系,并且每个关系由适合的属性组成。要构造“好的”、“合适”的关系模式,它涉及一系列的理论与方法,便形成了关系数据库的模式设计理论和技术。由于合适的关系模式要符合一定的规范化要求,所以又称其为关系数据库的规范化理论。

为了消除冗余和潜在的更新异常，关系数据库的规范化理论为关系模式确定了多种范式。所谓范式(Noranal Form)是指规范化的关系模式。然而规范化的程度并不相同，从而产生了不同的范式。从 1971 年起，E. F. Codd 相继提出了第一范式(1NF)、第二范式(2NF)、第三范式(3NF)，Codd 与 Boyce 合作提出了 Boyce-Codd 范式(BCNF)。在 1976—1978 年间，Fagin、Delobe 以及 Zaniolo 又定义了第四范式。

到目前为止，第五范式(5NF)已经被提出。满足最基本规范化的关系模式叫第一范式，第一范式的关系模式再满足另外一些约束条件就产生了第二范式、第三范式、BC 范式等。每种范式都规定了一些限制约束条件，如图 5-1 所示。

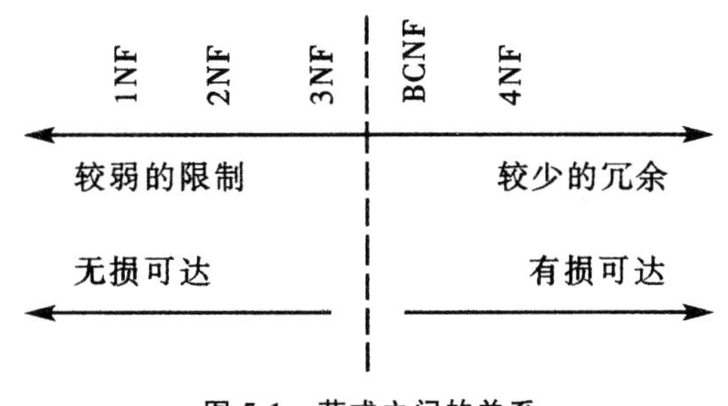

图 5-1 范式之间的关系

5.3.1 第一范式(1NF)

若一个关系模式 R 中的所有属性都是不可分的数据项，则称为 R 是第一范式的关系，记为 $R \in 1NF$。不是 1NF 的关系称为非规范化关系。

例如，在表 5-2 中，"电话"不是基本数据项，它包含"手机号码"和"办公号码"两个基本数据项，因而此关系是非规范化关系。

表 5-2 非规范化关系

编号	姓名	电话	
		手机号码	办公电话
01001	张辉	18810775510	87334211
02001	王茜	18710565512	86566333
02002	李燕	15010775513	82334212

将表中所有的属性表示为不可分的数据项，如表 5-3 所示，转化后的关系便符合第一范式。一个关系模式仅满足第一范式是不够的。

表 5-3 规范化关系

编号	姓名	手机号码	办公电话
01001	张辉	18810775510	87334211
02001	王茜	18710565512	86566333
02002	李燕	15010775513	82334212

5.3.2 第二范式(2NF)

若关系模式 R 属于第一范式，且每个非主属性都完全函数依赖于任意一个候选关键字，则称这个关系属于第二范式。

第二范式不允许关系模式中的非主属性部分函数依赖于主键。

假设有关系模式：选修（学号，课程号，成绩，学分），存在函数依赖：（学号，课程号）→成绩，（学号，课程号）→学分，主键为（学号，课程号）。

如表 5-4 所示，原因在于关系系模式中的非主属性“学分”函数依赖于主键（学号，课程号）的一部分，而不是全部，即（学号，课程号）一学分。该关系模式在实际应用中会出现下列问题：

表 5-4 选修

学号	课程号	成绩	学分
S1	C1	90	5
S1	C2	86	3
S1	C3	70	1
S2	C2	88	3
S2	C3	75	2
S2	C4	94	3
S3	C2	86	3

1）数据冗余。每当一名学生选修一名课程时，该课程的“学分”就重复存储一次。

2）更新异常。如果调整了该课程的学分，每个相应元组的“学分”值都必须更新。这不仅增加了更新代价，更糟糕的是可能造成潜在的数据不一致性。比如出现同一门课两种学分的现象。

3）插入异常。如果学校计划增开新课，应当把新课的课程号及学分数插入到“选修”中。但是由于缺少主键的一部分，将不能插入。只能当有人选修了这些课程之后，才能把课程号、学分存入此关系中。

4）删除异常。与插入异常相反，如果学生已经结业，从当前数据库中删除选修记录，某些课程新生尚未选修，那么关于这些课程的学分记载将无法保留。这是极不合理的。

上述关系出现异常的原因在于关系模式中的非主属性“学分”函数依赖于主键（学号，课程号）的一部分而非全部，即（学号，课程号）$\xrightarrow{P}$学分。若将上述非 2NF 的关系规范化为 2NF 关系，则应该设法消除部分依赖。通过投影把它分解为以下两个关系模式：选修 2（学号，课程号，成绩），课程（课程号，学号）。

新关系模型包括两个关系模式，它们之间通过“选修 2”中的外键“课程号”相联系，需要时再自然连接，则恢复了原来的关系。

5.3.3 第三范式(3NF)

若关系模式 R 属于第一范式，且每个非主属性都不传递依赖于主关键字，则 R 属于第三范式（3NF）。3NF 是一个可用的关键模式应该满足的最低范式。如果一个关系模式不服从 3NF，实际上它是不可用的。

例 5-2 表 5-5 所示为学生表，在表中，关键字是学号，由于每个单个关键字，没有部分依赖，此关系为 2NF。但是属性“院系编号”、“院系名称”、“院系地址”将重复存储，不仅有数据冗余问题，也有插入、删除、修改时的异常问题。

表 5-5 学生表

学号	姓名	院系编号	院系名称	院系地址
01001	张辉	01	计算机学院	科教楼三层
02001	王茜	01	计算机学院	科教楼三层
02002	李燕	03	会计学院	科教楼十一层

出现异常问题的原因是：关系中存在传递依赖。“院系名称”、“院系地址”两个属性依赖于“院系编号”，而“院系编号”又依赖于“学号”，因此，“院系名称”、“院系地址”两个属性通过“院系编号”依赖于“学号”，这种称之为传递依赖。为避免【例 5-2】中出现的这类问题，第三范式必须消除传递依赖关系。

解决的方法是分解关系模式。分解为两个关系：学生（学号，姓名，院系编号），院系（院系编号，院系名称，院系地址），如表 5-6 和表 5-7 所示。

表 5-6 学生表

学号	姓名	院系编号
01001	张辉	01
02001	王茜	01
02002	李燕	03

表 5-7 院系表

院系编号	院系名称	院系地址
01	计算机学院	科教楼三层
02	经济学院	科教楼二层
03	会计学院	科教楼十一层

5.3.4 BC 范式（BCNF）

若关系模式 R 属于第一范式，且每个属性都不传递依赖于主关键字，则 R 属于 BC 范式（BCNF）。

通常，BCNF 的条件有多种等价的表述：每个非平凡依赖的左边必须包含主关键字；每个决定因素必须包含主关键字。

从定义可以看出，BCNF 既检查非主属性，又检查主属性，显然比第三范式限制更严。当只检查非主属性而不检查主属性时，就成了第三范式。因此，可以说任何满足 BCNF 的关系都必然满足第三范式。

例 5-3 如表 5-8 所示。在该表中，假定“姓名”有唯一性，没有重复值，因此有两个候选关键字：(学号，课程名称)和(姓名，课程名称)，其中主属性是“学号”、“姓名”及“课程名称”，非主属性是“成绩”。

由于非主属性不传递依赖于两个候选关键字，这个关系肯定属于第三范式。

但是，主属性“姓名”依赖于“学号”，因此部分依赖于候选关键字(学号，课程名称)，也就是传递依赖于(学号，课程名称)。

虽然没有非主属性对候选关键字的传递依赖，但存在主属性对候选关键字的传递依赖，同样也会带来麻烦。例如，新生入学，因为没有选课，“姓名”就不能加入到表中。

表 5-8 学生和选课表

学号	姓名	课程名称	成绩
01001	张辉	计算机基础	90
02001	王茜	计算基基础	96
02002	李燕	高等数学	70

一个关系模式属于第三范式，有可能还存在操作异常现象，但是如果属于 BCNF 范式，就消除了插入、删除和更新的异常。

将表 5-8 分解为两个关系，如表 5-9 和表 5-10 所示，这样两个关系都属于 BC 范式。

表 5-9 学生表

学号	姓名
01001	张辉
02001	王茜
02002	李燕

表 5-10 选课表

学号	课程名称	成绩
01001	计算机基础	90
02001	计算基基础	96
02002	高等数学	70

5.3.5 关系模式规范化步骤

对一个关系模型规范化的基本思想是逐步消除数据依赖中的不合适的部分，从而使得模式中的每个关系模式达到某种程度的分离，让一个短息描述一个概念、一个实体或者实体间的一种联系。规范化实质上是概念的单一化。关系模式规范化的基本步骤如图 5-2 所示。

消除决定属性集非主键的非平凡函数依赖

1NF
消除非主属性对主键的部分函数依赖
2NF
消除非主属性对主键的传递函数依赖
3NF
消除主属性对主键的部分和传递函数依赖
BCNF
消除非平凡且非函数依赖的多值依赖
4NF

图 5-2　关系模式的规范化过程

1)对 1NF 关系进行投影,消除原关系中非主属性对关键字的函数依赖,将 1NF 关系转换为若干个 2NF 关系。

2)对 2NF 关系进行投影,消除原关系中非主属性对关键字的传递函数依赖,从而产生一组 3NF 关系。

3)对 3NF 关系进行投影,消除原关系中非主属性对关键字的部分函数依赖和传递函数依赖(也就是说,使决定属性都成为投影的候选键),得到一组 BCNF 关系。

以上三步也可以合并为一步,对关系进行投影,消除决定属性不是候选键的任何函数依赖。

4)对 BCNF 关系进行投影,消除原关系中非平凡且非函数依赖的多值依赖,从而产生一组 4NF 关系。

5)对 4NF 关系进行投影,消除原关系中不是由候选键所蕴含的连接依赖,即可得到一组 5NF 关系。

6)5NF 是最终范式。

需要注意的是,规范化过程过低的关系可能会存在插入异常、删除异常、修改复杂、数据冗余等问题,需要对其进行规范化,转换成高级范式。但这并不意味着规范化程度越高的关系模式就越好。在设计数据库模式结构时,必须对现实世界的情况和用户应用需求作进一步分析,确定一个合适的、能够反映现实世界的模式。也就是说,上面的规范化步骤可以在其中任何一步终止。

5.3.6　更多的依赖与范式

另外,对一些关于规范和依赖理论的其他代表性研究成果进行简要地介绍。

1. 域关键字范式

在 1981 年,R. Fagin 提出了一种概念上很简单的范式,称为“域关键字”(domain-key)范式,记为 DKNF。关于它的定义是这样的:若对于一个关系的每一约束都是对其关键字约束(关于属性构成关键字的约束)和域约束(关于属性取值的域约束)的逻辑结果,则该关系是 DKNF 的。该的定义是一个很重要的成果,因为这里的“每一约束”当然包括 FD、MVD 和 JD 等约束,因而它给出了一个不同于以前的一般化范式定义。但是,它未能提供一种转换给定关系到 DKNF 的方法,所以 DKNF 是否总是能达到及何时能达到等问题还没有解决。

2. 包含依赖

MVD 和 JD 远没有 FD 那么普遍,并且难识别和推导(尤其是 JD),但可以使用它们来指导数据库设计。相比之下,有一种非常直观而普遍的依赖(约束),即包含依赖,但它对数据库设计却没有什么影响。

直观地说,包含依赖表明“一个关系的某些属性被包含在别的关系的某些属性之列”。外来关键字是包含依赖的一个例子,一个关系引用另一个关系的属性必须包含在被引用关系的主属性中。E-R 图中由 ISA 联系的两个实体集产生的关系具有包含依赖,这是另一个例子。

参与包含依赖的属性,在进行模式分解时不能分开。例如,若有一个包含依赖 $X \subseteq Y$,那么在分解含有 X 的模式时,必须保证至少有一个分解所产生的模式包含整个 X 属性集。否则必须还原包含 X 的原关系,才能检测 $X \subseteq Y$ 约束(即包含依赖)。

在实际应用中,大多数包含依赖都是针对关键字的。如上面提到的外来关键字、ISA 联系的包含依赖都是基于关键字的。

3. 关系间依赖

所谓关系间依赖,就是在一个关系中某属性的值(或属性本身)的存在依赖于另一关系中有关属性值(或属性本身)的一个谓词的满足。包含依赖即为这种关系间依赖的一种特例。例如,约束"平均成绩 90 分以上且单科成绩最低 80 分的学生,其月奖学金 500 元"就是关系"奖学金"和"成绩记录"间的依赖。

依赖和范式都是一种约束。到目前为止,除了本节刚刚提到的包含依赖外,前面所叙述的所有依赖与范式都是针对单个关系的,一直未涉及关系之间的约束。关系间的约束是一种语义约束,由于它使我们能控制数据库的完整性,是一种很重要的数据依赖。然而,关系数据模型不能描述这种语义信息,许多著作说由 DBMS 负责实现这种完整性约束,可惜到目前为止,大多数 DBMS 不能自动实现这种约束,也不接受这种约束的定义。于是应用程序员似乎应该承担实施关系(或记录类型)间约束的责任,而应用程序员则往往干脆就不予理睬了。近年来有的 DBMS 产品引入关系间约束,但总体来说,还有待于进一步研究与完善。

J. D. Ullman 等还对依赖进行了一般化的研究,同时提出了所谓"一般化依赖"(generalize dependency)的概念,以此来概括 FD、MVD、JD 等各种依赖,并给出一种"追赶过程"(chase process),以期解决一个一般化依赖集 D 是否蕴涵一个给定的一般化依赖 d 的问题。

5.4 函数依赖的公理系统简介

数据依赖的公理系统是关系模式分解算法的理论基础。1974 年,W. W. Armstrong 总结了各种推理规则,把其中最主要、最基本的作为公理,这就是最著名的 Armstrong 推理规则系统,又称 Armstrong 公理(或阿氏公理)。

5.4.1 Armstrong 公理

1. 三条公理

Armstrong 提出了一套完备的推理规则,称为 Armstrong 公理,目的就是能够从已知的函数依赖推导出其他的函数依赖。设 U 是关系模式 R 的属性集,F 是 R 上的函数依赖集,那么 Armstrong 推理规则有以下三条:

1)A1(自反律):若 $Y \subseteq X \subseteq U$,则 $X \to Y$ 在 R 上成立。

2)A3(传递律):若 $X \to Y$ 和 $Y \to Z$ 在 R 上成立,则 $X \to Z$ 在 R 上成立。

3)A2(增广律):若 $X \rightarrow Y$ 在 R 上成立,且 $Z \subseteq U$,则 $X \cup Z \rightarrow Y \cup Z$(简记为 $XZ \rightarrow YZ$,以下类同)在 R 上成立。

2. 公理的正确性证明

Armstrong 公理是有效的和完备的。

可以证明 Armstrong 公理给出的推理规则是正确的。即:如果 $X \rightarrow Y$ 是用推理规则 A1、A2、A3 从 F 推出的,则 $X \rightarrow Y \in F^+$(正确性)。

Armstrong 公理的有效性是指,由 F 出发,根据公式推理出来的每一个函数依赖一定在 F^+ 中;完备性是指 F 所蕴含的所有函数依赖都可以用推理规则 A1、A2、A3 推出。由完备性还可以知道,F^+ 是由 F 根据 Armstrong 公理系统推导出来的函数依赖的集合,从而在理论上解决了由 F 计算 F^+ 的问题。

3. Armstrong 公理的推论

还可以由 A1、A2、A3 推出其他一些推理规则,它们在求 F 蕴含的函数依赖中很实用:

1) A4 合并规则:$\{X \rightarrow Y, X \rightarrow Z\} \Rightarrow X \rightarrow YZ$。

2) A5 分解规则:$\{X \rightarrow Y, Z \subseteq Y\} \Rightarrow X \rightarrow Z$。

3) A6 伪传递规则:$\{X \rightarrow Y, WY \rightarrow Z\} \Rightarrow WX \rightarrow Z$。

根据合并和分解规则可以得到一个很重要的结论:

如果 $A_1, A_2, \cdots, A_n$ 是关系模式 R 的属性集,则 $X \rightarrow A_1 A_2 \cdots A_n$ 成立的充分必要条件是 $X \rightarrow A_i (i=1,2,\cdots n)$ 成立。

利用 Armstrong 公理及其推论,可以找出一个关系模式中的候选码。

4. Armstrong 公理的完备性

前面已经证明了 Armstrong 公理的正确性。在证明公理的完备性之前,首先需要对函数集 F 闭包及属性闭包的概念及其有关定理。

(1)函数依赖集 F 闭包

设关系模式 $R<U,F>$,X,Y 均为 U 的子集,函数依赖集 F 闭包的定义:

$F^+ = \{X \rightarrow y \mid x \rightarrow y$ 基于 F 由 Armstrong 公理推出$\}$

从该定义看出,F^+ 是由 F 所能推出的所有函数依赖的集合。

F^+ 由以下三部分函数依赖组成:

1)F 中的函数依赖。这一类函数依赖是由属性语义所决定的。

2)由 F 推出的非平凡函数依赖。依据 F 中已有的函数依赖,利用 Armstrong 公理推出来的非平凡函数依赖。

3)由 F 推出的平凡的函数依赖。这一类函数依赖与 F 无关,对 R 中任何属性都成立。

(2)属性集 X 闭包

设关系模式 $R<U,F>$,X 为 U 的子集,关于函数依赖集 F 属性集 X 闭包的定义:

$X_F^+ = \{A \mid X \rightarrow A$ 能由 F 根据 Armstrong 公理导出$\}$

说明:X_F^+ 是由 X 从 F 中推出的所有函数依赖右部的集合。X_F^+ 在不混淆情况下,可简写为 X^+。例如,在关系模式 $R(A,B,C)$ 中,函数依赖集 $F=\{A \rightarrow B, B \rightarrow C\}$,则 $A^+ = ABC$;$B^+ = Bc$;$C^+ = C$。

比起 F 的闭包 F^+ 的计算来，属性闭包 X^+ 的计算要简单得多。下面的定理告知怎样从 X^+ 中判断某一函数依赖 $X \to Y$ 是否能用 Armstrong 公理从 F 中导出。

定理 5-1 设 F 是关系模式 $R<U,F>$ 的函数依赖集，X、$Y \in U$，则 $X \to Y$ 能由 F 根据 Armstmng 公理导出的充分必要条件是 $Y \subseteq X^+$。

证明：充分性：设 $Y = A_1A_2 \cdots A_n$，且 $Y \subseteq X^+$。根据属性闭包的定义，对于每个 $i(i=1,2,\cdots,n)$，$X \to A_i$ 能由 Armstrong 公理导出，再根据合并规则得 $X \to A_1A_2 \cdots A_n$，即 $X \to Y$ 成立。

必要性：设 $X \to Y$ 能由 Armstrong 公理导出，利用分解规则，可得：

$X \to A_i(i=1,2,\cdots,n)$，于是根据 X^+ 的定义，有 $A_i \subseteq X^+(i=1,2,\cdots,n)$，所以 $A_1A_2 \cdots A_n \subseteq X^+$，即 $Y \subseteq X^+$。

(3)公理系统完备性证明

建立公理体系的目的在于有效而准确地从已知的函数依赖推出未知的函数依赖。这有两个问题，一个是能否保证按公理推出的函数依赖都是正确的，即这些函数依赖是否都属于 F^+。所谓正确是指只要 F 中的函数依赖为真，则用公理推出的也为真。另一个问题是用公理能否推出所有的函数依赖，即 F^+ 中的所有函数依赖是否都能用公理推出。公理的正确性保证推础的所有函数依赖都为真，公理的完备性保证可以推出所有的函数依赖，这就保证了计算和推导的可靠和有效。

公理完备性的另一种理解是所有不能用公理推出的函数依赖都不为真，即存在一个具体关系 r，F 中所有的函数依赖都满足 r，而不能用公理推出的 $X \to Y$ 却不满足 r。

定理 5-2 Armstrong 公理系统是完备的。

证明：证明完备性就是证明“不能从 F 使用 Armstrong 公理导出的函数依赖不在 F^+ 中”

设 F 是属性集合 U 上的一个函数依赖集，并设 $X \to Y$ 不能从 F 通过 Armstrong 公理导出。现要证明：$X \to Y$ 不在 F^+ 中，即至少存在一个关系 r 满足 F，但不满足 $X \to Y$。

r 可构造如下：由两个元组 $t1$ 和 $t2$ 组成，$t1$ 在 U 中全部属性上的值均为 1，$t2$ 在 X^+ 中属性上的值为 1，在其他属性上的值为 0，如图 5-3 所示。

	X⁺中的属性	**U–X⁺中的属性**
元组 t1	11…1	11…1
元组 t2	11…1	00…0

图 5-3 F 中不能推出的 $X \to Y$ 的关系 r

首先：证明在关系 r 中，F 中所有的函数依赖都成立。

设 $V \to W$ 是 F 中的任一函数依赖，则有下列两种情况：

1)$V \subseteq X^+$。根据定理 5-1 可知 $X \to V$ 成立。根据传递律，由假设 $V \to W$ 和 $X \to V$，得 $X \to W$，从而 $W \subseteq X^+$（定理 5-1）。由关系 r 可知，X^+ 中的属性值全相等，所以 $t1[V]=t2[V]$，且 $t1[W]=t2[W]$，于是 $V \to W$ 在 r 中成立。

2)$V \not\subset X^+$。则 $t1[V] \neq t2[V]$，即 V 中含有 X^+ 外的属性。根据函数依赖的定义，既然 r 中不存在任何在属性集上有相等值的元组对，$V \to W$ 将自然满足。

因此，在关系 r 中，F 的任一函数依赖都成立。

然后：证明在关系 r 中，$X \to Y$ 不能成立。

由于假设 $X \to Y$ 不能从 F 通过 Armstrong 公理导出，所以根据定理 5-1 可知，$Y \not\subset X^+$。而 $X \subseteq X^+$，所以在关系 r 的两个元组中 X 的属性值相同，而在 Y 的属性值不同，所以 $X \to Y$ 在 r 中不成立。因此，只要 $X \to Y$ 不能从 F 通过 Armstrong 公理导出，那么 $X \to Y$ 就不成立。

5.4.2　属性集的闭包计算

我们并不希望费时费力地去计算一个函数依赖集的闭包或最小覆盖。事实上，给定一个函数依赖集 F，对于任何函数依赖 $X \to Y$，无须计算闭包 F^+，仅需计算规模小得多的属性集 X 的闭包 X^+，就可以判断它是否在 F^+ 中。所以我们先对属性集闭包的概念进行定义。

定义 5-9　设有属性集 U，F 为 U 的一函数依赖集，X 为 U 的一个子集。F 所蕴涵的所有形如 $X \to A$ 的 FD 所确定的属性 A 的集合称为 X 关于 F 的闭包，记为 X^+。

由该定义及推导规则，很容易证明下列引理 5-1 的成立。

引理 5-1　一个函数依赖 $X \to Y$ 属于一个依赖集闭包 F^+ 的必要充分条件是 $Y \subseteq X^+$。

这样一来，判断一个函数依赖 $X \to Y$ 是否属于一个依赖集闭包 F^+ 或者说计算 F^+ 的问题就变成了计算 X^+ 的问题，这要简单得多。计算属性集闭包的方法如下列算法所示。

算法 5-1　CLOSURE( )

输入：函数依赖集 F；属性集 X

输出：X^+。

步骤：

```
1)初始化:C0:=φ;C1:=X;
2)WHILE(C0≠C1)DO
  {C0:=C1;
    FOR EACH   (Y→Z)∈F
      IFY⊆C1   C1:=C0∪{Z}
  }ENDWHILE
3)X+:=C1
```

可以证明，利用此算法能正确地计算出属性集 X 的闭包 X^+，且在最坏情况下，其时间复杂度为 $O(|F|^2)$。还可以有更有效的算法，其执行时间仅为 $|F|$（其 FD 的个数）的线性函数。

利用上述求属性集闭包的算法，不但可以检验一个 FD 是否属于一个依赖集闭包，还能够判定一个属性集 K 是否为其关系的超关键字。由超关键字的定义和属性集闭包 K^+ 的定义又可以证明下列引理 5-2 的成立。

引理 5-2　给定关系模式 $R=(A,F)$，属性集 $K \subseteq A$ 为 R 的超关键字的必要充分条件是：它关于 F 的闭包 $K^+=A$。

上述算法实际上给出了一种求关系 $R=(A,F)$ 的函数依赖集闭包 F^+ 的一种简单方法：

步骤 1. 对任一属性集 $X \subseteq A$，计算出其闭包 X^+。

步骤 2. 对所有的 $Y \subseteq X^+$，得所有形如 $X \to Y$ 的一个 FD 集。

步骤 3. 对所有可能的属性集 X，求这种 FD 集的并集，即为 F^+。

之所以要计算属性集的闭包，原因在于经过归纳，其有以下三类用途：

1）判定一个 FD 是否属于某 FD 集的闭包。

2）判定一个属性集是否为一个关系的超关键字（进而是否为候选关键字）。

3)是计算规模要小得多的求 FD 集闭包 F^+ 的一种简单方法。

5.4.3 函数依赖集的等价和最小集

从蕴涵的概念出发,可以引出两个函数依赖集等价和最小依赖集的概念。

定义 5-10 设 F 和 G 是两个函数依赖集,如果 $F^+=G^+$,则称 F 和 G 等价,也称 F 覆盖 G,或 G 覆盖 F。

引理 5-3 $F^+=G^+$ 的充分必要条件是 $F\subseteq G^+$ 和 $G\subseteq F^+$。

根据这个引理,检查 F 和 G 是否等价可以先对 F 中的每一个函数依赖 $X\to Y$,检查它是否属于 G^+,为此可使用算法 5-1 在 G 上计算 X^+,再检查是否满足 $Y\subseteq X^+$,如果 $Y\subseteq X^+$ 则说明 $X\to Y$ 属于 G^+。如果所有的检查均通过,则说明 $F\subseteq G^+$。然后用同样的方法检查 G 中的每个函数依赖,看其是否都属于 F^+。只有当 $F\subseteq G^+$ 和 $G\subseteq F^+$ 时,才能断定 F 与 G 等价。因此,引理5-3实际上给出了一个判定两个函数依赖集等价的可行算法。

现在进一步给出最小函数依赖集的定义。

定义 5-11 如果函数依赖集 F 满足:

1)F 中每一个函数依赖的右部仅含单个属性。

2)对于 F 中的任一函数依赖 $X\to A$,集 $F-\{X\to A\}$ 不等价于 F。

3)对于 F 中的任一函数依赖 $X\to A$ 和 X 的任何真子集 Z,集 $(F-\{X\to A\})\cup\{Z\to A\}$ 不等价于 F,则称 F 为最小函数依赖集或称最小覆盖。

上述定义中的三个条件不仅保证了最小函数依赖集中无冗余的函数依赖,而且每个函数依赖都具有最简单的形式。具体而言,第一个条件保证最小函数依赖集中所有函数依赖的右侧只有单个属性,没有多余的;第二个条件保证集合中无多余的函数依赖;第三个条件保证集合中每个函数依赖的左侧无多余属性。

当然,人们希望函数依赖集都是最小集。但是否任何函数依赖集都可以最小化?下面的定理给出了肯定的答复。

定理 5-4 每个函数依赖集 F 都等价于一个最小函数依赖集。

证明:定理的证明其实就是给出求最小函数依赖集的方法,如果方法存在,定理也就得证。为此,按三个条件进行最小化处理,找出 F 的一个最小函数依赖集。

1)为了满足条件 1),只要根据分解规则把右侧是属性组的函数依赖分解为单属性的多个函数依赖即可。例如,$A\to BC$ 可分解为 $A\to B$ 和 $A\to C$,从而满足条件 1)。

2)逐一考察 F 中的函数依赖 $X\to Y$,令 $G=F-\{X\to Y\}$,且对 G 求 X^+,因为 F 与 G 等价的充要条件是 $Y\subseteq X^+$,所以如果 $Y\subseteq X^+$,则 Y 冗余,可以删去。

3)逐一考察 F 中留下的函数依赖,消去左侧冗余的属性。为了判断函数依赖 $XY\to A$ 中 Y 是否冗余,可在 F 中求 X^+,若 $A\subseteq X^+$,则 Y 是冗余属性。

经过上述三步处理之后剩下的 F 一定是最小函数依赖集,并且与原来的 F 等价。但由于第 2)、3)步考察次序的不同,删去的函数依赖或属性也可能不同,所以 F 的最小函数依赖集不一定是唯一的。例如,对于 $F=\{A\to B,B\to A,B\to C,A\to C,C\to A\}$,如果在第 2)步中顺序地逐个考察 F 中的函数依赖,则删去的冗余依赖是 $B\to A$ 和 $A\to C$。但如果在 $B\to A$ 之前先考察 $B\to C$,则删去的冗余函数依赖将是 $B\to C$,显然结果是不同的。又如,对于 $F=\{AB\to C,A\to B,B\to A\}$,由于在第 3)步中考察次序的不同所引起的影响,在 $AB\to C$ 中可能是删去 A 也可能是

删去 B。

最小化处理后的函数依赖集如果与原来的 F 相同，则说明 F 本来就是一个最小函数依赖集。因此，定理 5-3 的证明过程不仅给出了 F 的最小化处理算法，而且也是检验一个函数依赖集是否为最小集的一个算法。

5.5 关系模式的分解

5.5.1 模式分解定义

对函数依赖的基本性质有了初步的了解之后，要可以进一步了解模式分解的有关知识了。关系模式分解的目的是使模式更加规范化，从而减少以至消除数据冗余和更新异常。但是在对关系模式中的诸多属性进行分解时，要注意什么问题，如何在多种不同的分解方式中正确地判别优劣呢？

1. 模式分解的一个实例

例 5-4 首先分析关系模式成绩(学号，课程名，教师姓名，成绩)，各关系如表 5-11 所示。

表 5-11 关系成绩

学号	课程名	教师姓名	成绩
010125	数据库原理	张静	96
010138	数据库原理	张静	88
020308	数据库原理	张静	90
010125	C 语言	刘天民	92

如下为成绩关系的函数依赖集：

(学号，课程名)→教师姓名，成绩

(学号，教师姓名)→课程名，成绩

教师姓名→课程名

其中，主键为(学号，课程名)和(学号，教师姓名)。因为“课程名”为主属性，并且函数依赖：教师姓名→课程名的决定因素“教师姓名”只是主键的一部分而不包含整个主键，所以该模式不符合 BC 范式。

可以把关系模式成绩分解成关系 M 和 N：

M(学号，课程名，成绩)

N(学号，教师姓名)

分解后的关系 M 和 N 如表 5-12 和 5-13 所示。

表 5-12 关系 M

学号	课程名	成绩
010125	数据库原理	96
010138	数据库原理	88
020308	数据库原理	90
010125	c 语言	92

表 5-13 关系 N

学号	教师姓名
010125	张静
010138	张静
020308	张静
010125	刘天民

在关系 M 中的函数依赖为：

(学号,课程名)→成绩

其中,(学号,课程名)为主键。对于关系 N 来说,学生与教师之间为多对多的联系,即一个学生可修读多门课,从而面对多位教师,而一名教师显然要教多个学生,并不存在函数依赖。于是,M 中的两个属性共同构成主键。

通过从上面分析可知分解后的关系 M 和 N 都符合 BC 范式,至此范式分解完毕。下面通过实例仔细分析一下这样的结论能否经得起检验。

当要查询某位教师上什么课时,就要对 M 和 N 两个关系以学号为公共属性进行自然联接,这时得到的实例如表 5-14 所示。

表 5-14 $M \bowtie N$ 后得到的结果

学号	课程名	教师姓名	成绩	
010125	数据库原理	张静	96	
010125	数据库原理	刘天民	96	※
010138	数据库原理	张静	88	
020308	数据库原理	张静	90	
010125	C 语言	刘天民	92	
010125	C 语言	张静	92	※

很明显,此时比原来多了两个元组。但分析发现多出来的两个元组与实情不符,是不正确的。之所以会出现这种问题是由于丢失了函数依赖:教师姓名→课程名。按现在的实例,一名教

师可能开几门课,但事实上规定一名教师只能开一门课。原因是,在模式分解时把相关的两个属性分开了,即使以后连在一起,有些内在的联系也不能再现。

通过分析上面的例子,显然,对模式的分解不是随意的。它主要涉及无损连接和保持依赖两个原则,在后面将会详细介绍。

2. 模式分解的定义

分解是关系向更高一级范式规范化的一种唯一手段。所谓关系模式的分解,是将关系模式的属性集划分成若干子集,并以各属性子集构成的关系模式的集合来代替原关系模式,则该关系模式集就叫原关系模式的一个分解。下面给分解一个形式定义。

定义 5-12　关系模式 $R(U)$ 中有如下的一个集合:$\rho=\{R_1(U_1),R_2(U_2),\cdots,R_n(U_n)\}$,其中 $U=U_1\cup U_2\cup\cdots\cup U_n$,且对于任何 $l\leqslant i,j\leqslant n,i\neq j,U_i\subseteq U_j$ 都不成立,则称 ρ 为关系模 R 的一个分解。

关系模式的分解直接引起关系(体)的分解,它是在对应模式分解上的投影所得到的一组关系。分解是消除冗余和操作异常的一种好工具,由于关系模式的分解方案并不唯一,所以在分解时关心的是分解后的关系模式是否能准确地反映原关系模式的所有信息,并且不会增加任何不存在的信息,即同时要求分解后的关系模式经过某种连接操作后与原关系模式的元组相同,既没有增加也没有减少;并且分解以后的关系模式保持了原关系模式中的函数依赖,这两点是关系模式分解的原则。

针对关系模式分解原则的第一个要求,即保证模式分解不丢失原关系模式中的信息,本书引入分解的无损连接性的概念;针对关系模式分解的第二个要求,即保证模式分解不丢失原关系模式中的函数依赖,本书又引入保持函数依赖性的概念。

5.5.2　模式分解原则

关系模式的规范化过程是通过对关系模式的分解来实现的,但把低一级的关系模式分解成为若干个高一级的关系模式的方法并不是唯一的。判断一个分解是否与原关系模式等价可以有三种不同的标准:

1)分解具有无损连接性。

2)分解要保持函数依赖。

3)分解既要保持函数依赖,又要具有无损连接性。

如果一个分解具有无损连接性,则它能够保证不丢失信息。如果一个分解保持了函数依赖,则它可以减轻或解决各种情况。

分解具有无损连接性和分解保持函数依赖是两个互相独立的标准。保持函数依赖的分解也不一定具有无损连接性。同样,具有无损连接性的分解不一定能够保持函数依赖。

规范化的理论提供了一套完整的模式分解算法,按照这套算法能够做到:

1)若要求分解保持函数依赖,则模式分解一定能够达到 3NF,但不一定能够达到 BCNF。

2)若要求分解既具有无损连接性,又保持函数依赖,则模式分解一定能够达到 3NF,但不一定能够达到 BCNF。

3)若要求分解具有无损连接性,则模式分解一定能够达到 4NF。

5.5.3 无损连接分解

1. 无损连接分解的概念

无损连接分解(lossless-join decomposition)有时简称无损分解。其定义为：

定义 5-13 设 R 为一关系模式，F 为其 FD 集，$\rho=\{R_1,R_2,\cdots,R_k\}$ 为 R 的一个分解。若对于模式 R 的任一满足 F 中函数依赖的实例(关系)r 有：

$$r=\pi R_1(r)\bowtie\pi R_2(r)\bowtie\cdots\bowtie\pi R_k(r)$$

即 r 与它在 $R_1,R_2,\cdots,R_k$ 上投影自然连接的结果相等，则称 ρ 为 R 的一个无损连接分解。

也就是说，若关系模式 R 的任一关系 r 都是它在各分解模式上的投影的自然连接，则该分解就是无损连接分解；否则，为有损连接分解(loss-join decomposition)，或称有损分解。从定义可以看出，所谓"有损连接"，其实并未损失什么，反而是"更多"点什么了。就是这个"更多"使原来一些确定的信息变成不确定了，从这个意义上讲，是损失了(确定性)。将一个关系的两个投影分解再作自然连接，其结果会包含一些非原关系的元组。图 5-4 给出了这种例子。

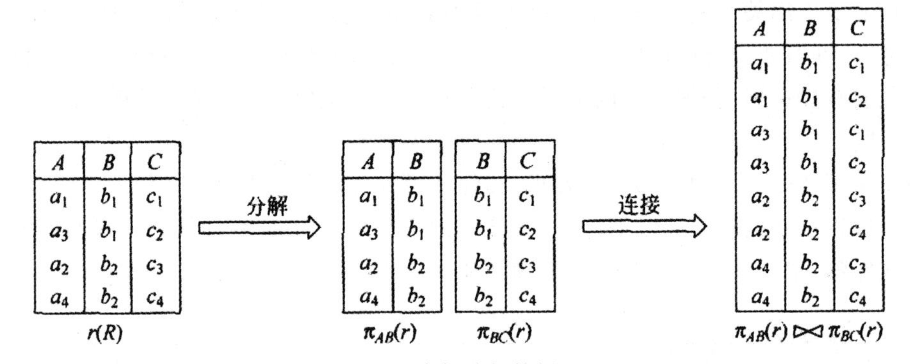

图 5-4 有损分解的例子

下面的定理对判别一个分解是否是无损的具有重要意义。

定理 5-5 设 $\rho=(R_1,R_2)$ 是关系模式 R 的一个分解，F 为 R 的 FD 集。当且仅当 $R_1\cap R_2\rightarrow(R_1-R_2)$ 或 $R_1\cap R_2\rightarrow(R_2-R_1)$ 属于 F^+ 时，ρ 是 R 的无损连接分解。

对于该定理的证明在此不作详细说明。有的将该定理中的必要条件改为 $R_1\cap R_2\rightarrow R_1$ 或 $R_1\cap R_2\rightarrow R_2$ 属于 F^+，实质上这两者是完全等价的。

例 5-5 对于图 5-5 中的分解，假定其 FD 集 $F=\{A\rightarrow B,C\rightarrow B\}$，判断该分解是否是连接无损的。

利用定理 5-4 来判断。此时 $R_1\cap R_2=B,R_1-R_2=A,R_2-R_1=C$ 由于在 FD 集中，既无 $B\rightarrow A$，也无 $B\rightarrow C$，故其分解是有损的。

例 5-6 对于图 5-5 中的分解及其 FD 集，可判别该分解是无损的。

2. 无损连接分解的检测

定理 5-4 给出了一种分解关系模式成两部分的连接无损分解判定法。那么如何判断一般情况分解的连接无损性呢？这里介绍一种检测方法。设有关系模式 $R=(A_1,A_2,\cdots,A_n)$，F 为其 FD 集，$\rho=\{R_1,R_2,\cdots,R_k\}$ 为 R 的分解，其检测算法描述如下。

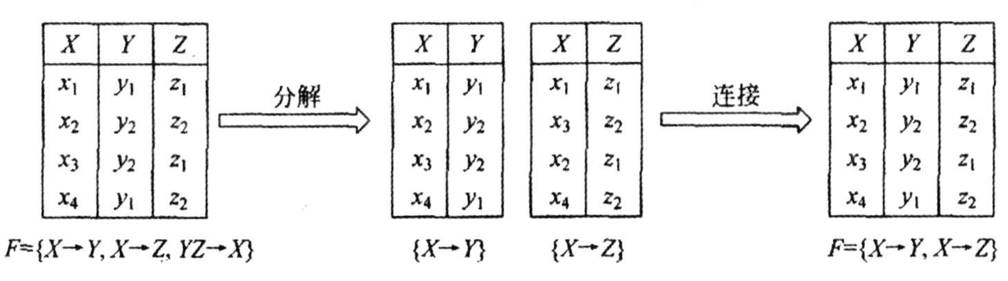

图 5-5 无损分解的例子

算法 5-2 LOSSLESS_DECOMP( )

输入:R 的 FD 集 F 及分解 ρ

输出:确定 ρ 是否为 R 的无损分解

步骤:

1)构造一个以 R_i 为行、A_j 为列的 $k\times n$ 矩阵 $M\{m_{ij}\}$,其中,若 $A_j\in R_i$,则 $m_{ij}=a_j$;否则 $m_{ij}=b_{ij}$(a_j,b_{ij} 仅是一种符号,无专门含义)。

2)自 F 中取下一个 $FDX\rightarrow Y$;在矩阵中寻找对应于 X 中属性的所有列上符号 a_j 或 b_{ij} 全相同的那些行,按下列情况分别进行处理:

①若找到两个(或多个)这样的行,则让这些行中对应于 Y 中属性的所有列的符号相同:若符号中有一个 a_j,则全为 a_j;否则全为其中的某一符号 b_{ij}。

②若未找到两个这样的行,则转下一步。

3)对 F 集中所有 FD 重复执行步骤 2),直至不再对矩阵 $M\{m_{ij}\}$引起任何变动。

4)寻找 $M\{m_{ij}\}$中全为"a",即形如($a_1,a_2,\cdots,a_n$)的行,若存在这样的行,则 ρ 为无损分解,否则为有损分解。

现对该算法进行举例说明。

例 5-7 设有关系模式 R,其函数依赖集 F 和 R 的一个分解 ρ 如下:

$R=(A,B,C,D,E)$

$F=\{A\rightarrow C,B\rightarrow C,C\rightarrow D,DE\rightarrow C,CE\rightarrow A\}$

$\rho=(R_1,R_2,R_3,R_4,R_5)$

$R_1=(A,D)$,$R_2=(A,B)$,$R_3=(B,E)$,$R_4=(C,D,E)$,$R_5=(A,E)$

执行步骤 1:建立矩阵 M,如图 5-6 所示。

M:	A	B	C	D	E
$R_1=(A,D)$	a_1	b_{12}	b_{13}	a_4	b_{15}
$R_2=(A,B)$	a_1	a_2	b_{23}	b_{24}	b_{25}
$R_3=(B,E)$	b_{31}	a_2	b_{33}	b_{34}	a_5
$R_4=(C,D,E)$	b_{41}	b_{42}	a_3	a_4	a_5
$R_5=(A,E)$	a_1	b_{52}	b_{53}	b_{54}	a_5

图 5-6 矩阵 M

执行步骤 2:取 $A\rightarrow C$,在第 1,2,5 行中,对应于 A 的列全为 a_1,对应于 C 的列中无任何一个 a_i;选取 b_{13},改 b_{23} 和 b_{53} 均为 b_{13},得新的矩阵 M_1,如图 5-7 所示。

M_1:	A	B	C	D	E
$R_1=(A,D)$	a_1	b_{12}	b_{13}	a_4	b_{15}
$R_2=(A,B)$	a_1	a_2	b_{13}	b_{24}	b_{25}
$R_3=(B,E)$	b_{31}	a_2	b_{33}	b_{34}	a_5
$R_4=(C,D,E)$	b_{41}	b_{42}	a_3	a_4	a_5
$R_5=(A,E)$	a_1	b_{52}	b_{13}	b_{54}	a_5

图 5-7 矩阵 M_1

执行步骤 3:再取 $B \to C$,重复执行步骤 2,此时第 2、3 行的 B 列为 a_2,同上步一样,替换 C 列中的 b_{33} 为 b_{13} 得矩阵 M_2,如图 5-8 所示。

M_2:	A	B	C	D	E
$R_1=(A,D)$	a_1	b_{12}	b_{13}	a_4	b_{15}
$R_2=(A,B)$	a_1	a_2	b_{13}	b_{24}	b_{25}
$R_3=(B,E)$	b_{31}	a_2	b_{13}	b_{34}	a_5
$R_4=(C,D,E)$	b_{41}	b_{42}	a_3	a_4	a_5
$R_5=(A,E)$	a_1	b_{52}	b_{13}	b_{54}	a_5

图 5-8 矩阵 M_2

依次取 FD,直至用完 $CE \to A$ 后,得矩阵 M_3,如图 5-9 所示。此时出现了第 3 行全为“a”。要指出的是,算法到此本来应该结束了,ρ 是无损分解,但按算法的循环控制,可能并未终止。虽然可以修改控制,在第三步进行全“a”测试,但这样做不一定划算,总的代价可能更高。

M_3:	A	B	C	D	E
$R_1=(A,D)$	a_1	b_{12}	b_{13}	a_4	b_{15}
$R_2=(A,B)$	a_1	a_2	b_{13}	a_4	b_{25}
$R_3=(B,E)$	a_1	a_2	a_3	a_4	a_5
$R_4=(C,D,E)$	a_1	b_{42}	a_3	a_4	a_5
$R_5=(A,E)$	a_1	b_{52}	a_3	a_4	a_5

图 5-9 矩阵 M_3

可以证明下列定理成立。

定理 5-5 算法 5-2 LOSSLES S_DECOMP 正确地确定一个分解是否是连接无损的。

5.5.4 保持依赖分解

1. 保持函数依赖分解的概念

假设 F 是属性集 U 上的函数依赖集,Z 是 U 的一个子集,F 在属性集 Z 上的投影用 $\pi Z(F)$ 表示,定义为

$$\pi Z(F)=\{X \to Y \mid X \to Y \in F^+ \text{ 且 } XY \subseteq Z\}$$

注意:函数依赖集的投影,并不要求 $X \to Y \in F$,只要它属于 F^+。

定义 5-14 设关系模式 $R(U)$的一个分解 $\rho=\{R_1(U_1),R_2(U_2),\cdots,R_n(U_n)\}$,$F$ 是 $R(U)$上

一个函数依赖集。如果对于所有的 $i(i=1,2,\cdots,n)$，$\pi U_i(F)$ 的并集逻辑蕴涵 F 中的全部函数依赖，则称关系模式 R 的分解 ρ 具有保持函数依赖性。

例 5-8　假设有关系模式 $R(U,F)$，其中 $U=ABC$，$F=\{AB\to C, C\to A\}$，R 的一个分解为 $\rho=\{R_1(B,C), R_2(A,C)\}$，判断 ρ 是否具有保持函数依赖性。

首先检查该分解是否具有无损连接性。

由于 $BC\cap AC=C$，$AC-BC=A$ 满足 $C\to A$，所以分解 ρ 具有无损连接性。

$\pi U_1(F)=\{$按自反律推出的一些平凡函数依赖$\}$

$\pi U_2(F)=\{C\to A$ 以及按自反律推出的一些平凡函数依赖$\}$

$\pi U_1(F)\cup \pi U_2(F)=\{C\to A\}$

分解 ρ 丢掉了函数依赖 $AB\to C$，所以该模式分解并不具有保持函数依赖性。

由于该分解不保持函数依赖性，所以在 DBMS 中不能保证关系数据的完整性；由于 R_1 中的 B 和 C 之间无函数依赖关系，所以 DBMS 无法检查。假如在 R_1 的关系 r_1 中插入元组 (b_1,c_1) 和 (b_1,c_2)，系统将认为插入了两个不同的元组；再在 R_2 的关系 r_2 中插入元组 (a_1,c_1) 和 (a_1,c_2)。将 r_1 和 r_2 进行自然连接，得到 R 的一个关系 r，如图 5-10 所示。

B	C
b_1	c_1
b_1	c_2

关系 r_1

A	C
a_1	c_1
a_1	c_2

关系 r_2

A	B	C
a_1	b_1	c_1
a_1	b_1	c_2

关系 $r=r_1 \bowtie r_2$

图 5-10　不保持函数依赖的分解

由于在分解过程中函数依赖丢失，造成连接以后得到的关系 r 对原关系模式 R 的函数依赖 $AB\to C$ 造成破坏，无法保证原来关系数据的完整性约束。

2. 保持函数依赖的分解测试算法

由保持函数依赖的概念可知，判断一个分解是否保持函数依赖，就等价于检验函数依赖集 $G=\bigcup_{i=1}^{n}\pi Ui(F)$ 与 F^+ 是否相等，也就是检验对于任意一个函数依赖 $X\to Y\in F^+$ 能否由 G 根据 Armstrong 公理导出，即 $Y\subseteq X_G^+$ 是否成立。

根据上面的分析，可以得到如下保持函数依赖的测试算法。

算法 5-3

输入：关系模式 $R(U)$，$R(U)$ 上的函数依赖集 F，$R(U)$ 的一个分解 $\rho=\{R_1(U_1), R_2(U_2),\cdots, R_n(U_n)\}$。

输出：如果 ρ 保持 F，输出 True；反之输出 False。

步骤：

1）计算 F 在每一个 Ui 上的投影 $\pi U_i(F)(i=1,2,\cdots,n)$，并令 $G=\bigcup_{i=1}^{n}\pi U_i(F)$。

2）for 每一个 $X\to Y\in F$ do

if $Y\not\subset X_G^+$ then return False

3）return True，算法结束。

例 5-9　假设有关系模式 $R(U,F)$，其中 $U=ABCD$，$F=\{A\to B, B\to C, C\to D, D\to A\}$，$R$ 的

一个分解为$\rho=\{R_1(A,B),R_2(B,C),R_3(C,D)\}$，判断$\rho$是否具有保持函数依赖性。可以根据算法 5-3 的步骤进行如下计算：

1)$\pi U_1(F)=\{A\rightarrow B,B\rightarrow A)$，$\pi U_2(F)=\{B\rightarrow C,C\rightarrow B\}$，$\pi U_3(F)=\{C\rightarrow D,D\rightarrow C\}$，所以$G=\pi U_1(F)\cup\pi U_2(F)\cup\pi U_3(F)=\{A\rightarrow B,B\rightarrow C,C\rightarrow D,D\rightarrow C,C\rightarrow B,B\rightarrow A\}$。

2)在G中$\{A\rightarrow B,B\rightarrow C,C\rightarrow D\}$保持，现在只需判断$D\rightarrow A$是否保持。

求D关于G的闭包：$D^+=\{A,B,C,D\}$，显然$\{A\}\in D^+$

这时候返回 True 值，即ρ具有保持函数依赖性。

总之，在模式分解时，如果分解具有无损连接的特性，则分解后的关系通过自然连接可以恢复关系的原样，从而保证不丢失信息；如果分解具有保持函数依赖的特性，则它可以减轻或解决各种异常情况，从而保证关系数据满足完整性约束条件。

第6章　数据库的安全性与完整性

数据库是重要的、宝贵的共享信息资源，应当加以有效的保护，提高数据库的可靠性，使得数据库中的数据始终保持正确性、准确性和有效性，防止非法使用数据库，避免因错误操作损坏数据库。

6.1　数据库的安全措施

6.1.1　数据库的安全

数据库的误用是对数据库安全造成危害的最大隐患之一。数据库的误用包含两个方面，一是故意的数据泄露、更改和破坏，另一个是无意的错误改变，它们分别属于安全性和完整性两个不同领域中的问题。安全性是指为防止数据被非法用户故意操作，让合法用户做其想做的事情；完整性则是指为防止合法用户无意地执行不正确的操作，以保护数据库的正确性。

安全性和完整性两者之间的不同关键在于“合法”与“非法”、“故意”与“无意”。数据库安全性保护牵涉下列多个不同的方面：

1)物理控制。通过像加锁或专门监护以防止系统场地被非法进入。

2)法律保护。通过立法、规章制度防止授权用户以非法的形式将其存取权转授给非法者。

3)操作系统支持。操作系统的安全弱点可能成为入侵数据库的手段，因此要保证数据库安全性，必须要求操作系统安全性支持。

4)网络管理。几乎所有的现代数据库系统都允许通过网络而远程存取。因此，数据传输的安全、网络(包括 Internet)软件和硬件的安全是非常重要的。

5)DBMS 实现。DBMS 的安全机制能保证安全策略的实施，能实现谁对哪些数据对象进行什么操作的控制，能防止任何非法的人对任何非法的对象进行任何非法的行为。

6.1.2　数据库的安全标准

目前，国际上及我国均颁布有数据库安全的等级标准。最早的标准是美国国防部(DOD)于1985 年颁布的《可信计算机系统评估标准》(Computer System Evaluation Criteria，TCSEC)。1991 年美国国家计算机安全中心(NCSC)颁布了《可信计算机系统评估标准关于可信数据库系统的解释》(Trusted Database Interpretation，TDI)，将 TCSEC 扩展到数据库管理系统。1996 年国际标准化组织(ISO)又颁布了《信息技术安全技术——信息技术安全性评估准则》(Information Technology Security Techniques Evaluation Criteria For It Security)。我国政府于 1999 年颁布了《计算机信息系统评估准则》。

目前国际上广泛采用的是美国标准 TCSEC(TDI)，在此标准中将数据库安全划分为 4 大类，由低到高依次为 D、C、B、A。其中 C 级由低到高分为 C1 和 C2，B 级由低到高分为 B1、B2 和 B3。每级都包括其下级的所有特性，各级指标如下：

1)D 级标准：为无安全保护的系统。

2)C1 级标准：只提供非常初级的自主安全保护。能实现对用户和数据的分离，进行自主存取控制(DAC)，保护或限制用户权限的传播。

3)C2 级标准：提供受控的存取保护，即将 C1 级的 DAC 进一步细化，以个人身份注册负责，并实施审计和资源隔离。很多商业产品已得到该级别的认证。

4)B1 级标准：标记安全保护。对数据库系统的数据加以标记，并对标记的主体和客体实施强制存取控制(MAC)以及审计等安全机制。一个数据库系统凡符合 B1 级标准者称为安全数据库系统或可信数据库系统。

5)B2 级标准：结构化保护。建立形式化的安全策略模型并对数据库系统内的所有主体和客体实施 DAC 和 MAC。

6)B3 级标准：安全域。满足访问监控器的要求，审计跟踪能力更强，并提供数据库系统的恢复过程。

7)A 级标准：验证设计，即提供 B3 级保护的同时给出数据库系统的形式化设计说明和验证，以确信各种安全保护真正实现。

我国国家标准的基本结构与 TCSEC 相似。我国标准分为 5 级，从第 1 级到第 5 级依次与 TCSEC 标准的 C 级(C1、C2)及 B 级(B1、B2、B3)一致。

6.1.3 数据库的安全性机制

在一般数据库系统中，安全措施是一级一级逐层设置的，如图 6-1 所示。

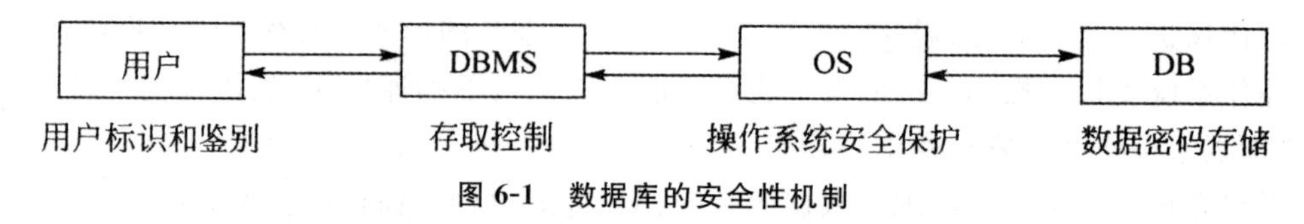

图 6-1 数据库的安全性机制

在图 6-1 的安全模型中，用户进入计算机系统时，系统首先根据输入的用户标识进行用户身份鉴定，数据库系统不允许一个未经授权的用户对数据库进行操作，只有合法的用户才准许进入计算机系统。对已经进入系统的用户，DBMS 要进行存取控制，只允许用户执行合法操作，操作系统一级也会有自己的保护措施，数据最后还会以密码形式存储在数据库中。

用户标识与鉴别，即用户认证，是系统提供的最外层安全保护措施。其方法是由系统提供一定的方式让用户标识自己的名字或身份，每次用户要求进入系统时，由系统进行核对，用户只有通过鉴定后才能获得机器使用权。对于获得使用权的用户若要使用数据库时，数据库管理系统还要进行用户标识和鉴定。

用户标识和鉴定的方法有很多种，而且在一个系统中往往是多种方法并用的，以得到更强的安全性。常用的方法是用户名和口令。

通过用户名和口令来鉴定用户的方法简单易行，但其可靠程度极差，容易被他人猜到或测出。因此，设置口令法对安全强度要求比较高的系统并不适用。近年来，一些更加有效的身份认证技术迅速发展起来。例如，使用某种计算机过程和函数、智能卡技术，物理特征(指纹、声音、手图、虹膜等)认证技术等具有高强度的身份认证技术日益成熟,并取得了不少应用成果,为将来达到更高的安全强度要求打下了坚实的基础。

6.1.4　DBMS 提供的安全支持

为了实现数据库安全,需要 DBMS 提供的支持如下:

1)安全策略说明。即安全性说明语言。

2)安全策略管理。即安全约束目录的存储结构、存取方法和维护机制。

3)安全性检查。执行“授权”(authorization)及其检验。

4)用户识别。即标识和确认用户。

现代 DBMS 一般都会采用“自主”(discretionary)和“强制”(mandatory)两种存取控制方法来解决安全性问题。在自主存取控制方法中,每一用户对各个数据对象被授予不同的存取权力(authority)或特权(privilege),哪些用户对哪些数据对象有哪些存取权力都按存取控制方案执行,并不完全固定。而在强制存取控制方法中,所有的数据对象被标定一个密级,所有的用户也被授予一个许可证级别(clearance level)。对于任一数据对象,凡具有相应许可证级别的用户就可存取,否则不能。

6.2　存取控制

6.2.1　存取控制机制

数据库安全所关心的是 DBMS 的存取控制机制。数据库安全最重要的一点就是确保只授权给有资格的用户访问数据库的权限,同时令所有未被授权的人员无法接近数据。数据库管理员必须能够为不同用户授予不同的数据库使用权。一个用户可能被授权仅使用数据库的某些文件甚至某些字段。不同用户可以被授权使用相同的数据库数据集合。这主要通过数据库系统的存取控制机制实现。

存取控制机制主要包括两部分:

1. 定义用户权限

用户对某一数据对象的操作权力称为权限。在数据库系统中,为了保证用户只能访问他有权存取的数据,必须预先对每个用户定义存取权限。

某个用户应该具有何种权限是个管理问题和政策问题,而不是技术问题。DBMS 的职责是保证这些权限的执行。为此,DBMS 系统必须提供适当的语言定义用户权限,这些定义经过编译后存放在数据字典中,被称做安全规则或授权规则。

2. 检查存取权限

对于通过鉴定获得上机权的用户(即合法用户),系统根据他的存取权限定义对他的各种操作请求进行控制,确保他只执行合法操作。当用户发出存取数据库的操作请求后(请求一般包括操作类型、操作对象和操作用户等信息),DBMS 查找数据字典,根据安全规则进行合法权限检查,若用户的操作请求超出定义的权限,系统将拒绝执行此操作。

用户权限定义和合法权限检查机制一起组成了 DBMS 的安全子系统。

6.2.2 自主存取控制

大型数据库系统几乎都支持自主存取控制(Discretionary Access Control,DAC)方法。自主存取控制是以存取权限为基础的,用户对于不同的对象有不同的存取权限,不同的用户对同一对象也有不同的权限,而且用户还可将其拥有的存取权限转授给其他用户。一旦用户创建了一个数据库对象,如一个表或一个视图,就自动获得了在这个表或视图的所有权限。接下去 DBMS 会跟踪这些特权是如何授给其他用户的,也可能是取消特权以确保任何时候只有具有权限的用户能够访问对象。

一般情况下,自主存取控制是很有效的,它能够通过授权机制有效地控制其他用户对敏感数据的存取。但是由于用户对数据的存取权限是“自主”的,用户可以自由地决定将其拥有的存取权限自由地转给其他用户,而系统对此无法控制,这样就会导致数据的“无意泄露”。例如,甲用户将自己所管理的一部分数据的查看权限授予合法的乙用户,其本意是只允许乙用户本人查看这些数据,但是乙一旦能查看这些数据,就可以对数据进行备份,获得自身权限内的副本,并在不征得甲同意的情况下传播数据副本。造成这一问题的根本原因在于,这种机制仅仅通过对数据的存取权限来进行安全控制,而数据本身并无安全性标记。要解决这一问题,就需要对系统控制下的所有主客体实施强制存取控制策略。

DBMS 提供了完善的授权机制,它可以给用户授予各种不同对象(表、属性列、视图等)的不同使用权限(如 SELECT、UPDATE、INSERT、DELETE 等),还可以授予数据库模式方面的授权,如创建和删除索引、创建新关系、添加或删除关系中的属性、删除关系等。

SQL 标准支持自主存取控制。这主要通过 SQL 的 GRANT 语句和 REVOKE 语句实现。GRANT 语句用于向用户授予权限,REVOKE 语句用于收回授予的权限。

(1)GRANT 语句

GRANT 语句的一般格式为:

GRANT ＜权限＞[,＜权限＞]……

[ON ＜对象名＞]

TO ＜用户＞[,＜用户＞]……

[WITH GRANT OPTION];

将对指定操作对象的指定操作权限授予指定的用户。发出该语句的可以是 DBA,也可以是该数据对象的建立者(即属主),也可以是已经拥有该权限的用户。接受该权限的用户可以是一个或多个用户,也可以是 PUBLIC,即全体用户。

如果指定了 WITH GRANT OPTION 子句,则获得权限的用户还可以把这种权限再授予别的用户。如果没有 WITH GRANT OPTION 子句,则获得权限的用户只能使用权限,不能传播该权限。

虽然数据库对象的权限采用分散控制方式,允许具有 WITH GRANT OPTION 的用户把相应权限或其子集传递授予其他用户,但不允许循环授权,即被授权者不能把权限回给授权者。

(2)REVOKE 语句

REVOKE 语句的一般格式为:

REVOKE ＜权限＞[,＜权限＞]……

[ON ＜对象名＞]

FROM ＜用户＞[,＜用户＞]……

收回指定用户对指定操作对象的指定操作权限。发出该语句的可以是授权者，也可以是 DBA。

(3)数据库角色

如果要给成千上万个职员分配权限，将面临很大的管理难题，每次有职员到来或者离开时，就得有人分配或去除可能与数百张表或视图有关的权限。这项任务很耗时间而且非常容易出错。一个相对简单有效的解决方案就是定义数据库角色。

数据库角色是被命名的一组与数据库操作相关的权限，角色是一组权限的集合。因此，可以为一组具有相同权限的用户创建一个角色，使用角色来管理数据库权限可以简化授权的过程。

角色授权管理机制如图 6-2 所示。在这种授权机制下，先创建角色，并且把需要的权限分配给角色而不是分配给个人用户，然后再把角色授予特定用户，这样用户就拥有了这个角色所有的权限。当有新的职员到来时，把角色授予用户就提供了所有必要的权限；当有职员离开时，把该用户的角色收回就可以了。

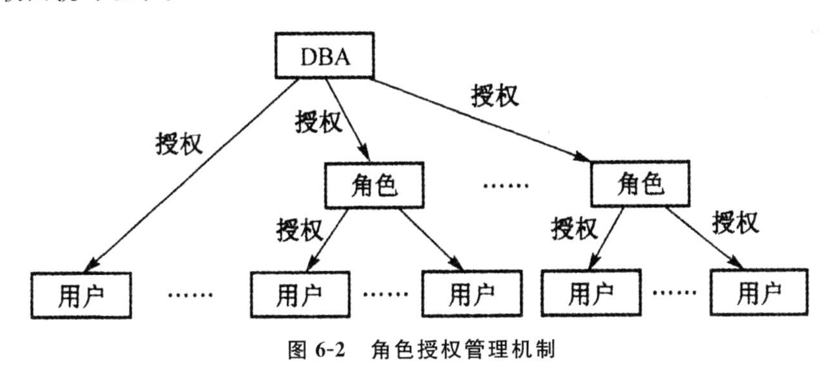

图 6-2　角色授权管理机制

6.2.3　强制存取控制

自主存取控制是关系数据库的传统方法，可对数据库提供充分保护，但它不支持随数据库各部分的机密性而变化，技术高超的专业人员可能突破该保护机制获得未授权访问；另外，由于用户对数据的存取权限是“自主”的，用户可以自由地决定将数据的存取权限授予何人、是否也将“授权”的权限授予别人。

强制存取控制(Mandatory Access Control，MAC)是基于系统策略的，它不能由单个用户改变。在这种方法中，每一个数据库对象都被赋予一个安全级别，对每个安全级别用户都被赋予一个许可证，并且一组规则会强加在用户要读写的数据库对象上。DBMS 基于某一规则可以决定是否允许用户对给定的对象进行读或写。这些规则设法保证绝不允许那些不具有必要许可证的用户访问敏感数据。强制存取控制因此相对比较严格。

在 MAC 机制中，DBMS 所管理的全部实体被分为主体与客体。主体是系统中的活动实体，包括 DBMS 所管理的实际用户，也包括用户的各进程；客体是系统中的被动实体，是受主体操纵的，包括文件、基本表、索引、视图等。DBMS 为主体和客体的每个实例指派一个敏感度标记(label)。主体的敏感度标记被称为许可证级别(clearance level)，客体的敏感度标记被称为密级

(classification level),敏感度标记分为若干个级别,如绝密(top secret)、机密(secret)、可信(confidential)、公开(public)等。MAC 机制就是通过对比主体的 label 和客体的 label,最终确定主体是否能够存取客体。

MAC 机制的规则如下:当某一用户(或某一主体)以标记 label 登录数据库系统时,系统要求他对任何客体的存取必须遵循下面两条规则。

1)仅当主体的许可证级别大于或等于客体的密级时,该主体才能读取相应的客体。

2)仅当主体的许可证级别小于或等于客体的密级时,该主体才能写相应的客体。

这两条规则规定仅当主体的许可证级别小于或等于客体的密级时,该主体才能写相应的客体,即用户可以为写入的数据对象赋予高于自己的许可证级别的密级。这样一旦数据被写入,该用户自己也不能再读该数据对象了。这两种规则的共同点在于它们均禁止了拥有高许可证级别的主体更新低密级的数据对象,从而防止了敏感数据的泄露。

强制存取控制是对数据本身进行密级标记,无论数据如何复制,标记与数据是一个不可分的整体,只有符合密级标记要求的用户才可以操纵数据,从而提供了更高级别的安全性。前面已经提到,较高安全性级别提供的安全保护要包含较低级别的所有保护,因此在实现 MAC 时要首先实现 DAC,即 DAC 与 MAC 共同构成 DBMS 的安全机制。系统首先进行 DAC 检查,对通过 DAC 检查的允许存取的数据对象再由系统自动进行 MAC 检查,只有通过 MAC 检查的数据对象方可存取。

基于角色的访问控制模型(Role-Based Access Model,RBAC Model)是一种新的访问策略,由美国 Ravi Sandhu 提出,它在用户和权限中间引入了角色这一概念,把拥有相同权限的用户归入同一类角色,管理员通过指定用户为特定的角色来为用户授权,可以简化具有大量用户的数据库的授权管理,具有可操作性和可管理性,角色可以根据组织中不同的工作创建,然后根据用户的责任和资格分配角色。用户可以进行角色转换,随着新的应用和系统的增加,角色可以随时增加或者撤消相应的权限。

6.3 其他数据库安全性手段

数据库安全常用的技术包括视图、授权、数据加密、统计数据库的存取控制,以及跟踪审计等。目前正在使用的数据库管理系统都或多或少都采用了这些技术,以保证数据库的安全,防止未经许可的人员窃取、篡改或破坏数据库中的内容。

6.3.1 视图与安全性

视图技术是当前数据库技术中保持数据库安全性的重要手段之一。为不同的用户定义不同的视图,可以限制各个用户的访问范围,提高数据库的私用性,从而保证数据库的安全可靠。

下面的例子说明怎样应用视图技术,达到安全性的要求。

例 6-1 允许一个用户查询学生记录,但只允许他查询男生情况。

```
CREATE VIEW STUDENT_MALE
AS SELECT 学号,姓名,性别,年龄,所在系
FROM 学生表
```

```
WHERE SEX='男'
```

使用这个视图 STUDENT_MALE 的用户看到的只是基本表 STUDENTS 的一个“水平子集”,或称行子集或值依赖子集(Value-dependent)。

例 6-2 允许一个用户查询学生记录,但不允许他了解学生的年龄。

```
CREATE VIEW STUDENT_NAS
AS SELECT 学号,姓名,性别,所在系
FROM 学生表
```

使用这个视图 STUDENT_NAS 的用户看到基本表学生表的一个“垂直子集”,或称列子集或称值不依赖子集(Value-independent)。

例 6-3 允许一个用户查询男学生记录,但不允许他了解学生的年龄。

```
CREATE VIEW STUDENT_MAIL_NAS
AS SELECT 学号,姓名,性别,所在系
FROM 学生表
WHERE 性别='男'
```

使用这个视图 STUDENT_MAIL_NAS 的用户看到的只是基本表学生表的一个行列子集(Row-and-column subset)。

例 6-4 允许一个用户查询学生的平均成绩,但不允许了解具体的各课程成绩。

```
CREATE VIEW GRADE_AVG(学号,平均成绩)
AS SELECT 学号,AVG(成绩)
FROM 选修关系表
GROUP BY 学号
```

使用这个视图 GRADE_AVG 的用户只看到基本表选修关系表上的成绩的一个统计汇总(平均成绩),不能了解选修关系表中的原始成绩数据。

6.3.2 审计跟踪

DBMS 的审计主要分为语句审计、特权审计、模式对象审计和资源审计。语句审计是指监视一个或多个特定用户或者所有用户提交的数据库操作(如 SQL)语句;特权审计是指监视一个或多个特定用户或所有用户使用的系统特权;模式对象审计是指监视一个模式中在一个或多个对象上发生的行为;资源审计是指监视分配给每个用户的系统资源。

审计功能就是要把用户对数据库的所有操作自动记录下来放入“审计日志”(audit log)中,称为跟踪审计(Audit Trail)。

审计跟踪是一种监视措施。数据库在运行中,DBMS 跟踪用户对一些敏感性数据的存取活动,跟踪的结果记录在跟踪审计记录文件中,有许多 DBMS 的跟踪审计记录文件与系统的运行日志合在一起。一旦发现有窃取数据的企图,有的 DBMS 会发出警报信息,多数 DBMS 虽无警报功能,也可在事后根据记录进行分析,从中发现危及安全的行为,找出原因,追究责任,采取防范措施。

审计跟踪的记录一般包括下列内容:请求(源文本),操作类型(如修改、查询等),操作终端标识与操作者标识,操作日期和时间,操作所涉及的对象(表、视图、记录、属性等),数据的前映像和后映像。

审计跟踪由 DBA 控制,或由数据的属主控制。DBMS 提供相应的语句供施加和撤消跟踪审计之用。一般地,将审计跟踪和数据库日志记录结合起来,会达到更好的安全审计效果。

在 Oracle 中可以对用户的注册登录、操作、数据库对象(如表、索引等)进行跟踪审计。审计的结果可以从 DBA_AUDIT_OBJECT 等视图查看。

Oracle 的跟踪审计命令的一般语句格式为:

```
AUDIT{[<t_option>,<t_option>]…|ALL}
ON{<t_name>|DEFAULT}
[BY{ACCESS|SESSION}]
[WHENEVER[NOT]SUCCESSFUL]
```

其中,<t_option>表示对<t_name>要进行操作的 SQL 语句,这些操作将被审计。<t_option>包括:ALTER、AUDIT、COMMENT、DELETE、GRANT、INDEX、INSERT、LOCK、RENAME、SELECT、UPDATE 等。<t_name>表示视图或基本表或同义词。BY 子句说明在什么情况下要在跟踪审计表中做记录。BY ACCESS,指对每个存取操作做审计记录;BY SESSION,指每次 Oracle 的登录都做审计记录,这是缺省情况。WHENEVER 子句进一步说明应当把什么样的操作写入到审计记录中去。WHENEVER SUCCESSFUL 说明只对成功的操作做记录,WHENEVER NOT SUCCESSFUL 说明只对不成功的操作做记录。

关闭审计的命令为:

```
NOAUDIT{[<t_option>,<t_option>]…|ALL}
ON{<t_name>|DEFAULT}
[BY{ACCESS|SESSION) ]
[WHENEVER[NOT]SUCCESSFUL]
```

例如,对 EMP 表的查询、插入、删除、修改的成功操作做跟踪审计的语句是:

```
AUDIT SELECT,INSERT,DELETE,UPDATE
ON EMP
WHENEVER SUCCESSFUL;
```

审计的结果可以查看如下:

```
SELECT OS_Username,Username,Terminal,Owemer,Obj_Name,Action_Name,
        DECODE(Returncode,'0','Success',Returncode),
        TO_CHAR(Timestamp,'DD-MON-YY HH24:MI:SS')
FROM   DBA_AUDIT_OBJECT;
```

撤消对 EMP 表的全部跟踪审计:

```
NOAUDIT ALL ON EMP;
```

6.3.3 数据加密

在 DBMS 管理控制下实施的数据库安全措施对于一些有意或无意地绕过或避开 DBMS 而窃取数据的行为束手无策,为了防止敏感数据因被窃取而泄露给未授权的人就可以采用数据加密手段。

数据加密是一种把数据由明文形式转换为不可辨识的密文形式的技术。通过加密可以防止未授权的人获取数据。加密的逆过程是一个将密文转变为明文的过程,也称为解密。加密和解

密过程一起构成加密系统。加密算法很多,但其基本组成部分是相同的,通常都包括如下 4 个部分:

1)明文,即需要加密的数据。

2)密文,即加密以后的数据。

3)加密、解密的算法或设施。

4)密钥,用于加密和解密的钥匙,通常由字母数字符构成。

数据加密和解密的过程如图 6-3 所示。

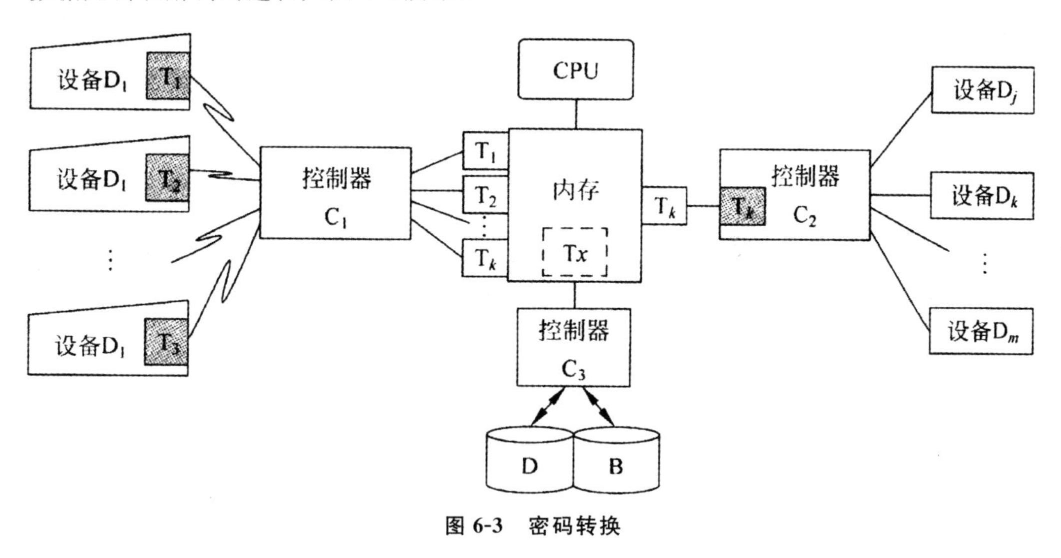

图 6-3 密码转换

加密后的数据即使被非法用户窃取,只要没有密钥,要导出其明文其代价也是很高的。

6.3.4 隐通道

"隐通道"(covert channel) 是一种信息从高到低的间接传输方式,它间接地违反了安全模型规则的目的。一个 DBMS 即使实施强制存取控制方案,也不能消除信息以间接的方式从高安全级流到低安全级,这就导致了"隐通道"的出现。例如,在分布式 DBMS 中,如果一个事务存取多个站点上的数据,那么在各站点上的"子事务"活动必须协调,要所有"子事务"同意提交,事务才能提交。这个要求可以用来建立一个隐通道:让站点 X 的子事务许可证级(比如 C 级)比另一站点 Y 的子事务许可证级(比如 S 级)更低;现在让 X 反复地发出提交的要求,而 Y 就反复地发"0"或"1"比特以表示不同意或同意。这样,Y 可以将任何信息以比特串(能表示各种内容)的形式传送到 X。

6.4 SQL Server 的安全体系结构

SQL Server 的安全体系结构也是一级一级逐层设置的。如果一个用户要访问 SQL Server 数据库中的数据,必须经过四个认证过程,如图 6-4 所示。

第一个认证过程,Windows 操作系统的安全防线。这个认证过程是 Windows 操作系统的认证。

第二个认证过程，SQL Server 运行的安全防线。这个认证过程是身份验证，需通过登录账户来标识用户，身份验证只验证用户是否具有连接到 SQL Server 数据库服务器的资格。

第三个认证过程，SQL Server 数据库的安全防线。这个认证过程是当用户访问数据库时，必须具有对具体数据库的访问权，即验证用户是否是数据库的合法用户。

第四个认证过程，SQL Server 数据库对象的安全防线。这个认证过程是当用户操作数据库中的数据对象时，必须具有相应的操作权，即验证用户是否具有操作权限。

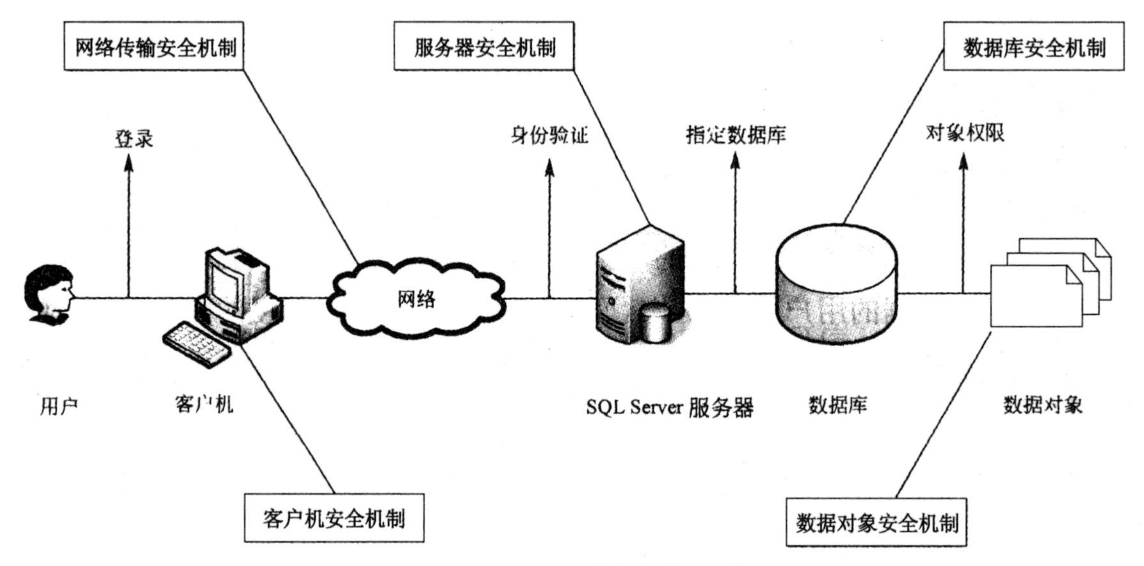

图 6-4　SQL Server 的安全体系结构

6.5　SQL Server 的安全认证模式

6.5.1　SQL Server 的身份验证

用户登录 SQL Server 2005 时，操作系统本身或数据库服务器首先要对来访用户进行身份合法性的验证，这是 SQL Server 安全性验证的第一步，只有通过验证才能连接到服务器，否则服务器将拒绝用户的连接要求。

SQL Server 2005 的身份验证模式一般分两种：Windows 验证模式和 SQL Server 验证模式。如图 6-5 所示为这两种方式登录 SQL Server 服务器的情形。

1. Windows 验证模式

SQL Server 数据库系统通常运行在以 NT 为核心的 Windows 操作系统平台上，如 Windows NT 4.0 Server，Windows 2000 Server 或 Windows 2003 等。这些操作系统本身就具备了相当强的管理登录、验证用户合法性的能力，所谓 Windows 验证实际上就是数据库系统借用了操作系统的验证功能，在这种模式下，只要用户已经通过了 Windows 操作系统的账号验证，SQL Server 就不再对该用户进行安全性检验，可以直接连接到服务器了。不过对于早期的 Windows

9x 类操作系统这种模式显然是无法使用的。

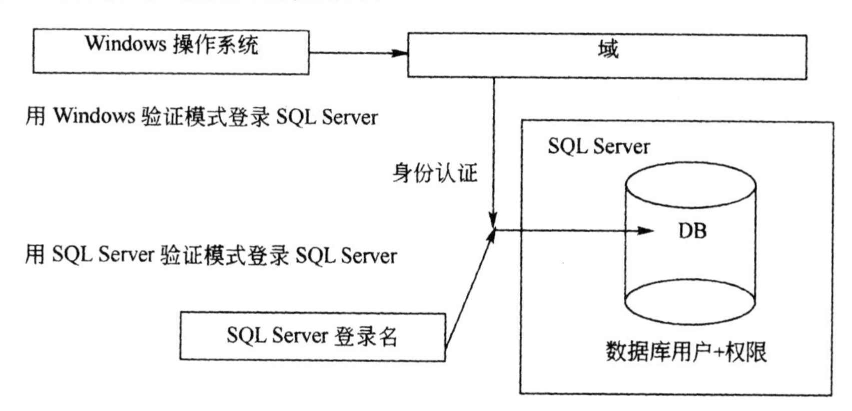

图 6-5　SQL Server 的安全认证模式

在 Windows 身份验证模式下，SQL Server 检测当前使用 Windows 的用户账户，并在系统注册表中查找该用户，以确定该用户账户是否有权限登录。在这种方式下，用户不必提交登录名和密码让 SQL Server 验证身份，凡是进入 Windows 的用户均可进入 SQL Server。

Windows 身份验证模式有以下主要优点：

1）数据库管理员的工作可以集中在管理数据库之上，而不是管理用户账户。对用户账户的管理可以交给 Windows 去完成。

2）Windows 有着更强的用户账户管理工具。可以设置账户锁定、密码期限等。如果不是通过定制来扩展 SQL Server，SQL Server 是不具备这些功能的。

3）Windows 的组策略支持多个用户同时被授权访问 SQL Server。

2. SQL Server 验证模式

这种模式有时又被称为混合模式，在此模式下，可以使用 Windows 身份验证或 SQL Server 身份验证对用户进行验证。SQL Server 负责维护经过 SQL Server 身份验证的用户的用户名和密码。

如果客户端能够使用安全身份验证协议登录数据库服务器，则以混合模式连接的 SQL Server 就像使用 Windows 身份验证模式一样，也依赖 Windows 来验证用户身份。如果客户端无法使用标准 Windows 登录，则用户在连接 SQL Server 时必须提供 SQL Server 管理员为其设定的登录名和登录密码。用户验证的工作是由 SQL Server 自身完成的，只有当用户输入正确的用户名和密码后，才可以登录 SQL Server 服务器。

在 SQL Server 验证模式下，用户名和密码存储在 SQL Server 数据库的系统表 syslogins 中。如果用户提供的用户名和密码与数据库管理员预设的相同，SQL Server 将同意用户访问数据库中的数据，如果不同，则切断用户与 SQL Server 的连接。

相对 Windows 验证模式，SQL Server 验证模式有以下优点：

1）支持更大范围的用户，非 Windows 用户不受 Windows 操作系统用户的限制。

2）创建了 Windows 之上的另一个安全层次。

3）一个应用程序可以使用单个 SQL Server 登录和口令访问数据库中的数据。

6.5.2 固定的角色

角色是对权限的集中管理机制，当若干个用户账号都被赋予同一个角色时，它们都继承了该角色拥有的权限；若角色的权限变更了，这些相关的用户账号的权限都会发生变更。因此，角色可以方便管理员对用户账号权限的集中管理。因此，可以说，权限是针对用户账号而言的，而角色是指用户进行的操作类型。

根据权限划分，角色可以分为固定的服务器角色与固定的数据库角色。

1. 固定的服务器角色

服务器角色是执行服务器级管理操作的用户权限的集合。这些角色是系统内置的，数据库管理员不能创建服务器角色，只能将其他角色或用户账号添加到服务器角色中。SQL Server 默认创建的固定服务器角色如表 6-1 所示。

表 6-1 固定服务器角色及相应的权限

角色名称	权限
sysadmin	系统管理员。可以在 SQL Server 中执行任何活动
setupadmin	安装管理员。可以管理链接服务器和启动过程
serveradmin	服务器管理员。可以设置服务器范围的配置选项，关闭服务器
securityadmin	安全管理员。可以管理登录和 CREATE DATABASE 权限，还可以读取错误日志和更改密码
processadmin	进程管理员。可以管理在 SQL Server 中运行的进程
diskadmin	磁盘管理员。可以管理磁盘文件
dbcreator	数据库创建者。可以创建、更改和删除数据库
bulkadmin	批量管理员。可以执行 BULK INSERT 语句，执行大容量数据插入操作

2. 固定的数据库角色

数据库角色是指对数据库具有相同访问权限的用户和组的集合，可以为数据库中的多个数据库对象分配一个数据库角色，从而为该角色的用户授予对这些数据库对象的访问权限。每个数据库都有一系列固定数据库角色。用户不能增加、修改和删除固定的数据库角色。

SQL Server 中固定的数据库角色与相应的权限如表 6-2 所示。

表 6-2 固定的数据库角色即相应的权限

角色名称	数据库级权限
db_accessadmin	该角色可以为 Windows 登录账户、Windows 组和 SQL Server 登录账户设置访问权限
db_backupoperator	该角色可以备份该数据库
db_datareader	该角色可以读取用户表中的所有数据

续表

角色名称	数据库级权限
db_datawriter	该角色可以在所有用户表中添加、删除或更改数据
db_ddladmin	该角色可以在数据库中运行任何数据定义语言(DDL)命令
db_denydatareader	该角色不能读取数据库中用户表的任何数据
db_denydatawriter	该角色不能在数据库内的用户表中添加、修改和删除任何数据
db_owner	该角色可以执行数据库的所有配置和维护活动
db_securityadmin	该角色可以修改角色成员身份和管理权限
public	每个数据库用户都属于public数据库角色。当尚未对某个用户授予特定权限或角色时,则该用户将继承public角色的权限

6.6　完整性约束条件及完整性控制

数据库的完整性(Integricy)包含三方面的含义,即保持数据的正确性(Correctness)、准确性(Accuracy)和有效性(Validity)。凡是已经失真了的数据都可以说其完整性受到了破坏,这种情况下就不能再使用数据库,否则可能造成严重的后果。

6.6.1　完整性约束条件

数据的完整性和安全性是数据库保护的两个不同的方面。安全性是防止用户非法使用数据库,包括恶意破坏和越权存取数据;完整性则是防止合法用户使用数据库时向数据库中加入不合语义的数据。即安全性措施的防范对象是非法用户和非法操作,完整性措施是对对象是不合语义的数据进行防范。

为维护数据库的完整性,DBMS必须提供一种机制来检查数据库中数据的完整性。DBMS保证数据库中数据完整性的方法之一是设置完整性条件和检验机制。对数据库中的数据设置一些语义约束条件称为数据库的完整性约束条件,它一般是对数据库中数据本身的语义限制、数据间逻辑联系以及数据变化时所应遵循的规则等。约束条件一般在数据模式中给出,作为模式的一部分存入数据字典中。在运行时由DBMS自动检查,当不满足条件时,系统就会立即向用户通报以便采取措施。

列、元组和关系是完整性约束条件的作用对象三个级别,其中对列的约束主要指对其取值类型、范围、精度、排序等的约束条件;对元组的约束是指对记录中各个属性之间的联系的约束条件;对关系的约束是指对若干记录间、关系集合上以及关系之间联系的约束条件。在一个数据库管理系统中,完整性约束功能一般包括完整性约束条件设置和它的检查两部分,一般通过完整性约束语句给出。

完整性约束条件的作用状态分为静态约束条件和动态约束条件两种。数据库中数据的语法、语义限制与数据之间逻辑约束称为静态约束,数据及数据之间固有的逻辑特性由它反映。如国家公务员的年龄约束为18～60岁,工资约束为300～5000元等,它们可分别用逻辑公式表示为

Age≤60 AND Age≥18

Salary≤5000 AND Salary≥300

数据库中的数据变化应遵循的规则称为数据动态约束，它反映了数据变化的规则。如职工工资增加时新工资必大于等于旧工资。

综上所述，整个完整性控制都是围绕完整性约束条件进行的，因此，完整性约束条件是完整性控制机制的关键所在。根据完整性约束条件的作用对象和状态，可以将完整性约束条件进一步分为以下六种类型。

(1)静态列级约束

对一个列的取值域的说明即为静态列级约束，主要有：

1)对数据类型的约束。包括数据的类型、长度、单位、精度等。比如，可以规定学生姓名的数据类型为字符型，长度为8。

2)对数据格式的约束。比如，可以规定学号的格式为8位，其中前2位表示入学年份，中间2位为系级编号，最后4位为顺序号，也可规定出生日期的格式为YYYY.MM.DD等。

3)对取值范围或取值集合的约束。比如，可以规定学生成绩的取值范围为0～100，性别的取值集合为[男，女]等。

4)对空值的约束。比如，规定成绩可以为空值，姓名不能为空值。空值也就是说没有定义和未知的值，它既不是零也不是空字符。

(2)静态元组约束

一个元组是由若干列值组成的，静态元组约束是规定组成一个元组的各列值之间的约束关系。例如，教师表中包括职称、职称津贴等，并规定教授津贴不低于950元就是静态元组约束。

(3)静态关系约束

在一个关系的各个元组之间或者若干关系之间常常存在各种联系或约束。实体完整性约束、参照完整性约束、函数依赖约束和统计约束是常见的静态关系约束，其中函数依赖约束一般在关系模式中定义。

(4)动态列级约束

动态列级约束是修改定义或修改列值时应满足的约束条件。例如，如果规定将原来允许为空值的列改为不允许为空值时，该列目前已存在空值，则这种修改就会被拒绝，此为修改列级时的约束。又如，要将职工工资调整不得低于其原来工资，这时修改列值需要参照其旧值，并且新旧值之间需要满足一定的约束条件。

(5)动态元组约束

动态元组约束是指修改元组时元组各个列之间需要满足的某种约束条件。例如，职工工资调整不低于其原来工资＋工龄×1.5等。

(6)动态关系约束

动态关系约束是加在关系变化前后状态上的限制条件，如事务一致性约束条件。

当然，完整性的约束条件从不同的角度进行分类，因此存在多种分类方法，这里不予赘述。

6.6.2 完整性控制

DBMS的完整性控制机制应具有如下两个方面的功能：

1)定义功能，提供对完整性约束条件进行定义的机制。

2)检查功能,检查用户发出的操作请求是否违背了完整性约束条件。如果发现用户的操作请求使数据违背了完整性约束条件,则需要采取一定的操作,如拒绝操作、报告违反情况、改正错误等方法来保证数据的完整性。

完整性束条件共有 6 类,约束条件是没有一个限定的,可能非常简单,也可能极为复杂。一个完善的完整性控制机制应允许用户定义所有这 6 类完整性约束条件,同时以下三个方面的因素也需要考虑在内。

1. 约束可延迟性

延迟模式和约束检查时间在 SQL 标准中的所有约束中都有所体现。

(1)延迟模式

约束的延迟模式可分为立即执行约束(Immediate Constraints)和延迟执行约束(Deferred Constraints)。立即执行约束是在执行用户事务时,对事务的每一更新语句执行结束后,对数据应满足的约束条件的完整性检查是立即进行的。延迟执行约束是指在整个事务执行结束后才对数据应满足的约束条件进行完整性检查,检查正确方可提交。

(2)约束检查时间

每一个约束定义还包括初始检查时间规范,分为立即检查和延迟检查。立即检查约束的延迟模式可以是立即执行约束或延迟执行约束,其约束检查在每一个事务开始就是立即方式。延迟检查约束的延迟模式只能是延迟执行约束,且其约束检查在每一个事务开始就是延迟方式。延迟执行约束使得约束检查时间发生改变。

2. 约束参照完整性

实现参照完整性时,以下两个问题需要注意。

1)外部键能否接受空值的问题。

2)在被参照关系中删除元组的问题。

如果要删除被参照表的某个元组(即要删除一个主键值),而参照关系存在若干元组,其外部键值与被参照关系删除元组的主键值要保持一致,那么对参照表有什么影响将由定义外部键时参照的动作决定。无动作(NO ACTION)、级联删除(CASCADES)、受限删除(RESTRICT)、置空值删除(SET NULL)和置默认值删除(SET DEFAULT)是五种不同的策略。

3)在参照关系中插入元组时的问题。

在参照关系中插入元组时,受限插入和递归插入这两种策略也是可以考虑的。

4)修改关系中主码的问题。

在修改关系中的主码时,不允许修改主码和允许修改主码这两种策略也是可以考虑的采用。

3. 断言与触发器机制

(1)断言

断言是设置数据库应满足的条件,其格式为:

CREATE ASSERTION 断言名 CHECK 条件

说明:当条件为假时,DBMS 终止操作,并给用户以提示。

(2)触发器

触发器是当设定的事件发生时,由 DBMS 自动启动的维护数据库一致性的程序。触发事件是指能引起数据库的状态发生改变的操作，如删除(DELETE)、插入(INSERT)、更新(UPDATE)属性等操作。

事件触发的时间不外乎 BEFORE(在操作前触发)、AFTER(在操作后触发)、INSTEAD OF(取代操作)这三种。引起触发器工作的数据单位即为触发粒度，主要包括行粒度(FOR EACH ROW)和表粒度(FOR EACH STATMENT)。

6.7 SQL Server 的数据完整性及实现

不同的数据库产品对完整性的支持策略和支持程度不同，在实际的数据库应用开发时，一定要查阅所用的数据库管理系统在关于数据库完整性方面的支持情况。表 6-3 给出了 SQL Server 的完整性控制策略。

表 6-3 SQL Server 对数据库完整性的支持情况

<table>
<tr><th colspan="2">完整性约束</th><th colspan="2">定义方式</th><th>SQL Server 支持情况</th></tr>
<tr><td rowspan="7">静态约束</td><td>固有约束</td><td colspan="2">数据模型固有</td><td>属性原子性</td></tr>
<tr><td rowspan="2">隐式约束</td><td rowspan="2">数据库定义语言(DDL)</td><td>表本身的完整性约束</td><td>实体完整性约束、唯一约束、CHECK约束、非空约束、默认约束</td></tr>
<tr><td>表间的约束</td><td>参照完整性约束、触发器</td></tr>
<tr><td rowspan="3">显式约束</td><td colspan="2">过程化定义</td><td>存储过程、函数</td></tr>
<tr><td colspan="2">断言</td><td>不支持</td></tr>
<tr><td colspan="2">触发器</td><td>支持</td></tr>
<tr style="display:none"></tr>
<tr><td colspan="2" rowspan="2">动态约束</td><td colspan="2">过程化定义</td><td>存储过程、函数</td></tr>
<tr><td colspan="2">触发器</td><td>支持</td></tr>
</table>

SQL Server 的约束类型有以下 5 种。

1)NULL(NOT NULL)：某列允许空值(不允许空值)。

2)CHECK：某列的值必须满足的条件。

3)PRIMARY KEY：主码定义，主码不能重复，不允许为空值。

4)UNIQUE：不能重复。

5)FOREIGN KEY：外键定义(参照完整性)。

除了以上 5 种约束外，还可以通过数据完整性约束来对数据进行约束。

SQL Server 实现数据完整性的方法主要有 4 种：

1)定义约束。

2)缺省。

3)规则。

4)触发器。

第 7 章　数据库系统的恢复和并发控制技术

数据库是一个共享资源，可以由多个用户使用。通常，为了充分利用数据库资源，允许多个用户程序并发存取数据库。这样造成多个用户程序并发存取同一数据的情况，若对这种并发操作不加控制，就会破坏数据的一致性。因此数据库系统应该采取措施防止并发操作对数据库带来的危害。

7.1　故障的种类

不同类型的故障需要以不同的方式来处理。故障处理的关键是信息丢失的程度，尤其是对数据库本身的损害，丢失越严重，恢复当然就越困难。一个数据库系统可能发生各种类型的故障，下面给出系统故障的分类。

1. 事务失败

事务失败是指一个事务不能再正常执行下去了。引起事务失败的有自身逻辑错误和系统方面的原因。

1)逻辑错误。包括错误数据的输入，例如，存入银行的钱数“2500”输入成“5200”，或在数据库中存取“不可获得”(unavailable)的数据、运算溢出、违反系统限制，如资源限制、存取权限制等。

2)系统原因。指的是系统进入了一种不良状态，如死锁；或系统管理原因，如并发控制策略，使事务不能再执行下去，但由于此时系统未崩溃，该事务可在后面的某时间重启动执行。

此外，事务中断也事务失败的一种，所有使事务中断而又没有损坏磁盘介质的故障，都可以看作是这类故障。由于这类故障没有损坏磁盘介质，没有造成磁盘上大量数据的丢失，没有使磁盘不可以读写，所以也可以把这类故障称为软故障。引起事务中断故障的原因可以是多方面的，归纳起来有如下几种：

1)突然掉电引起的事务中断。

2)硬件故障引起的事务中断。

3)客户应用程序出错引起的事务中断。

4)系统程序故障引起的事务中断。

事务是一个完整的工作单元，它所包含的一组对数据库的更新操作，要么全部完成，要么什么都不做；否则就会使数据库处于一种未知的或不一致的状态。例如，下面的一段程序：

```
BEGIN TRANSACTION
   UPDATE account SET balance=balance-500 WHERE name='张三'
   UPDATE account SET balance=balance+500 WHERE name='李四'
COMMIT TRANSACTION
```

该段程序将500元钱从张三的账户转到李四的账户。如果在执行完第一条UPDATE语句之后事务中断了，从而使张三的余额减少了，而李四的余额未增加，结果使整个账目出现了借贷不平衡。解决这类问题的方法就是将数据库恢复到修改之前的状态，即撤消只执行了一半的事务。如果在发现事务中断时未停机，则只需要执行如下语句将事务撤消：

ROLLBACK TRANSACTION

然后找出发生事务中断的原因，在排除故障之后再重新执行事务。

如果是突然掉电或硬件故障造成停机而使事务中断，数据库管理系统在重新启动时会自动检查是否有未执行完的事务，如果发现这样的事务，将对这些事务自动执行事务撤消的语句。

常见的用户或操作人员的控制性命令(有意或无意的撤消)使事务不再正常执行下去也属于上述范畴(尽管这些不是错误)。通常，一个事务的失败既不伤害别的事务，也不会损害数据库(在正确并发控制和恢复管理策略下)。因此，可以说事务失败是一种最轻、也是最常见的故障。

2. 介质故障

介质故障也称非易失性存储介质发生故障，如磁头碰撞磁盘面。对一个数据库而言，介质故障是其中最具危害的，由于磁盘的损坏造成磁盘中大量数据的丢失。磁盘介质故障也称作硬故障。这类故障的发生概率虽然很小，但极具破坏力。

3. 系统崩溃

系统崩溃是指系统处在一种失控的不能正常运行的状态。出现系统崩溃的原因主要有硬件故障、电源故障、操作系统或DBMS等软件的缺陷或隐患(这类问题主要是由于当前的软件理论与技术还不能保证软件的完全正确性而引起的，是一类比较常见且不可避免的问题)。

与前面介绍的单个事务的失败不同，系统崩溃将直接影响到在崩溃时处于活跃状态的所有事务。每个事务有一个"状态"，它包括该事务代码执行的当前位置(指明如何完成剩余的操作或抵消变更)、已对数据库元素变更了(但尚在缓冲区而未写到磁盘上)的值、已对I/O设备(如显示屏)发出但尚未执行的消息、还要继续使用的所有局部变量的值等。当系统崩溃时，这些活跃事务的"状态"都将丢失。可以说，主要发生系统崩溃，必然会导致某些事务失败。其中最关键就是易失性内存的内容会丢失，但非易失性存储未受损害，即数据库本身未遭到破坏。

上述故障都可以通过采用各技术与机制来恢复。当然，也存在难以恢复的故障，如地震、火灾、爆炸等造成非易失性存储(包括日志、数据库、备份等)的严重毁坏。对于这类灾难性故障，一般性的恢复技术是很难起到作用的，此时可以采用分布式或远程调用来解决。

7.2 数据恢复的实现技术

数据库恢复的基本原理就是冗余，利用存储在系统其他地方的冗余数据，来重建数据库中已被破坏或不正确的那部分数据。具体地说，就是利用后备副本将数据库恢复到转储时的一致状态，或者利用运行记录，将数据库恢复到故障前事务成功提交时的一致状态。

恢复机制的两个关键问题是：如何建立冗余数据和如何利用冗余数据进行数据库恢复。

7.2.1　建立冗余数据

建立冗余数据最常用的技术是数据转储和登记日志文件。

1. 数据转储(Backup)

数据转储也称数据备份,是指 DBA 定期将整个数据库复制到磁带或另一个磁盘上的保存过程。这些备份的数据文件称为后备副本或后援副本。

转储方式按照转储的数据量,可分为海量转储和增量转储。

1)海量转储(完全转储)是指每次转储全部数据库。

2)增量转储只转储上次转储后更新过的数据。

转储方式按照系统运行状态,可分为静态转储和动态转储。

1)静态转储是在系统中无运行的事务时所进行的转储操作,并在转储期间不允许对数据库进行任何存取操作。

2)动态转储是指转储操作与用户事务并发进行,不用等待正在运行的用户事务结束,并在转储期间允许对数据库进行存取操作。

2. 登记日志文件(Logging)

数据转储非常消耗时间和资源,不能频繁进行,因而是定期的而不是实时的。因此,当数据库本身被破坏时,利用数据转储并不能完全恢复数据库,只能将数据库恢复到转储时的状态。

日志文件是实时的。日志文件是对数据转储的补充,是系统建立的一个文件,该文件用来记录事务对数据库进行的更新操作,通常也称为事务日志。

登记日志文件的原则是必须先写日志文件,后写数据库;严格按照并发事务执行的时间次序来登记。例如,当磁盘发生故障而造成对数据库的破坏时,先利用数据转储恢复大部分数据库,然后运行数据库日志,将数据转储后所做的更新操作重新执行一遍,从而完全恢复数据库。

日志文件的作用主要有三方面:

1)事务故障和系统故障的恢复必须使用日志文件。

2)在动态转储方式中必须建立日志文件,后备副本和日志文件综合起来才能有效地恢复数据库。

3)在静态转储方式中也可以建立日志文件,提高故障恢复效率。

日志文件的格式分为两种:以记录为单位的日志文件和以数据块为单位的日志文件。以数据块为单位的日志文件,每条日志记录的内容主要包括:事务标识(标明是哪个事务)和被更新的数据块。以记录为单位的日志文件的内容主要包括:事务的开始标记(BEGIN TRANSACTION)、事务的结束状态(COMMIT 或 ROLLBACK)、事务的更新操作。其中,事务的更新操作记录有以下几个字段:

- 事务标识:执行写操作的事务的唯一标识。
- 数据项标识:所写的数据项的唯一标识,通常是数据项在磁盘上的位置。
- 操作类型:删除、插入、修改。
- 旧值:数据项的写前值。
- 新值:数据项的写后值。

每次事务执行写之前，必须在 DB 修改前生成该次写操作的日志记录。一旦日志记录已创建，就可以根据需要对 DB 做修改，并且能利用日志记录中的旧值消除已做的修改。

为保证日志的安全，应该将日志和数据库放在不同的存储设备上，以免在存储设备损坏时，两者同时丢失或遭到破坏。如果二者不得不放在同一存储设备上，则应经常备份事务日志。

7.2.2 数据恢复策略

1.基于日志的恢复策略

“日志”(log) 也称“运行记录”(journal)，用于在系统正常运行期间，随时记录数据库与事务状态有关变化情况，为了在故障后能恢复系统的正常状态，以便提供恢复所需信的历史记录。

完整的日志由两部分组成：活动日志(active log)和稳定日志(stable log)。活动日志通常在内存的“日志缓冲区”中，它记录最近有关变化的踪迹，并按一定的策略和时机周期性强制地写入一个稳定日志文件中。稳定日志或日志文件通常在磁盘的非易失性存储中，也可以保存在磁带上。整个日志就是一个顺序递增的日志文件集合。

(1)日志的类型

通常，可以将日志看成是只以“附加”记录方式操作的文件，其中的每一记录被授予一个唯一的标识号，称为“日志顺序号”(Log Sequence Number，LSN)。日志中一般包含有关于事务活动、数据库变更及恢复处理信息的三大类型的记录。

1)事务活动的记录。这类记录所记载的内容包括如下几种：

· TranID：事务的唯一标识符。

· In-Data：事务的输入数据。

· Out-Mess：事务输出到终端的消息。

· ＜T START＞：事务 T 已开始。

· ＜T COMMIT＞：事务 T 已提交，此时所作的变更不一定已写到磁盘上。

· ＜T ABORT＞：事务 T 已夭折，要保证 T 的任何变更不能出现在磁盘上。

· ＜T END＞：事务 T 完全结束。仅有 COMMIT 或 ABORT 日志记录是不够的，还要有一些活动必须要完成，如在“活跃事务表”中删去该事务，收回它所占有的工作缓冲区等。

· ＜T，X，OP＞：事务 T 对数据对象 X 进行了操作 OP(插入、删除、读、修改)。

2)数据库变更的记录。这类记录可用于反映数据库的变化历史，典型的内容如下：

· ＜T，X，V_b＞：数据库元素 X 被事务 T 变更了，变更前的值为 V_b，称为 X 的“前映像”(before image，BI)。这类日志记录常用来“撤消”(undo)那些未提交事务对数据库所作的变更，因此也可以称为 undo 日志记录。

· ＜T，X，V_a＞：数据库元素 X 被事务 T 变更了，变更以后的值为 V_a，称为 X 的“后映像”(after image，AI)。与 undo 记录相对，AI 可用来重做已提交事务对数据所做的变更，因此也可以称为 redo 记录。

上面提到的各种记录主要针对它所记载的信息及其关联的事务。实际上，具体的日志日记格式与恢复的策略紧密相关，如 undo 和 redo 记录可合并成＜T，X，V_b，V_a＞，还可进一步与关于事务操作的记录合并成＜T，X，OP，V_b，V_a＞。

3)恢复处理的记录。除事务和数据库变更历史的日志记录外，要达到支持各种故障有效恢复的目的,还需要下列两种日志记录。

· 备份记录:记载为了能进行介质故障恢复而所做的数据库定期转储的有关信息,如转储的类型、转储副本的版本号或级别等。

· 检验点记录:主要的内容有在做检测点时处于活跃状态的事务的列表、每一种事务的最后一个日志记录的 LSN、第一个日志记录的 LSN 等。

(2)日志的格式

日志记录通常是由一个记录“头”(head)和一个记录“体”(body)组成。记录头中包含了该记录的 LSN、前一个记录的 LSN、该记录的建立时间戳、写该记录的资源管理器标识、建立该记录的事务标识、同一事务的前一日志记录 LSN 等;记录体包含了具体的日志数据,基本就是恢复时要用的 undo-redo 信息,它由相应的资源管理器(如事务管理器、并发控制器、SQL 处理器等)记载。日志记录体通常几百个字节,但也可几兆字节。日志记录的一般格式如图 7-1 所示。

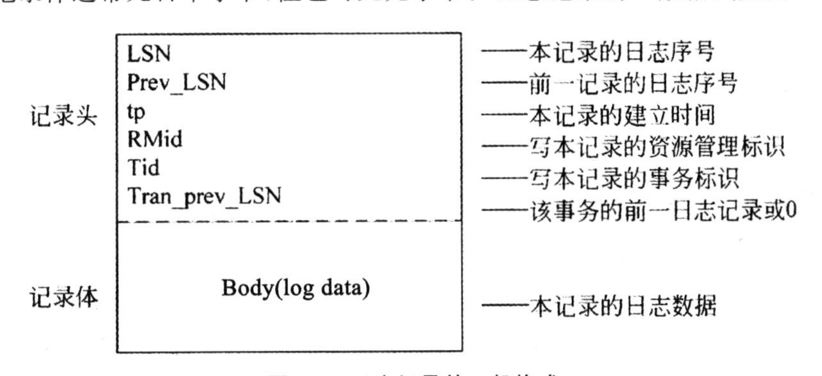

图 7-1　日志记录的一般格式

记录头中有关的字段的说明如下:

· 前一记录 LSN,即 prev_LSN 用来反向直接存取前一记录头,而不必扫描各中间字段。由于根据记录头的长度(这是固定的)、记录体的大小及数据页面的使用情况,可以算出下一记录的 LSN,因此无须保存下一记录的 LSN。

· 记录的时间戳 tp 可以到微秒级,用于“时域寻址”(time domain addressing),或用于重构某对象在某时刻的版本,还可用于调试和报告。

· 资源管理标识 RMID 用来指明恢复时也要参与相关 undo-redo 工作的资源管理器。

· 本事务前一记录 LSN,即 tran_prev LSN 则可以省去反向扫描各日志记录的麻烦。

(3)日志管理

日志由日志管理器维护管理。日志管理器是一个写日志的程序,用于为所有其他资源管理器和事务管理器提供日读写服务。日志管理器将日志映射成一个不断增长的文件序列。开始时,日志记录在内存的日志缓冲区中建立,并顺序地逐个缓冲区块填写。然后按一定的缓冲区管理策略或时机将缓冲区中的日志部分地输出到磁盘上。活动日志与磁盘上的稳定日志的记录顺序必须完全一致。并且,随着日志的不断增长,还需要将一些日志文件从联机形式归档(archiving)成脱机形式。

日志管理是整个恢复系统的核心,它负责写活动日志记录,尤其是日志记录头(为其私有),为其他资源管理器提供写日志的接口,以便它们填写日志记录体的内容。

由于活动日志是易失的,所以活动日志记录要及时地输出到稳定日志文件中,即成为“强推日志”(force log)。实际上,强推日志就是强迫将活动日志输出到稳定日志文件,它遵循 WAL 协议来保证事务的原子性。

WAL 协议如下:

· 事务 T 要进入提交状态,必须先将活动日志记录<T COMMIT>输出到稳定日志文件中。

· 在活动日志记录<T COMMIT>输出到稳定日志文件以前,所有与事务 T 关联的日志记录都必须已输出到稳定日志文件中。

· 在数据库缓冲区中数据块输出到数据库中以前,所有与该块相关的日志记录都必须已输出到稳定日志文件中。

图 7-2 是日志管理的基本流程。

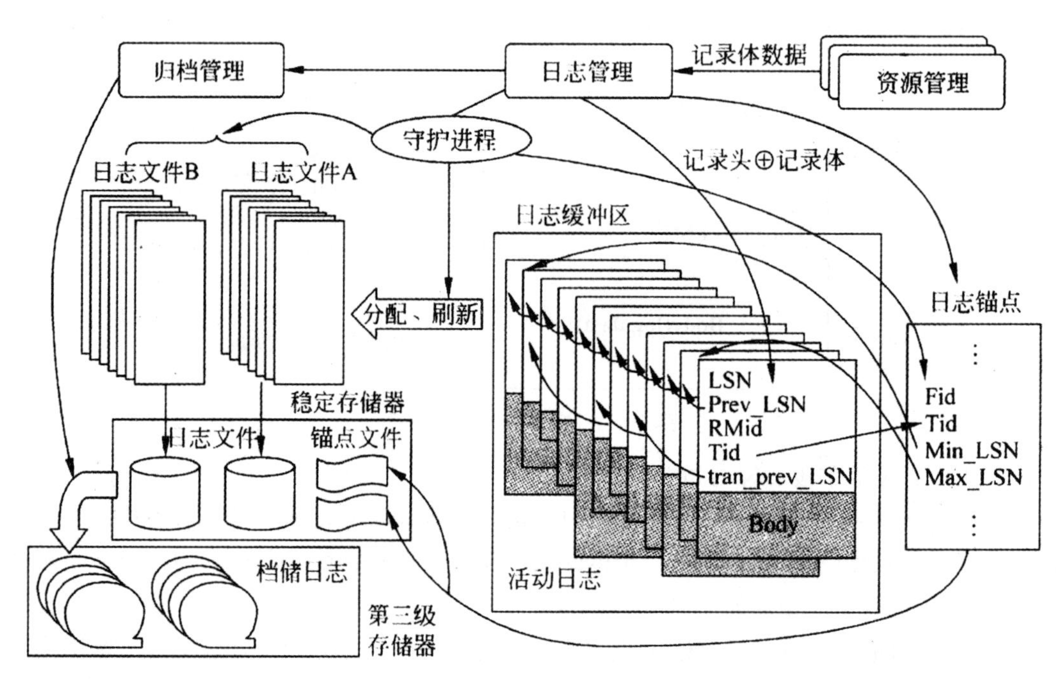

图 7-2 日志管理过程

日志管理程序为日志提供了记录的读写—刷新接口,各资源管理器以记录体数据为参数调用这些接口来记载关于永久对象的变更历史。这样,每当写日志记录时,就需要先为该记录分配空间,再填写记录头信息。其中的 LSN 中包含了两个:(LOGA<n>,LOGB<n>),通常它们就是当前日志文件;“文件相对位移字节地址”(relative byte address,RBA),LSN 是单调递增的。最后,以输入参数来填写记录体。

通常,缓冲池中的活动日志以 LRU 策略将“老化”(aged)的日志置换到磁盘上的日志文件 A 和 B 中,而这个活动主要是由日志管理的“日志刷新守护进程”(log flush daemon)来完成的。日志刷新守护进程是一个异步进程,它周期地查看当前日志缓冲区是否半满,若半满,则分配一个新文件。这样,当当前日志缓冲区全满的时候,新的日志文件就已准备好,并且处于可用状态。此时守护进程将新文件标识填入日志锚点记录,并更新稳定存储器中的锚点文件记录,以便以后要系统重启时,日志管理程序能找到最近的日志文件。需要指出的是,锚点文件也是双工的,它甚至比日志文件更为关键。当系统需要重启时,就可以通过它找到所有的相关地址,因此可以说它是有关恢复时的地址“根”。

(4)基于日志的恢复策略

下面介绍如何使用日志来进行恢复处理各种故障。

1)事务失败恢复。对一个失败事务常用的恢复处理手段就是“撤消”(UNDO)该事务,也叫“回滚”(rollback)该事务。UNDO过程可能在系统正常运行期间当一个事务夭折时执行,也可能在系统崩溃后的恢复期间执行。通过执行UNDO操作,可以达到消除未提交事务对数据库的变更的目的。

要使用UNDO来实现上述目的,需要依赖于当事务改变数据库时,其操作的效果是“立即”还是“推迟”反映到数据库中。

这里的立即改变就是指在事务还处于活跃状态时,将其对数据库所做的变更写出到数据库。此时,数据库中包含了“未提交的变更”,也称脏数据。当系统崩溃或一个事务失败时,系统必须将数据库中这种脏数据值还原成事务开始前相应的老值。这个还原过程就是UNDO操作。设要还原或回滚事务 T_i,UNDO(T_i)执行的步骤如下:

步骤一:自日志的最近记录开始向后(向日志头)扫描日志,查找关于 T_i 的记录。

步骤二:每遇到一个形如＜T_i,x_i,V_b,V_a＞的数据操作日志记录,则用前映像 V_b 去还原 x_i。

步骤三:按事务的前一记录指针 Tran_prev_LSN 一直向后扫描 T_i 的日志记录。重复步骤二,直到遇到日志记录＜T_i,START＞,整个过程执行完成。

上述执行步骤的第二步中,若当初的改变操作是插入或删除,则日志记录中 V_b 和 V_a 分别是空值,此时的 x_i 还原相当于分别执行 V_a 的删除与 V_b 的插入。

推迟改变是指事务对数据库的变更不立即写出到数据库,而是等到事务的全部操作都执行完成并已提交,且所有与该事务相关的日志记录包括＜T_i COMMIT＞记录都已写出到稳定日志文件后进行。也就是说,如果事务夭折或在事务执行完成前系统崩溃,则其UNDO处理不需要做什么,只要丢弃它所有在内存数据缓冲区中的变更。但在被夭折事务的执行期间若执行过检验点操作,已将其部分变更强推到磁盘数据库了,则要像立即改变的情形那样清除其变更。

对于上述两种情况,除了UNDO操作外,事务恢复还要负责为那些既未夭折也未提交的失败事务写入一个日志记录＜T_i ABORT＞。

2)系统崩溃恢复。当系统崩溃发生时,对于那些未完成的事务已不可能再成功完成,而那些成功完成但其变更尚未从内存缓冲区真正写到稳定数据库的事务,其结果也被丢失。对于上述两类事务的恢复,前一类事务需要用到UNDO,后类事务则需要用到REDO。但是应该怎样来确定哪些事务该UNDO哪些该REDO?这里先来分析可能的事务类型,如图7-3所示。

图7-3中,t_c 和 t_f 分别为最近检验点时间和系统失败时间。系统崩溃时,相关联的事务有以下几类:

- T_1 类事务在 t_c 以前已完全结束。
- T_2 类事务在 t_c 以前开始,在 t_c 以后但在 t_f 以前成功结束。
- T_3 类事务在 t_c 以前开始,但直到 t_f 尚未结束。
- T_4 类事务在 t_c 后开始,在 t_f 以前成功结束。
- T_5 类事务在 t_c 后开始,但直到 t_f 尚未结束。

通过对图7-3的分析可知,系统崩溃的恢复处理工作如下:

①利用日志确定或标识要UNDO或REDO的事务。

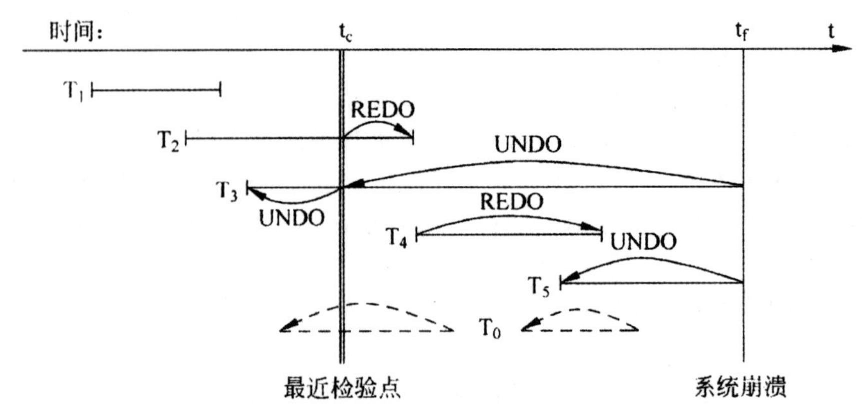

图 7-3　系统崩溃时相关事务类型

标识要 UNDO 与 REDO 事务的过程的算法如下：

算法 7-1　Identify_Tran()　/＊识别要恢复的事务＊/

输入:Log

输出:Lu,Lr/＊UNDO 事务表,REDO 事务表＊/

步骤:1. 自“重启文件”RESTART_FILE 中取最近检验点记录的 LSN;

2. 在日志中按其 LSN 找到最近检验点记录<CHPT(List)>;

3. Lu:=List in<CHPT(List)>;

/＊将最近检验点的活跃事务表中的事务 D 依次放入 UNDO 表 Lu 中＊/

Lr:=φ;/＊REDO 事务表清零＊/

4. FOR(Next LSN≠EOF)/＊未到达日志末尾＊/

　　4.1　按 Next_LSN 取下一个日志记录;/＊向前搜索日志＊/

　　4.2　IF 该日志记录是<T,STSRT>THEN Lu:=Lu ∪{T};

　　4.3　IF 该日志记录是<T,COMMIT>THEN {Lu:=Lu－{T};Lr:=Lr ∪{T};}

　　4.4　IF 该日志记录是<T,ABORT>THEN Lu:=Lu－{T};/＊已“回滚”了＊/

　　4.5　IF 该日志记录是<T,COMPLETE>THEN Lr:=Lr－{T};/＊已全部结束＊/

　　ENDFOR

5. Return(Lu,Lr)

②对要 UNDO 的事务利用日志记录中的各前映像值进行“回滚”(ROLLBACK)。

经过上一阶段的事务识别,表 Lu 中的事务是未结束的事务,都要执行回滚。由于当前正处在日志的 EOF(End of a File),正好与事务回滚要将日志向后扫描一致,但 Lu 表中事务之间的顺序与日志的向前顺序一致的,因此应当将其重新反向排序,从而保证其与日志向后扫描一致。下面是对 Lu 中 UNDO 进行回滚的过程。

算法 7-2　Undo—Tran()　/＊回滚事务＊/

输入:Log,Lu

输出:

步骤:WHILE(Lu≠φ)

1. T:=Get next TID in Lu;/＊取 Lu 中的下一个事务＊/

2. 写日志记录<T,ABORT>;

3. FOR(Lsn：＝T_recLSN TO T_firstLSN)

3.1　取 Lsn 号日志记录 LogRec；

3.2　IF LogRec＝＜T,X,V_b,V_a＞THEN 用 V_b 恢复 X；

3.3　Lsn：＝tran_prev_LSN in LogRec

ENDFOR

4. Lu：＝Lu－{T}

EDNWHILE

③对要 REDO 的事务利用日志记录中的各后映像值进行“前滚”(ROLLFORWARD)。

④重建支持系统正常服务的各种资源管理设施，如有关的数据结构、队列、消息等。

重做是沿日志的向前滚进行，经过上一阶段的 UNDO 处理后，日志记录指针也正指着最近检验点的活跃事务的最早(即 LSN 最小)日志记录。Lr 中的事务是按提交(COMMIT 日志记录)的先后排序的，因此其与日志向前进的顺序相符。REDO 事务的重做从 Lr 表中各事务的 firstLSN 中的最小者开始，向前扫描日志，直到日志的 EOF。重做过程的算法如下：

算法 7-3　Redo_Tran()　/* EDO 事务的重做 */

输入：Log,Lr

输出：

步骤：1. Lsn：＝min{T_firstLSN|T∈Lr}；

2. FOR(Lsn≠EOF,Lsn＋＋)

2.1　取 Lsn 号日志记录 LogRec；

2.2　IF LogRec. Tid∈Lr THEN

{IF LogRec＝＜T,X,V_b,V_a＞THEN 用 V_a 置 X；

IF LogRec＝＜T,COMMIT＞THEN 记日志记录＜T,COMPLETE＞；

}ENDIF；

ENDFOR

3. Lr：＝φ

完成上述 UNDO 事务的回滚和 REDO 事务的重做后，数据库的恢复处理就已完成。此时，数据库已恢复到系统崩溃前的一致性状态，为了避免再发生系统崩溃时，重复做前面已完成的恢复工作，还需要设置一个新的检验点。尽管此时数据库的恢复工作已经完成了，但这并不等于系统已经全部恢复，达到了继续正常运行的状态，由于系统失败使内存丢失，因而许多系统数据结构或供作数据也已丢失，要使系统正常运行，就必须恢复它们。因此，恢复系统正常运行还有一系列的工作要做，例如，重建事务控制块(TCB)(如果需要)；重建各种事务队列；重设置并发控制锁表；重设置系统缓冲区；重传送因系统失败而未被对方部件收到的消息(message)；发送消息“系统已恢复正常运行”给用户等。

3)介质故障恢复。图 7-4 给出了介质故障恢复的处理过程。

介质故障恢复处理的具体步骤如下：

①用最近的完全备份重建数据库。若采用增量转储，则还要由先到后依序按各个增量副本来改进数据库。

②利用日志将重建的数据库恢复到故障发生前的一致性状态，其处理过程几乎与系统故障恢复的一样。

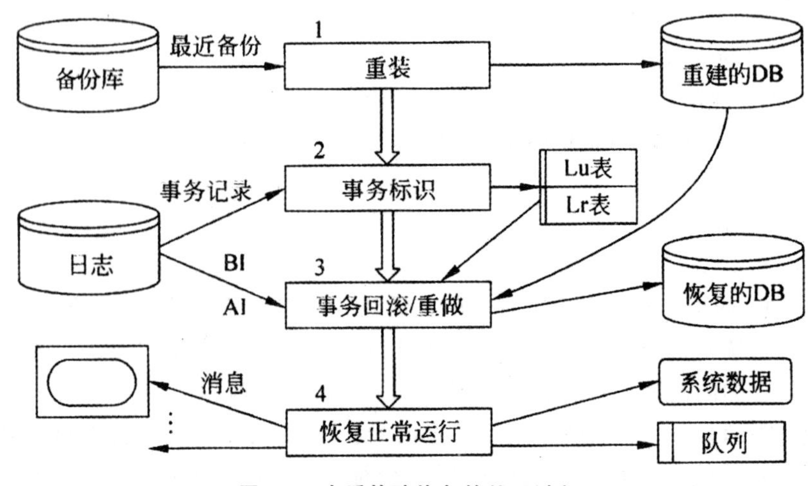

图 7-4　介质故障恢复的处理过程

2.基于检查点的恢复策略

检验点(checkpoint)是一种重要的故障恢复设施。周期地设置检验点，并对系统的当前状态给出一个持久性映像，这样当发生故障后要重启系统时，就可以用它来快速重建当前状态。

通常，在设置检验点时，一般需要执行下列处理：物理地强推日志，即将日志缓冲区中的所有活跃日志记录强行输出到磁盘的稳定日志文件中；物理地强写一个日志“检验点记录”<CHPT>输出到稳定日志文件；物理地强推数据缓冲区中变更了的块输出到磁盘数据库；将一个包含了记录 CHPT 在稳定日志文件中的地址(LSN)的“主控”(master)记录写入“重启文件”，该文件在稳定存储器的固定处。这样，当恢复时，就会首先读取最近的主控记录，从而找到最近的<CHPT>的 LSN。

一般的，日志中的检验点记录<CHPT>中会包含本记录的 LSN、检验点时间戳、在建该检验点时所有的活跃事务(TID_i)的列表以及所有活跃事务的“最后日志记录 LSN”、“第一日志记录 LSN”的对偶列表：<TID_i_recLSN，TID_i_firstLSND($i=1,2,\cdots,n$)等信息。

通常，要确定何时设置检验点，可以通过下列两种方式来确定：周期性地设置；当日志记录积累到一定数量时设置。而对于建立检验点，其方法可以有多种，按照清晰度和复杂性，建立检验点的方法可分为以下三种。

(1)清晰检验点

清晰检验点也称“静止”检验点，即做检验点时，先“排尽”(drain)事务对数据库的存取，让所有活跃事务执行结束(提交或夭折)，使数据库保持提交一致性状态。

执行清晰检验点的设置需要遵循下列规则：

1)拒绝接受任何新事务。

2)等待每一个当前活跃事务 T_i 提交或夭折，并在日志中写<T_iCOMMIT>或<T_iABORT>记录。

3)将日志缓冲区刷新到稳定日志文件并确保完成。

4)将数据缓冲区的“脏”块强写出到磁盘数据库并保证完成。

5)强写日志的检验点记录<CHPT>到稳定日志文件。

6)将<CHPT>记录在日志文件中的 LSN 等信息在“重启文件”中写一个新主控记录，同时重新开始接受新的事务和正常处理。

上述方法具有简洁的优点，且由于在它的＜CHPT＞日志记录中的活跃事务列表为空，因而恢复时间很短，只需对那些在最近检验点后开始的事务进行 REDO 或 UNDO 即可。当然，该方法也有其一定的局限性，即做检验点的时间太长，因为它像交通红绿灯的黄灯，不仅要让所有当前活跃事务“排尽”，同时还要加上日志和数据缓冲区刷新出去的时间。若当前活跃事务是“长寿”的(long-lived)，则要建立这样的检验点就是几乎不可能的事，除非新事务的用户愿意等待这么长时间。

(2)含混检验点

不同于清晰检验点，含混检验点可以不等待所有活跃事务结束，而直接让其暂停执行，将所有缓冲区中的脏块和当前的活动日志强迫写出到磁盘，因而数据库的整个状态不是提交一致的。相对于清晰检验点而言，含混检验点省去了“排尽”所有活跃事务的时间，因而大大缩短了做检验点的时间。

建立含混检验点的规则如下：

1)拒绝接受任何新事务。

2)拒绝接受现有事务任何新的操作请求，即让其等待。

3)将日志缓冲区刷新到稳定日志文件并确保完成。

4)确保将数据缓冲区中的脏块强迫写出到磁盘数据库。

5)写检验点记录＜CHPT(List)＞到稳定日志文件。这里 List 指的是包含了当前活跃事务的 TID 列表。

6)将稳定日志文件中该＜CHPT(List)＞记录的 LSN 写入重启文件。检验点完成后，重新接受新事务。

含混检验点最大的优点在于建立一个检验点的时间更短。但是由于它在建立检验点的过程中，未保证数据库或事务的一致性，只是数据缓冲块本身是一致的。因此，又可以称其为“缓存一致性”检验点。

此外，在故障恢复过程中，含混检验点所用的时间比清晰检验点的时间会更长些，因为要对活跃事务表中所有的事务执行相应的 REDO 或 UNDO 过程。

(3)模糊检验点

模糊检验点在建立的过程中既不停止现有事务的操作，也不拒绝新事务的进入。设置模糊检验点的步骤如下：

1)写检验点开始日志记录＜Begin_CHPT(List)＞，并将日志缓冲区刷新到稳定日志文件。

2)继续 List 中当前活跃事务的执行直至结束，并允许新事务开始。

3)将有变更的数据缓冲区块标上“脏”标志，正常地写其他日志记录。

4)写检验点结束日志记录＜End_CHPT(DirtyList)＞，并刷新日志到稳定日志文件。其中 DirtyList 表示“脏”缓冲区块的列表。

5)将稳定日志文件中开始检验点记录＜Begin_CHPT(List)＞的 LSN 写入重启文件。

由于模糊检验点既不要让系统“静止”下来，也无须等待将数据库缓冲区刷新到磁盘，因此其比清晰检验点和含混检验点的时间都短。但问题是它不但不刷新脏块到磁盘，而且在建立检验点期间缓冲区中的数据还可以不断地变更。因此要保证数据库的一致性，就需要从一个检验点到下一个检验点之间，大量的脏块在正常的缓冲区管理运作下会写出到磁盘数据库。而当下一个检验点要接近时，则可以征用一个后台进程来强推那些“最常用”的脏块到磁盘上去。因而可以保证：在下一个检验点完成时，本检验点进行时的所有脏块都已经被强推到磁盘上去了。为了这种过程的连贯性，每当系统最初开始正常执行时，总是先建一个初始检验点，其中的活跃事务表和脏块表均为空。所以，模糊检验点的有效性要依赖于那个后台进程的有效性。

此外，当模糊检验点与正常的事务活动并行执行时，在将数据变更写入磁盘数据库的同时，不会出现中断系统服务的现象。此时的检验点本身是模糊的，它提供的只是逻辑页面级状态一致性，而不是操作级或事务级的状态一致性。

需要注意的是，即使做过了检验点的数据块集合也不具备一致性，因为在做检验点时，有的块中的数据可能又发生了改变。

3.基于备份的恢复策略

备份是为了支持稳定存储器（磁盘）本身发生故障时的数据库恢复。在发生介质故障以外的系统故障时，都可以用日志来进行恢复。数据库的备份在7.3节中进行过介绍，这里只对备份转储进行介绍。

备份转储是一个很长的过程，在进行备份时通常要考虑两个方面：一方面怎样复制数据库；另一方面怎样进行备份转储。下面先考虑第一方面的问题，可以区分两个不同级别的复制策略：

1)整体转储。复制整体数据库。这种转储又称海量转储。

2)增量转储。复制自上一次转储以来所有的变更。这种转储有多个级别的版本，最初一级是一个整体转储，称为第0版 V_0，则第 i 版 $V_i=V_{i-1}+\Delta V_i(i=1,2,\cdots,n)$，其中 ΔV_i 就是上一版 V_{i-1} 建立后至 V_i 建立时所有变更。需要注意的是，恢复时为了避免恢复过程太过于冗长，通常并不会按

$$V_i=V_0+\sum_{j=1}^{i}\Delta V_j$$

来进行，而应该按

$$V_i=V_k+\sum_{j=k+1}^{i}\Delta V_j(0\leqslant k\leqslant i)$$

其中 V_k 是一整体转储版本。它表示每隔一定次数的增量转储，需要做一次整体转储。备份转存类似于做检验点，也有“清晰”和“模糊”备份之分，且过程类似。实际上，做检验点与备份都是“转储”，不同的是做检验点是由内存到稳定存储器，而备份则由稳定存储器到安全存储器。检验点与备份的对比如图7-5所示。

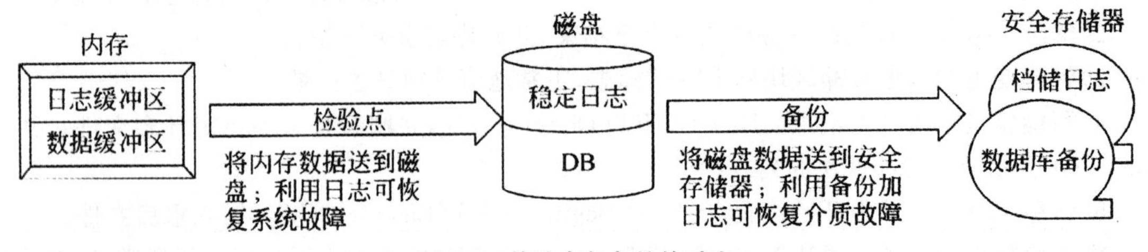

图7-5 检验点与备份的对比

(1)清晰备份

清晰备份是指在做备份时，数据库处于静止状态，其执行步骤如下：

1)让系统处于没有活跃事务的状态。

2)执行一个相适应的检验点。

3)执行相应(整体或增量)的备份转储。

4)将一个转储日志记录<DUMP>写到稳定日志中。

(2)模糊备份

与做检验点类似,进行清晰备份时往往需要关闭数据库很长时间。在许多情况下,这是难以接受的,因而人们会考虑采用模糊备份。

模糊备份是一种类似于模糊检验点的备份形式,它建立备份转储开始时数据库的一次复制。但在备份转储的过程中,由于所有活跃事务(包括接受新事务)都继续并行地活动着,这就导致了有的磁盘数据库元素可能会被改变,使备份副本中有的元素的值可能与磁盘数据库中的值不一样,而有的元素的磁盘数据库值又可能与实际值不一样。但是,只要在转储过程中的日志有效,这种差异就可通过日志来消除。

执行模糊备份的的步骤如下:

1)写开始备份日志记录<Begin_DUMP>到稳定日志文件。

2)执行一个适当的检验点。

3)执行相应的(整体或增量)数据库转储到安全存储器。

4)确保足够的日志已转储到安全存储器。

这里所谓的"确保足够"指的是至少自第2)步的检验点的前一检验点及其以后直至包括本检验点的日志记录都已是安全的,即使此时发生介质故障,它们仍能工作。前一检验点开始以前的日志可以抛弃。

5)写结束备份日志记录<End_DUMP>到稳定日志文件。

4.其他恢复策略

除上面介绍的恢复方法外,还包括其他一些故障恢复的策略货方法,这里简要介绍两种较典型的方法。

(1)ARIES

ARIES(Algorithm for Recovery and Isolation Exploiting Semantics)也称语义的恢复和隔离算法,是一个与窃取及非强制并发控制方法相结合的系统故障恢复算法。采用该方法,除日志外,系统还维护一个"事务表"和一个"脏页表",在恢复的分析阶段它们被重构。

使用ARIES来恢复处理数据库时需要经过以下三个阶段。

1)分析阶段。分析阶段要做的工作如下:

①标识系统崩溃时的活跃事务和数据缓冲池中的"脏页",这里的脏页指的是已被修改但还未写到磁盘上的页。

②重建自最近检验点以来的"活跃事务表",包括当前每一事务的ID、状态(提交、夭折、执行等)及它最近的日志记录的LSN,记为recLSN。

③重建"脏页表",包含每一脏页的标识Pid和引起该页变脏的最早日志记录的LSN,记为firstLSN。

④确定恢复时查看日志的起点。

2)REDO阶段。REDO阶段是指从分析时确定的日志的起点开始,重新执行所有事务的变更操作，包括已提交的和处于其他状态的事务。即使事务在崩溃前已夭折，且其变更操作也在其ABORT处理时已被撤消了，这种变更操作也要重执行。因此，可以说，通过它可以将数据库完全带到起崩溃时的状态。

3)UNDO阶段。UNDO阶段是指对未提交事务撤消其所做的变更操作，使数据库只反映已提交事务的结果。

此外，需要注意的是，使用ARIES恢复算法时还需要遵循以下三个基本原则：

1)更改时先写日志。对于数据库的任何变更，必须先记入日志，即遵循WAL协议。在将变更的数据写入磁盘数据库时，必须保证日志中的相关记录已经事先写入到了稳定日志文件中，并且假定写一页到磁盘的操作是原子的。

2)重做时重复历史。进行REDO时，重新依次执行在崩溃前执行过的所有更改操作，满足下列条件之一的可暂时忽略：

①操作数据所在的页未出现在脏页表中，这意味着该页已写入磁盘数据库中。

②操作数据所在的页虽然在脏页表中，但该页的firstLSN比该操作的日志记录的LSN更大，其表明该操作对该页的变更是其以前的旧内容，已经写到磁盘数据库了。

③操作关联的页在脏页表中，但该页最后一次被更改的日志记录的LSN(称为LastLSN)大于或等于该操作的日志记录的LSN。这是针对那种在系统崩溃前被修改的页，已写入磁盘数据库，但却仍可能出现在重构的脏页表中的情况，它表明该操作所修改的页已在磁盘数据库中。

在上述条件中，前两个条件允许不取相应数据库页而预先判断，第三个条件本身能完全独立判断一个操作是否要重做，但前提是能取到相应页，并且页内包含了它的LastLSN。

ARIES区别于其他恢复算法的最大特点就是它的简单性和灵活性的基础，特别是ARIES可支持包含比页更小(如记录级)粒度的锁的并发控制协议。

3)撤消时记录变更。一般的，在UNDO阶段，当一个事务回滚时，针对该事务的每一个UNDO操作，写一个"补偿日志记录"CLR(Compensation Log Record)来记录该UNDO事务已完成的相应UNDO操作，这样，当恢复过程中再发生系统崩溃而重新进行恢复时，就可以省去再次重复这些操作的麻烦。

(2)影子法

影子法是一种不需要通过日志进行恢复的方法。在这个方法中，数据库被当作n个页面的集合，通过一个"页表"即一个页目录进行存取，如图7-6所示。

分析图7-6可知，当一个事务要改变一个页时，它首先需要复制该页到一个空的磁盘页，建立该页的一个"影子"(shadow)；然后复制系统页表的适当部分，建立页表的一个"影子"，且修改影子页表中要变更的页的指针，以指向影子页；最后改变影子页。当然，上述的这些步骤都是经过先复制到内存缓冲区，改变后提交时再写回去的。

由于每一更新事务都是通过影子页表来存取它的影子页中的数据，其他事务则主要是通过系统页表来存取原来页中的数据。因此当一个事务提交时，必须确保：

1)将内存数据缓冲区中被它改变的页写回磁盘的相应影子页。

2)用它的影子页表更新磁盘上的系统页表。

需要注意的是：这里并不能用覆盖写系统页表的方式来实现，因为可能要用它来恢复一个系统崩溃。当发生系统崩溃或事务夭折时，无UNDO操作的必要，只需抛弃相应的影子页表和影子页即可；也无须REDO操作，一个事务一旦成功提交，其结果就永久化了。

与基于日志数据库恢复策略相比，影子法没有日志的相关开销，并且恢复时由于没有 UNDO 或 REDO 操作，因此速度非常快，但它具有以下缺点：

1)数据存储破碎分散。由于影子页的替换使得有序集群的数据存储优点丧失，数据存取的开销增大。

2)垃圾回收是一项必不可少的工作，但这也在一定程度上增加了系统的额外开销和复杂性。

3)难以获得较高的并发度。

4)提交的开销更高。较之基于日志的方案只输出该事务的日志记录，影子法则要输出多个块：影子页和影子页表。

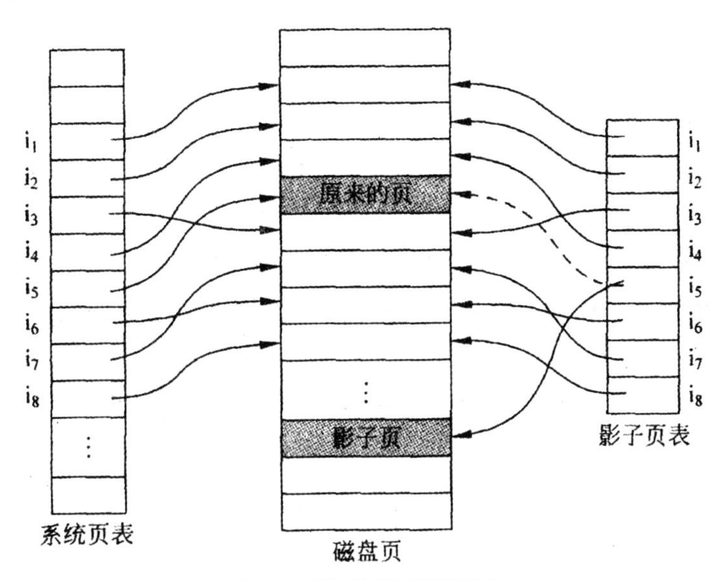

图 7-6　影子页和影子页表

基于上述的缺点，影子法很难被应用于实际中，就也是当初设计它的 Seytem R 最终也没有用它，而是用日志式和影子法的组合，仍要求 WAL 原则的原因。

除上述两种恢复方法外，还有很多基于日志的其他恢复技术，如 ARIES 的变种方法，单独只用 UNDO 日志或 REDO 日志的恢复策略以及逻辑日志法等。逻辑日志记录的优点是日志记录很少，有时一条逻辑日志记录可能相当于数十乃至数百条物理日志记录；另外，UNDO、REDO 操作较简单，仅仅是数据对象的原物理操作的一个“反镜像”操作而已，也无须再写日志。但它假定操作是原子性的，且失败是操作级状态一致的，这是很难实现的。因为一个逻辑操作可能引起存储空间的整理(如插入操作)，还可能造成复杂的索引更新(如 B-树的结点分裂)，要让它们要么全部做完，要么根本未做，实现起来很困难。

7.3　SQL Server 的数据备份和恢复

尽管系统中采取了种种安全性措施，数据库的破坏依然还是可能发生的。如硬件故障、软件错误、操作失误、人为恶意破坏等。所以数据库管理系统必须具有将被破坏的数据库恢复到某一已知的正确状态的功能，这就是数据库的备份和恢复。

1)计算机硬件故障。由于使用不当或产品质量等原因,计算机硬件可能会出现故障。

2)软件故障。软件设计上的失误或使用的不当。

3)病毒。破坏性病毒会破坏软件、硬件和数据。

4)误操作。误使用了诸如 DELETE、UPDATE 等命令而引起数据丢失或被破坏。

5)自然灾害。如火灾、洪水或地震等。

6)盗窃。一些重要数据可能会遭窃。

7.3.1 SQL Server 数据备份

备份,就是将数据库文件复制到另外一个安全的地方。尽管数据恢复的技术有很多,但定期备份数据库是其中最稳妥的防止磁盘故障的方法,它能有效地恢复数据,是一种既廉价又保险的形式,同时也是最简单的,能够恢复大部分或全部数据的方法。即便是采取了其他备份技术,如冗余磁盘阵列等技术,数据库备份也是必不可少的工作。可以说,没有备份几乎是不可能恢复由于磁盘损坏而造成的数据丢失。

1.备份数据库的时机

通常系统数据库中会存储数据库的服务器配置信息、用户登录信息、用户数据库信息、作业信息等。因此,在进行数据库备份时,不但要备份用户数据库,还要备份系统数据库。

(1)备份系统数据库的时机

时机的选择是进行数据库备份的关键,下面以 SQL Server 数据库为例进行介绍。

1)修改 master 数据库之后。master 数据库中包含了 SQL Server 中全部数据库的相关信息。因此,在创建用户数据库、创建和修改用户登录账户或执行任何修改 master 数据库的语句后,都需要对 master 数据库进行备份。

2)修改 msdb 数据库之后。msdb 数据库中包含了 SQL Server 代理程序调度的作业、警报和操作员的信息。在修改 msdb 之后也应当对其进行备份。

3)修改 model 数据库之后。model 数据库是系统中所有数据库的模板,当用户通过修改 model 数据库来调整所有新用户数据库的默认配置,也必须读 model 数据库进行备份。

(2)备份用户数据库的时机

1)创建数据库后。在创建或装载数据库之后都需要对相应的数据库进行备份。

2)创建索引之后。创建索引的同时还需要分析以及重新排列数据,且这个过程通常需要耗费时间和系统资源。而在这个过程之后备份数据库,备份文件中就会包含索引的结构,一旦数据库出现故障,再恢复数据库时不必重建索引了。

3)清理事务日志之后。使用 BACKUP LOG WITH TRUNCATE ONLY 或 BACKUP LOG WITH NO LOG 语句清理事务日志后,需要备份数据库,因为此时,事务日志将不再包含数据库的活动记录,所以,不能通过事务日志恢复数据。

4)执行大容量数据操作之后。执行完大容量数据装载语句或修改语句后,SQL Server 通常不会将这些大容量的数据处理活动记录到日志中,所以应当进行数据库备份。例如,执行完 SELECT INTO、WRITETEXT、UPDATETEXT 语句后都需要备份数据库。

2.备份数据库的模式

常见的数据库备份模式有 4 种,下面分别进行介绍。

(1)完全备份

完全备份是一种最完整的数据库备份方式,它通过将数据库内所有的对象完整地拷贝到指定的设备上,来完成对所有数据库操作和事务日志中的事务进行备份。由于它备份的内容相对比较完整,因此,每个完整备份使用的存储空间比其他备份模式使用的存储空间要大,完成完整备份需要更多的时间。因而创建完整备份的频率通常要比创建差异备份的频率低,对于数据量较少,或者变动较小不需经常备份的数据库而言,可以选择使用这种备份方式。

在 SQL Server 中,完全备份的工作可以在"企业管理器"中利用交互工具完成,也可以使用命令方式完成。

备份数据库的命令是 BACKUP DATABASE,格式如下:

```
BACKUP DATABASE database_name
TO{DISK|TAPE}='physical_backup_device_name'
```

其中参数:

- database_name:指定要备份的数据库;
- TO DISK:说明备份到磁盘;
- TO TAPE:说明备份到磁带;
- 'physical_backup_device_name':指定备份使用的物理文件名或物理设备名。

(2)差异备份

差异数据库备份是一种只会针对自从上次完全备份后有变动的部分进行备份处理的方式。采用这种备份模式时必须搭配完全备份一起使用,即需要先使用完全备份保存一份完整的数据库内容,然后再使用差异备份记录有变动的部分。

差异备份的命令也是 BACKUP DATABASE,格式如下:

```
BACK UP DATABASE database_name
TO{DISK|TAPE}='physical_backup_device_name'
WITH DIFFERENTIAL
```

与备份整个数据库的命令不同,增量备份是用短语 WITH DIFFERENTIAL 说明的。

例如,对 student 数据库做增量备份(备份到 C:\dump\dump1. bak),命令如下:

```
BACKUP DATABASE student
TO DISK='C:\dump\dump1. bak'
WITH DIFFERENTIAL
```

由于差异备份只备份有变动的部分,因此,其备份速度相对较快,占用的空间也会不会太大,比较适合于那些数据量大且需要经常备份的数据库。使用差异备份可以减少数据库备份的负担。

需要注意的是,在使用完全备份和差异备份来备份数据库后,当需要还原数据库的内容时,必须先加载前一个完全备份的内容,然后再加载差异备份的内容。例如,在需要每天对数据库进行备份,其中星期一到星期六进行的是差异备份,星期天进行的是完全备份。当星期三发现数据库有问题,需要将数据库还原到星期二的状况时,必须先将数据库还原到上一个星期天完全备份,然后再还原星期二的差异备份。

(3)事务日志备份

事务日志备份与差异数据库备份非常相似,都是备份部分数据内容,但是,事务日志备份是针对自从上次备份后有变动的部分进行备份处理，而不是针对上次完全备份后的变动。也就是说，使用完全备份和事务日志来备份数据库，在还原数据库内容时，还必须先加载前一个完全备份的内容，然后再按顺序还原每一个事务日志备份的内容。例如，每天都需要对数据库进行备份，其中星期一到星期六做的是差异备份，星期天做完全备份。当星期三发现数据库有问题，需要将数据库还原到星期二的状况时，必须先将数据库还原到上一个星期天的完全备份，然后再还原星期二的差异备份，接着还需要还原星期三的事务日志备份。

事务日志备份是对数据库发生的事务进行备份，包括从上次进行事务日志备份、差异备份和数据库完整备份之后所有已经完成的事务。事务日志备份能够在相应的数据库备份的基础上，尽可能地恢复最新的数据库记录。由于它仅对数据库事务日志进行备份，所以其需要的磁盘空间和备份时间都比数据库备份少得多。

备份事务日志的命令是 BACKUP LOG，格式如下：

```
BACKUP LOG database_name
TO{DISK|TAPE}='physical_backup_device_name'
```

例如，备份 student 数据库的日志（备份到 C:\dump\dumplog. bak），命令如下：

```
BACKUP LOG student
TO DISK='C:\dump\dumplog. bak'
```

注意：简单恢复模型不允许备份事务日志。备份数据库、备份事务日志时，数据库系统并不截断和刷新日志，截断日志的命令是：

```
BACKUP LOG database_name
WITH TRUNCATE_ONLY
```

例如，在备份了 student 数据库或事务日志后，为了截断 student 数据库的事务日志可以使用如下命令：

```
BACKUP LOG student
WITH TRUNCATE_ONLY
```

执行事务日志备份主要有两个原因：首先，要在一个安全的介质上存储自上次事务日志备份或数据库备份以来修改的数据；其次，要合适地关闭事务日志到它的活动部分的开始。

(4)文件和文件组备份

这是一种以文件和文件组作为备份的对象备份模式，一般用于数据库非常庞大的情况下。主要针对的是数据库内特定的文件或特定文件组内的所有成员进行数据备份处理。通常，文件组包含了一个或多个数据库文件。当 SQL Server 系统备份文件或文件组时，指定需要备份的文件，最多指定 16 个文件或文件组。文件备份操作可以备份部分数据库，而不是整个数据库。

与数据库备份相比，文件备份的主要缺点是增加了管理的复杂性。因此，必须注意维护完整的文件备份集和所覆盖的日志备份。如果已损坏的文件没有备份，则介质故障可能导致整个数据库无法恢复。

这种数据库备份模式在使用时，还应该要搭配事务日志备份一起使用。其主要原因是，当在数据库中还原文件或文件组时，也必须还原事务日志，使得该文件能够与其他的文件保持数据一致性。

备份文件或文件组的命令格式如下：

```
BACKUP DATABASE database_name
```

```
{FILE=logic_file_list|FILEGROUP=fileegroup_list}
TO{DISK|TAPE}='physical_backup_device_name'
[WITH DIFFERENTIAL]
```

其中参数：

- FILE=logic_file_list：给出了要备份的文件清单(用逻辑文件名指出)；
- FILEGROUP=filrgroup_list：给出了要备份的文件组清单；
- WITH DIFFERENTIAL：说明是增量备份，即文件备份也支持增量备份。

例如，要完成对 student 数据库课程文件的备份，命令如下：

```
BACKUP DATABASE student
FILE='课程'
TO DISK='C:\dump\file_1. bak'
```

而下列命令则完成了对 student 数据库文件组课程组的备份：

```
BACKUP DATABASE student
FILEGROUP='课程'
TO DISK='C:\dump\file_g. bak'
```

文件和文件组备份是备份和恢复数据库的另一种便捷的方式，但他们并不是以数据库为单位进行备份的，因此在管理上可能会存在一定的难度。

7.3.2 SQL Server 数据恢复

恢复就是利用自己的恢复工具将备份还原回来，保证数据库能够正常工作。备份的主要目的就是当磁盘损坏或数据库崩溃时，通过转储或卸载的备份恢复数据库。根据不同的备份和恢复方案、策略可以用不同的恢复方式将数据库恢复到不同的状态。

恢复也称为重载、重入或还原。与备份类型相对应，通过恢复可以：

1)恢复整个数据库。

2)恢复数据库的部分内容。

3)恢复特定的文件或文件组。

4)恢复事务。

1. 恢复数据库前的准备

在执行恢复操作前，应当验证备份文件的有效性，确认备份中是否含有恢复数据库所需要的数据，并关闭该数据库上的所有用户，备份事务日志。

(1)验证备份文件的有效性

通过对象资源管理器，可以查看备份设备的属性。具体操作为：右击相应的备份设备，在弹出的快捷菜单中选择“属性”命令，在“备份设备”属性对话框的“媒体内容”标签里，即可查看相应备份设备上备份集的信息，如备份时的备份名称、备份类型、备份的数据库、备份时间、过期时间等。另外，使用 SQL 语句也可以获得备份媒体上的信息。使用 RESTORE HEADERONLY 语句，获得指定备份文件中所有备份设备的文件首部信息。使用 RESTORE FILELISTONLY 语句，获得指定备份文件中的原数据库或事务日志的有关信息。使用 RESTORE VERIFYONLY 语句，检查备份集是否完整，以及所有卷是否可读。

(2)断开用户与数据库的连接

在恢复数据库前，还应当断开用户与该数据库的一切连接。即所有用户都不准访问该数据库，执行恢复操作的用户也必须将连接的数据库更改到 master 数据库或其他数据库，否则不能启动还原任务。

(3)备份事务日志

在执行恢复操作前，用户备份事务日志，有助于保证数据的完整性。另外，在数据库还原后还可以使用备份的事务日志，进一步恢复数据库的最新操作。

2. 数据库恢复模式

常见的数据库恢复模式有 3 种，它们分别是简单恢复(Simple Recovery)、完全恢复(Full Recovery)和批日志恢复(Bulk-logged Recovery)。

(1)简单恢复

简单恢复是指在进行数据库恢复时仅使用数据库备份或差异备份，但不涉及事务日志备份。通过简单恢复模式可使数据库恢复到上一次备份的状态。但是由于该恢复模式不使用事务日志备份来进行恢复，因此无法将数据库恢复到失败点状态。当选择简单恢复模式时，常使用的备份策略是，首先进行数据库备份，然后进行差异备份。

(2)完全恢复

完全数据库恢复模式是指通过使用数据库备份和事务日志备份，将数据库恢复到发生失败的时刻。该数据库恢复模式几乎不会造成任何的数据丢失，从而成为为了对付因存储介质损坏而造成数据丢失的一种最佳方法。

完全恢复可以通过 ALTER DATABASE 语句的 RECOVERY 子句设置恢复模式。例如，将订货管理数据库的恢复模式设置为完全恢复的命令语句如下：

ALTER DATABASE 订货管理 SET RECOVERY FULL

通常，为了保证数据库的这种恢复能力，所有的批数据操作，比如 SELECT INGO 创建索引都会被写入日志文件。选择完全恢复模式时常使用的备份策略是：先进行完全数据库备份，然后进行差异数据库备份，最后进行事务日志的备份。如果准备让数据库恢复到失败时刻，则必须对数据库失败前正处于运行状态的事务进行备份。

(3)批日志恢复

批日志恢复在性能上要优于简单恢复和完全恢复模式。批日志恢复能尽最大努力减少批操作所需要的存储空间。这些批操作主要是 SELECT INTO 批装载操作，如批插入操作；创建索引针对大文本或图像的操作，如 WRITE TEXT 及 UPDATE TEXT 等。

选择批日志恢复模式所采用的备份策略与完全恢复所采用的备份策略基本相同。

在实际应用中，备份策略和恢复策略的选择并不是相互孤立的，而是相互紧密的联系在一起。也就是说，不能仅仅只考虑该怎样进行数据库备份，在选择使用备份类型时，还必须更多地考虑，当使用该备份进行数据库恢复时，它能把遭到损坏的数据库返回到怎样的状态是关键。当然必须强调的一点是，备份类型的选择和恢复模式的确定，都应尽最大可能以最快速度减少或消灭数据丢失。

上述数据库恢复的模式存在一些基本的共同之处：

1)优先写日志协议(Write-Ahead Logging，WAL)。任何对数据库中数据元素的变更都必须先写入日志;将变更的数据(页)写入磁盘(真正变更数据库)前,日志中的所有相关记录必须先写入稳定存储器(磁盘)。

2)REDO(重做)已提交事务的操作。当发生故障而使系统崩溃后,对那些已提交但其结果尚未真写到磁盘上去(例如还在 I/O 缓冲区中)的事务操作要重做,使数据库恢复到崩溃时所处理状态。

3)UNDO(反做)未提交事务的操作。系统崩溃时,那些未提交事务操作所产生的数据库变更必须回复到原状,使数据库只反映已提交事务的操作结果。

图 7-7 是数据库故障恢复系统的体系结构。

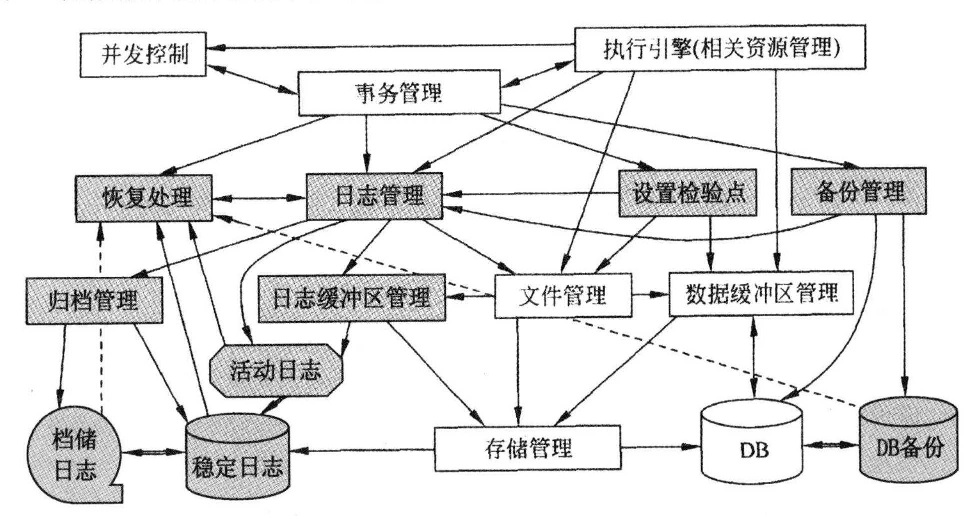

图 7-7　数据库故障恢复系统的体系结构

通过上图可以看出,数据库故障恢复系统的主要部件是日志管理、设置检验点、备份管理和恢复处理等,其中日志管理是核心。

7.4　事务处理

7.4.1　事务

事务(Transaction)是一个逻辑工作单元,是指数据库系统中一组对数据的操作序列。一个事务可以是一条或一组 SQL 语句、或整个应用程序。

可以由用户显式控制事务的开始与结束。如果用户没有显式地定义事务,则由数据库管理系统按照默认自动地划分事务。在 SQL 语言中,有以下三条语句可实现事务的定义:

BEGIN TRANSACTION

COMMIT

ROLLBACK

其中,BEGIN TRANSACTION 表示事务的开始;COMMIT 表示事务的提交,即将所有对数据库的更新写入磁盘上的物理数据库中,此时事务正常结束;ROLLBACK 表示事务的回滚,即在事务运行过程中发生了某种故障，事务的执行无法继续下去，系统将该事务中所有已完成的对数据库的更新操作全部撤消，回滚到事务开始时的状态。

事务具备的以下几个基本特征又称为其应遵循的 ACID 准则：

(1)原子性(Atomicity)

一个事务要么全部执行，要么全不执行，仅完成部分事务的情况是不允许发生的。

(2)一致性(Consistency)

事务的正确执行应使数据库从一个一致性状态变为另一个一致性状态。数据应满足的约束条件即为数据一致性。

(3)持久性(Durability)

事务提交后，系统应保证事务执行的结果可靠地存放在数据库中，不会因为故障而丢失。

(4)隔离性(Isolation)

多个事务的并发执行是独立的，在事务未结束前，该事务的中间结果数据是不能由其他事务来存取的。

7.4.2 事务的状态

在正常状态下事务一般都能够成功地完成。但并非所有事务都能顺利完成，某些事务由于用户中途取消、事务的某个动作破坏了约束条件、系统为解除死锁而撤消事务、I/O 出现不可恢复的错误、应用程序失误、系统故障等原因，而不得不中途失败，这种不能正常完成的事务称为中止事务。

一个事务从开始到成功完成或者因故中止，中间可能经历不同的状态，其状态变迁如图 7-8 所示，它包含有活动状态、局部提交状态、提交状态、失败状态和中止状态，该图实际上就是一个抽象的事务模型。

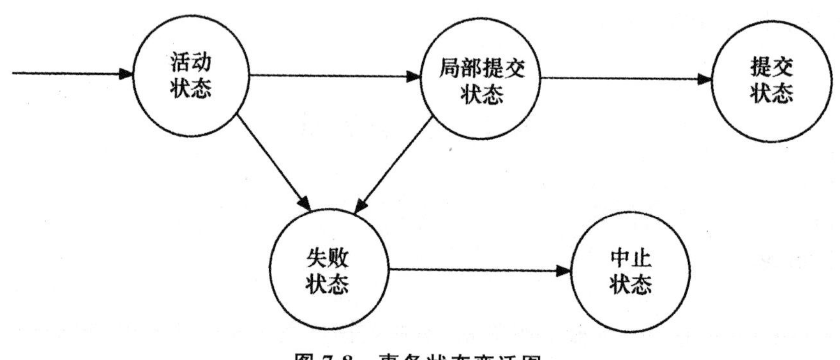

图 7-8 事务状态变迁图

(1)活动状态(Active)

事务开始执行后进入活动状态，在这个状态中事务将执行对数据库的读写操作，但这时的写操作并不是立即将内容写入物理数据库，而是存到内存的系统缓冲区或者系统日志文件。另外，在这个过程中如果经过检查点的检查发现完整性受到破坏，则事务转入失败状态。

(2)局部提交状态(Partially Committed)

事务的最后一条语句执行之后该事务进入了局部提交状态，之所以称为局部提交，是因为事务虽然执行完了，但是对数据库的修改等作用很可能还存储在系统的内存缓冲区中，数据库并未真正更新，事务还没有真正结束，只能说进入了局部提交状态。

(3)失败状态(Failed)

在事务的执行过程中由于完整性受到破坏或其他原因，处于活动状态的事务还没有达到最后一个语句就中止执行，从而转入失败状态；或者处在局部提交状态下的事务，在根据缓冲区或日志中的数据对数据库做真正更新的过程中，如果系统出现了某种故障，该事务也不得不进入失败状态。

(4)中止状态(Aborted)

事务的中止状态由失败状态转来，由于事务操作不能正常完成，这时必须清除事务对数据库的任何影响。中止状态也是事务的一种结束状态。

(5)提交状态(Committed)

事务进入局部提交状态后，系统的并发控制机制将检查该事务与并发事务是否发生干扰现象，并在检查通过之后执行提交操作，即把该事务对数据库的所有更新全部写到磁盘，并通知系统事务已经成功地结束，事务进入了提交状态。提交状态是事务的正常的结束状态。

7.4.3 更新事务的执行和恢复

用户对数据库的操作主要包括查询、插入、删除和修改，其中查询不会改变数据库的内容，而只有插入、删除和修改等操作才会改变数据库的状态，因而有可能破坏数据的一致性和完整性。涉及插入、删除和修改等操作的事务统称为更新事务，数据库管理系统必须确保其原子性和一致性。

1.更新事务的执行

为了确保事务的原子性和一致性，更新事务在活动状态下对数据库的任何修改都不能直接在磁盘中进行，而只能在内存缓冲区中进行。如前所述，在这个过程中如果发生故障或检测到数据的完整性受到破坏，事务将转入失败状态或中止状态，并导致非正常结束；否则在最后一个语句执行之后，转入局部提交状态。注意，局部提交并不是事务的结束，它还必须根据内存缓冲区中的数据对磁盘数据库做真正意义的修改，只有全部修改完毕才到达提交状态，并正常结束事务。但在修改的过程中如果系统出现故障，该事务也不得不进入失败状态。

显然，系统必须具有检查数据完整性的功能，即根据用户设定的完整性约束条件检查事务操作是否破坏了数据的完整性。按照检查时机的不同，完整性检查可以分为以下几种。

1)在事务的每个维护操作(如插入、删除、修改)执行后检查完整性，如果这时查出完整性受到破坏，则将该事务转为失败状态。这样的完整性约束称为立即约束(Immediate Constraint)。但立即约束不一定适合某些事务，例如银行转账事务必须保持借贷平衡，如果从账户A减去转出的金额X之后立即检查完整性约束条件，就必然出现不平衡，因此这类事务不适宜采用立即约束。

2)在整个事务完成之后检查完整性，这种完整性约束称为延迟约束(Deferred Constraint)。但由于不知道是事务的哪些动作破坏了完整性，只好将数据库恢复到该事务执行前的状态。

3)在事务的某些特定点检查完整性，这样的点称为检查点。若在某检查点发现完整性受到破坏，则撤消事务时只需要消除事务在当前检查点与上一检查点之间对数据库的影响，而保留以前的正确结果，使得在重新完成该事务时不必从头做起，只要从上一个检查点开始即可。

4)在一个维护操作请求之后且执行之前检查完整性。这时若查出该操作可能破坏完整性，则拒绝执行该操作，并返回请求出错的有关信息。

5)在数据库管理员或审计员发出检查请求时检查完整性。

2. 更新事务的恢复

更新事务的目的在于插入、删除和修改数据，改变数据库的状态，因此这种事务一旦失败，则必须清除其留下的任何影响，使数据库恢复到事务执行之前的状态。如前所述，更新事务可以从活动状态，也可以从局部提交状态转入失败状态而非正常结束，显然两种情况的恢复是不一样的。

(1)从活动状态转入失败状态的恢复

活动状态下的事务对数据库的更新并非直接对物理(磁盘 1)数据库进行，而是将修改内容写在内存缓冲区中，也就是说处于活动状态的数据库并未受到任何影响，因此此时发生任何故障或检查完整性约束时发现不一致，都不需要对数据库进行恢复处理。

(2)从局部提交状态转入失败状态的恢复

事务在局部提交状态将根据内存缓冲区或日志文件的内容修改磁盘数据库，在这个过程中如果出现故障，该事务就不能进入提交状态而只能进入失败状态。这时由于该事务有可能对数据库中的数据进行了部分修改，为了使数据库处于正确的状态以保证事务的原子性，应该撤消该事务对数据库所做的任何修改，这种对事务操作的撤消也称为回滚(ROLLBACK)。恢复的方法可以采用数据库文件的后备副本进行恢复，也可以根据日志文件对数据库逐一进行反更新操作。

7.5 并发控制

数据库具有共享性，通常可供多个用户同时使用。对于一些多用户数据库系统，同一时刻并发运行的事务可达数百个。在单处理机系统中，事务的并发执行实际上是这些事务的并行操作，轮流交叉运行。这种并行执行方式称为交叉并发方式。虽然单处理机系统中的并行事务并没有真正地并行运行，但是减少了处理机的空闲时间，提高了系统的效率。而在多处理机系统中，一个处理机可以运行一个事务，多个处理机可以同时运行多个事务，实现多个事务真正的并行运行。这种并行执行方式称为同时并发方式。

7.5.1 并发操作带来的问题

多个事务在对数据库进行并发操作时，有可能出现同时存取同一数据的情况。如果不加控制就可能会存取不正确的数据，有可能破坏事务的 ACID 特性和数据库的一致性，所以数据库管理系统必须提供并发控制机制。

为了保证事务的隔离性和一致性，DBMS 需要对并发控制进行正确的调度。这就是数据库管理系统中并发控制机制的任务。如果不加控制地并发执行，会产生的数据不一致问题。例如，我们把事务读数据 x 记为 $W(x)$，写数据 x 记为 $R(x)$。如图 7-9 所示，并发操作带来的数据不一致性主要包括丢失修改、不可重复读和读“脏数据”。

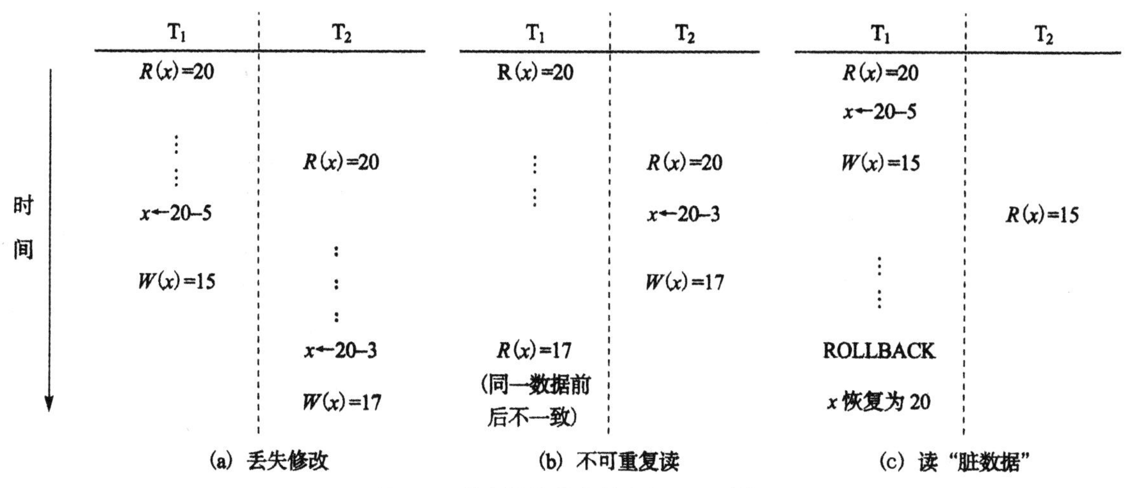

图 7-9　并发操作带来的数据不一致性

(1)丢失修改(Lost Update)

如图 7-9(a)所示,事务 T_1 和 T_2 读取同一数据 x 并修改,如果 x 的初始值为 20,则 x 最终的结果值应该为 12,而实际的结果却是 17,这是因为 T_2 提交的结果覆盖了 T_1 提交的结果,导致 T_1 对 x 的修改被丢失了。

丢失修改是由于两个事务对同一数据并发写入所引起的,这称为“写－写冲突”。

(2)不可重复读(Unrepeatable Read)

如图 7-9(b)所示,事务 T_1 和 T_2 并发执行,产生不可重复读的情况。

不可重复读是指事务 T_1 读取数据后,事务 T_2 执行更新操作,使 T_1 无法再现前一次的读取结果。

具体地讲,不可重复读包括三种情况:

1)事务 T_1 读取某一数据后,事务 T_2 对其做了修改,当事务 T_1 再次读该数据时,得到与前一次不同的值。例如,T_1 读取 $x=20$ 进行运算,T_2 读取同一数据 x,对其进行修改后将 $x=17$ 写回数据库。T_1 再次读取 x,x 的值已经变为 17,与第一次读取值不一致。

2)事务 T_1 按一定条件从数据库中读取了某些数据记录后,事务 T_2 删除了其中部分记录,当 T_1 再次按相同条件读取数据时,发现某些记录神秘地消失了。

3)事务 T_1 按一定条件从数据库中读取某些数据记录后,事务 T_2 插入了一些记录,当 T_1 再次按相同条件读取数据时,发现多了一些记录。

(3)读“脏”数据(Dirty Read)

如图 7-9(c)所示,事务 T_1 和 T_2 并发执行,事务 T_1 修改某一数据,并将其写回磁盘,事务 T_2 读取该数据后,T_1 由于某种原因被撤消,这时 T_1 已修改过的数据恢复原值,T_2 读到的数据就与数据库中的数据不一致了,则 T_2 读到的数据就称为“脏”数据,即不正确的数据。

可能会读到“脏”数据的另一种情况,当 T_2 计算某种聚集函数(如 AVG)时,要用到多值的某一属性值(如每个学生的成绩),如果 T_1 并发地修改成绩值,则 T_2 在计算平均值时,有些可能是使用了修改前的属性值,有些可能是使用了修改后的属性值,这也是一种不一致性的情况。

不可重复读和读“脏”数据问题是由于一个事务读另一个更新事务尚未提交的数据所引起

的，这称为“读一写冲突”。显然，只包含读操作的并发事务不会引起数据不一致。

产生上述三类数据不一致性的主要原因是并发操作破坏了事务的隔离性。并发控制就是要用正确的方式调度并发操作，使一个用户事务的执行不受其他事务的干扰，从而避免造成数据的不一致性。

7.5.2 封锁

数据库管理系统一般都采用封锁的方法控制事务并发操作。封锁是实现并发控制的一个非常重要的技术。所谓封锁就是事务 T 在对某个数据对象（如表、记录等）操作之前，先向系统发出请求，对其加锁。加锁后事务 T 就对该数据库对象有了一定的控制，在事务 T 释放它的锁之前，其他事务不能更新此数据对象。

1. 封锁类型

封锁是目前 DBMS 普遍采用的并发控制方法，基本的封锁类型不外乎排他锁（Exclusive Locks，简称 X 锁）和共享锁（Share Locks，简称 S 锁）。

（1）排他锁

如果事务 T 获得了数据项 Q 上的排他锁，则 T 在能够读 Q 的同时，也可写 Q，其他事务都不能再对 Q 加任何类型的锁，直到 T 释放 Q 上的锁。这就保证了其他事务在 T 释放 Q 上的锁之前不能对 A 无法再进行读取和修改。排他锁又称独占锁或写锁。

（2）共享锁

如果事务 T 获得数据项 Q 的共享锁，则 T 可读但不能修改 Q，其他事务只能再对 Q 加 S 锁，不能加 X 锁。直到 T 释放 Q 上的 S 锁。这就保证了其他事务可以读 Q，但在 T 释放 Q 上的 S 锁之前对 Q 做的任何修改都是不可以的。共享锁通常也称读锁。

排他锁和共享锁的控制方式可以用表 7-1 所示的相容矩阵来表示。

表 7-1　排他锁和共享锁的相容关系

T_1 \ T_2	X 锁	S 锁	无锁
X 锁	False	False	True
S 锁	False	True	True
无锁	True	True	True

在表 7-1 所示的加锁类型相容矩阵中，最左边一列表示事务 T_1 已经获得的数据对象上的锁的类型，最上面一行表示另一个事务 T_2 对同一数据对象发出的加锁请求。T_2 的加锁请求能否满足在矩阵中分别用“False”和“True”表示，“True”表示事务 T_2 的加锁请求与 T_1 已有的锁兼容，加锁请求能够满足；“False”表示事务 T_2 的加锁请求与 T_1 已有的锁冲突，加锁请求也就无法满足。

从相容矩阵中可以看出，相容仅仅在共享锁上才会发生。任何时候，一个数据项上的共享锁可以同时被多个不同的事务拥有。如果一个事务想要申请一个数据项上的排他锁的话，它必须等待该数据项上的所有锁被释放。

事务可以通过执行 LOCK S(Q)命令来申请数据项 Q 上的共享锁。类似地，通过执行 LOCK X(Q)命令来申请排他锁，事务能够通过 UNLOCKED(Q)命令来释放数据项 Q 上的锁。

2. 封锁协议

封锁可以有效地控制并发事务之间的相互作用，使得数据的一致性得到保障。实际上，锁是一个控制块，其中包括被加锁记录的标识符及持有锁的事务的标识符等。在封锁时，一定的封锁规则是要遵从的，这些规则规定事务对数据项何时加锁、持锁时间、何时解锁等，称这些为封锁协议(Locking Porotocol)。对封锁方式规定不同的规则，使得各种不同的封锁协议得以形成。

封锁协议在不同程度上对正确控制并发操作提供了一定的保证。并发操作所带来的脏读、不可重读和丢失更新等数据不一致性问题，可以通过三级封锁协议在不同程度上得到有效解决，下面介绍三级封锁协议。

(1)一级封锁协议

事务 T 在修改数据 A 之前必须先对其加 X 锁，这种状态持续到事务结束。事务结束包括正常结束(Commit)和非正常结束(Rollback)。

一级封锁协议可防止丢失修改，并保证事务 T 是可恢复的。使用一级封锁协议解决丢失更新问题的过程如图 7-10 所示，A 的初始值为 50。

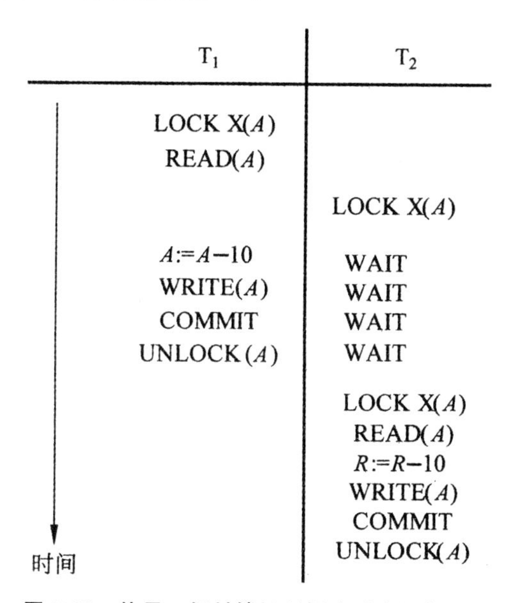

图 7-10　使用一级封锁机制解决丢失更新问题

图 7-10 中，事务 T_1 进行修改之前先对 A 加 X 锁，当事务 T_2 请求对 A 加 X 锁被拒绝，T_2 只能等待 T_1 释放 A 上的锁后才能获得对 A 的 X 锁。事务 T_1 提交对 A 的修改，并释放锁，此时数据库中 A 的值为修改后的值 40。这时事务 T_2 获得对 A 的 X 锁，读取的数据 A 为 T_1 更新后的值 40，再对新值 40 进行运算，并将结果 30 写入磁盘。这样的话，事务 T_1 的更新被丢失问题得以有效避免。

一级封锁协议规定：更新操作之前必须先获得 X 锁，但读数据是不需要加锁的，所以使用一级封锁协议可以解决丢失更新问题，但不可重复读、读“脏”数据等问题仍然无法得到有效解决。

（2）二级封锁协议

在一级封锁协议的基础上，再加上事务 T 在对数据 A 进行读操作之前必须先对 A 加 S 锁，读完后立即释放 S 锁。

二级封锁协议除了解决丢失更新问题，对于读“脏”数据和幻影读也能够有效防止。图 7-11 为使用二级封锁协议解决读“脏”数据问题的过程。

如图 7-11 所示，A 的初始值为 50。事务 T_1 在对 A 修改之前，先对 A 加 X 锁，修改 A 的值之后写回磁盘。这时事务 T_2 请求在 A 上加 S 锁，因为 T_1 已在 A 上加了 X 锁，根据相关控制方式，T_2 不能加 S 锁，所以 T_2 只能等待。刚才的修改操作由 T_1 撤消，此时 A 的值恢复为 50，T_1 释放 A 上的 X 锁。这时 T_2 获得 A 上的 S 锁，读取 A 值为 50。这样的话，T_2 读“脏”数据得以有效避免。

由于二级封锁协议中读完数据后即释放 S 锁，故“不可重复读”问题还是无法得到良好解决。

（3）三级封锁协议

在一级封锁协议基础上，再加上事务 T 在对数据 A 进行读操作之前必须先对 A 加 S 锁，直到事务结束才能释放加在 A 上的 S 锁。

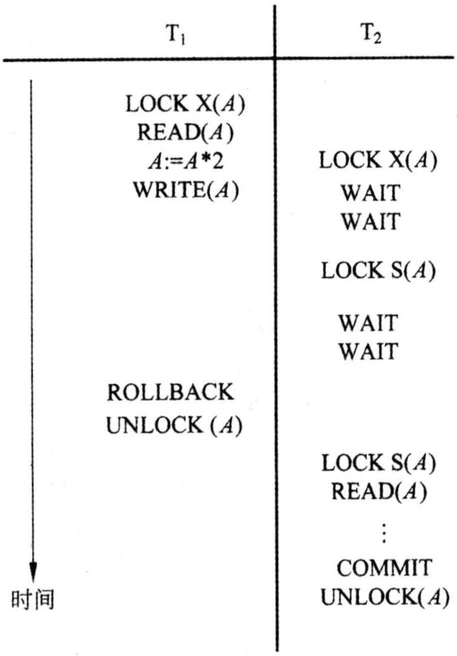

T_1	T_2
LOCK X(A)	
READ(A)	
A:=A*2	LOCK X(A)
WRITE(A)	WAIT
	WAIT
	LOCK S(A)
	WAIT
	WAIT
ROLLBACK	
UNLOCK (A)	
	LOCK S(A)
	READ(A)
	⋮
	COMMIT
	UNLOCK(A)

时间

图 7-11　使用二级封锁机制解决“脏”读问题

三级封锁协议除了解决丢失更新、不读“脏”数据和幻影读等问题，对不可重复读的问题也能够有效防止。图 7-12 表示为使用三级封锁协议解决不可重复读问题的过程。

如图 7-12 所示，事务 T_1 对 A 和 B 加 S 锁，假设 A 和 B 的值分别是 50 和 80。事务 T_2 申请对 A 加 X 锁，因为 T_1 已对 A 加了 S 锁，根据表 7-6 可知，T_2 不能对 A 加 X 锁，T_2 处于等待状态，等待 T_1 释放对 A 的锁。然后事务 T_1 又读取 A 的数据，进行求和运算后提交结果并释放锁。于是，T_2 获得对 A 的 X 锁，然后读取数据进行运算。T_1 两次读取数据 A，相同的结果即可得到，不可重复读的问题得以有效解决。

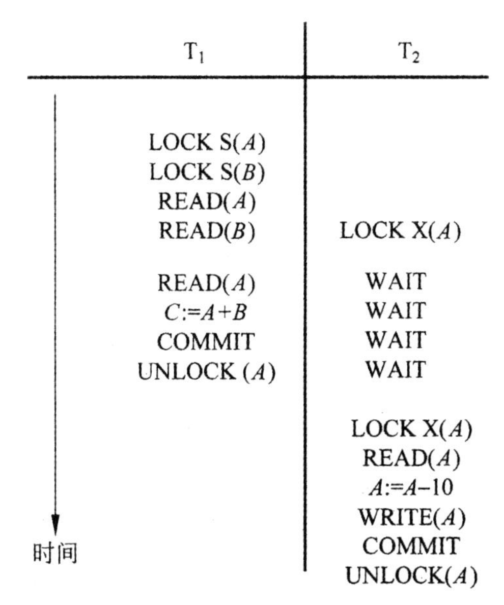

图 7-12　使用三级封锁机制解决不可重复读问题

3. 封锁粒度

封锁对象的大小称为封锁粒度。根据对数据的不同处理，封锁的对象的逻辑单元可以是以下几种：属性值、属性值的集合、元组、关系、索引项、整个索引值直至整个数据库等。封锁粒度与系统的并发度和并发控制的开销有直接关系。封锁粒度越小，系统中能够被封锁的对象就越多，并发度越高，但封锁机构复杂，系统开销也就越大。相反，封锁粒度越大，系统中能够被封锁的对象就越少；并发度越小，封锁机构越简单，相应系统开销也就越小。因此，在实际应用中，选择封锁粒度时封锁机构和并发度两个因素是务必要考虑到的，对系统开销与并发度进行权衡，以求得最优的效果。

4. 死锁和活锁

并行操作的一致性问题可通过封锁的方法得到有效解决，然而封锁尚不是万能的，但也会引发新的问题，即活锁和死锁问题。

(1)活锁

系统可能使某个事务永远处于等待状态，得不到封锁的机会，这种现象称为活锁(live lock)。

例如，事务 T_1 在对数据 R 封锁，事务 T_2 又请求封锁 R，于是 T_2 等待。T_3 也请求封锁 R。当 T_1 释放了 R 上的封锁后首先批准了 T_3 的请求，T_2 继续等待。然后又有 T_4 请求封锁 R，T_3 释放 R 上的封锁后又批准了 T_4 的请求，……，T_2 可能永远处于等待状态，从而发生了活锁，如图 7-13 所示。

采用“先来先服务”的策略能够有效解决活锁问题，也就是简单的排队方式。

如果运行时，事务有优先级，那么很可能优先级低的事务，即使排队也很难轮上封锁的机会。

此时可采用“升级”方法来解决，也就是当一个事务等待若干时间（如五分钟）还轮不上封锁时，可以提高其优先级别，这样封锁是总能够轮上的。

时间	T_1	T_2	T_3	T_4
	LOCK R			
		LOCK R		
		WAIT		
		WAIT		
		WAIT	LOCK R	
		WAIT		
	UNLOCK (R)	WAIT	WAIT	LOCK R
		WAIT	LOCK R	WAIT
		WAIT		WAIT
		WAIT		WAIT
		WAIT	UNLOCK R	WAIT
		WAIT		LOCK R
↓		WAIT		

图 7-13 活锁

(2)死锁

系统中有两个或两个以上的事务都处于等待状态，并且每个事务都在等待其中另一个事务解除封锁，它才能继续执行下去，结果造成任何一个事务都无法继续执行，这种现象称系统进入了死锁(dead lock)状态。

例如，如果事务 T_1 封锁了数据 R_1，T_2 封锁了数据 R_2，然后 T_1 又请求 R_2，因 T_2 已封锁了 R_2，于是 T_1 等待 T_2 释放 R_2 上的锁；接着 T_2 又申请封锁 R_1，因 T_1 已封锁了 R_1，T_2 也只能等待 T_1 释放 R_1 上的锁。这样的话，即可出现 T_1 在等待 T_2、T_2 又在等待 T_1 的局面，T_1 和 T_2 两个事务永远不能结束，形成死锁，如图 7-14 所示。

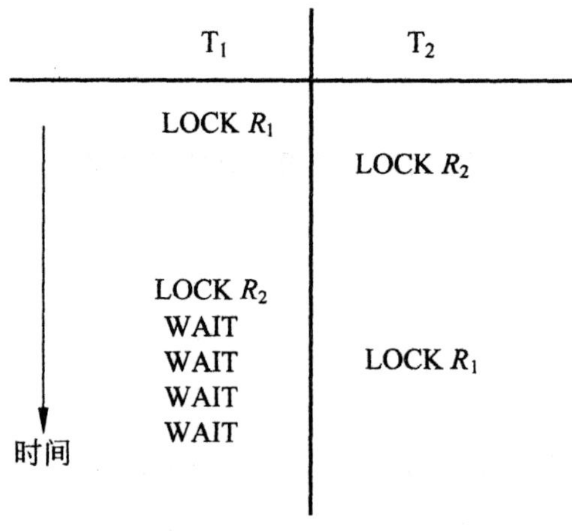

图 7-14 死锁

在数据库，两个或多个事务都已封锁了一些数据对象导致了死锁的出现，然后又都请求对已被其他事务封锁的数据对象加锁，从而出现死等待。

目前，数据库中解决死锁问题主要有两类方法：一类方法是采取一定的措施来预防死锁的发生；另一类方法是允许死锁，采用一定的手段定期诊断有无死锁，若有就将死锁解除。

5. 死锁预防

可通过一次加锁法和顺序加锁法来预防死锁。

(1)一次加锁法

一次加锁法是每个事务必须将所有要使用的数据对象全部依次加锁，并要求加锁成功，只要一个加锁不成功，本次加锁也就失败了，则应该立即释放所有加锁成功的数据对象，然后重新开始加锁。

如图7-14发生死锁的例子，可以通过一次加锁法加以预防。事务 T_1 启动后，立即对数据 R_1 和 R_2 依次加锁，加锁成功后，执行 T_1，而事务 T_2 等待。直到 T_1 执行完后释放 R_1 和 R_2 上的锁，T_2 继续执行。这样死锁也就不会发生。

一次加锁法虽然可以有效地预防死锁的发生，但仍然有不足之处。首先，对某一事务所要使用的全部数据一次性加锁，使得封锁的范围得以扩大，从而降低了系统的并发度。其次，数据库中的数据是不断变化的，原来不要求封锁的数据，在执行过程中可能会变成封锁对象，所以很难事先精确地确定每个事务所要封锁的数据对象，这样只能在一开始扩大封锁范围，将可能要封锁的数据全部加锁，使得并发度得以有效降低。

(2)顺序加锁法

顺序加锁法是预先对所有可加锁的数据对象规定一个加锁顺序，每个事务都需要按此顺序加锁，在释放时，按逆序进行。例如，对于图7-14发生的死锁，可以规定封锁顺序为 R_1、R_2，事务 T_1 和 T_2 都需要按此顺序加锁。T_1 先封锁 R_1，再封锁 R_2。当 T_2 再请求封锁 R_1 时，因为 T_1 已经对 R_1 加锁。T_2 能做的只能是等待下去。待 T_1 释放 R_1 后，T_2 再封锁 R_1，则不会发生死锁。

顺序加锁法可以有效地防止死锁，但也同样存在问题。因为事务的封锁请求可以随着事务的执行而动态地决定，所以想要事先确定封锁对象难度比较大，从而封锁顺序的确定的难度也就更大。即使确定了封锁顺序，随着数据插入、删除等操作的不断变化，维护这些数据的封锁顺序需要很大的系统开销。

在数据库系统中，由于可加锁的目标集合不但很大，而且是动态变化的；可加锁的目标常常不是按名寻址，而是按内容寻址，预防死锁常要付出很高的代价，因而上述两种在操作系统中广泛使用的预防死锁的方法并不太适合数据库的特点。一般情况下，在数据库系统中，可以允许发生死锁，在死锁发生后可以自动诊断并解除死锁。

6. 死锁的诊断与解除

数据库系统中诊断死锁的方法与操作系统类似。系统是否存在死锁可通过事务依赖图的形式来测试。例如，在图7-15中，事务 T_1 需要数据B，但数据B已经被事务 T_2 封锁，那么从 T_1 到 T_2 画一个箭头；事务 T_2 需要数据A，但数据A已经被事务 T_1 封锁，那么从 T_2 到 T_1 也画一个箭头。如果在事务依赖图中沿着箭头方向存在一个循环，那么死锁的条件也就具备了，系统就会出现死锁。

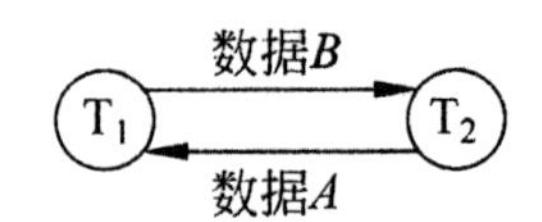

图 7-15　事务依赖图

图 7-16 为无环依赖图，表示系统未进入死锁状态。图 7-17 为有环依赖图，则表示系统进入死锁状态。

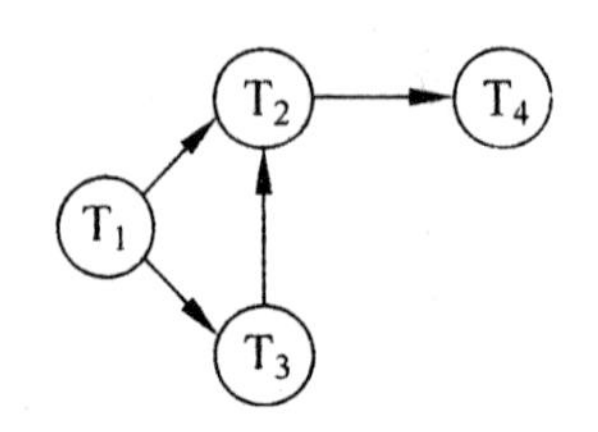

图 7-16　事务的无环依赖图

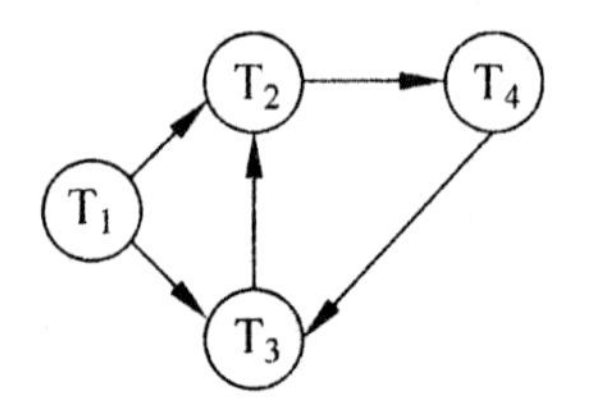

图 7-17　事务的有环依赖图

DBMS 中有一个死锁测试程序，每隔一段时间会对并发的事务之间是否发生死锁进行检查。如果发生死锁，那么只能选取某个事务作为牺牲品，把它撤消，做回退操作解除它的所有封锁，恢复到该事务的初始状态。释放出来的资源就可以分配给其他事务，使其他事务可能继续运行下去，进而使得死锁现象得以消除。在解除死锁的过程中，根据系统状态及其应用的实际情况来确定的牺牲事务标准的选取，通常采用的方法之一是选择一个处理死锁代价最小的事务，将其撤消。不重要的用户，取消其操作，释放封锁的数据，恢复对数据库所作的改变。

7.5.3　并行调度的可串行性

调度是指多个事务的某个执行顺序。DBMS 对并发事务不同的调度可能会产生不同的结果，那么什么样的调度是正确的呢？显然，串行调度是正确的。执行结果等价于串行调度的调度当然也是正确的。

多个事务的并发执行是正确的，当且仅当其结果与某一次序串行地执行它们时的结果相同，称这种调度策略为可串行化(Serializable)的调度。

可串行性(Serializabile)是并发事务正确性的准则。按这个准则规定，一个给定的并发调度，如果是可串行化的调度，就认为是正确调度。

例如，假设 A 的初值为 2，B 的初值为 3，现在有两个事务，分别包含下列操作：

事务 T_1：读 B；$A=B*2$；写回 A

事务 T_2：读 A；$B=A*2$；写回 B

对这两个事务有两个不同的串行调度策略，如图 7-18 所示。对于串行调度策略 $T_1\rightarrow T_2$，执行结果为 $A=6$，$B=12$。对于串行调度策略 $T_2\rightarrow T_1$，执行结果为 $A=8$，$B=4$。虽然执行结果不同，但它们都是正确的调度。

图 7-19 给出了两个不同的并行调度策略，其中图(a)中两个事务是交错执行的，由于其执行结果与上述串行调度的结果都不同，所以是错误的调度；图(b)中两个事务也是交错执行的，其执行结果与串行调度图 7-19(a)执行结果相同，所以是正确的调度。

T_1	T_2
申请并获得 Slock(*B*)	
Y←*R*(*B*)=3	
申请并获得 Xlock(*A*)	
A←*Y**2=6	
W(*A*)=6	
COMMIT	
释放 Slock(*B*)	
释放 Xlock(*A*)	
	申请并获得 Slock(*A*)
	Y←*R*(*A*)=6
	申请并获得 Xlock(*B*)
	B←*Y**2=12
	W(*B*)=12
	COMMIT
	释放 Slock(*A*)
	释放 Xlock(*B*)

(a)

T_1	T_2
	申请并获得 Slock(*A*)
	Y←*R*(*A*)=2
	申请并获得 Xlock(*B*)
	B←*Y**2=4
	W(*B*)=4
	COMMIT
	释放 Slock(*A*)
	释放 Xlock(*B*)
申请并获得 Slock(*B*)	
Y←*R*(*B*)=4	
申请并获得 Xlock(*A*)	
A←*Y**2=8	
W(*A*)=8	
COMMIT	
释放 Slock(*B*)	
释放 Xlock(*A*)	

(b)

图 7-18　并发事务的串行调度策略

T_1	T_2
申请并获得 Slock(*B*)	
Y←*R*(*B*)=3	
	申请并获得 Slock(*A*)
	X←*R*(*A*)=2
释放 Slock(*B*)	
	释放 Slock(*A*)
申请并获得 Xlock(*A*)	
A←*Y**2=6	
W(*A*)=6	
	申请并获得 Xlock(*B*)
	B←*Y**2=4
	W(*B*)=4
COMMIT	
释放 Xlock(*A*)	
	COMMIT
	释放 Xlock(*B*)

(a) 不可串行化的调度

T_1	T_2
申请并获得 Slock(*B*)	
Y←*R*(*B*)=3	
释放 Slock(*B*)	
申请并获得 Xlock(*A*)	
A←*Y**2=6	申请 Slock(*A*)
W(*A*)=6	等待
COMMIT	等待
释放 Xlock(*A*)	等待
	获得 Slock(*A*)
	Y←*R*(*A*)=6
	申请并获得 Xlock(*B*)
	B←*Y**2=12
	W(*B*)=12
	COMMIT
	释放 Slock(*A*)
	释放 Xlock(*B*)

(b) 可串行化的调度

图 7-19　并发事务的并行调度策略

第 8 章　XML 数据管理技术

XML(eXtensible Markup Language,可扩展标记语言)是由 W3C(World Wide Web Consortium,万维网联盟)推出的用于新一代网络数据表示、传递和交换的标准,是 Internet 环境中跨平台的、依赖于内容的技术。在数据库领域中,XML 作为一种数据存储和交换格式,在当前的互联网和 IT 环境中扮演着越来越重要的角色,它已成为数据交换的标准。

8.1　概述

8.1.1　XML 数据管理的发展历程

XML 数据管理的发展经历了以下两个阶段:

第一阶段:基于关系的 XML 数据管理。其特点是在关系型数据库内核层的基础上,将 XML 的树形结构数据拆散、重组转换成关系型数据存入关系数据库,在提取 XML 数据过程中,利用 SQL 语言的优化将表格型数据取出并还原成 XML 树结构数据。实践表明,这种方法在效率和效果上均无法满足人们的需要。

第二阶段:纯 XML 数据库系统(Native XML Database Systems),其特点是以自然的方式处理 XML 数据。纯 XML 数据库系统能够保持 XML 数据的树形结构,能够将结点或者子树作为存储单元,针对 XML 数据存储和查询特点专门设计适用的数据模型和方法,从数据库核心层直至其查询语言都采用与 XML 直接配套的技术。

8.1.2　XML 相关技术

XML 涉及很多相关的技术,只有将这些技术结合起来,才能充分发挥 XML 的强大功能。这些技术主要包括:DTD(文档类型定义)、XSL(可扩展样式语言)、XLL(可扩展链接语言)、DOM(文档对象模型)、Namespaces(XML 命名空间)、XHTML(可扩展 HTML)等。

1. 文档类型定义

文档类型定义(DTD)是用于描述、约束 XML 文档结构的一种方法,规定了文档的逻辑结构。它可以定义文档的语法,而文档的语法反过来能够让 XML 语法分析程序确认某张页面标记使用的合法性。DTD 定义页面的元素、元素的属性以及元素和属性之间的关系,如 DTD 能够规定某个表项只能在某个列表中使用。

理想的定义应面向描述与应用程序有关的数据结构而不是如何显示数据。换句话说,应把一个元素定义为一个标题行,然后让样式表和脚本定义如何显示标题行。

DTD 不是强制性的。对于简单应用程序来说,开发人员不需要建立他们自己的 DTD,可以使用预先定义的公共 DTD,或者根本就不使用。即使某个文档已经有了 DTD,只要文档是结构完整的，语法分析程序也可以不对照 DTD 来检验文档的合法性。服务器可能已经执行了检查，所以检验的时间和带宽将得以节省。

2. 可扩展链接语言

可扩展链接语言(eXtensible Linking Language，XLL)是一种链接语言，它支持目前 Web 上已有的简单链接，并且将进一步扩展链接，包括结束死链接的间接链接以及可以从服务器中仅查询某个元素的相关部分的链接等。超文本标记语言(HTML)只执行与超文本系统概念相关的少数连接功能，只支持最简单的链接形式，这与 XML 相比有很大的差别。在为 XML 所设想的真正的超文本系统中，所有典型的超文本链接机制都将得到支持，包括以下几种类型：

1)与位置无关的命名。

2)双向链接。

3)可以在文档外规定和管理的链接。

4)元超链接(如环路、多个窗口)。

5)集合链接(多来源)。

6)Transclusion(链接目标文档是链接源文档的一部分)。

7)链接属性(链接类型)。

这些类型都可以通过 XLL 来实现。由于 XML 以 SGML 为基础，所以 XLL 基本上是 Hytime(超媒体/基于时间的结构语言，ISO10744)的一个子集。它还遵循文本编码倡议(Text Encoding Initiative)规定的链接概念。

3. 可扩展样式语言

可扩展样式语言(XSL)是用于规定 XML 文档样式的语言。XSL 能使 Web 浏览器改变文档的表示法，如使数据的显示顺序改变，而不需要与服务器进行交互通信。通过变换样式表，同一个文档可以显示得更大，或者经过折叠只显示外面的一层，或者变为打印格式。可以设想一个适合用户学习特点的技术手册，它为初学者和更高一级的用户提供不同的样式，而且所有的样式都是根据同样的文本产生的。

XSL 凭借其可扩展性能够控制无穷无尽的标记，而控制每个标记的方式也是无穷尽的。这就给 Web 提供了高级的布局特性，如旋转的文本、多列和独立区域等。它支持国际书写格式，可以在一页上混合使用从左至右、从右至左和从上至下的书写格式。

4. 数据元对象

XML 数据源对象(Data Source Object，DSO)通常也被称为数据岛(Data Islands)。DSO 的实现机制是将链接到 HTML 网页中的一个 XML 文档或一段 XML 数据当作一个类似于数据库的记录集对象，并使用传统操作数据库的方法来实现在 HTML 网页中浏览被链接的 XML 文档内容。

XML 文档中只包含一系列数据，其本身不能决定如何显示这些数据，而 HTML 却是一个理想的网络信息显示语言。采用 DSO 技术或数据岛技术，能够使 XML 文档的元素和属性数据与 HTML 文档中特定的元素进行绑定，从而实现将 XML 文档中的信息通过对应的 HTML 元素展示出来。这种借助 HTML 网页来显示 XML 文档内容的方式，既保持了 XML 文档数据与其显示格式分离的特点，使得数据的储存与利用具有极大的灵活性；同时又具备了 HTML 网页的丰富显示格式，并具有一定的可编程特性。

5. 文档对象模型(DOM)

文档对象模型(Document Object Model，DOM)与 HTML 技术中的 DOM 概念一样，XML DOM 是由一组代表 XML 文档中不同组成部分的程序对象组成，这些对象提供了各自的属性和方法，使得应用程序开发者能够通过编写脚本程序来显示和操纵 XML 文档中相应的组件。W3C 的 DOM Level 标准定义了这些对象，以及各个对象所具有的属性、方法和事件等。换言之，DOM 技术为处理 XML 文档提供了一个编程接口。虽然 DOM 比 DSO 需要更多的额外工作，但却具有更强的功能和更好的灵活性，不仅可用来编写访问本地 XML 文档的应用程序，还可用来编写访问服务器端 XML 文档的应用程序。

XML DOM 以树形的层次节点来储存 XML 文档中的所有数据，每一个节点都是一个相应的对象，其结构与 XML 文档的层次结构相吻合。因此可以使用 DOM 节点树来访问任何形式的 XML 文档，并且可以使用 DOM 来显示和操纵 XML 文档中的任何组件，包括元素、属性、处理指令、注释及实体等。

事实上，可以把 DOM 看作是一种 ActiveX 对象，它绑定封装了若干个对 XML 文档进行访问的 API(Application Programming Interface，应用程序编程接口)，应用程序开发者能够使用脚本语言来调用 DOM 对象的属性与方法，达到访问、操作 XML 文档内容的目的。

6. XML Schema

XML Schema 也被称为 XML 模式或者 XML 架构，它是继 DTD 之后，用来规范和描述 XML 文档的第二代标准。虽然 DTD 在描述 XML 文档的结构和验证文档的有效性方面非常有用，但仍然存在着许多缺陷。例如，采用了非 XML 的语法规则、支持的数据类型不多、扩展性较差等。这些缺陷使 DTD 的应用受到很大的限制。为了解决上述问题，以 Microsoft 为首的多家公司提出了 XML Schema 规范。

XML Schema 可用来详细规定 XML 文档的数据模式及组织结构。与 DTD 不同的是，XML Schema 总是以独立的文档保存，并且使用与 XML 文档相同的语法，使得 XML 文档达到了从内到外的完美统一。此外，在对 XML 文档元素与属性的定义方面，XML Schema 具有比 DTD 更为强大的功能。

XML Schema 像一幅蓝图，定义和描述了 XML 文档的结构、内容和语义一，具体规定了某个 XML 文档中可以包含哪些元素，这些元素又可以具有哪些子元素，并可规定这些子元素出现的次数及其顺序等。另外，XML Schema 还具体规定了 XML 文档中每个元素和属性的数据类型。

7. Xlink 与 Xpointer

超文本链接是 Web 的关键技术。在 HTML 语言中超文本链接通常只是一条简单的语句，但在 XML 语言中，超文本链接已经不是 XML 标记的一部分，而是一种独立的链接语言。XML 的链接语言主要由 3 部分组成，分别为：XLink、XPath 和 XPointer。

XLink 用来支持一般的超链接，就像在 HTML 中一样。除此之外，XLink 也支持更为复杂的链接。XLink 不仅可以在 XML 文档之间建立链接，而且允许同一链接点链接多个目标，并且较 HTML 链接机制具有更大的效能。不仅如此，XLink 还可以描述与非 XML 文档的链接关系，建立与其他类型数据之间的链接。

XPath 主要用来描述一个超链接路径，该路径可以是相对路径或绝对路径。相对路径实际上是从当前节点到达链接目标节点的一连串节点地址；绝对路径则是从根节点位置到达链接目标节点的一连串地址。

XPointer 可使 XML 文档的链接更具灵活性，使用 XPointer 结合 XLink 可以方便地链接到目标文档的任何位置。它支持在 XML 文档中定位到元素、属性、字符串等内部结构，而不局限于将元素的标记作为链接目标。

8.1.3 XML 的应用及发展

现在，XML 已经得到广泛的应用，开始发挥其作用，而且与 XML 相关的技术也越来越成熟。XML 应用在不同的领域，目前来看，XML 主要有 6 个比较重要的应用领域。

1. 数据交换

在现实生活中，计算机系统和数据库系统所存储的数据有 N^N 种形式，对于开发者来说，最耗时间的就是在遍布网络的系统之间交换数据。把数据转换为 XML 格式，存储将会大大减少交换数据的复杂性，还可以使得这些数据被不同的程序读取。既然 XML 是与软、硬件和应用程序无关的，就可以使数据被更多的用户、更多的程序所利用，而不仅仅是基于 HTML 标准的浏览器。其他的客户端和应用程序可以把 XML 文档作为数据源处理，就像对待数据库一样，这样数据就可以被各种各样的“阅读器”处理，这对某些用户来说是很方便的。

2. Web 服务

Web 服务允许使用不同系统和不同编程语言的人能够相互交流和分享数据。其基础在于 Web 服务器用 XML 在系统之间交换数据，交换数据通常用 XML 标记，能使协议规范一致，比如在简单对象处理协议(Simple Object Access Protocol，SOAP)平台上，SOAP 可以在不同编程语言构造的对象之间传递消息，这意味着一个 C# 对象能够与一个 Java 对象进行通信，这种通信甚至可以发生在运行于不同操作系统上的对象之间。DCOM、CORBA 和 Java RMI 只能在紧密耦合的对象之间传递消息，SOAP 则可在松耦合对象之间传递消息。

3. 内容管理

XML 只用元素和属性来描述数据，而不提供数据的显示方式。这样，XML 就提供了一个很好的方法来标记独立于平台和语言的内容。使用像 XSLT 这样的语言能够很容易地将 XML 文件转换成多种格式的文件，如 HTML、WML、PDF、flat file、EDI 等。XML 能够运行于不同系统的平台上，并能转换成不同格式的目标文件，是内容管理应用系统中的最佳选择。

4. 电子商务

XML 的一个主要目标市场是电子商务。从技术角度来讲，电子商务是通过互联网传输和交换商务活动信息，根据不同的商务数据进行人工或自动处理。因此，数据的标准化在商务数据传输和交换过程中起着至关重要的作用。HTML 显然是有缺陷的数据表示形式，它不能令人满意地表示不同领域中所需的不同数据模型及各种数据的语义。然而，XML 的可扩展性以及 XML 数据的可读性和可理解性，就使其成为商务数据标准化和在互联网上进行数据交换的有力工具。

EDI(电子数据交换)是电子商务的重要组成部分,是网络发展的一个主要目标市场。传统的EDI机制依靠不同商务部门之间的强大计算机系统来实现压缩的信息传输,每一条信息在传输、使用和提供给用户之前都必须编码,因此,缺乏灵活性和可扩展性。电子商务的下一波发展浪潮必将跨越目前EDI所遇到的障碍,呈现出一系列变化所带来的发展生机。

XML的出现为电子商务带来了新的机遇和活力,当前所需做的第一步就是将企业之间日常交流和交换的信息尽可能地统一化、电子化,来满足不同商业系统之间数据交换的需求。Microsoft公司的电子商务架构BizTalk和OASIS组织的ebXML电子商务框架正在朝这个方向发展,以实现在未来的电子商务,尤其是在B2B(企业对企业)的电子商务中全部采用基于XML的数据交换。

在电子商务中使用XML技术,应用程序就能够理解被交换信息中的数据含义及其商务概念,使得可以根据明确的商务规则来进行相应的处理并给出适当的回复。XML的可扩展性,完全可以用来描述不同类型的单据,例如,信用证、提货单、保险单、索赔单、各种发票等。结构化的XML文档发送至Web的数据可以被加密,并且可以附加上数字签名。因此,XML有望推动电子商务的大规模应用。

5. Web集成

Microsoft公司的史蒂夫·鲍尔默认为:XML将成为未来互联网领域占主导地位的标准通信协议,今后各类信息家电和手持设备都将使用XML技术。

事实上,目前已有越来越多的系统和设备支持XML,已使得Web应用开发商可以在PDA(个人数字助理)及其他信息家电与Web服务器之间使用XML格式来传递数据。将XML文档直接送进这些设备的目的是让用户能够自己掌握数据的显示方式,能够更加体验到实践的快乐。例如,在常规的C/S(客户机/服务器)网络模式下,为了获得数据排序或更换显示方式,必须向服务器发出申请;而采用XML技术则可以在客户端直接处理数据,不必经过向服务器申请查询-返回结果这样的双向"旅程",同时设备也不需要在服务器上配置数据库。甚至还可以对设置上的XML文件进行修改,并将结果返回给服务器。

6. 配置文件

许多应用程序都将配制数据存储在各种文件里,如Windows系统中的.ini文件。虽然这样的文件格式已经使用多年而且一直工作正常,但是XML还能以更好的方式为应用程序标记配制数据。例如,使用.NET中的类,如XML Document和XMLTextReader,将配制数据标记为XML格式,使其更具可读性,并能方便地集成到应用系统中去。此外,使用XML配制文件的应用程序能够方便地处理所需数据,不像其他应用程序那样要经过重新编译才能修改和维护应用系统。

从对XML应用的研究中,可以了解到,HTML只适应于显示结构较为简单、内容较为单一的Web文件,然而随着标准化Java应用的普及和发展,人们越来越感觉到有必要开发一种标准的、可扩展的和结构化的语言。XML的出现正是顺应了Web技术发展的这些要求,因此,它不仅具有极大的发展潜力,而且也必将反过来进一步促进Web技术和Java技术的发展。

XML仍在不断发展完善之中,与XML相关的技术也在制定之中。XML需要强大的新工具用于在文档中显示丰富复杂的数据,XML会改革终端用户在网上的行为,这有助于许多商业应用的实现，且 XML 作为一个数据标准，会开创互联网上众多新的用途。

8.2　XML 数据编码技术

随着 XML 的迅速发展，对 XML 数据的高效索引和查询的需求缺口越来越大。为了提高查询的效率，即能够不读源 XML 文档数据就可以快速判断 XML 文档中两个结点的祖先-后代关系(或父子关系)，人们提出了许多编码方法。近年来，人们提出了各种各样的关于 XML 数据的索引和查询技术，这些技术大部分基于某种对 XML 树的编码方法。编码技术在查询处理中变得越来越重要。

对 XML 树的编码，是指按照某种规则对 XML 树的每一个结点分配唯一的编码，目的是通过任意两个结点的编码，能够直接判断两个结点之间是否具有祖先-后代等结构关系，进而可以更高效地支持对 XML 数据的索引和查询。

8.2.1　位向量编码

N. Wirth 曾提出了位向量编码：树 T 中的每个结点被译码为一个 n 位向量，n 是树 T 中的结点数量，在某个位置 i 上的一个“1”位唯一地标识第 i 个结点；并且在一个自顶向下(或自底向上)的编码方案中，每一个结点继承了标识它祖先(或后裔)的所有位上的“1”。例如，树 T 的一个结点 u 的位向量编码记为 $c(u)=\{b_1,\cdots,b_n\}$，若树 T 的第 i 个结点是结点 u 或它的祖先(或后裔)结点。则 $b_i=1$，否则 $b_i=0$。

对于继承祖先的位向量编码，利用二元位运算 AND(&)，就可以快速检测一个结点 u 是否是另一个结点 v 的祖先：u 是 v 的祖先，当且仅当 $c(u)\&c(v)=c(u)$；对于继承后裔的位向量编码，利用二元位运算 OR(|)，可以快速检测一个结点 u 是否是另一个结点 v 的后裔：u 是 v 的后裔，当且仅当 $c(u)|c(v)=c(v)$。因此，位向量编码能够有效支持包含关系的计算。

8.2.2　前缀编码

1. 基本的前缀编码

前缀编码方法还可以称之为基于路径的编码方法。父结点的编码是孩子结点编码的前缀，因此，若一个结点的编码是另一个结点编码的前缀的话，则该结点是另一个结点的祖先结点。给定一个结点 v，令其编码为 $L(v)$，它有 k 个子结点 $u_1,u_2,\cdots,u_k,u_i$，那么，子结点 u_i 的编码是 $L(u_i)=L(v).L'(u_i)$，在这里，$L'(u_i)$是孩子结点中唯一的编码，“.”是连接符。对于前缀编码方法，当在某一个位置插入一个新的结点时，它最多只能影响到该插入结点的父结点的所有子孙结点。这样，它就把编码更新限制在父结点的范围内。人们对前缀编码方法进行了广泛深入的研究，其中最著名的前缀编码方法是 Dewey 编码。

Dewey 编码：根结点的编码为 1，给定一个结点 v 的 k 个子结点 $u_1,u_2,\cdots,u_k,u_i$ 的编码是 $L(u_i)=L(v).i$。

关系判断：对于任意两个结点 u,v，当且仅当 $L(u)$是 $L(v)$的前缀，则 u 是 v 的祖先结点。当且仅当 $L(u)$是 $L(v)$的前缀且 $L(u)$比 $L(v)$多且只多一个“.”连接符，则 u 是 v 的父结点。

2. 扩展的前缀编码

一般情况下，前缀编码方法都需要分隔符。分隔符的存在浪费了存储空间，且不方便数据的表示。

BitPath 编码是新的基于前缀的编码方法。它类似于 Dewey 编码，所不同的是，它用位而不是整数来表示编码，而且它不需要分隔符，这样一来，在节省空间的同时，也给祖先—后代关系判断带来了更高的效率。下面即为 BitPath 编码方法相关内容。

孩子编码：给定一个结点 v，v 有 n 个孩子结点。令 $2^{k-1}<n<2^k$。可以用 k 个位为这 n 个孩子结点分配唯一的编码。这个编码称作孩子编码。

路径编码：令 v_n 是一个结点，从根结点到 v_n 的路径是 $v_0v_1\cdots v_n$，把 $c_0c_1\cdots c_n$ 叫做路径编码，其中 c_i 是 u_i 对应的孩子编码。

BitPath 编码：BitPath 编码是一个二元组<length，pathCode>，其中，pathCode 是路径编码，length 是路径编码的长度。

前缀包含：给定两个 BitPath 编码 $bitPath_1$ 和 $bitPath_2$，若 $bitPath_1$. length< $bitPath_2$. length 并且 $bitPath_1$. pathCode 是 $bitPath_2$. pathCode 的前缀，则说 $bitPath_2$ 前缀包含 $bitPath_1$，记做 $bitPath_1<bitPath_2$。

祖先-后代关系判断：给定两个结点 v_1 和 v_2，v_1 是 v_2 的祖先结点当且仅当 $L(v_1)<(v_2)$。

8.2.3 区间编码

树 T 中的每一个结点被赋予一个区间编码[start，end]，并且满足：一个结点的区间编码包含它的后裔结点的区间编码。意思就是，树 T 中的结点 u 是结点 v 的祖先，当且仅当 start(u)< start(v) ∧ end(u)<end(u)。

两个结点的区间编码之间的具体如图 8-1 所示，它们要么是完全不相交，如图 8-1 的(a)、(d)两种情况；要么是完全包含，如图 8-1 的(b)、(c)两种情况。

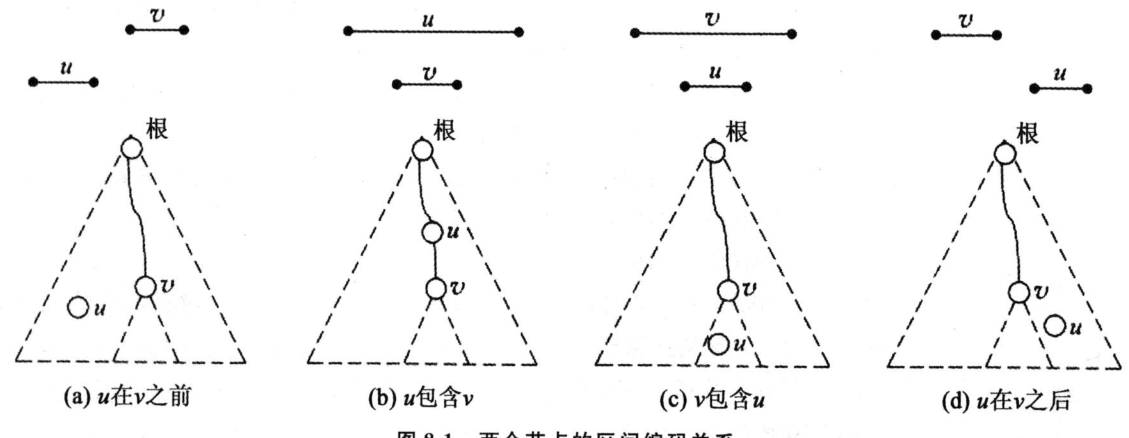

图 8-1 两个节点的区间编码关系

第一种区间编码方案 Dietz 编码，它的编码规则为：树 T 中的每一个结点均被赋予一个先序遍历序号和后序遍历序号的二元组<pre，post>。由于树 T 中的一个祖先结点 u 在先序遍历(后序遍历)中一定会出现在它的后裔结点。之前(之后)，可以看出，结点 u 和 v 是祖先/后裔关系，当且仅当 $pre(u)<pre(v) \wedge post(v)<post(u)$。因此，树 T 中的任意两个结点之间的祖先/后裔关系的检测（即包含检测）能够在常数时间内被计算（即两次比较运算）。对于该编码方案，pre 或 post 都可以作为结点的唯一标识。

一个 XML 文档树的先序遍历和它的文档顺序保持一致。即如果对文本形式的 XML 文档进行顺序读取，则每一个元素被访问的顺序就是它们的先序遍历序号；反之，XML 文档的文本表示能够以先序遍历它的文档树的形式进行重构。

在 Dietz 编码的基础上，给 XML 文档树 T 中的每一个结点再赋予一个值 par，表示的是该结点的双亲结点的先序遍历序号 pre，以反映出结点之间的双亲/孩子关系。在此，我们也将该区间编码方案称为 Dietz 编码。

第二种区间编码方案是 Li-Moon 编码，它的编码规则为：XML 文档树 T 中的每一个结点被赋予一个二元组<order，size>。其中，order 为结点的扩展先序遍历序号，它的取值是不连续的，为结点的插入预留了序号空间；size 为结点的后裔范围。对于该编码方案，树结点的<order，size>需要满足以下两点：

1）对于树中的结点 y 和它的双亲结点 x，有 $order(x)<order(y) \wedge order(y)+size(y) \leqslant order(x)+size(x)$。

2）对于树中的兄弟结点 x 和 y，如果在先序遍历中结点 y 是结点 x 的右兄弟，有 $order(x)+size(x)<order(y)$。

对于树 T 中的一个结点 x，必须满足 $size(x) \geqslant \sum_{y} size(y)$，这里 y 是 x 结点的所有直接孩子结点。言下之意，$size(x)$ 可以是大于结点 x 的当前后裔结点总数的任意一个整数，并预留空间以便未来的结点插入。

因此，对于 Li-Moon 编码，树 T 中的任意两个结点 u 和 v 是祖先/后裔关系，当且仅当 $order(u)<order(v) \wedge order(v)+size(v) \leqslant order(u)+size(u)$，即为祖先结点 u 的编码区间 $[order(u), order(u)+size(u)]$ 包含后裔结点 v 的编码区间 $[order(v), order(v)+size(v)]$。显而易见，这种祖先/后裔关系的判别条件还可以进一步改写为 $order(u)<order(v) \wedge order(v) \leqslant order(u)+size(u)$。另外，树 T 中的每一个结点被再赋予一个值 depth，表示该结点在树中所处的层数，这样一来，树 T 中的任意两个结点 u 和 v 是双亲/孩子关系，当且仅当 $order(u)<order(v) \wedge order(v) \leqslant order(u)+size(u) \wedge depth(u)=depth(v)-1$。Li-Moon 编码与 Dietz 编码比起来，能够更好地支持文档的修改。对于该编码方案，order 是结点的唯一标识。

第三种区间编码方案为 Zhang 编码，它的编码规则为：XML 文档树中的每一个结点被赋予一个二元组<begin，end>。对树 T 的所有结点进行先序遍历，每一个结点在遍历时分别被访问两次并产生相应的两个序号。一次是在遍历该结点的所有后裔结点之前访问该结点，并产生该结点的序号 begin；另一次是在遍历完该结点的所有后裔结点后再一次访问该结点，并产生该结点的另一个序号 end。因此，树 T 中的任意两个结点 u 和 v 是祖先/后裔关系，当且仅当 $begin(u)<begin(v) \wedge end(v)<end(u)$，即祖先结点 u 的编码区间 $[begin(u), end(u)]$ 包含后裔结点 v 的编码区间 $[begin(v), end(v)]$。这种祖先/后裔关系的判别条件还可以进一步改写为 $begin(u)<begin(v) \wedge begin(v)<end(u)$。另外，树 T 中的每一个结点也将被再赋予一个相应的 level，表示该结点在树中所处的层数。对于该编码方案，begin 作为结点的唯一标识。

第四种 XML 数据的区间编码方案，称为 Wan 编码，它的编码规则为：XML 文档树中的每一个结点被赋予一个二元组<order，maxOrder>。其中，order 为结点的扩展先序遍历序号，它与 Li-Moon 编码的含义一样；maxOrder 为结点的后裔中最大的扩展先序遍历序号，即以该结点为根结点的子树中最右下角结点的扩展先序遍历序号。因此可以看出，树 T 中的任意两个结点 u 和 v 是祖先/后裔关系，当且仅当 $\mathrm{order}(u) < \mathrm{order}(v) \wedge \mathrm{maxOrder}(v) \leqslant \mathrm{maxOrder}(u)$，即祖先结点 u 的编码区间[order(u)，maxOrder(u)]包含后裔结点 v 的编码区间[order(v)，maxOrder(v)]。这种祖先/后裔关系的判别条件可以进一步改写为 $\mathrm{order}(u) < \mathrm{order}(v)$ 且 $\mathrm{order}(v) \leqslant \mathrm{maxOrder}(u)$。另外，树 T 中的每一个结点再被再赋予两个值 parentOrder 和 parentMax，它们分别表示的是该结点的双亲结点的 order 和 maxOrder，这样，树 T 中的任意两个结点 u 和 v 是双亲/孩子关系，当且仅当 $\mathrm{order}(u) = \mathrm{parentOrder}(v)$。parentMax 被用来加速结构连接的计算。对于该编码方案，order 作为结点的唯一标识。

对结点进行编码不但可以使用全局标识来编码，还可以使用局部标识。使用全局标识来编码，其优点是对文档的结构查询的效率比较高，但它的缺点是对文档的修改效率达不到理想要求，例如，当在 XML 文档树中插入结点的话（对于 Li-Moon 编码方案，假设预留的空间已使用完毕），需要对文档中插入结点之后（或之前）的所有结点进行重新编码，这不利于 XML 文档的修改。使用局部标识对 XML 文档树中的结点进行编码，比如使用兄弟结点序号对 XML 文档树中的结点进行编码，它的优缺点正好与全局编码方法相反。另外，还有使用全局标识和局部标识相结合的杂合编码方法，例如，前缀编码就是一种杂合编码方案。

XPath 的查询轴共包括 12 个，大致可以分为自身轴、逆向轴和顺向轴三大类。自身轴只有一个，即 self；逆向轴有 5 个，分别为：ancestor、parent、preceding、preceding-sibling、ancestor-or-self；顺向轴有 6 个，分别为：descendant、child、attribute、following、following-sibling、descendant-or-self。

以上区间编码都是绝对区间编码，即编码值是相对于全文档而言的绝对值，这种编码方案当 XML 树频繁更新时维护起来有困难较大，为了改进更新效率，相关人员提出了相对区间坐标（relative region coordinate，RRC）。相对区间坐标（RRC）是从绝对区间坐标（ARC）演化而来的。一个结点的 RRC 坐标同样是一个二元组 ＜start，end＞，但是这两个坐标都是该结点在父结点中的相对位置，而不是绝对位置。在更新的过程中，结点坐标的改变就可以局限在其父结点之内，从而有效提高其更新效率。

这种方法的思路：因为一个结点更新（或插入、删除）的时候，只会有限个结点受到影响，若能把那些受到影响的结点聚集存储，例如，将这样的结点存储在一个块内，在更新的时候就只须读入这一个块，这样就避免了过多的磁盘 I/O。另外，这些结点仍然以树的形式组织，并且保持它们的相对位置，子树之间也尽量保持原来的相对位置，避免查询时过于复杂。基于以上两个思想，可以把一个 XML 文档树划分为若干子树，即让结点聚集存储，每个子树的大小接近块大小，然后把这些子树块串起来，形成一棵树。在这种结构上进行查询和更新操作可以使二者的效率都可以接受。

很明显，当基于这种结构进行查询时，每个结点的绝对位置都无法直接得到，而需要经过多级运算，这样一来必将降低查询效率。换句话说，这种方法只不过是更新效率和查询效率的一种折中。另外，这种方法的关键同样在于子树的划分是否合理；如果有大量插入操作，势必将引起子树的分裂，这种分裂的效率如何也需要用实验进行分析。

8.2.4 二叉树编码

1. PBiTree 树与 PBiTree 编码

为了有效合理地处理 XML 查询中的包含连接，相关专家提出了 PBiTree 编码。下面首先介绍 PBiTree 树的概念，然后讨论 PBiTree 编码。PBiTree 树是一棵带标记的完全二叉树。树中的每一个结点 n_i 被赋予一个有序遍历序号，称为 PBiTree 编码，记为 n_i. Code；它在树中所处的高度记为 n_i. height。如图 8-2 所示是一棵 PBiTree 树，树的高度 H＝5，树的叶结点的 height＝0。

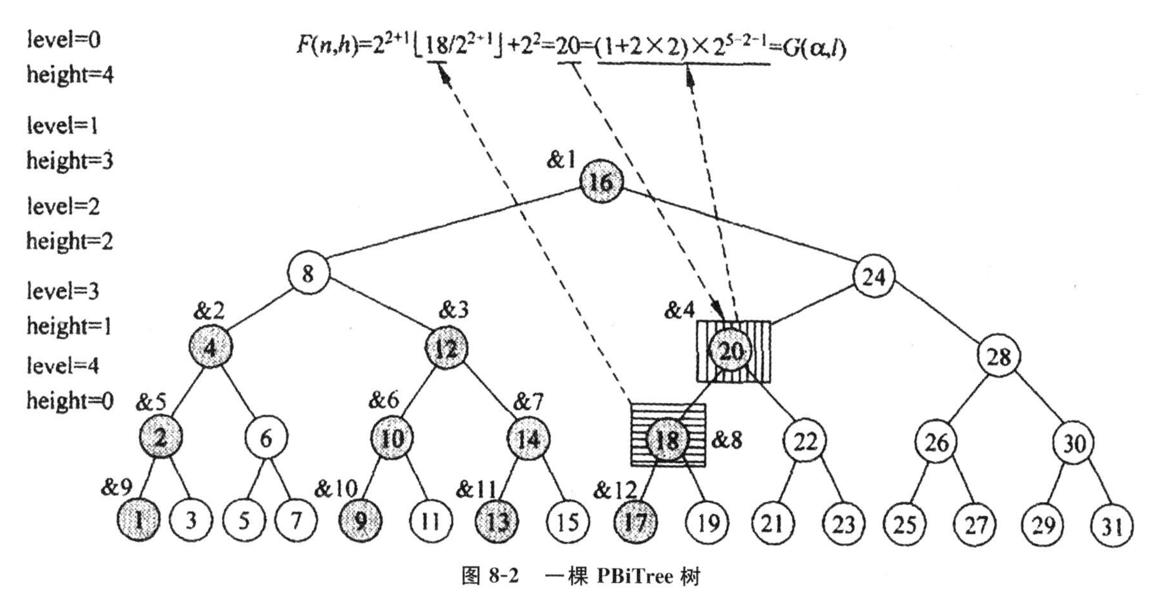

图 8-2 一棵 PBiTree 树

根据完全二叉树的性质可以得出，对于 PBiTree 树中的任意两个结点 n_i 和 n_j，结点 n_i 是结点 n_j 的祖先。当且仅当 n_i. Code＝F(n_j. Code，n_i. height)，这里

$$F(n,h)=2^{k+1}\lceil n/2^{k+1}\rfloor+2^k$$

值得一提的是，对于任意一个结点 n，它在 PBiTree 树中所处的高度 n. height 正好是 PBiTree 编码 n. Code 的二进制表示中最右边一个非“0”位(即“1”位)的位置；函数 F 的计算只涉及移位和整数运算，并为涉及浮点数运算。

对于 PBiTree 树中的任意一个结点 n，令 l 为该结点的 level，a 为该结点在 l 层从左到右的位置序号，即 $a\in[0,2^l-1]$，那么 n. Code＝G(a，l)。这里

$$G(a,l)=(1+2a)2^{h-l-1}$$

称(l，a)编码为自顶向下的 PBiTree 编码，可以用它来构造一棵 XML 文档树所对应的 PBiTree 树。$G(l,a)$ 函数的作用是根据自顶向下的 PBiTree 编码(l，a)计算对应的 PBiTree 编码 n. Code。

2. 将 XML 文档树嵌入到 PBiTree 树

令 u_i 和 u_j 是原 XML 文档树中的任意两个结点。原 XML 文档树到 PBiTree 树的嵌入可以通过单射函数 h 来实现。单射函数 h 需要满足以下两点：

1)$h(u_i)=h(u_j)$当且仅当$u_i=u_j$。

2)在 PBiTree 树中$h(u_i)$是$h(u_j)$的祖先,当且仅当在原 XML 文档树中u_i是u_j的祖先。

如图 8-3 所示的 XML 文档树被嵌入到 PBiTree 树后的结果如图 8-3 所示。在该 PBiTree 树中,带阴影的结点对应为原 XML 文档树中的结点,未带阴影的结点都是虚结点。

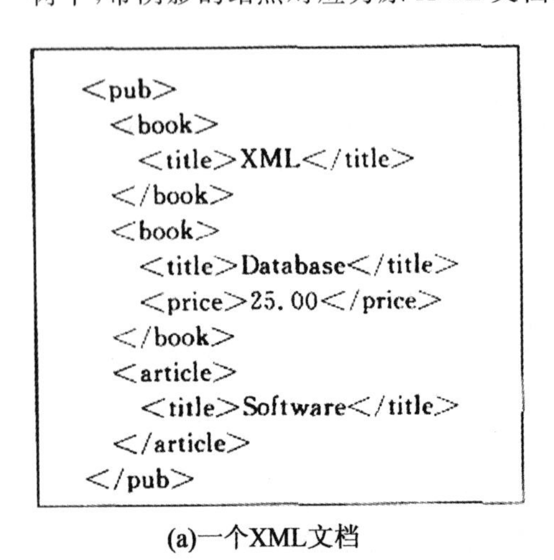

```
<pub>
  <book>
    <title>XML</title>
  </book>
  <book>
    <title>Database</title>
    <price>25.00</price>
  </book>
  <article>
    <title>Software</title>
  </article>
</pub>
```

(a)一个XML文档

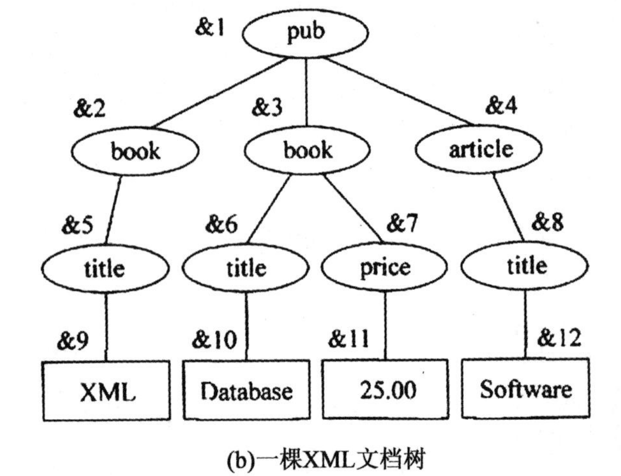

(b)一棵XML文档树

图 8-3　XML 文档及文档树

嵌入 XML 文档树到 PBiTree 树的过程称为二叉化(binarization),实现它的算法可以分为以下两步来实现:

1)二叉化当前结点和它的所有孩子结点。

2)递归地二叉化以每一个孩子结点为根的子树。

在第 1)步中,将当前结点的所有孩子结点嵌入到 PBiTree 树的同一层中。它的层数是$l+k$,满足$2^k\geqslant n$,l为当前结点所在层数,n为当前结点的孩子个数。

8.3　XML 数据存储技术

随着互联网上半结构化数据的迅速增长,可扩展标记语言(XML)已逐渐成为 Web 上数据表示和数据交换的标准,对 XML 数据进行有效的存储是数据管理的一个核心问题。

8.3.1　基于关系的 XML 数据存储技术

在关系数据库中管理 XML 文档的优点是可以直接利用关系数据库成熟的数据管理机制,不用为并发控制、安全性等问题做额外的工作。而且,关系数据库的数据也需要以 XML 的格式对外发布。利用关系数据库系统存储和查询 XML 数据的方法和策略如下:

1)从 XML 文档的 DTD 或 Schema 推断 XML 元素应该怎样映射到关系表,该策略属于结构映射方法。

2)将一个 XML 文档看作是一个有序有向边标记图,称为 XML 图,设计一个(或若干个)关系存储 XML 图的边信息和结点值,该策略是属于基于边的模型映射方法,称为边模型映射方法。

3)设计若干个关系来存储 XML 文档树的结点信息、结点值和结构信息(通过区间编码来译码结构信息,或直接存储双亲/孩子结点对或祖先/后裔结点对),该策略是属于基于结点的模型映射方法,称为结点模型映射方法。

4)要求用户或关系管理者设计用于存储 XML 数据的关系表结构,对于关系表中的数据可以直接以 XML 文档的方式进行发布。也可由用户或系统管理者使用 XML 查询语言或中间件提供的语言来定义该关系系统所对应的 XML 视图,从而其他应用就可以利用 XML 查询语言在虚拟的 XML 视图上构造一个查询,抽取 XML 视图中的数据片段并对抽取的部分进行物化,实现将关系数据转换为 XML 文档。该策略属于 XML-enabled 数据库的方法。

1.边模型映射方法

边模型映射方法能够将一个 XML 文档用一个有序有向边标记图(XML 图)来表示,在这种图中:

1)每一个 XML 元素用一个结点表示,结点被标上 XML 对象的 oid。

2)元素与子元素或属性之间的关系用图中的边来表示,并且在边上标上子元素或属性名。

3)为了表示 XML 元素中各子元素的顺序,可以对图中从某结点引出的所有边进行排序。

4)XML 文档中的值作为图中叶结点,即属性或最底层子元素结点来表示。

有了 XML 图之后,就可以分别设计关系表存储 XML 文档的边信息和值。对于用来存储边信息的边表有 3 种设计方案:

1)Edge 方法:用一个表来存储图的所有边信息。

2)Binary 方法:所有具有相同名称的边存放在一个边表中。

3)Universal 方法:采用一个边表来存储图中所有路径的边信息。

Edge 边表的关系模式为:

Edge(source,ordinal,label,flag,target)

其中,source 域和 target 域分别用来存储边的引出结点和引入结点对象的 oid;ordinal 域用来反映该边在兄弟边中的位置序号;label 域用来存储边标记(edge-label,即该边所指向结点的标记名);flag 属性用来反映该边所指向结点的类型。这里省略了文档标识 docID。

结点的类型分为两类,即叶结点和非叶结点。叶结点的类型分别为 integer、string 等,分别表示叶结点的值为整型、字符串型等;非叶结点的类型均为 ref。

Binary 边表与 Edge 边表的原理相同,只是将所有具有相同边标记的边存放在一个单独的边表中,Binary 边表的关系模式为:

$\text{Binary}_{\text{label}}$(source,ordinal,flag,target)

从概念上说,Binary 方法的边表是 Edge 方法中使用的边表的水平分割。

对于用来存储 XML 文档值的值表有两种设计方案,如下:

1)内联方法:不单独设计值表,将值和边存储在同一个表中,在边表中直接增加一个属性 value,用于存储叶结点的值。

2)分离值表:为每一种可能的取值类型设计一个值表。其关系模式为:$\text{Value}_{\text{type}}$(vid,value)。其中,vid 属性用来存储叶结点的 oid 值,value 属性用来存储叶结点的值。

边模型映射方法仅仅维护 XML 文档树的边信息,因此,为了处理用户的查询,需要连接边表形成一个路径。单一边表方法(Edge 边表方法)十分简单,因为它只需维护边标记,但是为了实现路径表达式的计算需要大量的连接操作。

2. 结点模型映射方法

Q. Li 和 B. Moon 对利用区间编码方案来有效地处理 XML 的 RPE(Regular Path Expression)查询进行了研究,以实现快速地确定在 XML 数据层次结构中任意结点对之间的包含关系。

(1)XRel 模式

M. Yoshikawa、T. Amagara 等人提出了一种基于结点模型映射方法的 XML 数据的关系存储模式 XRel。

XRel 是通过区间编码[start,end]来反映(译码)XML 文档的模型结构,并根据内容来划分边,分为元素边、属性边和文本边,同时将所有路径进行存储,因此,XRel 模式由 4 个关系表组成:

Element(pathID,docID,start,end,ordinal)

Attribute(pathID,docID,start,end,value)

Text(pathID,docID,start,end,value)

Path(pathID,pathexp)

其中,在 Path 表中,pathID 为标记路径(label-path)的标识,pathexp 域存储标记路径,为了实现路径表达式的字符串匹配操作,将标记路径中的"/"替换为"#/"进行存储。对于 Element、Attribute 和 Text 表,主键是(docID,start),外键是 pathID。

每一个不同的标记路径作为 Path 表的一个元组,因此,它能够有效地处理带"*"操作的正则路径表达式查询,其步骤如下所示。

1)利用字符串的匹配操作,能够快速地查找出与给定正则路径表达式相匹配的所有标记路径的标识。

2)利用这些路径标识,能够快速地查找出隶属于这些路径终端的值(元素结点、文本结点或属性结点)。

(2)XParent 模式

Jiang Haifeng、Lu Hongjun 和 Wang wei 等人提出了基于结点模型映射方法的另一个 XML 数据的关系存储模式 XParent。

XParent 是通过一个单独的 Parent(parent-ID,child-ID)表来反映 XML 文档的模型结构,并根据内容和"结构与非结构"来划分边,同时将所有路径进行存储,因此,XParent 模式也由 4 个关系表组成:

LabelPath(pathID,length,pathexp)

Parent(pid,cid)

Element(pathID,did,ordinal)

Data(pathID,did,ordinal,value)

其中,length 为标记路径(label-path)的长度,即标记路径中边标记的个数;pathexp 域存储标记路径,将标记路径中的"/"替换为"./"进行存储;did 为 XML 文档中元素结点的标识,它也可以作为以该结点为终端点的数据路径(data-path)的标识;pid、cid 分别为 XML 文档的数据路径中的双亲结点、孩子结点的标识。这里没有考虑文档标识 docID。

Parent 表存储的是双亲/孩子关系,因此,为了检查数据路径需要进行连接操作。为了加速这种处理，可以不用 Parent 表，而改用 Ancestor 表来存储祖先/后裔关系：

Ancestor(did，ancestor，level)

利用 Ancestor 表能够快速地检测结点之间的祖先/后裔关系，但是它比 Parent 表需要更多的空间，而且由于存在冗余信息，修改起来代价也更高。

XParent 模式分别通过 LabelPath 表和 Parent 表来支持标记路径和数据路径，因此，XParent 模式既具有基于结点的模型映射的特点，又具有基于边的模型映射的特点。

Parent 表基于双亲/孩子关系来反映 XML 文档的核心结构，它也能够被进一步物化为 Ancestor 表来支持祖先/后裔关系。由于 XML 文档中的结点标识也可以用来标识以该结点为终端点的数据路径，因此，元素和数据(文本或属性)隶属于数据路径。

结点模型映射方法需要维护的是 XML 文档树的结点信息，而不是边信息。XRel 模式通过区间编码来译码 XML 文档的模型结构(即包含关系)；XParent 模式在结构上类似于 XRel 模式，只是用 did 替代了[start，end]。然而，这种变化使得 XParent 模式仅需要等值连接，而 XRel 模式却需要非等值连接(θ 连接)，因此，XParent 模式能够基于传统的索引机制，从而得到有效的实现。

3.结构映射方法

J. Shanmugasundaram 等提出了根据 DTD 映射关系模式的策略。首先对 DTD 进行适当简化，然后产生 DTD 图及元素图，再根据 DTD 图或元素图生成关系模式，最后将符合该 DTD 的 XML 文档数据装入数据库。

(1)简化 DTD

根据简化后的 DTD 生成关系模式 R 有如下的原则：

- 任何符合某个 DTD 的文档必须被存在该 DTD 生成的关系模式 R 中。
- 任何关于 XML 文档的符合 DTD 的查询都可以通过计算关系模式 R 的实例来实现。

DTD 的复杂性主要是由于元素(Element)定义的复杂性引起的。例如，可以定义这样的元素“a”：＜！ ELEMENT $a\ ((b|c|e)?,(e?\ |(f?,(b,b)*))*)$＞，其中 b，c，e，f 也都是元素。查询语言更关心的是元素在文档中的位置以及元素间的相互关系，因此，采用 DTD 变换的方式来简化任意复杂的 DTD。DTD 简化变换有以下 3 种类型：

1) F 变换(Flattening Transformation)：F 变换把嵌套定义转为平面表示，使二元操作“，”和“|”不出现在任何操作之内，其变换规则为：

- $(e_1,e_2)* \rightarrow e_1*,e_2*$
- $(e_1,e_2)? \rightarrow e_1?,e_2?$
- $(e_1|e_2) \rightarrow e_1?,e_2?$

2)S 变换(Simplification Transformation)：S 变换把多个一元操作符转换为单个的一元操作符号，其变换规则为：

- $e** \rightarrow e*$
- $e*? \rightarrow e*$
- $e?* \rightarrow e*$
- $e?? \rightarrow e?$

3)G 变换(GroupingTransformation)：G 变换聚簇同名的子元素。例如，把两个形如 $e*$ 的

子元素聚为一个 $e*$ 元素。其变换规则为：

- $\cdots,e*,\cdots,e*,\cdots\rightarrow e*\cdots$
- $\cdots,e*,\cdots,e?,\cdots\rightarrow e*\cdots$
- $\cdots,e?,\cdots,e*,\cdots\rightarrow e*\cdots$
- $\cdots,e?,\cdots,e?,\cdots\rightarrow e*\cdots$
- $\cdots,e,\cdots,e,\cdots\rightarrow e*\cdots$

此外，所有的“＋”操作符均替换为“＊”操作符，这是由于“＊”的语义涵盖了“＋”的语义。通过简化变换，上述元素定义简化为：

＜! ELEMENT a ($b*,c?,e*,f*$)＞

DTD 简化变换保留了“一或多”以及“空或非空”两种语义。这样的变换损失了部分语义，如元素的顺序。但是可以根据关系模式装载 XML 文档过程中附加一些信息来表示类似语义。

(2)产生 DTD 图

DTD 图如实地反映了 DTD 的结构，它的结点是 DTD 中的元素、属性和正则路径运算符。每一个元素在图中只出现一次，属性和操作符在 DTD 图中出现的次数则与它们在 DTD 中出现的次数相同；图的边则反映 DTD 中元素之间的嵌套关系；图中的环表示回路的出现。图 8-4 所示是根据一个 DTD 所产生的 DTD 图，其中，斜体字表示的是根据属性生产的结点。

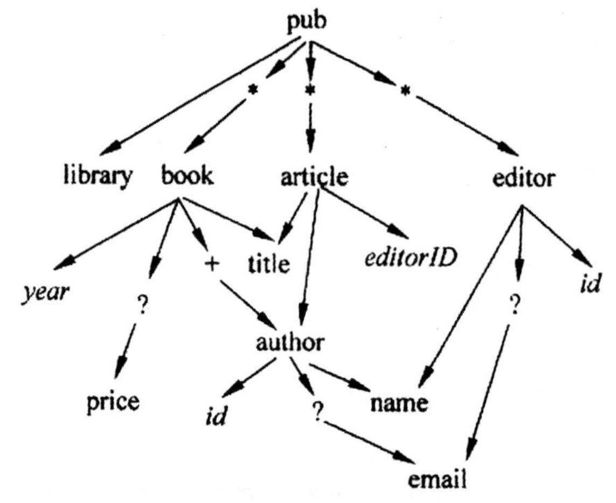

图 8-4　DTD 图示例

(3)生成关系模式

根据一个 DTD 生成的关系模式是该 DTD 中每个元素生成的关系模式的并。为了说明如何生成某个特定元素的关系模式，引入元素图的概念。一个元素的元素图就是从元素出发以深度优先遍历 DTD 图的过程中所生成的一棵树，若遍历过程中到达了一个已经遍历过的结点，则表示出现了回路，回路看成是逆向边，以虚线边表示，且该条路线不需要再重复遍历。

根据 DTD 图或元素图生成关系模式的方法有 3 种，即基本内联法、共享内联法和综合内联法。

1)基本内联法。基本内联法对于每一个名为 e 的元素，根据它的元素图生成一个同名关系 e，元素图中根结点 e 的所有后裔叶结点均内联到该关系中来作为一个属性。但以下结点例外：

- 结点“＊”或“＋”的直接孩子结点不包括在该关系中。这类结点将映射为独立的关系，因为它们代表了父结点的集合属性。

· 产生逆向边的结点不包括在关系中。这类结点也将映射为独立的关系，因为它们表示了 DTD 定义中的递归情况。

在生成的关系模式中，关系的属性是根据从结点 e 开始到内联结点的路径来的命名的。每个关系模式均有一个 ID 属性，作为该关系模式的键。对于"＊"和"＋"结点的直接孩子结点以及带回路的结点，它们所生产的关系模式还含有 ParentID 属性，作为该关系的外键。

内联方法主要的缺点在于它为每个元素都创建一个关系，导致关系的数量相当庞大，因此，该方法基本上是不实用的。

2)共享内联法。共享内联法使每一个元素结点出现且只出现在一个关系中。共享内联法按如下规则判断哪些元素可以生成独立的关系：

· DTD 图中入度大于 1 或等于 0 的结点生成独立的关系(模式)。

· DTD 图中结点"＊"或"＋"的直接后继结点生成独立的关系(模式)。

· 互为递归的入度均为 1 的元素，其中之一(有逆向边指向的)生成独立的关系(模式)。

· 其余的结点生成关系属性。

按上述规则确定哪些元素将生成独立的关系后，关系模式的构造是十分简单的。方法是：对于每个确定要生成独立的关系 R 的元素 X，关系模式 R 把满足以下条件的结点 Y 包含为 R 的属性：Y 是 X 可达的，从 X 到 Y 的路径中不包含任何将生成独立关系的结点。

图 8-5 显示的是根据图 8-4 所示 DTD 图按共享内联法所产生的关系模式。共享内联法只选择部分元素生成独立的关系，关系的数量大大减少，但是在查询时却增加了许多连接操作。

pub (**pubID**: integer, pub. library. isroot: boolean, pub. library: string)
book (**bookID**: integer, book. parentID: integer, book. parentCODE: integer, book. year: string, book. price. isroot: boolean, book. price: string)
article (**articleID**: integer, article. parentID: integer, article. parentCODE: integer, article. editorID: string)
editor (**editorID**: integer, editor. parentID: integer, editor. parentCODE: integer, editor. id: string)
title (**titleID**: integer, title. parentID: integer, title. parentCODE: integer, title: string)
author (**authorID**: integer, author. parentID: integer, author. parentCODE: integer, author. id: string)
name (**nameID**: integer, name. parentID: integer, name. parentCODE: integer, name: string)
email (**emailID**: integer, email. parentID: integer, email. parentCODE: integer, email: string)

图 8-5　共享内联法产生的关系模式

3)综合内联法。综合内联法是在共享内联法的基础上，将所有入度大于 1 的元素结点也内联进入父结点所生成的关系中，但是带回路的结点以及结点"＊"或"＋"的直接后继结点除外。

综合内联法的出发点是充分吸取基本内联法和共享内联法的优点，克服其缺点。图 8-6 显示的是根据图 8-4 所示 DTD 图按综合内联法所产生的关系模式。

4. 约束映射方法

结构映射方法从 XML 模式中的结构约束出发来推导关系模式，这种映射方法保持了 XML 文档中的结构约束信息。更进一步，可以考虑 XML 模式中的语义约束，如键、函数依赖等，在此基础上推导出的关系模式可以进一步保持语义信息，并且在更新、验证等方面具有很好的性质。

pub (**pubID**: integer, pub. library. isroot: boolean, pub. library: string)
book (**bookID**: integer, book. parentID: integer, book. parentCODE: integer, book. year: string, book. price. isroot: boolean, book. price: string, book. title. isroot: boolean, book. title: string)
article (**articleID**: integer, article. parentID: integer, article. parentCODE: integer, article. editorID: string, article. title: string, article. author. id: string, article. author. name: string, article. author. email: string)
editor (**editorID**: integer, editor. parentID: integer, editor. parentCODE: integer, editor. id: string, editor. name: string, editor. email: string)
author (**authorID**: integer, author. parentID: integer, author. parentCODE: integer, author. id: string, author. name. isroot: boolean, author. name: string, author. email. isroot: boolean, author. email: string)

图 8-6 综合内联法产生的关系模式

元素内部蕴涵的函数依赖是指由于属性 id 唯一标识元素，于是便得到了一组以属性 id 为左部、同一元素下每个属性为右部的函数依赖。而 DTD 元素之间也存在一对一、一对多和多对多的联系，根据这些对应关系得到的函数依赖就是元素间蕴涵的函数依赖。

定义 8-1 令 D 为一个 DTD，D 上的一个 XML 函数依赖 φ 是这种形式的表达式：$(Q,[P_{x1},P_{x2},\cdots,P_{xn}]\rightarrow P_y)$，其中 Q 是一个从根结点开始简单的 XPath 表达式，$P_{xi}(1\leqslant i\leqslant n)$ 由一个元素和可选的属性组成，P_y 也由一个元素和可选的属性组成。一个 XML 函数依赖 $(Q,[P_{x1},P_{x2},\cdots,P_{xn}]\rightarrow P_y)$，含义如下：表达式 Q 确定的任意两棵子树，如果它们在 P_{xi} 上的值相等，它们在 P_y 上的值也就相等。

定义 8-2 一个 XML 函数依赖（XFD）形式如下：

$\$_{v1}$ in$P_1\{,\$_{v2}$ in $\$_{v1}/P_2\}$

$\$v_{f(1)}/Q_1,\cdots,\$v_{f(n)}/Q_n\rightarrow\$v_{f(n+1)}/Q_{n+1},\cdots,\$v_{f(n+m)}/Q_{n+m}$

其中 $f(k)\in\{1,2\}$，$1\leqslant k\leqslant n+m$，其中非独立变量 $\$_{v2}$ 是可选的。P_1 和 P_2 都是定义在 XP$\{/,//\}$上的 XPath 表达式，而 Q_i 则是不包含“//”的简单路径表达式。

算法 8-1 给出了根据 DTD 和 XFD 产生映射的关系模式的过程。

算法 8-1 模式映射算法 RRXS

输入：函数依赖集 F，可选的 DTD D。

输出：关系模式 R，关系中键的集合，以及将一个 XML 文档转换到关系的方法 M。

1. G＝EquiValence(F,D)
2. H＝Reduce(G,D)
3. I＝Shrink(H)
4. 将每个不同的 P 属性 p 映射到属性 pa
5. $M=\bigcup_{\forall p\in I}(pa\leftarrow p)v\ p\in I(pa-p)$
6. 令 A 为得到的属性集合
7. 将 I 映射到 A 上的函数依赖集 I_R
8. 根据 I_R 产生一个 A 上满足 3NF 的关系模式 R

9.返回 R 和 M

该算法中：

第一步，找出等价的函数依赖和等价的结点，具体如下：

1)如果存在两个XFD，$\varphi1$ 和 $\varphi2$，满足 $\varphi1 \Rightarrow \varphi2$，$\varphi2 \Rightarrow \varphi1$，则选择一个能减少变量数的XFD。

2)如果有两个XFD，$\varphi3$：$X \rightarrow Y$ 和 $\varphi4$：$Y \rightarrow X$，则将 X 和 y 归入一个等价类中。

第二步，消除冗余的XFD，得到简化的结构函数依赖集 H。

第三步，消除等价类中冗余的结点，得到函数依赖集 I。

第四步，将每个 P 属性 p 映射到关系属性 pa，路径 $\$v/Q$ 定义的 P 属性是以变量 $\$v$ 绑定的结点作为上下文结点，计算 Q 得到的结点或者值的集合。

第五步，将 I 映射到 A 上，得到函数依赖集 I_R。

第六步，根据 I_R 产生一个满足3NF的目标关系模式 R。

8.3.2 原生XML数据库存储技术

原生XML数据库的结构可分为两大类：基于文本和基于模型。

1.基于文本的原生XML数据库

基于文本的原生XML数据库将XML作为文本存储。它可以是文件系统中的文件、关系数据库中的BLOB或特定的文件格式。这种方法的优点是当存储或检索整个文档或连续的文档片段时会很快，并且能够精确地再现原来的XML文档；但是当重组整个文档或者提取文档的结构时效率却很低，因为它只有通过对整个文档的解析才能实现。

2.基于模型的原生XML数据库

基于模型的原生XML数据库不是用纯文本存储文件，而是根据文件构造一个内部模型并存储这个模型。在实际的原生XML数据库中用得比较多的是基于模型的方式。尽管各种原生XML数据库基于的模型不一样，但都很相似，基本原理都是抽象成一个由各种结点组成的树状模型，树中常见的结点有元素结点、属性结点、文本结点等。Infonyte DB完全是基于DOM模型的。Lore中的数据模型是称之为OEM(Object Exchange Model)的一种有向边标记图(Labeled Directed Graph)，这个图中的各个对象基本上就对应了各个元素结点，而属性和文本结点则没有作为单独的对象表示出来。在Timber中采用了一种DOM树的变体，在它的树模型中，每个元素都对应着一个结点，子元素对应着子结点，元素结点的内容也对应着一个结点，而元素结点的所有属性聚集为一个孩子结点；如果元素是混合类型，则它的对应部分相应地抽取成为一个孩子结点。Xindice中将所有的文档组织成一个层次结构，文档本身并不细分。

在物理存储中，存取的最小单位是记录，每个记录都有自己的ID，因此在决定存储方案时需要考虑三个关键问题，一是记录与结点的对应关系，即记录的粒度；二是记录的顺序；三是记录的内部表示，当一个记录对应于多个结点时，结点在记录内部如何表示。

记录的粒度主要有三种：

1)结点级：每一个结点对应一个记录。结点(node)在不同的系统中其含义不一样。有的系统中结点泛指元素结点(element node)、属性结点(attribute node)、文本结点(text node)和混合结点(mixed node)，有的系统则仅把元素结点和该元素结点的属性结点和文本结点看作是一个结点。

2)子树级:一个子树对应一个记录。这种方法的关键在于如何划分子树,一种是根据物理块大小划分,一种是根据逻辑意义划分。

3)文档级:将整个文档作为一个记录。文档级的存储方案实际上用得很少。

这几种粒度的记录组织方式各有特点。记录的粒度越小,记录数目就越多,用以表示记录之间联系的指针(物理的或逻辑的)就越多,从而冗余空间就越多,使得存储效率较低,但是粒度小的记录在重组文档时可以避免不必要的转换和解析。记录的粒度越大,表示记录的结点就越多,因此在构造记录以及向记录中插入结点以及分裂记录时就越麻烦,比如,子树级记录的一个关键问题就是选取多大的子树作为一个记录,如果子树太小,就与结点级记录没有本质区别;如果子树太大,又可能经常因为结点的插入或删除而分裂或重组一个记录;并且记录粒度越大,更新时效率就越低,因为这时要把整个记录读入,然后再写出。如 Xindice 就规定它能够处理的文档大小不能超过 5 MB。

在几种常见的原生 XML 数据库中,Lore 和 Timber 是记录结点级的例子,但两者并不一样(如前所述)。Natix 和 OrientX 是记录子树级的例子。Natix 主要是根据物理块划分记录,然而在分裂记录时又不仅只考虑物理块,还考虑到记录以后可能的更新程度,因而还定义了分裂系数(split target)的概念,该系数定义了一个记录分裂后两部分之间的比例。此外,还有一个约束条件——分裂矩阵(split matrix),它定义了一个记录内部两个结点之间能够分离的可能性。OrientX 也实现了按物理块的划分。Xindice 是文档级记录的例子。

对于结点级或子树级记录来说,还有一个记录的组织顺序问题,其实对于文档级记录也有记录的顺序问题,因为实际的数据库要存储多个文档。记录的存储顺序一般有以下几种:按深度优先存储;按广度优先存储;按同类记录聚集存储,即将类型相同的记录尽量存储在相邻的位置上。类型相同,是指记录的根结点类型相同。

目前,大部分原生 XML 数据库都是采用深度优先的方法存储记录。这是因为深度优先实现起来比较简单,同时存储的顺序与 XML 文档的原始顺序是一致的。广度优先的方式还没有被采用,聚集存储的方法在 OrientX 中实现过,OrientX 称之为按逻辑意义的存储。所谓的逻辑意义,主要是指语义,语义相近的记录尽量聚集存储。OrientX 中判断语义相近的方法是看记录类型(记录对应的子树的根结点的类型)是否相同。

将记录粒度和记录存储顺序综合考虑,就可以得到 5 种存储方案:结点级且深度优先存储(DEB),结点级且同类聚集存储(CEB),子树级且深度优先存储(DSB),子树级且同类聚集存储(CSB),以及文档级存储(DB)。

与上面的分析类似,记录内的结点可以按深度优先排列、按广度优先排列,但一般认为应该采用深度优先排列,这样可以保证结点信息的真正顺序存储,否则,子结点的信息会被离散,是不合适的。同时,还要考虑记录的内容,按子树级存储时,记录头部应该指出该记录包含了几个结点,对于每个结点,还应该包含一些信息来指示结点类型(元素、文本等)、名称以及必要的数据类型(字符串、数值等)。

图 8-8 是 Natix 中记录的格式。图 8-7 是一个很小的子树,而图 8-8 是这个子树作为一个记录存储时的格式。

从图 8-8 可以看出,结点是嵌套存储的。每个结点由两部分组成,一是首部(Header),二是正文(Contents)。非根结点(记录的根结点)首部长为 6B,首部包含了 2B 的指向父结点的指针

(有了这个指针后,结点其实可以在记录内移动。由于一个记录最大就是一个页,一个页小于 64 K,因而用 2B 的指针是足够的)。首部中还有 2B 表示对象的大小,另外的 2B 用来表示结点的类型。在 Natix 中,结点的类型有两重含义,一是指结点在 Natix 中的类型(有三种:aggregate、proxy 和 literal),另外还指结点在文档中的类型(元素、属性、文本等)。Natix 先把这两种类型进行组合,把所有可能的组合(所有的组合并不多)用 2B 长的串进行表示并存储。记录内的根结点(根据 Natix 的划分规则,每个记录都一定有一个根结点)包含 8B 的父记录的 RID,以及 2B 的结点类型,因此一般是 10B 左右。除了首部外,就是每个结点的正文信息。

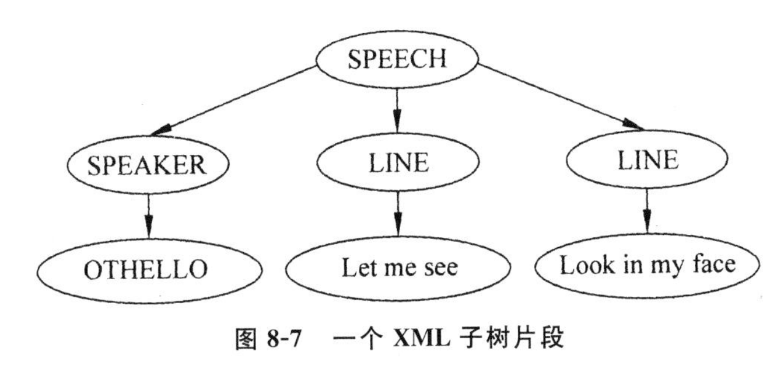

图 8-7 一个 XML 子树片段

<table>
<tr><td>内容</td><td>10B</td><td>6B</td><td>6B</td><td>OTHELLO</td><td>6B</td><td>6B</td><td>Let …</td><td>6B</td><td>6B</td><td>Look …</td></tr>
<tr><td rowspan="3">结构</td><td rowspan="2">Header</td><td>Header</td><td>Header</td><td>Contents</td><td>Header</td><td>Header</td><td>Contents</td><td>Header</td><td>Header</td><td>Contents</td></tr>
<tr><td colspan="3">SPEAKER node</td><td colspan="3">LINE node</td><td colspan="3">LINE node</td></tr>
<tr><td colspan="10">SPEECH node</td></tr>
</table>

图 8-8 Natix 中记录的格式

8.4 XML 数据索引与查询优化

8.4.1 影响 XML 数据索引的因素

索引对于加速查询处理有着非常重要的作用,使用索引可以对查询进行某些预计算,将查询时所必需的计算提前,以提高查询时的响应速度。目前,在数据库及很多其他领域都有很多针对索引技术的研究及成形的索引技术。

对于 XML 数据而言,由于 XML 数据本身所具有的独特的结构特性,使得它与以往数据有很大的差别。同时,对 XML 数据进行的查询也与以往的简单查询不同,其涉及了一些十分复杂的结构。针对 XML 数据本身及其查询的这些特点,就使得 XML 的数据索引必然有着自己新的技术特点和难点。

一般的,我们在设计 XML 索引时,都需要从满足其查询要求和数据修改要求两个方面着手。

1. XML 查询的要求

XML 查询的基本特征——结构关系的保存以及基于结构信息快速计算结点间结构关系这

两个因素是设计任何 XML 索引形式都必须考虑的，这就要求相关的技术能够满足高效处理 XML 查询的请求。

在实际研究中，XML 查询涉及的范围很大，内容也很多。但基本上 XML 索引要满足查询要求就必须具备以下两个基本方面。

(1)结构关系的获取

尽管传统的索引技术经过长期的积累已经相对成熟，但是，这类索引技术针对的主要是根据值(而不是具有某种关系的模式)定位数据记录的功能，而不太关注数据记录间的逻辑关系；而 XML 数据查询的基本特征就是根据模式特征(正则路径表达式形式描述的结构关系)的输入提取符合该模式的数据，因此，XML 索引的主要内容就是设计适用于模式匹配的技术。

XML 查询中模式匹配的问题，主要就是对 XML 数据中结构关系的表达，以及如何利用已有的索引技术为高效获取符合结构关系的数据集提供支持的问题。

(2)保序

元素在具体的 XML 文档中是有一定的次序限制的，该次序称为 XML 文档的次序。各元素在次序中出现的顺序取决于对 XML 树的先序遍历。当查询关系存储的 XML 分解数据时，由于关系模式不存在次序的概念，因此，就必须在分解 XML 的过程中考虑如何确保查询的结果仍然符合结果元素集在原 XML 数据中的次序关系，与这些元素在原 XML 文档先序遍历次序间有一一对应的关系，而且元素间的结构关系也必须一致。

2. XML 数据修改的要求

要想真正实现对 XML 数据的管理，就必须对 XML 数据进行修改。但是，到目前为止，关于 XML 数据修改问题还没有形成统一的标准。对此作了相关探讨：给出了一些 XML 数据修改操作的定义，并就如何在 XQuery 之上进行数据修改功能的扩展做了有益的尝试。

(1)修改有效性

XML 数据通常都会有相应的类型限制，即当没有 XML 模式存在时，XML 必须是格式良好的；当存在一个相关联的 XML 模式时，XML 数据就必须满足模式规定的数据生成规则。因此，既然修改存在改变 XML 数据结构的可能性，那么，如何确保在修改之前确认这种修改不会触犯 XML 模式规定的规则，就成为 XML 数据管理研究的主要问题。

由于在 XML 处理中，XML 索引结构完全能够代替 XML 源数据，即 XML 索引结构完全能够满足查询操作的要求。因此，XML 索引结构同样应该支持这类限制。修改有效性是判断一个 XML 数据生成过程是否能够保证生成满足 XML 模式的数据。

(2)数据与索引结构的一致性

由 XML 数据修改操作引起的另外一个问题就是如何维护 XML 数据与 XML 索引间的一致性，即确保 XML 索引能够动态反映 XML 数据上的修改。而且，当存在 XML 的二级索引时，修改引起的连锁反应也必须在二级索引中有所体现。由于 XML 数据保有结构信息的原因，这类一致性问题也体现出新的特点。

8.4.2 XML 数据索引

索引对于加速查询处理非常有帮助，其本质在于对查询进行了某些预计算，将查询时所必需的计算提前，在查询之前就完成，以便提高查询时的响应速度。目前，在数据库乃至很多其他领域都有很多针对索引技术的研究及成形的索引技术。但是，对于 XML 数据而言，由于其本身所具有的独特的结构特性，而与以往数据的差别比较大。另一方面，对 XML 数据所要进行的查询也与以往的简单查询不大相同，往往涉及复杂的结构。XML 数据本身及其查询的这些特点注定了其索引必然有着自己新的技术特点和难点。

目前，针对 XML 数据建立的索引，主要包括以下 3 种方法：值索引、路径索引和序列索引，其中，值索引包括常见的 B＋树索引、Hash 索引，这里不再详细介绍。下面重点介绍后两种方法。

1.路径索引

路径索引的基本思路是：将 XML 文档转换成 XML 数据图，通过扫描 XML 数据图得到路径索引图，其中索引图是用较少的边来存储 XML 数据图中的边。路径索引主要可以分为以下 3 类：经典路径索引、基于模式的路径索引以及扁平结构路径索引。

目前，主要的经典路径索引包括 DataGuide、1-Index、$A(k)$-Index、$D(k)$-Index 以及 $M(k)$-Index。

1)DataGuide。DataGuide 将 XML 数据图中由根节点开始经过相同标签值的全部路径都存储在了 DataGuide 中，在 DataGuide 中以一个节点集表示 XML 数据图中的多条边。一个 XML 数据图可以对应多个 DataGuide 索引图，为此，Lore 系统定义了一个 Strong DataGuide 模型。Strong DataGuide 的优点是如果在 XML 数据图中的简单路径到达的结点相同，那么简单路径存储在 Strong DataGuide 中相应的结点集中。

2)1-Index。DataGuide 存在以下缺点：DataGuide 是对 XML 数据图精确的概括，如果 XML 数据图是图结构，那么建立在 DataGuide 的时间及所需的空间可能是 XML 数据图大小的整数倍；DataGuide 中各个结点的扩展集可能相交。针对 DataGuide 的以上缺点，1-Index 提出了两结点“双向相似”关系。利用两结点“双向相似”关系使得 1-Index 具有以下两个优点：索引大小和 XML 数据图大小呈线性关系；索引的扩展集之间不相交，全部扩展集的节点总数和 XML 数据图中节点总数相等。

3)$A(k)$-Index。由于 DataGuide 和 1-Index 保存 XML 数据图中所有边的信息，因此，使用这两种索引进行查询的话，其代价均都比较高。为解决该问题提出了 $A(k)$-Index。

$A(k)$-Index 提出结点之间具有“k 相似度”的概念，所谓 k 相似度是指：①结点 u,v 如果具有相同标签的话，则结点 u,v 具有 0 相似度。②若结点 u,v 具有 $k-1$ 相似度；结点 u' 是 u 的父结点，结点 u' 是 u 的父结点且 u' 与 v' 具有 $k-1$ 相似度，则结点 u,v 具有 k 相似度。$A(k)$-Index 的核心理念为，将 XML 数据图中结点的相似度为 k 的结点存储在索引图的同一个结点集中，这就意味着所有路径长度为 k 的路径全部存储在索引图中。

$A(k)$-Index 的查询策略可以分为以下两种情况：①当查询语句的路径长度$\leqslant k$ 时，在 $A(k)$-Index 中采用自底向上或自顶向下的查询策略都可以得到精确的查询结果。②当查询语句的路径长度$>k$ 时，在 $A(k)$-Index 索引中无论采用自底向上还是自顶向下的查询策略，所得到的查询结果都有可能包含错误的查询结果。所以，在这种情况下，还需要将所得到的查询结果在 XML 数据图上进行验证，以确保所得到的查询结果是正确的。

4)$A(k)$-Index。$A(k)$-Index 中每个索引结点的相似度都为 k；$D(k)$-Index 是对频繁使用的路径进行索引，而频繁使用的路径长度通常是不相同的，因此，$D(k)$-Index 中的每个结点的相似度足也不相同。

$D(k)$-Index 具有以下两个性质：①每个索引结点与一个相似度 k 有关。②给定一个索引结点的相似度 k，其父结点的相似度至少为 $k-1$。

$D(k)$-Index 主要由以下两种算法组成：①索引创建算法：首先根据频繁使用的路径决定每一个索引结点所需的最大相似度 k，然后由 A(0)-Index 开始迭代，分裂每个索引结点，直到它们的相似度达到最大相似度 k 为止。②更新算法：对频繁使用的路径进行更新后，现有索引中的结点的最大相似度也需要进行相应的更新。

5）$M(k)$-Index。$D(k)$-Index 主要存在以下两个问题：①在更新算法中，对不相关结点的扩展集也进行分裂操作。分裂后的索引大小比满足查询需要的最小索引的大小还要大得多。②若结点 v 的相似度为 k，u 的父结点的相似度满足 $>k-1$，$D(k)$-Index 更新算法对结点 v 的扩展集进行分裂操作，而实际上对于满足这类条件的结点 v，不应再对其结点的扩展集进行再分裂操作。

引起上述两个问题的原因是，$D(k)$索引的 k 值只能取一个值。$M(k)$-Index 的特点是：①每个索引结点的相似度 k 不相同。②为了避免对不相关结点集进行分裂，$M(k)$-Index 的更新算法在使用了路径表达式的同时，还使用了频繁使用路径的查询结果。

2.序列索引

序列化的结构查询方法的中心思想是将结构查询转化为序列匹配——一个更加一般化的问题来处理。这样做最大的优点体现在能够避免查询中耗时和繁复的结构连接操作。在 ViST 中，王海勋等人第一次提出了基于序列的 XML 索引技术，在这种方法中，XML 结点按照它在文档中出现的从根到它自己的路径来编码，在此基础上，XML 数据和查询的树状结构均被转化为深度优先的结点编码的序列，并通过查询序列与文档序列的匹配回答结构查询。PRIX 采用了一种更加简单的结点编码，并通过 Prüfer 方法将数据和查询转化成序列，Prüfer 方法有效地保证了转化的可逆性，它也是通过序列匹配执行查询，并且，它还可以通过一系列的受限规则保证序列匹配得到的查询结构与原来树结构上的查询结构的一致性。

8.4.3　XML 数据查询优化概述

由于 XML 数据模型的复杂性和 XML 查询本身的复杂性，使得 XML 查询的性能常常达不到人们的要求。随着 XML 查询处理研究的不断深入，XML 查询优化引起了人们的关注。

一个 XML 查询可能会被翻译为关系查询，也可能编译为一个原生的操作计划。在第一种情况下，大体上可以直接应用关系数据库的优化器（当然，在翻译为 SOL 过程中也可能存在优化问题）；在第二种情况下，则存在寻找一个最优的操作计划的问题，这个过程中存在很多优化问题。

在将一个查询编译为查询计划过程中，主要包括以下三个步骤：

1）查询分析，在这个过程中构造分析树，以便用来表达查询和它的结构。

2）查询重写，在这个过程中分析树被转化为初始查询计划，然后再转化为一个预期所需执行时间较小的等价的计划，也就是产生逻辑查询计划。

3）物理计划生成，在这一步，为逻辑查询计划的每一个操作符选择相应的实现算法，并选择操作符的执行顺序，以及获得数据的方式和数据从一个操作传递到另一个操作的方式（如通过流水线还是缓冲区等)，逻辑计划被转化为物理查询计划。

这其中，第 2)和 3)步是查询优化的主要范畴，也是查询编译的难点。

要完成第 2)步，需要先定义一套查询代数及等价变换规则。对于 XML 查询来说，目前还未出现统一的查询代数，更不用说形成一套公认的等价规则了，虽然已经提出了一些等价改写规则，但是大都是基于一些特殊的文法的，推广起来比较困难。完成第 3)步需要了解很多数据库的元数据，典型的元数据包括：数据库的一些统计信息，某些索引的存在情况，数据在磁盘上的分布情况等。第 3)步还需要基于这些元数据，根据一定的模型和方法，估算出每个操作结果集的代价及整个操作结果集的代价。对于 XML 数据库来说，无论是获取统计信息还是估算操作的代价，都非常困难。

8.4.4　XML 查询最小化

查询最小化及其相关问题在数据库领域是一个很重要的研究课题，具有很长的研究历史。查询最小化问题的实质是等价问题，因为求一个查询的最小化查询就是要找到与之等价的一个规模最小的查询，而等价问题的本质又是查询的包含问题。简单地说，如果一个查询表达的条件被另一个查询所表达，则这两个查询间存在包含(containment)关系。查询间的包含问题能够被利用来优化查询，从而有效地提高了查询的执行效率，因而在关系查询和 XML 查询中都有大量研究。

1. 无约束 XPath 查询最小化

前面的内容已经介绍过，查询最小化问题的实质是查询等价问题，而查询等价问题只不过是查询包含问题的表现形式而已。在关系数据库领域关于合取查询(conjunctive query)的包含具有一个重要特征：$p_1 \subseteq p_2$，当且仅当存在一个 p_2 到 p_1 的同态(homomorphism)。

S. Amer-Yahia 等把同态的概念引入到 XPath 查询最小化的研究中来，查询同态即为包含映射(containment mapping)。从查询 p_2 到 p_1 的包含映射是从 p_2 的结点到 p_1 的结点的映射，并且满足以下两点：

1)保持结点类型，即对应结点的类型要保持一致；同时保持输出结点的对应关系。

2)保持结点关系，即保持孩子边和后裔边。

两个查询 p_2 和 p_1 满足 $p_1 \subseteq p_2$，当且仅当存在 p_2 到 p_1 的包含映射。树模式查询 p 的最小化问题实际上即为在 p 中删除所有冗余的结点，而一个结点是否冗余实际就是看删除该结点后的子树与原树是否等价，即它们之间的相互包含关系。一个树 p 到它的子树的包含映射或同态的关系实际上是 p 到自身的同态，这种同态就是所谓的自同态。

基于上述思路，一个树模式查询 p 中的一个结点 u 是冗余的，当且仅当在 p 中存在一个自同态 h 并且满足 $h(u) \neq u$。基于这一命题，S. Amer-Yahia 提出了一个最小化算法，该算法重复访问树的所有叶子结点，如果该结点是冗余的话，就会删去该结点，直至没有任何叶子结点是冗余的。在不考虑约束的情况下，该算法的时间复杂度为 $O(n^4)$。

P. Ramanan 在中引入了模拟(simulation)的概念，并基于模拟概念提出了一系列 XPath 查询最小化的新算法，这些算法要优于基于同态的算法。鉴于此，下面也基于模拟的概念，然而，这里给出的模拟概念与文献中的概念并不完全相同。

对于一个树模式查询 $p=<t_p, o_p>$，其中 $t_p=(r_p, N_p, E_p, \lambda_p)$，定义其上的模拟关系如下：

模拟是 p 中结点上的最大二元关系，且满足：对任意两个结点 u 和 v，$u,v\in N_p$，$u<v$；当且仅当以下条件成立：

1）保持结点类型。即要求 $\lambda_p(u)=\lambda_p(v)$，并且如果 $u=o_p$，则 $v=o_p$。

2）保持 c-edge。如果 $u\xrightarrow{c}u'$，则 v 有一个 c-child v' 满足 $u'<v'$。

3）保持 d-edge。如果 $u\xrightarrow{d}u'$，则 v 有一个后裔结点 v' 满足 $u'<v'$。

4）保持 ds-edge。如果 $u\xrightarrow{ds}u'$，则 v 存在一个准后裔结点 v' 满足 $u'<v'$。

模拟关系式自反的、传递的，但不是对称的。若结点 u 和 v 之间存在模拟关系，即 $u<v$，则称 v 模拟 u，u 被 v 所模拟或者 v 是 u 的模拟，可用 sim(u)表示结点 u 的所有模拟的集合。如果 $u<v$ 且 $v>u$，则称 u 与 v 相似，记为 $u\approx v$。

已知一个树模拟查询 p 和 p 中一个非冗余结点 u，并且有：

1）p 中 u 的一个 c-child 结点 v 是冗余的；当且仅当在 p 中存在 u 的另一个 c-child 结点 w，且 $w\in$ sim(v)。

2）p 中 u 的一个 d-child 结点 v 是冗余的；当且仅当在 p 中存在 u 的另一个后裔结点 w，且 $w\in$ sim(v)。

3）p 中 u 的一个 ds-child 结点 v 是冗余的；当且仅当在 p 中存在 u 的另一个准后裔结点 w，且 $w\in$ sim(v)。

不含约束时的 XPath 查询最小化算法给出的是不考虑约束时的 XPath 查询最小化算法 MinTPQ。它包括以下三个部分：TPQRewriting、TPQSimulation 和 TPQMinimization。

TPQRewriting 对树模式查询进行最小化前的预处理，它能够删除树模式查询中无意义的 ds-edge。

TPQSimulation 求出树模式查询中每个节点的模拟集 sim()。这个过程是自下而上进行的，并且每个节点只须遍历一次。当然这与访问顺序有直接关系，具体地说就是与 N_P 中结点的排列方式有关。叶子结点应该出现在内部结点之前，并且孩子结点要在双亲结点之前访问。这可以通过对树的后序遍历实现。

在定义几个集合：cpar()、anc()及 quasi-anc()。其中，cpar(S)表示在集合 S 中有 c-child 结点的结点集合，即 cpar(S)$=\{u|u\in N_p, \exists v\in S(u\xrightarrow{c}v)\}$；anc($S$)表示在集合 S 中有后裔结点的结点集合，即 anc(S)$=\{u|u\in N_p, \exists v\in S(u\xrightarrow{d}v)\}$；quasi-anc($S$)表示在集合 S 中有准后裔结点的结点集合，即 quasi-anc(S)$=\{u|u\in N_p, \exists v\in S(u\xrightarrow{ds}v)\}$，值得注意的是集合 quasi-anc(S)包含了 S 本身。

因此，前面涉及的相关内容可改写成以下形式。

对于一个树模式查询 $p=<t_p,o_p>$，其中 $t_p=(r_p,N_p,E_p,\lambda_p)$，定义其上的模拟关系如下：模拟是 p 中结点上的最大二元关系，并且满足：对任意两个结点 u 和 v，$u.$，$v\in N_p$，$u<v$；当且仅当以下条件成立：

1）保持结点类型。即要求 $\lambda_p(u)=\lambda_p(v)$，并且如果 $u=o_p$，则 $v=o_p$。

2）保持 c-edge。如果 $u\xrightarrow{c}u'$，则 $v\in$ cpar(sim(u'))。

3）保持 d-edge。如果 $u\xrightarrow{d}u'$，则 $v\in$ anc(sim(u'))。

4)保持 ds-edge。如果 $u \xrightarrow{ds} u'$,则 $v \in$ quasi-anc(sim(u'))。

TPQSimulation 直接基于以上内容,按照自下而上的顺序求出 N_p 中每一个结点 u 的 sim(u)、cpar(sim(u))、anc(sim(u))以及 quasi-anc(sim(u))集合。

TPQMinimization 是自上而下地访问树模式查询。对当前结点 u,判断它的每个孩子结点 v 是否冗余,如果是,则删除以 v 为根的整个子树;否则的话,再进一步最小化以 v 为根的子树。

2. 带约束 XPath 查询最小化

在关系数据库中,人们通常使用 chase 的方法来扩展同态技术,也就是改写原来的查询使之包含完整性约束的效果,然后再对改写后得到的查询进行最小化,所得到的就相当于考虑约束时的最小化结果。这种方法也可以用在 XML 查询中,如相关资料把查询 p 和 q 转换为关系查询 p'和 q',然后将给定的 XML 约束用关系数据库的约束来进行描述,并将其追加到关系查询 p' 上。在其他资料中也使用了 chase 技术。因此,在下面使用 chase 技术来处理含约束的 XPath 查询的最小化问题。

考虑约束的 XPath 查询最小化算法框架 MiniCTPQ 由五个部分组成:ICTPQChase 将约束信息反映到树模式查询中,这是通过向树模式查询追加一些结点实现的;ICTPQRewriting 对树模式查询进行预处理;ICTPQSimulation 和 ICTPQMinimization 分别与 TPQSimulation 和 TPQMinimization 相同,用来求相应结点的模拟集和最小化的树模式查询,只不过有时在 ICTPQSimulation 中,不用求出那些追加结点的 sim()集;ICTPQUnehase 用来删除在 chase 过程中追加的结点或所作的改变,其过程刚好与 ICTPQChase 相反。

8.4.5 基于视图的 XML 查询优化

基于视图的查询重写是数据库研究的一个基本问题。它和查询优化,数据仓库,信息集成,语义缓存等问题紧密相关,受到越来越多的关注。基于视图的查询重写技术其目的是充分利用视图中的信息来对查询进行优化,提高查询的效率。下面给出基于视图的查询重写的定义:

定义 8-3　给定数据库 D 和在数据库上定义的视图集合 $V=\{V_1, V_2, \cdots, V_n\}$,对于数据库 D 的查询 q,如果存在查询 q',其中 q'至少查询了 V 中的一个视图,且 q'的查询结果和 q 在数据库 D 中的查询结果一致,则 q'是 q 的查询重写。

如何利用已有视图重写查询,从而提高查询效率,目前存在着大量的研究,提出了很多查询优化方法。对基于 TSL 查询语言的重写问题进行研究,提出了通过完全遍历候选空间的方法来得到查询重写的方案。TSL 虽然具有结构的兼容性并且可以由多个路径表达式组成,但是它不支持正则路径表达式。本节着重讨论对于支持正则路径表达式的 XML 查询如何进行重写的问题。

1. 完全查询重写技术

由于正则路径表达式具有极强的表达和重构能力,XML 查询及其视图都可以采用正则路径表达式来进行描述,XML 查询重写问题即转化为如何利用给定正则路径表达式 $\varepsilon=\{E_1, E_2, \cdots, E_n\}$来重写正则路径表达式 E_0。

Calvanese 针对上述问题提出一种优化的 2-EXPSPACE 的算法来计算查询重写。具体过程如算法 8-2 所示。此外,Calvanese 对正则路径表达式的语义进行了扩充,增加了 inverse 操作符，并采用了 two-way 的有限状态自动机技术来现。

算法 8-2 正则路径表达式完全查询重写

输入：正则路径表达式查询 E_0 和一组视图：$\varepsilon=\{E_1,E_2,\cdots,E_n\}$

输出：自动机 $R_{S,E}$

Procedure Query-TotalRewriting(E_0,ε)

1）构建一个确定有限状态自动机 $A_d=(\sum,S,s_0,\delta,F)$，使得 $L(A_d)=L(E_0)$。

2）构建自动机 $A'=(\sum_\varepsilon,S,s_0,\delta',S-F)$，其中 $s_j\in\delta'(s_i,e)$当且仅当$\exists w\in L(re(e))$即 $s_j\in\delta^*(s_i,w)$。

3）Return $R_{S,E}=\overline{A}'$

在算法 8-2 中，利用了自动机的转换来实现查询重写，后将自动机 $R_{S,E}$转化为相应的正则路径表达式即为 E_0 的重写正则表达式。例如，给定查询 E_0 = video · film* + video · teleplay · name 和一组视图 ε＝{video，film，teleplay · name}，其中，re(e$_1$)＝video，re(e$_2$)＝film，re(e$_3$)＝teleplay · name。

图 8-9 所示为根据算法 8-1 所构建的自动 A_d，A'和$\overline{A}'$。在构建自动机 A'的过程中，A'与 A_d 具有相的状态集，A'的初使状态为 A_d 的初使状态，A'的最终状态除了 A_d 的最终状态以外的其他所有状态。关于转移条件，A'具有一条从 s_i 到 s_j 的转移 $e\in\sum_\varepsilon$，当且仅当 A_d 中存在一条从 s_i 到 s_j 的转移 $w\in L(re(e))$，其中 $w\in\sum$。由此可以得到 $L(R_{S,E})=e_1\cdot e_2^*+e_1\cdot e_3$。

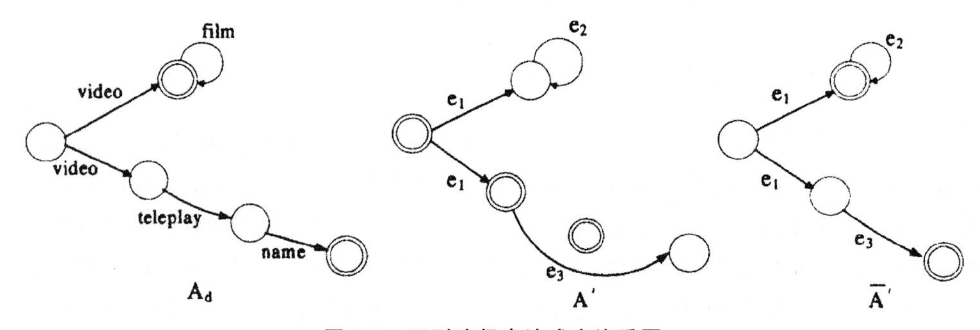

图 8-9 正则路径表达式查询重写

2. 局部查询重写技术

假设存在查询 Q，re(Q)＝$R_1\cdots R_{100}$，以及视图 V_1 和 V_2，其中 re(V_1)＝$R_1\cdots R_{49}$，re(V_2)＝$R_{51}\cdots R_{100}$。若使用 Calvanes 算法，利用视图对查询 Q 进行完全查询重写，重写后得到查询 Q'的值为空。但根据实际应用的情况，若把查询 Q 重写为 $Q'=V_1R_{50}V_2$ 还是十分有用的。因此，Grahne 提出了一种适合局部查询重写技术。具体过程如算法 8-3 所示。

算法 8-3 正则路径表达式局部查询重写

输入：正则路径表达式查询 E_0 和视图 $\varepsilon=\{E_1,E_2,\cdots,E_n\}$

输出：查询重写结果 $E_0{}'$

Procedure Query-PartialRewriting(E_0,ε)

1）计算查询 E_0 的补 E_0^c，即构建一个确定有限状态自动机 $A_d=(\Delta,S,s_0,\delta,F)$，使得 $L(A_d)=L(E_0)$，$E_0^c=\overline{A}_d$。

2)构建局部查询重写的有限转换器 T,并计算转换结果 $T(E_0^c)$。

3)计算 $T(E_0^c)$的补$(T(E_0^c))^c$,即$(T(E_0^c))^c=\overline{T(E_0^c)}$。

4)将$(T(E_0^c))^c$ 与 $M=((\Delta\cup\Omega)^*(E_1\cup\cdots E_n)(\Delta\cup\Omega)^*)^c$ 做并集运算,计算结果 E_0'(E_0'在字符集 Δ 上,ε 则在字符集 Ω 上)。

5)return E_0'。

这里,有限转换器 T 可表示为六元组,即 $T=(S,I,O,\delta,s,F)$,其含义如下:

- S 为 T 状态的有限集合。
- I 为输入字符的有限集合。
- O 为输出字符的有限集合。
- s 为初使状态。
- F 为终止状态集。
- δ 为状态转移与输出结果关系的函数,$\delta\in S\times I^*\times S\times O^*$。

假定对于有限状态自动机 $A_d=(\Delta,S,s_0,\delta,F)$,构建有限转换器 $T=(\Delta,S\cup\{s_0'\},\Gamma,\delta',s_0',\{s_0'\})$,其中 $\Gamma=\Delta\cup\{\Psi\}$($\Psi$ 为不在 Δ 上的字符),即首先在自动机 A 的基础上,增加一个新的状态 s_0',并将其同时作为初使状态与终止状态;然后根据五组状态转移与输出结果的关系函数 δ' 分别进行转换,最后得到有限转换器 T。

在查询时,如果使用 ans(Q,DB)来表示 Q 在数据库 DB 上的查询,重写后的查询 Q'则可表示为 ans($Q',DB\cup V$),其中 V 表示视图集。计算 ans($Q',DB\cup V$)的过程实际上为将 Q'在 DB 上查询的结果和 Q'在 V 上查询结果进行笛卡尔积运算,即 ans($Q',DB\cup V$)$(Q'\times DB)\cup(Q'\times V)$。

由于视图集中每个视图的结果信息是已知的,即 Q'在 V 上查询的结果可以直接得到,这样就可以减少从数据库 DB 中查询次数,从而达到提高查询效率的目的。

在计算 Q'查询结果时,存在两种极端的情况,如下所示:

1)可以完全查询重写,只需要对视图集 V 进行查询就可以得到查询结果,即 ans($Q',DB\cup V$)=ans(Q',V),此时执行效率最高。

2)Q'不包含视图集 V 中的信息,即 ans($Q',DB\cup V$)=ans(Q',DB),其执行效率相当于传统的查询算法。

8.4.6　复杂路径选择性代价计算

使用 XPath 表示的多谓词复杂路径是 XQuery 的核心表达式,同时也和查询执行效率有很大关系。具体如何优化执行多谓词复杂路径是人们关注的焦点问题。多谓词复杂路径表达式包含多个谓词分支,不同的分支对查询目标的选择性存在一定的差异,如何精确地估计位于不同分支的结点的选择性成为研究的热点。多谓词复杂路径中,既隐含数据之间的嵌套结构,更有对分散在结构中的值的计算。为了精确计算某结点的选择性,需要综合考虑表达式中所有结点对该结点的影响。

XML 树中的每个结点被赋予唯一的一个区间编码(start,end),即为位置标识。位置标识需要满足以下两个特点:

1)祖先位置标识需要严格地包含后代位置标识。

2)兄弟位置标识互不重叠。根结点的位置标识区间最大。

设 XML 数据编码区间为[min,max],某类型结点的值域为[V_{min},V_{max}],在平面坐标系中,x 轴为值所属结点的编码区间,y 轴为值域。如果某结点位置标识为(s,e),值为 v,则该结点在平面坐标系中的坐标为(s,v)。某类结点集合在坐标系上的分布成为值-位置分布图。

将值-位置分布图的 x 轴可以等分为 g 个格,y 轴可以根据不同类型和值域范围划分成 m 格,分别统计某类结点在每个格中的结点个数,构成值-位置直方图,记为 VH。

值-位置直方图体现值的分布于结构之间的关系。如果有谓词约束某值域的话,则可以通过值-位置直方图很容易地得到满足谓词的节点位置标识的 start 分布情况。而 start 值对应结点在树种的先序遍历值,隐含结点的位置分布情况。因此,根据值-位置直方图能够获得满足谓词的结点的位置分布。

位置直方图可以很好地体现 XML 数据结构分布。

位置直方图 PH 是一个二维直方图。设 XML 数据编码区间为[min,max],在平面坐标系中,x 轴为 start 值,y 值为 end 值。XML 数据结点之间的包含关系转换为坐标系中点的位置关系:

1)所有点均出现在坐标系对角线之上的区域内。

2)某结点的所有后代结点居于其右下角区域中;其所有祖先结点居于其左上角区域。

将坐标系整个矩形区域等分为 $g \times g$ 个格,分别统计每个格中的结点个数,构成位置直方图,记为 PH。

直方图运算包括以下 6 种方式:值选始位置(V)和始位置转换(S)用于谓词计算,选后代(D)和选祖先(A)用于结构嵌套关系计算,自除后代(PD)和自除祖先(PA)用于计算父子关系时去掉祖先或后代。参与运算的是直方图,运算的结果也是直方图。

下面介绍一下 PM 和 SGM 两种路径选择性计算方法。这两种方法均能够综合利用 XML 数据值相关和结构相关特性,考虑表达式所有结点对该结点的影响。

1. PM 路径选择性计算方法

PM 算法计算某结点在路径中的选择性的方法是:根据结点在路径中的位置,以直方图为参数,以 6 种基本运算构造代价计算树(以下简称 CT)。后根序遍历执行 CT 就可以得到满足路径约束的结点的位置分布情况。选择性计算过程就是构造并执行代价计算树的过程。

如果谓词表达式为 a Oper b,其中 a 为结点名,Oper 为关系运算符(如>,<等),b 为某种类型的数值,则称该谓词表达式为简单谓词。例如,[type='book']。

计算简单谓词对结点的选择性的方法为:以结点的值-位置直方图 VH 为参数进行 V 运算,得到始位置直方图为 SH。与结点位置直方图 PH 进行 S 运算,即可得到满足谓词的位置直方图 PH^p。

如果路径表达式为 $a//b$,或者 $a//b$,其中 a,b 为结点名,则该路径表达式为简单路径。简单路径中没有谓词出现。

如果表达式为 $a//b$,通过 A 运算或 D 运算即可获得满足路径的 a 结点或 b 结点的 PH。若路径表达式为 a/b,需要在相应运算之前,先进行 PA 或 PD 运算以去掉祖先或者后代结点。

PM 方法的核心思想为:利用一系列直方图运算综合路径中所有结点对估计结点选择性的影响。计算环环相扣,上一步计算的结果作为下一步计算的参数。路径中结点数据间结构和值的相关性，最终能够反映在直方图的不同区域的计数的变化中。因此，*PM* 方法没有必要事先对结点之间的相关性进行分析，也没有必要进行任何独立性分布假设。*PM* 方法既可用于计算路径中任一点在整个路径中的选择性，也可用于计算任一点在部分路径中的选择性。

2. SGM 路径选择性计算方法

PM 方法的缺点体现在运算次数多，导致代价计算效率的下降。为了有效提高代价估计的效率，基于模式的路径选择性计算方法(SGM)构造了模式与直方图相结合的统计信息模型，利用模式信息简化代价计算树。

SGM 方法计算复杂路径选择性所需的统计信息有 3 种：模式信息、不同类型结点的位置直方图和含值结点的值-位置直方图。3 个部分的有机结合构成了统计信息模型。统计信息模型可看做是模式信息的一种扩充。

第 9 章　实时数据库及其管理技术

目前，数据库的应用正逐渐向新的领域扩展，如 CAD/CAM、CIMS、数据通信、电话交换、电力调度等网络管理，电子银行事务、电子数据交换与电子商务、证券与股票交易，交通控制、雷达跟踪、空中交通管制，武器制导、实时仿真、作战指挥自动化或 C3I 系统等。这些应用有着与传统应用不同的特征。一方面，要维护大量共享数据和控制数据；另一方面，其应用活动（任务或事务）有很强的时间性，要求在规定的时刻和（或）一定的时间内完成其处理；同时，所处理的数据也往往是“短暂”的，即有一定的时效性，过时则有新的数据产生，而当前的决策或推导变成无效。所以，这种应用对数据库和实时处理两者的功能及特性均有需求，既需要数据库来支持大量数据的共享，维护其数据的一致性，又需要实时处理来支持其任务（事务）与数据的定时限制。

9.1　概述

实时数据库（Real Time DataBase，RTDB）的一个重要特性就是实时性，包括数据实时性和事务实时性。数据实时性是现场 I/O 数据的更新周期，作为实时数据库，不能不考虑数据实时性，一般数据的实时性主要受现场设备的制约。事务实时性的特征定时性来源于外部环境显式给出的反应时间要求，系统中的数据随时间变化而转嫁来的，事务可以是事件触发方式或定时触发方式。事件触发是该事件一旦发生可以立刻获得调度，这类事件可以得到立即处理，但是比较消耗系统资源；而定时触发是在一定时间范围内获得调度权。作为一个完整的实时数据库，从系统的稳定性和实时性而言，必须同时提供这两种调度方式。

9.1.1　实时数据库的概念

在实际情况中，大部分应用都包含了对数据的“定时”存取和对“短暂有效”数据的存取，在实际运行中不但需要维护大量共享数据和控制知识，而且其应用活动有很强的时间性，需要在一定的时刻或/和一定的时间期限内自外部环境采集数据，按彼此间的联系存取已获得的数据和处理采集的数据，再及时作出响应。同时，它们所处理的数据往往是“短暂”的，即只在一定的时间范围内有效，过时则无意义。因此对于这种应用必须同时具备数据库技术和实时数据处理技术。但由于 DBMS 主要功能在处理永久性数据，其设计与开发目的是强调维护数据的完整性与一致性，并能提高系统的吞吐量同时降低系统代价，对数据及其处理相关联的定时限制并不在设计的考虑范畴内，因此对传统的商务型和管理型 DBMS 并不具备满足这种实时应用的能力。传统的实时系统虽然支持数据及其处理的定时限制，但其典型地是针对具有简单结构与联系、稳定和可预报数据（或资源）要求的任务的，不涉及维护共享数据的完整性、一致性。因此，只有将数据库与实时系统两者的概念、方法与机制准确切合的实时数据库系统才能同时支持定时性和一致性要求。

实时数据库系统就是其事务和数据都可以具有定时特性或显式的定时限制的数据库系统。

系统的正确性不仅依赖于逻辑结果,而且还依赖于逻辑结果产生的时间。数据库研究工作者的动机在于利用数据库技术的特点或优点来解决实时系统中的数据管理问题;实时系统研究工作者则为给实时数据库系统提供时间驱动调度和资源分配算法所吸引。然而,实时数据库系统并非是两者的概念、机构、工具等的简单集成,需要对一系列问题进行研究与决策:数据和数据库的结构与组织;事务的截止时间的软硬性;事务的优先级分派、调度和并发控制的协议与算法;I/O调度、恢复、通信的协议与算法;查询处理算法;数据和事务特性的语义及这种语义与一致性、正确性的关系等。[①]

9.1.2　数据库、实时系统与实时数据库的关系

这里主要分析传统数据库、实时系统(RTS)和 RTDB 彼此间的联系与差别。

1. 数据库与实时系统

数据库系统组合了多种功能:

1)数据描述(模型、模式)。

2)数据正确性维护(完整性、一致性检验)。

3)有效的数据库存取(数据库组织、操作与存取方法)。

4)查询与事务的正确执行(事务管理、调度与并发控制)。

5)数据的安全与可靠性保护(安全性检验、恢复)。

在传统的数据库系统中,其设计与开发主要强调维护数据的正确性、保持系统代价低、提供友好用户接口。这种数据库系统对传统的商务型和事务型应用是有效的、成功的,但并不能实现实时应用,其原因在于它不考虑与数据及其处理相联系的定时限制(tiruing-constraint)。系统的性能目标是吞吐量和平均响应时间,而不是数据和各个事务的定时限制,故系统作调度决策时根本不管各种实时特性。

与之相对的,RTS 所支持的应用具有很强的时间性要求,其处理活动与数据都是定时性的。这种数据的定时性和外部环境所施加的响应时间要求导致了 RTS 中任务的定时限制,如期限或截止时间。因而 RTS 强调的是定时性,系统目标是满足各种时间限制。然而传统的实时系统典型地处理具有简单和可预报数据(或资源)要求的简单任务,不涉及维护共享数据的一致性问题。

数据库与实时系统的结合导致了实时数据库系统的产生,它集成两者的概念与要求以同时处理实时性和一致性,这也使得调度等问题要复杂和困难得多。

2. 传统数据库与实时数据库

对于传统数据库,其事务具有 ACID(Atomicity,Consistency,Isolation,Durability)特征,即:

1)强调一致性、可恢复性和永久性。

2)事务无内部构造,彼此之间无合作(交互作用、通信)。

3)进行不可预报的数据存取,故其执行时间不可预测。

4)无"时间维",更不显式地考虑时间。

所以,事务的原子性和可串行化是普遍接受的正确性、一致性标准。

---

① 刘云生.实时数据库系统[J].计算机科学,1994(03).

实时数据库系统与传统数据库在概念、原理、结构、算法等方面都存在着很大的差别，最根本的区别在于数据与事务的定时限制。这里要指出的是，“实时”并非简单地意味着快，快固然需要，但对实时数据库系统而言，“实时”指的是能施加和处理“显式”的定时限制，即使用“识时协议”以解决有关数据和事务的截止时间或定期限制。①

9.1.3 实时数据库系统的时间相关性

实时数据库是其数据和事务都有显式定时限制的数据库，系统的正确性不仅依赖于事务的逻辑结果，而且依赖于该逻辑结果所产生的时间。近年来，RTDB已发展为现代数据库研究的主要方向之一，受到了数据库界和实时系统界的极大关注。然而，RTDB并非是数据库和实时系统两者的简单结合，它需要对一系列的概念、理论、技术、方法和机制进行研究开发，例如数据模型及其语言，数据库的结构与组织，事务的模型与特性（尤其是截止时间及其软硬性），事务的优先级分派、调度和并发控制协议与算法，数据和事务特性的语义及其与一致性、正确性的关系，查询/事务处理算法与优化，I/O调度、恢复、通信的协议与算法等，这些问题之间彼此高度相关。

实时数据库系统在两个方面与时间相关。

1. 数据与时间相关

按照与之相关的时间的性质不同可分为两类：

1）数据本身就是时间，即从“时间域”中取值，如“日期”，称为“用户定义的时间”，也就是用户自己知道，而系统并不知道该数据是时间，系统将毫无区别地把该数据像其他数据一样处理。

2）数据的值随时间而变化，数据库中的数据是对其所服务的“现实世界”中对象状态的描述，对象状态发生变化则引起数据库中相应数据值的变化，因而与数据值变化相关联的时间可以是现实对象状态的实际时间，称为“真实”或“事件”时间（现实对象状态变化的事件发生时间），也可以是将现实对象变化的状态记录到数据库，即数据库中相应数据值变化的时间，称为“事务时间”（任何对数据库的操作都必须通过一个事务进行）。实时数据的导出数据也是实时数据，与之相关联的时间自然是事务时间。

2. 实时事务有定时限制

典型表现是其“截止时间”。对于RTDB，其结果产生的时间与结果本身一样重要，一般只允许事务存取“当前有效”的数据，事务必须维护数据库中数据的“事件一致性”。另外，外部环境（现实世界）的反应时间要求也给事务施以定时限制。所以，RTDB系统要提供维护事务有效性和事务及时性的设施。

9.2 实时数据库的特征

实时系统典型地由三个紧密结合的子系统组成：被控系统、执行控制系统、数据系统。被控系统就是所考虑的应用过程，称为外部环境或现实世界；执行控制系统监视被控系统的状态，协

① 刘云生.实时数据库系统[J].计算机科学，1994(03).

调和控制它的活动，称为逻辑世界；数据系统有效地存储、操纵与管理实时（准确和及时）信息，称为内部世界。执行控制系统和数据系统统称为控制系统。内部世界的状态是现实世界状态在控制系统中的映像，执行控制系统通过内部世界状态而感知现实世界状态，且基于此而与被控系统交互作用，所有这些都与时间紧密相联。所以，对于其核心的实时数据库来说，其基本特征就在于数据和事务都具有实时限制。[①]

9.2.1　RTDB 的数据特征

RTDB 数据是外部环境状态的映像，它与外部环境同步地频繁变化。所以人们不能只考虑数据库内部状态（即数据值）的一致性，还必须考虑外部状态与内部状态之间的一致性；也不能认为使用数据时，简单地提供其最新值就是最合适的，还必须考虑它与其他被使用数据间的“时间一致性”。

传统数据库的数据是一元的，即只有数据的“当前值”，而 RTDB 的数据是多元的。一个 RTDB 的数据对象一般为一个三元组 $d: \langle v, evi, tp \rangle$。其中 d 为其标识符，分量 $v(d)$ 为 d 的当前状态或值；$tp(d)$ 为观测时标，是指对 d 所对应的现实世界对象的采样时间；$evi(d)$ 为外部（或绝对）有效期（external validity interval），即自 $tp(d)$ 算起 $v(d)$ 是外部或绝对有效的时间长度。

1. 内部一致性

内部一致性就是传统意义上的数据库内部状态的正确性。

数据 d 是内部（或称逻辑）一致的，当且仅当 $v(d)$ 满足所有对其预先定义的完整性限制。

数据库的变更都是以事务的形式进行的，因而事务的可串行化能提供内部一致性保证。

2. 外部一致性

RTDB 依靠逻辑世界与现实世界的频繁交互作用来获取准确、及时的数据，其中的数据是外部现实世界对象的映像。因此一个正确的数据库状态必须与物理世界当时的状态一致，当前事务使用的数据库中的值 $v(d)$ 应在其有效范围 $evi(d)$ 内。

数据 d 是外部（或称绝对）一致的，当且仅当 $(t_c - tp(d)) \leqslant evi(d)$。其中，$t_c$ 为当前或检测时间。

3. 相互一致性

一组相关数据被一起使用时，存在着两者之间在时间上是否彼此（或相对）一致的问题。

用来作决策或导出新数据的一组数据称为一个相互（或相对）一致集，每一这样的数据集 R 都有一与之相联的相互有效期，记为 $mvi(R)$。

设 R 是一个相互一致集，任何 $d \in R$ 称为是相互一致的，当且仅当以下谓词成立：

$$\forall d' \in R' (\left| tp(d) - tp(d') \right| \leqslant mvi(R))$$

数据的内部一致数据的状态，是为了确保数据库状态的完整性；外部一致性是为了确保数据库能反应外部环境当前的真实状态；相互一致性则为了保证一起被使用的相关数据是在允许的

---

① 刘云生. 实时数据库系统[J]. 计算机科学，1994(03).

范围内彼此接近地产生的，并且都与时间限制相联，因此统称“时间一致性”。系统必须使用实时协议处理事务的定时性。

内部一致性可以由事务的可串行化来实现。时间一致性不能用可串行化协议来实现，其原因是现有的确保可串行化的并发控制协议都是基于封锁和夭折-重启的，封锁会导致优先级颠倒(低优先级事务阻塞高优先级事务)，而夭折-重启除了浪费大量系统资源而引起事务超时限外，实时系统中的许多事务如前所述是不可逆的。它们必须通过使用识时协议的事务处理来实现。

9.2.2 RTDB的事务特征

实时事务与传统事务有许多本质上的不同，上一节中所述的那些实时应用特征也就是实时事务的特征，这里不再赘述，仅对RTDB事物的根本特点——“定时性”作进一步的说明。

事务的定时性或称实时性，指有相关的时间限制，主要来源于两个方面。一是由数据的时间一致性所引起，实时事务必须存取时间一致的数据，因而它自己也就有了时间一致性限制。这种实时性往往取定期或周期性限制的形式。事务定时性的另一来源是外部世界施加于控制系统的反应时间要求，它典型地取施加于非定期事务的截止时间限制形式。定时性具有以下两个方面：

1. 定时限制

定时限制限制了事务执行过程中所需要的时间，包括截止时间、执行的时间范围等。这种限制可以有“软”(允许一定程度的超越)、“硬”(不能超越)之分。它们可以是绝对时间、相对时间或周期时间。RTDB系统支持用户的这种时间限制的定义。

2. 定时正确性

事物能按合适的时间要求正确执行。这是由于要求数据对于控制系统的各种决策活动随时有效而引起的，这要求权衡定时限制与数据一致性等诸多因素，给出合适的调度算法。

9.3 实时数据模型分析

一个实时数据库由一个实时数据模型所包含的实时数据集和一个直接与物理世界作用的具有定时限制的周期、非周期和偶发事务集组成。实时数据库的数据集和事务集必须满足逻辑一致性和时间一致性，包括外部(或绝对)时间一致和相互(或相对)时间一致。

与任何数据模型一样，一个实时数据模型也由数据对象、约束、数据操作这三种要素所构成。

9.3.1 实时数据对象

实时数据库分别由三种类数据对象构成：映像对象(image object，IMO)、导出对象(derived object，DEO)及不变对象(invariant object，IVO)。

1. 映像对象

在实时数据库中，现实世界对象(Real World Object，RWO)被传感器采集，其值周期或不定期地被采样并写入数据库中，被写入的数据对象被称为映像对象(IMO)。因此一个映像对象就是一个 RWO 的一个映像。

由此可见，一个 IMO 对应一个现实世界对的采样时间并与之相联，该时间称为"采样/事件时标"(sampling/event timestamp)，由此开始到下一次采样所需要的时间为该 IMO 的"外部有效期"或简称"有效时间"。

一个 IMO 一旦记入数据库，便不被更改，与其对应的 RWO 在随后时刻的采样将被值写入数据库为该对象的一个新的 IMO。是否保留同一 RWO 的原 IMO、采用何种保留方式，依赖于应用语义。通常情况下对原 IMO 采用档储式存储，所以 RTDB 要维护数据在不同时间点的瞬像。

2. 导出对象

导出对象就是通过一个事务由一组 IMO 和/或其他数据对象的计算而得出的数据对象。与之相联的是导出它的事务时间。与 IMO 不同，数据库中 DEO 的值可能被更新，并且其档储式存储可以选择维护或不被维护。

3. 不变对象

IVO 是相对时间不变的值。它可以被视为是或不是实时数据，如果是，则它是不随时间的变化而改变，其采样时间始终是"当前"、其有效期是任意长的，它是实时数据的特例。

上面所述的时间可以是"有效时间"或"事务时间"维，其时间量子可以是时间点或时间区间。

9.3.2　时间一致性限制

外部一致性限制保证数据库为现实世界提供一个实时表示，能反映现实世界"当时"的真正状态。设有数据库 DB，对于任一数据集 $X \subseteq DB$，如果 X 中的所有数据都与外部相一致的，则 X 是外部一致的。同样，对于数据的任一相互集 $R \subseteq DB$，如果 R 中的所有数据都与外部相一致，则 R 是相互一致的。

为了实施一个 IMO 的外部一致性，对应 RWO 的当前值要在某指定期间内被采样。为了实施相互一致性，一个相互一致集中的所有 IMO 都必须在某一指定期间内被采样。

若用以导出一个数据对象的数据对象是外部和相互一致的，则被导出对象被认为是时间一致的。用以保持被导出对象的时间一致性的方法和对应的默认时间期由数据库设计确定。

作为实时数据的特例的 IVO 总被认为是时间一致的。

9.3.3　实时关系代数

定义关系代数有几种基本操作：选择、投影、差和并。它们对实时数据仍然需要。这里简要给出我们开发的针对数据时间维的代数操作。

1. 时间选择

时间选择操作"τ_L"。限制所选取的实时数据对象的生存期为 L 所确定，而不影响数据对象的值。L 为时间条件表达式，是指由生存期和数值所组成条件的表达式。

2. 时间投影

时间投影操作“η”可以被认为是投影操作，不同点在于它是在实时数据“生存期”上的投影，若定义 $Ls(x)$为返回数据对象 x 的生存期的一个函数，则 $\eta(x)=Ls(x)$。

3. 时间差

时间差运算“$\dot{-}$”是针对实时数据对象具有同样的值但有不同的生存期来进行的，其结果对象的值不变，而生存期为两者生存期的差。

4. 时间并

时间并操作“ν”将具有相同值而不同生存期的数据对象合并成一个，其结果的生存期为各生存期之并。

9.4 实时数据库管理系统

设计和实现一个实时数据库管理系统(RTDBMS)是一个很复杂的任务，它涉及许多的方面和问题。影响整个 RTDBMS 设计与实现的论题主要有：RTDBMS 系统模型；实时数据库事务处理，包括优先级分派与调度及执行控制、冲突解决与并发控制、正确性准则，即放松可串行性的正确性标准；死锁处理；接纳控制；缓冲区及存储管理；I/O 与磁盘调度；内存数据库支持；故障恢复与容错；可调度性分析。

9.4.1 实时数据库管理系统的功能特性

一个 RTDBMS 首先是一个 DBMS，因此 RTDBMS 也必须具备 DBMS 的基本功能，其中包括具有永久数据管理，即对数据库的定义、存储、维护等。存取有效数据，即对各种数据操作、查询处理、存取方法及完整性检查。事务管理，即对事务的概念、调度控制及执行管理、安全性检验、数据库可靠性评估、故障恢复机制等。

但传统的 DBMS 仅针对商务和管理的事务型应用的，其设计目标是维护数据的绝对正确性、提供友好的用户接口、保证系统的低代价。其系统的性能指标是吞吐量和平均响应时间，调度与各种处理决策对于实时特性没有任何要求。

与之相反，RTDBMS 的设计目的在于数据与对事务定时限制的满足，即“宁要部分正确而及时的信息，也不要绝对正确但过时的信息” 的设计原则。系统性能指标是满足定时对限制的事务制定的比率，“硬实时” 必须确保事务的截止期，必要时可以牺牲数据的准确性与一致性；“软实时”事务满足截止期的比率要尽可能高。当然，要绝对满足截止期是达不到的。

除以上 DBMS 的基础功能外，RTDBMS 还必须具备以下专属功能特性：

1)数据库状态的及时性。即最大限度地保持数据的状态为不断更新当前真实状态的映像。

2)数据的正确性。即保证数据值及其产生时间的正确性。

3)事务处理的“识时”性。即事务对于各种协议的处理、策略与机制都考虑了定时限制特别要满足事务截止期。

因此，可以说 RTDBMS 就是传统 DBMS 与实时处理两者功能特性的结合。

9.4.2　实时数据库系统的主要技术

要实现一个实时数据库系统，除了一般数据库的问题外，还要研究一系列关键理论与相关技术问题。

1. 实时数据模型及语言

到目前为止，研究实时数据库的文献很少有专门讨论数据建模问题的，大多数文献，尤其是关于实时事务处理的都假定其具有有变化颗粒的数据项的数据库模型。但这种方法有局限性，因为没有使用一般的及时间的语义知识，而这对系统满足事务截止时间是很有用的。一般 RTDB 都使用传统的数据模型，还没有引入时间维，而即使是引入了时间维的“时态数据模型”与“时态查询语言”也没有提供事务定时限制的说明机制。

2. 实时事务的模型与特性

传统的原子事务模型已不适用，必须使用复杂事务模型，即嵌套、分裂/合并、合作、通信等事务模型。因此，实时事务的模型结构复杂，事务之间有多种交互行动和同步，存在结构、数据、行为、时间上的相关性以及在执行方面的依赖性。

3. 实时事务处理

1)要求“复杂事务”模型与 EX－(扩展的)或 NON－(非)ACID 特性。

2)事务处理要能够控制所有可执行事务的执行，包括：

· 将事务按截止期分派优先级。

· 进行实时驱动和基于优先级的事务(级)调度。

· 传统并发控制的可串行化不一定必要和可能，要求“放松可串行化”或“暂缓可串行化”的并发事务执行。

· 传统的“夭折-重启”式事务恢复不一定适用，有的要求事务的“补偿”或“替代”。

系统应该给用户提供事务定时限制说明语句，其格式可以为：

＜事务事件＞IS＜时间说明＞

其中，“事务事件”为事务的“开始”、“提交”、“中断”等，“时间说明”指定一个绝对、相对或周期时间。

4. 实时数据存取

磁盘数据库操作是 I/O 受限的，其数据库存取延迟大约是 30 毫秒，这对实时事务而言，是不可承受的，因为有的事务的截止期可能也就是 30 毫秒。关键问题是如何尽可能消除磁盘存取，因此，较有效的解决办法就是采用“内存数据库”技术。

5. I/O 与缓冲区管理

磁盘 I/O 和缓冲区是 RTDB 的重要资源。假定 I/O 设备响应对性能总的影响是确定的，则 I/O 调度策略就成为关键。RTDB 事务有时间限制，无法像传统的算法那样使平均 I/O 处理延迟最小，而需要“识时”的、基于优先级的 I/O 调度。

缓冲区(包括代码、I/O及临时中间结果所需存储空间)管理目标是高优先级事务的执行不因此而受阻。故传统的缓冲区管理方法已不适用,必须事务的优先进行重新考虑,开发近似"优先级LRU"等解决方案。

6. 恢复问题

对于RTDB的恢复问题而言,相较于传统数据库更为重要也更加复杂,其原因主要由以下几点:

1)恢复过程会影响当前的事务,使有的事务超截止期。

2)有时宁愿牺牲数据的部分正确性来换取其及时性。

3)数据是"短暂"的,而有的事务是"不可逆"的,所以传统方式的恢复根本没有意义。

4)数据库服务的停止将导致对现实世界控制的立即停止,对于实时应用这是不允许的,故要求数据库的恢复不能中止系统对现实世界的控制。

因此,要开发不一定完全"还原"的、不影响现有事务定时性和系统服务的"动态"的故障恢复技术。

此外,还有下列RTDB需要专门解决的问题:

(1)事务/查询的接纳管理

即系统中的事务数的控制策略和内存资源的管理策略。一般能接纳更多的事务数以提高并发度,使其获得较好的事务性能。但接纳事务的数量过多又会影响事务性能和定时限制的满足。

(2)事务处理的可预报性与应急计划

事务处理的可预报性与应急计划是指对事务处理的预分析,通过进行"可调度性"预测,得到一个实时事务能按截止期完成的可能性。对于结构的处理分为三种方式,若完全可能,则按正常处理;若存在潜在的危险性,则采取一定的措施;若已无可能,即已经或即刻要超截止期,则根据预设好的"应急计划",执行"替代"或"补偿"或其他应急处理活动。这些活动由用户说明,但系统必须提供其说明和与之通信、连接的工具与机制。

(3)结果正确性与实时性的折中

RTDB将实时性看得比结果正确性还重要。传统的保证一致性的可串行化本身是充分而非必要条件,而在RTDB中有时是不可能的,因为有的事务执行的先后次序有限制,故往往采用"放松可串行化"的一致性标准。实时系统一般使用"流行"(当前有效)数据。

9.4.3 实时数据库管理系统结构

为了提供上面所述的主要功能特性和技术,同时实现数据库的一致性与实时性,这里给出一个参考的实时数据库管理系统的组成结构及其执行模型。

1. RTDBMS组成结构

RTDBMS与传统DBMS就系统的组成结构来看,两者没有太多的区别,关键是各部件的功能、特性及其使用的策略与技术不一样。其主要功能部件及其组成结构如图9-1所示。

2. RTDBMS执行模型

RTDBMS的执行模型包括下列几个方面:

(1)事务管理

实时事务是具有内部构造和彼此相关的"复杂"事务。因此RTDBMS需要具备支持这种复杂事务的功能，才能实现事务在结构、行为、时间方面的相关性及执行的依赖性。

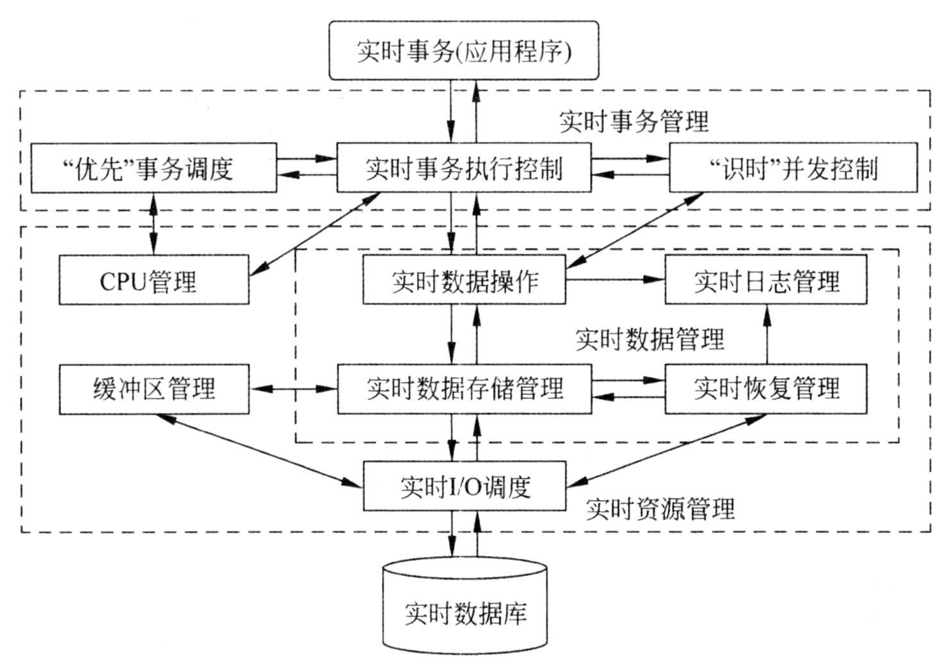

图 9-1　实时数据库系统结构体系

(2)资源管理

在 CPU 时间、存储空间、数据等系统资源的使用上，必须考虑事务与数据的定时限制，采用基于优先级的资源分配策略和资源使用的“中断”的方法，即具有高优先权请求者抢占(中断)具有低优先权的资源。

(3)调度处理

包括事务和操作两级调度，事务级调度又包括优先级分派、调度处理(含与实时操作系统进程/处理机调度的交换处理)，操作级调度即并发控制。调度处理包括调度策略及其实现机制。此外，还应提供一定的“可调度性”预测能力及“应急处理”能力。

(4)执行正确性

RTDBMS 的执行正确性在概念、内容与准则上与传统数据库有根本性的不同，不但要确保事务执行结果的正确性，而且要保证其执行在结构、行为及时间的正确性。

9.5　实时事务及事务处理

实时事务与传统事务在概念、特性、模型、正确性等方面都存在着根本性的不同，因而在实现或保证事务正确执行的技术、方法与策略上也不一样。

9.5.1　实时事务概述

实时事务是有定时限制、可以形成各种“内部结构”的数据库操作集合，即所谓的“复杂事务”。其操作可按应用语义而构成组，一个组又可以是一个事务（称为子事务），操作组之间可有各种联系，因此复杂事务可能是一个层次的无圈网状结构，传统事务仅是其最简单的特例。所以，一个实时事务（TRANSACTI()N）就是一个 4 元组：

TRANSACTION::=(S,R,$\angle_t$,C)

• S::=<STEP>{,<STEP>}

STEP::=<TRAN—STRUCTURE>|<OP>

OP::=数据操作（查询、插入、修改等）或事务管理操作（事务开始、提交等）

TRAN-STRUCTURE::=<TRANSACTION>|<TRAN-OP>

TRAN-OP::=事务嵌套、分裂、合并、通信、同步等操作

• R::=(<DR>,<PR>)

DR::=执行 S 所需数据资源

PR::=处理资源（CPU 时间、缓冲区等）

• $\angle_t$ 为 S 上的一个编序（时序）

• C::=(<DC>,<TC>)

DC::=关于 DR 的完整性限制

TC::=关于 S 的定时限制

9.5.2 实时事务的特性

1. 定时性

即各种定时限制，如开始、提交、执行期等限制。这里需要特别说明的是：

1）截止时间。事务完成的最后期限。它具有有软、硬性（即是否允许超截止期）之分。

2）到达时间。事务在系统中生成的时间。它可以是周期的或非周期的，其周期或最坏（或最好）情况的时间间隔可以是静态预定的或动态产生的。

3）期望执行时间。所需最坏情况的执行时间估算。

2. 结构复杂性

事务内部和事务之间可能存在着各种结构上的联系，如分层、嵌套、分裂、合并、通信合作等。

3. 关键性

即满足其定时限制尤其是截止期的重要性或软、硬性。关键性与其价值函数相联，价值函数就是事务完成对系统的价值关于时间的函数。它与定时限制本身是两个不同的概念，如一个事务可能有很紧迫的截止时间，但超过它不会给系统造成很大的伤害。

4. 语义相关性

实时事务的语义包含了事务行为及其发生时间，事务在这些方面可能存在彼此之间的联系：

1）结构相关。按“复杂事务模型”的不同而存在的父子、层次、通信与同步等联系。

2）数据相关。事务间的数据传递、继承、托管等联系。

3）行为相关。在同一对象上不同事务操作间所建立的相容或冲突关系。

4）时间相关。事务间的执行顺序或时间限制。它通常以“事务事件”（开始、提交、夭折等行

为)来描述,如“事务 A 必须在事务 B 提交后 5 秒开始执行”。

5. 执行依赖性

由上述结构复杂性和语义相关性而引起。例如,父子事务之间的主要执行依赖关系有:

1)开始依赖。若 t_1 开始,则 t_2 必须先开始,记为 t_1BDt_2。

2)提交依赖。若 t_1 提交,则 t_2 必须先结束(提交或夭折),记为 t_1CDt_2。

3)夭折依赖。若 t_2 夭折,则 t_1 也必须夭折,记为 t_1ADt_2。

9.5.3　实时事务的分类

1. 按使用数据的方式分类

这便于设计或改造并发控制方案。按这种分类,有:

1)只写事务。只写数据到数据库。如存储关于现实世界状态或事件的信息的事务。

2)只读事务。只读取数据库中的数据。如由数据库设置执行控制部件参数的事务。

3)更新事务。对现有数据进行计算并导出新的数据值,故它可能既读又写。

2. 按关键性分

这是实时事务处理的基础。有:

1)硬事务。不允许超截止期,否则会导致恶果(价值为负)。如安全危急性活动。

2)软事务。超截止期仍有一定的价值。

3)固事务。一旦到达截止时间,其价值立即降为零,此后固定为零(不会为负)。

图 9-2 中对硬实时事务、软实时事务、固实时事务的特点进行了描述。显然,固事务是软事务的特例,故若无特殊需要,不必单独讨论。超截止时间的事务称为超时(tardy)事务。

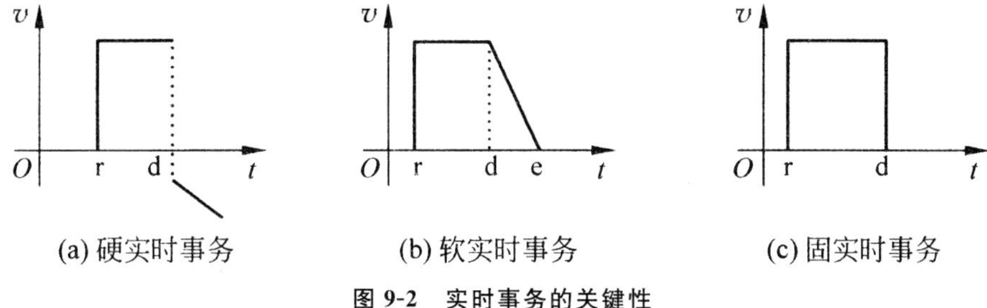

图 9-2　实时事务的关键性

3. 按功能分类

为了便于并发控制与恢复处理,按 RTDB 直接与现实世界交互作用有:

1)数据接收事务。收集关于现实世界的信息并写入数据库。

2)数据处理事务。可看做是维护:正常运行的监控器,或用来恢复数据库已违反了的一致性(可能由于数据接收事务所致)。

3)控制事务。引起现实世界中有关活动的执行。

4. 按到达时间分类

为了事务调度策略的设计,按事务到达系统的时间分类,有:

1)周期事务。以一定的周期循环地到达和被执行。

2)非周期事务。由外部事务件(如现实世界状态变化)或内部事件(如特定的时钟行为、数据库状态的变化)动态驱动。

3)零星事务。偶尔地一次性执行,它们是非预先安排的,如控制台命令。

分类实时事务是为了有利于事务的处理,按不同的标准分类便于在不同场合以不同的观点来看待事务,从而能以更合适的策略与技术来实现下述实时事务的正确性。这些分类不是完全正交的,有的是彼此重叠的,如数据接收事务往往是硬实时事务、周期事务、只写事务。

9.5.4 实时事务的并发控制

1.加锁的并发控制

这种并发控制方法是“悲观”的,它假定事务冲突经常发生。按事务使用数据的方式来分类,实时数据库的事务通常可以分为只读、只写及更新等类型,它们分别对应锁的不同标识及控制策略,主要是共享锁和排他锁。常用的技术有三种:

1)无条件执行。除非特别意外的紧急干扰,该事务一直占有主机直至其完成。

2)无条件终止。一个事务若拥有锁且具有高于新到达事务的优先权,则其仍占有锁并继续执行。若一个拥有锁的事务的优先权低于新到达者的优先权时,则被中止运行,新到达者投入运行。

3)有条件终止。仅当拥有锁的低优先级事务不能在新到达的高优先级事务所允许等待的时间内执行完成时,才去中止它。

利用锁技术可以避免由于并发操作引起的数据错误,但可能产生饥饿事务和死锁等问题。解决饥饿的一种简单方法是采用先来者先执行的策略。死锁发生时,需要选择一个事务撤消,选择该事务时应考虑使尽量多的事务能满足时间限制要求。死锁解决策略为撤消一个已经超过时间限制的事务,如有多个超过时间限制的事务,则撤消具有最长截止时间的事务。

2.乐观的并发控制

“乐观”并发控制(Optimi stic Concurrency Control,OPT)是一个无锁协议,假定它以合理的事务性能为前提,以及任意两个并发事务请求相同的数据区组(事务冲突)是最低概率事件,即“乐观”的,它让事务无阻碍地运行到全部操作完成,写申请并不立即更新分配的数据库,然后在提交时进行检验,是否真的发生过冲突或违反了可串行化要求,若通过检验则提交,否则就夭折。

乐观的并发控制协议的三个阶段如下:

1)读阶段:事务从数据库中读取数据,进行计算,并为写集合中的数据项确定新值,但这些新值暂时不写进数据库中。

2)验证阶段:检测事务对数据的修改是否失去相容性。

3)写阶段:如果验证阶段获得肯定的结果,则对数据库进行修改,否则该事务重启动。

3.基于时标的并发控制

时标(Timestamp)是另一种并发控制的方法,它避免了使用锁,也不会产生死锁。每个事务在其进入系统时都被分配一个时标,那些提交的事务将按时标的顺序串行。一旦开始执行,任何违反顺序的读写请求都将失败。

9.5.5 实时事务处理

1.优先级分派策略

有许多实时事务的优先级分派策略，这里典型地列举如下：

1)最早放行到最优先 ERF(earliest release first)。

2)截止期最早最优先 EDF(earliest deadline first)。

3)空余时间最短最优先 LSF(least slack first)。

2.实时事务调度方法

RTDB 系统有两级关于事务的调度：事务级和操作级。操作级调度就是并发控制，后面再讨论。这里先讨论事务级调度，包括优先级分派策略和调度策略。

决定调度策略设计或选择的基本因素有：

1)脱机与联机是运行前产生一个调度表还是运行时执行调度算法来调度。

2)静态与动态是否考虑动态变化因素。

3)可调度性分析是否预测当前事务满足其截止期的可能性或概率。

4)冲突避免与解决不让潜在冲突的事务同时运行，或动态探测与解决冲突。

5)抢占与不抢占高优先级的事务是否可抢占低优先级事务的运行。

6)超载与非超载是否探测与处理超载情况(存在满足定时限制的不可能性)。

基于上面的考虑，典型的调度方法如下：

1)静态表驱动调度它执行静态可调度性分析，产生决定事务何时执行的调度表。

2)优先级驱动可抢占调度每个事务被指派一个优先级，运行时事务按优先级高低执行。当执行过程中有更高优先级事务到达时，则抢占当前的处理机，而执行新来的高优先者。

3)动态计划式调度对到达的事务进行动态可调度性分析，仅当断定它是可执行的时候，才允许执行。问题是如何准确测算事务的执行时间和资源需求的可满足性。

3.实时数据库的并发控制

如前面提到的，对于 RTDBS，研究放松可串行化的并发控制协议是可行的。

1)可串行化是充分而非必要条件。

2)来自实时应用的数据往往是“短命”的，故可断定由并发事务所引入的不一致性不会在数据库中扩展太大，即数据库不会被广泛地“污染”，且还可对这种“局部”的不一致性用“补偿事务”技术来补救，使之恢复到一致状态。

因此，对于 RTDBS，并发控制技术可分为可串行化和放宽可串行化两种。

9.6 实时数据库的数据管理

实时数据库系统对于实现事务的定时限制，往往采用“实时内存数据库”技术来实现其数据管理，因此在数据的安置和内外存数据的交换上要专门考虑。

9.6.1 实时数据安置原则

实时数据库空间是一多层次结构：内存、“稳定内存”、磁盘、档式存储，在不同存储层上的数据读、改、写所需的时间不同。故数据的安置要考虑多个方面，包括数据的实时特性和事务的类型等，一般按下列因素及其规则处理。

(1)数据实时性

当前有效和短有效期数据只能保存在数据库“内存版”中，否则经 I/O 就可能已过期了。

(2)数据活跃性

活跃的即存取频率高的数据应常驻内存。

(3)数据永久性

档储式数据置于外存，要存取时再取进内存。

(4)关键性

对硬实时事务处理至关重要的关键数据最好安置于内存，若同时又具永久性，则当然还要有外存副本。

(5)事务类型

像那些自传感器接收数据的“数据接收”事务往往是硬实时的“只写”事务，因而它们的数据应置于内存，然后按需要来确定是否再转入外存。

(6)日志

事务的处理始终伴随着频繁的日志操作，日志的安置极大地影响事务截止期的满足，所以必须设计“内存式”日志。

9.6.2 交换内外存数据库

实时内存数据库不一定必须将整个数据库都放置在内存，因此系统也可以通过提供一种内外存数据交换策略使实时内存数据库的实现，数据交换策略按下列原则处理：

1)立即要使用的数据在第一个处理请求出现之前不能被交换出去。

2)具有高优先权的事务数据在事务的活动期不应被交换出去，应尽可能常驻内存。

3)非永久数据无须换出，关键数据最好不要交换出去，以保证对其存取的及时性和有效性。

9.7 实时数据库的 I/O 调度探析

在常驻磁盘的数据库系统中，磁盘 I/O 占了事务执行时间的主要部分，其调度算法对实时事务的定时限制(尤其是其截止期)的满足和系统性能有极大影响，因此与 CPU 调度和数据调度(并发控制)一样，磁盘 I/O 调度问题必须仔细研究，要考虑到定时限制以确保实时事务的及时执行。

为了便于比较地分析设计 I/O 调度策略，这里给出一个例子，设在 I/O 队列中有四个请求 A、B、C、D，它们的优先级顺序为：pr(A)＞pr(B)＞pr(C)＞pr(D)，其要求的数据的位置如图 9-3 所示。

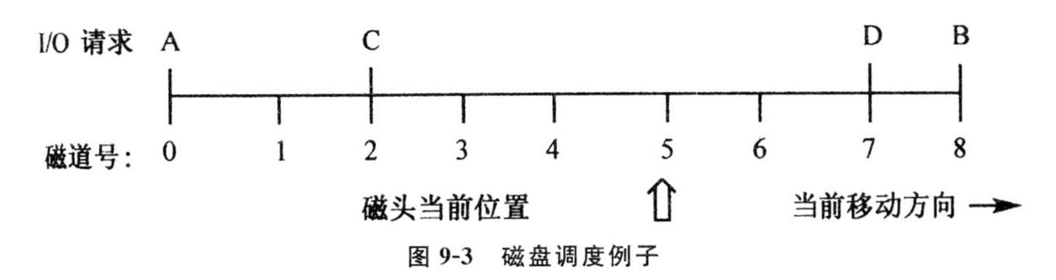

图 9-3 磁盘调度例子

下面基于该例介绍几种代表性的 I/O 调度策略。首先在表 9-1 中列出了它们的主要性能指标,然后分别予以讨论。

表 9-1 几种代表性的 I/O 调度策略

策略	服务顺序	磁头换向次数	移动磁道数
SCAN	D,B,A,C	2	13
HPF	A,B,C,D	4	34
ELEVATOR	D,B,C,A	1	11
FD-SCAN	C,A,D,B	2	14
HPGF	(B,A),(C,D)	2	18

9.7.1 SCAN

SCAN 策略让磁头从磁盘的最内(或最外)柱面单向线性单调地移动,扫描各柱面并服务各请求,当到达最后的柱面或在该方向再无请求时,磁头回到开始位置准备下一次扫描。这种策略的明显问题是它根本不考虑事务的紧迫性(优先级)。

9.7.2 HPF

HPF 策略完全保证按事务的优先级高低服务其 I/O 请求,这有利于实现事务的定时特性。但是如表 9-1 所示,它的磁头交换前后方向的次数及移动的磁道数最多,这样使整个系统性能下降,反而不利于实时性,故显然也不是最明智的 I/O 调度方法。

9.7.3 ELEVATOR

ELEVATOR 策略移动磁头自磁盘的一边至另一边,当到达端点或其前方已无请求时,则转换磁头前进方向,返回移动,并且在磁头移动的道路上随时服务于所遇到的请求。由表 9-1 可看出,该策略的性能比 HPF 要高得多,但与 SCAN 策略一样,它不考虑对实时系统很重要的优先级问题,如表中给出的,它刚好将请求的最高与最低优先级顺序颠倒了。所以应将 HPF 和 ELEVATOR 两者结合起来。下列就是这样的两种方法。

9.7.4 FD-SCAN

FD-SCAN 将 ELEVATOR 思想引入 HPF 策略,即它总是让磁头朝着具有最高优先级(由最早“可达截止时间”确定)的请求的磁道扫描,但在经历的路上,随时服务于遇到的请求。由例子看出,它的性能接近 ELEVATOR 策略,但优先级最高的请求 A 得到更早的服务。

将 FD-SCAN 与其他一些常用的磁盘调度算法,包括 FCFS、ELEVATOR、SSTF 和 EDF 一起模拟测试,结果表明 FD-SCAN 在满足截止时间的能力方面其性能最好,且在很宽范围内变更系统参数设置,其优点不变。

9.7.5 HPGF

HPGF(Highest Priority Group First)策略是修改 ELEVATOR 算法以支持优先级。其思想是将 I/O 请求按优先级分成几组(组数不能太多,要使每一组包含多个请求,否则随着组数增多,平均查找性能下降,若每一组只一个请求,则它退化成 HPF),每次服务于最高优先级(组)的请求,一旦进入一组的服务,则在该组内使用 ELEVATOR 算法,直至该组的请求全完成。

该策略对上述例子的结果在表 9-1 中。通过实验研究表明,HPGF 在满足截止期方面的性能比 ELEVATOR 的好,查找性能要差一些;但进一步研究可看出,对于高优先级请求的查找性能非常接近 ELEVATOR 的性能,而降低的主要是那些低优先级请求,这仍符合实时系统的特性要求。

9.8 基于实时数据库的高级数据应用技术

9.8.1 实时数据库系统结构

实时数据库是整个 RTDBS 应用架构的核心,是设计与实现一个完整的实时数据库应用系统的关键,从系统功能模块组成结构看(图 9-4 所示),其主要模块有:

1)实时应用,具有定时限制的数据库任务,实时事务的产生源。

2)实时事务管理管理,实时事务的产生、执行、结束的整个生存期。

3)实时并发控制,实现实时的并发控制算法。

4)实时调度,实现实时的优先级调度算法。

5)实时资源管理,包括 CPU 管理和缓冲区管理及实时数据管理,也包括各种数据操作、存储数据管理和恢复管理机制。

6)实时 I/O 调度,考虑定时限制的磁盘调度算法。

7)数据库状态更新,数据库必须提供尽可能新的外部世界映像,也必须提供其他以前的状态。

8)数据值时间一致,系统必须确保事务读取的数据是时间一致的。

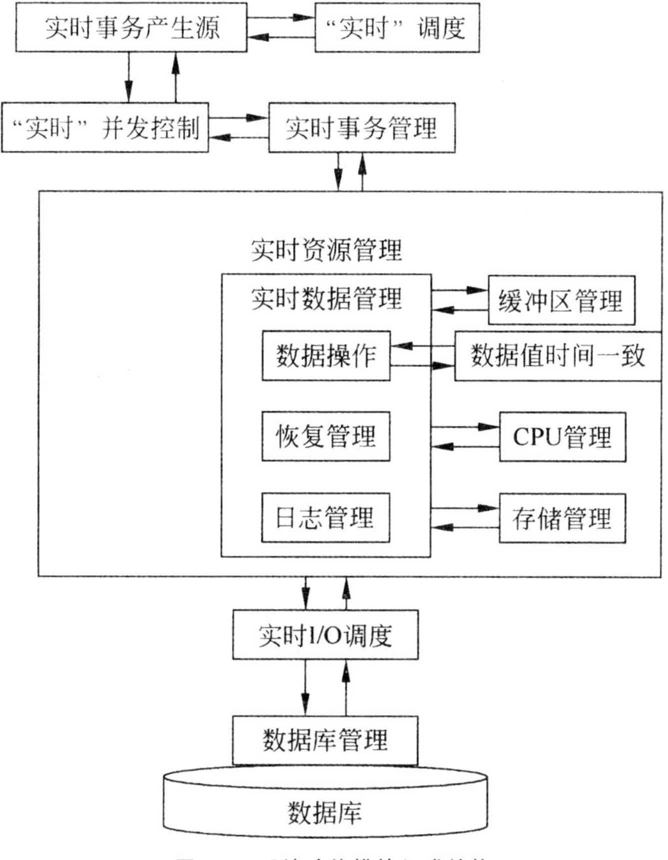

图 9-4 系统功能模块组成结构

9.8.2 关键技术

1. OPC 技术

OPC(OLE for Process Control)是为了解决应用软件与各种设备驱动程序的通信而产生的一项工业技术规范和标准。OPC 规范包括 OPC 服务器和 OPC 客户两个部分,只要硬件供应商和软件开发商遵循 OPC 所建立的那一套完整的"规则",则硬件供应商无须考虑应用程序的多种需求和传输协议,软件开发商也无须了解硬件的实质和操作过程,数据交互对两者来说都是透明的。

2. ODBC/SQL 技术

ODBC(Open DataBase Connectivity,开放数据库互联)是由微软公司提出的一个独立面向用户的数据库访问接口,目的是为了实现异构数据库之间的互联。对于应用程序来说,ODBC 提供了一系列的 API,程序只需要使用这些 API 就可以访问不同类型的数据库中的数据源,无须关心如何与特定数据库的 DBMS 交互,数据格式的转换等问题。SQL(Structural Query Language,结构化查询语言)是一个通用的、功能极强的关系数据库的标准语言。在实时数据库中,通过 ODBC 和 SQL,就可将更新的实时数据实时地导出,导入到其他数据库中,进行数据查询、更改和追加,包括数据绑定、数据远程链接查询和更新,如将实时数据库中的数据引入到 Excel 文件,Access、Oracle 等数据库中,供用户进行数据浏览、查询、更改等操作。

3. DDE 技术

DDE(Dynamic Data Exchange,动态数据交换)技术由微软公司提出,是最早的 Windows 操作系统的面向非编程程序用户的程序间通信标准,当前的绝大多数软件仍然支持 DDE。通过 DDE 方式交换数据的两个运行的程序之间是 Client/Server 的关系。DDE 的连接方式有 3 种,包括冷连接、温连接和热连接,它们的区别在于当 Server 中的数据发生变化时是否马上通知 Client 以及 Client 如何获得变化后的数据。因此,在实时数据库应用环境下,DDE 数据一般先写入到 Excel 数据表中,而数据表又被固链到实时数据库的某个数据点中。

9.8.3 基于实时数据库的高级数据应用系统

利用 SQL、ODBC、OLEDB 等技术实现实时数据库与关系数据库之间的数据集成,在此基础上再进行数据分析。在得到实时数据的基础上,进行数据整合和数据分析,将结果存入关系数据库中。应用客户通过数据库客户端访问数据校正和数据整合的关系数据库,通过丰富的数据库交互,进行数据查询和数据下载,并可以对下载数据进行保存,以便数据分析和数据整合、绘制数据分析图形、进行统计分析等。数据分析系统的数据库应该采用具有丰富数据查询和操作功能的关系型数据库,图 9-5 给出了高级数据应用系统的结构。

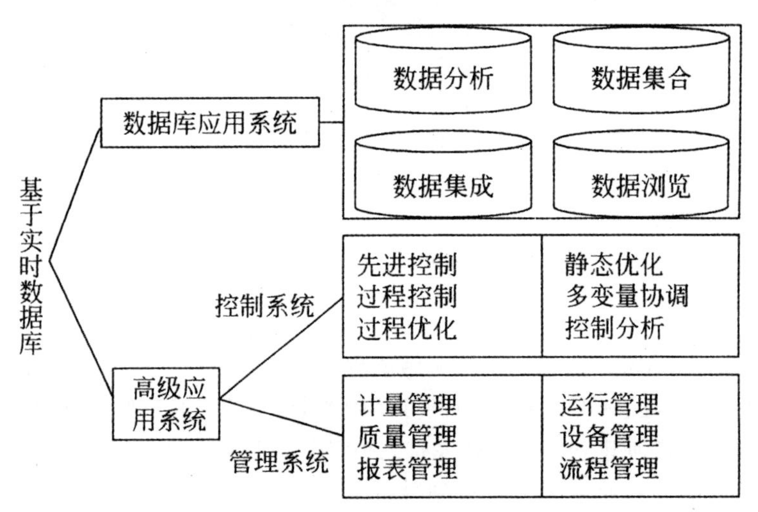

图 9-5 基于实时数据库的高级数据应用系统

利用 OPC/DDE/ODBC/SQL 进行数据集成,集成各种工业现场数据、控制仪表数据、控制单元数据、控制系统数据、应用软件数据、关联数据库数据。在数据集成的基础上,进行数据高级应用系统开发,具体包括:建立在网络环境下,应用 OPC\DCOM\DDE\ODBC\SQL 等技术,进行数据集成、数据分析与数据整合的数据库应用系统;应用 OPC\DCOM\DDE 等技术,进行先进控制、多变量协调以及信息挖掘的高级控制应用系统;应用 OPC\DCOM\DDE\ODBC\SQL 等技术,进行运行管理、设备管理、流程管理、报表管理等高级管理系统。

第10章　多媒体数据库及其检索技术

随着计算机辅助设计、计算机辅助制造等计算机应用技术的不断发展，许多复杂的应用对象中涉及大量的图形、图像、声音、动画等多媒体数据类型。起初，应用程序开发者直接采用文件系统方式存放数据，在程序中直接对数据文件进行操作，数据的物理存储方式对开发者是不透明的。但是当数据需求量不断增加，数据量越来越大，随之而来的是对数据操作的困难不断增加，尤其当人们试图在分布式环境下进行多媒体数据的处理时，采用文件系统的方式已完全不能适应了。因此，人们在寻找一种更加完善的解决办法，多媒体数据库技术作为一种强大的多媒体数据处理技术成为了首选方案。

10.1　概述

在多媒体计算机系统中，人们普遍关心的一个关键问题就是如何对多媒体数据进行有效管理。有效管理多媒体数据的另一重要意义是便于综合利用、数据共享，这也是降低成本、提高效益的重要途径。同时，有效管理多媒体数据对提高多媒体应用程序的执行效率和运行质量也具有十分重要的意义，因为多媒体系统信息量大、不对数据进行先进的管理和合理的组织，系统就无法正常的工作。多媒体数据库(Multimedia Database，MDB)是以数据库的方式合理地存储在计算机中的多媒体信息(包括文字、图形、图像、音频和视频等)的集合。这些数据具有媒体多样性、信息量大和管理复杂等特点。多媒体数据库的一个重要特征是不仅能够存储多媒体信息，还能够高效地处理多媒体信息。

10.1.1　多媒体数据概述

1. 多媒体数据类型

多媒体数据库中，常用的多媒体数据有字符、数值、文本、图形、图像等类型的静态数据，也有如声音、视频、动画等基于时间的时基类型的动态数据。

(1)字符数值

字符数值型数据记录事件的属性，结构简单且规范，易于管理，多媒体中仍有大量的此类数据，传统关系型数据库系统可以较好地处理这类数据。

(2)文本数据

文本数据如各类书籍、文献、档案等。该类数据由特定字符串表示，长短不一，存储和检索有一定困难，常用关键字检索和全文检索方法。

(3)图形数据

图形数据可分解为点、线、弧等基本图形元素。通常来说，图形是用符号或特定的数据结构来表示，易于计算机的管理。

(4)图像数据

图像数据即位图式图像。在实际应用中,图像数据有很高的出现频率,同时其实用价值也很高。图像数据库经过多年的研究,提出了许多方法,如特征提取、分割、纹理识别、颜色检索,等等。

(5)声音数据

声音数据主要包括音乐数据和语音数据。音乐数据在计算机里是用符号来表示的,具有很小的数据量,其存储和查询可作为文本进行处理;语音数据以数字化的波形数据为主,存储空间较大。

(6)视频数据

视频数据又称为影视或影像,即运动图像,由多帧图像以较快的速率连续播放而成。动态视频很复杂,在管理方面也存在诸多新问题。尤其是时间属性的引入,使得视频的管理还要在时间上进行管理。

(7)动画数据

动画数据与视频数据类似,也是由连续播放的帧组成,其主要区别在于,在动画中,每一帧都是人工设计的。

2. 多媒体数据的特点

多媒体数据具有以下几个特点。

(1)数据量大

格式化的数据数据量较小,最长的字符型为 254 字节。而多媒体数据的数据量则很大,一个未经压缩处理的 10 分钟视频信息大约需要 10GB 以上的存储空间。

(2)结构复杂

传统的数据以记录为单位,一个记录由多个字段组成,结构简单。而多媒体数据则种类繁多且结构复杂,大多是非结构化的数据,来源于不同的媒体并具有不同的形式和格式。

(3)时序性

由文字、声音或图像组成的复杂对象需要有一定的同步机制,例如,画面的配音或字幕需要与画面同步,既不能超前也不能滞后,而传统数据则没有这样的要求。

(4)数据传输的连续性

多媒体数据如声音或视频数据的传输都必须是连续的、稳定的,不能间断,否则会出现失真而影响效果。

多媒体数据的这些特点使得系统不能像格式化数据一样去管理和处理多媒体数据,也不能简单地通过扩充传统数据库来满足多媒体应用的需求。因此,多媒体数据库需要有特殊的数据结构、存储技术、查询和处理方式。

3. 多媒体数据管理

随着科学技术的不断发展,多媒体技术也在不断地取得突破,多媒体数据的管理问题越来越显得紧迫。在多媒体技术应用[①]与发展过程中,曾出现过多种不同的多媒体数据管理方法与技

---

① 钟玉琢,沈洪,冼伟铨等.多媒体技术基础及应用[M].北京:清华大学出版社,2009

术。多媒体数据库管理系统、面向对象数据库、超文本和超媒体系统、基于内容检索技术是多媒体数据管理的最新发展方向，技术上也在不断地发展成熟。

一般说来，管理多媒体数据的有效方法大致分为如下几种。

(1)文件管理方式

这是最简单也是最自然的方法，它把多媒体数据集中存放在一个或多个数据文件中，用户在程序中通过一个名为"文件管理系统"的软件来使用数据文件中的数据。

(2)建立特定的逻辑目录

实际上这仍然是利用文件管理方式，但把不同的原文件和数据资源文件分别存放在独立的目录中。这种逻辑目录结构的上级目录中存放着某应用项目创建和运行所必需的目录和文件，其下级目录中存放着与该特定目录有关的目录和文件，再下一级目录中分别包含多种多媒体数据的文件。

(3)传统的字符、数值数据库管理系统

实际上这是把文件管理系统和传统的字符、数值数据管理系统两者结合起来，对多媒体数据资源中的常规数据(如 char、int、float 等)，由传统的数据库管理系统来管理，而对非常规的数据(如视频数据、音频数据、文本数据等)，则按相应操作系统提供的文件管理系统要求来建立和管理，并把数据文件的完全文件名(包括文件名和扩展名)作为一个字符串数据纳入传统的数据库管理系统进行管理。

10.1.2　多媒体数据库的层次结构

传统的数据库系统分为三个层次，即物理模式、概念模式和外模式。这种数据库中的数据主要是结构化的数据，如文本和数值，因此管理和操纵起来比较简单。由于数据比较单一，可以对数据采用统一的方法进行处理。但是引入多媒体数据后，这种传统分层就不能满足要求，这就需要寻找适合多媒体数据的分层形式。

经过多年的研究，有人提出过多媒体数据库的层次划分，如对传统的数据库的扩展、对面向对象数据库的扩展、超媒体层次扩展等。这些结构各不相同，但思想上基本相近，大多数是从最低层增加对多媒体数据的控制与支持，在最高层支持多媒体的综合表现和用户的查询，在中间层增加对多媒体数据的关联和链接处理。

多媒体数据库的层次结构如下：

第一层：媒体支持层，是系统层次结构的最低层，建立在多媒体数据操作系统之上。不同媒体，在特性上有很大差别，所以在该层对不同媒体要进行相应的处理操作，并确定媒体的物理存储位置和方法，实现对各种媒体数据的管理和操纵。在这一层主要完成数据库的基本操作。

第二层：媒体数据模式层，主要完成多媒体数据的逻辑存储与存取。描述各种媒体数据的逻辑存储之间相互内容关联，特征与数据的关系，以及链接的建立。

第三层：多媒体的概念模式层，主要对现实世界中多种媒体数据信息进行描述，它也是多媒体数据库中在全局概念下的一个整体视图。这一层是多媒体数据模式层和用户接口层之间的桥梁。

第四层：多媒体用户接口层，主要完成用户对多媒体信息的描述和得到多媒体信息的查询结果。在多媒体数据库系统中，这一层非常重要，也非常复杂，当然它与传统的数据库系统有着明显的区别。因此查询过程和查询结果都要按照用户的要求进行多媒体化表示。

多媒体数据库系统层次结构如图 10-1 所示。

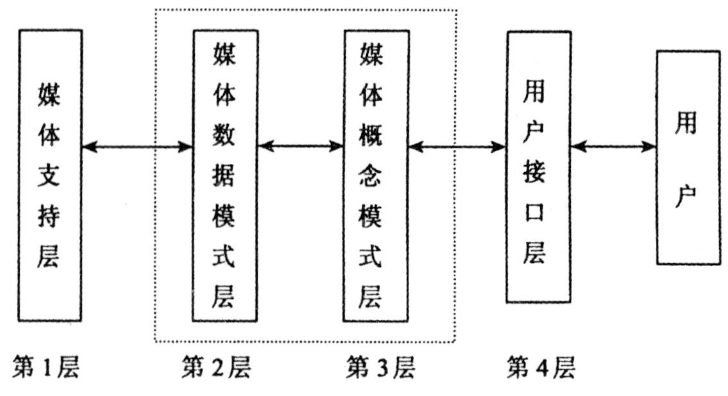

图 10-1　多媒体数据库系统层次结构图

10.1.3　多媒体数据库与传统数据库的区别

与传统数据库相比，多媒体数据库有很大的区别，主要体现在以下几个方面。

1. 数据模型不同

与传统数据类型相比，多媒体数据不仅包含传统数据类型，而且还包含复杂数据类型。

从数据量上看，多媒体数据库的数据量非常大，通常是常规数据的几千、几万甚至几十万倍。

从数据长度上看，常规数据项一般采用定长记录处理，存储结构清晰，而多媒体数据长度可变且不可预估。

从数据传送上看，多媒体数据不论是音频媒体还是视频媒体，都要求连续播放，否则将会导致严重失真，使其对软、硬件的要求较高。

多媒体数据项通常对应一个复杂对象，而不是一个不可再分的原始数据，其数据模型通常具有复杂的层次结构。

2. 数据定义及操作不同

由于数据模型不同，多媒体数据库在数据定义及操作上也与传统的关系数据库不同。

关系数据库采用关系数据模型，数据可以构造成一张二维表，每表即一个关系，每行是一个元组，一列是一个属性，因而对这些规范的关系可方便地定义并实施各种标准操作，从而可为用户提供简明的数据视图及 SQL 语言。而多媒体数据库由于具有独特的存储结构、数据模型以及操作需求，因此，必须采用专用方法。

3. 查询方案及优化算法不同

由于数据定义与操作的不同，多媒体数据库要采用独特的查询方案及优化算法。

针对多媒体数据的查询，不仅仅局限于利于关键词查询，更主要的是基于多媒体内容的查询。多媒体数据库的用户往往需要在时间与空间两个方面同时对数据进行操作。多媒体数据库需要提供更高层次的优化方案来满足用户的查询需要。

10.2　多媒体数据模型

多媒体数据在类型、结构与操作等方面都较传统上有很大的不同，传统的数据模型（层次、网状、关系）都不适用，所以要专门开发新的多媒体数据模型。

10.2.1　数据模型的组成要素

数据模型（Data Model）是数据库管理系统中用于提供信息数据表示和操作手段的形式构架，数据模型通常由数据结构、数据操作和完整性约束三部分组成，也称数据模型三要素。

1. 数据结构

数据结构是对数据库系统静态特性的描述，是所研究的对象类型的集合，这些对象是数据库的组成部分。对象通常分为两类，即一类是与数据类型、内容、性质有关的对象；另一类则是与数据之间关联有关的对象。在数据库系统中，通常按照数据结构的类型来命名数据模型，如层次模型、网状模型、关系模型和面向对象模型。

2. 数据操作

数据操作是对数据库系统动态特性的描述。数据库主要有两大操作，即检索和更新。数据模型要定义这些操作的确切含义、操作符号、操作规则以及实现操作的语法。

3. 完整性约束

数据的完整性约束是实现数据库完整性规则的集合。完整性规则是指给定的数据模型中，数据以及它们之间关联所具有的制约和依存规则，用以限定符合数据模型的数据库状态以及状态的变化，以确保数据库数据的正确性、有效性、相容性和一致性。数据模型应提供定义数据完整性约束条件的机制，以反映数据必须遵守的特定的语义约束条件。

10.2.2　关系式模型

基于传统关系模型，针对其数据抽象和语义描述及操作能力的不足进行扩展，以满足多媒体数据库的需要，这包含引入抽象数据类型 ADT 和扩展关系的语义（如 NF^2 模型）这两方面的内容。抽象数据类型主要描述数据的结构关系，语义模型则表达数据的语义。基于扩充关系数据模型的商品化系统已经出现，如 Oracle 8i、interMedia，Ingres 6.0，Infomix-Line。

这种类型的多媒体数据库还设置了数据类型 LOB(large object)来存储非格式化数据字段。它又分为 CLOB 型和 BLOB 型两种，前者是有效的文本字符串，后者是非结构化数据的二进制位串，可含有任意数字化数据。

以 NF^2 数据模型为例。由于多媒体数据库中具有多种多样的媒体数据，这些媒体数据又要统一地在关系表中加以表现和处理，就不得不打破关系数据库中对范式的要求，要允许在表中可以有表，这就是 NF^2(Non First Normal Form)方法。

NF^2 数据模型是在关系模型的基础上通过扩展来提高关系数据库处理多媒体数据的能力。

我们把这种数据库称为扩展关系数据库 E-RDB，主要的扩展是在关系数据库中引入抽象数据类型，使用户能够定义和表示多媒体信息对象。数据类型定义所必需的数据表示和操作，既可以用关系数据库语言也可以用通用的程序语言来描述。简单地说，这种数据模型还是建立在关系数据库的基础之上的，这样就可以继承关系数据库的许多成果，比较容易实现。现在的许多关系数据库都是通过对关系属性字段进行说明和扩展，并且在处理这些特殊的字段时自动地与相应的处理过程相联系，这样就解决了一部分多媒体数据扩展的需求。

例如，给人员档案增加人员的照片、声音，就要在关系的相应地方增加描述，在处理时给出显示这些照片的方法和位置。现在采用的办法都是利用标准的扩展字段，如 FoxPro 的 General 字段，Paradox for Windows 的动态注释、格式注释、图形和人二进制对象(BLOB)等，对它们的处理也都是采用应用程序处理、专门的新技术(如 OLE)等方法。由于这些字段和注释中所描述的数据可以具有一定的格式、可以进行专门的解释，因此就打破了 1NF 的限制，但解决了问题，如图 10-2 所示。

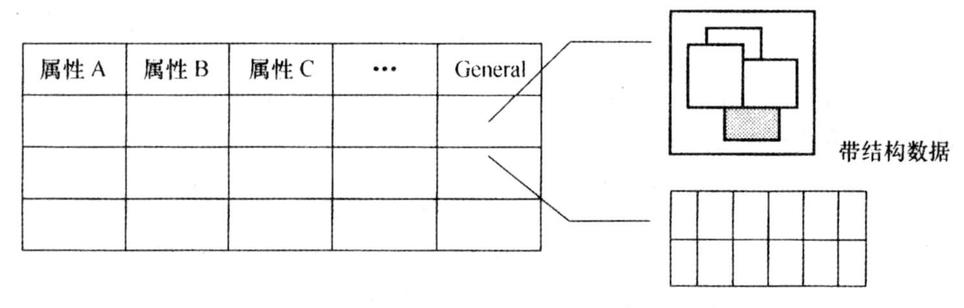

图 10-2 对关系进行扩展 NF^2

这种办法虽然可以利用关系数据库的优势，但仍然存在很大的局限性。这主要是有于建模能力不够强，虽然 NF^2 数据模型相对于传统的关系数据模型具有描述更复杂信息结构的能力，但在定义抽象数据类型、反映多媒体数据各成分间的空间关系、时间关系和媒体对象的处理方法方面还有困难。在特殊媒体的基于内容查询、存储效率方面等都有较大的困难。这是与它的数据模型的特性是密切相关的。

10.2.3 面向对象式模型

面向对象模型是描述多媒体信息最适宜的一种方法，它适于描述复杂对象，又具有语义模型的抽象机制等特点。

面向对象模型将任何一种媒体的客观事物(文字、图片、声音、影视等)建模为对象，对象具有状态(属性)和行为(操作)两方面特征，并具有唯一标识；面向对象模型支持 ADT，可以构建各种新对象。这些正符合多媒体数据描述的要求。

具有相同特征的对象所构成的集合则为对象类(型)，类具有“封装”和“信息隐藏”的能力。类可以有子类，且一个类可以包含多个子类，同时也能为多个其他类的子类，因而形成复杂的层次对象结构。类具有继承性，即子类可继承父类的状态与行为。

1. 面向对象数据模型语义关联的描述

在多媒体数据模型中，常用的语义关联主要有以下一些，但它们并不是标准的，在不同的系统中,可能会有不同的定义。

1)聚集关联(Aggregation association,A 关联):定义一个实体类的一组属性,这些属性的域既可以是实体类也可以是域类。

2)概括关联(Generalization association,G 关联):表示实体之间的子类与超类的继承性关系。当一个子类又同时是另一类的超类时,就形成了 G 关联层次结构。当允许有一个或一个以上的超类时,就形成了 G 关联网格结构。

3)相互作用关联(Interaction association,I 关联):类似于 E-R 模型中的实体间的 relation 关系,用来表示两个实体类之间的相互作用或关系。

4)示例关联(Instance association):用 IS-INST-OF 表示一个具体对象与所述实体类之间的关系,用来对具体对象建模。

5)规则关联和方法关联:为表示一个实体类具有数据类型为方法或规则的属性而引入的比较特殊的聚集关联。

2. 面向对象数据模型的运算体系

在数据库系统中的基本数据运算有三种类型,即定义、查询和操纵。

1)定义:包括类的创建和对象的创建两部分。

2)查询:包括通过类名查询类结构、通过对象名或对象标识查询对象或对象的属性值、通过类名查询该类中满足某些约束条件的对象或对象的属性、对象操作的查询等。

3)操纵:包括插入、删除和修改,其中每种运算都有类和对象两个操纵对象。

3. 面向对象数据模型的特点分析

面向对象数据模型具有以下几个特点。

1)聚集层次:面向对象模型支持“聚集关联”和“概况关联”,因而能够很好地处理多媒体数据等复杂对象结构语义。由于多媒体信息通常是多种媒体所能提供信息的组合,聚集关联实现不同媒体信息的有机结合,因此,利用聚集关联可以非常方便地得到复杂对象的层次结构,以及同上一层中各个子对象间的顺序关系。

2)方法管理:面向对象数据模型支持抽象数据类型和用户定义的方法,因此,对多媒体数据的存取主要是通过具体媒体技术来处理。

3)版本控制:面向对象数据模型支持的对象类、类层次和继承性等特点能够较容易地进行版本控制和减少数据冗余及数据冗余所带来的一系列问题。

4)快速查询:面向对象数据库系统的查询语言,通常是沿着系统提供的内部固有联系进行的,从而避免了大量的查询优化工作。

5)模型易于扩展:面向对象数据模型支持数据抽象、功能抽象和消息传递等特点,使对象在系统中是独立的,具有较好的封闭性,它屏蔽了多媒体数据之间存在的差异,从而使并行处理易于实现,也更便于系统扩展。

不过,目前的面向对象数据模型及其语言还不足以支持多媒体数据的超大规模、种类多而各异的复杂查询与操作。

10.2.4 超文本式模型

超文本(hypertext)模型很多,有的又叫超介质(hyper media)即多介质模型。其中,“超文档”(hyper document)模型是一种更适合多媒体数据的模型，它是一种复杂的非线性网络结构，主要有结点、连接、超文档三大模型组件。结点是表示信息的单位；连接表示结点之间的联系，依联系语义的不同可以有各种连接，如结构、索引、参考或注解等；超文档是由结点和连接构成的网络。基于该网络，可完成多媒体的浏览、查询、注释等许多操作。

10.2.5 专有媒体数据模型

像图像数据库、视频数据库、全文数据库等针对特定领域的数据库，一般都是根据自己的需要建立符合自己特性的体系结构和数据模型，以完成特定的任务。例如，图像数据库建立的五级模式和四级映射的体系结构(见图 10-3)，就是由图像媒体的特点所决定的。它的数据模型根据应用的不同，采用的数据模型有扩展关系数据模型、面向对象数据模型，以及广义图数据模型等。其他的专有媒体数据库也是这样。

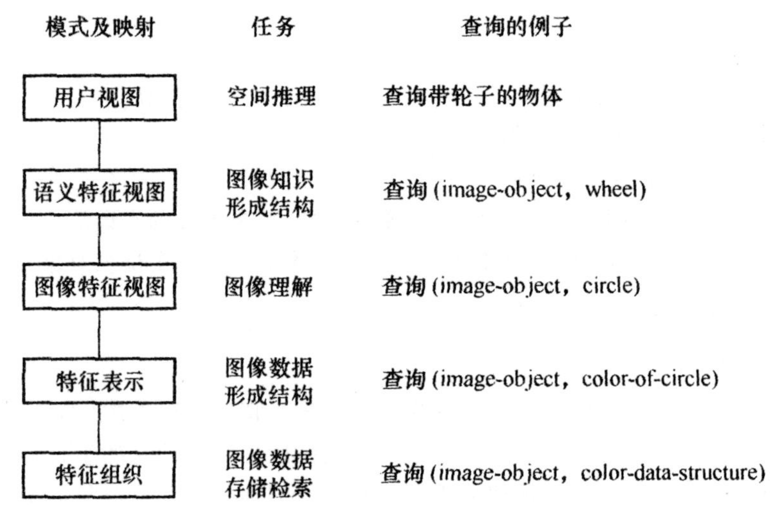

图 10-3 图像数据库的五级模式四级映射

10.2.6 表现与同步模型

采用多媒体同步参考模型，可以更好地理解多媒体同步的各种要求，对支持同步执行的各种运行机制进行标识与结构化描述，指明运行机制之间的接口，并比较多媒体同步系统的各种解决方案。

同步参考模型包括三层同步参考模型和四层同步参考模型。其中，三层同步参考模型(见图 10-4)从物理层、服务层和人机接口三个层次定义了同步机制，是一种粗粒度的模型。四层同步参考模型(见图 10-5)中每一层通过适当的接口实现其同步机制，这些接口用来说明时序关系，每个接口定义了一些服务，如提供用户定义其同步要求的一些方法，用户可以直接使用或通过其紧邻的上层实现。层次越高，提供的程序设计和服务质量的抽象度就会越高。

人机接口 (展示同步)
服务层 (流同步)
物理层

图 10-4 三层同步参考模型

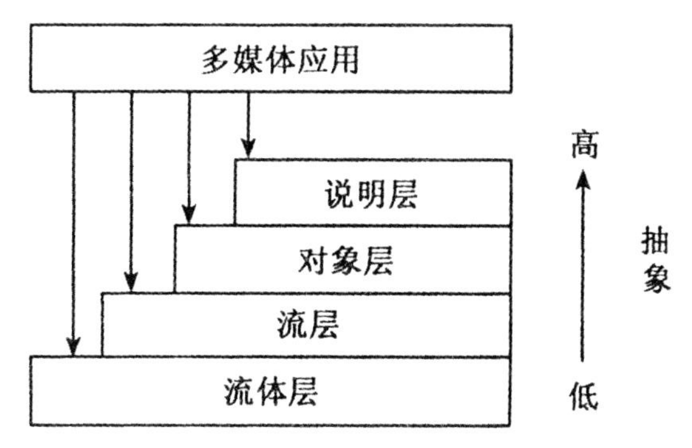

图10-5　四层同步参考模型

(1)同步关系规范层

同步关系规范层是一个开放的层，且不提供任何显式的编程接口。这一层的应用程序和工具允许创建同步关系规范要求，这样的工具主要有同步编辑器、多媒体文档编辑器和多媒体著作系统等。当然同步关系规范层的工具还包括将同步规范要求转换成媒体对象层格式，例如Markey提出的说明MHEG同步的多媒体文档格式化工具。

典型的同步说明编辑器应提供图形界面以完成任务。其主要任务是选择要使用的音频、视频和文本对象，对象预览，为被显示的多个点选择子标题，为这些点的标题说明它们的同步关系，以及将同步要求存储起来等。

(2)媒体层

媒体层是同步机制与底层服务系统之间的接口。在媒体层，应用程序通常对单一的连续媒体流进行操作，这些媒体流一般被看成一些逻辑数据单元(LDU)的序列。LDU的大小在某种程度上由同步容限所决定。偏差的许可范围越小，LDU越小；反之，LDU越大。一般来说，视频信号的LDU为1帧图像，而音频信号的LDU则是若干在时域上相邻的采样点构成的一个集合。在这一层提供的抽象封装接口是一些与读、写等操作相关的设备无关的函数。其中，Device handle所标识的设备可以是数据播放器、编码解码器、文件或数据传输信道。

在媒体层内主要完成两项任务：一种任务是申请必要的资源(如CPU时间、通信带宽、通信缓冲区等)和系统服务(如服务质量保障服务等)，以便为该层各项功能的实施提供支持；另一种任务是访问各类设备的接口函数，获取或提交一个完整的LDU。例如，当设备代表一条数据传输信道时，发送端的媒体层负责将LDU进一步划分成适合于网络传输的数据包，而接收端的媒体层则需要将相关的数据包组合成一个完整的LDU。

使用这一层时，应用程序本身对流内的同步负责，它通过生产与消费设施间的流来控制同步机制。倘若多个流并行运行，共享的资源就会影响它们的同步要求。资源的保护和管理机制通常能够确保流内的同步，操作系统通过实时调度相关的过程来实现。在分布式系统中，要把网络部件考虑在内。在唇音同步的特殊例子中，流内同步是通过同一逻辑数据单元内的音频与视频帧的同时交替执行来实现(如MPEG数据流)，唇音同步很容易得到保证。时间无关媒体对象间的同步回放是由应用程序决定的。

媒体层的实现可分为简单的实现和提供交错媒体流访问的复杂实现。

(3)流层

流层的处理对象是一组连续码流(码流组)，其内部主要完成两项任务，即流内同步和流间同步。因为流内同步和流间同步是多媒体同步的关键，所以在同步机制的3个层次中，流层是最重要的一层。流层提供的抽象封装接口是具有时间参数的流，它主要考虑流内同步和组内的流间同步的服务质量。

在流层中，连续媒体被看成为隐含的、具有时间约束的数据流，单个逻辑数据单元是不可见的。这些流在实时环境(RTE)中执行时，所有的处理操作都要受限于明确定义的时间关系。另外，使用该层服务的应用程序本身是在非实时环境(NRTE)中执行的，其中的事件处理机制由操作系统的调度策略来控制。

在接口处，流层向用户提供如start(stream)、stop(stream)、creategroup(list-of-streams)、start(group)、stop(group)等功能函数。这些函数将连续码流作为一个整体来看，即对该层用户来说，流层利用媒体层的接口功能对LDU进行的各种处理是透明的。

通常可根据流层的实现是否支持分布式、提供同步保证的类型和支持媒体的类型等来对它们进行分类。使用流层的应用程序负责流的编组、启动或停止，也可以根据该层支持的时间参数来定义所需的服务质量，除此之外，它也要对时间无关媒体对象的同步负责。

流层在对码流或码流组进行处理前，首先要根据同步容限决定LDU的大小和对各LDU的处理方案(即何时对何LDU做何种处理)。除此之外，流层还要向媒体层提交必要的服务质量(QoS)要求，它是由同步容限推导而来的，是媒体层对LDU进行处理所应满足的条件，例如传输LDU时，LDU的最大延时及延时抖动的范围等。媒体层将按照流层提交的QoS要求，向底层服务系统申请资源和QoS保障。

在执行LDU处理方案的过程中，流层负责使连续媒体对象内的偏差和对象间的偏差保持在许可的范围之内，即实施流内与流间的同步控制。

(4)对象层

对象层对各种类型的媒体进行操作，它隐藏了离散媒体与连续媒体之间的区别。对象层的主要任务是实现连续媒体和离散媒体对象之间的同步，并完成对离散媒体对象的处理。这一层弥补了面向流的服务和同步表现的执行之间的断层，主要功能包括计算和执行完全的表现计划(包括离散媒体对象的表现)和调用流层的服务。对象层不处理流内和流间的同步，而只使用流层提供的服务。

对象层在处理多媒体对象之前要完成两项工作。

首先，从规范层提供的同步描述数据出发，推导出调度方案，如显示调度方案、通信调度方案等。在推导过程中，为了确保调度方案的合理性及可行性，对象层除了要以同步描述数据为依据外，还要考虑各媒体对象的统计特征和同步容限；此外，对象层还需要从媒体层了解底层服务系统现有资源的状况。

其次，为确保同步表现的正确执行就得进行所必需的初始准备工作。当进行初始化工作时，对象层首先将调度方案及同步容限中与连续媒体对象相关的部分提交给流层并要求流层进行初始化。然后，对象层要求媒体层向底层服务系统申请必要的资源和QoS保障服务，并完成其他一些初始化工作，如初始化编码/解码器、播放设备、通信设备等并处理连续媒体对象相关的设备。

取得调度方案并完成初始化工作后，对象层开始执行调度方案。通过调用流的接口函数，对象层执行调度方案中与连续媒体对象相关的部分。流层利用媒体层的接口函数，完成对连续媒体对象的LDU的处理，同时实施流内与流间的同步控制。在调度方案的执行过程中，对象层主要负责完成对离散媒体对象的处理以及连续媒体和离散媒体对象间的同步控制。

对象层的接口提供如 prepare、run、stop、destroy 等功能函数，这些函数通常以一个完整的多媒体对象为参数。很明显，同步描述数据和同步容限是多媒体对象的必要组成部分。当多媒体应用直接使用对象层的功能时，其内部不需要完成同步控制操作，而只需要利用规范层所提供的工具，完成对同步描述数据和同步容限的定义。

对象层的实现可依据分布计算能力和展现的调度计算的类型对其进行分类。若依据是否计算展现调度来分类，如果计算了一个展现的调度，还要区分是展现前的计算还是展现运行时的动态生成。至于分布问题，要区分实现是局部的、支持服务器结构的分布，还是支持没有任何限制的完全分布。

提供一个同步关系规范，是使用对象层应用程序的主要任务。

10.3　多媒体元数据

元数据(Metadata)是描述一个具体的资源对象，并能对这个对象进行定位和管理，且有助于发现与获取数据。由于元数据可为各种形态的信息资源提供规范、普遍的描述方法和检索工具，为分布的、由多种资源组成的信息体系提供整合的工具与纽带。因此，元数据在多媒体数据管理与检索中发挥着非常重要的作用。

10.3.1　多媒体元数据概述

元数据也是数据，一个元数据由许多完成不同功能的具体数据描述项构成。具体的数据描述项又称元数据项、元素项或元素。

元数据标准是描述某类资源的具体对象时所有规则的集合，它包括描述一个具体对象时所需的数据项集合、各数据项的语法和语义规则、著录规则等。

元数据标准框架是设计元数据标准时需要遵循的规则和方法，它是抽象化的元数据。它从更高层次上规定了元数据的功能、结构、设计方法、语义语法规则等多方面的内容。

10.3.2　多媒体元数据的分类

依据功能，元数据可分为描述型元数据、技术型元数据、管理型元数据、保存型元数据和使用型元数据。

1)描述型元数据。所谓描述型元数据，是指用于描述与识别信息资源的元数据，例如，记录编目、用户注释、资源链接、专题索引等。

2)技术型元数据。该元数据是与系统怎样运行相关的元数据，例如，硬件与软件、数据验证与安全、系统响应跟踪等。

3)管理型元数据。该元数据是用于管理和支配信息资源的元数据，例如，信息收集、版权跟踪、位置信息、版本控制等。

4)保存型元数据。该元数据是与信息资源保存管理相关的元数据，例如，资源的物质条件、数字资源的保存行为。

5)使用型元数据。该元数据是与信息资源用户层次及类型相关的元数据，例如，用户记录、用户使用跟踪、内容再利用等。[①]

近年来，由于元数据在资源描述、管理、发布和应用方面的突出作用，元数据研究在信息领域得到广泛关注，特别是在多媒体信息检索领域，元数据起到了至关重要的作用。

10.3.3 多媒体元数据的生成

1. 文本元数据

文本元数据可以表示为字符串，即用键盘输入，也可以表示为图像，即用扫描仪输入。如果用字符串来表示，则其最基本的元数据是文本逻辑结构及其展示风格的描述，描述的内容一般可由作者提供，作者提供的不充分的某些部分仍需用自动或半自动的方法识别；如果文本数据是由扫描仪输入的，则生成元数据需要更多的自动或半自动处理。

2. 图像元数据

图像元数据与图像类型和应用领域有关。例如，人像的元数据主要包括人的自然属性、社会属性，以及人的各部分的特征等。

3. 声音元数据

通过语音处理和识别，可以获得语音数据的各种语义信息，这是最基本的依赖于内容的语音单元。由于语音识别需要与大量样板语音数据比较，空间和时间的开销都较大，因此，用自动半自动方法提取语音元数据还存在着一定的困难。

4. 影视元数据

影视元数据有些属于帧一级的，有些属于帧系列级的。帧系列还可以分为多级，即影视级、情节级、场景级、镜头级。每一级都可能有各自的元数据。

10.4 多媒体数据库查询分析

传统数据库绝大部分的工作是建立数据模型和体系结构，对用户的查询方法并不重视。但对于多媒体数据库而言，查询系统才是数据库系统中最关键的部分，并且随着软件技术的发展和用户要求的提高，查询将变得越来越重要。

10.4.1 多媒体数据库的查询类型

根据查询谓词描述的内容和谓词被指定的方式可用不同的类型对多媒体数据库进行查询，多媒体数据的查询可以分为以下几种不同类型。

(1)空间查询

空间查询可以去处理和对象有关的空间特性，可作为媒体信息生成。

① 罗冰眉.元数据及其在数字图书馆的应用[J].情报杂志，2003(01).

(2)时间索引查询

时间索引查询是对媒体对象的时间特性进行处理,可用节段树存储。查询处理器对时间索引查询的处理,是通过访问索引信息或其他类似的方法进行的。

(3)依据实例查询

实例查询就是查找与指定实例对象相似对象的查询过程,用户处理器必须对用户要求匹配例子对象的特性进行正确指定。对于部分匹配而言,查询处理器需要对匹配可容错程度进行指定。

(4)应用程序指定查询

应用程序指定描述可作为元数据信息存储,查询处理器可对这些信息进行访问并做出相应反应。

(5)基于多媒体信息内容的查询

由于多媒体信息内容已被多媒体对象相关的媒体数据描述了,因此,这些查询是通过对元数据和媒体对象的直接访问进行的。

10.4.2　多媒体数据库的查询过程

多媒体数据的查询包括引用多媒体对象,对于首先访问哪个多媒体数据库查询处理器有不同的选择。图 10-6 描述了一个简单媒体文本的查询过程。

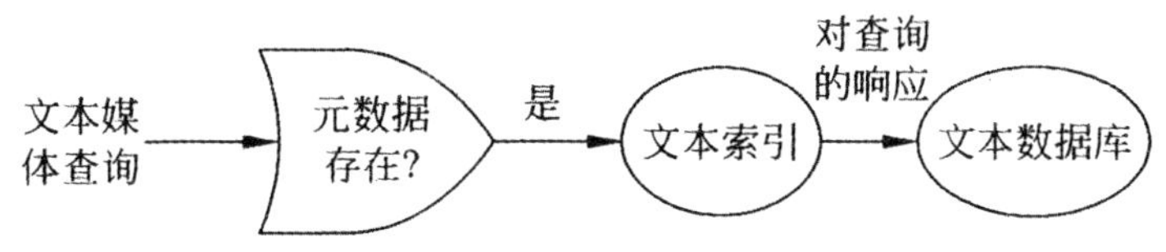

图 10-6　多媒体数据的查询过程

假设文本信息的元数据存在,那么索引文件则首先被访问。以文本文档的选择为根据,通过访问元数据,查询信息就会提供给用户。

当查询媒体超过一个时间段,查询的进程就可以用不同的方式处理。图 10-7 描述了多个媒体的查询过程的两种可能方式,即文本和图像。

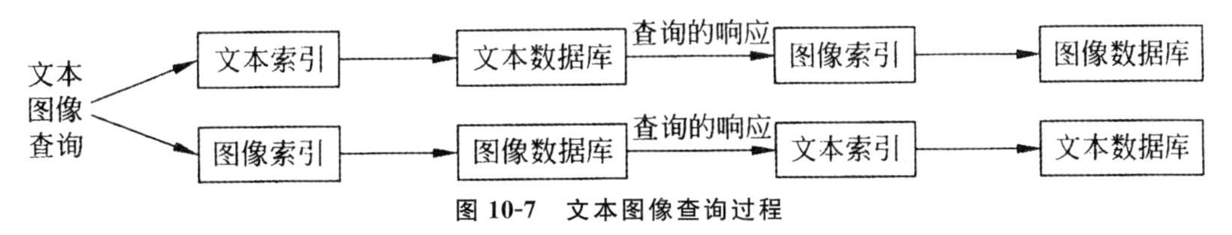

图 10-7　文本图像查询过程

假设图像和文本元数据都是有效的,那么查询就可以用以下两种方式来处理:

1)首先访问与文本有关的索引文件并选择一个原始的文档集,然后检测文档集以确定文档中是否有查询指定的图像对象。这个隐含文档中包含有关图像方面的信息。

2)首先访问与图像信息有关的索引文件并选择图像集,然后监测与图像相关的信息以确定图像是否是任何文档的一部分。

10.4.3　多媒体数据库查询中的问题分析

多媒体数据库的查询系统主要包括两个方面的内容,即一是将用户的请求转变为系统所能识别的形式并将其输入到系统中,成为系统的动作;二是将系统查询所得到的结果按照用户的要求表示出来返回给用户。

1. 多媒体数据库的多解查询问题分析

传统的数据库查询仅对精确的概念和查询进行处理，然而在多媒体数据库中，则更多的是对非精确匹配和相似性查询的处理。多媒体数据的复合、分散及形象化的特点，也使得多媒体数据的查询不仅仅局限于字符查询，而且还需要通过媒体的语义进行查询。但是，多媒体数据的语义信息十分难以确定和获取，并且还会受到观察者的主观影响。

2. 多媒体用户接口的支持问题分析

对多媒体数据库来说，媒体的公共性质和每一种媒体的特殊性质，均要在用户接口及查询过程中加以体现。多媒体要求开发出浏览、查找和表现多媒体数据库内容的新方法，使用户能够方便地描述他的查询需求，并得到相应的数据。① 由于多媒体数据查询中，有时用户很难描述出自己的查询想法，因此，多媒体数据库对用户的接口要求不仅仅是接收用户的描述，而且还要协助用户将其查询想法描述出来，并在接口上表现出来。多媒体数据库的查询结果将不只是表格形式，而将是丰富的多媒体信息的表现，甚至是由计算机组合出来的结果。

3. 多媒体信息的分布给多媒体数据库带来的影响

主要是指以 Internet 为基础的多媒体数据的分布存储。由于 Internet 的飞速发展，网上的资源日益丰富，从而使得传统的那种固定模式数据库形式已不能满足应用的需求，因此，多媒体数据库系统应该以 Internet 为基础，考虑如何基于 Internet 进行数据查询。

10.5　多媒体数据库的用户接口

多媒体数据库另一个极为重要的方面是用户接口，它已经成为判断多媒体数据库能否成功的最重要的组成部分。传统的数据库的主要工作是在数据模型和体系结构的建立方面，而对用户接口工作许多人都不愿去做。但实际上，数据库的用户接口是系统最关键的部分之一。有的数据库应用系统为了达到实用的水平，在用户接口上花费一半以上的努力。随着软件技术的不断发展，用户要求的提高，这个比例还会不断的扩大。对多媒体数据库来说就更是这样。

多媒体数据库的用户接口主要包括两个方面：一是如何将用户的请求转变为系统所能识别的形式并输入系统成为系统的动作；二是如何将系统查询得到的结果按照要求进行表现。前者是输入，而后者是输出。

10.5.1　示例型接口

示例查询 QBE(Query By Example)，是“依据示例进行查询”。对于那些无法用形式化方法描述的查询，可以给出一个示例，使系统自动获取其特征，然后再根据这些特征进行查找。由于示例是直接对媒体进行处理和操作的，所以可以不必用户事先输入关键字进行描述，也不会产生

① 张志刚. 多媒体数据库及其基于内容检索方法的探讨[J]. 信息技术与信息化，2007(02).

关键字选取不一致的问题,但需要具有对媒体处理的能力和知识的辅助,需要像图像理解、语音识别等智能技术的支持。

示例接口通常都要和系统的特征提取、存储和相似匹配结合起来。对于需要提取特征的媒体,需要加入模式识别与管理等部分,需要与对应的视觉处理、声音处理等专门技术相结合。以图像示例接口为例,系统需要在接口增加特征提取、特征管理和知识辅助等相应的模块,以处理事先的、临时的特征处理的需要。图 10-8 就是一种图像管理系统(VIMS)的接口结构示意图。

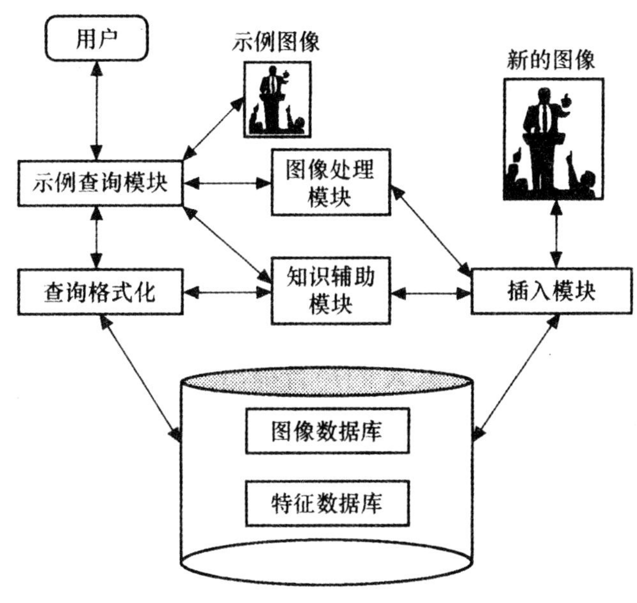

图 10-8　图像数据库的示例接口图

10.5.2　字符数值型接口

1. 表示类查询

基于表示形式的查询与表示的数据类型和设计结构有关,不需要对数据做任何分析,在多媒体数据库中往往用于复合对象的检索。对语义网络的查询要复杂一些,对应的查询结果可能是一个由多个对象及其相互关系组成的语义子网。在超媒体型多媒体数据库中会有这方面的查询。这种用户接口除语义网络外都比较简单,也易于理解。

2. 关键字描述

传统的数据库接口形式都是字符数值型的接口。用户输入的是字符或数值,得到的是由字符数值组成的表格。这种方法也可以用于多媒体数据库中。首先,无论对何种媒体,都按内容进行关键字描述,然后随媒体一起输入到数据库中。例如,输入一幅图像,针对这幅图像再输入可以描述这幅图像的关键字若干。当需要查询时,可以像查询传统数据库那样,输入相应的关键字,便能检索到相应的图像,如图 10-9 所示。

这种基于关键字的查询方法往往需要结合多媒体的需要设计出合适的查询语言。这种查询语言应该能够描述用户的查询需求和约束条件,也要能够描述出查询结果的表现形式和方法。

对于图形的查询与这种方法较为类似,图元的表示与关键字也有类似之处,但它也有它特定的环境和条件。对于图形的查询可以参考这种用户接口形式。

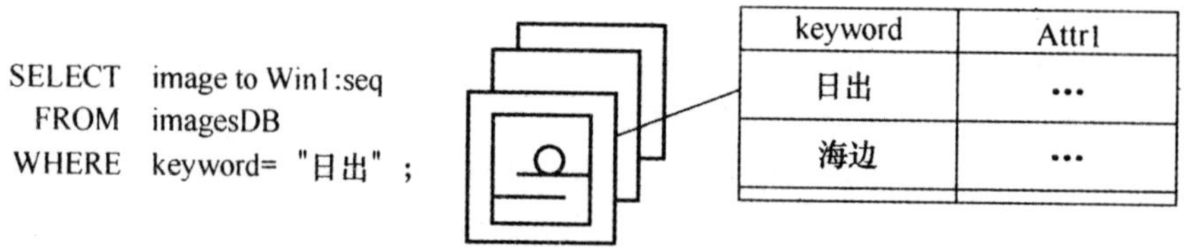

```
SELECT  image to Win1:seq
  FROM  imagesDB
 WHERE  keyword= "日出" ;
```

keyword	Attr1
日出	…
海边	…

图 10-9　带关键字的图像数据库接口

3. 自然语言查询

采用基于自然语言的方法建立多媒体数据库的用户接口是十分诱人的。基于自然语言的用户接口具有以下 3 个特点,表现出了自然语言接口的优点。

(1)共同性

自然语言对人或对象系统的变化容许度高,不同的人使用同样的自然语言可以使用不同的对象系统,因而可以作为不同系统的统一接口。

(2)抽象性

要解决的问题用自然语言记述,如何解决由系统考虑。这样,可以把系统的接口设计得便于任何人使用,而不管他是什么专业领域、具有何种文化水平。

(3)模糊性

当用户的要求以及问题本身就不明确时,用自然语言记述能反映这种模糊性,可以交由系统去判断。

对自然语言如何进行分解取得准确的语义本身就是一个非常困难的问题,目前只能在一个很小的范围内使用。即使是由关键字描述的媒体数据,在检索时对复杂的查询也是难以适应的。同样是关键词,但由于其抽象的程度不一样,所描述的对象范围不一样,就会带来许多问题。对自然语言来说这个问题就更加突出。例如,一幅图像是足球比赛的场景,用自然语言描述:“足球场上运动员在进行足球比赛”。在这里,“足球场上运动员在进行足球比赛”、“足球比赛”与“足球”、“运动员”、“球场”显然不在一个层次上。如果能从自然语言中抽取出相同意义的关键词,就可以支持复杂的查询要求。当用户查询这幅图像时,他可以根据不同的需求查询出“足球”、“运动员”、“比赛”、“球”和“运动”等多个不同范畴的信息。这对系统来说就需要能够做到自动键词抽取和概念匹配。自然语言的接口和示例接口结合使用,可能更适合用户的需求。

10.5.3　用户表现型接口

多媒体数据库的查询结果要比传统数据库复杂得多。这主要是因为:一是媒体种类多,需要按不同的媒体给出恰当的表现;二是查询的结果并不一定是唯一的,相似性查询通常都会有多个结果,需要对这些结果进行组织并提供给用户;三是多媒体数据库可以为应用提供一种表现复杂结果的可能,如叙事性用户表现等。这些都与数据库的种类、应用方式及需求有关。

1. 多媒体表现

(1)字符、文本与图形

文本的查询结果一般与统计结果和其在文献中的位置有关。例如,“查找本文中出现‘多媒体’的次数和位置”，就需要统计出查找到的个数，并标识出每一个“多媒体”在文献中的位置，并用反视、闪烁等效果说明。对文本的浏览等操作将按这些位置进行，而不是像常规的操作那样按顺序、按行列进行。对图形的表现基本上也是如此，将查找到的结果用不同的颜色、闪烁等加以强调，使得用户一目了然，如图 10-10 所示。

> 对多媒体数据库的查询结果与传统数据库相比要复杂得多，一是媒体种类多，需要按不同的媒体给出恰当的表现，二是查询的结果并不一定是惟一的，由于是相似性查询，往往会有多个结果，需要对这些结果进行组织提供给用户。三是多媒体数据库为更新的应用提供了一种表现复杂结果的可能，如叙事性用户表现等。这些都与数据库的种类、应用方式及需求有关。
>
> 文本的查询结果一般与统计结果和其在文献中的位置有关。例如，“查找本文中出现‘多媒体’的次数和位置”，就需要统计出查找到的个数，并标识

图 10-10　特殊效果标识查找结果

(2)图像

对图像的查询结果有两种情况：确定性的结果和相似性结果。对于确定性结果来说，只要将结果图像放入到合适的位置上显示即可。如果查找图像数量多，也可以列出图像文件名，供用户挑选显示。对于相似性结果来说，需要按相似程度排列，无论是显示在屏幕上，还是用文件形式。

(3)视频

视频的查询结果直接可以表现在屏幕的特定窗口上，一般是先调出第一帧静止在画面上，一旦用户要求播放才开始正式播放。当结果是多段视频时，第一帧可以作为代表帧，像图像一样按相似性进行排列，用户选中哪个，哪个视频节段才开始播放。

(4)声音

由于声音属于听觉空间，查询的结果必须经过变换为视觉图符后才能在显示器上表示出来。表示的方法可以是文件名，也可以是特殊的图符，只要用户点中就可以放音。

(5)混合表现

大多数查询结果是多媒体混合的，这就要求能够得到多媒体综合的表现效果。例如，查询某一个战争的过程，结果可以是低层的，报告的是武器装备、地理天气等基本情况数据，也可以是高层的，给出战争的完整过程。无论高层低层，数据都是同一个，只是在不同的层次上进行不同的组织。表现结果可以是各种媒体的综合表现效果，既有图像说明，又有声音解说，还有数据统计、动画描述等。对于这种数据库结果的表现描述，一种是在数据库中它们能够在这个层次上作为一个统一的对象按脚本组织，另一种是靠外部脚本的支持，如图 10-11 所示。

(6)概念

概念表现与查询的方式密切相关，也是一种混合表现方式。例如，对“查找出所有的桥”这种查询，结果中应包含桥的图像、地图中桥的图元、文字中有关桥的词句，及视频中有关桥的段落等。只要是“桥”的概念，都应该包含在内。这是一种高级方式，是多媒体数据库未来的重要方向。

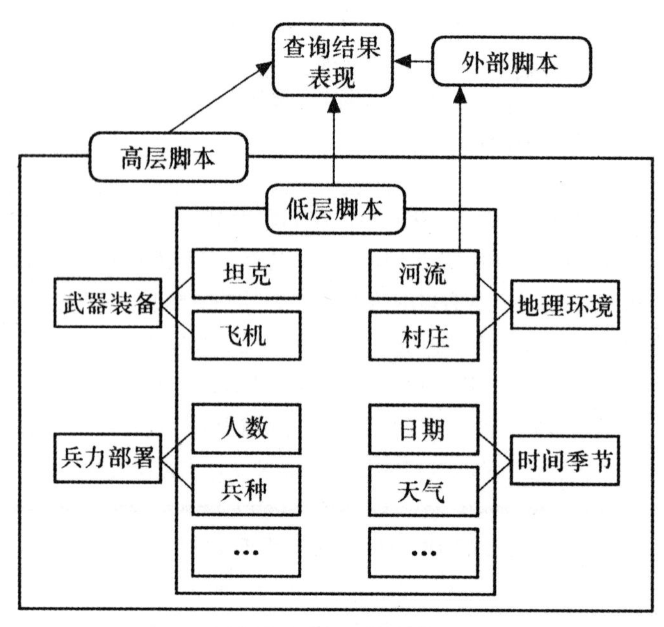

图 10-11　多媒体数据库的表现组织示例

2. 叙事表现

叙事表现是多媒体数据库对查询结果的进行处理的一种方法。在传统的数据库中，查询的结果只是说明数据库中是否存在对应的内容，结果以表格或其他形式出现。但随着多媒体技术的不断发展，应用可能会有这样的需求：将数据库中有关的情节和任务组成一个故事，并表现出来。建立一个特殊的视频数据库已经不是没有可能，体验性的视频游戏、交互式影片等实际上都已经提出了这样的要求。对现有的库存影片进行技术处理和分割后，为这种数据库奠定了物质基础。在将来，当信息空间中充满了各种信息数据时，用户需要做的是挑选自己所需的内容，组织成符合自己要求和风格的表现。

叙事表现依赖于数据库中可用的内容和其所限定的注释，最好的情况是数据库中的内容视图能够支持 N 维的注释空间，最坏的情况是查询必须建立在一个尖塔形的结构上，在这个结构上，故事的起点和经过点都由这个塔各层的顶点来表示。故事可用模板事先限定，也可以提供某种过滤机制。对故事片和文献纪录片使用的 N 维空间或尖塔可以一样，也可能不一样。过滤是一种最简单的方法，例如，对儿童观看的影片滤掉只适合成人观看的内容，或是就某一政治观点编辑一部文献片。特定观点的指定要更加复杂，需要在素材、组织和语言的提法等方面做人的变动。表现的颗粒度也是一个问题，颗粒度太大不容易组织故事，颗粒度太小又不能表现出基本的故事情节。

10.6　多媒体数据库管理系统

在多媒体数据库系统中，除文本和其他离散数据之外，音频和视频信息也将被存储、处理和检索。为了支持这些功能，在多媒体数据模型的基础上建立多媒体数据库管理系统（Multimedia

Data Base Management System,MDBMS)。

10.6.1　多媒体数据库管理系统的层次结构

多媒体数据库管理系统是一个四层结构,即物理层、概念层、视图层和展现层。

1)物理层。实现各种媒体数据的分散与集成的存储管理。不同媒体的数据在网络上各自独立又彼此联系、相互匹配地被存储与存取。

2)概念层。多媒体数据库概念模式有两层含义,即一是对于各媒体数据库,其概念模式是其用户视图的逻辑超集;二是作为整体的多媒体数据库,其概念模式是各媒体数据库概念模式的集成融合。

3)视图层。实现用户与多媒体数据库之间的交互。一个多媒体用户视图是所涉及媒体的概念模式的逻辑子集,也是整体的多媒体概念模式的逻辑子集。

4)展现层。实现多媒体数据库的展现模式,使最终用户见(听)到图形、图像、音乐、影视等的真实样子。展现时,各种媒体数据的展现形式各不相同,且彼此之间存在时-空方面的紧密联系。

10.6.2　多媒体数据库管理系统的体系结构

目前,多媒体数据库管理系统的体系结构一般可以分为以下几种。

1. 集中式

集中式数据库管理系统是指由一单个集成统一的多媒体数据库管理系统来管理所有不同媒体的数据库。这显然是一种较为理想的形式,但实现起来会难些。该系统模式如图 10-12 所示。

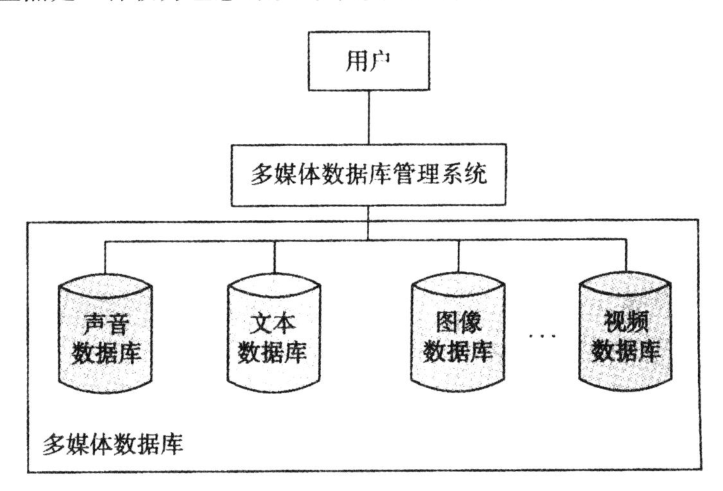

图 10-12　集中式 MDBMS 的组织结构

2. 主从式

各种媒体的数据库均有自己的管理系统,我们称之为从数据库管理系统,它们对各自的数据库进行管理,如图 10-13 所示。这些从数据库管理系统再由一个主数据库管理系统进行控制和管理,用户在主数据库管理系统上与多媒体数据库打交道。

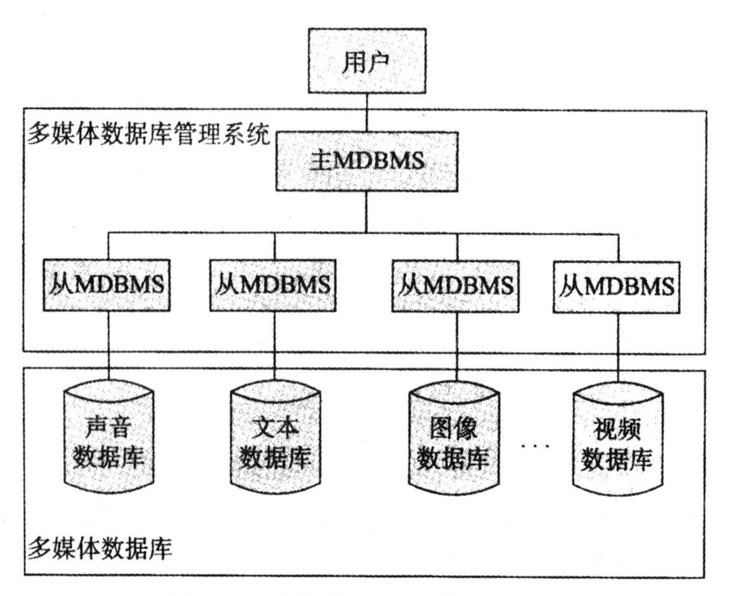

图 10-13　主从式 MDBMS 的组织结构

3. 协作式

各种媒体数据库有自己媒体的多媒体数据库管理系统，但所有这些多媒体数据库管理系统之间没有主从之分，彼此协调地工作。由于各成员 MDBMS 彼此之间存在差异，因此在通信中必须首先对该问题进行解决。为此，每一个成员 MDBMS 要附加一个外部处理软件模块，由它提供通信、检索和修改界面。在这种结构的系统中，用户位于任一媒体数据库系统前。该系统模型如图 10-14 所示。

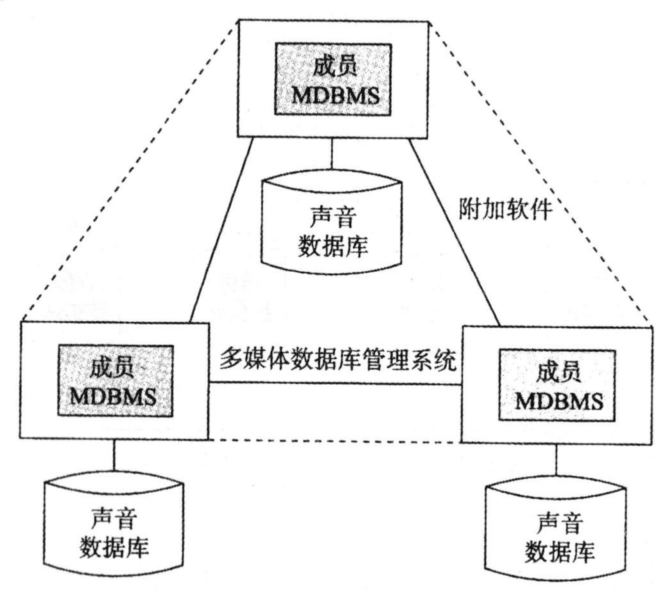

图 10-14　协作型 MDBMS 的组织结构

4. 超媒体式

基于超媒体数据模型，把多媒体的数据分布在网络上，将该网络看成一个多媒体信息空间，通过设计好的访问工具来访问和使用这些信息。

此外，在超媒体的网络上，通过“超链接”可建立起各种数据的时空关系，使访问的不仅仅是抽象的数据形式，而且还有形象化的、真实或虚拟的空间和事件，从而能实现多媒体的“展现”。

10.6.3　多媒体数据库管理系统的功能特性

数据库管理系统的主要任务是提供信息的存储和管理。此外，多媒体数据库管理系统除提供存储管理功能外，还有其他特性。

1. 表示和处理多种媒体数据

数据在计算机内的表示分为两种，即格式化和非格式化。对格式化数据，使用常规的字段表示。对非格式化数据（如图像、图像、音频、视频等），多媒体数据库管理系统要提供管理这些结构表示形式的技术和处理方法。

2. 满足多媒体数据的独立性

物理数据独立性是指当存储模式发生改变时，不影响逻辑模式。逻辑独立性是指当逻辑模式发生改变时，不影响外模式。多媒体数据独立性是指在多媒体数据库的设计和实现时，系统应该能够保持各种媒体的独立性与透明性。

3. 信息重组织能力

应支持复合媒体在各通道分离后存入数据库。例如，将 Vedio 分解为影像、配音等信息，把这些信息分别存储到数据库中，必要时各种分离的信息可能会重新组织后输出。

4. 长事务的处理能力

在多媒体数据库管理系统中，长事务的运行意味着在一个可靠的方式下花费大量的时间传输大容量的数据。最为典型的例子是检索一场电影的过程。

5. 数据实时传输能力

连续数据的读和写操作必须实时完成，连续数据的传输应优先于其他数据库的管理行为。

6. 描述性的搜索方法

在数据库中搜索一个以文本或图像形式存在的条目时，使用的是不同的查询请求和与之相对应的搜索方法。多媒体数据的查询是一个描述性的、面向对象的查询格式。这种搜索方法与所有媒体都相关，包括音频和视频。

7. 干预系统资源的调度

通常在数据库管理系统中，数据库管理系统对操作系统的工作并不干预，但是在多媒体数据库管理系统中，由于信息的处理有数据量大、长事务等方面的特性，所以多媒体数据库管理系统对系统资源的调度有所干预。

8. BLOB 类型的结构化问题

BLOB(Binory Large OBject)是数据库系统的多媒体信息存储类型。但由于 BLOB 本身并不支持结构化，所以应对 BLOB 进行结构化处理。

10.7 跨媒体信息检索技术

跨媒体不仅是传统媒体(报纸、杂志、图书、户外广告、电视、广播、电影)与网络媒体的统称，而且是传统媒体和网络媒体的整合。跨媒体建立在多媒体及其技术基础之上，寻求三维平台组合的多媒体资源整合，信息融合，共存于一体，最大限度获取不同媒体间的关联性和协同效应、互补性和多维互动，从而达到需求的识别、检索、发布、交换以及发现重构共生新用等，高效地使用各种媒体的目的。

10.7.1 跨媒体信息检索概述

随着信息技术及其应用的迅速发展，跨媒体海量信息检索和智能处理将成为网上信息资源整合与共享的必然趋势。针对日益增长的多媒体数据检索需求，研究 TB 级以上容量的海量多媒体的信息检索的有效机制，从多种类型的多媒体中建立起跨媒体的语义网络，实现跨媒体的数据融合、识别与综合检索，研究复杂媒体数据以及检索机制，建立智能高效的海量数据检索和智能处理技术，达到多媒体资源的共享，将成为未来信息检索技术研究的主要方向。

建立跨媒体语义网的关键在于从不同渠道获得媒体间的关联性，主要包括以下几个方面：

1)在人机交互过程中，利用用户的信息反馈发现跨媒体潜在的语义共性。

2)利用媒体的物理特性，发现其子媒体之间可能存在的语义关联性，如视频中的文字和声频之间的语义关联性。

3)利用媒体可能存在的人工注释，通过自然语言分析来获得跨媒体语义关联性。

4)利用低级特征，发现同类型媒体间特征关联性，如颜色直方图相似的图像之间的关联性。

5)通过 join、group by 等操作产生的不同代理类中不同类型媒体的语义关联。

6)基于机器学习的方法，利用领域概念库，对自动分割的媒体子区域或整个媒体对象进行手工标识，通过规则构造器，使系统能够对对象、事件、场景、情感等信息进行识别，从而为跨媒体语义关联信息的挖掘提供支持。

7)基于本体构建的跨媒体关联。

根据图像之间的关联性构建的语义网，可以按照一定规则为相似媒体创建代理类，从而屏蔽媒体之间的类型差异性。相似媒体通过代理类进行聚集的同时，还可追加其特有属性，如语义描述、公有方法等。

数据库中新增媒体文件经过语义挖掘后，若满足某个代理类规则，将会自动添加到该代理类中，并与该类中所有媒体文件产生关联。由于任意一个媒体可能存在于多个代理类中，因此需要为其创建一个代理类表，从而提高跨媒体检索效率。

10.7.2 基于内容的检索技术

由于多媒体数据库中包含大量的图像、声音、视频等非格式化数据，对它们的查询或检索比较复杂，通常需要根据媒体中表达的情节内容进行检索。基于内容的检索(Content Based Retrieval ,CBR)就是针对多媒体信息检索使用的一种重要技术。CBR 根据媒体和媒体对象的内容语义及上下文语义环境进行检索,打破了传统的基于文本检索技术的局限,直接对图像、视频、音频内容进行分析,抽取特征和语义,利用这些内容特征建立索引并进行检索。在检索过程中,它主要以图像处理、模式识别、计算机视觉、图像理解等学科中的一些方法为部分基础技术,是多种技术的合成。

1. 基于内容检索的过程

基于内容检索是一个逐步求精的过程,如图 10-15 所示。它一般分为下面几个步骤。

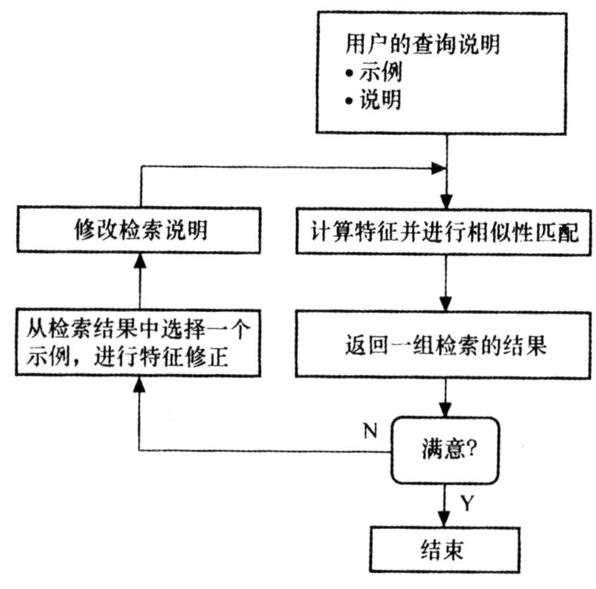

图 10-15　CBR 检索过程示意图

(1)初始检索说明

用户开始检索时,要形成一个检索的格式,最初可以用 QBE(Query By Example)或特定的查询语言来形成。系统对示例的特征进行提取,或是把用户描述的特征映射为对应的查询参数。

(2)相似性匹配

将特征与特征库中的特征按照一定的匹配算法进行匹配。满足一定相似性的一组候选结果按相似度大小排列返回给用户。

(3)特征调整

用户对系统返回的一组满足初始特征的检索结果进行浏览,挑选出满意的结果,检索过程完成;或者从候选结果中选择一个最接近的示例,进行特征调整,然后形成一个新的查询。

(4)重新检索

逐步缩小查询范围,重新开始。这个过程到用户放弃或得到满意的查询结果时结束。

2. 基于内容的图像检索

基于内容的图像检索是由计算机根据图像的颜色和形状特征自动地从图像数据库中提取所需图像的。

(1)基于颜色特征的检索

基于颜色的特征的检索涉及的概念简单,易于实现。颜色特征的特点有:与物体或场景关系密切;与图像的尺寸、方向、视角依赖关系小,稳健。

对颜色进行检索主要是利用颜色空间直方图进行匹配。常用的匹配方法有以下几种。

1)直方图交叉法。该方法是取两幅图像的直方图在各个灰度级上的较小值,累加后即表示图像之间的相似程度,而实际上这种相似程度是表示两幅图像的公共部分。

2)直接差值法。该方法是把直方图在各个灰度级上的值对应相减,并进行归一化处理,用差值来表示图像之间的差别。若两幅图像内容一样,则相似度为 1。其相似度值越小,则表示图像间差别越大。

3)矢量距离法。该方法是以图像的直方图在各个灰度级上的值构成特征矢量,利用欧氏距离公式来对特征矢量之间的距离进行计算,此距离值就表示图像之间的差别程度。①

(2)基于形状的检索

形状是图像的重要性能。每种形状特征具有唯一的表示,不随大小、方向、位置的变化而变化。相似的形状具有相似的表示。

基于形状的检索可以分为以下两种,即基于二维形状和基于三维形状的检索。形状检索主要有针对图像边缘轮廓线的检索和针对图形矢量特征的检索,常用检索算法有边界直方图法、不变矩、Hough 变换、傅里叶形状描述符和基于区域的形状表示等。②

在实际应用中,为了降低算法时间和空间复杂性,通常以形状参数来对形状进行描述,因而可以使检索效率有明显的提高。

(3)基于纹理的检索

纹理也是图像中一个非常重要的特征。很多图像在局部区域内呈现不规则性,在整体上却表现出规律性,我们将图像这种局部不规则而宏观有规律的特性称为纹理。

纹理特征主要由表示纹理的均匀度、对比度和方向性的特征向量表示。均匀度反映纹理的尺寸,对比度反映纹理的清晰度,方向反映实体是否有规则的方向性。③

纹理的分析方法有很多,大致上可分为统计方法和结构方法。

1)统计方法。该方法被用于分析细密而规则的对象,并根据像素间灰度的统计性质对纹理规定出特征,以及特征与参数的关系。

2)结构方法。该方法对排列较规则对象的纹理较适用,可以依据纹理基元及其排列规则来对纹理的结构及特征,以及特征与参数间的关系进行描述。

由于纹理很难加以描述,所以对纹理都是采用 QBE 方式的检索。此外,为了使查找纹理的范围缩小,所以将纹理颜色也作为一个检索特征。通过定性描述纹理颜色,从而使检索空间缩小到某个颜色范围内,再以 QBE 为基础,调整均匀度、对比度和方向性 3 个特征,向检索目标逐步逼近。检索时首先将一些大致的图像纹理以小图像形式全部显示给用户,当用户选中其中某个与查询要求最接近的纹理形式时,则以查询表的形式让用户对纹理特征做出适当调整。通过将

① 王玉波.多媒体信息检索技术略论[J].情报科学,1999(02).

② 陈春颖,周雄伟,余以胜.基于内容的多媒体检索策略探析[J].情报杂志,2004(05).

③ 林大辉,宁正元.基于图像的树种分类方法的研究[J].福建电脑,2008(01).

这些概念转化为参数值进行调整，并逐步返回越来越精确的结果。

3.基于内容的视频检索

基于内容的视频检索是目前研究的热点。视频检索要求在大量的视频数据中找到所需的视频片断。

基于内容的视频检索首先要对视频进行处理，包括视频结构的分析、视频数据的自动索引和视频聚类。

1)视频结构的分析：是指把视频分割成镜头。

2)视频数据的自动索引：包括选取关键帧以及提取静止特征与运动特征。

3)视频聚类：就是对镜头间的关系进行研究，组合内容相近的镜头，聚合成类，从而使检索范围缩小，检索效率得以提高。①

在视频处理中关键帧要能够正确、完全地反映镜头的主要事件，同时要考虑计算的复杂性，典型的关键帧抽取算法可分为以下几类。

1)基于镜头的方法：为每个镜头选取一个关键帧，这种方法的运算量很小，对于内容活动性小或保持不变的镜头十分适合，但对摄像机这种不断运动的镜头来说，该方法抽取的关键帧无法将其主要内容有效地表达出来。

2)基于内容分析的方法：通过分析视频内容随时间的变化情况来选取所需关键帧的数目，并按照一定的规则为镜头抽取关键帧，有效地克服了基于镜头的方法存在的问题。

3)基于运动分析的方法：通过对每帧光流的计算，寻找摄像机运动的局部最小点，对应的帧将选作关键帧，这种选择基于如下的观察，当摄像机停留时通常意味着重要人物或事件的存在。②

除了以上几种方法外，还有基于镜头活动性的方法、基于聚类的方法等。

4.基于内容的音频检索

在基于内容的音频检索方面，美国的 Muscle Fish 公司推出了较为完整的原型系统，对音频的检索和分类有较高的准确率。

国内外在音频检索技术方面的研究主要集中在对已知多媒体数据库进行检索，主要研究方法可分为以下几类。

1)综合利用语音识别、话者识别及文本检索等技术实现对语音类数据的检索。

2)针对音乐类数据的检索。

3)基于相似类别查找的多类别音频检索。

4)针对特定音频信息的检索。③

在进行检索时，通常将检索目标视为一个整体直接检索，随着检索目标长度的增加，检索速度呈线性下降。

哈尔滨工业大学提出了这样一种算法——基于分段的快速音频检索算法。这种算法将检索

---

① 陈春颖，周雄伟，余以胜．基于内容的多媒体检索策略探析[J]．情报杂志，2004(05)．

② 张云秋，于双成．多媒体信息检索：技术与实例分析[J]．现代图书情报技术，2002(04)．

③ 郑贵滨，韩纪庆，李海峰．分段式音频检索算法[J]．计算机科学，2005(03)．

目标划分成多个小的片段，每个片段可以进行独立检索；在检索过程中，通过检索窗来控制参与检索的片段及数量。该算法的检索速度是不随检索目标的长度变化而变化的，检索速度可调，而且能获得较好的查全率和查准率，适用于从未知音频数据源中检索任意长度的特定音频数据及实时应用场合。

第11章　移动对象数据库及其索引技术

随着无线移动计算、RFID以及传感器网络技术的发展，似乎我们所遇到的每一个问题都需要我们去处理四维时空中的移动对象。产品制造、环境监测、交通与分配、应急服务、电信等应用都面临着同样的挑战性的问题——如何表示和查询描述了移动对象的数据库。

11.1　概述

移动对象数据库研究的目标是允许用户在数据库中表示移动实体，并执行有关移动的查询。由于移动对象本质上是随时间而变化的几何实体。因此，可以说支持移动对象的数据库是一种特殊类型的时空数据库。当然，由于移动对象强调几何实体随时间连续变化，因此，移动对象数据库可以同时支持离散变化和连续变化两种变化。

11.1.1　时空数据库

时空数据库的产生源自于空间数据库和时态数据库。前者处理数据库中几何对象的描述，后者研究数据随时间的演变。与早期时空数据库研究中仅支持离散变化不同，移动对象数据库强调几何对象的变化有可能是连续的。

1. 空间数据库

空间数据库是描述与特点空间位置有关的真实世界对象的数据集合。空间数据库的主要研究动机是支持地理信息系统(GIS)。早期的GIS对数据库技术的使用很有限，但是，随着空间数据库技术的成熟，目前所有主流的DBMS产品(如Oracle、IBM DB2和Informix等)都提供了空间扩展。

与图像数据库只是以图像的形式来管理实体不同，空间数据库的目的是表示空间中具有清晰的位置和范围定义的实体。当然，两者之间还是存在一定的联系。例如，可以使用特征提取技术来提取图像中的空间实体并将它们存储在空间数据库中。空间数据库的相关知识将在本书第13章中进行详细叙述，这里不在做过多描述。

2. 时态数据库

对于大多数应用而言，除了要求保存当前状态外，还需要对某种历史信息进行维护。传统数据库应用程序通过在数据库结构中增加显式的时间属性(通过date或time等数据类型)，然后在查询语句中执行适当的计算来管理时间。这种形式不仅很容易出错，而且会导致查询表达复杂化和查询执行效率的低下。基于这类问题，我们考虑到如果在DBMS内建了真正的时态支持能力，这类操作就可以自动完成，不需要我们再在查询中加入额外的条件，而且查询执行计划也可以进行调整，使得这类连接操作可以高效地完成。时态数据库的目标就是将时态概念紧紧地集成到DBMS数据模型和查询语言中，并对数据库系统进行扩展以获得较高的查询性能。

(1)时间域

时间可以是离散的、密集的或连续的。离散时间模型与自然数或者整数是同构的。密集时间模型则与有理数或者实数同构，即任意两个时刻中间存在着另一个时刻，而连续模型与实数同构。尽管在我们看来时间是连续的，但在时态数据库模型中通常使用离散时间表示模型。

在连续时间模型中，每一个实数对应着一个"时间点"，而在离散时间模型中，每一个自然数对应着一个"时间子"(chronon)的原子时间间隔。若干连续的时间子可以组合成更大的单位，则可以认为是"时间块"(granules)。

此外，时间还可以分为绝对时间(absolute time)和相对时间(relative time)(也称固定时间和浮动时间)。下面使用如下数据类型来表示上面所讨论的这些时间概念。

- instant：在离散时间模型中，它是时间轴上一个特定的时间子；在连续时间模型中，它是时间轴上的一个点。
- period：时间轴上一个固定的时间间隔。
- periods：时间轴上一些不相连的固定时间间隔所构成的集合。
- interval：一个有向的浮动时间段，即一个具有固定长度、但起始和终止时刻不确定的时间间隔。

在SQL-92标准中，还给出了以下另一些"实用的"数据类型：

- date：公元1年到公元9999年之间的某一天。
- time：24小时(一天)内的某一秒。
- timestamp：某一天中某一秒的一部分(通常是1微秒)。

(2)时间维

尽管有多种不同的时间语义，但是最重要的两种时间类型是有效时间和事务时间。有效时间是指一个事件在现实世界中发生的时间，或者是一个事实在现实世界中成立的时间。事务时间是指数据库中记录(事件或事实的)变化的时间，或者是某个特定数据库状态存在的时间间隔。

根据上述时态语义，就可以把传统数据库称为快照数据库(图11-1)；把只支持有效时间的数据库称为有效时间数据库或历史数据库(图11-2)；把只支持事务时间的数据库称为事务时间数据库或回滚数据库(图11-3)；把同时支持两种时间的数据库称为双时态数据库(图11-4)。

图11-1为传统数据库中一个具有3个属性和3个元组的简单关系，称为一个快照关系。表格的行表示元组，列表示属性。

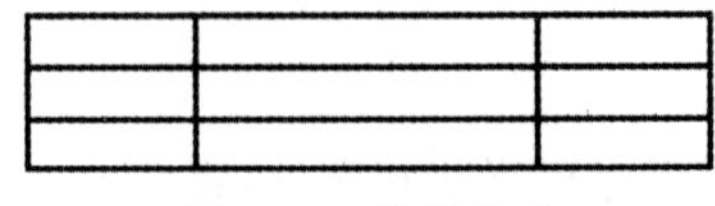

图11-1 快照关系

图11-2引入了有效时间维。3个元组中的每一个都有一些过去时间里的不同版本，每个版本对应着一个特定的有效时间间隔。事实上，关系中还存在着第4个元组，只不过它现在已经不再有效了。

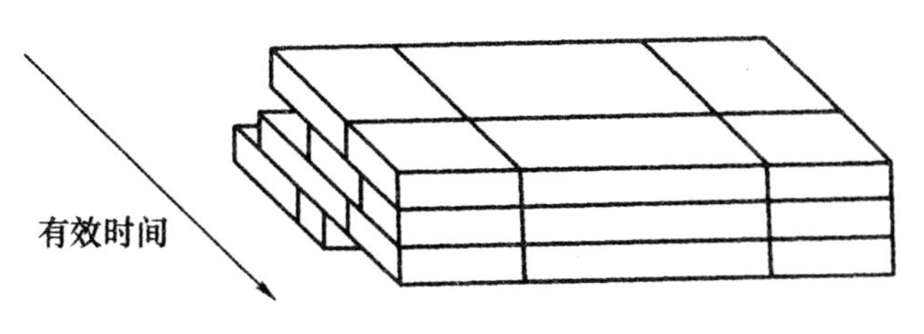

图 11-2　有效时间关系

图 11-3 为事务时间维。其中,第 1 个事务在关系中插入了 3 个元组,第 2 个事务插入了第 4 个元组,然后第 3 个事务删除了第 2 个元组同时又插入了 1 个元组。

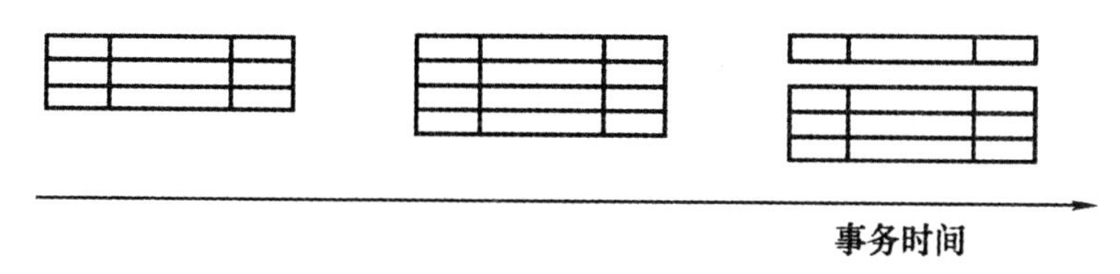

图 11-3　事务时间关系

图 11-4 为一个双时态关系。一个初始的事务创建了 2 个元组并让它们从现在开始一直有效。第 2 个事务修改了第 2 个元组的值并插入了第 3 个元组,同样让它从现在开始一直有效。第 3 个事务从数据库中删除了第 2 个和第 3 个元组(图中以阴影表示,即这些元组不再有效了),但第 1 个元组仍然有效。此外,该事务还修改了第 2 个元组的起始有效时间(假设前一个起始时间是错误的)。

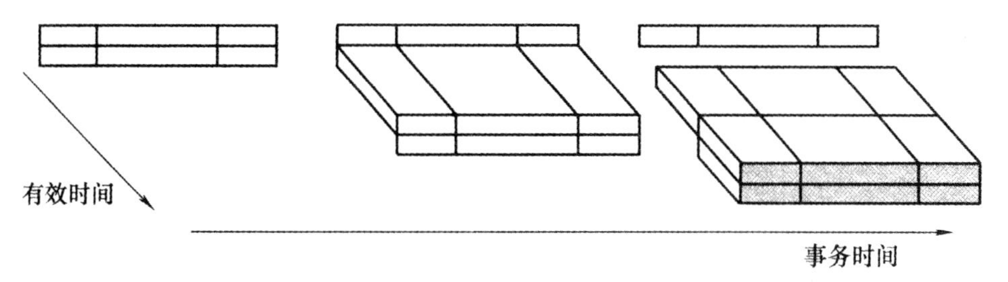

图 11-4　双时态关系

3. 早期时空数据库

早期时空数据库研究的重点主要集中在空间对象随时间发生的离散变化方面,其相关应用带有明显的"人为"特点。在其两个具有典型代表性的模型中,第一个模型是针对双时态状态关系的,第二个模型则支持双时态事件关系。

(1)空间双时态对象

该模型是通过结合单纯的空间模型概念和时态模型概念来实现的,它为空间和时间信息提供了一种统一的方法。双时态元素和单纯复形相结合产生了空间双时态对象。

空间双时态对象的基本思想是:在单纯复形的组成中增加一个双时态元素的标记。通过双时态元素,事务时间和有效时间可以沿着两个正交的时间轴进行度量。

(2)基于事件的方法

一个事件就代表了在某一瞬间的一种状态变化,而在该模型中,时间的定位就是主要变化的表示基础。因此,这里只认为有效时间是重要的,而不再涉及事务时间。

时空数据库的一个显著的特征就是它为查询提供了查询语言。迄今为止，所描述的时空数据模型都可以作为查询代数的基础。

11.1.2 研究视角

有关移动对象数据库研究的思路源于两种不同的技术视角，即位置管理视角和时空数据视角。

1. 位置管理视角

位置管理视角常用于解决数据库中实体的位置管理问题。例如，要对一个城市中所有公交车的位置管理，在给定了某个时刻后，我们可以通过一个关系记录所有公交的位置，并记录作为码的公交车 ID 以及 x 坐标和 y 坐标，非常简单地解决这一问题。但是，在实际应用中，公交车始终是处于移动状态的，为了保持每辆公交车的最新的位置信息，就需要频繁地更新数据库中每一辆出租车的位置信息。

在这个过程中，如果频繁地向数据库发送和应用位置更新，尽管可以保证数据库中的位置信息具有较小的偏差，但由更新带来的代价也是相当高的。针对上一问题，我们采取的解决办法是：在数据库中存储移动对象的运动矢量，而不是当前位置。通过这些运动矢量就可以用一个时间的函数来表示移动对象的位置。也就是说，如果我们记下 t_0 时对象的位置以及它的速度和运动方向，就可以推算出对象在 t_0 之后所有时间的预期位置。尽管运动矢量也需要不断更新，但其更新频率比位置更新小得多。

因此，基于位置管理的视角，我们关注于对一系列移动对象位置的动态维护以及位置相关查询的回答，包括当前位置查询、近期位置查询以及移动实体与静态几何对象之间随时间而变化的关系的查询。

要注意的是，根据时态数据库的观点，这里的位置管理数据库中所存储的并非是一个时态数据库，而是维护了一个现实世界当前状态的快照数据库。此时，对象移动的历史信息并没有被保存下来。

2. 时空数据视角

空间数据库中可能存储各种不同类型的数据，并且这些数据可能都会随时间而发生变化。而我们希望的不仅仅是能够在数据库中描述空间数据的当前状态，而且也能够描述空间数据演变的整个历史，同时还希望可以回退到任意时刻并得到此时的数据库状态。此外，我们可能还希望能够解释事物的变化规律，分析某些空间关系成立的时间等。

这样，我们需要解决的基本问题有以下两点：

1)空间数据库中存储的数据的类型。

2)可能会发生的变化。

空间数据库支持单个对象的抽象及空间相关对象集合的抽象。对于变化的类型，一种主要的区分方法是将变化分为离散变化和连续变化。传统的时空数据库研究的就是所有空间实体的离散变化。离散变化可能发生在任何类型的空间实体上，而连续变化则最常发生在点和区域上。一个移动点是一个在平面或者高维空间中移动的物理对象的基本抽象。移动区域抽象描述了平面中位置、范围和形状都发生变化的实体，即一个移动区域不仅可能移动，而且也可能增大或者缩小。

11.1.3　时空数据

我们知道，离散变化可能发生在任何类型的空间实体上，而连续变化最常发生在点和区域上。为了更好地理解传统空间数据库的研究范围，下面对时间相关点和区域数据的类型进行叙述。

如果只考虑二维空间及单一的时间维(有效时间)，则时空数据存在于一个三维空间中，如图 11-5 所示。

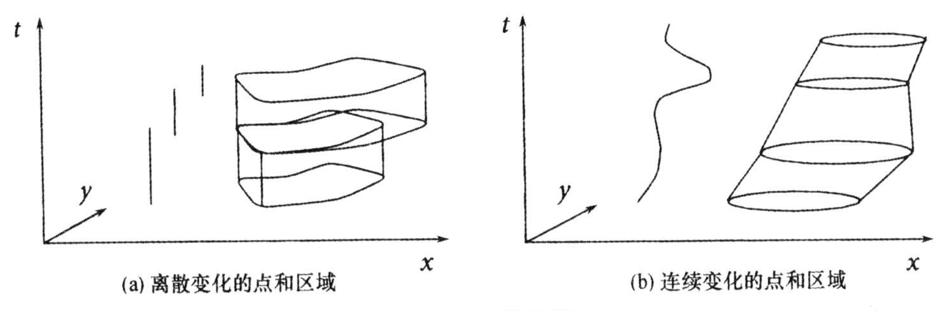

(a) 离散变化的点和区域　　(b) 连续变化的点和区域

图 11-5　三维空间

以数据在三维空间中的“形状”作为应用数据的特征，则可以得到如下分类：

1)特定时间区间里有效的位置——点，时间区间。

2)时空事件——点，时刻。

3)逐步常量位置——点、时间区间序列。

4)移动实体——移动点。

5)位置事件集合——点、时刻序列。

6)具有范围的移动实体——移动区域。

7)某个时间区间内有效的区域——区域，时间区间。

8)逐步常量区域——区域、时间区间序列。

9)区域事件集合——区域、时刻序列。

10)时空区域事件——区域，时刻。

在时空数据库中，移动点为 mpoint 类型，移动区域为 mregion 类型。由于这种数据类型的某个值表示了一个点或者区域随时间而发生的时态演变。因此，mpoint 类型的一个值就是一个连续函数 f:instant→point，而 mregion 类型的一个值是一个连续函数 g:instant→region。

除了 mpoint 和 mregion 这两个主要的类型外，还包括相关的空间、时态以及其他时间相关的类型。这些数据类型包含了下面的操作：

intersection：	mpoint×mregion	→mpoint
trajectory：	mpoint	→line
deftime：	mpoint	→periods
length：	line	→real
min：	mreal	→real

上述操作的含义为：

intersection 返回一个移动点位于一个移动区域内部的部分，其结果也是一个移动点

(mpoint)。

trajectory 将一个移动点投影到平面上,形成的结果是一个 line 值。

deftime 返回一个移动点所定义的时间间隔的集合,其结果是一个 peri ods 值。

length 返回一个 line 值的长度。

min 返回一个移动实数随时间而变化的过程中所产生的最小值。

使用时空数据类型还可以同时对连续变化和离散变化的实体进行管理。

11.1.4 移动对象及查询问题

在我们生活的世界中,存在着很多人们感兴趣的移动实体,人们对这些实体提出了各种从简单到复杂的查询问题。移动实体的查询问题主要涉及移动点和移动区域,如表 11-1 所示。

表 11-1 移动点/移动区域及其查询问题

移动点/移动区域实体	问题
卫星、飞船、行星	在接下来的 4 小时里那些卫星会靠近这个飞船的飞行航线?
轮船	是否有轮船正驶向浅滩? 找出轮船在"不正常"行驶情况下,它显示了轮船可能有非法倾倒废料的行为
森林、湖泊	亚马逊雨林目前缩小的速度有多快? 死海面积有没有缩小? 今年某河流最小和最大的范围是多少?
风暴	风暴正往何处移动? 风暴何时达到目标城市?
陆地	大陆板块的变化历史
空间上的数值函数,如温度	昨天午夜零度点出现的位置

移动对象数据库的研究目标就是设计相应的模型和语言,以便用一种简单且精确的方式来表达这些查询问题。

11.2 时态数据类型上的操作算法

时态数据类型是通过分片表示方法来表示的。它将时态(移动)数据类型的值表示成一个单元集合,单元表示为一个包含值对(时间间隔,单元函数)的记录,其中时间间隔定义了单元的有效时间间隔,它与范围类型中的时间间隔(s,e,lc,rc)有相同的形式。单元函数是一个从时间到相应非时态类型仪的"简单"函数,对于时间间隔中的每个时刻,单元函数都返回一个有效的 α 值。每个时态类型都有相应的单元函数数据结构。任意两个不同单元的时间间隔是不相交的,因此单元可以按照时间顺序排列。

时态数据类型的值包含一个单元集合,并表示为一个根记录,该记录包含一个单元数组,其中的单元按照时间间隔有序排列。

11.2.1　一般性考虑

1. 选择一个算法子集

由于所有操作都被定义成适用于各种参数类型的组合，这使得操作都对应着一个很大的函数集。由于同一个操作的不同的参数类型并不是都可以用相同的算法来处理，所以这个集合将会进一步扩大。为了有效地管理算法，我们将算法描述限定在下面的范围中。

1)不讨论非时态类型上的操作算法。

2)不讨论 mpoints 类型和 mline 类型以及任何与这些类型相关的操作定义。

3)不考虑拓扑谓词，包括 touches、attached、overlaps、on_border 和 in_interior。

4)不处理 mregion×mregion 的情况。

结合上面提到的限制，还是很难确定究竟保留了哪些功能。因此，在接下来的讨论中，对于每个操作我们都将明确给出它所保留下来的基调。

2. 符号

将二元操作的第 1 个和第 2 个操作数分别表示为 a 和 b，将一元操作的参数表示为 a。在分析复杂性时，m 和 n 分别表示 a 和 b 的单元(或时间间隔)数目，r 是结果中的单元数目。如果 a 是变长的类型，用 M 来表示 a 中“部件”的数目。在任何情况下，a 的大小都是 $O(M)$。对于第 2 个参数 b 以及操作的结果，分别用 N 和 R 来表示相同的内容(即部件的数目)。如果 a(b 或者操作结果)的类型是 mregion，我们用 u(分别是 v 或 w)表示组成它的一个单元的移动线段数目，用 u_{max}(v_{max}或 w_{max})表示一个单元内所包含的移动线段的最大值。最后，用 d 表示移动对象的 deftime 索引的大小。

这些符号的汇总如下：

a,b：第 1 个参数和第 2 个参数。

m,n,r：第 1 个参数、第 2 个参数和结果的单元数目。

M,N,R：参数和结果的大小。

u,v,w：两个参数单元和一个结果单元的大小。

u_{max},v_{max},w_{max}：两个参数和结果的单元大小的最大值。

d：deftime 索引的大小。

这里所有的复杂性分析都只考虑 CPU 时间，因此可以假设所有的参数都已经位于主存，不讨论它们是否需要完全被载入主存的问题。大部分操作具有多态性(也就是允许参数和结果类型进行某种组合)。为了避免基调列表过长，同时也为了能够精确说明哪些基调是允许的，我们使用下面的简写格式。这里以 rangevalues 操作为例来说明：对于 $\alpha \in$ {int, *bool*, *string*, *real*}，有

rangevalues$m\alpha \rightarrow r\alpha$

这里，α 是一个类型变量并且取值于上面提到的类型集合，每种 α 类型的绑定都会产生一种有效的基调。因此，上面的简写表示可以扩展为下面的列表：

rangevalues mint → rint

mbool → rbool

mstring → rstring

mreal → rreal

3. 精细划分

任何以移动参数为参数的二元操作都需要一个预处理的过程。在预处理过程中需要计算两个参数的单元的精细划分。精细划分是将单元分割成具有相同值但定义在更小的时间间隔上的单元(图 11-6),从而使得第 1 个参数的一个精细划分单元和第 2 个参数的一个结果单元都定义在相同的时间间隔上,或者定义在两个不相交的时间间隔上。我们用 p 来表示两个参数精细划分中的单元数目,$p=O(n+m)$。我们用与 M(或者 N)意义相同的 M'(或者 N')来表示 a(或者 b)的精细划分单元的大小。精细划分的计算可以通过并行地扫描两个单元列表来完成,这个过程的复杂度为 $O(p)$。这个复杂度对于所有具有固定大小单元的类型都是很直观的,除了 mregion 类型之外。不过即使对于 mregion 类型,如果区域单元在处理过程中不是复制值而是将原来单元的指针传递给后面的精细划分算法(即在给定时间间隔上处理两个单元精细划分的算法),复杂度也可以达到 $O(p)$。如果两个 mregion 参数的精细划分是显式计算的(即通过单元复制),则计算的复杂度是 $O(M'+N')$。

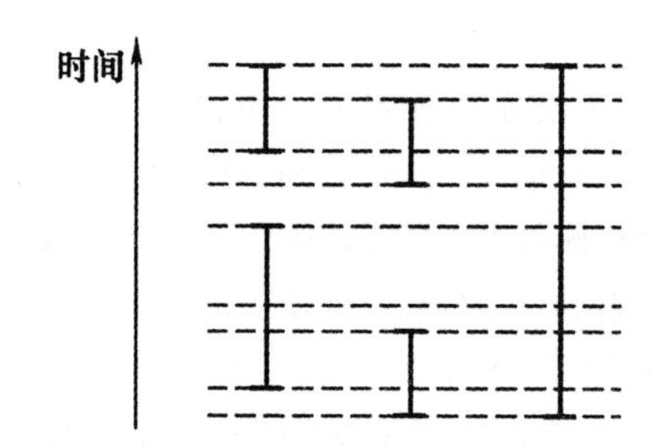

图 11-6 左边是两个时间间隔的集合,右边显示了它们的精细划分

对于大部分结果类型为时态类型的操作,我们都需要一个后处理步骤将具有相同值的相邻单元合并,这一处理所需要的时间为 $O(r)$。

4. 过滤方法

一般来说,每个算法都会使用其参数所提供的辅助信息(即汇总字段)来对参数进行过滤。过滤所用到的辅助信息因参数类型的不同而变化。术语过滤在几何查询处理中广泛应用于表示近似算法中的预检查步骤。比如,两个区域集合上的一个空间连接可以按照如下方法实现:首先是寻找重叠的包围盒对(也叫做 MBRs,最小包围矩形),然后在符合条件的结果上进行精确的几何检查,前一步称为过滤步骤,后一步称为精化步骤。

过滤需要用到移动非空间类型上的最小值和最大值(存储在根记录中的 rain 和 max 字段中)以及非时空类型中的包围盒。mpoint 和 mregion 类型的过滤可以通过投影包围盒实现。此外,对于 mregion 类型,我们使用两个过滤步骤以提高选择率:第 1 步使用投影包围盒,第 2 步对独立单元的包围盒进行插值。

11.2.2 投影到域/范围

这里的操作都有一个 moving 或 intime 类型的操作数,并且这些操作用于计算不同类型的投影。这些投影或者与操作数的时态部件(即域)相关,或者与函数部件(即范围)相关。

deftime:这个操作返回一个移动对象所定义的时间域。对于所有 $\alpha \in$ {int,bool,string,real,point,region},该操作的基调为

deftime $m\alpha$ → periods

所有操作的算法模式是从每个参数对象的 deftime 索引中读取时间间隔,其时间复杂度为 $O(r)=O(d)$。

rangevalues:这个操作是仅为一维参数类型定义的,它返回所有时间上的单元值并将其表示为一个区间集合。对于 $\alpha \in$ {int,bool,string,real},该操作的基调为

rangevalues $m\alpha$ → $r\alpha$

对于 mbool 类型,我们可以在 $O(l)$的时间内查找移动布尔型的最小范围值 min 和最大范围值 max,查找的结果是间隔集{[false,false]}、{[true,true]}和{[false,true]}中的一个。对于 mint 类型和 mstring 类型,我们可以扫描映射结果(即单元函数值),然后将范围值插入到一个二分搜索树中,最后遍历这棵树,并且输出不相交区间的有序序列。这个过程需要 $O(m+m \log k)$的时间,其中 k 是范围中不同的值的数目。对于 mreal 类型,我们使用每个实数单元的汇总字段 unit_min 和 unit_max。因为每个单元函数都是连续的,所以可以保证所有的值都在区间[unit_min,unit_max]中,因而每个单元函数都可以得到一个区间值。接下来的任务是计算所有区间值的并,并且将结果表示为一个不相交的区间集合。我们可以将所有区间按结束点进行排序,然后遍历这个一维列表,并且维护一个计数器来标志当前位置是否已经遍历过,整个过程的时间复杂度为 $O(m\log m)$。

移动点投影到平面的结果可能包含点和线。我们分别通过 locations 操作和 trajectory 操作来表示这一投影。

locations:这个操作返回 mpoint 值投影中的孤立点并得到一个 points 值。当一个移动点永远不会改变其位置或者仅仅是按离散步骤改变位置时,这种类型的投影将会非常有用。locations 操作的基调如下:

locations mpoint → points

1)遍历 mpoint 值的所有单元,并计算每个单元的三维线段到平面的投影,可以得到一个线段和点的集合(后者是由具有相同端点的退化线段而得到的)。这个计算过程需要 $D(m)$的时间。根据这个结果,我们只需要返回一些点,返回那些不同时位于其中某一条线段上的点。

2)通过平面扫描算法来求线段的交。平面扫描算法从左到右遍历线段集合,并将线段插入到扫描状态数据结构中。对于结果中的每个点,检查在扫描状态结构中是否有某个线段包含这个点。如果有就忽略这个点,否则这个点就属于结果集,并将其保存在一个 points 值中(按照词典顺序存储)。这一步和整个过程的时间复杂度都是 $O((m+k)\log m)$,其中 k 是投影线段的交点的数目。

trajectory:这个操作更加普遍,它用来计算连续移动点的投影,其结果是一个 line 值。操作的基调如下:

trajectory mpoint → line

1)遍历 mpoint 值的所有单元,如果某个单元有三维线段与 $x-y$ 平面垂直,则忽略该单元。对于剩下的单元,计算它们的三维线段到平面的投影。这个步骤需要 $O(m)$的时间。

2)执行平面扫描算法求出相交、共线或者接触的线段

对,这需要 $D(m'\log m)$的时间,其中 $m'=m+k$,k 是投影中交点的数目。需要注意的是,这

里 $k=O(m^2)$。

3)将结果线段插入到一个 line 值中。因为这个步骤需要排序,所以时间复杂度是 $D(m' \log m')$,这同样也是整个算法的时间复杂度。这个复杂度如果按参数 m 计算,最坏时间复杂度可以达到 $O(m^2 \log m^2)$。

traversed:这个操作计算移动区域到平面的投影。基调如下:

traversedm region → region

首先考虑如何计算单个区域单元投影到平面上的结果。可以观察到,平面中的每个投影点要么位于起始时间的区域单元内,要么在移动过程中被某个边界线段所遍历。因此,投影结果就是区域单元起始值和区域单元所有移动线段到平面的投影的几何并。这个算法包含 4 个步骤。

1)将所有的区域单元都投影到平面内。

2)将得到的结果集进行排序,准备进行平面扫描。

3)在投影上执行一次平面扫描,以计算得到构成平面覆盖区域轮廓的线段。

4)根据这些线段构造出一个 region 值。

以下是详细的遍历算法。

Algorithm traversed(mr)

Input:移动区域 mr

Output:表示 mr 轨迹的一个区域

Method:

Step1:设已是一个线段的列表,初始为空;

for each 区域单元 do

计算起始时刻的区域值 r;

将 r 的每条线段放入 L 中,并且设定一个标志位表示是左线段还是右线段(当区域的内部在线段右边时该线段是左线段);将单元的每个移动线段投影到平面,将它们加上左/右标记后放入列表 L 中

end for

Step 2:将 L 中的线段(半段)按照 x,y 词典排序;

Step 3:在 L 中的线段上执行一个平面扫描算法,将平面的每个部分被投影区域覆盖的频率保存在扫描状态结构中,并且将属于边界的线段(即将区域 O 和区域 c 分开的线段,其中 $c>O$)加入到列表 L'中

Step 4:将 L'中的线段按词典排序,然后将它们插入到一个 region 值中

end.

第 1 步的时间复杂度是 $O(M)$。第 2 步和第 3 步分别需要 $O(M \log M)$和 $D(M' \log M)$的时间,其中 $M'=M+K$,K 是投影中相交线段的数目。最后一步需花费 $D(R \log R)$的时间,其中 R 是构成覆盖区域轮廓的线段数目,在最坏情况下,$R=\Theta(M')$。因此,总的时间复杂度是 $O(M' \log M')$。

inst,val:这两个普通的投影操作分别在 $O(l)$的时间内返回 intime 类型值的第 1 个和第 2 个部件。对于 $\alpha \in$ {int,bool,string,real,point,region},这两个操作的基调如下:

inst　　iα →instant

val　　iα →α

11.2.3 与域/范围的交互

atinstant:这个操作将作为参数的移动实体限制到某个特定时刻。对于 $\alpha \in$ {int,bool,string,real,point,region},该操作的基调为

atinstant　mα　×　instant → iα

所有的类型都具有相同的算法模式。首先在单元数组上执行一次二分搜索找到包含参数时刻二的单元,然后计算时刻 t 移动实体的值。对于 mint 类型、mbool 类型和 mstring 类型,这个计算过程很简单;对于 mpoint 类型和 mreal 类型,这个过程也仅仅是计算右时刻的一个低次多项式而已。以上的这些类型都需要 $O(\log m)$ 的时间。对于 mregion 类型,通过计算每个区域单元中的每个移动线段在时刻 t 的值得到一条线段,然后对半段按词典排序,并构建一个适当的区域数据结构,这个过程可以在 $O(R \log R)$ 时间内完成。所以,总的时间复杂度为 $D(\log m+R \log R)$。

atperiods:这个操作将作为参数的移动实体限制到一个特定的时间间隔集合上。对于 $\alpha \in$ {int,bool,string,real,point,region},该操作的基调为

atperiods　mα　×　periods → mα

对于所有类型,实质上是需要计算两个时间间隔的有序列表的交。对于每个列表可以进行二分搜索。这里有 3 种策略。

策略一:在两个列表上执行一个并行扫描,返回满足条件的单元 a(或者 a 的某些部分),条件是 a 的时间间隔包含在 b 的时间间隔内。这一策略的时间复杂度为 $O(m+n)$。

策略二:对 a 的每个单元都在 b 上执行一次二分搜索以确定其在 b 中的起始时间,然后沿着 b 遍历从而决定相交的时间间隔,同时输出相应单元的副本。这一策略的时间复杂度为 $O(m \log n+r)$。这种策略的一个变换是交换两个列表的角色,相应的时间复杂度为 $O(n\log m+r)$。

策略三:对于 b 中的第 1 个间隔,在 a 上执行一次二分搜索找到 a 中包含其起始时间(或者在其起始时间之后)的单元 s;对于 b 中的最后一个间隔,在 a 上执行一次二分搜索找到包含其结束时间(或者在其结束时间之前)的单元 e;计算位于 s 和 e 之间的单元的数目 q(使用 s 和 e 的索引)。到目前为止,该策略所花费的时间为 $O(\log m)$。如果 $q<n \log m$,就对 b 以及 a 中 s 与 e 之间的单元做一次并行扫描,从而计算得到结果单元;否则,首先对 b 的每个间隔在 a 上执行一次二分搜索以确定其在 a 中的起始时间,然后沿着 a 遍历找出相交的时间间隔,同时输出相应单元的副本。当 $q<n\log m$ 时,这一策略的时间复杂度为 $O(\log m+n+q)$;当 $q \geqslant n\log m$ 时,所需要的时间为 $O(n \log m+r)$。总的时间复杂度为 $O(\log m+n+\min(q,n\log m)+r)$,当$q<n \log m$时,$q=\min(q,n\log m)$;否则,$n \log m=\min(q,n \log m)$。

通常我们希望 m 相对大一些,而 n 和 r 小一些。例如,假设 $n=1$ 且 $r=0$,在这种情况下,时间复杂度能够减小到 $O(\log m)$。另一方面,如果 $n \log m$ 比较大,时间复杂度的上限依然是 $O(\log m+n+q)$(注意 $r \leqslant q$),进而可以得到上限为 $O(m+n)$(因为 $q \leqslant m$)。因此,这种策略可以很好地适应不同情形,是输出敏感的(即其代价受结果单元数目 r 的影响),而且代价不会超过对两个时间间隔列表直接进行并行扫描的代价。

将 mregion 类型复制到结果单元的代价更大,要求时间复杂度为 $O(\log m+n+\min(q,n\log m)+R)$,其中 R 是结果中 msegments 的总数目。

initial,final:这两个操作分别提供了操作数在其时间域的第 1 个和最后 1 个时刻的值以及

相应的时间值。对于 $\alpha\in$ {int,bool,string,real,point,region},这两个操作的基调为

initial,final　$m\alpha\rightarrow i\alpha$

对于所有类型,第 1 个(最后 1 个)单元获取后,可以在单元的起始时刻(结束时刻)计算得到参数的值。操作的时间复杂度为 $O(l)$,但是对于 mregion 类型,需要 $O(R\log R)$的时间来创建 region 值。

present:这个操作允许我们检查一个移动值是否存在于某个特定时刻上,或者是否一直出现在某个特定的时间间隔集合中。对于 $\alpha\in$ {int,bool,string,real,point,region},该操作的基调为:

present　$m\alpha\times$instant→bool

$m\alpha\times$periods→bool

当第 2 个参数是一个时刻时,所有类型的处理方法都是在 deftime 数组上执行一次二分搜索,并寻找包含特定时刻的时间间隔。这一过程的时间复杂度为 $O(\log d)$。当第 2 个参数是一个时间区间时,所有类型的处理方法和 atperiods 的方法相似。不同的地方是:atperiods 中使用的是第 1 个参数的单元列表,而这里使用的是 deftime 数组;此外当结果为真时,present 的计算过程就可以结束(提前停止),而不需要像 atperiods 那样返回结果单元。根据不同的策略,这里的时间复杂度分别为 $O(d+n)$、$O(d\log n)$或者 $O(n\log d)$、$O(\log d+n+\min(q,n\log d))$。一种可能的通用策略是在 $O(\log d)$的时间内计算出 q 的值,然后在所有的策略中选择代价最低的策略,因为这里所有的参数都是未知的。

at:这种操作的目的是将移动实体限制到一个特定的值或者范围内。对于 $\alpha\in$ {int,bool,string,real}和 $\beta\in$ {point,points,line,region},该操作的基调为

at　mα	$\times\alpha$	→mα
mα	$\times r\alpha$	→mα
mpoint	$\times\beta$	→mpoint
mregion	×point	→mpoint
mregion	×region	→mregion

限制到特定值的一般方法是对第 1 个参数的每个单元进行一次扫描,并在扫描过程中检查单元是否与第 2 个参数相等。对于 mbool 类型、mint 类型和 mstring 类型,单元的相等检查并不复杂,但是对于 mrea 上类型和 mpoin 亡类型,则需要计算公式并输出相应的单元数目,有时还要将具有相同值的相邻单元合并。前面所有情况的时间复杂度都是 $O(m)$。

对于 mregion×point,可以将 inside 操作(mpointxmregion)的算法推广到更一般的情形上。这个算法的核心是三维空间中的一条线(对应于一个(移动)点)和一个梯形集合(对应于一个(移动)线段集集合)的交。按照时间的递增顺序,在每次相交中,(移动)点都在进入和离开梯形(移动)区域这两种状态上变化,同时可以相应地产生结果单元列表。特别地,当点 b 对应于三维空间中的一条垂直线时(假设是(x,y,t)坐标系统),时间复杂度为 $O(M+K\ \log k_{\max})$,其中 K 是 a 的移动线段和点 b(所构成的线段)的交点数目,$k_{\max}$是 a 的一个单元的移动线段和 b 的交点数目的最大值。

对于限制到特定范围的值,不同的类型需要使用不同的方法。对于 mbool 类型,只需要简单地对 a 的单元进行一次遍历即可,这一过程的时间复杂度为 $O(m)$。对于 mint 类型和 mstring 类型,可以在 b 的范围上执行一次二分搜索来寻找 a 的每个单元,其时间复杂度为 $O(m\log n)$。

对于 mreal 类型，会面临一定的问题(图 11-7)。对于 a 的每个单元，需要寻找单元函数和 b 相交的部分，这可以通过在 b 的时间间隔上进行二分搜索(使用当前单元的 min 字段给出的 a 的最小值)，然后沿着 b 进行一次遍历来完成。对于 a 的单元函数在时间间隔 b 上的每次相交，都返回一个单元函数相同并且具有适当限定的时间间隔的单元。这个过程的时间复杂度是 $O(m\log n+r)$。

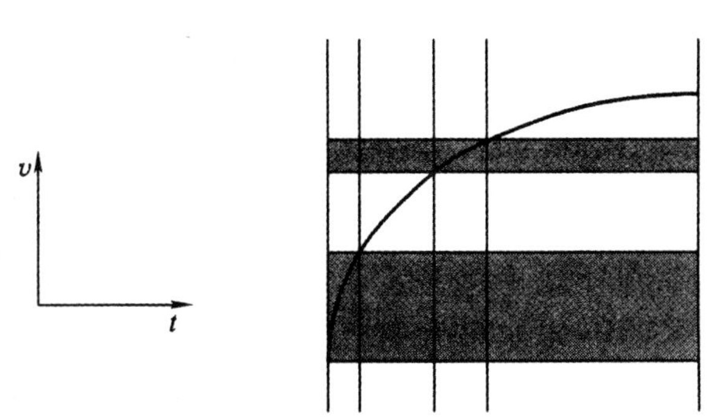

图 11-7　实数单元和实数时间间隔集合上的 *at* 操作

返回结果为两个具有相同单元函数的单元，时间间隔显示在图的底部

对于 mpoint×points，a 中的每个单元都需要在 b 上通过 unit_pbb 上的 x 区间进行二分搜索，以寻找 b 在 x 区间中的第 1 个点。从找到的点开始遍历 b 中的点，对每个点首先检查它们是否在 unit_pbb 中，然后检查该点是否与移动点相交。接下来，需要对结果单元进行排序。这一策略的时间复杂度是 $O(m \log N+K'+r \log r)$，其中 K' 是 b 所有单元中落在各自 unit_pbb 的 x 区间中的点的总数目。另一个方法是为 a 的每个单元计算它与 b 的 unit_pbb 以及 object_pbb 的交并，以此作为过滤结果。如果 a 的单元与包围盒相交，就计算移动点和 b 中每个点的交，并对结果单元进行排序。这一过程的时间复杂度为 $O(m N+r\log r)$。

对于 mpoint×line，将 a 中每个单元的 unit_pbb 和 b 的 Object_pbb 求交，以执行预过滤操作，然后计算 a 中当前单元的 mpoint 值(在三维空间中是一条线段)和 b 中每条线段(在三维空间中是一个垂直的长方形)的交，并根据相交结果形成结果单元。最后，对结果单元进行排序。这个过程的时间复杂度是 $O(m N+r\log r)$。

对于 mpoint×region，将 inside 操作(mpoint×mregion)推广到更加一般的情形。这就意味着我们首先需要将 region 值转化成 uregion 单元，这可以通过将 region 中的线段用相应的(垂直)移动线段代替来实现。这一步的时间复杂度是 $O(m N+K \log k_{max})$，其中 K 是 a 中的移动点(三维线段)和 b 中移动线段的交点数目，k_{max} 是 b 的移动线段和单个 mpoint 值的交点数目的最大值。

对于 mregion×region，将 intersection 算法推广到更加一般的 mregion×mregion 情形上。

atmin，atmax：这两个操作分别返回最小值和最大值时刻的移动值。对于 $\alpha\in$ {int，bool，string，real}，这两个操作的基调为

atmin，atmax　　　　mα → mα

对于所有类型，我们遍历所有单元，并且检查它们的值是否等于移动对象 min 字段(max 字段)给出的最小值(最大值)。对于 mreal 类型，相应的比较是和 unit_min 和 unit_max 字段进行的。如果单元符合条件，将它的时间间隔缩小为对于最小值或最大值时的时刻或者时间间隔。该算法的时间复杂度为 $O(m)$。

passes：这个操作允许我们检查给定的移动值是否曾经等于第 2 个参数给出的值（或者值集中的某个值）。对于 $\alpha \in \{$int，bool，string，real$\}$ 和 $\beta \in \{$point，points，line，region$\}$，该操作的基调为

passes　　mα　　　$\times \alpha \rightarrow$ bool

mpoint　　$\times \beta \rightarrow$ bool

mregion　　$\times \beta \rightarrow$ bool

对于 mbool 类型，我们可以在 $O(l)$ 的时间内将 b 和索引 min 或 max 进行比较。对于 mint 类型、mstring 类型和 mreal 类型，可以遍历每个单元（mreal 类型中可以使用 unit_min 和 unit_max 值作为过滤），当匹配的值被找到时过程就停止，这一过程的时间复杂度为 $O(m)$。

对于 mpoint$\times \beta$ 和 mregion$\times \beta$，处理过程和 at 操作类似，但是只要找到一个交点就停止处理并返回 true。最坏情况下，这一过程的时间复杂度和 at 操作相同。

11.2.4　变化率

如下的操作主要处理所有时间相关值的一个重要的特性——变化率：

derivative　　mreal $\rightarrow$ mreal

derivable　　mreal $\rightarrow$ mbool

speed　　mpoint $\rightarrow$ mreal

velocity　　mpoint $\rightarrow$ mpoint

mdirection　　mpoint $\rightarrow$ mreal

它们都具有相同的算法模式，即首先遍历移动对象参数倪的单元列表，然后在常数时间内对 a 的每个单元计算其对应的结果单元，并且有可能需要将具有相同值的相邻结果单元合并。整个算法过程所需要的时间为 $O(m)$。接下来我们简要讨论各个操作的含义以及如何从参数单元计算得到结果单元的问题。

derivative：这个操作的含义很明显，即返回移动实数的导数，返回值的类型仍为移动实数。但是，这个操作在离散模型中并不能完全实现。回忆一下，实数单元可以表示为 $u=(i,(a,b,c,r))$，与此对应的实数函数为

$$at^2+bt+c$$

如果 $r=$false，则函数为

$$\sqrt{at^2+bt+c}$$

如果 $r=$true，在间隔 i 上以上两个函数都有定义。但是，只有在第 1 种情况下才能用实数单元来表示导数。相应的导数为 $2at+b$，它可以通过单元 $u'=(i,(0,2a,b,\text{false}))$ 来表示。在第 2 种情况中，即 $r=$true，我们假定结果单元函数没有被定义。因为任何移动对象单元只有在时间间隔有定义时才存在，所以这种情况不返回任何结果单元。

这种部分定义是有问题的，但是总比根本不提供这种操作要好。另一方面，这个函数在使用时必须要小心谨慎。为了缓解这个问题，接下来介绍一个附加操作：

derivable 这个操作在抽象模型中不存在，也没有必要存在。

derivable：这个操作检查移动实数的每个单元所描述的二次多项式的导数是否可以通过实数单元来表示，操作返回一个相应的布尔型单元。

speed:这个操作计算移动点的速度,结果为实数函数。因为每个 upoint 单元描述的是线性移动,所 ureal 结果单元只是包含一个实常数,其计算很简单。

velocity:这个操作计算移动点的速率,结果为一个向量函数。由于 upoint 单元内表示的是线性移动,所以速率在单元间隔$[t_0,t_1]$中的任何时刻都是恒定不变的。因此,每个结果单元包含恒定的移动点来表示向量函数,即

$$\text{velocity}(u,t)=\left(\frac{x(t_1)-x(t_0)}{t_1-t_0},\frac{y(t_1)-y(t_0)}{t_1-t_0}\right)$$

mdirection:这个操作返回在一个移动点生命期中的某个时刻 t 移动点切线(方向)和 x 轴的夹角。由于 upoint 单元内表示了线性移动,因此方向在单元的时间间隔内是恒定不变的。一种特殊情况是,如果两个连续时间单元 u 和 v 有两个结束点重合,也就是说 $x_u(t_1)=x_v(t_0)$并且 $y_u(t_1)=y_v(t_0)$,此时,我们将 mdirection(v,t)赋值为这个共同的结束点与 x 轴的夹角,这和前面定义的抽象模型的语义基本一致。

turn:这个操作计算移动点在其生命周期所有时刻的方向的改变。在一个 upoint 单元中,方向不会发生变化,因为它的单元函数是线性的。因此,对于每个 upoint 单元时间间隔中,任何时刻都有 turn$(u,t)=0$(结束端点同样满足)。这个结果并不令人感兴趣,因为这个操作不需要在这里讨论的特定离散模型上实现。

11.3　数据模型与查询语言

许多应用都需要记录移动对象的位置轨迹,但是要在数据库中管理移动对象的连续变化的位置就成为了一个比较头疼的问题。下面我们从位置管理的角度来考虑移动对象数据库,并对移动数据库的数据建模(MOST)与查询语言(FTL)进行叙述,以便于对移动对象进行更好的管理。

11.3.1　移动的数据模型

1. 针对当前和未来的移动的数据模型 MOST

MOST 模型是针对当前和未来的移动的数据模型。在 MOST 模型中,最基本的创新思想就是动态属性。对象类的每个属性都会被分为静态属性或动态属性。静态属性与通常的属性一样,而动态属性则随时间自动改变属性值。

传统的数据库查询只会涉及数据库的当前状态,而 MOST 模型中的查询则可能会涉及由动态属性隐含给出的数据库未来状态。数据库状态是一个对象类和对象之间以及 Time 对象与时间值之间的映射,该映射将每个对象和一组具有适当类型的对象关联起来,同时将 Time 对象与某个时间值相关联。一个数据库历史是由每个时钟周期的数据库状态所组成的一个无限序列,它开始于某一时间 u 并延伸至无限的将来——即 s_u,s_{u+1},s_{u+2}等。需要注意的是,数据库历史仅仅是我们定义查询语义的一个概念,它们不能被显式地存储或者操纵。

MOST 模型是非时态的,更新时它的子属性会被重写,同时先前的值也会丢失。

2. 抽象模型

任何数据模型中都必须存在标准的数据类型,如 int、real、bool 和 string 等基础类型。另外,

还有 4 种空间类型，分别是 point、points、line 和 region。instant 和 periods 是两个用于表示时间的数据类型，其中 periods 表示一个不相交的时间间隔集合。

每一个基础类型和空间类型都有一个相应的时间相关类型，或称时态类型，该类型由类型构造器 moving 所产生，即 moving(int)，…，moving(region)类型。另一个类型构造器 range，为每个基础类型生成一个表示区间集合的相应类型。还有一个叫做 intime 的类型构造器，能够为每个基础类型或空间类型生成一个包含一对值的类型，由一个时刻和一个参数类型构成。

如图 11-8 所示为有效类型的一个概览。

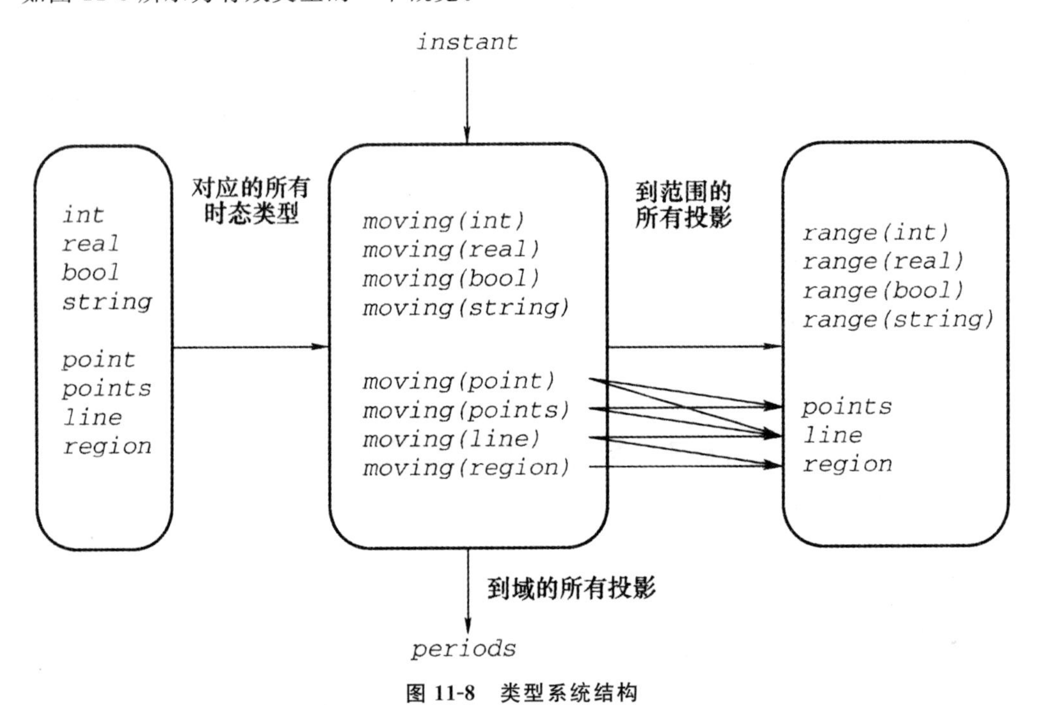

图 11-8　类型系统结构

图 11-8 中省略了 intime 类型。空间类型到范围(即二维平面)的投影稍微有一点复杂。moving(point)可能连续地移动，从而产生类似于曲线或 line 值的投影，但是它也可能按照离散的步骤“跳跃”。在这种情况下，投影就是一个 points 值。与此类似，在 moving(line)中，曲线也可能跳跃，从而生成一个 line 值投影，而不是像连续移动曲线一样更为自然地产生一个 region 值投影。

表 11-2 为采用基调方式对类型系统进行更精确的描述。

表 11-2　采用基调方式对类型系统进行精确描述

类型构造器		基调
int, real, string, bool		→BASE
point, points, line, region		→SPATIAL
instant		→TIME
range	BASE∪TIME	→RANGE
moving, intime	BASE∪SPATIAL	→TEMPORAL

(1)基础类型

基础类型的载体集如下：

$A_{int}:=Z\cup\{\perp\}$

$A_{real}:=R\cup\{\perp\}$

$A_{string}:=V*\cup\{\perp\}$,$V$ 是有限字母集

$A_{bool}:=\{FALSE,TRUE\}\cup\{\perp\}$

由于时态类型(其值是时间的部分函数)上的操作返回未定义值是很自然的事,因此这里将未定义值也包含在内。

(2)空间类型

4 种空间类型的具有含义如下:类型为 point 的值表示了欧几里得平面中的一个点或未定义;points 值是点的一个有限集;line 值是平面中连续曲线的一个有限集;region 是我们称为面的一个有限集,这些面互不相交但可能会含有孔洞,并且一个面可以位于另一个面的孔洞中。这 3 个集合类型都可能为空。

point 类型和 points 类型的载体集如下：

$A_{point}:R^2=\cup\{\perp\}$

$A_{points}:R^2=\{P\subset|P$ 是有限的$\}$

一条曲线是一个连续映射 $f:[0,1]\rightarrow R^2$,因此有

$$\forall a,b\in[0,1]:f(a)=f(b)\Rightarrow(a=b\vee\{a,b\}=\{0,1\})$$

对于一条曲线,我们只关心 R^2 中构成曲线范围的点集,该点集定义为

$$rng(f)=\{p\in R^2\mid\exists a\in[0,1]:f(a)=p\}$$

一个 line 值是 R^2 的一个子集,并能够表示成一个有限的曲线集合(的范围)的并。

设 S 是一个简单曲线类,line 的载体集如下：

$$A_{line}:=\{Q\subset R^2\mid\exists C\in CC(S):Q=points(C)\}$$

设 S 是一个简单曲线类。region 的载体集如下：

$$A_{region}:=\{Q\subset R^2\mid\exists R\in RC(S):Q=points(R)\}$$

(3)时间类型

Instant 类型的载体集如下：

$$A_{instant}:=R^2\cup\{\perp\}$$

(4)范围类型

设 α 是 range 类型构造器可应用的一个数据类型。range(α)的载体集如下：

$$A_{range(\alpha)}:=\{X\subseteq\overline{A}_\alpha\mid\exists\alpha\text{ 范围 }R:X=points(R)\}$$

(5)时态类型

设 α 是 intime 类型构造器可应用的一个数据类型,intime(a)载体集为 $\overline{A}_\alpha$,则 intime(α)的载体集如下：

$$A_{intime(\alpha)}:=A_{instant}\times A_\alpha$$

对数据类型有所了解后,就可以精确设计一个适合于表示和查询移动对象的时空数据类型系统及其操作。该系统设计需要达到封闭性,即该类型系统应具有一个清晰的结构,特别是类型构造器的应用应具有系统性和一致性,如所有感兴趣的基础类型都有相应的时间相关(时态,或“移动”)类型,所有时态类型都有类型可以表示它们到域和范围的投影;泛型即设计相对较少的

一般性操作，并应用到尽可能多的类型上；非时态类型和时态类型之间的一致性，如静态区域和移动区域的定义应该是一致的，即在某个特定时刻移动区域应当对应一个静态区域，并且静态区域的结构是在一个移动区域中连续地演变；非时态操作和时态操作之间的一致性，如两个静态点之间距离的定义应该与两个移动点之间返回移动实数的距离函数的定义相一致。上述所有设计对我们获得一个相对简单却功能强大的模型和查询语言是非常有利的。

3. 离散模型

在离散模型中，离散层上的常量类型构造器将会被映射成某个数据结构，带参数的类型构造器将会被映射成某个带参数的数据结构。到目前为止，所有抽象模型的类型构造器都会在离散模型中有直接对应的对象。但是，离散类型系统中没有 moving 构造器。moving 构造器要求能够自动将给定的具有(静态)参数类型的数据结构组合成表示相应时态类型(即时间的函数)的数据结构，我们仍没有办法得到相应的数据结构。因此，需要通过下面的类型构造器进行替换。

类型构造器		基调
int, real, strinh, bool		→BASE
point, points, line, region		→SPATIAL
instant		→TIME
range	BASE∪TIME	→RANGE
intime	BASE∪SPATIAL	→TEMPORAL
const	BASE∪SPATIAL	→UNIT
ureal, upoint, upoints, uline, uregion		→UNIT
mapping	UNIT	→TEMPORAL

对于时态类型的表示，常用分片方法，其基本思路是将一个值随着时间而发生的时态演变划分成一个个时间间隔(称为分片)，并保证每个分片内的演变都可以表示成某种"简单"的函数。从数据类型的角度来看，分片表示是建立在表示一系列分片的类型构造器 mapping 以及表示不同类型分片(简单函数)的数据类型的基础上的，我们把这些数据类型称为单元类型。

令 S 是一个集合，Unit(S)是一个单元类型，有

$\text{Mapping}(S)=\{U\subset Unit(S)\mid \forall(i_1,v_1)\in U,\forall(i_2,v_2)\in U:$

1) $i_1=i_2\Rightarrow v_1=v_2$

2) $i_1=i_2\Rightarrow(disjoint(i_1,i_2)\wedge adjacent(i_1,i_2)\Rightarrow v_1\neq v_2)$

一个映射是一个单元的集合，其时间间隔是成对不相交的。如果相邻，那么其值必然是不同的，否则其中一个可能会与第 2 个合并成为一个单元，进而保证了表示的最小化。

对于任意类型 α，mapping 类型构造器的载体集为

$$D_{\text{mapping}}(\alpha)=\text{Mapping}(D_\alpha)$$

对于类型 mapping(α)而言，空集是其一个正确的值，它表示了一个在所有时间中都未定义的移动对象。

11.3.2 移动的数据查询

1. 常用的查询类型

查询不仅作用于单个数据库状态上，也是整个数据库历史上的谓词。这里可以将查询区分

为 3 种不同的类型：即时查询、连续查询和持久查询。同一查询可以用其中任一种查询方式提交，但会得到不同的结果。

(1)即时查询

查询都会包含一个隐含的当前时间概念，如使用某种语言结构来表达查询条件“在接下来的 10 个时间单位内”，即表示从当前时间开始的 10 个时间单位之内。一般地，如果没有关于时间的明确说明，那么当前时间的数据库状态是有意义的，即查询都是在当前时间发出的。假设当前时间为 t，我们用 $Q(H,t)$ 来表示在数据库历史日上进行求解的一个查询 Q。

在时间 t 时提交的即时查询 p 的求解方式如下：

$$Q(H_t,t) \qquad (\text{即时查询})$$

上述求解方式表明，如果当前时间为 t，则即时查询是在起始时间为 t 的数据库历史上进行求解的。需要重视的是，即时查询并不意味着它只会用到当前的数据库状态，还可能涉及从当前时间到某一时间之后这段时间里的所有数据库状态。

(2)连续查询

对于在时间 t 时提交的连续查询 Q，可以以一个查询序列来求解：

$$Q(H_t,t),Q(H_{t+1},t+1),Q(H_{t+2},t+2),\cdots \quad (\text{连续查询})$$

也就是说，一个连续查询在每个时钟周期里都会以即时查询的方式重新进行计算。此时，查询结果也会随着时间发生改变。对于某个时刻 u，我们可以得到有效的即时查询结果 $Q(H_u,u)$。如果一个连续查询的结果显示给用户，那么所显示的内容可能会自动变化，并不需要用户的交互。

实际应用中，对每个时钟周期都重新计算查询是不切实际。因此，就可以用一种仅需对连续查询结果计算一次的算法来代替，这一算法通过对一系列元组都增加一个时间戳标记来实现。元组的时间戳表明它属于查询结果集的时间区间。随着时间推移，一些元组的时间区间开始满足查询条件，于是它们被加入到查询结果集中，而另一些元组的时间戳过期，于是从结果集中移除它们。

未来查询的结果是即时性的，这对于一个连续查询，就意味着结果集(带有时间戳的元组)可能会因为显式更新的原因而变得无效。因此，一个连续查询需要在每次更新后重新计算，因为更新操作可能会改变查询结果集。

(3)持久查询

持久查询的产生动机源于目前的连续查询还不能识别某些特殊类型的演变过程。例如，Q=“找出所有 5 分钟之内速度增加了一倍的小汽车”，假设该查询以连续查询的方式在 $t=20$(设时间单位是分钟)时提交。设 o 表示一个小汽车，它的 o. loc. speed=40，假设 o 的速度在 $t=22$ 时被显式更新为 60，在 $t=24$ 时更新为 80。

当计算连续查询 $Q(H_{20},20)$时，由于在所有将来的状态中 o 的速度都是 40，因此，o 不会出现在结果集中。当计算 $Q(H_{22},22)$，在所有将来的状态 o 的速度都是 60，类似地，在 $t=24$ 时也以即时查询的方式计算该连续查询，获知在所有未来的状态里 o 的速度为 80。因此，o 一直都不会出现在结果集中。

对于在时间 t 时提交的持久查询 Q，也可以一个查询序列来进行求解：

$$Q(H_{t,0},t),Q(H_{t,1},t),Q(H_{t,2},t),\cdots \quad (\text{持久查询})$$

由此可知，持久查询是在时间 t 开始的数据库历史上的一个连续计算，当数据库历史由于显式更新而改变时，其查询结果也会发生变化。

为了计算持久查询，必须要保存关于数据库过去内容的信息，即要使用 MOST 数据模型的某种时态版本。到目前为止，MOST 模型是非时态的，因为在更新时它的子属性值会被重写，同时先前的值会丢失。

2.基于未来时态逻辑的查询语言 FTL

FTL 一种基于未来时态逻辑的查询语言，只能用来处理即时查询，不支持将一个查询以连续方式进行计算。

FTL 和一阶逻辑相似，由常量、变量、函数符号及谓词符号等组成。

1)常量。常量是源自数据类型或数据库中的命名。Time 也是常量。

2)对每个 $n>0$，有一个 n 元函数符号集。每个函数符号表示一个具有 n 个不同类型参数并返回某个特定类型值的函数。

3)对每个 $n\geqslant 0$，有一个 n 元谓词符号集，每个谓词表示 n 个特定类型的参数之间的一种联系。

4)变量。变量是类型化的，并且可以使用所有对象类或原子类型。通常，表示变量域的下标可以省略。

5)逻辑连接符 $\wedge$ 和 $\neg$。

6)赋值量词 $\leftarrow$。

7)时态模型操作符 until 和 nexttime。

8)括号和标点符号“(”、“)”、“[”、“]”和“,”。

FTL 允许将所谓的原子查询嵌入到底层查询语言之上。这种原子查询返回单个原子类型的值，如整型。FTL 的这种原子查询被看做是一个常量符号。当然这种查询也可能含有变量。

需要注意的是，常量是在某个特定的数据库状态中计算的，而常量 Time 的计算尤其需要这样一个数据库状态。此外，动态属性的计算也是和数据库当前状态相关的。

11.3.3 位置的管理与更新

1.位置管理

下面我们从位置管理的视角来考虑移动对象数据库。假设我们需要在数据库中管理一些移动对象的位置集合，而这些移动对象当前正在运动，我们希望能够检索这些移动对象的当前位置。事实上，如果在数据库中不仅有这些移动对象当前位置的信息，而且还有它们当前如何移动的信息，我们也可以回答关于未来位置的查询。

在实际应用的许多情况下都需要记录移动对象的位置轨迹。很明显，在数据库中管理连续变化的位置就成为了一个需要解决的问题。通常情况下，我们假设数据库中的数据是固定不变的，除非它们被显式地更新。频繁发送位置更新信息使我们可以通过一系列步进式的常量位置来模拟连续移动，但由此带来的更新代价也是很高的，并且当移动对象有很多时，使用这一方法也是行不通的。

采用运动矢量而不是直接通过对象的位置来表示和存储移动对象，即对象的位置是时间的一个函数的方式，即使数据库没有任何显式的更新，数据库中所表示的位置也是连续变化的。这种方式仍需要偶尔更新运动矢量，但是与存储位置的方式相比，它的更新频率要小很多。值得注意的是，在 DBMS 数据模型中运动矢量并不是显式可见的。因此，这里引入“动态属性”。动态属性的值在没有显式更新情况下也能够随时间而改变。在数据库中，利用动态属性这种更抽象的视图，可以通过数据库存储的运动矢量加以实现，从而使得动态属性数据类型可以和相应的静态数据类型(如 point 类型)一样使用，并且动态属性上的查询可以被形式化地表达成和静态位置上的查询一样的形式。

但是，由于动态属性的值是随时间发生改变的，因此得到的查询结果也会随时间而变化。即使数据库中的内容没有改变，相同的查询在不同时间里执行通常会产生不同的结果。很明显，如果可以使用动态属性，那么数据库就不仅表示了当前位置的信息，同时也表示了预计的未来位置信息。

2. 位置更新

由于数据库状态总是随着动态属性的一次显式更新，即所基于的运动矢量发生变化而改变，因此，其涉及未来的查询总是即时性的。由于即使数据库没有被显式更新，查询结果也会随时间而改变，因此我们需要从新的角度来考虑连续查询这一问题。在传统数据库中连续查询(必须在每一次相关更新时重新计算，但并没有明确说明该如何执行连续查询。此外，由于与位置更新频率相关的位置不精确性和不确定性有关，使得运动矢量所表示的对象运动在通常情况下无法准确地表示真实的运动。

移动对象的位置具有固有的不精确性。无论我们使用什么样的策略更新对象的数据库位置，这种不精确性总是存在的。这里提供了几种位置更新策略以供使用。

(1)基于代价优化的推测定位策略

任意时刻都存在一个阈值 th 是所有推测定位更新策略的本质特征。由于都是根据移动对象的当前位置 m 和它的数据库位置之间的距离来检查这个阈值。因此，数据库管理系统和移动对象都应当保存有阈值 th 的信息。当 m 的偏离超过了阈值 th，m 就向数据库发送一条位置更新信息。该信息包含了 m 的当前位置、预计速度以及一个新的偏离阈值 K。推测定位策略的目标是确定一个能够使总信息代价最小的阈值 K，这个阈值 K 存储在数据库管理系统的 loc. uncertainty 子属性中。

设 C_1 表示更新代价，C_2 表示不确定性代价，t_1，t_2 是两次连续位置更新的对应时刻。t_1 和 t_2 之间的偏离 $d(t)$ 由线性函数 $a(t-t_1)$ 给出，其中 $t_1 \leqslant t \leqslant t_2$，且 a 是一个正数常量。loc. uncertainty 的值为 K，并且这个值在 t_1 和 t_2 之间是固定不变的。

当 $K=\sqrt{\dfrac{(2aC_1)}{(2C_2+1)}}$ 时，在 t_1 和 t_2 的时间间隔里每个时间单位的总信息代价最小，即以时间间隔$[t_1, t_2[$中的信息代价计算公式为基础并加入假设，得到如下公式：

$$\begin{aligned} COST_I([t_1,t_2[) &= C_1+\int_{t_1}^{t_2} a(t-t_1)\mathrm{d}t+\int_{t_1}^{t_2} C_2K\mathrm{d}t \\ &= C_1+0.5a(t_2-t_1)^2+C_2K(t_2-t_1) \end{aligned}$$

设 $f(t_2)=COST_I([t_1,t_2[)/(t_1,t_2)$表示在更新时间 t_2 时 t_1 和 t_2 之间的每个时间单位的平均信息代价。已知 t_1 和 t_2 是两个连续的更新时间，且在 t_2 时偏离超过了阈值 loc. uncertainty，此时就有 $K=a(t_2-t_1)$。这里用 $K/a+t_1$ 替换 $f(t_2)$中的 t_2 得到 $f(K)=aC_1/K+(0.5+C_2)$

K。通过推导,可以得出当 $K=\sqrt{(2aC_1)/(2C_2+1)}$ 时,$f(K)$ 取最小值。

为了最小化信息代价,此时建议 m 将新的设置为 $K=\sqrt{(2aC_1)/(2C_2+1)}$。

检测移动对象和数据库之间连接断开的情况,发现移动对象无法向数据库发送位置更新消息。对于这种情形,可以采用另一种推测定位策略。在这种策略中,不确定性阈值 loc. uncertainty 在两次更新之间是持续减少的。例如,考虑一个从常量 K 开始缓慢减少的阈值 loc. uncertainty 意味着在位置更新 u 之后的第 1 个时间单位里阈值是 K,在 u 之后的第 2 个时间单位里阈值是 $K/2$,在 u 之后的第 i 个时间单位里阈值是 K/i,这样一直持续到下一次更新,那时将确定一个新的 K 值。假设已经知道了偏离的线性行为,则函数 $f(K)=(C_1+0.5K+C_2K(1+1/2+1/3+\cdots+1/\sqrt{K/a}))/\sqrt{K/a}$ 给出了在 t_1 和 t_2 之间每个时间单位的总信息代价。

(2)推测定位位置更新策略

推测定位位置更新策略中设置一个保存在 loc. uncertainty 子属性中的偏离上界(即阈值 th),并使得总信息代价最小。

策略一:速度推测定位(speed dead-reckoning,sdr)策略。在移动对象 m 开始运动时,以某种特别的方式确定一个不确定性阈值,并将它传送到数据库的 loc. uncertainty 子属性中。此阈值在整个运动过程中保持不变,并且一旦移动对象 m 的偏离超过了 loc. uncertainty,就更新数据库,更新信息包括 m 的当前位置和当前速度。对该策略进行一点小小的修改或扩展,可以更好地提高灵活性好,即使用另外一种类型的速度值。

策略二:自适应推测定位(adaptive dead-reckoning,adr)策略。该策略初始时与 sdr 策略类似,在开始运动时移动对象 m 任意选择一个偏离阈值 th_1,并发送给数据库。此后,m 监视偏离情况,一旦偏离超过阈值 th_1 就给数据库发送一条更新消息。更新消息包含当前速度、当前位置以及一个存储到 loc. uncertainty 属性中的新阈值 th_2。

阈值 th_2 的计算方式如下:假设 t_1 表示从运动开始到偏离第 1 次超过 th_1 时所经过的时间单位数量,I_1 表示这段时间里的偏离代价,并假设

$$a_1=2I_1/t_{12}$$

随后,有

$$th_2=\sqrt{(2a_1C_1)/(2C_2+1)}$$

其中,C_1 是更新代价,C_2 是不确定性单位代价。

当偏离达到了 th_2,m 会再次发送一个类似的更新。此时,

$$th_3=\sqrt{(2a_2C_1)/(2C_2+1)}$$

这里,$a_2=2I_2/t_{22}$,其中,I_2 是从第 1 次更新到第 2 次更新这个时间间隔内的偏离代价,t_2 是自第 1 次更新以来所经过的时间单位数量。也就是说,a_1 和 a_2 的不同导致了 th_1 和 th_2 的不同。

策略三:断开检测推测定位(disconnection detection dead-reckoning,dtdr)策略。该策略回答了由于移动对象与数据库的连接断开(而不是由于偏离没有超过不确定性阈值)而导致没有产生更新的问题。在开始运动时,m 向数据库发送一个任意的初始阈值 th^1。然后在第 1 个时间单位里,规定不确定性阈值 loc. uncertainty 从 th_1 开始逐渐减少。在第 2 个时间单位里,不确定性阈值是 $th_1/2$,然后一直持续下去。接着,m 开始跟踪偏离。在 t_1 时刻,当偏离达到当前不确定性阈值(即 th_1/t_1)时,m 给数据库发送一条位置更新消息。该更新消息包含了当前速度、当前位置和一个新阈值 th_2,并存储在 loc. uncertainty 子属性中。

11.3.4 时空谓词及其演变

1. 基本时空谓词

在数据库系统尤其是在查询语言中，谓词一直充当着过滤条件。移动对象是随时间而连续变化(变化指的是时空对象的运动、收缩、增大、变形、分裂、合并、消失以及重现等)的空间对象。这些空间对象的时态变化通常会导致它们相互之间的拓扑关系也随时间而发生改变，且这种改变通常是随时间而连续发生的，但它们同样也会按离散的步骤进行。基于这一现象，在这里可以引入时空谓词这一概念。

由于空间对象间的拓扑关系是构成时空谓词的基础，因此这里对拓扑关系的一些基本属性进行介绍。由于只考虑移动点和移动区域，我们只需要处理点和区域的拓扑关系。两个(单)点之间的拓扑谓词很简单，即相离或相接(对应于相等)。点和区域之间存在 3 种关系：点包含在区域内、在区域外或在区域的边界上。这引出了 3 个谓词：包含、相离和相接。对于两个简单区域，确定它们之间可能的拓扑关系要困难一些。这里我们采用所谓的 9-交模型，从中导出拓扑关系的一个标准集合。这个模型基于一个区域 A 的边界 ∂A、内部 A° 和外部 A^- 与另外一个区域 B 的边界 ∂B、内部 B° 和外部 B^- 之间 9 种可能的交集。每一种交集都基于由空值与非空值所构成的拓扑不变性准则进行测试。区域 A 和区域 B 的拓扑关系可以通过计算如下矩阵得到：

$$\begin{bmatrix} \partial A \cap \partial B \neq \varnothing & \partial A \cap B^\circ \neq \varnothing & \partial A \cap \partial B^- \neq \varnothing \\ A^\circ \cap \partial B \neq \varnothing & A^\circ \cap B^\circ \neq \varnothing & A^\circ \cap B^- \neq \varnothing \\ A^- \cap \partial B \neq \varnothing & A^- \cap B^\circ \neq \varnothing & A^- \cap B^- \neq \varnothing \end{bmatrix}$$

上述矩阵总共有 $2^9=512$ 种不同的配置，其中只有一些子集是有意义的。对于两个简单区域，目前已经确定了 8 种有意义的配置，它们分别对应了 8 种谓词：相等、相离、被覆盖、覆盖、部分重叠、相接、被包含和包含。如图 11-9 所示，为这 8 种谓词以及它们相交矩阵的例子。

时空谓词空间本质上可以看做是一个将空间谓词随时间演变的布尔值聚集起来的函数，即可以将一个基本的时空谓词看做是一个产生时态布尔值的时态提升空间谓词。通过判断时态布尔值是有时为真还是一直为真，可以讲聚集得到时态谓词的值。

尽管一个提升谓词可能在某一时刻返回 $\perp$，但一个时空谓词不会发生这种情况。相反，未定义的值将会被聚集到布尔型中。

这里引入逻辑学中的两个量词：符号 $\forall$ 表示全部聚集；$\exists$ 表示部分聚集。这两个操作符都是以空间谓词为参数，并产生一个时空谓词，即它们具有如下的(高阶)类型：

$\forall, \exists:(\alpha \times \beta \rightarrow \text{bool}) \rightarrow (\text{moving}(\alpha) \times \text{moving}(\beta) \rightarrow \text{bool} \backslash \{\perp\})$

有了这些符号，就可以了解基本时空谓词的概念了。对一些时空谓词来说，默认情况下期望的聚集行为是部分聚集。在这里为了将空间谓词、提升空间谓词与时空谓词进行区分，特引入一个命名规范，即时空谓词名称都以大写字母开头，空间谓词、提升空间谓词则以小写字母开头。这样，对于两个区域间的 8 种基本拓扑谓词，其时空版本的默认聚集行为定义如下：

Disjoint：$= \forall_{\cap}$ disjoint

Meet：$= \forall_{\cup}$ meet

Overlap：$= \forall_{\cup}$ overlap

Equal：$=\forall_{\cup}$ equal

Covers：$=\forall_{\pi_2}$ covers

Contains：$=\forall_{\pi_2}$ contains

CoveredBy：$=\forall_{\pi_1}$ coveredBy

Inside：$=\forall_{\pi_1}$ inside

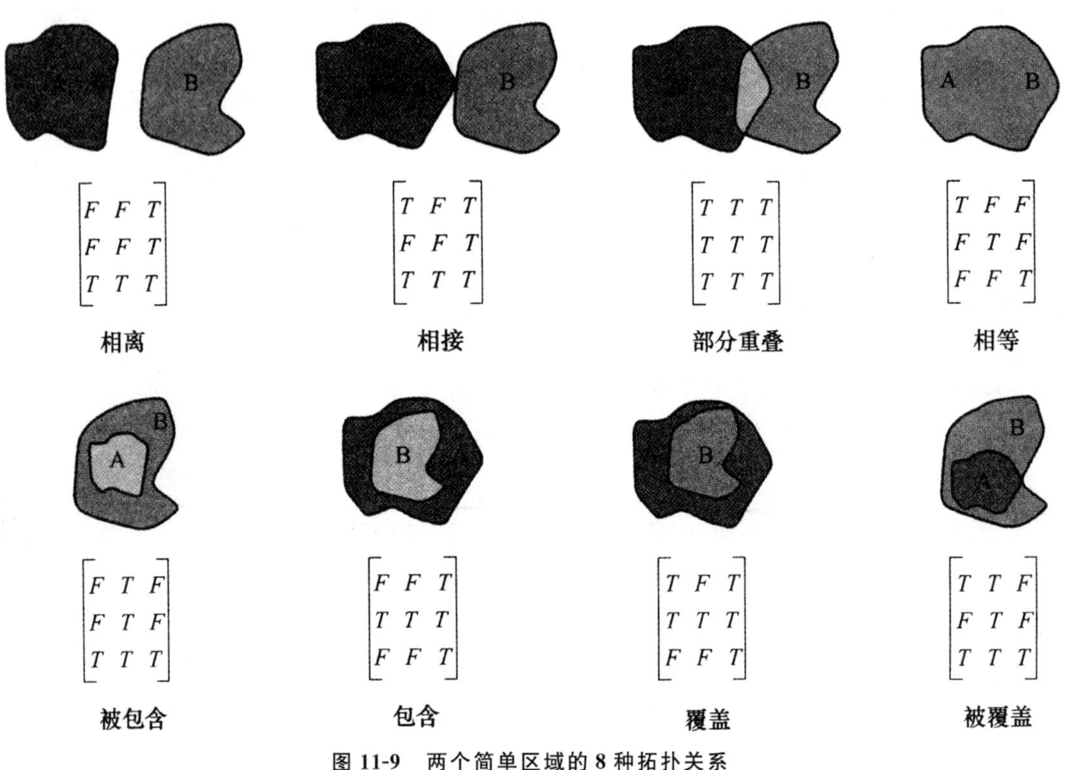

图 11-9　两个简单区域的 8 种拓扑关系

2. 时空谓词的演变

有了基本时空谓词后，就需要讨论如何组合它们来捕捉空间状态随时间发生的变化，即如何描述演变。我们知道时空组合是存在关联的，这个事实常被用来定义一个简明的谓词顺序语法。为了更简明地表示演变，在这里我们可以将一些有用的语法符号 $\triangleright$ 添加在书写级联组合中。通过由符号连接起来的谓词序列来简单地表示组合。更精确地说，我们只允许(可满足并且不可中断的)长度大于等于 2 的空间和时空谓词的交替序列。这就意味着，谓词序列的演变语言 Π 可以利用如下正则表达式来表示：

$$\Pi=(p\triangleright P)^{\triangleright}[\triangleright p]\mid(P\triangleright p)^{\triangleright}[\triangleright P]$$

通过如下等式中定义的映射 C，就可以把上面的序列转换为(嵌套的)时态组合

$C(P)=P$

$C(P\triangleright p)=P$ until p

$C(P\triangleright p\triangleright\Pi)=P$ until p then $C(\Pi)$

$C(p\triangleright P)=p$ then P

$C(p\triangleright P\triangleright\Pi)=P$ then $C(P\triangleright\Pi)$

注意，上述第 1 种情形是用来表示一些 C 的递归调用的，如在转换 $P \triangleright p \triangleright Q$ 时。

利用演变，我们可以特别解释一下由 $\triangleright$ 组合而成的谓词序列的含义，例如下面的演变：

Disjoint ▷ meet ▷ Inside ▷ meet ▷ disjoint

上面是是演变的缩写，它还可以由 C 翻译成下面的形式：

Disjoint until meet then (Insid until meet then Disjoint)

由于组合是一种可结合的操作，因此是否选择嵌套无关紧要。从某方面来说，我们定义 $\triangleright$ 只允许构建交替的时空谓词和空间谓词序列。当然，有时省略紧挨着时刻谓词的空间谓词可能会更方便一些。因此，我们在表示中引入一种相应的简洁表示方法，它基于这样一个事实，即无论何时一个时刻谓词在另一个时空谓词之前或之后立即成立，我们一定可以知道谓词在首次或最后一次成立时的精确时间点。设 i 为一个时刻谓词，并且设 I 是一个与之相对应的时空谓词。这里，P 和 Q 表示基本时空谓词或者以一个基本时空谓词结尾（在 P 情形下）或开头（在 Q 情形下）的谓词序列，此时就可以得到如下缩写形成：

缩写	扩展形式
$I \triangleright Q$	$I \triangleright i \triangleright Q$
$P \triangleright I$	$P \triangleright i \triangleright I$
$P \triangleright I \triangleright Q$	$P \triangleright i \triangleright I \triangleright i \triangleright Q$

下面描述存在量化谓词如何满足顺序语法。通常情况下，我们希望能够将存在量化谓词放在其他时空谓词后面而不使用一个空间谓词来连接，例如，能够简单地使用 Disjoint ▷ meet 这种形式来表达两个不相交的对象在随后的某个时间里相接的情况。

除使用顺序时态组合来构造演变外，还可以使用一些逻辑连接词来组合谓词，这就产生了一种以时空谓词为对象、以组合操作为操作的代数。例如，时空谓词的析取式可以通过一个高级的谓词组合加以表达。

(1)时态选择

假设 P 和 Q 为时空谓词，则 P 和 Q 之间的时态选择定义为：

$$P|Q:=\lambda(S_1,S_2).\,P(S_1,S_2) \vee Q(S_1,S_2)$$

若考虑一个位于区域边界上的移动点，则当这个点离开边界时，情形就会发生变化，此时可用如下的选择来表示：

Disjoint | Inside

当需要描述一个点最终离开某个区域边界这种情形时，我们可能会希望能够用如下这样简单的表达式来表达。在这里，我们可以规定 | 的优先级比 ▷ 高。

Meet ▷ Disjoint | Inside

此时，式子就可以扩展成如下形式：

Meet ▷ meet ▷ Disjoint | Inside

(2)组合分配

设 P、Q 和 R 为时空谓词，p 为空间谓词，则可以得到如下两个公式：

公式一：$P \triangleright p \triangleright (Q|R)=(P \triangleright p \triangleright Q)|(P \triangleright p \triangleright Q)$

公式二：$(p|Q) \triangleright p \triangleright R=(P \triangleright p \triangleright R)|(Q \triangleright p \triangleright R)$

对于公式一中的两个时空对象 S 和 S'，P ▷ p ▷ Q | R 为真当且仅当存在某个时间点 t，使得①$P(S(t),S'(t))$，②$P_{<t}(S,S')$ 和③$(Q|R)_{>t}(S,S')$ 都为真。利用前面的收缩和选择定义进行

展开，最后一个条件等价于 $Q(S_{>t},S'_{>t}) \vee R(S_{>t},S'_{>t})$。由于 $\wedge$ 在 $\vee$ 上满足分配率，因此将整个条件可重写为一个析取式，即

$$(① \wedge ② \wedge Q(S_{>t},S'_{>t})) \vee (① \wedge ② \wedge R(S_{>t},S'_{>t}))$$

第一项刻画了演变 $P \rhd p \rhd Q$，第二项描述了 $P \rhd p \rhd R$。把时态选择的定义公式左右交换，就可以得到公式的右边。公式二的证明同上。

这样，我们就可以将包含选择的演变转换成所谓的演变范式，即应用前面的语法规则得到演变的另一种表达，其中不包含任何的时态选择。需要注意的是，$|$ 在 $\rhd$ 上并不满足分配律，因此必须先从语法上纠正在组合上满足分配率的含义。由于时态选择只针对时空谓词定义，因此一个合理的论点就是时态选择需要分配到组合中的所有时空谓词上。这样就有

$$P|(Q \rhd p \rhd R) \neq (P|Q) \rhd p \rhd (P|R)$$

令 $P=\mathrm{Disjoint}$，$Q=R=\mathrm{Inside}$，并且令 $p=\mathrm{meet}$。目前有两个不相交的移动点和移动区域，且它们满足公式的左边（因为选择 P 成立），但不满足公式的右边，因为公式的右边要求它们必须相接。

(3)否定谓词

时空谓词上的另一个操作是否定。现假设 P 为一个时空谓词，P 的时态否定定义为

$$\sim P := \lambda(S_1,S_2).\neg(P(S_1,S_2))$$

下面为时空谓词定义一个“反向”或“逆”组合操作。就单个对象 S 的反射，设 S 存在于时间区间 $[t_1,t_2]$，即 $dom(S)=[t_1,t_2]$)，在此期间 S 发生了移动，从初始值 $S(t_1)$ 变为 $S(t_2)$，同时也可能改变了自己的形状，则 S 的反射对象 $reflect(s)$ 可以通过 S 在相同的时间间隔上反方向移动得到，即从 $S(t_2)$ 变为 $S(t_1)$。从形式上理解，可以通过定义 $reflect(S)$ 在时刻 t 返回 S 在时刻 $sup(dom(S))-t+inf(dom(S))$ 的值来实现。其中，sup 和 inf 表示集合的上确界和下确界，当时空谓词对象的域是(半)开集合时需要用到这些概念。

(4)对象反射

下面定义一个 $reflect$ 函数，它输入两个时空对象，返回一对反射对象。设 S_1 和 S_2 为两个时空对象，S_1 和 S_2 的反射定义如下：

$$reflect(S_1,S_2) := (\lambda t \in D.\ S_1(t_s-t+t_i), \lambda t \in D.\ S_2(t_s-t+t_i))$$

其中，$D=dom(S_1)\cup dom(S_2)$，$t_s=sup(D)$，$t_i=inf(D)$

这个定义是在两个对象生命期的上确界上进行对象反射，与两个对象分别独立反射所得到的结果不同。假设一个存在于时间区间 $[t_1,t_2]$ 上的（形状和位置都固定的）区域 R 和一个存在于时间区间 $[t_3,t_4]$ 上的移动点 P，它与 R 相接后离开，如图 11-10 所示。

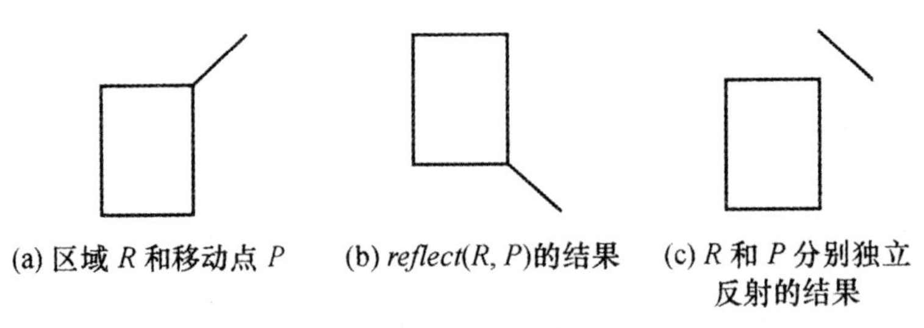

(a) 区域 R 和移动点 P
(b) reflect(R, P)的结果
(c) R 和 P 分别独立反射的结果

图 11-10 对象反射

图 11-10(a)所示给出的是二维投影，并且假设时间是从下往上增加的。图 11-10(b)所示为

reflect(*R*,*P*)返回的结果对象,与其相对,图 11-10(c)给出了两个对象分别独立反射所得到的结果。

(5)反射谓词

设 P 是一个时空谓词,*P* 的反射定义如下:

$$P^{\leftarrow} := \lambda(S_1, S_2).\ P(reflect(S_1, S_2))$$

谓词反射遵循一些有趣的规律,如反射不会改变基本时空谓词,同时也不会颠倒谓词在一个组合中的次序。

(6)导出组合

设 P 和 Q 是任意的时空谓词,则有

$P^{+} \quad := P \triangleright P^{*}$

$P^{*} \quad := True \mid P^{+}$

$P \& Q \quad := \sim(\sim P \mid \sim Q)$

$P \rightarrow Q \quad := \sim P \mid Q$

& 和→是定义在时态选择和谓词否定的组合之上的,这比使用逻辑符号 ∧ 和⇒给出的基于对象的定义要简洁一些。更重要的是,它简化了这些操作符的证明。

11.4　移动对象索引技术

连续移动为数据库技术提出了新的挑战。传统索引结构中存储的数据都是静态不变的,而移动对象数据库中的对象却是在时刻发生变化的,因此在对这些数据进行索引时,必须采用必要的索引技术。

11.4.1　移动对象索引要求

索引技术的最终目的是根据用户定义的查询约束高效地检索数据。为此,我们提出有效的时空索引技术必须支持的设计准则。下面将设计问题分为 3 类:支持的数据类型和数据集问题、索引构建问题及查询处理问题进行讨论。

1. 支持的数据类型和数据集

支持的数据类型和数据集随时间变化的点对象(移动点)和非点空间对象(移动区域、移动线)必须要有有效的时空存取方法支持。因此,时间维方面,必须要区分支持事务时间、有效时间或者双时态时间的索引结构;数据集的动态性方面,要区别静态对象数目随时间变化的增长型索引结构、空间对象随时间移动但其数目保持恒定的演变型索引结构,以及数据库中的空间对象随时间移动且这些移动对象的势也发生变化的全动态型索引结构;时间戳的更新方面,要区分成批装载或者批量插入静态数据的索引结构、按时序型数据集或者仅允许添加的数据集上的索引结构,以及动态数据上的索引结构 3 种数据上的索引结构。

2. 索引构建

由于时空数据的特殊性及时间维本身的一些特性,一个有效的时空存取方法在构造时必须考虑下面一些问题,并对纯空间索引中的相关概念进行扩展。

(1)插入和分裂操作

每次往数据库中插入对象 o 的一个新的三元组(o_id, s_i, t_i)时,都要检查根结点,以选择一个"适合"新元素的位置。在一个叶结点页面溢出的情况下,对溢出元素的处理可能造成一个分裂过程的出现,这时我们就需要考虑整体分裂和部分分裂的标准,以便可以有效地处理页面溢出问题。

(2)处理过时元素的组装和清除操作

应当被组装或者清除由过时元素构成的页和包含过时元素的页,以释放磁盘空间。由于所涉及的数据特点,这些重组和清除技术有可能成为时空存取方法设计中的一部分。对于组装操作,可以利用已有的实验结果,即动态树索引结构的页平均容量约为 67%。对于清除操作,可以直接从索引结构中删除由过时元素构成的页。

(3)改变时间戳粒度

当时间戳粒度,即时间维上的度量单位变大时,就需要重新组织底层的索引,以使用新的时间度量来表示对象的时间戳。

3. 查询处理

查询可以分为选择查询、连接查询、最近邻查询等。有效地支持查询处理是时空存取方法的主要目标。支持的查询集合越广,就说明存取方法越有用,也越具有适用性。

(1)选择查询

其查询形式为"查找所有位于某一特定区域(或特定点)且/或处于某一特定时间间隔(或某个特定时刻)的对象"。这是一类最常讨论的时空查询问题。在层次型树结构中,其检索过程为:从根结点开始,以每一个结点所表示的近似结构与查询窗口之间相交的时间间隔(对于时间)和区域(对于空间)为基准向下遍历树。

(2)连接查询

其查询形式为"查找所有空间位置接近(即距离为 d)且处于某一特定时间间隔(或某一具特定时刻)的对象"。该查询的检索过程如下:从两个根结点开始并行地遍历两个索引,并利用 overlap 操作来比较每次结点访问中的两个元素。

(3)最近邻查询

其查询形式为"查找某一时间间隔 f 内距离某个区域或位置最近的后个对象"。通常,这也是我们最感兴趣的一类查询。

查询类型很多,上面提到的仅仅是 3 种最重要的查询类型。其他的查询类型包括时间片查询及历史查询等。

11.4.2 索引当前以及近期未来移动

1. 一般性策略

连续移动给数据库技术提出了新的挑战。在传统的索引结构中,存储的数据是静态不变的,除非这些数据不时地被显式修改。基于这一假设,当我们表示和索引连续移动时,将导致频繁的数据更新或者记录过时的不精确的数据。无论哪一种选择都没什么吸引力,也都是低效和不可行的。

一种解决方案是以某种方式去捕获连续移动，使得单纯的时间推进并不需要频繁地执行显式的数据更新。也就是说，我们存储表达移动对象位置的函数，而不存储显式的位置以及变化。当函数的参数（如速度、方向）发生变化时才需要执行更新。我们可以很容易地使用时间函数计算一个移动对象在未来任意时刻可能的位置。这种方法可以最小化更新开销，但同时也导致了一些新的问题。

索引结构局限于由线性近似方法表示的移动点。一般地，首先要区分与移动点的未来线性轨迹索引方法相关的一些概念。

1）不同的索引方法所索引的空间可能不同。如果对象在 d 维空间中移动，它未来的轨迹可能被索引为 $d+1$ 维空间中的曲线。我们已经将这种观点用在了移动点的可视化中。如果一个点在二维空间中移动，它可以看做是三维空间中的一条线。另外，轨迹也可以映射成更高维空间中的点集，然后再索引。还有一种选择是在它自身的 d 维空间中索引数据，我们通过在索引结构上增加一个速度矢量作为参数来实现，这样一来便可以得到未来任意时间的索引视图。

2）需要区分索引是划分数据本身（如 R 树）还是划分所在的空间（如四叉树）。如果在数据自身的空间中索引数据，那么基于数据划分的索引似乎更加合适。但如果轨迹被索引为 $d+1$ 维空间中的线并且我们不使用分片表示方法，这种方法将导致不可避免的部分重叠。

3）索引可能在它们所潜在的数据复制程度上有所不同。数据复制有可能改善查询性能，但反过来也会影响更新性能。

4）索引方法可以会要求周期性的索引重建。一些方法只使用单一索引，它们只在一定的时期内有效。在这些方法中，一个新的索引必须在它的前继失效时创建。

其他的方法可能使用原则上可以无限期工作的索引。但是，可能会出现系统不时地建议优化索引的情况，因为随着时间流逝，索引的性能也不断降低。

2. TPR 树

TPR 树也称时间参数 R 树。它以一种自然的方式对 R^* 树进行了扩展，并为索引的每一个移动点定义了一个线性函数。其实现策略是当所包围的点或者其他矩形移动时连续地跟踪它们。TPR 树的特点是在数据的自身空间中索引数据，不使用数据复制技术，也不要求周期性地索引重建。

一个 d 维空间中的对象在当前或将来时刻 t 的位置可由 $x(t)=(x_1(t),x_2(t),\cdots,x_d(t))$ 得到，这个函数可通过 2 个参数来描述。第 1 个参数是引用位置，即对象在某一指定时间 t_{ref} 时的位置；第 2 个参数是对象的一个速度矢量 $v=(v_1,v_2,\cdots,v_d)$。由此可以得到，$x(t)=x(t_{ref})+v(t-t_{ref})$。如果一个对象的位置在某一时间 t_{obs} 被观察到时，假设给定了 t_{obs} 时的速度矢量 v 以及对象的位置 $x(t_{obs})$，则第 1 个参数 $x(t_{ref})$ 是对象在 t_{ref} 时刻可能的位置，或者对象在其他参考时间时可能的位置。

通过上述描述，我们可以对对象的位置做出暂时的未来预测，同时还解决了频繁更新的问题。只有当对象的实际位置与以前报告的位置的偏离超过了某个给定的阈值时，对象才需要报告它们的位置和速度矢量。

另外，在 TPR 树中，作为时间函数的引用位置和速度也被用来表示索引中包围盒的坐标，如图 11-11 所示。

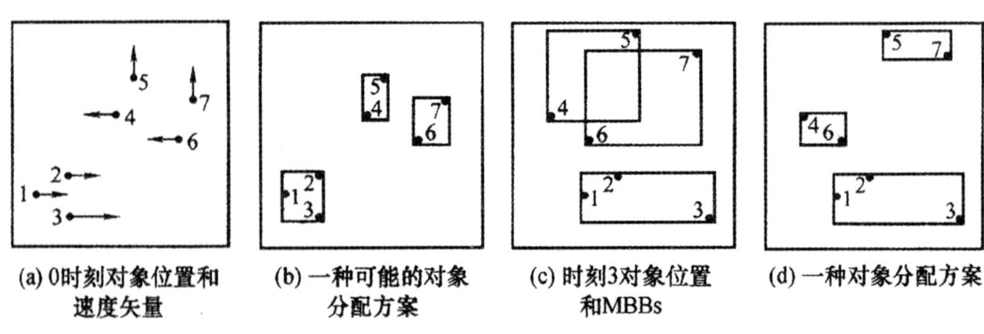

图 11-11　一棵 R 树中的移动点已经形成的叶节点层 MBB

图 11-11(a)为在 0 时刻的对象位置和速度矢量;图 11-11(b)为 0 时刻时对象分配到 R 树的 MBBs 中的一种可能的情形;图 11-11(c)为在时刻 3 时对象的位置和 MBBs 它们中的两个 MBBs 发生了部分重叠,并且无效空间的比例增加了;图 11-11(d)所示的对象分配方案是最为合适的,但是在 0 时刻这种分配与原本分配相比却具有较差的查询性能。因此,当很多查询到达时,必须考虑为对象分配 MBBs 的问题。

TPR 树支持的查询是检索所有位于特定区域内的点。根据查询所指定的区域的不同,可定义 3 种不同的查询类型,如时间片查询、窗口查询、移动查询。

一棵 TPR 树就是一棵具有 R 树结构的多路平衡树。它的叶结点包含了一个移动点的位置和一个指向数据库中该移动点对象的指针。中间结点包含了一个指向子树的指针和一个包围了所有移动点位置或子树中其他包围盒的矩形。

由于 d 维包围盒也是时间参数化的,因此可以使用 d 维包围盒来包围一组 d 维移动点。一个 d 维时间参数包围盒包围了一组 d 维移动点或者子树的包围盒,它们的时间都要晚于当前时间。此时,可以使用最小的时间参数包围盒来平衡一个 d 维时间参数包围盒包含移动点或者子树包围盒的准确性以及包围盒的存储空间需求。但这样,将会使它们的存储代价增大,且在一般情况下还需要检查所有包含的移动点。因此,TPR 树使用了所谓的保守包围盒,保守包围间隔从不会缩小。

TPR 树的插入与 R^* 树基本相同,不同点在于它不直接使用函数,而是直接使用其积分。两个时间参数包围盒的交的积分计算算法是两个包围盒部分重叠检查算法的一个扩展,在包围盒相交的每一时刻,相交区域也是一个包围盒,并且在每一个维中这个包围盒的上(下)边界都是这两个包围盒其中之一的上(下)边界这样,由部分重叠检查算法返回的时间间隔就被划分为连续的时间间隔,从而在每一个间隔中的相交区域可以定义为一个时间参数包围盒。然后,通过计算所有面积积分的和就可以来得到相交区域的面积积分。

此外,在 TPR 树的分裂算法中,排序时使用了移动点(或包围盒)在不同时刻的位置。对于装载时间包围盒,它使用 t_0 时刻的位置,对于更新包围盒,它使用当前时间的位置。当然,TPR 树也考虑了沿速度维进行排序,即按速度矢量的坐标进行排序。这样,按照基于速度维来分布移动点可能形成速度范围较小的包围盒,每个包围盒中速度增长就相对会比较慢。

TPR 树的删除与 R^* 树相同,一个结点的下溢将导致其本身被删除,然后它的元素将被重新插入树中。

3. 动态外部范围树

动态外部范围树常用于 R^2 平面上移动点的二维时序性查询。动态化的外部范围树能够保存移动点,并有效地回答基于当前时刻的查询。但这样必须从下向上地修改所有涉及的数据结构,首先是目录结构 C,然后是外部优先搜索树 P,最后是外部范围树 R。

与外部优先搜索树一样,外部范围树的主要结构也建立在 N 个点的 x 坐标和 y 坐标上。外部范围树的结构一直保持有效直到两个点的 x 坐标和 y 坐标相等。当一个动态事件发生时,通过两次删除和两次插入并花费 $O(\log_B^2 n/\log_B \log_B n)$ 次磁盘存取来更新外部范围树。另外,与外部优先搜索树一样,外部范围树也使用 3 个全局 B 树并需要 $O(\log_B n)$ 次磁盘存取来确定动态事件数。

除上述两种方法外,还包括对偶数据转换方法、基于多层次分树的数据无关索引、基于多动态 B 树的时间敏感索引、基于多版本外部动态范围树的时间无关索引等技术。

11.5　轨迹索引

在对过去的移动历史进行索引时,要求必须对轨迹加以保存。通过对点对象移动过程的采样就可以得到一个折现表示的移动对象的轨迹。一个移动对象的轨迹可以作为三维空间数据来对待,其索引的理想特征是将时间看成是增长和变化发生的主要维度,依据时间来划分整个空间,同时保存轨迹。

11.5.1　移动对象轨迹的不确定性

通常,对象的轨迹被建模成三维空间中的一条折线。三维空间的两个维和空间相关,第三维是时间。当需要表示不确定性方面的特征时,就可以将轨迹建模为三维空间中的圆柱体,从而方便查询特定时间间隔里包含在特定区域中的对象。不确定性的引入,使得我们可以更进一步地考虑对象的时态不确定性和区域不确定性,这样就可以查询在某个时间间隔内有时或者一直(时态不确定性)位于某个区域内的对象。类似地,我们可以查询可能或者一定位于某个区域内的对象。

为了表达轨迹或运动规划的不确定性,可以为轨迹中的每一条线段关联一个不确定性阈值 th。整体上看,我们得到了一个围绕着轨迹的三维圆柱形缓冲区域。给定一个运动规划,相应的缓冲区域对移动对象和数据库服务器,则有“如果移动对象的实际位置偏离预计位置的距离达到或超过 th,移动对象将更新数据库服务器”。

下面定义更形式化地描述了这些轨迹的不确定性概念。

设 th 是一个正实数且 tr 是一个轨迹,则相应的不确定性轨迹为 (tr,th)。th 的值称为不确定性阈值。

定义 11-1　设 $tr=<(x_1,y_1,t_1),\cdots,(x_n,y_n,t_n))$ 是一个轨迹且 th 是不确定性阈值。函数集 $PMC_{tr,th}$ 中任意函数的图形,都是合理的运动曲线,$PMC_{tr,th}=\{f:[t_1,t_n]\rightarrow \mathbb{R}^2 \mid f$ 连续,且对所有 $t\in[t_1,t_n]$,$f(t)$ 包含在 t 时刻 tr 预计位置的 th 不确定性区域中$\}$,它的二维空间投影称为合理路线。

定义 11-2　对一个不确定性轨迹 (tr,th) 以及 tr 的两个端点 (x_i,y_i,t_i) 和 $(x_{i+1},y_{i+1},t_{i+1})$。$(tr,th)$ 在 t_i 和 t_{i+1} 之间的线段轨迹体是所有属于某个合理运动曲线的点 $(x,y,t)(t_i\leqslant t\leqslant t_{i+1})$ 的

集合。线段轨迹体的二维空间投影称为线段不确定性区域。

定义 11-3 对一个轨迹 $tr=<(x_1,y_1,t_1),\cdots,(x_n,y_n,t_n))$ 和一个不确定性阈值 th,(tr,th) 的轨迹体是所有 t_i 和 t_{i+1} 之间的线段轨迹体的集合($1\leqslant i<n$)。轨迹体的二维空间投影称为不确定性区域。

定义 11-1、定义 11-2 和定义 11-3,如图 11-12 所示。

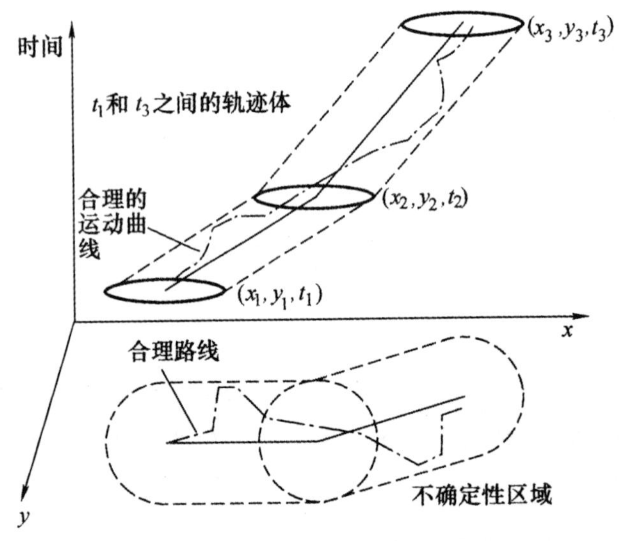

图 11-12 一条合理的运动曲线、它的合理路线以及轨迹体

图 11-12 中,每个 t_i 和 t_{i+1} 之间的线段轨迹体有一个圆柱体,它的轴是从(x_i,y_i)指向(x_{i+1},y_{i+1})的矢量,该矢量给出了一个三维的轨迹线段,它的底是在平面 $t=t_i$ 和 $t=t_{i+1}$ 上的半径为 th 的圆。这里的圆柱体不同于斜圆柱体。斜圆柱体和水平 xy 平面的交是椭圆,而这里得到的圆柱体与这样的平面的交是一个圆。

11.5.2 STR 树

STR 树扩展了 R 树修改并支持有效的移动点轨迹查询处理。除了叶结点的结构外,STR 树区别于 R 树的特点是所用到的插入/分裂策略。STR 树中的插入不仅考虑了空间紧密度,还考虑了部分轨迹保存,即 STR 树的目标是将属于相同轨迹的线段保存在一起。基于 STR 树的这个目标,当我们在插入一个新线段时应尽可能使其靠近它在轨迹中的前继(线段)。插入时,如果找到的结点有空间,那么就将新的线段插入到该结点中。否则,应用一个结点分裂策略。

在设计 STR 树的分裂策略时必须要保证索引中的轨迹保存。分裂一个叶结点时必须分析在一个结点中表示了哪些类型的轨迹线段。一个叶结点中的两个线段可能属于同一个轨迹,也可能不是。如果它们属于同一轨迹,它们可能有相同的端点,当然也可能没有。因此,一个结点可以拥有 4 种不同类型的线段。在所有线段都分离的情况下,可以使用传统的 R 树分裂算法 QuadraticSplit 来执行分裂。否则至少有一条线段是不分离的,则就将所有分离的线段移到新创建的结点中。最后,如果不存在分离线段,则将最近时间的后向连接线段放到新创建的结点中。

上述分裂策略更倾向于将较新的线段插入到新结点中。运用 STR 树中所描述的插入和分裂策略就可以构建一个索引,使它在分解索引空间时可以保存轨迹,并且将时间作为主要的维度。

11.5.3　TB 树

TB 树与 R 树和 STR 树有着本质上的不同。TB 树严格保存了轨迹，且在一个叶结点中只保存属于同一个轨迹的线段。因此，这种索引也被看做是一个轨迹束。这种方法的缺点是接近某个轨迹的独立线段会被保存在不同的结点中。

对于插入，TB 树的目标是将一个移动点的轨迹划分成若干段，每一段都包含 M(扇出)个线段。插入一个新的线段时，需要从根开始遍历树，并检查每一个与新线段的 MBB 部分重叠子结点，找到轨迹中包含其前继的叶结点。在插入新的结点时，如果父结点中有空间，就直接插入新的叶结点；如果父结点已满，就分裂它，并在非叶结点层 1 创建一个新的结点，将新的叶结点作为它唯一的孩子。当然，有时分裂过程会一直向上传递(当最右边路径中所有结点都是满的情况下)，这意味着 TB 树是从左向右增长的(即最左边的叶结点是插入的第 1 个结点，而最右边的结点是插入的最后一个结点)。

TB 树的结构实际上是以树的层次结构组织的一个叶结点集合。每个叶结点都包含部分轨迹，即一个完整的轨迹分布在一组没有关联的叶结点上。因此，为了支持有效的查询处理，在查询时都会采用一个双向链表来连接包含了同一轨迹部分内容的叶结点，从而可以得到轨迹演化的信息。

在对轨迹的时空查询中，主要包括 3 种类型的查询，基于坐标的查询、基于轨迹的查询和组合查询。基于坐标的查询是指在相应三维空间中的点查询、范围(窗口)查询以及最近邻查询，其中范围查询的一个特例是时间片查询，它返回过去某个给定时间点的移动对象位置。基于轨迹的查询包括拓扑查询和导航式查询。其中，拓扑查询涉及轨迹的拓扑，并使用了时空谓词，如相离、相接、部分覆盖、进入、离开、穿过和经过等；而导航式查询涉及对象的速度以及方向等派生信息，由于轨迹中并没有显式保存动态的信息，因而可以从轨迹中获得信息。另外，拓扑查询还可以转换为普通的范围查询。例如，当一个轨迹穿过一个范围，则最少应该发现两个交点，这些交点可能是由一个、两个或更多的满足条件的线段所造成的。而当一个轨迹从旁边经过一个范围，我们不会发现任何满足相交条件的线段。这样，可以采用修改过的范围查询来求解时空谓词。

组合查询包含了基于坐标的查询和拓扑查询的某些方面，并组合了这两类查询。对于组合查询，由于组合搜索的不同，因此算法也有所不同。

下面以 R 树和 STR 树上的组合搜索方法为例。首先使用 R 树上的范围搜索算法，根据给定的时空范围来确定初始的轨迹线段集合。如图 11-13 所示使用立方体 c_1 搜索树，并获得了 t_1 轨迹的 4 条线段(标记为 3～6)以及 t_2 轨迹的 2 条线段(标记为 1 和 2)。图中用粗线表示了这 6 条线段。

接下来抽取外部范围 c_2 的部分轨迹。对于找到的每一个段，再试图找到与其相连接的线段。首先，在同一叶结点中搜索，然后再搜索其他叶结点。如果想搜索其他叶结点中属于同一轨迹的线段，则可以将待查询线段的端点作为谓词，并执行一次范围查询。当到达叶结点层时，通过算法检查是否有线段与待查询线段相连接。递归执行这个过程，就会得到越来越多的轨迹线段。当一个新发现的、连接的线段在立方体 c_2 之外时，终止算法，返回相应的线段。组合查询的算法如下：

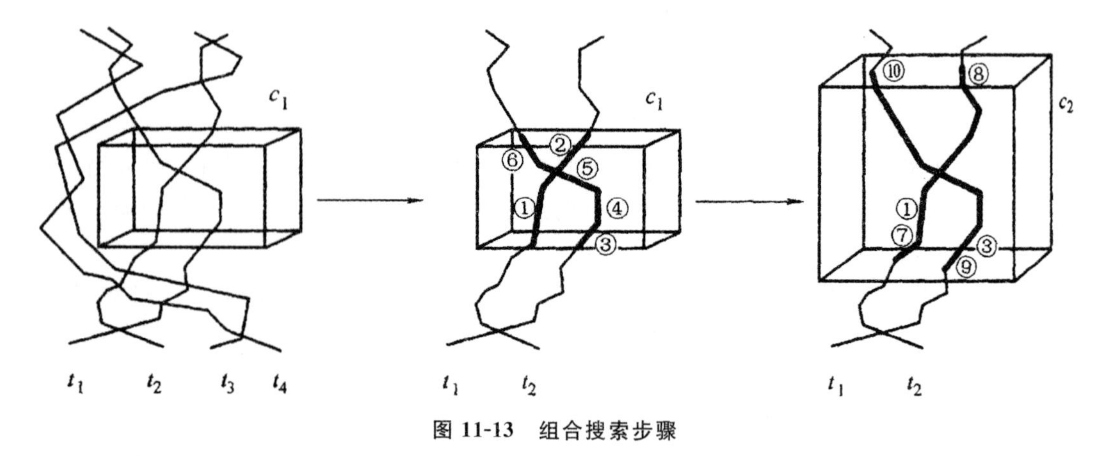

图 11-13 组合搜索步骤

```
algorithm CombinedSearch(node,elem,range)
    if node 不是一个叶结点 then
        for each node 中其 MBB 与 range 相交的元素 elem do
            执行 CombinedSearch(node',elem,range)
                其中 node'是由 elem 指向的 node 的子结点
        endfor
    else
        for each 在 range 内,但还没有检索轨迹的元素 elem do
           执行 DetermineTrajectory(node,elem,range)
        endfor
    endif
end.
algorithm DetermineTrajectory(node,elem,range)
    在 node 上循环并寻找前向连接到 elem 的线段 elem';
    while found and elem'在 range 内 do
        将 elem'加入到结果集合中;
        elem:=elem';
        在 node 上循环,并查找前向连接到 elem 的线段 elem';
    endwhile;
    if not found 但在 range 内 then
        执行 FindConnSegment(root,elem,forward);
        从头开始重复执行算法
    endif;
    同上面一样处理后向连接的线段
end.
algorithm FindConnSegment(node,elem,direction)
    if node 不是一个叶结点 then
      for each node 中其 MBB 与 elem 的 MBB 相交的元素 elem'do
```

```
            执行 FindConnSegment(node',elem,direction)
            其中 node'是由 elem'指向的 node 的子结点；
        endfor
    else
        if node 中有元素与 elem 按 direction 连接(前向/后向)then
            return node
        endif
    endif
end.
```

上述算法同一轨迹可能被检索到 2 次。为了避免这一点，可以在检索到轨迹时保存轨迹的标识符，并在确定一个新的轨迹前检查它是否已在前面被检索过了。此时，只要对 FindConnSegment 算法进行相应的修改即可。FindConnSegment 算法的修改如下：

```
algorithm FindConnSearchSegment(node,elem,direction)
    将 node 设置为由 direction 指针指向的结点
end.
```

第 12 章　时态数据库及其管理系统分析

近年来，在对象模型上添加时态信息管理成为时态数据库领域研究的一个重要方向，而面向对象的时态数据模型的研究也必将对时态数据库技术的进一步发展起到重要的推动作用。因此时态数据库技术应运而生。时态数据库涉及设计理论主要涉及两方面的研究：基于时态数据依赖的时态数据库规范化理论研究和基于时态 ER(实体-联系)模型的概念设计研究。

12.1　概述

12.1.1　时态数据库的成长过程

随着数据库技术的不断发展，对时态信息的需求也在不断上升。时态信息处理的研究与应用出现了许多新的进展，我们大致将时态信息技术的成长过程分为起源发展时期、理论研究时期和应用时期三个阶段。①

1. 起源时期

信息的时态性是客观存在的，很早就受到人们的关注。在现代社会，大容量高速存储设备的发展和数据库技术的不断进步为时态据库技术的出现创造了良好条件，它出现的标志是 J. Clifford 和 J. Ben Zvi 两个人的博士论文。

2. 理论研究时期

时态数据库出现后，有关它的研究逐渐兴起。为此，计算机学术界发表很多时态数据库论文，并提出了多种时态数据库模型和时态信息处理方法。在这个探索阶段，一些重要大学和研究机构涌现出大量研究学者，形成了一批专门的时态数据库研究集体。

这个时期标志性成果是 A. Tansel、J. Clifford、S. Gadia、S. Jajodia、A. Segev 和 R. T. Snodgrass 共同编辑的《Temporal Databases：Theory，Design，and Implementation》。该书全面总结了此前国际时态数据库技术的研究，是世界第一本关于时态数据库专著。书中列出 20 年来 TDB 文献 500 余篇，文献作者遍及多个国家等，收录了国际时态数据库方面重要学者的研究成果和时态数据库模型。

时态数据库研究时期对时态数据模型的探讨是其最重要的特征。虽然数据库研究出来的模型比较多，但其原型系统非常少，且有较少的运用。

3. 应用时期

自 A. Tansel、J. Clifford 等人的相关论文发表之后，学术界的观点逐渐达到一致，目前广泛

---

① 汤庸，汤娜，叶小平. 时态信息处理技术研究综述[J]. 中山大学学报(自然科学版)，2003(04).

采用扩充SQL模型。

在标准化方面，代表性成果是双时态数据模型TSQL2，它是对SQL-92语言标准的时态进行扩充，并提出将TSQL2的相关结构集成到SQL3标准。但是，时态数据模型标准化的研究仍需继续进行。

瑞士TimeConsult公司推出的TimeDB2.0是时态数据库产品化的一个突出应用。TimeDB是一个双时态关系数据库系统，基于SQL查询语言，支持平台Java、JDBC，支持时态查询语言ATSQL2。TimeDB作为商业数据库Oracle系统的前端运行。ATSQL2的语句被编译成标准的SQL-92语句在后台执行。此法确保了在不同的平台和数据库管理系统中的兼容性。但是，TimeDB仍没有真正实现产品化，仍在进一步完善中。[①]

时态信息的应用也是这个时期的一个重要特征。随着计算机网络与多媒体等技术的飞速发展，实现了很多各种领域的应用新的需求。但是目前，由于时态数据库理论和模型还在研究中，因而仍然没有形成时态信息产品。

12.1.2 时态数据库的研究现状及展望

1.时态数据库的研究现状

目前，时态信息技术仍然处于研究和发展阶段，人们从不同观点提出了各种时态数据库模型。另外，由于实际应用需求，时态信息处理的应用领域越来越宽，在应用中也提出了许多方法和技术，这对于促进TDB的发展是十分有利的。

现有的时态数据库的共性概念、研究方法及不足可归结为：

1)在现有的时态数据模型中，对时间数据的描述主要是依照J. BenZvi于1979～1982年提出的时间点/时间区间模型、有效时间和事务时间，以及双时态(Bitemporal)等概念；时态数据演算主要是基于J. F. Allen于1984年提出的13种时间区间演算(或其扩展)。主要不足是：时态数据运算体系不完备，时态关系演算还没有系统和有力的数学理论支持。

2)时态数据模型多，一些标准在逐步提出申请，例如ATSQL2提交的SQL/Temporal标准。由于时态数据模型还不够成熟，所以还没有形成较完整的国际标准。各种模型都还存在一些不足。时态数据模型一般都是传统关系数据库的扩展，并将传统关系数据库作为特例。其主要方法是在TDB中增加一些运算，例如After、Before和Overlap等；扩展一些操作，例如时态选择、时态投影、时态连接等。目前，大部分时态数据查询语言只是扩展当前的查询语言，如SQL或者Quel，时态数据查询功能有限，效率比较低。由于种种原因，数据库厂商难以下决心选用TDB技术用于产品。

3)时态数据库研究取得了相当的进展，但是大多数研究局限在数据库的时态属性，而忽视了其他信息的时态属性，例如知识库的时态特征和应用。时态数据技术目前还停留在“数据”处理上，关于时态逻辑和推理方面的研究，主要优点是符号演算和推理能力强，但是信息处理能力弱，与时态数据库和时态信息处理研究相脱离。关于时态知识与逻辑方面主要包括时间区间逻辑运算的扩充等，没有涉及时态知识数据库模型。

4)应用方面，由于20世纪80年代数据库技术的迅速发展，特别是20世纪90年代多媒体技

① 汤庸，汤娜，叶小平. 时态信息处理技术研究综述[J]. 中山大学学报(自然科学版)，2003(04).

术、网络技术等的发展，所以时态信息的应用呈现出勃勃生机。在地理信息系统、农业信息系统、电信信息系统、电子政务、电子商务、智能决策支持系统、数据仓库与数据挖掘，特别是时空(Spatio-temporal)信息技术和多媒体信息系统方面，时态信息处理技术得到空间的重视和应用。但是，由于还没有成熟的时态模型和软件产品，大部分与时态相关的应用，只是借鉴当前一些时态数据模型，在实际实现中仍然只能采用传统的技术，其时态部分的解释是由应用程序而非数据库本身来进行的。

2. 时态数据库的发展展望

新一代信息系统对时态信息处理应用技术迫切、广泛的需求，具有广阔的市场发展前景。时态信息处理理论、技术和应用的研究和应用方兴未艾。

时态数据模型朝着统一化、标准化方向发展，时态数据库查询语言朝着“产品化”方向发展。由于 SQL 是当前数据库最权威的查询语言标准，所以时态数据模型从早期的基于关系代数，到后来的 CalculUS-based、Datalog-based、OO 等，现在基本上都采用扩充 SQI。模型。例如，TSQL2 模型、ATSQL2 查询语言，以及提交 ISO、AN SI 的标准提议 SQL/Temporal 等都是 SQL 的扩充。Tqule 的作者 R. T. Snodgrass 也将主要研究转向基于 SQL 的时态数据模型，并提出 TSQL2 数据模型。但是，时态数据的“统一模型”工作仍然任重道远，时态信息产品化工作还大有作为。

另外，时态信息应用领域越来越广阔，时态信息需求多元化，时态信息的应用也多元化。从传统的时态数据处理到时态知识的应用，从传统的文本数据库到时空数据库、多媒体数据库系统，应用领域也渗入到科学实验信息系统、多媒体信息系统、地理信息系统、市政信息系统、电信信息系统、电子政务、电子商务、数据仓库等各个方面。时态信息需求与处理越来越复杂，完全“统一”的时态数据模型难以实现，仍然会有多种领域范围内“统一”的时态数据模型。此外，由于时态只是信息的重要属性，时态信息产品将朝着“嵌入式”、基于主流数据库技术与平台、面向领域的、面向应用的中间件和软件构件等方向发展。

12.1.3 时态数据库相关概念

下面对时态数据库所涉及的时间、时态数据、时间粒度及和时间相关的四大类数据库类型展开讨论。

1. 三种时间

时态数据库有自定义时间、有效时间和事务时间这三个最基本的时间概念。

(1)自定义时间

自定义时间是指用户根据需要或理解来定义的时间，其属性值一般为时间点，数据库系统只需将此时间域等同于其他属性域来理解，而不需解释其含义，系统也不会对它进行任何处理。

用户可以在原有系统数据基础上建立自定义数据，这是因为传统数据库系统支持自定义数据，在数据表建立或结构修改时，同其他标准数据类型一样可以被用户使用。自定义时间值可以被系统和用户以常规方式存取。

(2)有效时间

对象在现实世界中发生并保持的时间即为有效时间，它在现实世界中为真实时间。

有效时间可以反映过去、现在和将来，它可以是单一的时间点和时间区间及其它们的有限集合，也可以是整个时间域。当查询语句被检测到有时态语义时，有效时间是由数据库系统解释，且能够被更新。

有效时间对事物的描述通常较直观，且容易理解。把只支持有效时间的数据库称为历史数据库，它主要记录有效时间点的事件或状态的变化。

(3)事务时间

事务时间有时也称为系统时间，是一个对象存储和被操作的时间，它记录着对数据库修改或更新的操作历史，或者说记录着现实事务状态变迁的历史，

事务时间的值由系统时钟给出，用户不能修改事务时间。通常情况下，事务时间要比现实时间早，这是因为它反映的是数据库现实的操作时间。

事务时间是独立应用的，是现有事务或现有数据库的状态变迁的历史信息。用户不可以修改事务时间。数据库中的数据的各种操作都是由系统时钟决定的，且新数据信息是固定不变的。事务时间的处理方法就是存储数据库的状态，一个事务对应于一个数据库状态，可随时对各个状态进行查询，但只有最后一个状态才能被修改。

回滚数据库适用于支持事务时间的一类数据库，它主要记录数据库的发展变化，沿着事务时间轴记录数据状态。回滚数据库可以记录数据的历史信息，但不能提前预测数据库未来的状态。

2. 时间维

(1)两个时间维

事务时间和有效时间对时态属性的支持构成了时态数据库里最为重要的特征。

传统的关系数据库有属性维和元组维，分别为横向维和纵向维。而时态数据库在其基础上增加了时间维，主要包括有效时间维和事务时间维，于是时态数据库就变成了四维结构。

元组的有效时间反映的是元组的属性值在现实中为真的时间，而其事务时间是数据在数据库中没有逻辑删除的时间。有的读者可能会认为：数据在数据库中没有逻辑删除的事务时间点元组的属性也是为真，事务时间和有效时间会出现重复的表述。

事实上，尽管有效时间和事务时间这两种时间的联系比较紧密，但是并不能用一种时间来代替另一种时间，它们分工明确，各司其职。

有效时间和事务时间是不相关的，但是该数据的入库时间和被删除时间完全是由系统决定的，它和有效时间完全没有关系。

在时态数据库中，数据更新时仍然存在，且可以被访问和修改。新的数据则用作当前值供用户访问。

(2)支持两个时间维的时态元素

有效时间维和事务时间维在数据库中需要用时态元素来表示。时间元素可以是时间点、时间点的集合、时间区间或者是时间区间的集合。

由于现实数据库中对时间的要求总是有一定的粒度大小，因而可以把时间看成是时间点的集合，通常把数据所支持的时间起点定义为零点，时间由零点线性递增。

我们可以把时间的集合和自然数集合进行映射，将时间看成一个集合：

$\{0,1,2,3,4,5,\cdots\}$

其中，0 代表数据库中所支持的时间的起点。

还可以用时间区间来表达时间点的有限或无限的集合，时间区间的并集和交集则代表了一些时间点的集合，因而可以将时间点的集合都看作时态元素。

两种时间维的时间粒度也许会不一样，这通常由系统决定，它们都可以用时间点或时间区间来表示时态元素。所以，时间维是突破传统数据库思想的一个重要的元素，它使我们可以灵活处理传统数据库中难以解决的时间问题。

3. 时间粒度

计算机对时间的存储不可能是连续的，必须以离散的形式来存储。而时间粒度是对计算机以离散的形式存储的离散化的度量，在时间粒度确定以后，粒度越小表明精确度越高，但是粒度的减小会增加内存存储容量。这就使得用户在实际设计系统时必须根据不同应用的需求而定，当选择不同的粒度时，由于不同的粒度具有可转化的功能，所以按照需要可以进行转化，以减轻内存的负担。

时态数据库涉及以下两种时间粒度：

1）单粒度。时态数据库系统只支持单一的时间粒度。对于不同的数据库系统可能存在不同的时间粒度，但是对于一个数据库系统就只能认可一种时间粒度。

2）多粒度。时态数据库系统中能够支持两种或两种以上的时间粒度，对于不同的属性可以存在不同的时间粒度。

4. 时态数据库类型

根据时态信息的表示方式可将数据库分成快照数据库、回滚数据库、历史数据库和双时态数据库这 4 个基本类型，还可统称为时态数据库。

（1）快照数据库

快照数据库是以在特定时刻的瞬间快照来建立模型的，它只反映某个瞬间点的状态，通常可以支持用户自定义的时间。另外，对快照数据库的研究时，能够看到数据库对时变属性的支持变化情况。

快照数据库由属性维和元组维这两个静态的二维关系表组成，事务提交后其状态就立即发生变迁，现实世界的状态信息同时完全被丢失。

由于快照数据库不能表示属性与时间的关系，且不能支持状态发生变迁，因此只能进行当前数据库状态的常规操作。快照数据库不能进行与时间相关的任何工作，它更改的历史数据也将全部丢失。事实上，快照数据库反映的是数据的当前状态，为非时态数据库，数据库状态随时发生着变化，状态间的转变是通过更新操作实现的，且转变发生在提交的瞬间。关系数据库中的快照是为了处理的需要对某个时刻数据库中的数据进行独立的数据备份，而这里使用的快照只是指数据库只保留一个数据库状态的性质。

快照数据库不区分事务时间和有效时间。它假定数据库中的元组是现实的有效事件。

（2）回滚数据库

它通常按事务时间来编址，用于保存事务提交和状态变迁之前的状态信息。

1）时间维。回滚数据库的回滚关系是三维的：属性维、元组维、时间维，可将其看作是一个按时间编址的瞬象的序列。每个时间点对应于一个二维的快照数据库，但一定是数据库中的事务时间点，也就是在那一点可以对数据库进行常规的操作。

每个事务都产生一个新的静态关系保留在数据库中，即使数据库毫无变迁，回滚数据库也保持了数据变迁的历史，这样就会出现冗余。

2)事务记录。回滚数据库记录了数据库事务变化的历史，它实现的是事务时间轴。每个更新语句的执行将产生一个新的数据库状态，但这个新状态不会覆盖旧状态，因此没有数据会被物理删除。事务时间区间可以看成是该元组在快照数据库中存在的历史。一般是通过把元组的事务结束时间设为执行语句的当前时间，以此来实现元组在语义上的删除。

回滚数据库的缺点主要表现为：

1)不能体现元祖时间属性的改变。由于回滚数据库记录的是数据库状态变迁的历史，按照事务时间进行编址。虽然现实世界中元组的属性在某个时间点变了，但数据库在这个时间点没有执行事务，故根本没有体现元组的时变属性。

2)只能查看已提交元祖的错误。元组的错误只能进行查看。当发现已提交的元组有错误时，只能等待事务时间进行新改动，且只能改动提交前的数据库。

3)冗余太多。回滚数据库的冗余非常多。已提交的数据即使在下一个事务时间内基本不会发生改变，也需要将所有数据的重新输入和储存，产生较大冗余。

(3)历史数据库

快照数据库考察的是特定时刻下现实世界的一个状态，只是反映了某一个瞬间的情况，于是引入了历史数据库。历史数据库支持有效时间。加入有效时间的历史数据库可以大大增加系统包含的信息量，也方便我们对信息的处理。

历史数据库由历史关系组成，每个元组记录了数据的历史的状态。历史数据库存储和管理客观对象在有效时间点的事件或状态变化的经历。历史数据库允许任意修改。

元组的有效时间反映的是元组的属性为真的那段时间。

设 $R=(A_1,A_2,\cdots,A_n)$ 是传统的关系数据库模式，其时态扩展 $(A_1,A_2,\cdots,A_n$, Start Time, End Time) 是相应的历史数据库模式，(Start Time, End Time) 是事件的有效时间，规定变量 Now 为历史数据库的当前时刻，如果 End Time $\geqslant$ Now $\geqslant$ Start Time，则表示所述事件仍然合法。当 End Time $<$ Now 时，表示该事件已成历史，故历史数据库中无删除操作，通过赋以 End Time 之值来表示事件过时或继续有效。

(4)双时态数据库

双时态数据库支持事务时间和有效时间，它同时具有快照数据库、历史数据库和回滚数据库的特殊性质。

双时态数据库由时态关系组成，每个时态关系对应一个历史关系的序列。双时态数据库的时态关系为四维结构：属性、元组、事务时间、有效时间。双时态关系能够将回滚数据库和历史数据库组合成新的数据库。

因此，这 4 个历史数据库可以看做快照历史数据库，因为它们是 4 个事务时间的快照。另外，由于每个数据库里面的记录是历史数据库属性，因而也可以看做历史数据库。因为记载的是现实元组的真实变化的时间，因而可以在这 4 个数据库里面进行常规的操作功能。

12.1.4　时态数据管理研究

时间信息及其与其他信息的联系在生活中是很重要的，因此在数据库及以其为核心的信息系统中，管理时态信息是必要而迫切的。但是，传统的数据库在数据库中的信息是其在一个非特别指定时刻的瞬像，但却认为是当前的，这对许多新的尤其是现代应用是不够的，因而人们很早就开始关于时间信息管理的研究，时态数据库也就应运而生。

早在70年代初，人们就已探索在数据库和信息系统中处理时间信息。此后，时态信息管理问题引起了越来越多学者的关注，不断出现研究小组、学术机构和国际学术研究会，并且发表了非常多的重要的时态数据库文章。

1. 管理研究领域

时态数据管理研究内容很广，主要有人工智能、软件工程和数据与知识库。

1）人工智能。主要研究时态数据的计划与推理。

2）软件工程。关于实时系统特性的规范说明的研究。

3）数据与知识库。关于时态数据的检索与更新及设计实时事务的研究。

2. 推理机制的类型

在人工智能领域中，主要研究时态推理机制，主要有两种类型：

1）解释数据及其联系。这种系统支持包含了时间问题的自然语言理解。主要代表为J. F. Alien的“时区演算”。

2）建立未来活动的计划。这种系统可用在工厂调度资源的使用，称为“智能调度”，但它要求在一定的时间限制内制定能正确使用资源以解决给定调度问题的计划。T. L. Dean和D. V. MeDermott的“时间图管理”（TMM）系统是这方面的代表。

3. 存储和检索方法的研究

数据库着重研究时态数据的存储与检索方法，其主要研究方向为：

（1）提供时态推理能力

R. A. Kowalski和S. M. Sripada以逻辑式事件演算来处理更新问题；R. Maiocchi和B. Pernici的TSOS系统提供了一种精巧的时间推理器来处理时态数据。

（2）不断扩展数据模型及其语言

典型代表为E. D. Falkenberg和J. A. Bubenko开发的时态关系模型，它对系统的每元组增加一个额外的有效时间域。J. Clifford和D. S. Waren提出用内涵逻辑来定义世间的形式语义，表示数据库的时变属性为时间集到值集的函数。

4. 时态数据管理研究的意义

研究时态数据管理的主要原因为以下几点：

（1）维护历史信息

许多应用的历史信息与当前信息一样重要，必须维护对数据库操作的完整记录。且若历史信息可以作为数据库的整体部分来管理，则可以用来统计分析以支持决策制定。

（2）固有的时间依赖性

许多应用是固有地依赖于时间的，于是收集数据的统计与分析都是按时间范围进行的，时态数据是最基本的。还有一些应用，如在工程数据库、计量经济学、观察、策略分析等领域中，其时间范围是内在固有的。

（3）时间上的关系

需要考虑对象、事件或活动之间的时间关系的典型例子是调度问题，调度是最根本的问题，其实质就是给出各种操作的一个时序。其次是因果关系，因果关系包含了时序关系，一个事件/活动导致另一事件/活动，则原因事件/活动必须先于结果事件/活动。第三是“part-of”关系隐含着“时间包含”关系；第四是时间限制中的相对时间关系。此外，还有许许多多以时间关系作为重要因素的应用。任何活动或过程、事件的建模都如此。

时态数据管理研究的核心主要是时态信息表示和关于时态数据的推理，过去的研究也主要集中在这些方面。

12.2　时态数据模型与查询语言

在时态数据库中，将时间集成到 DBMS 数据模型中的一般做法是把 DBMS 数据模型中的元素看成是事实，并将它们与时间域(时间戳)相关联来表示何时这些事实的有效性。一些具体的选择如下：

1)数据模型扩展：最重要的模型是关系模型和面向对象模型。

2)事实的粒度：最相关的粒度是元组/对象和属性。

3)所使用的时间戳类型：包括单个时间子(instant)、单个时间间隔(period)以及时间间隔集合(periods)。

4)时间维：支持有效时间、事务时间和双时态。

到目前为止，已经提出了许多种时态数据模型，它们都可以根据上面的标准进行分类。表 12-1 为其中的一部分模型。尽管其中有的模型涉及了两个时间维，但我们将它们只列在表中的一个单元格中。

表 12-1　时态数据模型分类

时间维	属性	时刻	时间区间	时态元素
有效时间	带时间戳的属性值	Lorentzos	Tansel	历史关系数据模型(HRDM)
	带时间戳的元组	Segev	Sarda	双时态概念数据模型(BCDM)
事务时间	带时间戳的属性值	Caruso	—	Bhargava
	带时间戳的元组	Ariav	Postgres	双时态概念数据模型(BCDM)

12.2.1　双时态概念数据模型 BCDM

BCDM 是一种支持有效时间和事务时间的双时态模型。BCDM 模型简单地罗列了组成一个元组的双时态元素的所有双时态时间子。这种庞大的表示看起来没有必要。但 BCDM 的目的并不在于设计一种有效的表示方式，而是在于提供一种简单的语义。

BCDM 模型描述如下：

1)每一个事实包含在一个元组中。

2)每一个事实条目的 Timestamp 记录了这个事实何时为真和这个事实何时被写入数据库。

3)BCDM 是一种均一的数据模型。

4)元组定义为具有合法属性值的属性集子集。

5)不允许有空的 Timestamp。

6)不允许有相同值的元组,BCDM 中的关系是接合的。

7)每一个合法元组的集合都不是合法元组。

BCDM 中的关系不是 1NF,因为 Timestamp 不具有原子性,其他的属性都是原子。BCDM 支持有效时间和事务时间的双时态,BCDM 从概念层次上完整地实现了双时态的语义,虽然它并不适合于数据存储和数据表示,但是它为双时态语义的形成提供了完整的逻辑体系。BCDM 的原子性表现在属性不可再分。有效时间的同质性是指所有事实定义在同一种时间元素上。有效时间的接合性是指时间连续或重叠时,不允许相同性元组的出现。

对于有效时间,其时间模型是一个由时间子$\{t_1,t_2,\cdots,t_k\}$所构成的集合,其中 t_1 是起始时间,t_k 是终止时间,并且可以假设它们分别位于过去和未来。对于事务时间,其时间模型是时间子集合$\{t'_1,\cdots t'_l\}\cup\{uc\}$。这样,一个有效时间间隔$[t_j,\infty]$就被解释为一个时间子的集合$\{t_j,\cdots t_k\}$。但对于事务时间,其相对比较复杂,这里可以先假设 uc 值是随当前时间而变化的。如果 $t'_m=now$,则一个事务时间间隔$[t'_j,uc]$可以被直接解释为时间间隔$\{t'_j,\cdots,t'_{m-1},uc\}$。在每一个时钟周期,可以通过将一个表示当前时间的最新的时间子添加到关系实例中的失态元素来更新时态元素。

12.2.2 TempSQL 模型及语言

TempSQL 兼容了 SQL 的主要功能,可以查询被管理对象的历史,数据库的插、删、改的历史,以及用户和数据库出错的历史。它保持了时态数据和静态数据的无缝连接。通常认为快照数据库是时态数据库中时间缩小为一个时间量子[Now,Now]时的特例。TempSQL 引进了双时态机制,数据库中管理包括对象历史的有效时间和数据库查、删、改的事务时间。

TempSQL 中元组的非关键字属性是随时间变化的,它可以是在多个时间段的多个属性值;但关键字属性是不随时间变化的。各个元组的属性周期是一致的,称为满足同时性条件。而作为查询语言,TempSQL 大致等价于元组演算。

1. TempSQL 模型

TempSQL 模型先引进了时态属性值、时态元组、生命周期、时态表达式等一些 TempSQL 特有的基本概念,再建立时态数据库模型。

1)时态属性值。TempSQL 中允许时态属性值是形如(区间,值)的二元组。

2)时态元组。TempSQL 要求一个元组中各个属性的生命周期一致,称为满足同时性条件的时态元组。

3)时态表达式。为了使 TempSQL 语言表达方便,引入了时态表达式的概念。

若 A 是一个属性,则 A 的时态表达式即为$[[A]]$,表示在该关系中各个元组中属性 A 的定义域的并;若 A、B 是属性,则 θ 是比较算符,布尔式 $A\theta B$ 的时态表达式记为$[[A\theta B]]$,是关系中布尔式 $A\theta B$ 为真的那些区间的并集;若 e 是关系表达式,则 e 的时态表达式$[[e]]$是由 e 所表达的关系中所有元组的时态表达式的并集。

时态表达式的并、交、差及否定仍是时态表达式。TempSQL 可由关键字指定对象。TempSQL 中规定对象的关键字如随时间变化后,就被认为代表另一对象。

2. TempSQL 语言

TempSQL 查询语言是支持 TempSQL 模型的一种语言，它是在 SQL 的语言框架上加上了时态语义的产物。TempSQL 查询语言的基本的句型结构为：

Select selectList

While whileExpression

From fromList

Where whereCondition

Group By groupByList

Having havingCondition

During duringExpress

TempSQL 语言的主要功能有两种：

1)包括对数据库的元组中与有效时间有关的属性上的运用；

2)对查询数据库的事务时间相关方面的运用。

(1)与有效时间有关的属性查询

一般的表达式是：

Select 属性 1,属性 2,……

While 时间区间集岸

From 关系 1,关系 2,……

Where 布尔条件表达式

其结果等于没有受限于 While 子句的中间结果集，再在时间集合 μ 上的投影。也就是对上面表达式的查询，要先进行下面的表达式的查询，所得查询结果集为 U，而上面表达式的最终结果是：$U \uparrow \mu$。

Select 属性 1,属性 2,……

From 关系 1,关系 2,……

Where 布尔条件表达式

(2)与事务时间有关的查询

在 TempSQL 模型中用事务日志来记录数据库本身查、删、改的历史。事务日志所记录的是某人一定条件下进行的某种操作。

一个事务日志的例子是：

```
T1:TT=2,User=u1,
  Insert(经理名:([1990,1995],张山),
      年薪:(([1990,1995],2))
  In Man-Sal
  With(授权=DB-admin,
      Reason=New Record)
T2:TT=30,User=u2,
  Modify(……)
  With(……)
```

T3:TT=40,User=u3,Q1:What is 张山 's salary?

其中:T1、T2、T3 为依次发生的事务名称;TT 为事务发生的时间;User 是指用户,Q1 为自然语言表达的查询;Insert(……)表示该用户对数据库进行了一次插入操作及其细节;With(……)说明授权的条件和理由。

上述流水账似的记录能够很清楚地说明时态数据库中的事务情况了。但如果事务日志过多,则会造成数据库的储存空间的压力变大,且事务的日志集合有点乱。通常情况下,数据库的系统日志按若干时态关系来保存,且我们可以在这些表的基础上建立视图,也可按不同要求的索引表来保存。

TempSQL 模型中有许多复杂的技术细节,例如,当历史性数据出现错误需要更新时,修改历史信息将可能影响库中历史的公正性和可靠性,TempSQL 引进了双时态机制,可以实现对数据错误和修改历史进行查询。但是这种模型使得时态数据库中的数据不断延伸,于是对存储空间的要求不断增大。目前,很多学者正在研究通过压缩信息,利用不完全数据恢复技术来减小对存储空间的压力。

12.2.3 TQuel 模型及语言

TQuel 语言的基本结构是对 Quel 语言的扩展。基于 Quel 发展起来的事态查询语言有 TQuel、HQuel、HTQuel。TQuel 建立在 1NF 时态关系之上,其他两个建立在非 1NF 的关系模型之上。

TQuel 建立在双时态的基础之上,其元组的生命周期为有效时间,而数据库中事务执行的是事务时间,并认为这两个时间轴是正交独立的。TQuel 模型在谓词演算基础上建立了复杂而完备的理论,制定了详细的句法规范,并深入地研究了各种属性,还深入研究了 TQuel 和元组演算的语义关系。TQuel 的操作是基于关系数据库中的元组演算的,主要包括普通 Quel 操作、有效时间操作、事务时间操作等。

1. TQuel 语法的 BNF 定义

TQuel 的典型查询语句如下:

```
range of t1 is R1
range of tk is Rk
retrieve(ti1. Dj1,…,. tir. Djr)
valid during V
where
when
as of
```

另外,TQuel 为有效时间加入了新子句:when。

图 12-1 是 TQuel 的部分 BNF 定义说明图。

```
<when clause>        ::=  when <temporal pred>
<temporal pred>      ::=  <ei-expression> precede <ei-expression>
                          <ei-expression> overlap <ei-expression>
                          <ei-expression> equal <ei-expression>
                          <temporal pred> and <temporal pred>
                          <temporal pred> or <temporal pred>
                          (<temporal pred>)
                          not <temporal pred>
<ei-expression>      ::=  <e-expression>
                          <i-expression>
<e-expression>       ::=  <event element>
                          begin of <ei-expression>
                          end of <ei-expression>
                          <e-expression>
<i-expression>       ::=  <interval element>
                          <ei-expression> overlap <ei-expression>
                          <ei-expression> extend <ei-expression>
                          (<i-expression>)
<valid-clause>       ::=  valid from <e-expression> to <e-expression>
                          valid at <e-expression>
```

图 12-1　TQuel 的部分 BNF 定义

2. TQuel 的时态语义

TQuel 在传统的 Quel 的基础上引入了一些时态保留字，如：as of、overlap 等，类似的保留字还有 First、Last、Endof 等，下面用等式的形式来说明这些保留字的意义。

First(2009,2012)=2009

Last(2009,2012)=2012

Before(2009,2012)=ture

After(2009,2012)=false

Interval(tuple)=(Interval.[from],Interval.[to])

Beginof([2011,2012])=[2011,2011]

Endof([2011,2012])=[2012,2012]

Overlap([2008,2011],[2009,2012])=[2009,2011]

Extend([2008,2010],[2009,2012])=[2008,2012]

Precede([a,b],[c,d])=Before[b,c]

从表 12-2 可以看到在 TQuel 语言中如何表达 Allen 时态区间[1]。可以看到，TQuel 语言很好地表达了 Allen 时态区间的各个内容。

表 12-2　TQuel 时间表达

Allen	TQuel
a before b	a precede b and not (end of a equal begin of b)
a equals b	a equal b
a meets b	end of a equal begin of b

续表

Allen	TQuel
a overlaps b	a overlap b and end of b equal begin of a
a during b	begin of a overlap b and end of a over lap b and not (a equal b)
a meets b or b meets a	end of a equal begin of b and end of b equal begin of a
a starts b	begin of a equal begin of b and end of a precede end of b
a finishes b	begin of a precede begin of b and end of a equal end of b

12.2.4 TSQL2 语言

TSQL2 是基于 BCDM 数据模型的语言。TSQL2 是由早期提出时态模型和查询语言的 18 位研究者联合设计的。TSQL2 是 SQL-92 的一个超集，具有丰富的语言表达能力，而且也能够表达非常复杂的查询，目前已经集成到了 SQL3 标准中。

在 TSQL2 中，随着时态特性的不同，关系可分为如下 6 类，如图 12-2 所示。

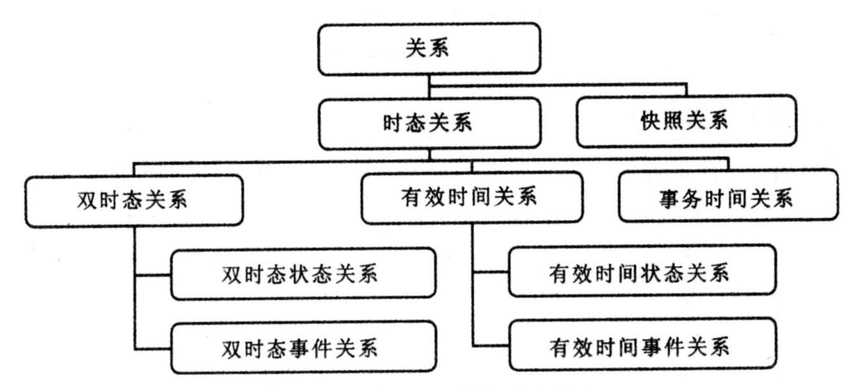

图 12-2　TSQL2 中的关系分类图

双时态状态关系：时间标签含事务时间和有效时间，其中有效时间描述的是关系表示的状态有效的期间。用子句 as valid[state] and transactoin 来说明。State 为可选项，如果不加 state，效果是一样的，默认说明该关系是有效时间状态关系。

双时态事件关系：时间标签含事务时间和有效时间，其中有效时间描述的是关系表示的事件发生时刻的集合。用子句 as valid event and transactoin 来说明。

有效时间状态关系：表示状态 state，有效时间表示的就是状态有效的期间。这种关系用子句 as valid[state]说明。

有效时间事件关系：表示事件 event，事件发生在某一刻，有效时间为时刻的集合。用子句 as valid event 说明该事件是有效时间状态关系。

快照关系：无时间标签。

事务时间关系(AS TRANSACTION)：只有事务时间这一时间标签，用子句 as transactoin 说明。

在这 6 种关系中，状态关系记录的是在某个特定时间区间里成立的事实，而事件关系记录的则是在每个特定时刻发生的事件。在事件关系中，每个元组记录了一个事件，并且带有一个表示该事件发生时刻的时间戳。

12.3　基于全序 TFD 集的时态模式规范化

全序 TFD 集所涉及的时态数据相关理论是时态数据库数据组织理论和概念中需要重点考虑的一个组成部分。所谓的全序 TFD 集记为具有全序时态类型集的 TFD 集

12.3.1　时态依赖函数 TFD

时态依赖函数 TFD 是基于时态类型和时态模块提出的。

1. 时态类型

为了更好地描述时态类型，设全体实数集代表时间，记 R 为实数集，2^R 表示 R 的幂集。在接下来的讨论中，如果不做特殊说明的话，所讨论的全是基于假定的基础上进行的。

时态类型：时态类型是一个从确定的整数（时刻）集合到 2^R 的投影 μ，使得对所有确定的整数 $i,j(i<j)$，满足以下条件：

1）若 $\mu(i)\neq\emptyset,\mu(j)\neq\emptyset$，则 $\mu(i)$ 中的每一个实数小于 $\mu(j)$ 中的所有实数。

2）若 $\mu(i)=\emptyset$，则 $\mu(j)=\emptyset$。

其中，(1) 说明了映射是单调的，(2) 说明不允许空值映射为某一时间标记。

毫无疑问，现实生活中 Day（天）、Month（月）、Week（星期）以及 Year（年）满足时态类型的定义。例如，可以定义 Year 从 1900 年起始，则 Year(1) 与 1900 年对应，Year(2) 与 1901 年对应，以此类推。注意到时态类型 Year 是连续区间的集合，但并不是所有的时态类型都如此。例如，Leap_year（闰年）是一个时态类型，但不是连续区间的集合，若定义 Leap_year 从 1892 年起始，则 Leap_year(1) 与 1892 年对应，Leap_year(2) 与 1896 年对应，以此类推。时态类型也可以只有有限个时刻的投影不为空。例如，为了用时态类型表示 1995 年，可以定义时态类型 T 为：$T(1)$ 与 1995 年对应，$T(i)$ 与空集对应 $(i>1)$。

细于关系：μ_1 和 μ_2 是时态类型，如果对每一个确定的整数 i，存在整数 j 满足 $\mu_1(i)\subseteq\mu_2(j)$，则称 μ_1 细于 μ_2，记为 $\mu_1\leqslant\mu_1$。

在本章内容中，常常把 $\mu_1(i)\subseteq\mu_2(j)$ 描述为：μ_2 的时刻 j 覆盖 μ_1 的时刻 i。若 $\mu\leqslant v,\mu\neq v$，就说 μ 严格细于 v，记为 $\mu<v$。

最小下界和最大上界：任何时态类型集相对于细于关系可以说都存在一个最小下界和最大上界，分别记作 μ_{Bottom} 和 μ_{Top}。它们分别被定义为：

1）对每一个 $i>1,\mu_{Top}(1)=\mathrm{R},\mu_{Top}(\mathrm{i})=\emptyset$。

2）对每一个 $i,\mu_{Bottom}(1)=\emptyset$。

在不产生二义性的情况下，可以使用 Top 和 Bottom 分别表示 μ_{Top} 和 μ_{Bottom}。

对于任意一对时态类型 μ_1 和 μ_2 关于细于关系分别存在一个唯一的最大下界和最小上界，分别记作 $glb(\mu_1,\mu_2)$ 和 $lub(\mu_1,\mu_2)$。在这里，可以记作 $\mu_1<\mu_2$ 表示 $\mu_1\leqslant\mu_2$ 且 $\mu_1\neq\mu_2$。所有时态类型的集合关于细化关系形成一个格。

不难发现，细于关系是自反的、反对称的、传递的，即对于任何时态类型集 T，T 对于细化关

系是偏序集。

时态类型间操作是很复杂的。时态类型之间的偏移关系会造成 glb 的不规则性，且当所涉及的时态类型更为复杂时，由 glb 操作所新生成的时态类型将理解起来更加困难，即使是用计算机实现也比较困难。

当执行 glb 操作的两个时态类型间的关系为全序关系时，glb 操作的结果不会产生新的令人难以理解的时态类型，而是两个时态类型中较细的时态类型，例如，对时态类 Month 和 Day 做 glb 操作后所得的时态类型 $glb_{md}=glb(\text{Month},\text{Day})=\text{Day}$，如图 12-3 所示。

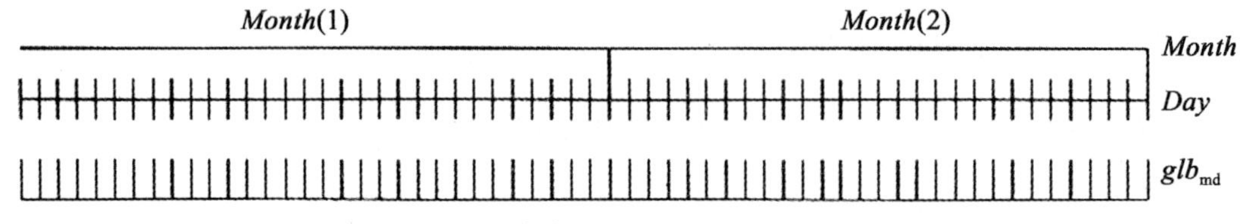

图 12-3　时态类 Month 和 Day 的 glb 操作

2. 时态模块

时态模块模式是一个二元组 (R,μ)，其中，R 是传统关系模式，μ 是时态类型。时态模块是一个三元组 (R,μ,Φ)，其中，(R,μ) 是时态模块模式，Φ 是时间窗口函数，是一个确定的整数（时刻）集合到 $2^{Tup(R)}$ 的映射（$Tup(R)$ 表示 R 的所有元组的集合），$\Phi(i)$ 即为在时间 $\mu(i)$ 内有效的元组集合，若 $\mu(i)=\varnothing$，则 $\Phi(i)=\varnothing$。

3. 时态函数依赖和集细于关系

由于时间维的引入，时态数据库能够更加全面地反映出现实世界随时间变化的特征，但也给时态数据库的设计带来了非常大的困难。在时态数据库设计研究领域，已经提出的几种时态依赖包括以下几个：Vinau 于 1987 年提出的动态函数依赖（DFD）概念；Navathe 于 1989 年提出的时态关系模型中的时态依赖；Jensen 等在双时态概念数据模型的基础上提出的时态依赖；Wijsen 等于 1995 年在基于对象的数据模型上定义的四种依赖，即快照函数依赖（SFD）、动态函数依赖（DFD）、时态函数依赖（TFD）以及区间依赖（ID）；Wang 等于 1997 年基于多时间粒度提出的时态函数依赖（TFD）的概念；Combi 等于 2004 年提出的时态函数依赖概念。其中，Wang 和 Combi 提出的时态函数考虑到了多时间粒度问题，其他时态函数依赖就没有考虑到这个问题。Wang 定义的时态函数依赖，由于考虑了快照间的数据冗余和多时间粒度的问题而备受关注，下面讨论的是基于 Wang 提出的时态函数依赖。

Armstrong 公理：设 R(W) 是一个关系模式，$V,X,Y,Z\subseteq W$，就有

FD_1（自反公理）：如果 $Y\subseteq X\subseteq W$，则 $\vdash X\rightarrow Y$。

FD_2（增广规则）：如果 $Z\subseteq V$，则 $X\rightarrow Y\vdash XV\rightarrow YZ$。

FD_3（传递规则）：$\{X\rightarrow Y,Y\rightarrow Z\}\vdash X\rightarrow Z$。

FD_4（并规则）：$\{X\rightarrow Y,X\rightarrow Z\}\vdash X\rightarrow YZ$。

FD_5（投影规则）：如果 $Z\subseteq Y$，则 $X\rightarrow Y\vdash X\rightarrow Z$。

FD_6（伪传递规则）：$\{X\vdash Y,VY\vdash Z\}\vdash\{VX\vdash Z\}$。

对于传统关系模式 $R=(A_1,A_2,\cdots,A_n)$，X,Y 是 $\{A_1,A_2,\cdots,A_n\}$ 的子集，若 R 的任何一个可能的关系中不存在任何两个元组在 X 上的值相等而在 Y 上的值不等的情况的话，则称 X 函

数决定 Y，记作 $X \rightarrow Y$。

时态函数依赖：设 X, Y 是属性的有限集，μ 是时态类型且存在 i，使得 $\mu(i) \neq \emptyset$。就称 X 在时态类型 μ 上函数决定了 Y 或 Y 在时态类型 μ 上函数依赖于 X，记为 $X \rightarrow_{\mu} Y$ 或 TFD：$X \rightarrow_{\mu} Y$。

显然，时态函数依赖 $X \rightarrow_{\mu} Y$ 表示对于任意两个元组 t_1, t_2，如果分别使有效的时间都被 μ 的某时刻覆盖的话，且 $t_1[X] = t_2[X]$，则 $t_1[Y] = t_2[Y]$。

例如，时态函数依赖 Name$\rightarrow_{\text{Year}}$Rank（Name 表示人名，且每个人的名字是唯一的；Rank 表示职称；Year 表示年的时态类型）表示每个人的职称在一年内是不会发生任何改变的。

TFD 逻辑蕴涵：设 F 使一个 TFD 集，若任何满足 F 的时态模式(R, μ)也一定满足 $X \rightarrow_{\mu} Y$，则称 F 逻辑蕴涵 $X \rightarrow_{\mu} Y$，记为 $F \models X \rightarrow_{\mu} Y$。

时态候选关键字：设(R, μ)是一个时态模式，F 是仅包含 R 中属性的 TFD 集，属性集 $X \subseteq R$，若 $X \rightarrow_{\mu} R$ 被 F 逻辑蕴涵，则称 X 是(R, μ)的一个超时态候选关键字，如果对每一个属性 $A \in X$，$X - \{A\}$都不是(R, μ)的超时态候选关键字，则称 X 是的一个时态候选关键字，记为时态码。

集细于关系：$\{\mu_1, \mu_2, \cdots, \mu_n\}$是一个时态类型集，$v$ 是一个是时态类型，如果对每一个确定的整数 i，在 $1 \leqslant k \leqslant n$ 及整数 j，使得 $v(i) \subseteq \mu_k(j)$，则称$\{\mu_1, \mu_2, \cdots, \mu_n\}$，记为 $v \leqslant c\{\mu_1, \mu_2, \cdots, \mu_n\}$。

不难看出，细于关系是集细于关系的一个特殊实例。实际上，对任何时态类型 μ 和 v（$\mu \leqslant v$），有 $\mu \leqslant c\{v\}$；对于任何时态类型集$\{v_1, v_2, \cdots, v_n\}$，如果存在某个 i（$1 \leqslant i \leqslant n$），使得 $\mu \leqslant v_i$，一定有 $\mu \leqslant c\{v_1, v_2, \cdots, v_n\}$。注意，细于关系和集细于关系式根据时态类型的语义确定的。

12.3.2 全序时态类型集的 TFD 集的逻辑蕴涵

全序时态类型集：给定时态类型集 T，如果 T 对于细于关系是全序，即 T 是偏序集且对于 T 中的任意两个时态 μ 和 v，必有 $\mu \leqslant v$ 或 $v \leqslant \mu$，此时 T 就为全序时态类型集。

关联集：μ 是任意一个时态类型，F 是一个 TFD 集，那么 μ 关于 F 的关联集 Rel(μ, F)定义为：Rel$(\mu, F) = \{X \rightarrow_{v} Y \mid X \rightarrow_{v} Y \in F$ 且 $\mu \leqslant v\}$。

TFD 集的时态类型集：F 是一个 TFD 集，则 F 的时态类型集 $TS(F)$定义为：$TS(F) = \{v \mid X \rightarrow_{v} Y \in F\}$。也称 F 具有时态类型集 $TS(F)$。若一个 TFD 集具有全序的时态类型集，则称该 TFD 集是一个全序 TFD 集，否则就可称之为偏序 TFD 集。

通常情况下，如果 F 是一个具有全序时态类型集的 TFD，那么 $F \models X \rightarrow_{\mu} Y$，当且仅当 $\Pi_{\emptyset}(Rel(\mu, F)) \models X \rightarrow Y$。

如果(R, μ)是一个时态模式，F 是仅包含 R 中属性的 TFD 集，并且 F 的时态类型集是全序的，那么 X 是(R, μ)关于 F 的时态候选关键字，当且仅当 X 是 R 关于 $\Pi_{\emptyset}(\text{Re}l(\mu, F))$的候选关键字。

12.3.3 求全序时态类型 TFD 集成员籍的相关算法

通过以上讨论，不难看出，对于具有全序时态类型集的 TFD 集，可以利用传统 FD 集的相关算法来解决 TFD 集的一些问题。为此需要首先给出传统 FD 集的求成员籍算法。为了给出传统 FD 集的求成员籍算法，需要先给出线性时间属性闭包的求解算法。

F 导出：设 F 是在属性集 W 上的一个 FD 集，$X \subseteq W$，则 X 关于 FD 集 F 的属性集闭包 X_F^+ 是所有这些属性 A 的集合，只要 $X \rightarrow A$ 能够使得 F 借助于 Armstrong 公理导出。即 $X_F^+ = \{A \mid$

$X \to A$ 可由公理 Armstrong 从 F 导出}。

$X \to Y$ 可由 Armstrong 公理从 F 导出的充要条件是 $Y \subseteq X_F^+$。

可以看出，判定某个 FD 是否被 FD 集 F 所蕴涵的问题，实际上就是求解该 FD 是否属于 F 的成员籍问题。但由于 F^+ 比 F 大得多，由 F 计算 F^+ 一般需要的时间是指数级，这对于设计人员来说接受起来非常困难。既或是求出 F^+，但是又由于 F^+ 中包含大量的冗余信息，计算出全部 F^+ 也是没有意义的。为了避免这种指数级计算，根据以上内容可以计算线性时间属性集闭包求解算法。

```
Lineclosure(X,F)(线性时间属性闭包求解):
输入:W,F,属性集 X⊆W;
输出:X⁺;
begin
    for 每一个 FD:V→Z∈F do
        Count[V→Z]:=|V|;
        for 每一个属性 A∈V do
            将 V→Z 加入 List[A];
    X(1):=X;X(0):=X;
    while X(0)≠∅do
        从 X(0)中任选一属性 A,X(0):=X(0)—A;
    for 每一个 FD:V→Z∈List[A] do
        Count[V→Z]:=Count[V→Z]-1;
        if Count[V→Z]=0 then
            Add:Z—X(1);
            X(1):=X(1)∪Add;
            X(0):=X(0)∪Add;
        return(X(1));
    end.
```

其中，该算法的时间复杂度为 $O(n)$，n 表示的是输入长度。

```
Membership(F,X→Y)(求成员籍算法):
输入:FD 集 F,一个 FD:X→Y;
输出:若 F⊨X→Y,则 return(true);否则 return(false);
begin
    if Y⊆Lineclosure(X,Y) then
        return(true);
    else
        return(false);
end.
```

该算法的时间复杂度为 $O(n)$。

To_Membership($F, X \to_\mu Y$)(求 TFD 集成员籍的算法):

输入:一个具有全序时态类型集的 TFD 集 F 和一个 TFD:$X \to_\mu Y$;

输出：如果 $F \models X \rightarrow_{\mu} Y$；否则，输出 false；

```
begin
(1)G=∅;
    for 每一个 Z→_v W∈F) do
    if μ≤v then
        G:=g∪{Z→W};/ * Π_∅(Rel(μ,F)) * /
(2) if Membership(G,X→Y) then
        return(true);
    else
        return(false);
end.
```

显然，算法 To_Membership 正确判断了一个给定 TFD：$X \rightarrow_{\mu} Y$ 是否被 TFD 集 F 所逻辑蕴涵，是可终止的，其时间复杂度为 $O(n+p)$。其中，n 表示属性集中不同属性的个数，p 表示 TFD 集中 TFD 的个数。

12.3.4 TFD 集的化简

TFD 集存在冗余现象，为化简 TFD 集同样可定义无冗余覆盖、化简 TFD 集、规范覆盖等概念。

TFD 集 F 无冗余覆盖：对于某个 TFD 集 F，如果它的任何一个真子集都和它不等价，则称 F 为无冗余 TFD 集；否则，称 F 是冗余 TFD 集。若存在无冗余 TFD 集 G 且 $G \equiv F$，则称 G 是 F 的无冗余覆盖。

TFD 集冗余属性：F 是一个 TFD 集，$X \rightarrow_{\mu} Y \in F$，若存在属性 A，如果满足下列情况之一：

1)$A \in X$ 且 $F - \{X \rightarrow_{\mu} Y\} \cup \{X - A \rightarrow_{\mu} Y\} \equiv F$，称 A 是左部冗余属性。

2)$A \in Y$ 且 $F - \{X \rightarrow_{\mu} Y\} \cup \{X \rightarrow_{\mu} (Y - A)\} \equiv F$，称 A 是右部冗余属性。

则称属性 A 相对于 TFD 集 F 是冗余的。

化简 TFD 集：F 是一个 TFD 集，$X \rightarrow_{\mu} Y \in F$，如果 $X \rightarrow_{\mu} Y$ 的左部不包含任何冗余属性，则称 $X \rightarrow_{\mu} Y$ 是左部化简的；如果 $X \rightarrow_{\mu} Y$ 的右部不包含任何冗余属性，则称 $X \rightarrow_{\mu} Y$ 是右部化简的；如果 $X \rightarrow_{\mu} Y$ 同时是左部化简的和右部化简的，则称 $X \rightarrow_{\mu} Y$ 是化简的 TFD；若 F 中的每一个 TFD 都是化简的(左部、右部化简的)，则称 F 是化简的(左部、右部化简)TFD 集。

规范 TFD 集：一个 TFD 集 F 满足 F 中的每一个 TFD 的右部只有单一属性；F 是左部化简的并且是无冗余的，则称 F 是规范 TFD 集。

利用 To_Membership 算法可以得到求给定 TFD 集的一个无冗余覆盖和规范覆盖的算法。下面给出这些算法的形式描述和复杂性分析。

求具有全序时态类型集的 TFD 集 F 的无冗余覆盖 To_Nonredun(F)算法如下.

输入：一个具有全序时态类型集的 TFD 集 F；

输出：F 的一个无冗余覆盖 G；

```
begin
1)G:=F;
```

2)for　每一个 $X \rightarrow_{\mu} Y \in G$ do

　　if To_Membership($G-\{X \rightarrow_{\mu} Y\}, X \rightarrow_{\mu} Y$) then

　　G:=G-$\{X \rightarrow_{\mu} Y\}$;

3)return(G);

end

算法 To_Nonredun(F)求出具有全序时态类型集的 TFD 集 F 的一个无冗余覆盖,是可终止的,其时间复杂度为 $O(p(n+p))$。其中,n 表示属性集中不同属性的个数;p 表示 TFD 集中 TFD 的个数。

求具有全序时态类型 TFD 集 F 的规范覆盖 To_Canonical(F)算法如下:

输入:一个具有全序时态类型集的 TFD 集 F;

输出:F 的一个规范覆盖 G;

begin

1)使 F 中每一个 TED 的右部单一属性化,设结果 TFD 集为 F';

2)for　每一个 TFD:$X \rightarrow_{\mu} Y \in F'$ do

　for　每一个属性 $A \in X$do

　　if To_Membership($F', (X-A) \rightarrow_{\mu} Y$) then

　　　$F':=(F'-\{X \rightarrow_{\mu} Y\}) \cup \{(X-A) \rightarrow_{\mu} Y\}$;

3)G:=To_Nonredun(F');

4)return(G):

end

该算法正确求出了具有全序时态类型集的 TFD 集 F 的一个规范覆盖 G,是可终止的,其时间复杂度为 $0(n^2 p^2)$。

12.3.5　时态 TFD 集 F 规范化

下面介绍一些包括时态自然连接、时态模块投影等时态规范化的相关操作。

时态自然连接 $\bowtie_T$:两个时态模块 $M_1=(R_1, \mu, \Phi_1)$和 $M_2=(R_2, \mu, \Phi_2)$,则 M_1 与 M_2 的时态自然连接 $M_1 \bowtie_T M_2=(R_1 \cup R_2, \mu, \Phi)$,$\Phi$ 的定义是:对于每个整数 $i \geqslant 1$,$\Phi(i)=\Phi_1(i) \bowtie \Phi_2(i)$,$\bowtie$ 是传统的自然连接符。

时态模块投影($\prod_R^T$):$M=(R, \mu, \Phi)$,$R_1 \subseteq R$,那么时态模块 M 在 R_1 上的时态投影 $\prod_{R_1}^T(M)=(R_1, \mu, \Phi_1)$,$\Phi_1$ 定义为:对每个 $i \geqslant 0$,$\Phi_1(\mathrm{i})=\prod_{R_1}(\Phi(i))$,这里 $\prod_R$ 是传统的投影操作符。

时态 TFD 投影($\prod_Z(F)$):给定 TFD 集 F,F 在属性集 Z 上的投影 $\prod_Z(F)$是所有这样的被 F 逻辑蕴涵的 TFD:$X \rightarrow_{\nu} Y$ 的集合,满足 $XY \subseteq Z$。

由于 $\prod_Z(F)$可能是无限的,下面给出投影有限覆盖操作 $\overline{\prod}_Z(F)$。

投影有限覆盖操作 $\overline{\prod}_Z(F)$:$\overline{\prod}_Z(F)=\{X \rightarrow_{\nu} A_1, \cdots, A_m \mid XA_1, \cdots, A_m \subseteq Z$ 且 $(A_i, \nu) \in \bar{X}^+\ 1 \leqslant i \leqslant m\}$。

时态并操作($\cup_T$):设 $M_j=(R, \mu,)$,$j=1, 2, \cdots, n$,那么 $M_1 \cup_T \cdots \cup_T M_n=(R, \mu, \Phi)$,对每个 $i \geqslant 1$,$\Phi(i) \cup_{1 \leqslant j \leqslant n} \Phi_j(i)$。

Up 操作:时态模型 $M=(R, \mu, \Phi)$,ν_1 为一时态类型,则 Up$(M, \nu_1)=(R, \nu_1, \Phi_1)$,对任意

$i \geqslant 0$，$\Phi_1(i)=\bigcup_{j:\mu(j)\subseteq \nu_1(i)} \Phi(j)$。若不存在 $\mu(j)\subseteq \nu_1(i)$，则 $\Phi_1(i)=\varphi$。

MaxSub 函数：μ 为一时态类型，ρ 为分解的模式，i 为一整数，则 MaxSub$(\mu(i),\rho)=\{(R,\nu)\in\rho \mid \exists J,\mu(I)\subseteq \nu(j)\}$。

保持函数依赖：设(R,μ)为一时态模块模式，F 是仅包含 R 中属性的 TFD 集。(R,μ)的一个分解 $\rho=\{(R_1,\mu_1),(R_2,\mu_2),\cdots,(R_m,\mu_m))$是$(R,\mu)$关于 F 的一个分解，M 为(R,μ)的任一时态模式。若对于每个 $i=1,\cdots,m$，$Up(\prod_{R_i}^{T}(M)),\mu_i)$满足$\prod_{R_i}(F)$，一定能够导出 M 满足 F 成立，则称 ρ 保持函数依赖。

Down 操作：对于时态模块 $M=(R,\mu,\Phi)$，时态类型 ν_1 和 ν_2，则 Down$(M,\nu_1)=(R,\nu_2,\Phi_1)$，对任意 $i\geqslant 1$，有

$$\Phi_1(i)=\begin{cases}\varnothing,\nu_1(i)=\varnothing\\ \varnothing,\text{不存在 } j,\text{使得 } \nu_1(i)\subseteq\mu(j)\\ \Phi(j),\exists j,\text{使得 } \nu_1(i)\subseteq\mu(j)\end{cases}$$

$$\Phi_2(i)=\bigcup\nolimits_{j:\mu(j)\subseteq\nu_2(i)}\Phi(j)$$

时态模式分解：设时态模式(R,μ)的一个分解是时态模式集 $\rho=\{(R_1,\mu_1),\cdots,(R_k,\mu_k)\}$满足：

1)$R_i\subseteq R$，$i=1,\cdots,k$。

2)$R=R_1\cup\cdots\cup R_k$。

3)每个时态类型 μ_i，对所有 l,j，或者 $\mu(l)\cap\mu_i(j)=\varnothing$ 或者 $\mu(l)\subseteq\mu_i(j)$。

无损连接的分解：设(R,μ)是一个时态模块模式，F 是一个 TFD 集，ρ 是(R,μ)关于 F 的分解，如果存在 ρ 的子集 $\rho_1,\cdots,\rho_m$，使得对(R,μ)的满足 F 中所有 TFD 的每个时态模块 M 有：$M=$ Join$(\rho_1)\cup_T\cdots\cup_T$Join$(\rho_m)$，对每个 $\rho_i\{(R_1^i,\mu_1^i),\cdots,(R_k^i,\mu_k^i)\}$，Join$(\rho_i)=$Down(Up$(\prod_{R_1^i}^{T}(M),\mu_1^i),\mu)\bowtie_T\cdots\bowtie_T$Down(Up$(\prod_{R_1^i}^{T}(M),\mu_1^i),\mu)$，则称 ρ 是一个无损连接分解。

时刻间无损连接的分解：设 ρ 是(R,μ)关于 TFD 集 F 的一个分解，如果对 μ 的每个非空时刻 k 下述条件成立：如果 MaxSub$(\mu(k),\rho)=\{(R_1,\mu_1),\cdots,(R_m,\mu_m))$，对每个 $1\leqslant i\leqslant m$，$(R_i,\mu,\Phi_1)=$Down(Up$(\prod_{R_1^i}^{T}(M),\mu_i,\mu)$，并且 k_i 是使 $\mu(k)\subseteq\mu_i(k_i)$的整数，有 $\Phi(k)=\Phi_1(k_1)\bowtie\cdots\bowtie\Phi_m(k_m)$。这里 MaxSub$(\mu(i),\rho)=\{(R,\nu)\in\rho \mid$ 对某些 $j,\mu(i)\subseteq\nu(j)\}$，则称 ρ 是时刻间无损分解。

定理 12-1　设(R,μ)为一全序时态模块模式(即(R,μ)上成立的时态函数依赖集的时态类型集为全序的)，F 为全序 TFD 集，则 ρ 为(R,μ)关于 F 的一个全序无损连接分解，当且仅当 ρ 关于 F 是时刻方式无损连接的分解。

证明　(充分性)设 $M=(R,\mu,\Phi)$为一满足 F 的全序时态模块，$\rho=\{(R_1,\mu_1),\cdots,(R_k,\mu_k))$为$(R,\mu)$关于 F 的一个全序时刻无损分解。对每个 $1\leqslant i\leqslant k$，设 $M_i=\Phi_{(R_i,\mu_i)}(M)=(R_i,\mu_i,\Phi_i)$，$\bigcup_{i=1}^{k}R_i=R$。设 $M'=M_1\bowtie_{TO\_T}\cdots\bowtie_{TO\_T}M_k=(\bigcup_{i=1}^{k}R_i,\nu,\Phi')=(R,\nu,\Phi')$，因为 ρ 为(R,μ)关于 F 的一个全序时刻无损分解，因此对于 μ 的每个非空时刻 $T\geqslant 1$，$\Phi(T)=\Phi_1(T_1)\bowtie\cdots\bowtie\Phi_k(T_k)$，其中 $T_i\geqslant 1$，$1\leqslant i\leqslant k$，使 $\mu(T)\subseteq\mu_i(正)$。由时态自然连接$\bowtie_T$的定义可知，Φ 即为 Φ' 而 $\nu=\mu$，因此 $M=M'=M_1\bowtie_{TO\_T}\cdots\bowtie_{TO\_T}M_k$，即 ρ 为(R,μ)关于 F 的一个全序无损分解。

(必要性)设 $\rho=\{(R_1,\mu_1),\cdots,(R_k,\mu_k)\}$为$(R,\mu)$关于 F 的一个全序无损分解，$M=(R,\mu,\Phi)$为一个满足 F 的全序时态模块。对每个 $1\leqslant i\leqslant k$，设 $M_i=\Phi_{(R_i,\mu_i)}(M)=(R_i,\mu_i,\Phi_i)$，$\bigcup_{i=1}^{k}R_i=R$。

由 ρ 为(R,μ)关于 F 的一个全序无损分解可知，$M=M_1 \bowtie_{TO\_T} \cdots \bowtie_{TO\_T} M_k$，再根据时态自然连接 $\bowtie_T$ 的定义可知，对于 μ 的每个非空时刻 T，$\Phi(T)=\Phi_1(T_1) \bowtie \cdots \bowtie \Phi_k(T_k)$，其中 $T_i \geqslant 1$，$1 \leqslant i \leqslant k$，使 $\mu(T) \subseteq \mu_i(T_i)$。即 ρ 为(R,μ)关于 F 的一个全序时刻无损分解。证毕。

时态三范式：具有 TFD 集 F 约束的时态模块模式(R,μ)是时态三范式的(T3NF)，如果被 F 逻辑蕴涵的每一个 TFD：$X \rightarrow_{\nu} A$（$XA \subseteq R$，$A \notin X$，至少 μ 的一个时刻被 ν 的一个时刻覆盖）至少满足下列条件之一：

1)A 属于(R,μ)的某个时态候选关键字。

2)X 是(R,μ)的超时态候选关键字，并且不存在 i 和 j，$i \neq j$，$X \rightarrow A \in \Pi_{\mu(i,j)}(F)$；除非存在 k，$k \neq i$，使得 $X \rightarrow A \in \Pi_{\mu(i,j)}(F)$但 $X - \rightarrow A \notin \Pi_{\mu(i,j)}(F)$。

12.3.6 T3NF 分解算法

TFD 集的模式投影：给定时态模块模式(R,μ)和 TFD 集 F，则 F 到模式(R,μ)的模式投影，记为$\Pi_{(R,\mu)}(F)$，定义为$\Pi_{(R,\mu)}(F)=\{X \rightarrow_v Y \mid F \models X \rightarrow_v Y, XY \subseteq Z \text{ 且 } \mu \leqslant v\}$。

对于给定时态模块模式(R,μ)和 TFD 集 F，若(R,μ)的一个分解 ρ 投影保持 TFD 集 F 的话，则一定有 ρ 保持 F。

给定时态模块模式(R,μ)和任意 TFD 集 F，若$\Pi_{(R,\mu)}(F) \models X \rightarrow_v Y$，则一定存在 v'，$\mu \leqslant v'$，使得$\Pi_{(R,\mu)}(F) \models X \rightarrow_{v'} Y$。

下面对由$\Pi_{(R,\mu)}(F)$应用 $TFD_1 \sim TFD_4$ 导出 $X \rightarrow_{v'} Y$ 的步数 i 进行归纳证明。

基础：当 $i=1$ 时，则 $Y \subseteq X$，或者 $X \rightarrow_v Y \in \Pi_{(R,\mu)}(F)$。对于前一种情况，有 TFD_1 对任意 v'，满足 $\mu \leqslant v'$，都有 $X \rightarrow_{v'} Y$ 成立；对于后一种情况，由前面的定义，显然 $X \rightarrow_v Y$ 也是满足要求的。

假设：设当 $i<n$ 是，即对任何由$\Pi_{(R,\mu)}(F)$小于 n 步导出的 TFD，可以证明前面的相关内容。

归纳：当 $i=n$ 时，有下面三种情形。

1)$\Pi_{(R,\mu)}(F)$用 $n-1$ 步导出 $X \rightarrow_v Z$，然后在第 n 步由 TFD_2 导出 $X \rightarrow_v Y$。由归纳假设，显然存在 v'，$\mu \leqslant v'$，$\Pi_{(R,\mu)}(F) \models X \rightarrow_{v'} Z$，根据 TFD_2 可得$\Pi_{(R,\mu)}(F) \models X \rightarrow_{v'} Y$。

2)$\Pi_{(R,\mu)}(F)$用 $n-1$ 步导出 $X \rightarrow_v Z$，$Z \rightarrow_v Y$，然后在第 n 步由 TFD_3 导出 $X \rightarrow_v Y$。由归纳假设，存在 v'_1 和 v'_2，满足 $\mu \leqslant v'_1$，$\mu \leqslant v'_2$。设 $v'=glb(v'_1, v'_2)$，则有 $\mu \leqslant v'$，再有 TFD_4 可得 $X \rightarrow_{v'} Z$，$Z \rightarrow_{v'} Y$ 成立，于是根据 TFD_3 可以得出$\Pi_{(R,\mu)}(F) \models X \rightarrow_{v'} Y$。

3)$\Pi_{(R,\mu)}(F)$用 $n-1$ 步导出 $X \rightarrow_{v_1} Y, \cdots, X \rightarrow_{v_k} Y$，满足 $v \leqslant c\{v_1, \cdots, v_k\}$，然后在第 n 步由 TFD_4 导出 $X \rightarrow_v Y$。由归纳假设，对任何 v_j($1 \leqslant j \leqslant k$)，都存在 v'，$\mu \leqslant v'$，使得$\Pi_{(R,\mu)}(F) \models X \rightarrow_{v'} Y$。

上面已经考虑到由$\Pi_{(R,\mu)}$用 n 步导出 $X \rightarrow_v Y$ 的所有情形，归纳步得证。

给定时态模块模式(R,μ)，TFD 集 F 和(R,μ)的一个保持依赖的分解 $\rho=\{(R_1,\mu_1), \cdots, (R_m,\mu_m)\}$，如果存在$(R_i,\mu_i) \in \rho$($1 \leqslant i \leqslant m$)，满足 $\mu_i=\mu$ 的话，且 R_i 包含(R,μ)的一个时态候选关键字，则 ρ 一定是无损连接的分解。

给定时态模块模式(R,μ)以及具有全序时态类型集 T 的 TFD 集 F，如果 $F \models X \rightarrow_{\mu} Y$ 且 $Y \not\subset X$，那么一定会存在 $v \in T$，使得 $F \models X \rightarrow_{\mu} Y$。

To_Synt3NF(R,μ,F)(具有全序时态类型 TFD 集 F 的 T3NF 分解算法)：

输入：时态模块模式(R,μ)，仅包含 R 中属性的具有全序时态类型集的 TFD 集 F；

输出：满足保持依赖及无损连接的 T3NF 的(R,μ)的一个分解 ρ；

begin
1)G:To_Canonical(F);
2)ρ:=$\emptyset$;
while G$\neq\emptyset$do
从 G 中任取一 TFD:$X\rightarrow_v A$;$G:=G-\{X\rightarrow_v A\}$;
R':=XA;
G':=$\emptyset$;
for 每个 $Y\rightarrow_{v'}B\in$G,$X=Y$ 且 $v'=v$do
R':=$R'\cup B$;
G':=$G'\cup\{Y\rightarrow_{v'}B\}$;
G:=$G-G'$;
ρ:=$\rho\cup\{(R',v)\}$
3)ρ:=$\rho\cup\{($To_keyfind$(R,\mu,F),\mu)\}$;
4)从 ρ 中删除这样的时态模块模式(R',v),存在$(R'',v')\in\rho$,满足 $R'\subseteq R''$,$v'\leqslant v$;
5)return(ρ);
end.

算法 To_Synt3NF 求出了一个时态模块模式(R,μ)的一个满足依赖、无损连接的 T3NF 的分解 ρ,是可终止的,其时间复杂度为 $O(n^2p^2)$。其中,n 表示属性集中不同属性的个数,p 表示 TFD 集中 TFD 的个数。

证明:(正确性)由于算法 To_Canonical 和 To_Keyfind 是正确的,下面来证明满足保持依赖、无损连接的 T3NF 的分解 ρ。

(1)保持依赖性

根据前面的介绍,只须证明算法结束是 ρ 关于 F 是投影依赖保持的就可以了。算法执行第 1)步应用算法 To_Canonical 得到了 F 的一个规范覆盖 G,由规范 TFD 集可以知道 $G\equiv F$。根据时态 TFD 投影 $\Pi_Z(F)$,现在只须证明对于任何 $X\rightarrow_v A\in G$,一定存在$(R_i,v')\in\rho$,使得 $XA\subseteq R_i$ 且 $v'\leqslant v$。算法执行第 2)步实际上是按相同的左部和时态类型对 G 中的 TFD 进行分组合并,第 2)步结束时一定存在$(R_i,v)\in\rho$,R_i 是左部为 X 并且时态类型是 v 的所有 TFD 的属性的并集,显然满足 $XA\subseteq R_i$。若算法执行第 4)步从 ρ 中删除(R_i,v),则一定存在$(R_j,v')\in\rho$,满足 $R_i\subseteq R_j$ 且 $v'\leqslant v$,显然 $XA\subseteq R_j$。从上面的讨论可以看出,ρ 关于 F 是投影依赖保持的。

(2)无损连接法

算法执行第 3)步应用算法 To_Keyfind 求得(R,μ)的一个时态候选关键字 K,并将(K,μ)加到 ρ 中,因此算法结束时 ρ 中必定存在(R_i,μ),满足 R_i 包含(R,μ)的一个时态候选关键字,根据前面内容可知,ρ 是(R,μ)的一个无损连接的分解。

(3)满足 T3NF

算法执行结束时,对于任何$(R_i,v)\in\rho$,若(R_i,v)不满足 T3NF,显然(R_i,v)不可能是 3)步加到 ρ 中的;否则,由于 R_i 是由左部为 X 和时态候选类型为 v 的 TFD 的所有属性的并集(显然 X 是(R_i,v)的时态候选关键字),令 $Y=R_i-X$,则存在 $ZA\subseteq R_i$,$F\models Z\rightarrow_{v'}A$,$A\notin Z$,使得 $Z\not\rightarrow_v X$ 或者 $X\subseteq Z$,并且存在 i_1 和 i_2,$i_1\neq i_2$,使得 $Z\rightarrow A\in\Pi_{\mu(i_1,i_2)}(F)$。根据前面内容,一定有 $F\models Z\rightarrow_{v''}A$,$v''\in TS(F)$,显然满足 $v\leqslant v''$。根据 TFD_3 和 TFD_4,有$\{X\rightarrow_v Z,Z\rightarrow_{v''}A\}\models X\rightarrow_v A$,根据算法的第

2)步,必有 $X\rightarrow_{v}A\in G$。这与 G 是规范覆盖存在一定的矛盾。因此(R_i,v)必满足 T3NF。

(可终止性)算法执行第1)步得到的 F 的规范覆盖集 G 包含有限个 TFD,显然算法是可终止的。

(时间复杂度分析)算法执行第1)步使用的算法 To_Canonical 的时间复杂度为 $O(n^2p^2)$,得到规范覆盖集 G 中的 TFD 个数不会超过 np,算法执行第2)步最坏情况下每次内层循环只从 G 中删除一个 TFD,总的循环次数不会超过 $np(np-1)/2$;在算法执行第3)步使用的算法 To_Keyfind 的时间复杂度为 $O(n(n+p))$;在算法执行第4)步的时间复杂度为 $O(p^2)$。通过以上证明可以得出,算法总的时间复杂度为 $O(n^2p^2)$。

12.4 基于时态 ER 模型的时态数据库设计

对于时态数据库设计而言,时态模块模式的概念是具有一般性的。与时态模块模式有关的结果和概念很容易按照其他数据模型进行转换。按照时态模块模式进行的时态数据库设计方面的讨论为访问不同的时态信息系统提供了统一的接口。而且,TFD 和基于 TFD 的范式具有最完备的规范化理论,并能够更有效地消除冗余。因此,按照时态模块模式使用 TFD 设计时态数据库是一个很好的方式。下面主要通过扩展传统的 ER 模型得到一个新的时态 ER 模型,我们称之为 TEERM 模型。该模型不仅可以规范属性的时间粒度,还能够规范参加联系的实体的时间粒度。除了能够支持多时间粒度外,TEERM 模型还能够规范 TFD 约束,并且通过提出的算法,能够转换成时态模块模式。

12.4.1 TEERM 模型的结构

一个 TEERM 模型可以用一个名为 TEERM 的图形进行描述。类似于传统的 ER 模型,在 TEERM 模型中包括三种结构:属性(attributes)、实体类型(entity types)和联系类型(relationship types)。

1. 实体类型

一个实体是现实世界中可以通过自身信息加以区分的事物的抽象表示。实体有一个描述自身特征的属性集。具有相同特征的时态形成一个实体类型。例如,在学校中所有的教师实体形成一个实体类型 TEACHER。在 TEERM 图中,实体类型用矩形来表示,该矩形的内部标出所表示的实体的名字。注意,在一个 TEERM 模型中,实体类型的名字必须保证是唯一的,以便区分不同的实体类型。

2. 属性

属性是用于描述实体或联系特征的抽象表达。例如,可以用 Sno(学号)、Name(姓名)、Age(年龄)以及 Sex(性别)等属性的值来描述一个学生实体。在 TEERM 模型中存在以下几种属性:单值属性和多值属性、简单属性和复合属性、时态属性和非时态属性。在 TEERM 图中,属性用椭圆来表示,属性的名字被标在椭圆内,并且用直线把该属性与所属的实体或联系类型连接起来;多值属性的椭圆要用双线;对于复合属性,需要用直线把组成该属性的每一个分属性连接到描述该属性的椭圆上。

对于一个复合属性 CA，记 $coll$(CA)表示所有 CA 包含的所有简单分属性的集合。

变化粒度：对于一个属性 A，其变化粒度记作 $vg(A)$，是一个时态类型 μ，表示该属性的值在 μ 的任何时刻内发生改变。

在 TEERM 模型中，需要为每个属性指定变化粒度。根据变化粒度，可以将属性进一步分成非时态属性、时间不变键和键属性、时态属性。

(1)非时态属性

对于任意一个属性，如果它的变化粒度是 μ_{Top}，那么该属性是非时态属性。与传统的 ER 模型相同，非时态属性的值不会随着时间而改变。如性别、姓名这些是不会随时间变化而变化的。

(2)时间不变键和键属性

一个实体类型的一个时间不变键(TIK)是一个较简单的非时态属性的集合，使得这些属性的值在生命期内能够唯一地标识一个实体，并且它的任何子集都不具备这种特征。一个信息被存储在数据库中的实体的生命期是指该实体在数据库中的存在时间。一个实体类型可能有几个时间不变键，在这种情况下，通常选择一个语义明确的时间不变键作为一个主时间不变键(PTIK)。对于一个实体类型，属于该实体类型的 PTIK 的属性称之为键属性。在 TEERM 图中，键属性的名字带有一条下划线，其线形为实直线。

(3)时态属性

如果一个属性的变化粒度不是 μ_{Top}，那么该属性即为时态属性。时态属性的值可以随着时间而变化。对于任何变化粒度为 $\mu(\mu \neq \mu_{Top})$的时态属性 TA，它需要满足以下要求：

1)如果 TA 是一个单值属性，那么在 μ 的任何时刻内 TA 的值是唯一的。

2)如果 TA 是一个多值属性，那么在 μ 的任何时刻 i 内，TA 可以包括一组值(多个值)，并且对于任何被 i 覆盖的时刻，TA 都只能取该组值。

在 TEERM 图中，对于每个时态属性，它的变化粒度必须明确地标记在连接它与所属的实体或联系类型的直线旁。

3.联系类型

联系时事务内部或事务之间的语义联系的抽象表示。例如，一名学生选修了某一门课程，这描述了一个学生实体和课程实体之间的联系。一个度为 n 的联系类型 R 是一个 n 元组 $<E_1, E_2, \cdots, E_n>$，这里每个 $E_i(i=1,2\cdots,n)$是一个实体类型。R 的每个联系 r 是一个 n 元组 $r=<e_1, e_2, \cdots, e_n>$，这里每个 $e_i \in E_i(i=1,2,\cdots,n)$。在 TEERM 图中，用菱形来描述联系类型。对于每一个联系类型，用直线将参加该联系类型的每个实体类型与它连接起来。一般说来，度为 2 和 3 的联系类型分别成为二元联系和三元联系；度 $n(n>2)$的联系类型称为 n 元联系类型。

(1)角色和递归联系类型

在上面对联系类型的定义中，由于 E_i 可以是相同的实体类型，一次需要为一些实体类型 E_i 定义角色。在一个联系中的一个实体的角色即为它在联系中所起的作用。例如，在两个同属于实体类型 PERSON(人)的实体间的 MARRIAGE(婚姻)联系中，一个实体充当“丈夫”，另一个实体充当“妻子”，“丈夫”和“妻子”即为实体类型 PERSON 在联系类型 MARRIAGE 中的两个角色。

如果考虑角色，一个 n 元联系类型 R 可以定义为：$R=<RO_1/E_1, RO_2/E_2, \cdots, RO_n/E_n>$，这里 $RO_i(i=1,2,\cdots,n)$ 是 E_i 的一些或所有实体所扮演的角色。需要注意的是，通常情况下 RO_i 的名字与 E_i 的名字相同。不难理解，一个实体类型可以以不同的角色参加一个联系类型多次，这种联系类型即为递归联系类型。

(2)存在联系类型

一些情况下，一些实体对另一些实体存在很强的依赖关系。某个实体存在的必要的先决条件是另一个实体存在。存在联系类型可以用来描述这种联系。对于一个联系类型 R，如果存在一个参加联系类型 R 的实体类型 E，使得 E 每一个实体都必须参加 R 的一个联系，R 即为一个存在联系类型，E 是一个完全参与的实体类型；如果参加 R 的某个实体类型的一些实体不用必须参加 R 的任何联系，那么该实体类型被称为是一个部分参与实体类型。在一个 TEERM 图中，完全参与的实体类型通过一条双线连接到它所参加的联系类型。

(3)弱实体类型

对于一个联系类型 $R=<E_1, E_2, \cdots, E_n>$，若存在一个实体类型 $E_i(1\leqslant i\leqslant n)$，使得 E_i 没有任何由自身属性组成的 TIK，E_i 的每一个实体需要通过一个 $<e_1, e_2, \cdots e_{i-1}, e_{i+1}, e_n>$ 和 E_i 的一些属性的值来进行标识，这里 $e_j\in E_j(j=1,2,\cdots,i-1,i+1,\cdots,n)$，那么称 E_i 是一个弱实体类型，R 是 E_i 的一个标识联系类型，每个实体类型 $E_j(j=1,2,\cdots, i-1,i+1,\cdots,n)$ 是 E_i 的一个主实体类型。一个弱实体类型通常包括一部分 TIK，记为 PLTIK(PLTIK 必须是最小的且由简单属性组成)，用于从属于该弱实体类型并与相同的主实体相关的实体当中标识一个实体。理论上来说，一个弱实体类型可以有多个 PLTIK。在这种情况下，可以根据语义含义选择一个 PLTIK 作为主 PLTIK，记为 PPLTIK。在 TEERM 图中，弱实体类型用双矩形框来表示；属于 PPLTIK 的每一个属性带有一个虚的下划线；标识联系类型用双菱形框来表示。

通常情况下，一个标识联系类型也一定是一个存在联系类型，相应的弱实体类型是一个完全参与实体类型，反之不一定成立。尽管一个弱实体类型本身没有由自身属性组成的 TIK，但它拥有与之相关的主实体类型的 TIK 和它的部分 TIK 组成的 TIK。

(4)IS-A 联系类型

对于一个二元联系 $R=<E_1, E_2>$，若存在一个实体类型 $E_i(i=1$ 或 $2)$，使得 E_i 的每一个实体也都是 $E_j(j\neq i)$的一个实体，那么 R 即为一个 *IS-A* 联系类型，E_i 是 E_j 的子类型，E_j 是 E_i 的一个超类型。在 TEERM 图中，IS-A 联系类型是由一条超类型指向子类型的箭头来表示的。

对于任何 IS-A 联系类型，子类型继承它的超类型的所有属性，从而无须为子类型显式地描述它所继承的属性；同时子类型可以有自己特有的属性，这些属性需要显式地描述。

(5)实体类型分类

弱实体类型无法作为子类型参加任何 IS-A 联系类型，这是因为子类型可以通过继承它的超类型的 TIKs 来标识自己。根据 TIKs 的指派方式，可以将实体类型分为以下三种：弱实体类型、子类型以及普通实体类型。对于一个弱实体类型，它的每一个 TIK 是由它的主实体类型的 TIKs 和它的一个 PLTIK 共同组成的；每一个子类型继承它的所有超类型的 TIKs；普通实体类型是除了弱实体类型和子类型之外的实体类型，对于任何普通实体类型，它的 TIKs 是由设计者指派的并且由它自身的属性组成。

(6)度超过的联系类型

联系类型的度可以是任意的，对于任何联系类型，它的时间基数所涉及的时态类型可以是不同的。

12.4.2 规范 TFD 约束

下面讨论一下具体如何由 TEERM 模型来生成 TFD 约束。

1. 规范 TFD 约束的结构

与传统的 ER 模型比起来，在 TEERM 模型中增加了两个新的结构：时间基数和变化粒度。希望可以通过这两个新的结构来规范 TFD 约束。事实上，在 TEERM 模型中，通过单值属性、1∶1和 1∶n 联系类型就可以表达 TFD 约束。

2. 规范 TFD 的规则

对于任何给定的 TEERM 模型，可以根据下面的规则来规范所满足的 TFD 约束。

T_1：对于任意实体类型 E，可以规范 TFD：$K\rightarrow_{vg(A)}A$ 和 $K\rightarrow_{vg(C)}coll(C)$，这里 $K\in tik(E)$，A 是 E 的简单的单值属性，C 是 E 的复合的单值属性。

T_2：对于每个联系类型 $R=\langle RO_1/E_1,RO_2/E_2,\cdots,RO_n/E_n\rangle$，可以规范 TFD：$K_1\cup K_2\cup\cdots\cup K_n\rightarrow_{vg(A)}A$ 和 $K_1\cup K_2\cup\cdots\cup K_n\rightarrow_{vg(c)}C$，这里 $K_i\in tik(E_i)(i=1,2,\cdots,n)$，$A$ 是 R 的简单的单值属性，C 是 R 的复合的单值属性。

T_3：对于除 IS-A 联系类型之外的每个联系类型 $R=\langle RO_1/E_1,RO_2/E_2,\cdots,RO_n/E_n\rangle$，对于每一个 $RO_i/E_i(i=1,2,\cdots,n)$，如果 $\mathrm{tcard}(E_i,RO_i,R)=\langle\mu,1\rangle$，那么可以规范 TFD：$K_1\cup K_2\cup\cdots\cup K_{i-1}\cup K_{i+1}\cup\cdots\cup K_n\rightarrow_{\mu}K_i$，这里 $K_j\in tik(E_j)(j=1,2,\cdots,i-1,i+1,\cdots,n)$并且 $K_i\in tik(E_i)$。

T_3：对于每个子类型 E，可以规范 TFD：$K_1\rightarrow_{\mu_{Top}}K_2$，这里 $K_1,K_2\in tik(E)$。

12.4.3 时态模块模式投影

时态模块模式为访问不同的时间信息系统提供了一个统一的接口。因此希望能够将 TEERM 模型转换成时态模块模式。这种转换需要做经过以下三个步骤：确定每一个时态模块模式的时态类型、包含的属性以及满足的 TFD 约束。根据 TFD 的生成规则，可以非常容易地确定每个时态模块模式满足的 TFD 约束。下面介绍的投影算法只考虑确定的时态模块模式的时态类型及其包含的属性。

1. 相关操作

为了方便算法的描述，下面介绍以下几个相关操作。设 RE 使一个实体类型或联系类型，有：

$ntsa(RE)=\{A|A$ 是 RE 的一个非时态的、简单的单值属性，或存在 RE 的一个非时态的、复合的单值属性 C，使得 $A\in coll(C)\}$。

$tsa(RE)=\{A|A$ 是 RE 的一个时态的、简单的单值属性，或存在 RE 的一个时态的、复合的单值属性 C，使得 $A\in coll(C)\}$。

$savg(RE)=\{\mu|$存在 RE 的一个时态的单值属性 A，使得 $\mu=vg(A)\}$。

设 R 是一个联系类型，有：

$rvg(R)=\{\mu|$存在一个实体类型E,使得μ是E关于R的相对变化粒度$\}$。

设E是一个实体类型,递归地定义操作$wrvg(E)$,$itt(E)$和$tck(E)$如下:

如果E是弱实体类型,那么$wrvg(E)=\emptyset$,否则的话$wrvg(E)=\{\mu|$存在E的一个标识联系类型R,使得μ是E关于R的相对变化粒度$\}$。

如果E不是弱实体类型,那么$itt(E)=\emptyset$,否则的话$itt(E)=wrvg(E)\cup itt(OE_1)\cup itt(OE_2)\cup\cdots\cup itt(OE_n)$,这里$\{OE_1,OE_2,\cdots OE_n\}$是$E$的主实体类型的集合。

如果E不是弱实体类型或不存在E的标识联系类型R,使得E关于R的时间基数$<\mu,1>$,这里μ可以是任意的时态类型,那么$tck(E)=ptik(E)$;否则$R=<E_1,E_2,\cdots,E_N>$是E的任意一个标识联系类型,满足E关于R的时间给予$<\mu,1>$,则有$tck(E)=tck(E_1)\cup tck(E_2)\cup\cdots tck(E_n)$。

2.投影算法

下面的算法只介绍了由TEERM模型向时态模块模式转换的一般过程,并没有详细地讨论诸如属性的重命名等实现细节。

1)对于每一个联系类型,标记它为未处理的。

2)对于每个实体类型E,如果E是一个弱实体类型,那么标记它的每一个标识联系类型为已处理的;如果E是一个子类型,那么标记E作为子类型参加的每一个IS-A联系类型为已处理的;如果E是一个弱实体类型并且$\mathrm{itt}(E)\neq\{\mu_{Top}\}$,那么令$S_S=\emptyset$,$S_{TS}=\mathrm{nsta}(E)\cup\mathrm{sta}(E)$,$T_S=\mathrm{itt}(E)\cup\mathrm{savg}(E)$,否则$S_S=\mathrm{nsta}(E)$,$S_{TS}=\mathrm{tsa}(\mathrm{E})$,$T_S=\mathrm{savg}(E)$。

3)对于每一个未处理的联系类型$R=<E_1,E_2,\cdots,E_n>$,执行一些相关操作。

12.4.4 基于TEERM模型的数据库设计

相比于传统的ER模型,除了变化粒度和时间基数外,TEERM模型并没有引入其他结构。在传统ER模型中的每一个结构,都可以用TEERM模型中的结构来表示并保持其语义。TEERM模型不仅可以被用来分析和设计时态数据库,同时还可以用于非时态数据库。

至此,就能够得到一个利用TEERM模型的完整的数据库设计方法学。该方法可以分为以下4个步骤。

1)根据应用的需求建立系统的TEERM模型。

2)将1)得到的TEERM模型转换成具有TFD约束的时态模块模式。

3)利用基于TFD的时态规范化技术对2)得到的所有时态模块模式进行进一步的规范化,并删除冗余的模式。可以说一个时态模块模式(R,μ)是冗余的,当存在另一个时态模块模式(R',μ'),使得$R\subseteq R'$且$\mu'\leqslant\mu$。

4)将3)得到的每一个时态模块模式按照某种实现的数据模型投影到实现的平台。

对于目前存在的几十种基于关系模型的时态数据模型来说,时态模块模式可以非常容易地按照它们直接进行转换。只需用目标模型所需要的时间戳属性(可能包括多个)替换时态模块模式中的时态类型即可,当然,要保证这些时间戳属性的粒度细于时态模块模式的时态类型。通常的做法是在系统所支持的时间粒度中(例如,SQL92所支持的时间粒度)选择一个时态模块模式的时态类型的最大下界作为时间戳属性的粒度。例如,时态类型Week在SQL92支持的时间粒度中的最大下界是Date(日期)。

12.5　时态数据库管理系统的分析

12.5.1　时态数据库管理系统的作用

在时态数据管理中，核心是事件，事件可以定义为具有时态和地理特性的系统行为。任何一个事件由主体、动作和对象组成，它们本身及其相互间的联系都与时间实体关联。时间实体可以是时间点或时区，还可以是状态或时刻。任何状态总是与一特定时间关联，因而状态也可作为时间的一种基本单位。

时态推理应具有由一组数据导出时态信息的机制。推理可以是单调或非单调的。如果是单调的推理，那么新的时态信息的断言就是提供关于领域的进一步细节而不否定系统已经知道的东西。如果是非单调的推理，那么对一组存储在系统中的数据的更新可能改变以前做出的结论。

时态推理功能决定处理时态数据时的系统行为。它们包括：

1)数据的有效期处理。可用不同的方法来处理数据的持续性。

2)冲突处理。当对一个变量输入一个值，而该值与以前的说明冲突时，可以输入的值不一致，因该将其拒绝。或自动修改以前的断言，以尽力解决这个冲突。

3)时间度量操作。允许用户说明时间值的加减操作。

时态数据的管理主要包括：数据的存取、保护数据和解释结果。

数据存取用于提供有效地减少查找的时态数据存储与存取机制。数据保护管理可以确保由数据库导出的结果断言仅当其前提条件成立时才是可信的。以这种方法则可限制一个更新的结果的可用性范围。有的需要内部数据组织提供这种数据保护。结果解释可以提供对时态查询答案的解释与表示，它基于存储数据的内部组织来实现。

TDBMS 应支持时态数据在各种抽象层上插入新时态信息时的一致性检验，这依赖于内部的数据组织，也与相关时态数据的操作与推理有紧密联系。

时态数据库管理系统应该允许时态数据说明存在一定程度上的不准确性。这可借助模型操作符或在不同粒度层上的专门谓词和操作符来实现。另外，相对时间也会引起不确定性。但时态系统都必须对不完整信息加以防护。

基于上述关于能力的分析，作为一个 TDBMS，它的功能部件的组成也就明确了。时态数据推导机制、时态查询语言、时态数据维护机构和时间参照机制组成。

12.5.2　时态查询处理技术

时态查询处理技术主要包含两方面：查询优化技术和查询评价技术。

1. 查询优化技术

时态查询优化比一般的查询优化更关键，这是因为它所涉及的关系更大，且是单调增长的，于是无优化的查询的执行将越来越长。因此，有必要花大量时间进行查询优化。另外，时态查询优化的机会更多，语义查询优化还可以利用关于时间的完整性限制。

单个查询的优化技术包括：改变与特定操作相联的存取方法、替换代数表达式为等价的更高效的表达式、对特定的操作采用专门的实现等。

2.查询评价技术

关于查询评价,这里仅考虑时态链接和时态索引技术。

时态连接主要是各种二元连接,如时间连接、时间等值连接、事件连接、约束半连接等。由于时态关系的大小是单调增长的,故索引显得非常重要。在进行查询评价时,对建立的每种时态索引,要进行最坏情况下的性能评价、平均性能分析、比较分析,还要考虑各种时间的分布、非时态关键字索引等。但是,这些评价技术都在研究开发当中。

第 13 章 空间数据库及其索引技术

随着数据库技术的发展，越来越多的应用开始包含大量的空间对象，要求数据库支持关于空间对象的位置、形状及空间关系数据（简称空间数据）的存储、索引、查询与维护。这需要一些特殊的数据库——空间数据库。

空间数据库技术是地理信息系统数据组织的核心技术，也是地理、测绘科学、计算机科学和信息科学相结合的产物。它在解决一些有巨大挑战性的科学问题上（如全球气候变化、基因研究等）正在发挥越来越重要的作用。空间数据库具有十分广阔的应用市场，随着数字地球、数字城市等概念的提出与应用，空间数据库，特别是大型的空间数据库，必将具有更广阔的应用前景。但同时空间数据库领域还存在很多问题有待于进一步研究和解决。

13.1 概述

13.1.1 空间数据库的演变

空间数据库技术的发展与计算机硬件和软件技术之间存在着密切的关系。近年来，随着面向对象、组件技术、分布式计算技术及网络技术和计算机存储技术的发展，空间数据库技术也得到了不断发展和演变，总体来来，其大概经历了以下几个发展阶段。

第一阶段：20 世纪 50 年代后期到 60 年代中期

早在 20 世纪 50 年代中期，尽管已经开始使用计算机管理数据，但是由于没有相关的数据管理软件，计算机主要还是以科学计算为主，并没有起到很大的作用。指导 20 世纪 50 年代后期到 60 年代中期，随着计算机应用领域的拓宽，除了用于科学计算外，计算机开始被大量用于数据管理。

这一阶段（文件系统阶段）数据管理的系统规模、管理技术和水平都有了较大幅度的发展。文件系统是专门用于管理数据的软件，它的处理方式不仅有文件批处理，而且还能够联机实时处理。

第二阶段：20 世纪 70 年代

对计算机辅助制图和遥感图像处理的研究推动了空间数据库的发展，空间数据管理在发展中也经历了很多实验。早期的 GIS 数据的主要管理方式为文件处理，在自定义数据结构与操纵工具的文件中来存储数据。人们尝试将空间数据进行数据库管理的方法是将空间数据中的点、线、面分别存储和管理，点用于进行结构化管理，线和面则用相邻两点进行结构化管理，从而完成对空间数据的数据库管理。这种方式的效率十分低下，且不利于空间数据管理和共享。

可以说，这一时期的空间数据库技术尚处于初期阶段，技术上不成熟。

第三阶段：20 世纪 80 年代

进入 20 世纪 80 年代，在关系数据库技术走向成熟、应用迅速扩展形势的推动下，以 ESRI

公司的 Arc/Info 为代表的矢量 GIS 技术，基于关系数据库技术理念，并部分直接地采用关系数据库技术，提出地理空间数据管理的数据模型——地学关系模型(Geo-relational Model)，成功地开发出基于这种模型的矢量 GIS 数据库系统。

矢量 GIS 数据库系统是地理空间数据库系统技术发展史上第一次革命性飞跃，从此时起，不同的(矢量)GIS 厂家开发了多种具体的 GIS 数据库系统，并取得一定的进步。基于地学关系模型的地理空间数据库系统至今仍然应用于大多数 GIS 系统中。但这种混合管理方式增加了数据维护和管理的难度，并且使得软件数据结构复杂，降低整体性能。

第四阶段：20 世纪 80 年代后期到 90 年代初期

针对空间数据采用文件方式管理中遇到的问题，人们开始考虑把空间数据同属性数据一起存入关系数据库中，实现数据库一体化存储和管理。

传统的关系数据库的记录都是定长结构，而空间数据是变长的，用传统关系数据库来存储它就显示十分困难。针对这一困难，一些关系数据库提供了大二进制字段(变长的)存储方法，可以存储图像、录像、声音等信息。在目前采用这种集成结构的商用空间数据库软件中。

将空间数据和属性数据全部存储在关系型的数据库中，从 20 世纪 80 年代后期到目前为止，出现了面向对象数据库系统，如 GemStone、ORION、Iris 等。但真正的新一代数据库系统还没有出现。

第五阶段：20 世纪 90 年代中后期

空间数据库引擎(SDE)的出现突破了传统的地学关系模型。为了在大型商业关系数据库中实现图形数据和属性数据的统一后台管理，通常会采用客户机/服务器的网络模式，空间数据可以存储在关系型数据库或文件中。同时，作为中间应用服务器，SDE 可以通过有效的空间查询向用户提供各种应用。对于像 Oracle、SQL Server 等数据库系统，SDE 可以提供空间操作函数，使 DBMS 可以像处理其他表结构数据一样对复杂的空间数据进行存储和处理。

目前，随着空间数据仓库、空间数据联机分析和空间数据挖掘等技术的研究更加深入，空间数据仓库已成为空间数据库研究的热点之一。虚拟现实(VR)技术将空间数据转换成一种虚拟环境，人们在该环境中寻找不同数据集之间的关系，并感受这个环境。由此可知，VR 技术的发展促进了空间数据库的可视化。此外，现代分布式网络的空间数据库具有分布式的各种功能。总之，未来的空间数据库系统将是一个可表示复杂和可变对象的、面向对象的、主动的、模糊的、多媒体的、虚拟的集成数据库系统。

13.1.2 空间数据库的特点与问题

1. 空间数据库与传统数据库的不同点

(1)信息描述不同

空间数据库是一个复杂的系统，要用数据来描述各种地理要素，尤其是要素的空间位置，其数据量往往很大。空间数据库中的数据具有丰富的隐含信息。例如，数字高程模型(DEM 或 TIN)除了载荷高度信息外，还隐含了地质岩性与构造方面的信息；植物的种类是显式信息，但植物的类型还隐含了气候的水平地带性和垂直地带性的信息等。

在空间数据库中，数据比较复杂，不仅有与一般数据库性质相似的地理要素的属性数据，还有大量描述地理要素空间分布位置的空间数据，并且这两种数据之间具有不可分割的联系。

(2)数据操作不同

地理空间数据管理中需要进行大量的空间数据操作和查询,如矢量地图的剪切、叠加和缓冲区等空间操作、裁剪、合并、影像特征提取、影像分割、影像代数运算、拓扑以及相似性查询等,而传统数据库系统只操纵和查询文字和数字信息,难以适应空间操作。

(3)数据管理不同

空间数据库管理的空间数据是连续的,具有很强的空间相关性,而传统数据库管理的是不连续的、相关性较小的数字和字符。传统数据库管理的实体类型少,并且实体类型之间通常只有简单固定的空间关系;而空间数据库的实体类型繁多,实体类型之间存在着复杂的空间关系,并且能产生新的关系(如拓扑关系)。

地理空间数据的实体类型繁多,不少对象相当复杂,地理空间数据管理技术还必须具有对地理对象(大多为具有复杂结构和内涵的复杂对象)进行模拟和推理的功能。但是,传统数据库系统的数据模拟主要针对简单对象,管理的实体类型较少,因而,无法有效地支持以复杂对象为主体的 GIS 领域。随着 GIS 技术向三维甚至更高维方向发展,GIS 系统需要描述表达的对象愈来愈复杂。

地理空间数据存储操作的对象可能是一维、二维、三维甚至更高维。一方面,可以把空间数据库看成是传统数据库的扩充;另一方面,空间数据库又突破了传统的数据库理论,如将规范关系推向非规范关系。而传统数据库系统只针对简单对象,无法有效地支持复杂对象(如图形、图像)。传统数据库存储的数据通常为等长记录的原子数据,而空间数据通常由于不同空间目标的坐标串长度不定,具有变长记录,并且数据项也可能很大、很复杂。

此外,空间数据库还包含了拓扑信息、距离信息、时空信息,通常按复杂的、多维的空间索引结构组织数据,能被特有的空间数据访问方式所访问,经常需要空间推理、几何计算和空间知识表达等技术。

(4)数据更新不同

1)数据更新的角色不同。空间数据库更新一般由专人负责,一是因为要保证空间数据的准确性,二是空间数据的更新需要专门的技术。而传统数据库的更新可能是任何使用数据库的人员。

2)访问的数据量不同。空间数据库访问的数据量大,故空间数据库要求有很高的网络带宽。而传统数据库每次访问的数据量较少。

3)数据更新周期不同。空间数据库的更新频度一般是以年度为限,而传统数据库的更新频度较高。

4)数据更新的策略不同。空间数据库一般允许访问时间相对滞后的数据,一方面因为空间对象的变化较缓慢;另一方面因为人为因素未能及时更新,但这不影响对先前更新的数据的访问。另外,GIS 系统一般是作为决策支持系统出现的,而决策支持系统基本上使用的是历史数据。而传统数据库则一般由事务控制。

(5)服务应用差异

空间数据库是一个共享或分享式的数据库,一个空间数据库的服务和应用范围相当广泛,如地理研究、环境保护、土地利用和规划、资源开发、生态环境、市政管理、交通运输、税收、商业、公安等许多领域。

2. 空间数据库的特点

(1)非结构化特性

关系数据库管理系统中,数据记录一般是结构化的,满足关系数据模型的第一范式要求,是定长的,数据项表达的只能是原始数据,不允许嵌套记录,而空间数据则不能满足这种结构化要求。若将一条记录表达成一个空间对象,它的数据项可能是变长的。例如,1 条弧段的坐标,其长度是不可限定的,它可能是 2 对坐标,也可能是 10 万对坐标;1 个对象可能包含另外的 1 个或多个对象。例如,1 个多边形,它可能含有多条弧段。若 1 条记录表示 1 条弧段,在这种情况下,1 条多边形的记录就可能嵌套多条弧段的记录,因此,它不满足关系数据模型的范式要求,可见,难以直接采用通用的关系数据管理系统来管理空间图形数据。

(2)综合抽象特征

空间数据描述的是现实世界中的地物和地貌特征,非常复杂,必须经过抽象处理。不同主题的空间数据库,人们所关心的内容也有差别。因此,空间数据的抽象性还包括人为地取舍数据。抽象性还使数据产生多语义问题。在不同的抽象中,同一自然地物表示可能会有不同的语义。例如,河流既可以被抽象为水系要素,也可以被抽象为行政边界,如省界、县界等。

(3)复杂性与多样性

空间数据源广、量大,时有类型不一致、数据噪声大的问题。进行数据挖掘的原数据可能包含了噪声、空缺、未知数据,而聚类算法对于这样的数据较为敏感,将会导致质量较低的聚类结果,因此,处理噪声数据的能力需要提高。选取挖掘的样本数据时,合理而准确的抽样是至关重要的,样本大不但降低了抽样效率,而且增加了后续工作的复杂性;样本小又存在样本不具有代表性,准确性不高的问题。因此,需要有效的抽样技术解决大型数据库中的抽样问题。由于进行挖掘所需要的数据可能来自于不同的数据源中,这些数据源中的数据可能具有不同的数据格式和意义,为有效地传输和处理这些数据,需要对结构化或非结构化数据的集成进行深入的研究。

(4)分类编码特征

通常,每一个空间对象都有一个分类编码,而这种分类编码往往属于国家标准或行业标准或地区标准,每一种地物的类型在某个 GIS 中的属性项个数是相同的。因而在许多情况下,一种地物类型对应一个属性数据表文件。当然,如果几种地物类型的属性项相同,也可以有多种地物类型共用一个属性数据表文件。

3. 空间数据库的问题

空间数据库是 GIS 最基本且重要的组成部分之一。在一个项目的工作过程中,其一般都发挥着核心的作用。数据库的布局和存取能力对 GIS 的功能实现和工作效率影响极大,数据库技术的发展也推动着 GIS 的不断前进。在空间数据库技术不断完善的今天,仍存在着很多不利因素制约着 GIS 的发展,还有很多问题有待解决。

(1)数据“瓶颈”问题

随着空间数据库的范围越来越广,数据量越来越大,尽管数据的压缩、存储与管理等技术也在不断地进步,海量空间数据输入的高额费用仍然是空间数据库应用及发展中的一大障碍。这其中包括数据格式不统一的问题,但根本问题是两种数据模型本身的限制。采用矢量数据结构能准确地表示其位置及空间拓扑关系,便于查询,但数字化工作非常繁琐;栅格数据结构的空间数据输入方便,并能方便、快速地与获取空间信息的遥感技术相连接,但提高准确性的同时带来巨大的存储量，且不能实现空间拓扑关系。栅格向矢量的转换功能的不完善大大增加了处理的工作量，影响精确度与可靠性。此外，随着 WebGIS 的发展，网络“瓶颈”问题也越来越受到人们的关注。由于所需传输的数据量很大，对于网络带宽、速度等要求非常高。这个问题严重影响了 WebGIS 在实际生活中的应用与发展，是当前急需解决的问题之一。

(2)数据共享问题

1)地理信息的标准化。地理信息标准是通过约定或统一规定来表述客观世界的。地理信息标准是对地理客体的模拟、抽象和简化过程，最后离它所反映的地理实体就越来越远。为统一人们对事物和概念的认识及利用，就必须通过约定或规定，才能使地理信息真正共享。当前的地理信息标准存在着推荐性标准与强制性标准之分。

2)数据文件格式统一性。不同的空间数据库系统，其数据文件格式自然不同。如何确定空间数据库系统应包括的数据文件及其数据类型，以保证不同系统的数据可以共享，使已建立的基础数据库的数据可以得以利用。这就需要一个统一的标准作为基础，且基本保证各种系统的数据在转换中不受损失。

3)数据共享的政策。地理信息共享政策是一种人们必须遵守的行为准则或行为规范，其调整内容涉及社会经济的各个领域，在不同的社会环境中有着不同的政策。由于数据的采集与整理需要投入大量的人力、物力和财力，在数据共享方面存在着服务性与商业性的矛盾。在欧美地区国家数据共享政策是服务性与商业性相结合的，一般都含有有偿使用，按照商业活动方式运作，由商业部门自主决定数据价格及使用限制条款的部分。我国对地理信息共享政策的制定是从全国最大多数用户利益出发，但其中仍存在着多数用户利益与少数用户利益、长远利益与眼前利益的冲突。

(3)数据安全问题

在 WebGIS 逐渐成为空间数据库的主要发展方面的同时，数据的安全性也随之成为一个不可忽视的问题。早期的 GIS 应用中，客户端一般采用文件共享的方式访问服务器上的空间数据文件。从客户端极易盗取和修改数据文件，带来了重大的安全隐患。这样数据库系统管理员必须设定不同用户群的访问权限，避免用户直接访问服务器上的共享文件，使用户只能按照规定方式访问空间数据库。此外，还需要采用适合的网关、防火墙等系统安全技术，最大限度地防止外部的攻击。

13.1.3　空间数据的质量和组织

空间数据库中的数据大多与地理位置有关，一般称为空间数据(Spatial Data)。空间数据不同于普通的数据，它具有空间性、时间性、多维性和大数据量等特点，而且数据之间不仅有传统的关联关系，更多的还有空间关系，由于受现实世界及人类认识和表达能力的局限不可能完全达到真值，而只能在一定程度上接近真值。这就给数据的处理和利用带来了更多的难度。

1.空间数据的质量

空间数据是有关空间位置、专题特征及时间信息的符号记录，其数据的质量可以认为是空间数据在表达这 3 个基本要素时所能够达到的准确性、一致性、完整性，以及三者之间统一性的程度。

在空间数据质量表达中会涉及的概念有：①误差(Error)：是一种常用的数据准确性的表达

方式，反映了数据与真实值之间的差异；②数据的准确度(Accuracy)：通常指结果、计算值或估计值与真实值之间的接近程度；③数据的精密度(Resolution)：通常指数据表示的有效位数，表现的是测量值本身的离散程度，很多情况下，数据的精密度是通过准确度得以体现的，因而常把两者结合在一起称为精确度，或简称为精度；④不确定性(Uncertainty)：用于表现空间过程和特征不能被准确确定的程度，是自然界中各种空间现象自身固有的属性。

空间数据质量①是相对的，具有一定程度的针对性。在评价和控制空间数据的质量时，我们可以从空间数据存在的客观规律出发，考虑下列空间数据质量标准要素及其内容，如①数据情况说明：要求准确、全面和详尽地对地理数据的来源、数据内容及其处理过程等进行说明；②位置精度或称定位精度：为空间实体的坐标数据与实体真实位置的接近程度，常表现为空间三维坐标数据精度；③属性精度：指空间实体的属性值与其真值相符的程度，取决于地理数据的类型，且与位置精度有关；④时间精度：指数据的现势性，可以通过数据更新的时间和频度来表现；⑤逻辑一致性：指地理数据关系上的可靠性，包括数据结构、数据内容，以及拓扑性质上的内在一致性；⑥数据完整性：指地理数据在范围、内容及结构等方面满足所有要求的完整程度，包括数据范围、空间实体类型、空间关系分类、属性特征分类等方面的完整性；⑦表达形式的合理性：主要指数据抽象、数据表达与真实地理世界的吻合性，包括空间特征、专题特征和时间特征表达的合理性等。具体的空间数据质量评价矩阵如表 13-1 所示。

表 13-1　空间数据质量评价矩阵表

空间数据描述 / 空间数据要素	空间特征	时间特征	专题特征
世系(继承性)	√	√	√
位置精度	√		√
属性精度		√	√
逻辑一致性	√	√	√
完整性	√	√	√
表现形式准确性	√	√	√

2. 空间数据的组织

空间数据库主要用来管理空间数据的存储、检索，确保数据的一致性、完整性、安全性，并提供依据空间数据的位置和范围定位它们的工具。在空间数据库中，如果数据不以空间属性表来组织，则很难从空间数据中抽取出空间信息。空间数据可依据它们的收集方式、存储方法、说明内容、使用目标等，用不同的数据模型进行组织。地理信息系统中最常用的数据组织方式为矢量模型和栅格模型。例如，一个具有属性特征的样点集可以有几种存在形式②：①带空间坐标的属性表；②作为一个栅格存在，栅格值由这些点的属性内插得到；③以矢量形式存在，表达由栅格生成的等高线图上的多边形边界并作为一个不规则三角网存在。这些结构都有各自的优势，它们

① 李德仁，王树良，李德毅. 空间数据挖掘理论与应用[M]. 北京：科学出版社，2006

② 李国斌，汤永利. 空间数据库技术[M]. 北京：电子工业出版社，2010

可以进行相互转换。

(1)矢量数据结构

1)Spaghetti 结构。这种结构不使用拓扑属性，故对地图遍历时需要查找所有的空间坐标。不利于查询操作，但显示非常方便。点、线和多边形都有各自的坐标表，且相互之间并不相连。这种连接只有通过计算空间坐标才能确定。即使在一幅复杂程度为中等的地图中，空间坐标也要占大量的存储空间，比如分析一个点是否在某个多边形内或确定两条线的交点等操作就非常费时。

2)拓扑数据结构。在这种数据结构中，点是相互独立的，它们互相连接构成线。POLYVRT 结构(Peucker Chrisman，1975)、NCGIA 核心教程中提到的对于面和网络联系的简单结构(Goodchild and Kemp，1990)、加拿大农业部于 20 世纪 70 年代开发的 CANSIS 结构、美国 1990 年为进行人口普查而开发的 TIGER 结构(Marx，1986)等是目前比较常用的几种拓扑结构。是否创建拓扑结构需要考虑数据是用于分析还是用于简单的显示。拓扑表的关系形式简洁明了；此外，编辑或插入线条也非常简单，因为坐标独立存储，免去了属性的重复。

3)表面网格数据结构。表面模型通常是对无规则的空间数据进行内插，并反映到规则的网格上。在网格或栅格形式下，表面可以进行显示、分区、组合、分析等操作。表面通常是单值的，可作为 2.5 维来处理。多值表面，可作为真三维来处理。

2.5 维数据中的一些连续的属性值是通过一连串的空间坐标(x,y)来表示的，这里的属性数据可以记为纵坐标 z 值。在高程数据中，z 就是表面某处的确切高程，它是在规则的(x,y)网格上得到的。表面可视为由矩形块镶嵌而成，它的高度与 z 值成正比，从某种意义上说，这是边界的表达方式。一个二维边界放置在三维物体上，三维物体会被分成一系列的六面柱。

表面上不规则分布的点可以连接成三角形网，三角形的顶点就是原先的不规则点。三角形本身是多边形，三角形的边是链的一个特例，它们构成了直线段，顶点也成了唯一的中间点。

(2)栅格结构

在栅格结构中，对于一个用方格网密集采点的区域，一个包含其空间坐标和属性的表，代表了它的最简单的数据结构。

1)完全栅格结构。大多数数字图像处理系统采用这一结构。在完全栅格结构里，像元顺序一般以行为序，以左上角为起点，按从左到右、从上到下的顺序扫描。完全栅格结构可以以波段顺序来组织(BSP 格式)，单一波段或属性值以行的顺序来存放，如果有两个以上的属性，那么第二波段就在第一波段结束后才开始存放。多波段图像也可以以逐行格式(BIL)或以逐像元格式(BIP)来记录。对于 BIL，先存储各波段的第一扫描行，然后是各波段的第二扫描行；对于 BIP，先存储第一个像元所有波段上的值，再存储第二个像元各波段值；对于显示较大的多波段影像，BSP 则更有效。

2)Morton 顺序和 Morton 坐标。完全栅格结构的扫描顺序对游程编码的效率有较大影响。根据 Morton 顺序把影像中的像素相连可得到呈“Z”字形的轨迹，如图 13-1 所示。“Z”字形影像(边长是 2 的指数倍)中的像元可以用 Morton 地址来建立索引，每个 Morton 坐标是 Morton 轨迹中表示空间位置的一个简单的数值。Morton 坐标有利于空间查询，两个坐标值合成了一个值，就不用分别查找行和列。Morton 索引可大大提高某些操作的效率，如查找地图上靠近某一特定位置的类别值等。在 Morton 序列中的像元从不交叉，从而减少了数值的跳跃。该轨迹以 2×2的模式递推排序，各层均如此，如图 13-2 所示，在第 2 层(Level2)有 4 个等大的矩形块，它们分别是 0、1、2 和 3，在第 1 层(Level1)，3 个第 2 层的矩形块又被细分了，在第 0 层(Level0)，3 个第 1 层的矩形块又被细分，Morton 坐标系中的数位与层、块的大小成反比。

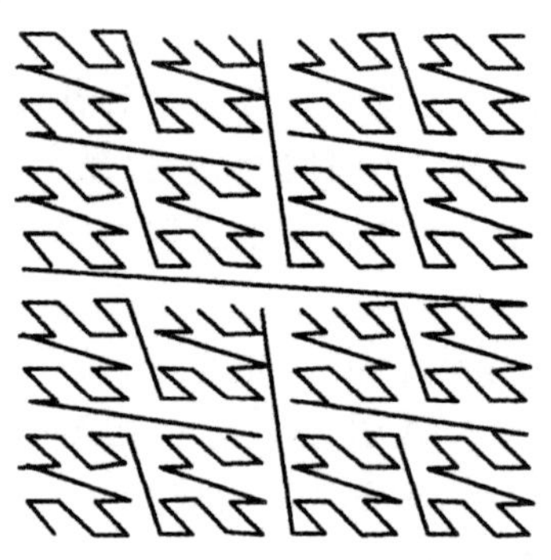

图 13-1　Morton 顺序

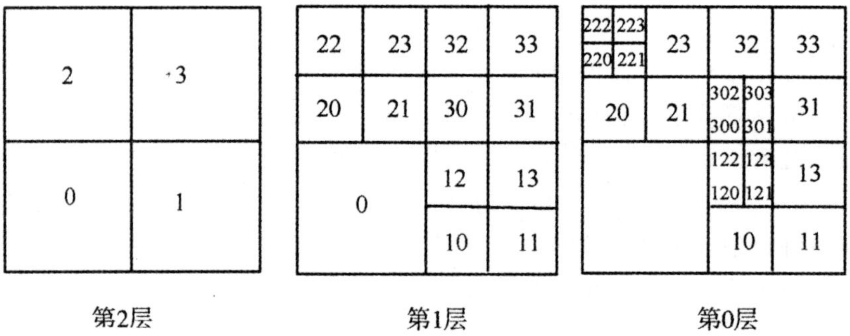

第2层　　第1层　　第0层

图 13-2　连续等分方块的 Morton 编码

3)游程编码。这是一种简单的数据结构，它能极大地减小存储空间，避免由于完全栅格结构影像的存储空间呈几何级数增长，致使一些高分辨率数据因存储空间变得太大而无法管理现象的出现。

表 13-2 所示为 5 行 10 列栅格的游程编码的主要规则。有相同属性值的邻近像元被合并在一起称为一个游程，游程用一对数字表示；每个游程对中的第一个值表示游程长度，第二个值表示游程属性值(类别)；每一个新行都以一个新的游程开始。表示游程长度的数值位数由影像的列数决定，游程属性值则由影像的最大类别数决定。通常用两字节存储游程长度，一字节存储游程属性值。

表 13-2　5 行 10 列栅格的游程编码规则

行\列	1	2	3	4	5	6	7	8	9	10	游标编码
1	A	A	A	A	B	B	B	A	A	A	(4,A),(3,B),(3,A)
2	A	A	A	B	B	B	A	A	A	C	(3,A),(3,B),(3,C),(1,C)
3	A	A	B	B	B	A	A	A	C	C	(2,A),(3,B),(3,A),(2,C)
4	A	B	B	B	A	A	C	C	C	C	(1,A),(3,B),(2,A),(4,C)
5	A	A	A	A	A	A	C	C	C	C	(6,A),(4,C)

可通过让游程跨行或跨列，属于同一类的像元归为一个游程来达到进一步压缩的目的，一幅大小为 1024×1024 像素、类别值全部为 1 的影像的游程编码对是(1048576,1)。但这个特殊的游程长度已无法用两字节来存储。对数字化地图进行游程编码能大大节省存储空间，即使是一幅平均游程长度很小的卫星影像图，也能节省部分存储空间。

4)区域四叉树和八叉树。它们都是层形数据结构，分别把某像元块连续等分成 4 块或 8 块。如图 13-3 所示，假设有一个 8 行×8 列的栅格图像，像元值以黑(为 1)白(为 0)二值分布。把该图像分成 4 份，如果每块由黑白、混合组成则进一步分成四份，至得到属性均一的图像块，在图像等分的第 3 个阶段(第 0 级)，图像块就等同于像元。在图 13-3(b)中，最大的图像块按 Morton 顺序显示，并从西南角开始标上十进制注记符。还可以将图像还可以表示为一棵树，如图 13-3(c)所示，方框表示叶结点并用序列号标记，内部结点(非叶结点)用圆圈来表示并用字母标记，顶部是根结点。每个结点都代表一个图像块，图像块的大小取决于它在树中的层次高低，最低层(最深)为第 0 层，在这一层的图像块与栅格像元等同。

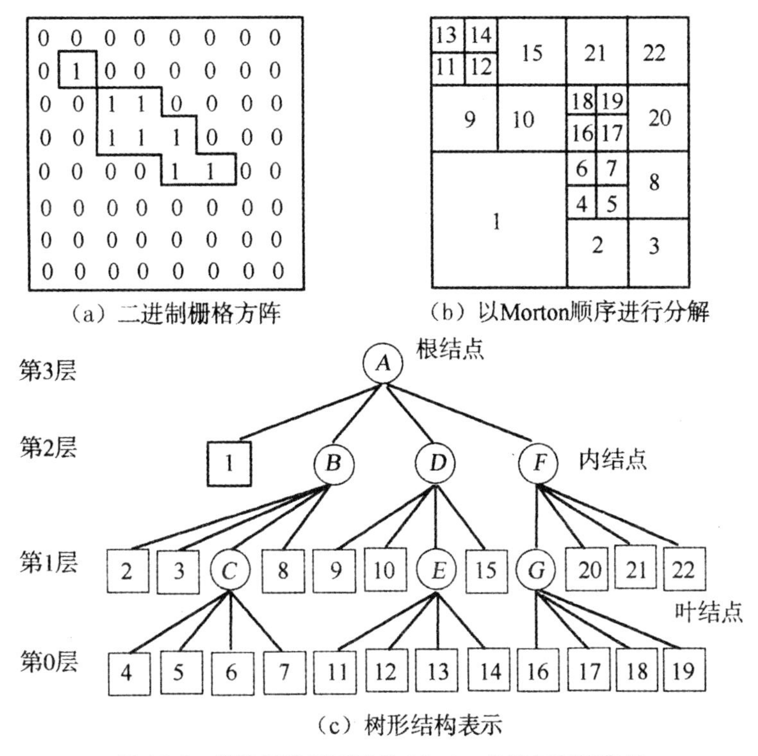

图 13-3　栅格图像及对应的 Morton 分解与树形表示

一般来说，地图上所记录的属性值有许多。当图形以树形结构表示时，叶结点包含的像元(第 0 层图像块)对应某一类别值，叶结点没有子结点，它们的类型或黑或白。内部结点由于类别混合形成灰色，内部结点的子结点可以是新的内部结点也可以是最后的叶结点。

八叉树类似于四叉树，二者不同之处是八叉树每个父结点有 8 个子结点，并且地址码也是八进制数。通常运用四叉树或八叉树来代替完整的栅格结构是为了节省栅格数据的空间需求。如果空间精度增加一倍(如行、列数增加)，栅格数据会增加到原先的 4 倍，而四叉树的大小还仅仅是原先的两倍。但随着图像精度的提高，四叉树的深度也会增加，此时栅格方式与四叉树方式存储空间的差异会更明显。但是，栅格图像在相邻像元连续变化的情况下有时会无法进行压缩，如棋盘格式，这时线性四叉树所需空间是完全栅格的两倍，因为在第0层每个像元都是一个叶结点。空间上的节省提高了某些算法处理四叉树的效率，因此四叉树地址可以用单个 Morton 地址来表示，查找某一地址的图像块时就比较快捷。两幅或多幅四叉树表示的影像的叠置也同样比较有效。

另外，无论是从栅格数据还是从矢量数据构建四叉树或八叉树，都比较费时，特别是对层次较多而且空间变化复杂的树更是如此。同样，某些操作运用四叉树结构时与完全栅格相比反而更慢。四叉树数据的显示比游程编码数据要慢。四叉树不利于需要创建新树的操作，如转置、旋转或比例尺变换等。是否选择运用四叉树表示栅格数据，需要权衡处理速度和存储容限后作出适当决定。

13.1.4 空间数据的拓扑关系

地理信息系统区别于其他事务处理系统的最大特点就是具有大量集合目标信息，因此地理信息系统还必须同时考虑几何目标的空间关系、地物位置信息及特征信息等。为了研究几何目标的空间关系，因此引入了拓扑关系。可以说，拓扑关系是地理信息系统中描述地理要素空间关系不可缺少的基本信息。

拓扑关系是明确定义空间关系的一种数学方法，在地理信息系统中常用它来描述并确定空间的点、线、面之间的关系及属性。由于拓扑关系关心的是空间的点、线、面的连接关系，而不是实际的几何形状。因而，拓扑架构相同的图形，其几何形状往往存在很大的差距。

为了真实地反映地理实体，在 GIS 中，除必要的实体位置、形状、大小和属性外，还必须要反映出实体之间的相互关系。这里的关系主要是指实体之间的邻接关系、关联关系和包含关系。其中，邻接关系表示的是空间图形中同类元素之间的拓扑关系，关联关系表示空间图形中不同元素之间的拓扑关系，包含关系是指空间中同类但不同级元素之间的拓扑关系。

空间数据的拓扑关系对地理信息系统的数据处理和空间分析具有重要的意义，主要表现在以下3个方面：

1)由于拓扑数据已经清楚地反映地理实体之间的逻辑结构关系，而这种拓扑关系比几何数据都具有更大的稳定性，不随地图投影的变化而变化。因此，可以根据拓扑关系来确定地理实体间的相对空间位置。

2)利用拓扑关系有利于空间要素的查询。

3)可以利用拓扑数据重建地理实体，如进行道路的选取、最佳路径的计算等。

目前，大多数 GIS 软件都提供了完善的拓扑关系生产功能，使得结点的位置、弧段的具体形状等非拓扑属性不会影响拓扑的建立。因而，在建立拓扑关系时只需要关注实体之间的连接、相邻关系即可。

13.1.5 空间数据引擎

空间数据引擎(Spatial Database Engine，SDE)是用来解决如何在关系数据库中存储空间数据，实现真正的数据库方式管理空间数据，建立空间数据服务器的方法。空间数据引擎是用户和异种空间数据库之间一个开放的接口，是一种处于应用程序和数据库管理系统之间的中间件技术。通过空间数据引擎，用户可将不同形式的空间数据提交给数据库管理系统，由数据库管理系统统一管。当然，用户也可以通过空间数据引擎从数据库管理系统中获取空间类型的数据来满足客户端操作需求。

图 13-4 描述的是空间数据引擎的工作原理。

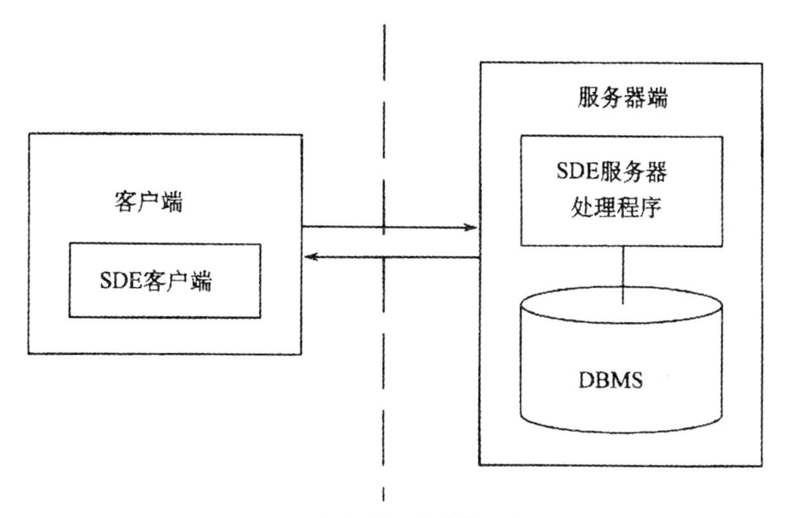

图 13-4　空间数据引擎的工作原理

空间数据引擎在用户和异构空间数据库的数据之间提供了一个开放的接口，SDE 客户端发出请求，由 SDE 服务器端处理这个请求，转换成为 DBMS 能处理的请求事务，由 DBMS 处理完相应的请求，SDE 服务器端再将处理的结果实时反馈给 GIS 的客户端。通过空间数据引擎，客户可以将自身的数据交给大型关系型 DBMS，由 DBMS 统一管理，同样，客户也可以从关系型 DBMS 中获取其他类型的 GIS 数据，并转换成为客户端可以使用的方式。

具体来说，空间数据库引擎具有以下作用：

1)可以联合空间数据库为任何支持的用户提供空间数据服务。

2)提供开放的数据访问，通过 TCP/IP 横跨任何同构或异构网络，支持分布式的 GIS 系统。

3)SDE 对外提供了空间几何对象模型，用户可以在此模型基础之上建立空间几何对象，并对这些几何对象进行操作。

4)快速的数据提取和分析功能，可进行基于拓扑的查询、缓冲区分析、叠加分析、合并和切分等。

5)大多数涉及与 DBMS 数据库进行交互的操作都是在 SDE 提供的连接 DBMS 数据库接口上完成的。

6)与空间数据库联合对海量空间信息进行管理。

7)无缝的数据管理，实现空间数据与属性数据统一存储。

8)SDE 与空间数据结合，提供了空间数据的并发响应机制。用户对数据的访问都是透明的。

目前，GIS 软件与大型商用关系型数据库管理系统的集成大多采用空间数据引擎来实现。空间数据引擎已经成为各种格式的空间数据出入大型关系型 DBMS 的转换通道。

13.1.6　空间数据共享

数据共享就是让处于不同地方的、使用不同计算机、不同软件的用户能够读取他人的数据，并对这些数据进行各种操作。对于空间数据而言,实现共享同样可以使更多的人更充分地使用已有的数据资源,并且减少资料收集、数据采集等重复劳动和相应费用,而把精力重点放在开发新的应用程序及系统集成上。

空间数据作为一种数据,同样需要经过与普通数据一样从分散到统一的过程。然而,随着时代的发展,信息共享的需求越来越多,不同数据库之间的数据交换就成了瓶颈。因此,需要指定一个空间数据转换标准。

空间数据转换标准(Spatial Data Transfer Standard,SDTS)是由美国地质测量协会(USES)制定,是一种空间数据在不同计算机系统上转换的标准。它的主要目的是为了促进空间数据(包括地理和制图数据等)的交换和共享,是目前美国许多政府部门和商业组织所采用的交换格式标准。

SDTS是一个分层的数据转换模型,定义了数据转换的概念、逻辑和格式三个层次,同时采用元数据来辅助数据转换和评价。在概念层建立了地理要素及其特征的模型,提供了地理要素的标准实体和属性的定义;在逻辑层则将概念化的地理要素转换成为逻辑化的模型、记录、数据项和子项,提供了各种空间数据类型和关系的基础内容;物理格式层定义了与标准相符合的文件格式,以进行空间数据的转换。SDTS的指定使得任意两种空间数据可以相互转换,并保证最小的信息损失。同时,对于NSDI(国家空间数据基础设施)的实现起到了决定性的作用。

在数据共享的过程中,由于数据是来自不同数据源的,具有不同的格式,需要对这些数据进行必要的格式转换才能保证数据共享的顺利进行。数据交换就是将一种数据格式转换成为另一种数据格式的技术。也可以说,它是一种专门的中间媒介转换系统。

一般说来,空间数据格式转换的内容包括以下三个方面的内容:

1)空间定位信息:即几何信息,主要是实体的坐标。

2)空间关系信息:几何实体之间的拓扑或几何关系数据。

3)属性信息:几何实体的属性说明数据。

由于对空间现象理解的不同,造成对空间对象的定义、表达、存储方式也各有不同,这就给地理空间数据的共享带来了极大的不便。目前,国内外在解决多格式数据交换常采用以下四种方式。

(1)外部数据交换模式

外部数据交换是指直接读写其他软件的内部格式、外部格式或由其转出的某种标准格式。这是一种间接数据交换方式,其他数据格式经专门的数据转换程序进行格式转换后,复制到当前系统中的数据库或文件中。由于采用这种模式进行转换一般需要经过从源数据到标准数据和从标准数据到目标数据的两次转换,这就可能造成大量的冗余数据的产生,增加磁盘负载,因此,它并不是最好的数据转换方法。

(2)直接数据访问模式

直接数据访问是指可以直接读取其他格式的数据,并实现对其他软件数据格式的直接访问,即把一个系统的内部数据文件直接转换成另一种系统的内部数据文件。目前,GIS的商用软件中通常会带有大量的数据格式转换工具。

直接数据访问不需要经历冗繁的数据转换,且在访问某种软件的数据格式时不要求用户拥有该数据格式的宿主软件,更不需要该软件运行。可以说,直接数据访问是一种更为经济实用的数据交换模式。

GeoMedia 系列软件和 SuperMap 软件是目前常用直接数据访问模式实现数据交换的两个主要 GIS 软件。

(3)基于空间数据转换标准的转换

数据交换标准是一种能容纳所有数据模型和结构的标准,即所有数据都通过这个标准进行转换。但是,统一的数据交换标准是很难制定的。为了实现转换,空间数据的转换标准必须能够表示现实世界空间实体的一系列属性和关系,同时它必须提供转换机制,以保证对这些属性和关系的描述结构不会改变,并能被接收者正确地调用。除上述要求外,它还需要具有以下功能特点:

1)具有处理矢量、栅格、网格、属性数据及其他辅助数据的能力。

2)用于实现的方法必须独立于系统,且具有扩展性,能够在需要时包括新的空间信息。

(4)空间数据互操作模式

GIS 互操作是指在异构数据库和分布计算的情况下,GIS 用户可以在相互理解的基础上,透明地获取所需的信息。OGC 颁布的规范基于 OMG 的 CORBA、Microsoft 的 OLE/COM 以及 SQL 等,最终目的是要使数据客户能读取任意数据服务器提供的空间数据。OGC 规范为实现不同平台间服务器和客户端之间数据请求和服务提供了统一的协议。目前,OGC 规范正得到 OMG 和 ISO 的承认,逐渐成为一种国际标准,被越来越多的 GIS 软件以及研究者所接受和采纳。

数据互操为数据交换提供了崭新的思路和规范,将 GIS 带入了开放的时代,为空间数据集中式管理和分布存储与共享提供了操作的依据。但在实际应用中,这一模式具有一定的局限性,需要针对具体问题来解决所遇到的问题。

13.2　空间数据模型分析

模型方法是科学研究中一种普遍采用的方法。模型反映的对象是一种或一类特定事物。模型本身和对象间存在某种相似性。这种相似包括多种方面,可以从不同的角度来看待。从系统论、控制论观点来看,行为上的相似性,可以建立运动或变化模型,是最重要的相似性,建立模型就是要用模型有效地表示对象的相似性,对象又称为模型的原型。

数据模型(Data Model)是关系数据和关系的逻辑组织形式的表示,是计算机数据处理中一种较高层的数据描述,它以抽象的形式描述系统的运行与信息流程。对于每一个实体的数据库都会由一个相应的数据模型来定义它。简单的对象用一种模型就可以描述了,那些复杂的对象不同部分可以分别采用不同的模型。在数据库系统中,都用数据模型描述现实世界中的事物及关系,数据库管理系统就是在一定的数据模型基础上实现的。可以说,数据模型是数据库的核心,数据库各种操作功能的实现是基于不同的数据模型的。

13.2.1　空间关系

空间关系是指空间目标之间在一定区域上构成的与空间特性有关的联系,这种联系可以分为三类:拓扑关系、度量关系、顺序关系。

1. 空间拓扑关系

拓扑关系指拓扑变换(如平移、旋转、缩放)下的拓扑变量,反映了空间中连续变化中的不变性,图形的形状、大小会随图形的变形而改变,但是相邻、包含、相交等关系不会发生改变。

(1)二维空间拓扑关系

有关二维空间拓扑关系的研究,早期 Egenhofer 等和 Franzosa 提出了四元组(四交叉,Four-intersection)空间拓扑关系形式化描述方法。二维空间实体点、线、面可以看作是由边界和内部组成的。这样,两实体之间的空间关系就可以通过两者的边界和内部的交集是空(0)或是非空(1)来确定。

在四元组的基础上,Egenhofer 对其进行了扩展,成为九元组,即空间拓扑关系关系可由两实体的边界、内部和外部三部分相交构成的九元组来决定。基于取值有空(0)和非空(1),则可以确定的二元拓扑关系有 $2^9=512$ 种。在二维区域中,有 8 种关系[相离(Disjoint)、相接(Touch)、叠加(Overlap)、相等(Equal)、包含(Contain)、在内部(Inside)、覆盖(Cover)和被覆盖(Covered by)]是可以实现的,且它们彼此互斥且完全覆盖。

面与面的 8 种拓扑关系如图 13-5 所示。

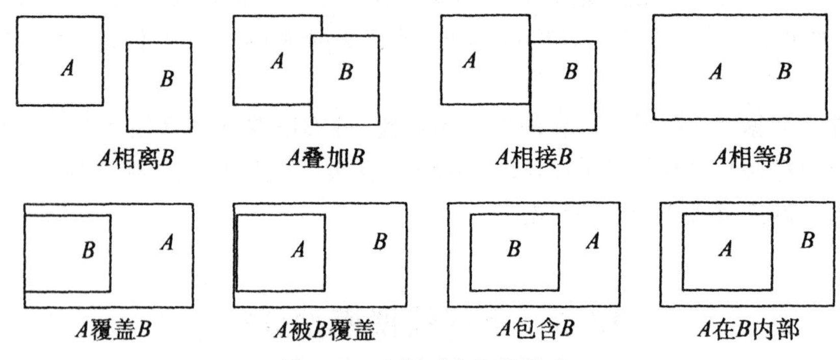

图 13-5 空间对象拓扑关系

(2)三维空间拓扑关系

三维空间中面、体对象的拓扑关系是极其复杂的。对于 3D 空间中的点-点、点-线、点-面、点-体、线-线、线-面、线-体、面-面、面-体、体-体 10 类有理论价值和实际意义的空间拓扑结构,可以采用相离、相等、相接、相交、包含于、包含、叠加、覆盖、被覆盖、进入、穿越、被穿越 12 种基本空间关系来表达。其中,面-体的 8 种空间拓扑关系如图 13-6 所示。

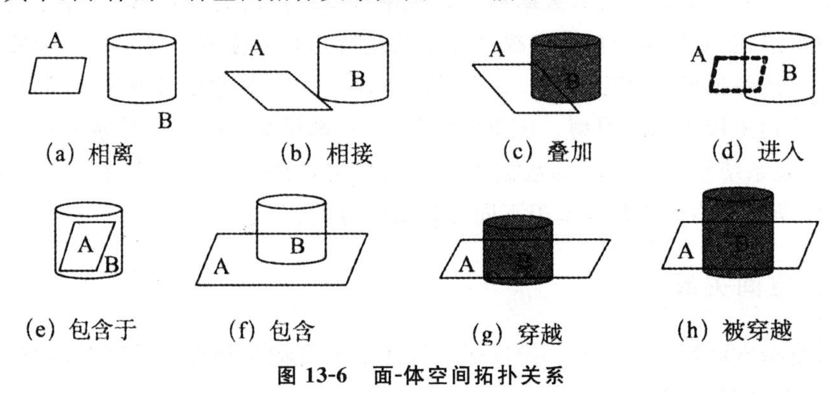

图 13-6 面-体空间拓扑关系

2. 空间度量关系

度量关系通常包含长度、面积、周长等，它是一切空间数据定量化的基础，最主要的度量空间关系是空间对象间的距离关系。度量关系可以进行定量和定性描述，其中对度量关系的定量描述的数学公式形式单一。两个空间目标间距离有欧几里得距离、曼哈顿距离、广义距离及统计学中的斜交距离、马氏距离等多种定义。

欧几里得距离(Kolountzakis and Kutulakos，1992)如下：

$$\mathrm{dist}(O_1,O_2)=\sqrt{(x_i-x_j)^2+(y_i-y_j)^2}$$

曼哈顿距离是两点在南北方向上的距离加在东西方向上的距离(Wu and Winmayer，1987)，即

$$\mathrm{dist}(O_1,O_2)=|x_i-x_j|+|y_i-y_j|$$

曼哈顿距离的度量性质和欧氏距离的性质相同，保持对称性和三角不等式成立。不同的是在讨论空间邻近性时，点对之间的距离是不同的，因此曼哈顿距离只适应于具有规则布局的城市街道问题。

3. 空间顺序关系

顺序关系可用于描述对象在空间中的某种排序关系，在 GIS 中应用最为广泛的是方位关系。方位关系可以分为绝对的、相对目标的和基于观察者的三类。

13.2.2 时空数据模型

涉及处理时间维度的数据模型就是时空数据模型。时空数据模型的语义更丰富、对现实世界的描述更加准确。但是对于海量数据的组织和存取却存在困难。时空海量数据的处理必然导致数学模型发生根本变化。时间和空间问题的最终解决在于"可与拓扑论相类比的"全新数学思路。目前则主要通过时空数据库技术的研究，在空间数据库的框架中用时空数据模型实现时空功能。

一般来说，一个合理的时空数据模型必须具备：节省存储空间、加快存取速度、表现时空语义等因素。在设计时空数据模型时可以根据下列基本指导思想进行：

1)根据应用领域的特点和客观现实变化的规律，考虑时空数据的空间/属性内聚性和时态内聚性的强度，选择时间标记对象。

2)同时提供静态、动态数据建模手段。

3)数据结构里显示表达两种地理时间，地理实体进化事件和地理实体存亡事件。

4)时空拓扑关系是地理实体空间拓扑关系的拓扑事件间的时态关系，揭示了地理实体在时间和空间上的相关性。若要有效的表达时空拓扑关系，则需要存储空间拓扑关系的时变序列。

13.2.3 空间数据模型

空间数据模型是计算机数据处理中一种较高层次的数据描述，它以抽象的形式描述系统的运行与信息流程，是空间数据有效传输、交换和应用的基础。

1. 地理要素数据模型

几何元素是空间数据模型中的超类，也是空间数据库中不可分割的最小存储和管理单元。

空间数据库中的一个地理要素实体往往是由一个几何元素和描述几何元素的属性或语义两部分构成。其中,属性数据用于对地理信息进行分类分级的数据表示。

几何对象是空间物理对象的主干部分,根据几何对象模型可以将空间物体对象分为七种基本对象类型:点状要素(point feature)、线状要素(line feature)、面状要素(area feature)、表面要素(surface feature)、结点要素(node feature)、弧段要素(arc feature)、多边形要素(polygon feature)。基本空间物体对象与几何对象模型中的对象具有一对一的关系,在几何对象的基础上增加属性信息。可以说,空间物理对象继承了几何对象,空间结构、空间关系和空间操作分别从作为超类的几何对象中继承而来。基本空间物体对象模型如图 13-7 所示。

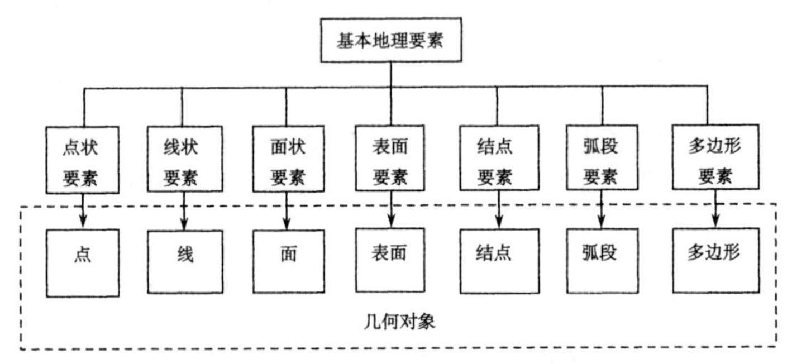

图 13-7　基本空间物体对象模型

仅用基本地理要素对象是很难表达空间数据特点的。在空间数据库中,往往需要对一批或一组地理要素实体进行检索和显示,更多的是对地理要素进行查询、选择以及空间分析所得的结果都要以集合的形式出现。因此,有必要建立地理要素的复合要素,即基本地理要素的聚集或联合,如图 13-8 所示。

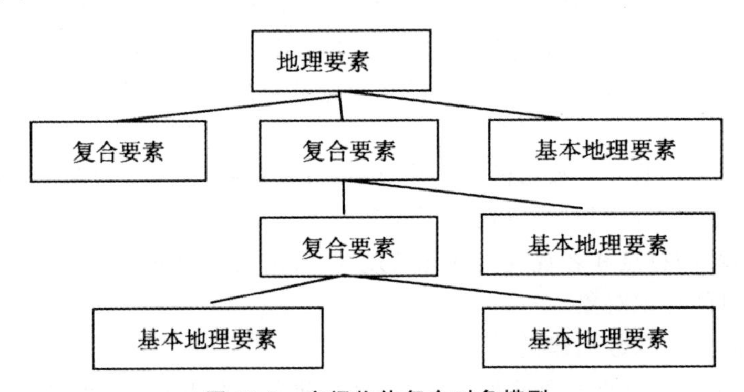

图 13-8　空间物体复合对象模型

复合要素用包括方法圈定其有关下属物体,是若干个下相关物体的组合,是连接若干物体的一种关系信息,在表现形式是相关(下属)物体关键字的集合。空间物体复合类是一个空间物体集合对象类,是基本地理要素对象和复合要素对象的聚集和联合,是一个抽象类,包括它的子类共同属性和操作。因此,可以将它作为集合类。

2. 地理要素分层模型

对地理要素进行分层的方法有逻辑分层和物理分层两种。通过目标的代码进行分层为逻辑分层,它一般根据空间数据应用的需要来建立同层地理空间实体之间的拓扑关系。数据量较大时会直接影响数据操作和处理时间,因而可以看出这种数据结构在数据管理上比较繁琐。物理分层则可以通过在平面上的几何算法自动建立空间实体之间的空间关系。

虽然地理要素分层模型简化了数据管理，但它切断了各层间要素的空间相互关系。为此，采用“语义关系”来描述各层间要素的相互关系。这种空间关系需要通过人机交互的方法输入，因为这种空间关系很难自动地生成。另外，还可以通过叠加分析运算来重建各层间要素的联系。

3. 地理空间分块模型

人们可以采用分块存储管理庞大的空间信息与有限的资源间的矛盾，把空间数据库建立在一定比例尺之上，以数据块作为基本单位，分别进行数据录入和存储管理。

尽管空间数据库分块存储方便了资源的利用，但是它破坏了连续的地理空间，人为地切断了地理空间的整体性，给空间数据分析应用带来许多困难。因此，在实际应用中要求空间数据库系统实现在物理上是分块存储管理，而在逻辑上实现无缝连接。换句话说要保持物体存储、表达的完整性和一致性，满足用户能够快速准确地分析出信息各要素间的关系。

4. 地理要素空间关系模型

在空间数据库中，表达地理对象之间的空间关系是极为重要的。这里将空间物体关系对象分为四种基本的对象类型：结点和弧段之间的网络关系（network）、弧段和多边形之间的多边形关系（polygonship）、数据块之间的相同空间物体连接关系（same object）和要素层之间的相关地理要素连接关系（partner）。

5. 空间数据多尺度模型

空间信息数量庞大，类型复杂，单靠建一种尺度（比例尺）的空间数据库，其他尺度（比例尺）的空间数据库利用计算机信息提取和抽象概括（制图综合）的方法来获取实现起来还有许多困难。在迫不得已的情况下，人们采用对空间物体作分级编码，输入不同比例尺选择属性，借此提取不同尺度（比例尺）的空间物体。但是在空间数据库中一个空间实体是很难表示不同尺度，因此人们不得不回到多尺度（比例尺）空间物体重复数字化，这样同一个地理空间就有不同比例尺的空间数据库，即不同比例尺的工作区互相嵌套。

6. 面向对象空间数据模型

面向对象空间数据模型描述的是现实世界复杂的地理实体、现象及相互关系。但是基于地理对象繁多、关系复杂，不利于用户视图的建立，且系统实现也并不容易，因此，需要对模型进行一定的完整性约束。

针对这一问题，可以利用空间数据库、工作区、地理要素层的概念对地理要素对象进行分尺度、分块、分层管理，既符合地理空间自然的层次结构划分，又进行了适当的范围限制。

13.2.4　三维空间数据模型

在过去十多年的研究中，有 20 多种空间构建模型方法被提出。这里根据模型所具有的主要特征将其分为三维矢量模型、三维体元模型、混合或集成数据模型和面向实体的数据模型。

1. 三维矢量模型

三维矢量模型是二维中点、线、面矢量模型在三维中的推广，它将三维空间中的实体抽象为三维空间中的点、线、面、体四种基本几何元素，然后将其集合起来构造更为复杂的对象。

在原二维拓扑数据结构的基础上，Molennar 提出了一种基于 3D 矢量图的形式化数据结构(Formal Data Structure，FDS)。这一数据结构类似于 CAD 中的 BR 表达与 CSG 表达的集成，显示地表达了目标几何组成和矢量元素之间的拓扑关系。

2. 三维体元模型

在实际应用中，八叉树模型和四面体网格是三维体元模型中应用较多的两种模型。

(1)八叉树

八叉树采用二维四叉树的建立方法，将所要表达的三维空间 V 按 X、Y、Z 三个方向从中间进行分割，把 V 分割成八个立方体，然后根据每个立方体所包含的目标来决定是否对各立方体继续进行八等分的划分，直到每个立方体被一个目标充满，或没有目标，或成为不可再分的体素为止。

八叉树方便的实现了有广泛用途的集合运算，且有序性和分层行对现实精度和速度的平衡、隐线和隐面的消除有很好的效果。

(2)四面体网格

四面体网格(Tetrahedral Network，TEN)用目标空间用紧密排列但不重叠的不规则四面体形成的网格来表示的。四面体网格由点、线、面和体四类基本元素组合而成，整个网格的几何变换可以变换为每个四面体变换后的组合，以便对复杂的空间数据进行分析。

四面体网格既具有体结构的优点，又可以看做是一种特殊的边界表示，具有一些边界表示的优点。

3. 三维混合数据模型

混合模型综合了面模型和体模型，一级规则体元与非规则体元的优点，取长补短。

(1)TIN-CSG 混合构模

TIN-CSG 混合构模以 TIN 模型表示地形表面，以 CSG 模型表示城市建筑物。TIN 模型的形成时，将建筑物的地面轮廓作为内部约束，把 CSG 模型中的建筑物的编号作为 TIN 模型中建筑物的地面轮廓多边形的属性，并将这两种模型集成在用户界面，于是实现了两种模型的集成。①

(2)TIN-Octree 混合构模

它以 TIN 表达 3D 空间物体的表面，以 Octree 表达内部结构，用指针建立 TIN 与 Octree 间的联系。该模型集成了 TIN 与 Octree 的优点，有效提高了拓扑关系搜索，且充分利用映射和光线跟踪等可视化技术。需要注意的是，该模型中的 Octree 模型数据是随 TIN 数据变化的，不然会引起指针混乱。

(3)Wire Frame-Block 混合构模

它以 Wire Frame 模型表达目标轮廓、地质或开挖边界，以 Block 模型来填充其内部。为提高边界区域的模拟精度，可按某种规则对 Block 进行细分。

---

① 吴立新，史文中，Christopher Gold. 3D GIS 与 3D GMS 中的空间构模技术[J]. 地理与地理信息科学，2003(01).

该模型实用效率不高，每一次开挖或地质边界的变化都需修改一次模型。

(4)Octree-TEN 混合构模

它用八叉树结构表达对象表面及其内部完整部分，并在八叉树的特殊标识结点内嵌入不规则四面体网格表达对象内部的破碎部分，整个结构用一棵经过有机集成的八叉树表达。

(5)矢量与栅格集成模型

矢量栅格集成的三维空间数据模型的空间目标分为四大类：点(OD)、线(1D)、面(2D)和体(3D)。目标的位置、形状大小和拓扑信息都可以得到描述。模型中包含的各种目标及其数据模型全面，但对具体的系统用什么样的数据模型则需要根据具体情况而定。目前使用较多的是表示体元的八叉树存储结构、用于表示矢量模型的边界表示法、参数函数表示法以及四面体网格表示法。

13.2.5　常见空间数据模型

1. Arc/Info 数据模型

Arc/Info 是美国环境系统研究所 ESRI 开发的地理信息系统软件，主要用于地理分析和建立空间数据库。

Arc/Info 通常采用混合数据模型来定义和管理所有空间数据库模型，支持实体的栅格与矢量表示。Arc/Info 将地理要抽象为点、先、面、结点和标注，主要支持 GRID(栅格数据)、Coverage(矢量数据)、TIN(表达连续表面)、属性表、影像、CAD 图像等。

2. MapInfo 数据模型

MapInfo 采用双数据库存储模式，分开存储空间数据和属性数据。属性数据存储在关系数据库的若干属性表中，空间数据则以 MapInfo 自定义格式保存在若干文件中，通过一定的索引机制将两者联系起来。一般情况下，MapInfo 采用层次结构来提高空间数据管理的效率。

在 MapInfo 中，表和层是两个重要的概念。

1)表。表是数据域地图有机联系的枢纽，常用的有数据表(包含记录和字段)和栅格表(能在地图窗口总显示的图像)。

2)层。图层是指含有图形对象的表。图层至少由. tab、. dat、. map、. id 四个表文件组成。MapInfo 中有两种特殊的图层，装饰图层和无缝图层。

3. Geostar 数据模型

Geostar 将 GIS 需要的地物抽象成面条地物，如结点、点状地物、弧段、线状地物、面状地物等。出于组织与管理的需要，对空间数据库又设立了工程、工作区和专题层。其中，工程包含了某个 GIS 工程需要处理的空间对象。

GIS 中的面向对象模型采用抽象过程(从下到上)与分解过程(从上往下)，表达了地理空间的自然特性和各类地理对象之间的各种关系。为了表达方便，在 Geostar 中设立了位置坐标，还包括制图的辅助对象如注记、符号和颜色等以方便制图。

4. Oracle Spatial 空间数据模型

Oracle Spatial 是 Oracle 数据库公司的一个扩展产品，除了具有关系数据库管理系统 Oracle

的所有特性以外，还具有空间数据管理的特殊功能。

Oracle Spatial 空间数据模型提供了七种几何类型，并为其分配了 1～7 的标识。有时划分了更详细的类型，如简单面可分为由线段构成的圆、矩形、线段或简单复合面；简单线还分为线段、三点圆弧、线段或简单复合线等。

Oracle Spatial 利用对象关系模型，提供了一种更抽象、更人性思维模式、自定义的、存储范围广的空间数据类型。同时，为了完成空间分析操作、空间参照操作、空间聚合操作、几何对象操作等操作，Oracle Spatial 提供了多种空间操作函数。为了提供空间查询功能，Oracle Spatial 还提供了扩展 SQL 语句。函数 SDO_FILTER()用于空间查询的粗查；函数 SDO_RELATE()用于空间查询的精查。

13.3 空间数据查询处理

查询属于数据库的范畴，是用户与数据库交流的一个途径。查询优化将"查询重写"生成的查询解析树，转换为有效的执行方案，并提供给最终的执行引擎加以执行。

13.3.1 空间结构化查询语言

空间结构化查询语言(Spatial Structured Query Language，SSQL)是基于 SQL 99 提供的面向对象的扩展机制，扩充的一种用于实现空间数据的存储、管理、查询、更新与维护的结构化查询语言。

通常 SSQL 是基于某种空间数据模型，对标准 SQL 进行扩展的。主要的扩展包括：对空间数据类型的基本操作；描述空间对象间拓扑关系的函数；空间分析与处理的一般操作。

13.3.2 空间查询处理流程

空间查询处理流程框架如图 13-9 所示。

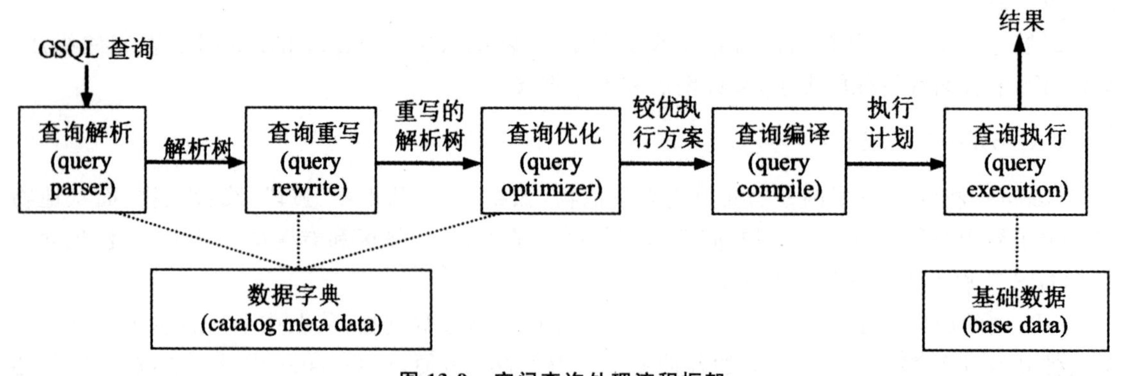

图 13-9　空间查询处理流程框架

图 13-9 中，从通信组件接收特定语法的查询语句作为输入，解析转换生成查询方案，通过优化和编译查询方案，生成最终的执行计划，最终由执行引擎执行，并获取查询的结果。

1. 查询解析

查询解析的具体步骤为：

1)对空间查询语句进行扫描、词法分析和句法分析。从查询语句中识别出语言符号，进行词法和语法分析，判断GSQL语句是否符合相关的语法规则。

2)根据数据字典对合法的查询语句进行语义检查；根据数据字典中的用户权限和完整性约束定义对用户的存取权限进行检查。若用户没有相应的访问权限或违反了完整性约束，则拒绝执行。

2. 查询重写

查询重写由一个含有复杂规则的引擎负责完成，能够在不修改原有语法基础上，对内部表示的查询形式进行简化或者规范化。查询重写组件主要的任务有：视图展开、子查询展平(flattening)、利用德摩根(De Morgan)定律消除not算子(on、where、having子句)、执行常量表达式简化查询、谓词的逻辑重写、语义优化。

3. 查询优化

查询优化将“查询重写”生成的查询解析树，转换为有效的执行方案，并提供给最终的执行引擎加以执行。按照优化的层次一般可分为：

(1)代数优化

代数优化主要优化的是关系代数表达式行，即按照一定的规则，改变代数表达式操作的次序和组合，使查询执行更高效。查询树的启发式优化是最常见的代数优化。

代数优化改变的是语句中操作的次序和组合，不涉及底层的存取路径。在具体的执行过程中同一空间关系运算在不同的数据情况下都会有多种执行算法和存取路径，因此，启发式优化后的同一个查询树也会存在多种不同的执行方案，不同执行方案的效率也会存在很大的差距，这就是说，除执行查询树的启发式优化外，还需要进行适当的物理优化。

(2)物理优化

通过选择高效合理的操作算法或存取路径来求得优化的查询方案，即为物理优化，主要有基于规则的启发式优化和基于代价的优化两种方法。

基于启发式规则的优化只是定性的选择，但是容易实现、且实现的代价小，适合用来解释执行的系统。基于启发式规则的存取路径选择优化主要是根据已有数据条件、操作算子和逻辑谓词，选择执行效率较高的执行算法。而在编译执行的系统中，查询优化和查询执行是分开进行的，可考虑采用精细复杂的基于代价的优化方法。尽管其优化代价较高，但它的执行效率高。

通过某种数学模型计算出各种查询执行方案的执行代价，再选择代价最小的执行方案即为基于代价的优化方法。在集中式数据库中，查询的执行开销主要包括磁盘存取块数、处理器时间和查询的内存开销。另外，在分布式数据库中还要加上通信代价。

(3)混合查询优化

在实际数据库管理系统中，查询优化器通常会综合运用上述两类优化技术。往往需要先使用启发式规则，选择若干较优的候选方案，再分别计算这些候选方法的执行代价，较快地选出最终的优化方案。另外，数据库通常会给出一个代价估计的容忍值，若目前查询优化的代价已超过该容忍值，则将目前找到的相对较优的执行方案提交给查询执行模块。

4. 查询编译与执行

查询执行阶段是对数据库提供的若干实现查询操作的算法进行具体化组装的过程。该阶段主要是对已得到的较优执行方案进行执行过程的细化，编译生成相应的执行代码后交给查询执行引擎执行，最终将查询结果返回给客户端。

13.3.3 空间数据库查询优化技术概述

查询处理效率是空间查询优化中一个重要研究对象，它的提高有赖于外部环境和应用程序两大方面。目前，空间查询优化研究取得了较大发展，而不同空间数据模型采用的优化策略也是不尽相同的，包括索引技术、路径优化、数据压缩与缓存等众多内容。

1. 查询路径优化

(1)查询优化器

查询优化器是数据库软件的一部分，它的作用是根据系统目录提供的信息使用代价函数产生不同的查询执行计划，然后结合一些启发式规则和动态规划技术决定一个适当的执行策略。查询优化器所承担的任务可以分成两部分：逻辑转换和动态规划。

由于空间数据库比传统的关系数据库更加的复杂，在空间数据库中选择一个优化策略的任务也就更艰巨，所以即使可能，查询优化器只是避免最差的计划而选择一个较好的计划，很少执行最好的计划。如图 13-10 所示为查询优化器的模式。

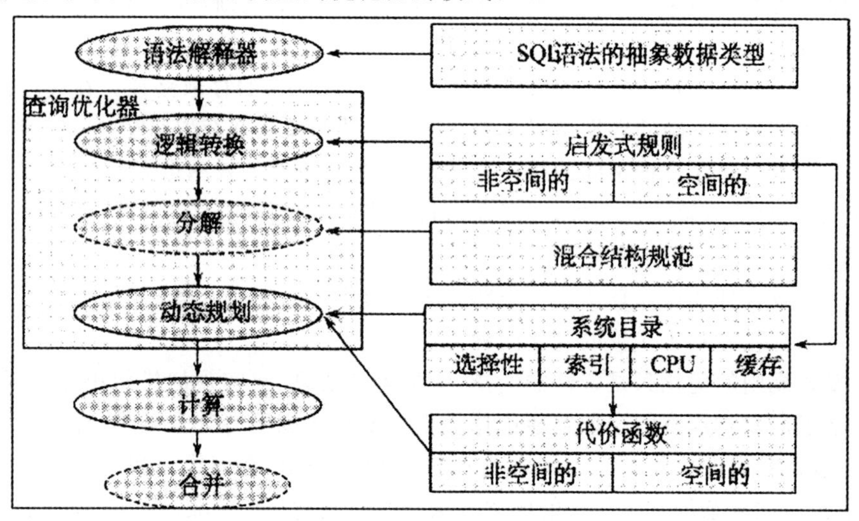

图 13-10　查询优化器的模式

(2)语法分析

语法分析器会在查询优化器进行处理之前对查询进行必要的词法分析。它在检查语法的时候会将语句转换成一棵可以执行的查询树，其中，叶结点对应所涉及的关系，内部结点对应组成查询的基本操作。空间查询的基本操作包括选择、投影、连接及其他集合操作。查询处理始于叶结点并向上处理，操作终于根结点。

(3)逻辑转换

我们知道经过语法分析器的解析工作会得到一棵可以执行的查询树，若不对此树进行逻辑转换就开始空间查询,会付出很大连接操作的代价,所以要尽量减少连接操作所涉及的关系大小。

逻辑转换就是通过利用启发式规则,在可以生成的等价查询树中,将不是最终执行策略的查询树过滤掉,从而找到一个较优的执行策略。我们定义如下启发式规则来调整执行策略:第一,非空间选择和投影运算符应朝着查询树叶结点的方向尽量逼近;第二,非空间选择操作应该比空间选择操作更逼近叶结点;第三,关系型优先原则,将查询条件树中的关系型谓词总是放在空间型谓词的前面。

(4)基于代价的优化

查询代价估算就是按照给定的代价指标,根据查询操作的处理特性、操作间的相互关系、操作数据的统计信息等估算查询操作的执行代价。它是一种最常用的查询优化方法,在关系数据库中的研究较为成熟,也应用到了一些实际数据库系统中。相对而言,空间数据库的查询代价估算还处于研究阶段,在实际应用也就更少了。

实际上,空间数据处于不断的发展变化之中,对于空间数据库的优化更是一个长期的,需要不断分析比较和调整的过程。

2.执行查询分析

通过上一节中介绍的方法就可以得到一条相对较优的执行路径。这时候就需要通过执行查询分析的相关操作,最终输出用户期望的结果。查询分析的类型主要包括三种:属性查询、空间查询和空间分析。

(1)属性查询

这是一种最基本的查询方式,它的查询条件完全遵守 SQL 的标准,执行查询时从语法树的根结点开始,通过后序遍历语法树的方式,判断查询对象表中的每一条记录,结果为真则标记此记录,反之,跳过继续,直到最后一条记录。这样得到符合查询条件的一个记录列表,用户可根据自己的需要按一定的形式将结果输出。

(2)空间查询

空间查询包括点查询、矩形查询和多边形查询。对于矩形查询和多边形查询又可以根据不同情况进行细分。空间查询支持"INRECT"、"INTERRECT"、"INREG"、"OUTREG"、"NEAR"这五种操作符。这三种查询的共同之处都是通过分析语法树,获取要查询的要素类和查询范围,然后调用客户端的查询接口得到想要的查询结果类。

(3)空间分析

在 OGC 规范下,可以支持交、并、差等各种空间分析类型,即遵循空间拓扑运算符和空间分析运算符,并且还可以根据需要进行扩展。执行空间分析查询同样也是要通过分析语法树,获取空间分析的类型和参数,然后调用客户端的空间分析接口得到查询结果。

3.数据缓存技术

数据缓存技术的工作原理是:为后台数据库设置大容量的缓存区,来缓冲客户对数据库的访问请求,减少对服务器访问的输入/输出次数,从而达到提高数据库系统的检索效率的目的。

(1)简单缓存技术

简单缓存有时候也被称为块缓存,它是只有一个缓冲区的缓存,每一次对数据的缓冲总是加载完整的一部分数据。这种缓存在随机读写时会造成不同程度的效率问题,比较适合连续的读写。另外，缓存区的大小要适当，不能太大或太小。

简单缓存技术中采用的数据定位技术基于当前缓冲块调入数据的起始地址以及缓冲块的大小。而且，需要根据不同的命中情况，对当前操作是否可以引起访问缓冲区中的数据进行分析计算。对不能直接通过缓存进行访问的数据要重新加载到缓存中，尽可能使新加载调入的数据库不与前一个在缓存中的数据有重合的部分，从而能保证加载过程是最有效的。如图 13-11 所示为缓冲区与待读取数据关系图。

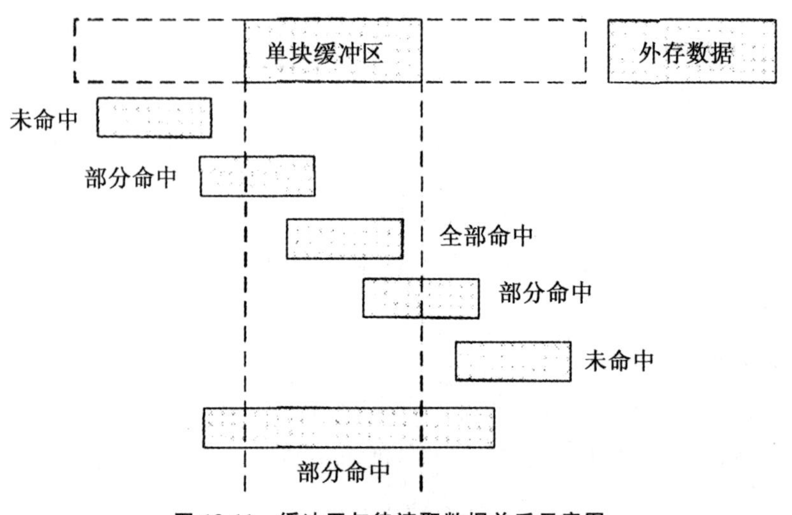

图 13-11　缓冲区与待读取数据关系示意图

简单缓存作为主要的客户端缓存在空间实体的查询处理中有着广泛的使用。一般查询过程涉及的多个实体都是非常局部的数据，它们在一定程度上具有物理存储上的连续性，这时候简单缓存就能减少总体上无效时间的浪费，使系统的性能提高。

在做全表扫描查询时，要把所有数据读入内存，所以最好采用完全的缓存形式达到最高的命中率，缓冲的大小只受系统的当前负荷影响。由此可知，简单缓存的使用需要可控的界面来产生策略。

在基于通用关系或实体数据库的空间数据库中，需要用到简单缓冲区来临时存储中间查询结果。简单缓冲区的窗口机制可以产生类似结果集游标的功能，从而使空间数据查询中简单缓冲区能够具有很高的可行性。

空间数据在表达不同复杂度的空间位置信息时，一般使用不定长的二进制数据，但是通用数据库一般提供的批数据查询提取接口需要的却是定长的数据存储单元，这时候最好的方法就是计算数据库中最长记录的二进制长度作为缓冲区单位缓存的长度，来提高提取和定位的速度。

(2)分页缓存技术

分页缓存技术是一种更为常见、使用更为普遍的缓存技术。它主要通过把整块的大缓存池分解为多个比较小的缓冲页面或者缓存块，来降低由于简单缓存淘汰时需要把全部缓存数据与外存进行交换的代价。在需要调入新数据而缓存已满的情况下，分页缓存能够淘汰部分页面来保持对另外一些页面的缓存状态，从而通过多种有效策略将页面淘汰的效率提高。最近最少使用算法(LRU)、最近最多使用算法等都是一些常见常用的淘汰策略。

最近最少使用算法(LRU)作为一种最常用的策略，主要是通过建立链表来表达淘汰队列，也就是在链表的两端分别是最近使用次数最多的页面(也称为热端)和使用次数最少的页面(也称为冷端)。一个页面不管它以前处于什么位置,一旦被使用完毕就会被放到热端;一旦没有足够的缓存空间而只能执行淘汰的时候,只需要直接从冷端摘除一个页面进行淘汰即可。为了保证在大批量读写过程中仍然有使用比较频繁的页面保留在内存,而不是使缓存只保留下了只需一次调用到内存的页面,需要把 LRU 链分成两个部分,它们分别为热链和暖链。在页面使用完毕需要再次链入 LRU 链时,热链的热端值存放那些使用次数足够多的页面;否则需要放到暖链的热端。有些时候,我们也可以针对马上仍需使用的页面建立 Pin 链,每次查找页面都从 Pin 链开始,并在释放页面的时候由人工指定,如图 13-12 所示。

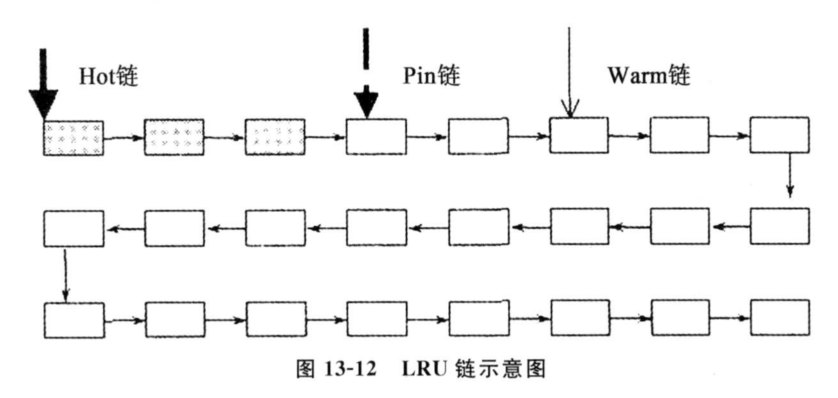

图 13-12　LRU 链示意图

页面的定位是分页缓存所面临的一个重要问题。一般来说,系统向缓存的请求对应于外存的页面,可能是物理页面编号,而物理页面编号和缓存页面编号又不一定是一一对应的,所以这时候就需要某种影射关系,把请求的物理页面编号影射成对应的内存页面。在分页缓存中,对于物理页面编号到缓存页面编号的影射,系统是通过采用 hash 表来完成的。一般采用取物理页面编号低位若干位的做法来影射到较小的区间,该较小的区间与内存缓存页面的分页数对应。

分页缓存与简单缓存的不同之处在于,由于它没有造成大内存的数据交换,它可以利用的缓存总量几乎不受影响,并且随着缓冲页面的增加而提高系统的性能。

分页缓存的优点不止这些。因为在任何时刻对同一个缓存页面的访问概率总是比较小的,从而大多数页面的访问可以完全的并行进行。多个分页使对缓存的并发访问成为可能,并且还是十分高效的。总是采用以整页的方式进行对数据页面的写入操作,要么一页全部写入,要么一页根本没有写入,这就保证了数据的完整性。

(3)双缓存技术

我们知道很多空间处理过程如显示和某些空间分析等,都只能以顺序的方式进行,无疑,这样的处理过程相对来说是很浪费时间的,采用双缓存技术恰恰可以对这些过程进行优化。

双缓存要求系统至少有两块缓存,且把空间查询操作分解为多个过程,这样当获得一块数据,或有一块缓存已经加载完数据时就可以进行空间数据处理操作,在进行空间数据处理操作的同时就可以再加载另外一块缓存中的数据,从而实现数据获取与处理上的并行度,提高了系统总体上的查询速度,如图 13-13 所示。

采用双缓存方案的关键就是能够把一个任务分解成多个部分来完成,且每一部分数据的处理都是相互独立的,还有更高一步的要求是对某一块的数据处理速度需要和加载一块数据的速度相同,这样在查询处理完成之时,数据向缓存块的加载也几乎同时完成,而不会造成查询处理过程等待缓存块加载,或缓存块加载过程等待查询处理过程的状况。

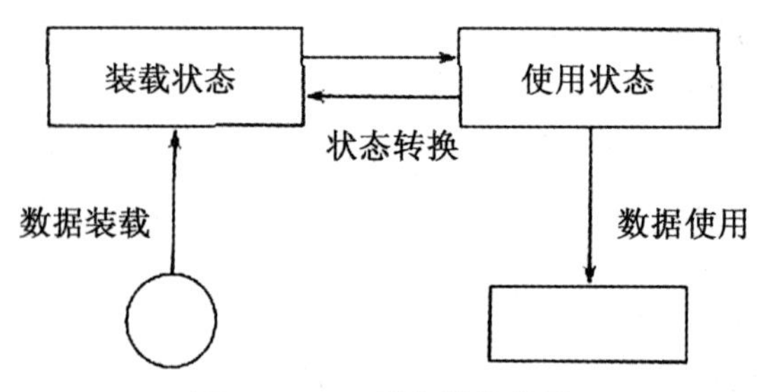

图 13-13　双缓存并发使用

13.3.4　基于动态窗口查询的轮廓查询技术

轮廓和轮廓体的查询计算技术在多种数据库和网络应用中起着非常重要的作用，逐渐成为空间查询研究中的热点。轮廓查询的目的是在给定的多维空间数据集中根据查询条件找到一个最佳的候选集，它是多标准决策的基础。

轮廓定义：在 d 维空间中，轮廓是一个 d 维空间数据点的集合，这个点的集合是由在所有维上不被其他点任意支配的点组成。

修剪空间定理[①]：给定空间维集 V，$V=\{v_1,v_2,\cdots,v_d\}$，空间数据点集 S，$S=\{p_1,p_2,\cdots p_n\}$，数据空间全部为正且边界最大值为 L，通过 d 维包络体 q 进行轮廓查询，起始时刻，包络体 q 在各维上的长度分别为 $q(v_i)$. length$=L$，$(1\leqslant i\leqslant d$，$g(v_k)$. length$=0$，其中 $k\in\{1,\cdots,d\}$ 且 $k\neq i$，边 $g(v_i)$ 是动态的。如果查询到轮廓点 p，那么，剩余查询空间中只有空间 $\{0\leqslant v_i\leqslant p(v_i),p(v_k)\leqslant v_k\leqslant \mathrm{L}\}$ 可能存在轮廓点。

证明：这里，i 和 d 的取值范围设为 $1\leqslant i\leqslant d$，$k\in\{1,\cdots,d)$ 且 $k\neq i$。

整个数据空间 Space 最大边界值为 L，即 $\{0\leqslant v_i\leqslant L,0\leqslant v_k\leqslant L\}$。起始时刻，包络体 q 在各维上的长度只有 v_i 维的长度为 L，其他都是 0。查询到轮廓点 p 时，已经查询过的空间 Space1 为 $\{0\leqslant v_i\leqslant L,0\leqslant v_k\leqslant p(v_k))$，剩余的查询空间 Space2 等于整个数据空间减去已经查询过的数据空间，它可以表示为 Space2＝Space－Space1＝$\{0\leqslant v_i\leqslant L,0\leqslant \mathrm{v_k}\leqslant L\}-\{0\leqslant \mathrm{v_i}\leqslant L,0\leqslant v_i\leqslant p(v_k)\}$。Space2 又可以表示为 Space2＝$\{0\leqslant v_i\leqslant p(v_i),p(v_k)\leqslant v_k\leqslant L\}+\{p(v_i)\leqslant v_i\leqslant L,p(v_k)\leqslant v_k\leqslant L\}$。根据轮廓的支配定义可知，空间 $\{p(v_i)\leqslant \mathrm{v_i}\leqslant \mathrm{L},p(\mathrm{v_k})\leqslant \mathrm{v_k}\leqslant L\}$ 中的数据点都被轮廓点 p 支配，所以空间 $\{p(v_i)\leqslant v_i\leqslant L,p(v_k)\leqslant v_k\leqslant L\}$ 中的数据点肯定不是轮廓点，因此，剩余的查询空间 Space2 中轮廓的可能存在区域就只有 $\{0\leqslant v_i\leqslant p(v_i),\mathrm{p}(v_k)\leqslant v_k\leqslant L)$ 了。

这里证明的是 d 维空间中的修剪空间定理，在下面的算法和实例中，采用二维空间数据对所提出的轮廓查询技术进行说明。

根据修剪空间定理可以得到有效区的定义。

有效区定义：给定空间维集 V，$V=\{v_1,v_2,\cdots,v_d\}$，空间数据点集 S，$S=\{p_1,p_2,\cdots p_n\}$，数据空间全部为正且边界最大值为 L，通过 d 维包络体 q 进行轮廓查询，包络体留在各维上的长度分别为 $q(v_i)$. length$=L(1\leqslant i\leqslant d)$，$q(v_k)$. length$=0$，其中 $k\in\{1,\cdots,d\}$ 且 $k\neq i$，边 $q(v_i)$ 是动态的。查询到轮廓点 p，那么空间 $\{0\leqslant v_i\leqslant p(v_i),\mathrm{p}(v_k)\leqslant v_k\leqslant L\}$ 是轮廓点的有效存在区域，即有效区。

① 刘国华，张忠平，岳晓丽. 数据库新理论、方法及技术导论[M]. 北京：电子工业出版社，2006

基于窗口查询的轮廓查询技术的主要思想是将一个轮廓查询转换成多个动态窗口查询，通过不断变化查询窗口对有效区进行查询来修剪查询空间，访问有可能是轮廓上的点，且只访问一次，不用访问空间对象集合中的全部数据点。

算法①：基于动态窗口查询的轮廓算法

输入：空间数据点集 S

输出：轮廓点集 L 及其对应的查询窗口

```
Algorithm DWS(S)
Begin
    Step1:L=Ø;/*对轮廓点集和查询窗口进行初始化*/
        v_U=0;v_B=0;v_L=0;v_R=1;
        q_1.length=0;
        q_1.width=Maxdist_x(N_i);
        n=1;
/*轮廓的具体查询过程*/
Step2:while q的右边界没有到达所有MBR的右边界 do
        if N与q相交 then
            {将N中落入q中的点进行比较,y轴坐标最小点p_i插入L中,l_i=p_i;
            以点P_i为查询窗口的左上顶点,且n=n+1;
            q_n.length=0;q_n.width=‖pi.y‖;
            if p_j.y=p_i.y(i<j) then
            p_j从列表中删除;}
            return(l_i,q_n);
            endwhile
End
```

基于动态窗口查询的轮廓查询算法将单个轮廓查询转换为多个不同的动态窗口查询。查询窗口的右边界是移动的，其他边界都是静止的。这样算法只需要对有效区内的空间数据点进行查询即可，有效地减小了查询空间，减小了被访问点的数量。注意，查询窗口只访问轮廓点和与轮廓点具有部分相同坐标的点，即查询窗口只访问可能的轮廓点，并且每个数据点只访问一次。被查询窗口检索到数据点不一定就是轮廓点，需要根据其坐标情况进行进一步的判断才行。

13.3.5　最近邻查询技术

最近邻(Nearest Neighbor,NN)查询技术是空间数据库领域中一个重要的研究课题。k-NN查询计算距离一个给定的查询点最近的 k 个对象。k-NN 查询包括的几种形式：点的 k 个最近邻查询(或简单的 k-NN 查询)，给定一组空间对象和一个查询点，检索 k 个距离查询点最近的对象；连续的 k-NN(Continuous k Nearest Neighbors,CkNN)查询，给定一组空间对象集，一个查询点和一条预定义的路径，检索位于路径上任何点处(查询点)的 k 个最近的对象；群组 k-NN

① 刘国华，张忠平，岳晓丽．数据库新理论、方法及技术导论[M]．北京：电子工业出版社，2006

(Group k Nearest Neighbors,GkNN)查询,给定一组空间对象和一组查询点,检索 k 个空间对象使之距离查询点的距离之和最小;逆 k-NN(Reverse k Nearest Neighbors,RkNN)查询,给定一组空间对象和一个查询点,检索把查询点作为它们 k 个最近邻之一的对象;约束 k-NN(COnstrained k Nearest Neighbors,COkNN)查询,给定一组空间对象、一个查询点和一组方向或范围约束,检索查询点的 k 个最近邻。[①]

1. 增量 k-NN 查询算法(IkNNQA)

增量 k-NN 查询算法(Incremental k-NN Query Algorithm,IkNNQA) 和下面要介绍的基于"预计算"的 k-NN 查询算法(Precomputation-based k-NN Query Algorithm ,PkNNQA)共同解决了空间网络数据库中静态的 k-NN 查询问题。

增量 k-NN 查询算法参照了 Fredman 和 Tarjan 提出的 Dijkstra 算法的修改版本,采用斐波纳契(Fibonacci)堆,依照网络距离排序来确定下一个要扩展的结点。

Fibonacci 堆中的项包含的信息如下:

<cost,type,info>(<权值,类型,信息>)

依据 cost 值排序;type 表明这个项的类型是结点或兴趣点(P);info 包含额外的信息:对于结点,结点信息被传递,对于兴趣点,传递相应的迭代器。迭代器包含下列信息:<dir,p,pos,len>,dir 表明方向(向前或向后),$p=(p_x,p_y)$储存当前兴趣点的坐标,pos 储存当前兴趣点在边上的相对位置,len 是边的长度。

2. 基于"预计算"的 k-NN 查询算法(PkNNQA)

由于对象之间的网络距离依赖网络连接,且计算的代价很高,需要利用预计算 NN。考虑边 (n_i,n_j)上的查询点 q。令 R_q 为满足查询条件的对象集,$O(n_i,n_j)$是边(n_i,n_j)上的对象集,R_{n_i} 和 R_{n_j} 分别是满足 n_i 和 n_j 处相同查询条件的对象集,则 $R_q\subseteq(O(n_i,n_j)\cup R_{n_i}\cup R_{n_j})$。

如果每个结点都有自己的 k 个预计算的 NN,则任何点的 k-NN 查询结果就可以从查询点所在边上的对象以及这个边的两个结点的 k-NN 中立刻得到。然而,当 k 值或结点的数目非常大的时候,要维持所有结点的 k-NN 是非常困难的。

交叉点和聚集点的定义如下:出入度之和$\geqslant 3$ 的结点称为交叉点,预计算 m-NN 的交叉点称为聚集点。每个聚集点存储 $m(m\geqslant 1)$个 NN。当聚集点和 m 的数目增加时,性能也会提高。自然,如果聚集点的数目等于交叉点的数目且 $m\geqslant k$(k 是查询中要求的 NN 的数目)时,这种方法的性能是最好的。当 $k>m$ 时,动态计算 k-NN。查询结果从预计算信息和 NN 搜索中得出。

13.4 空间数据库索引技术

空间数据库索引技术是空间数据库应用中的一个核心问题,空间索引技术能够以更加有效的组织方式,抽取与空间定位相关的信息组成对原空间数据的索引,以较小的数据量管理大量数据的查询,从而提高空间查询的效率和空间定位的准确性。

---

① 刘国华,张忠平,岳晓丽.数据库新理论、方法及技术导论[M].北京:电子工业出版社,2006

具体的空间索引主要是指在存储空间数据时依据空间对象的位置和形状或空间对象之间的某种空间关系，按一定顺序排列的一种数据结构，其中包含空间对象的概要信息，如对象的标识、外接矩形及指向空间对象实体的指针。作为一种辅助性的空间数据结构，空间索引介于空间操作算法和空间对象之间，通过它的筛选，大量与特定空间操作无关的空间对象被排除，从而提高空间操作的效率。

空间数据库系统的响应时间主要由数据的定位时间（查询时间）和数据的提取时间（从数据存储层传输到数据处理层的时间）来决定。数据提取时间和待提取数据的规模成正比。查询时间主要消耗在数据定位上，而数据定位的时间实质上就是空间索引的时间。由于空间数据自身的复杂性，其查询过程的成本开销一般要比关系型数据库大，特别是空间谓词求值的开销远比数值或者字符串的比较要大，索引是一种有效的数据检索手段，可以减少运算的代价。因此，采用空间索引是必要的，空间索引技术在空间查询乃至在整个空间数据库的建设中都具有十分重要的意义。

13.4.1　空间索引的需求与发展

1. 空间索引的需求

数据库的索引机制可用来快速访问一条特定查询所请求的数据，而无需遍历整个数据库。传统的关系数据库为了提高检索效率，一般都建立一系列的索引机制，如 B^+ 树。但是空间数据库中是二维和多维的空间数据，这些一维索引，无法处理空间数据库中的数据。

空间数据通常是基于属性的值和数据对象的空间位置来进行获取和更新。对空间数据的查询与获取经常需要执行快速的几何搜索运算，例如，点查询、区域查询等。所有这些运算需要快速存取空间数据对象。要支持这些搜索操作就需要特殊的空间存取方法，即必须引进索引机制。但目前不存在完全有序的空间对象，用以保证空间接近。换句话说，不存在从二维或高维空间到一维空间的映射，也就不能保证任何两个在高维空间接近的对象在一维排序序列中也相互接近。这使得设计空间域的高效空间索引比传统的索引要困难许多。许多有效的一维索引方法（有时也称单键结构，如 R 树、可扩展哈希表）不能被很好地使用。一种通用的操作多维搜索查询的方法是连续使用单键结构，一维接一维地处理。但这种方法效率非常低，因为每个索引的遍历都独立于其他索引，人们不能利用某一维的高选择性去缩小剩余维数的查找空间。所以必须为空间数据库另外建立专门的索引机制——空间索引。

空间索引主要是为了在空间数据库中快速定位到所选中的空间要素，从而提高空间操作的速度和效率。空间索引的技术和方法是空间数据库关键技术之一，是快速、高效地查询、检索和显示空间数据的重要指标，它的优劣直接影响空间数据库的整体性能。通常，高效的空间索引必须满足以下几个方面的要求：

1）动态性：目前由于空间数据趋于海量化，空间数据的存储通常都以关系数据库为基础，要满足在数据库中可以以任意顺序删除或添加数据对象，空间索引应不断跟上其变换速度。

2）可伸缩性：空间索引方法应能很好地适应数据库的发展。

3）简单性：复杂的空间索引方法往往会导致实现的错误，对大规模的应用就不能保证充分的强壮。

4）最小的影响：空间索引方法与数据库系统的融合应对现存系统产生最小的影响。

5)时间和空间有效性:空间索引方法的操作应快速,同时一个索引所占的空间应尽量小。

6)二级和三级存储管理:空间索引机制需要有效的整合二级、三级存储。

7)输入数据和插入顺序的独立:空间索引的效率不应依赖于输入数据的类型和插入的顺序。

8)支持多空间算子:空间索引不应只关注一种空间操作的效率(如搜索),而忽视了其他操作的效率。

2.空间索引的发展

在传统的数据库中,常见的索引技术有B树、B^+树、二叉树、ISAM索引、哈希索引等,前面已经说了这些技术都是针对一维属性数据的主关键字索引而设计的,不能对空间数据进行有效的索引,因而不能直接应用于空间数据库的索引。

设计高效的针对空间目标位置信息的索引结构与检索算法,成为提高空间数据库性能的关键所在。空间索引的研究始于20世纪70年代中期,早于空间数据库的研究,初始目的是提高多属性查询效率,主要研究检索多维空间点的索引,后来逐渐扩展到其他空间对象的检索。目前存在的空间数据索引技术超过50种,可概括为树结构、线性映射和多维空间区域变换三种类型,从应用范围上可分为静态索引和动态索引。以位置码为key值的一般顺序文件索引、粗网格线性四叉树索引、基于行排列码三级划分的桶索引均为静态索引;适合内存索引的点四叉树、KD树、MX-CIF四叉树、CELL树、F树,适合磁盘空间索引的基于Morton码的B^+树、KDB树、B-D树、R树、MOF树、变形粗网格索引等均为动态索引。这些方法中很多只有细微差别,绝大多数是从B树、哈希表、KD树改进而来的,还没有一种方法能够证明自身优于其他方法。各种方法的性能没有明显的差别,简单与稳定性是商业产品实现选择的首要因素。

典型的空间索引技术包括R树索引、四叉树索引、网格索引等(Boston,1984),这些索引中很多也是基于空间实体的最小外包矩形建立的。这些方法在点、线、面目标索引中各有其应用特点。当今较为热门的索引结构是基于R树的空间索引结构,但由于R树的基于MBR的索引机制,对于精确匹配查询,不能保证唯一的搜索路径,从而造成多路径查询问题,尽管R^+树对此进行了改进。但是R^+树又带来了其他问题,如随着树的高度增加,域查询性能降低等。同时,R树家族对于大型空间数据库,特别是多维空间数据的索引问题没有得到很好的解决,易造成"维数危机"问题。现有的索引技术用于索引海量空间数据时,往往由于存储空间开销的剧增或索引空间重叠的剧增,而导致索引性能的下降。因此采用鲁棒的、维数及空间数据量可扩展的索引技术成为一种趋势。

空间索引方法是空间数据库和GIS的一项关键技术,空间索引方法的采纳与否以及空间索引性能的优劣直接影响地图数据库和地理信息系统的整体性能。因此,开发高效的空间数据存取方法一直是空间数据库和GIS领域的研究热点,各国研究人员也投入了相当多的力量研究开发高效的空间索引方法。著名的商业数据库厂商在支持地图数据时也采用了空间索引的方法,如Oracle8i和SmallWorld GIS中采用的四叉树索引技术,以及Oracle 9i和Informix数据库中的R树索引技术。

13.4.2 基于二叉树的索引技术

基于二叉树索引结构的典型范例有kd-树、K-D-B-树、hB-树、hB^*-树等。

1. kd-树

kd-树[J. L. Bentley,1975]是 $k(k \geqslant 2)$ 维的二叉检索树(BST),主要用于索引多属性的数据或多维点数据。kd-树的每个结点表示 k 维空间的一个点,它的分支决策会在关键码的各个维之间交替,它的每一层都会根据这一层的某个特定的关键码作出分支决策,这个检索关键码就成为比较器。对 kd-树的第 i 层的分辨器定义为:$i \bmod k$(树的根结点所在层为第 0 层,根结点孩子所在层为第 1 层,依次递增)。

图 13-14 是二维空间一棵 kd-树的例子。根结点 A 的分辨器的值为 0(x 轴),其左子树的所有数据点(B,C,D,H,I)的 x 维的值都比 A 的 x 维值 40 小,右子树的所有数据点(E,F,G)的 x 维的值都大于 40。结点 B 的分辨器的值为 1(y 轴),则其左子树的数据点(C,H,I)的 y 维的值都比 B 的 y 维值 75 小,右子树的数据点 D 的 y 维的值大于 75。

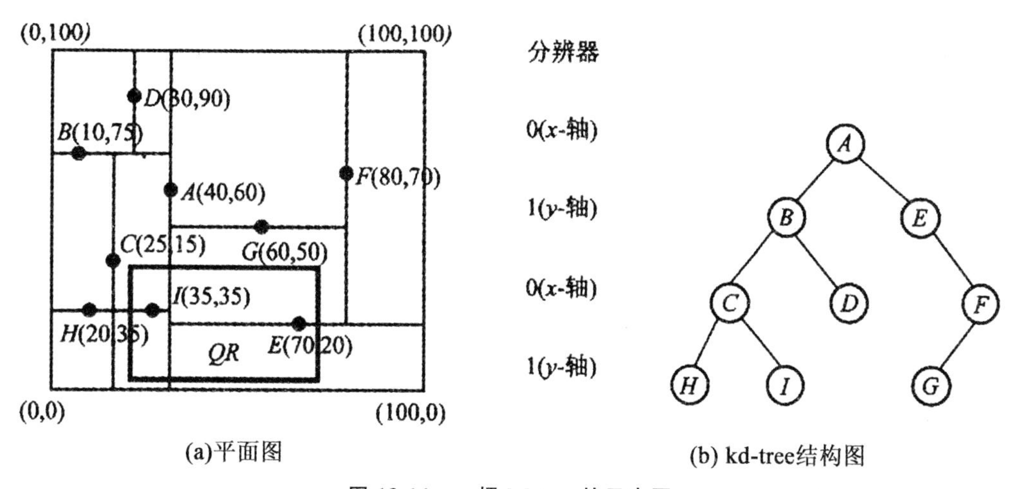

图 13-14　一棵 kd-tree 的示意图

这种索引结构的典型 kd-树是一种二分索引树结构,主要用于索引多维数据点,但对复杂的空间目标(如折线、多边形、多面体等)的索引却必须采用近似方法和空间映射技术。由此针对空间关系的查询效率非常低。

为了能索引复杂的空间目标,一种适合索引二维空间目标的基于实体标志重复存储技术的 Mkd-树被提出了;为了将 kd-树存储组织到外部存储设备,将 kd-树与 K 树结合,提出了 K-D-B-树;Skd-树的提出避免了空间目标的重复存储和空间映射,用空间目标的中心点来对空间目标集进行二分索引。但是所有这些方法对非点状空间目标的索引效率都较低。

2. K-D-B-树

K-D-B-树[J. T. Robinson,1981]是 kd-树与 B-树的结合,由两种基本的结构区域页(Region Pages,非叶结点)和点页(Poinr Pages,页结点)组成,如图 13-15 所示。点页存储点目标,区域页存储索引子空间的描述及指向下层页的指针。在 K-D-B 树中,区域页显示存储的了空间信息。区域页的子空间两两不相交,且一起构成该区域页的矩形索引空间,即父区域页的一子空间。

K-D-B-树是高度平衡的,所有的叶结点都位于同一层,但这使得其存储效率降低;另外,树的构造过程也因页分裂操作的向上向下传播而复杂化;最后,与 kd-树相同,K-D-B-树也是为索引多属性数据或多维空间点而提出的,如果用于索引其他形体的空间目标,也需经过目标近似与映射，效率较差。

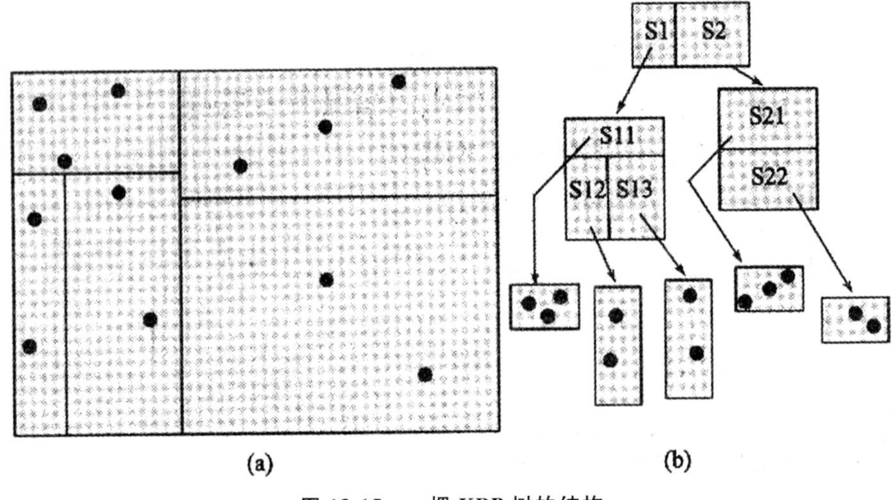

图 13-15　一棵 KDB 树的结构

3. hB-树

hB-树[Lomet D,Salzberg B.,1990]是一种有效的多维动态索引结构，其结点间搜索和增长过程模拟 B 树的处理方法，结点内采用 k 维树组织和进行高效搜索。

尽管 hB-树在大多数情况下都能取得较好的效果，但是由于它采用 1/3～2/3 的 k 维树分裂，结点分裂只保证不低于 2∶1 的平衡，最坏空间利用率仅为 1/3，而一维 B^+ 树最坏为 1/2，这样 hB-树平均空间利用率只有 0.637，无法与一维 B^+-树的 0.693 相比。而高空间利用率意味着高扇出数，能降低搜索树高度和叶子层宽度，减少搜索时所需的 I/O 次数，这就造成了它的空间利用率不理想的问题。此外，由于 hB-树结点分裂出的 k 维子树数目不受限制。分裂时要将包含结点和抽取结点间的索引标界登记到其父结点中，如果有任意多个结点从包含结点中分离出来，则包含结点的 k 维树标界就很复杂。这样，父结点分裂时，不得不分割这一标界，分裂得到的两个上层结点成为包含结点的父结点，使 hB-树不再是严格的树结构而成为有向无环图(DAG)。

hB^*-树是 hB-树的一种扩展，与 hB-树的特性基本相同，但也有两点特性例外。首先是 hB^*-树结点分裂前，需要尝试与相邻结点平衡以避免分裂，这种尝试与相邻结点平衡数据量而不立即分裂的行为提高了 hB^*-树的空间利用率。其次，hB^*-树中不存在多父结点，这使得 hB^*-树成为真正的树，为此，采取 DAG 避免和消除方法 DAG 避免意为减少多父结点出现的可能性，DAG 消除则指产生多父结点时，对它进一步分裂及合并。

13.4.3　基于四叉树的索引技术

四叉树是一种经常使用的空间索引结构，它建立在对区域循环分解原则之上，是一种层次数据结构，在计算机图形处理、图像处理及地理信息系统中有广泛的应用。

1. 点四叉树

点四叉树(Point quad-tree)是 QuadTree 的一个变种，主要是针对空间一点的存储表达和索引。对于是维数据空间而言，点四叉树的每个结点存储了一空间点的信息及 2^k 个子结点的指针，且隐式地与一索引空间相对应。

图 13-16 是二维空间的一棵点四叉树的例子。

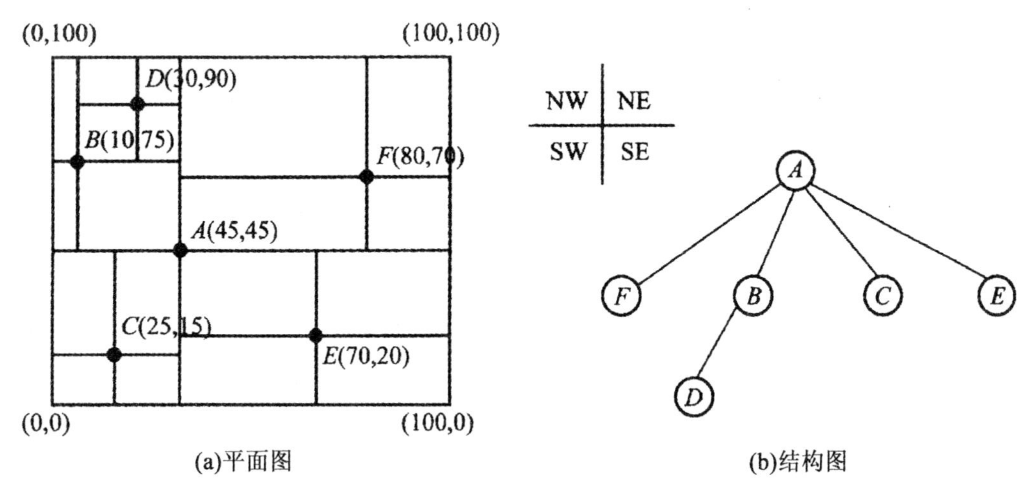

图 13-16　点四叉树的结构图

以图 13-16 为例，点四叉树的构造过程可以进行描述如下：

1)输入空间点 A，由于四叉树为空，因此 A 作为四叉树的根结点，其隐式对应的索引空间为整个数据空间。以 A 为划分原点，将对应的索引空间划分为 4 个子空间(象限)：NE、NW、SW、SE，依次为其 4 个子结点隐式对应的子空间。

2)输入空间点 B，由于 B 落入 A 的 NW 象限且 A 的 NW 子结点为空，因此 B 作为 A 的 NW 子结点；同样地，C 作为 A 的 SW 子结点。

3)输入空间点 D，由于 D 落入 A 的 NW 象限，继续往下级查找，D 落入 B 的 NE 象限且 B 的 NE 子结点为空，因此 D 作为 B 的 NE 子结点。

4)空间点 E、F，分别作为 A 的 SE、NE 子结点。

尽管点四叉树的构造过程非常简单，但当删除一个点时，该点对应结点的所有子树结点必须重新插入至四叉树中，效率很差。对于精确匹配的点查找，查找路径只有一条，且最大查找结点数为四叉树的深度，查找效率较高，但是对于区域查找，查找路径有多条。

点四叉树具有结构简单，以及精确匹配的点查找性能较高的优点。但是其树的动态性差，删除结点处理复杂；树的结构由点的插入顺序决定，难以保证树深度的平衡；区域查找性能较差；必须采用目标近似与空间映射技术处理非点状空间目标，效率较差；不利于树的外存存储与页面调度；每个结点须存储 2^k 个指针域且其中叶子结点中包含许多空指针，尤其是当 k 较大时，空间存储开销大，空间利用率低。

2. 区域四叉树

比较常见的区域四叉树索引方法有 MX 四叉树、PR 四叉树、CIF 四叉树。

(1)MX 四叉树

在 MX 四叉树中，每个空间点被看成是区域四叉树中的一个黑像素，或当做一方阵(Square Matrix)中的非零元素。图 13-17 为二维空间的一棵 MX 四叉树。

由上图可知，MX 四叉树的构造过程即是对整个数据空间重复地进行 2^k 次等分直至每一空间结点都位于某一象限的最左下角的过程。空间中的每一点都属于某一象限且位于该象限的最左下角，每一象限均只与一个空间点相关联。

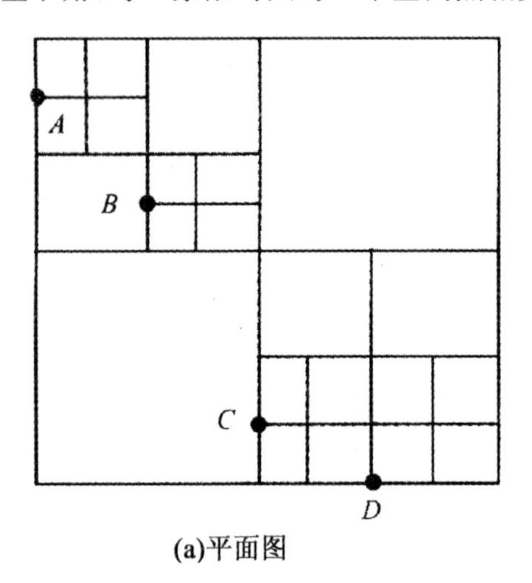

(a)平面图

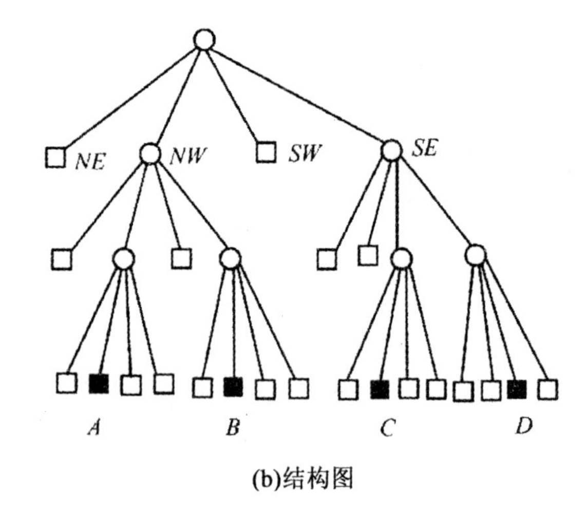

(b)结构图

图 13-17　MX 四叉树结构图

MX 四叉树具有如下特点：

1)所有的点都位于叶结点，树的深度是平衡的。

2)空间的划分是等分，划分生成的每个象限都具有相同的大小。

3)可以采用线性四叉树的存储结构，避免了指针域的存储，提高了空间利用率。

但是，MX 四叉树存在插入(删除)一个点可能导致树的深度增加(减少)一层或多层，所有的叶结点都必须重新定位，以及树的深度很大，影响查找效率的缺点。

(2)PR 四叉树

图 13-18 是二维空间一棵 PR 四叉树。

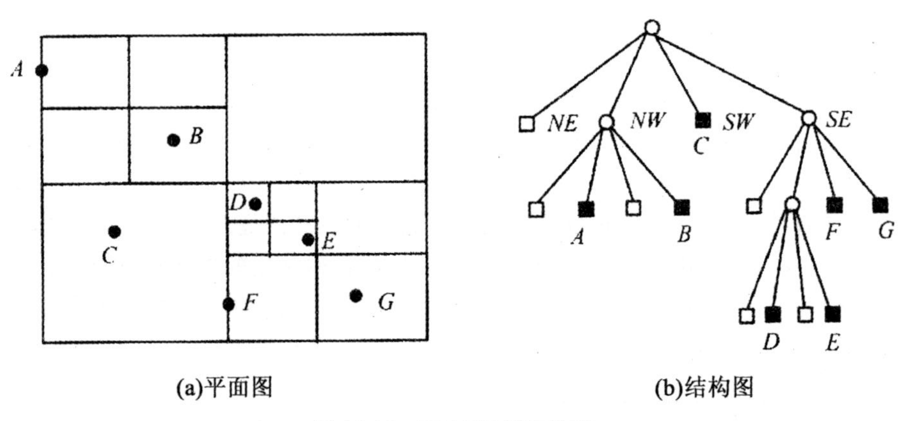

(a)平面图　　(b)结构图

图 13-18　PR 四叉树结构图

PR(Point Region)四叉树与 MX 四叉树的构造过程类似，不同的是当分解到一个象限只包含一个点时，不需要继续分解使该点位于某一子象限的最左下角。另外，插入或删除一个点也不会影响到其他分支，操作很简单。

(3)CIF 四叉树

CIF(Caltech Intermediate Form)四叉树是针对表示 VLSI(Very Large Scale Integration)应用中的小矩形而提出的，常被用于索引空间矩形及其他形体。图 13-19 是二空间一棵 CIF 四叉树。注意，图中假设数据桶的容量为 3 个矩形。

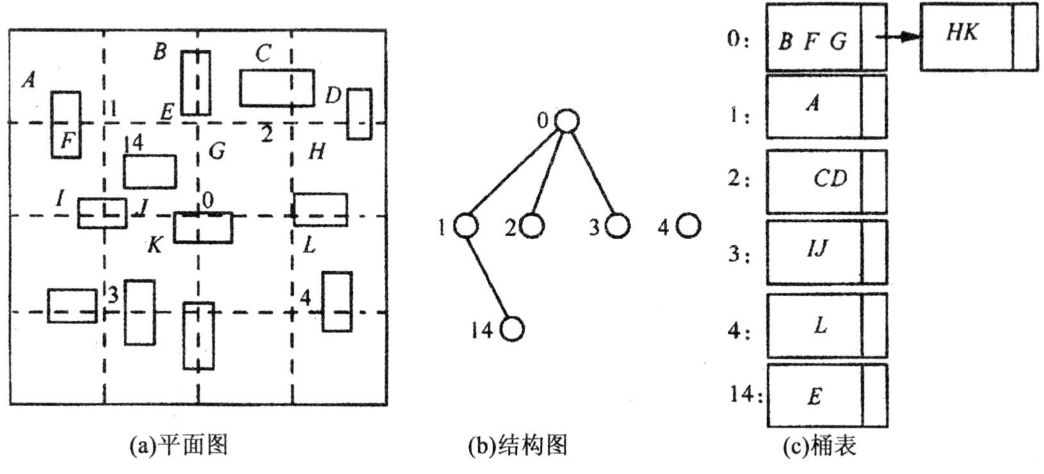

(a)平面图　(b)结构图　(c)桶表

图 13-19　CIF 四叉树结构图

不同于 MX 四叉树、PR 四叉树，CIF 四叉树可以不需要经过目标近似与空间目标映射，而直接用于索引矩形及任何其他形体的空间目标，因此对于区域查询，效率要高一些。但是当索引量增大、大区域结点包含较多数据矩形时，外部存储设备 I/O 开销往往会很大。

13.4.4　基于动态哈希的格网技术

由于哈希索引能够根据查找关键字通过哈希函数直接定位查找记录，因此哈希索引技术被广泛地应用于现有的数据库管理系统中。哈希索引的典型结构包括网格文件和 R 文件。

1. 网格文件

网格文件(The Grid File)是针对点目标的索引而提出的，是一种典型的基于哈希的存取方式，由包含着很多与数据桶相联系的单元的网格目录来实现。

网格文件的基本思想是根据一个正交的网格(Orthogonal Grid)划分 k 维的数据空间，其网格是用 k(数据的维数)个一维的数组来表示的，称为刻度(Scales)。刻度的每一边界(Boundary)构成一个($k-1$)维的超平面(Hyper Plane)，对于二维空间为平行于 z 或 y 轴的直线，这一超平面将数据空间划分为两个子空间。所有的边界一起将整个数据空间划分成许多 k 维的矩形子空间，这些矩形子空间就是网格目录(Grid Directory)，由一个 k 维的数组表示。目录项(网格目录数组的元素)和网格单元(Grid Cells)之间具有一对一的关系。网格目录的每一网格单元包含一个外存页的地址，对应着一个数据桶，一般一个数据桶为硬盘上一个磁盘页，这一外存页存储了包含了网格单元的数据目标，称为数据页(Data Page)。数据页所对应的一个或多个网格单元称之为存储区域(Storage Region)，存储区域两两不相交，它们在一起跨越了整个数据空间。

需要随着数据的增多，网格目录可能会慢慢变大，对于大部分应用来说，目录通常保存在硬盘上，但为了保证在进行精确查询的时候能仅用两次 I/O 操作就可找到相应的记录，一般将网格本身保存在主存中。这样在进行精确查询的时候，就可以先用刻度来定位包含要查找的记录的单元，若这个单元不在主存中，则进行一次 I/O 操作，将这个单元从硬盘调入主存。

采用网格文件，当用于索引低维空间的点状目标时，由于可以在较少的外存页面访问中得到查找结果，尤其是对于精确匹配的点查找，可以通过两次外存访问(一次是访问网格目录，一次是访问数据页)得到结果，因此效率较高。但是，当空间维数较高或数据量较多时，网格目录将变得非常庞大，这样每一次分裂都需要增加很多网格目录项，而且网格目录往往存储在外存，对其的存储与操作也需涉及外存的访问。另外，当索引非点状空间目标时，还需要采取目标近似与目标映射或允许目标重复存储的策略，区域查询效率较差。

2. R-文件

R-文件(The R-file)可以看作是网格文件的一种改进，常用来索引点状空间目标及非点状空间目标，且不须进行空间目标的近似与映射和空间目标的裁减或重复存储。

R-文件的单元格划分采用了与网格文件同样的策略，且溢出的单元格被分裂，同时单元格还会被重复地二等分直至得到包围空间目标的最小单元格，从而使单元格更紧密地包含空间目标。但这无疑会增加查询访问时访问单元的数量，影响 R-文件的索引效率。

13.4.5 空间数据聚类

设计空间数据库的存储结构时，将空间上相邻的和查询上有关联的对象在物理上存储在一起，以降低系统的 I/O 访问时间，提高查询效率，这便是聚类。

空间数据库管理系统可以支持三种类型的聚类：

1)内部聚类(internal clustering)：为了加快对单个对象的访问，一个对象的全部表示都存放在同一个磁盘页面中，或多个物理上连续的页面中(当单个页面的空闲空间小于所要求的存储空间时)。

2)本地聚类(local clustering)：为了加快对多个对象的访问，一组空间对象(或者近似)被分配到同一个磁盘页面中。这种分组可以按照数据空间中对象的位置(或近似)来进行。

3)全局聚类(global clustering)：与本地聚类相反，一组空间邻接的对象并不存储在一个页面上，而是被分配到多个物理上邻接的磁盘页面中，这些页面可由一条单独的读命令访问。

空间聚类技术的设计比传统聚类技术要复杂得多，因为在空间数据所处的多维空间中，根本就没有天然的顺序。而存储设备从逻辑上说是一维的设备，因此，需要一个从高维空间向一维空间的映射。该映射是距离不变的，空间上邻近的对象应该映射为直线上接近的点，而且，空间上不同的两个点不能映射为直线上的同一个点。常见的空间数据聚类的方法有：

1. 基于随机搜索的聚类方法 CLARANS

CLARANS(Clustering Large Application based upon RAN domized Search)算法由 Ng 和 Han 提出(NgR. ,HanJ. ,1994)，其聚类过程可以表示为查找一个图，图中的每个结点都是潜在的解决方案。在替换一个中心点后获得的聚类称为当前聚类的邻居。随意测试的邻居数目由参数 max-neighbor 限制。若找到一个更好的邻居，将中心点移至邻居结点，重新开始上述过程，否则在当前的聚类中生成一个局部最优。找到一个局部最优后，再任意选择一个新的结点重新寻找新的局部最优。局部最优的数目被参数 num local 限制。可以看出，CLARANS 并不搜索遍所有的求解空间，也不限制在任何具体的采样中。CLARANS 每次迭代的计算复杂度与对象的数目基本呈线性关系。CLARANS 也可检测出离开本体的部分，例如不属于任何聚类的点。基于 CLARANS 的空间聚类算法也有两种：空间支配算法和非空间支配算法。CLARANS 方法对于巨大的空间数据而言其主要缺点是要求聚类的对象必须预先都调入内存。

2. CLARANS 聚焦法

为了在有限的内存空间对空间数据进行聚类，可以选择一部分能代表整个数据库的对象进行聚类。数据抽样是聚类分析中常用的技术，抽样方法可以提高聚类算法的效率，但差的抽样会导致差的聚类质量。Ester 等人提出对 R_3 树的抽样[EsterM. ,et al. ,1995]，利用空间数据库结构提出了提高抽样质量的算法。该算法仅仅聚类 R_3 树叶结点最中央的对象。因为在 R_3 树叶结点中仅存储了邻近的点，所以损失的聚类质量很小，实验证明约为 1.5%～3.2%，而聚类的速度大约提高了 50 倍。另外一种技术是利用 R_3 树结构仅在对象提高聚类效率。聚焦方法通过引入 R_3 树方法可用于处理大型数据库，缺点是 R_3 树构建并不容易而且要耗费相当的计算量。

3. 平衡迭代消减聚类法 BIRCH

Zhang 等人提出平衡迭代消减聚类法 BIRCH(Balanced Iterative Reducing and Clustering, BIRCH；Zhang T. ,et al. ,1996)，以解决上述聚焦方法的难点。BIRCH 法是一种较为灵活的增量式聚类方法，能根据内存的大小自动调整程序对内存的需要，因此能处理大量的点集。它有两个概念：聚类特征(CF)和聚类特征树(CF-树)。

聚类特征 CF 是一个三元组，它总结了一簇个体的有关信息，从而使得一簇点的表示可以总结为对应的一个聚类特征，而没有必要再用具体的这组点来表示。给定一组有 N 个点，维数为 d 的一簇个体$\{X_i\}$，则这簇个体的聚类特征可以表示为 CF=(N,LS,SS)，其中 LS 是 N 个点的线性和，即 $LS = \sum_{i=1}^{N} X_i$，它代表了这簇点的重心；SS 是 N 个对象的平方和，即 $SS = \sum_{i=1}^{N} X_i^2$，它代表了这簇点的直径大小，SS 越小，这簇点聚得越紧密。

CF-树是一棵满足两个条件(分枝因子和簇直径)限制的平衡树。分枝因子规定了树的每个结点的子女的最多个数；而簇直径体现了对一簇点的直径大小的限制，即聚类特征的直径不能太大，否则不能聚为一类。非叶子结点上存储了它的子女的特征的和，因此该结点总结了其子女的信息。

CF 树可以动态地构造，因此不需要所有的数据一次全部读入内存，而可以从外存上逐个读入数据项。新的数据项总是插入到树中与该数据项距离最近的叶子上。若插入后使得叶子的直径大小超过了簇直径，则需要把该叶子或其他叶子分裂，直到叶子能够插入到树中而同时满足簇直径的限制。新的数据项插入后，它的信息就可以从叶子一直传递到树根，即重新计算该叶子的各祖先的聚类特征值。通过改变簇直径的限制大小，可以修改聚类特征树的大小。簇直径限制越小，树会越大；反之，树会越小。因此，当内存不够大时，可以把簇直径限制设置为较大的值。然后重新构造该树，重构时可以直接从原来的叶子计算，不需要重新读入数据。这种算法具有的聚类效果与伸缩性，且对数据输入顺序不敏感。

4. 基于密度的空间聚类算法 DBSCAN

DBSCAN(Density Based Spatial Clustering of Applications with Noise)基于聚类中密度的概念，用来发现带有噪声的空间数据库中任意形状的聚类。该算法效率较高，但算法执行前需要输入阈值参数。

5. 大型空间数据库基于距离分布的聚类算法 DBCLASD

XU 等人提出了大型空间数据库基于距离分布的聚类算法 DBCLASD(Distribution Based Clustering of Large Spatial Database,DBCLSD;Xu X.,et al.,1998),与 CLARANS 算法相比,它可以发现高质量的任意形状的聚类;而与 DBSCAN 相比,它不需要输入参数。DBCLASD 的效率介于 CLARANS 算法与 DBSCAN 算法之间。

此外,还有如通过遗传算法进行空间聚类,利用遗传算法进行启发式搜索来寻找聚类中心点,所得到的聚类质量证明比普通聚类要好等。

总之,空间数据的特殊性决定了必须依靠有效的空间聚类及空间数据索引技术来提高空间数据的处理效率。

13.4.6 空间目标排序法

在空间目标排序法中,首先将索引空间划分为许多小的格子,然后依次为每个格子指定一个唯一的数字或编码。这样就可以用与其相交的一个或多个格子的数字来表示空间目标,也可以用与其相交格子的编码来求得另一唯一编码的方式来表示,即将 k 维空间的实体映射到一维空间。

用一维的数值对多维的空间目标进行排序,常见的方法有位置键(Location Keys)、Z^- 排序(Z-ording)等。事实上,很多索引技术还会采用多种结构、多种策略来提高效率,如 X-tree 综合了线性组织结构与 R-树层次组织结构的优点,提出了超结点(Supernode)的概念。也就是说,在超结点(超结点容量大于一般结点)中采取线性的组织方式,存储那些无法避免中间结点索引空间重叠的一部分数据;其他数据的存储则仍然组织在形如 R-树的层次结构中。超结点概念的引入有效的避免了索引空间的重叠,明显提高了高维空间大数据量的索引效率。

值得注意的是,尽管采用多种方法能够同时兼顾这些方式的优势,但是,每一种方法的缺点也会相应的继承。也就是说,在引入某种索引方法时,除了考虑其优势面外,还要尽量避免或相应减少对它们不利面的引入。

第14章　主动数据库及其规则分析

主动数据库(Active Data Base)是在传统数据库基础上,结合人工智能技术和面向对象技术产生的数据库新技术。尽管传统数据库在数据库的存储与检索方面取得了骄人的成绩,但其数据库本身是被动的。而在许多实际的应用中,人们常常希望数据库系统在紧急情况下能够根据数据库的当前状态,主动地做出反应,并向用户提供有关信息。传统数据库很难满足这些主动要求。因此,人们在传统数据库基础上,结合人工智能和面向对象技术提出了主动数据库。主动数据库通常采用的方法是在传统数据库系统中嵌入ECA,即事件-条件-动作规则,在某一事件发生时引发数据库管理系统去检测数据库当前状态,看是否满足设定的条件,若条件满足,便触发规定动作的执行。

14.1　概述

主动数据库系统(ADBS)即为将"被动的"数据库系统扩展成具有反应行为(reactive behavior)功能的数据库系统。主动数据库的主要设计思想是要用一种统一而方便的机制来实现对应用主动性功能的需求,即使得系统能够使用统一的方法将各种主动服务功能与数据库系统整合起来,利于软件的模块化和软件重用,同时也增强了数据库系统的自我支持能力。

近年来,主动数据库技术已经在很多领域得到了广泛的应用,特别是与实时数据库、面向对象数据库的结合方面取得了很大的进展。此外,主动数据库在以下两方面的研究也是非常值得关注的。

1)在主动数据库中引入智能体(Agent)的研究成果,以便使数据库的主动功能得以扩展,系统的智能性得以提高。

2)将主动数据库与传感器网络和自组织网络相结合,从而实现网-库结合,使主动数据库能适时地根据传感器接收到的信息做出不同的反应,以提高原网络的主动性和智能性。

14.1.1　主动规则分析

1.主动规则概述

目前,在主动数据库中,知识大多数都采用由事件驱动的"事件-条件-动作"形式的规则来表示,所以又简称E-C-A规则。E-C-A规则(event-condition-action)是主动数据库系统中的关键所在。

在主动规则中,事件(event)既可以是数据操作事件(数据库系统内部的事件)也可以是系统外部反馈给系统的事件;条件(condition)就是对当前数据库状态的一个请求,通常表达为谓词、数据库查询语句;动作(action)通常表示为一组数据库更新操作或包含一组数据库更新操作的过程。

规则的基本运作方式是,一旦系统检测到相应规则事件发生,就会在特定时刻检查规则的条件,如果条件满足的话,则执行相应的动作。除了三要素之外,主动规则还包含一些基本语义说明，如优先级、规则耦合方式等，统称为规则属性。规则属性决定着系统对规则三要素的不同处理方式，如何时检查规则条件等。通常情况下，规则定义为：

```
define rule<rule_name>
  event    <event_clause>
condition<condition>
action   <action>
coupling mode(<coupling>,<coupling>)
priorities  (before|after)<rule—name>
interrupt<interrupt>
interruptible(<interruptible,interruptible>)
```

在规则定义好之后，主动数据库系统监视相关的事件。当监测到相关的事件发生时，系统就会通知负责处理规则执行的组件，来处理规则条件的评价和规则动作的执行。主动数据库管理系统提供规则定义语言(rule definition language)来定义 E-C-A 规则，用户可以用该语言来指定规则的事件、条件及动作。

规则触发后，系统需要确定规则在何时开始执行以及规则执行时应当具有什么样的属性，这就是所谓的规则的执行模型(execution model)。

一般情况下，事件发生在事务内，规则也在事务内执行。如果一个事件在事务内发生并且触发了规则，则该事务称为触发事务(triggering transaction)；负责规则执行的事务称为被触发事务(triggered transaction)。

执行模型确定触发事务和被触发事务的提交和夭折依赖关系，以及规则执行的并发控制和恢复。常用来描述触发事务和被触发事务间关系的框架结构是嵌套事务模型。

2. 主动规则的知识模型

主动规则的知识模型指的是具体如何描述系统的主动规则，指明系统中主动规则的表现形式。为了详细阐述主动规则的知识模型，可以给出一种主动规则语言的语法。但由于目前尚不存在一种通用的或标准的主动规则语言，所以现已有的任何一种主动规则语言都不足以刻画、描述主动数据库的知识模型，可以通过一系列的维度来刻画、描述主动规则的知识模型，而且这种描述更明确、通用。它比通过主动规则语言描述知识模型能够更加清晰地反映出主动数据库的本质特点。所以本书通过一系列的刻画、描述主动规则的维度给出主动数据库系统规则的知识模型。在设计主动规则系统时，当这些维度确定后，在不给出系统的形式化描述的情况下，原型系统也会清晰地展现在设计者的眼前。表 14-1 给出了主动规则的知识模型的描述范畴。

表 14-1　知识模型的描述范畴

事件 (event)	事件来源⊂{结构操作事件，行为调用事件，事务事件，抽象或用户自定义事件，异常情况事件，对象时间，时钟事件，外部事件} 事件粒度⊂{集合，子集，成员} 事件的类型⊂{原子事件，复合事件} 消耗策略⊂{最近的，连续的，顺序的，累积的} 事件操作⊂{OR，AND，Seq，Closure，Times，NOT} 事件角色∈{可选择方式，取消方式，强制方式}

续表

条件 (condition)	条件角色∈{可选择方式,取消方式,强制方式} 条件语境⊂{当前事务开始时的数据库,事务发生时的数据库,条件被评价时的数据库,动作执行时的数据库}
动作 (action)	操作选择方式⊂{数据操作,规则操作,外界操作,子功能调用,取消,通知,操作取代} 数据访问范围⊂{DB_T,$Bind_E$,$Bind_C$,DB_E,DB_C,DB_A}

需要说明的是,本书的主动规则采用 E-C-A 规则:事件、条件、动作。

与这三个结构成分相关的主动行为的描述范畴见表 14-1 所示。这些范畴可以用来说明主动规则系统的设计者进行设计时的决策范围。在表 14-1 中,符号⊂表示具体的描述范畴可采用值域中的多个值,而∈表示只能从列出的值中取一个值。

3.规则分析主动规则的三个特性

主动数据库系统在没有用户干预的情况下,可以通过数据库服务器监控数据库状态和操作,在相关环境变化、系统状态改变或者有数据库操作的时候,根据不同的条件进行监测分析并实时地触发响应,这些响应可以自动控制数据库的状态。在主动数据库系统中,内部世界的状态是被控系统(物理世界)状态在控制系统中的映像,执行控制系统是通过内部世界状态而感知外部世界的状态,并且基于此与被控系统发生交互作用。与被动数据库比起来,主动数据库无论在功能还是在性能方面都有了很大的提高。主动数据库和被动数据库最大的区别体现在:①增加了一套规则库,用户可以显式的定义想要监测的情形;②通过规则库能够自动对外部环境的改变进行监测与评价情形的出现;③一旦说明的情形出现,则自动执行相应的动作。这种规则在数据库系统中进行定义、存储在数据库系统中,与用户和应用无关,可以被程序共享,由服务器进行优化。

对任意数据库状态的改变,规则处理都会发生;一些规则开始被触发,被触发规则的执行会触发其他的规则,也可能对同一个规则触发多次,甚至规则本身也可能被自己的动作所触发。这样一来,就会产生一连串非结构化的连锁反应,使得准确地预测一个规则集的执行规律变得相当困难。因此对主动数据库的规则分析就成为主动数据库研究的一个重点、难点问题。

主动数据库规则分析研究主动规则的不同特性,具体体现在以下三个方面:

1)终止性。主动数据库系统从任意一个状态开始,规则的执行过程在经过有限步是否可以终止?如果是终止的,这个规则集即为可终止的。

2)汇流性。规则执行的时候,如果有多个规则同时被触发,那么规则执行时,哪个规则首先被选择执行?数据库的最终状态是否取决于规则被选择执行的先后顺序?如果最终数据库的状态不取决于多个规则被选择执行的先后顺序,这个规则集即为可汇流的。

3)可观察确定性。如果一个规则的动作是数据检索或事务回退操作,我们就称规则的这个动作是可观察的。如果规则执行时有多个规则同时被触发,这多个规则被选择执行的顺序对可观察动作的结果产生一定的影响。例如,一个规则动作为数据检索操作,如果上面多个规则被选择执行的顺序使得检索的数据结果存在差异,我们称之为可观察的动作受到了影响,这个规则集为不可观察确定的。如果多个规则被选择执行的顺序对可观察动作的结果没有产生影响,我们就称这个规则集是可观察确定的。

14.1.2 主动数据库的系统模型

一个主动数据库系统应在某个特定事件发生时，检查给定的条件。若条件满足，则执行相应的动作，把它称为 ECA 规则(事件-条件-动作规则)。

主动数据库系统(Active Database System，ADBS)是能执行 ECA 规则的数据库系统，包括一个传统数据库系统(DBS)和一个 ECA 规则库(EB)及其相应的事件监视器(EM)，用公式表示如下①：

$$ADBS=DBS+EB+EM$$

1)DBS：是一个传统的数据库系统，用来存储数据和对数据进行维护、管理与运用。

2)EB：用来存储 ECA 规则，每条规则指明在何种事件发生时，根据给定条件，应主动地执行什么动作。

3)EM：代表事件监视器，一旦检测到某事件发生就主动触发系统，按照 EB 中指定的规则执行相应的动作。

ECA 规则的一般形式如下：

```
RULE  ＜规则名＞  [(＜参数 1＞,＜参数 2＞…)]
WHEN  ＜事件表达式＞
    IF  ＜条件 1＞  THEN  ＜动作 1＞
    …
    IF  ＜条件 n＞  THEN  ＜动作 n＞
END-RULE [＜规则名＞]
```

1)＜事件表达式＞：用于表示各种事件。

2)＜条件＞：是一个合法的逻辑公式，用于表示一个条件。

3)＜动作＞：这里的动作既可以是一些系统预先定义的标准动作，也可以是用户定义的一个动作或动作序列，还可以是用户根据需要用某种语言编写的一个过程。

在上述 ECA 规则中，一旦＜事件表达式＞中所表示的事件发生，计算机就会主动触发执行下面的 IF-THEN 规则。在 IF-THEN 规则执行中，如果＜条件 1＞为真，则执行其后的＜动作 1＞，执行完毕后接着逐个检查下一个 IF-THEN 规则，直至全部执行完毕②。

14.1.3 主动数据库的功能特性

主动数据库系统要具备以下几种功能特性：

1)主动数据库系统应该提供传统数据库系统的全部功能，且不能因增加了主动性功能而让数据库的性能受到明显影响。

2)主动数据库系统需要给用户和应用提供对于主动性的相关说明，且该说明应成为数据库的永久性部分。

---

① 陈向民. 主动数据库技术在高校董事会管理决策信息系统中的应用[J]. 苏州大学学报(工科版)，2007(06).

② 梁雯. 主动数据库及其研究现状[J]. 情报理论与实践，2001(02).

3)主动数据库系统必须具备有效地实现所有主动特性的能力,且能与系统的其他部分有机的结合在一起,这其中包括查询、事务处理、并发控制和权限管理等。

4)主动数据库系统必需可以提供同传统数据库系统相似的数据库设计和调试工具。

14.1.4 主动数据库的应用

主动数据库的应用系统的设计,除了完成传统数据库应用系统的设计任务之外,还要建立一个“事件-条件-动作”规则库,并在运行系统中增加一个事件监视器,用以主动地检测“事件-条件-动作”规则库中各种事件的发生情况,并根据其中条件成立与否自动触发所需动作的执行。因此,基于 ADBMS 设计的应用系统的工作流程如图 14-1 所示。

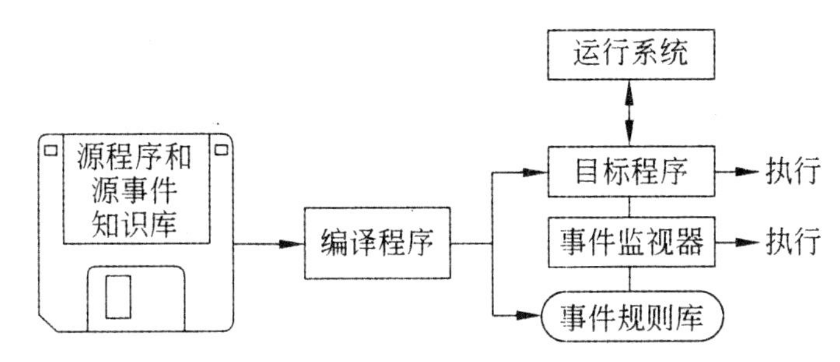

图 14-1 基于 ADBMS 的应用系统的工作流程

其中,编译程序不但要对应用系统的源程序进行编译,使之成为可执行的目标程序;而且还要对其“事件-条件-动作”规则库进行适当加工,使得应用系统的目标程序在运行系统和事件监视器的协同下与经加工的“事件-条件-动作”规则库一起成为一个可执行的整体。应用程序(目标程序)和事件监视器被并行地执行。因为事件监视器所监视的“事件-条件-动作”规则库是经编译程序加工过的,所以可望运行效率会较高。

14.2 主动数据库管理系统

14.2.1 主动数据库管理系统的体系结构

为了更加深入地了解主动数据库管理系统的主动功能是如何实现的,下面介绍一下主动数据库管理系统的体系结构,如图 14-2 所示。它表示实现一般主动数据库管理系统的主动功能所需要的主要处理过程(在图 14-2 中用矩形框表示)和数据存储(在图 14-2 中用罐状体表示)以及各部件之间的数据流(实线表示的是静态阶段用户调用静态辅助工具时所需的数据流,虚线表示的是运行阶段用户调用动态辅助工具时所需的数据流)。

图 14-2 所示的主动数据库管理系统的抽象体系结构大体上可分为以下三个部分。

1)辅助工具集成环境。它是用户与主动数据库系统交互的用户界面,其中包含的编辑器、编译器、可终止性静态分析器一级浏览器是在编译阶段运行的静态辅助工具,而可终止性动态分析器是在运行阶段执行的动态分析工具。

2)执行主动功能部件。它由规则管理器、事件监测器、条件监测器、调度模块、查询评价器几个部分共同组成。

3)数据存储部件。它由E-C-A规则库、冲突规则集、历史数据库、数据库组成。

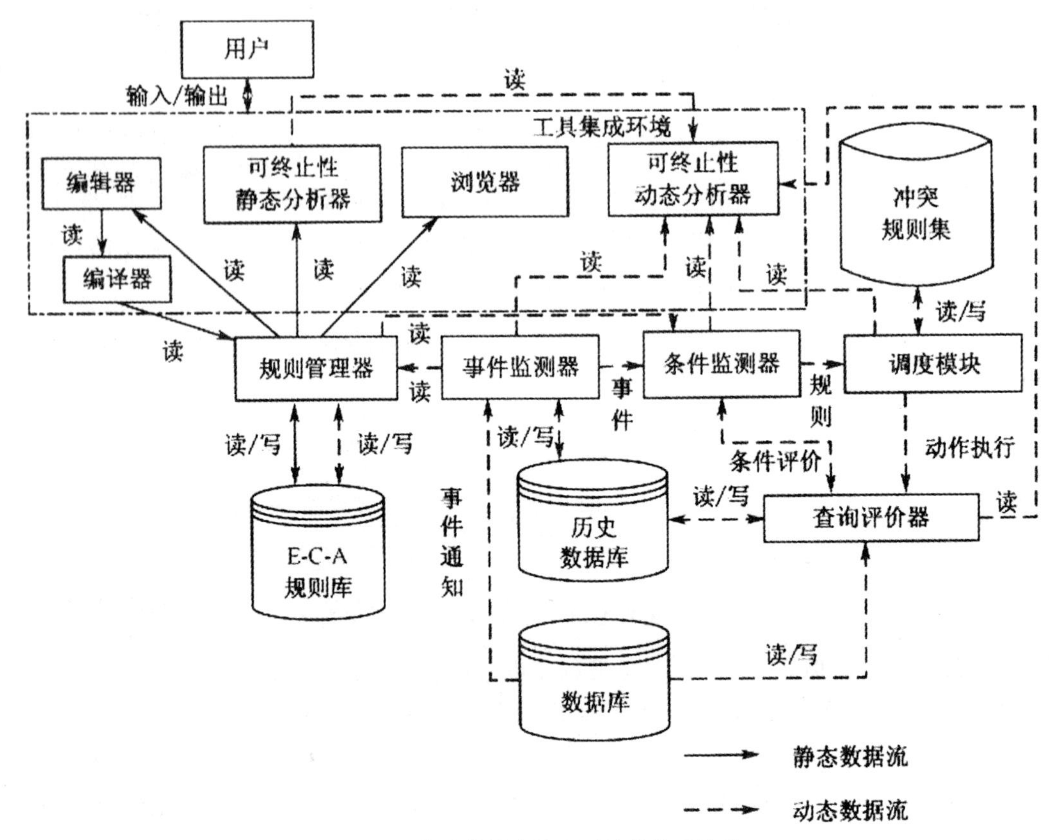

图 14-2　主动数据库管理系统的体系结构

14.2.2　主动数据库系统的实现

1.主动数据库系统的实现途径

(1)改造途径

通过对原有数据库管理系统的基础上增添一个运行的事件监视器,用户必须预先将规则库设置好,在应用程序运行的过程中,事件监视器监视事件的发生,同时根据规则库中的已知规则自动执行所对应的动作,由启动模块负责触发相应的模块执行。

(2)设计嵌入主动程序语言的途径

先把一般程序设计语言改造成一种主动程序设计语言,或设计一种主动程序设计语言,然后按传统方法把数据库操作嵌入在其中执行。这种途径已由主动程序设计语言将事件库分成块,分布在各个过程或对象中,运行效率可望大大提高。

(3)重新设计主动数据库程序设计语言的途径

重新建立面向主动对象的数据模型,定义主动的对象类,扩充和改进ECA规则,设计适当的体系结构,将事件监视器和动作执行模块完全和其他模块集成在一起。

对于以上三种途径的选择,第一种途径简单易行,但效率较差;第二种途径是一种折中方案,改造所需工作量适中，除了在两种语言的接口部分可能消耗部分效率之外，运行效率优秀；第三种途径是一种最彻底的方案，运行效率远高于前两种途径，但现实的难度和工作量较大。因此，应根据实际情况对上述三种实现途径进行具体的选择。

2. 事件监视器的实现

对主动数据库系统的实现关键是实现有效的事件监视器。事件监视器能有效地检测出各种事件的发生，又不过多地影响应用程序的执行速度。这往往需要软、硬件的配合尤其是硬件的支持。可采取的措施有：

1)在单处理器系统中，事件监测器操作控制下的一个高优先级进程，起到主动监视各种事件发生的作用。规则被分块时，可选择只针对某一规则进行监视以提高效率。

2)对于多处理器系统，它可以独立由一个处理器来完成事件监视器的任务。当系统执行到可能发生事件的地方，如在领先设定的检查点上，或执行更新语句之前或之后，都产生一个软中断，迫使转到事件监视器工作，以便核实该事件是否被指定在规则库中。如果是，则执行对应规则；否则就返回。

3)在系统执行过程中，到达可能发生事件的位置，如执行更新语句之前或之后，必将产生一个软中断，迫使转到事件监视器工作，使核实该事件是否被指定在规则库中，如果是则执行对应规则，否则返回。

3. 控制事件监视器的激活方式

控制事件监视器的激活方式主要有以下四类。

(1)按事件监视器可能被激活执行的位置或时间分类

1)全程式，即在被监视过程的执行全程中的任何地方都允许激活执行事件监视器。如果将被监视过程视为一个程序，则表示在该程序的任何语句处都允许激活事件监视器。

2)定点式，即只有在被监视过程的执行全程中预先指定的一些地方才允许激活执行事件监视器。若把被监视过程视为一个程序，则表示只有在该程序的某些语句处才允许激活事件监视器。

(2)按事件监视器监测到某事件后激活对应动作的时间分类

1)立即式，即事件监视器在监测到某事件发生之后立即激活执行相应的动作。

2)延迟式，即事件监视器在监测到某事件发生之后不立即激活执行相应的动作，而是滞后一段时间后再激活执行。

3)并发式，即事件监视器在监测到某事件发生之后立即创立一个进程或线程来执行相应的动作，然后相应动作的执行将与被监视的应用程序的执行并发地进行。

(3)按事件监视器的物理实现模式分类

1)软件式，即完全借助于计算机软件来实现，最实用的方法是采用一个高优先级的独立进程来实现事件监视器，通常情况下效率较低。

2)硬件式，即完全借助于计算机硬件或固化在 ROM 中的软件来实现，一般效率和成本都较高，适合在一些强实时环境中使用。

3)软硬件结合式是部分地借助于一些硬件，配合软件共同来实现，这种实现模式只要配合得当往往也可达到较高的效率。

(4)按事件监视器内部的执行模式分类

分类为串行式、并行式、择一式和递归式 4 种。当一个事件能激活多条规则时，事件监视器可按下列4种模式执行。

1)串行式是按某种预先设计的顺序一个挨一个地串行执行每条规则。

2)并行式是按并发进程模式并行地执行各条规则。

3)择一式是按某种选择原则选择其中一条(或几条)规则执行。

4)递归式指当一个事件监视器激活某条规则执行的过程中,又允许递归地激活执行本条规则自身(一般在动作中引发另一个事件是完全允许的)。这种模式对进行诸如演绎推理等工作很有用。

14.3 主动规则集终止性静态分析

14.3.1 主动规则集分析

对主动规则分析形成了几种分析方法,目前主要包括静态分析方法、动态分析方法两大类。其中,静态分析方法占主导地位。在静态分析方法中又可分为图方法和代数方法。各种方法都有其优缺点,这主要表现在规则分析的精确性、规则分析的效率方面。

国内外在主动规则可终止性判定和汇流性分析方面取得了一定的研究成果。早期的研究可以追溯到产生式系统,比如专家系统OPS5,它是基于产生式规则C-A模型的。Yuli Zhou、Tsai基于产生式规则提出了可终止性判定的定理。但这对于主动规则不太适用,因为主动规则遵循E-C-A模型。对主动规则集的可终止性研究大多是集中在编译阶段的静态分析,而对运行阶段的动态分析比较少。对于编译阶段的静态分析,早期的研究是基于触发图(triggering graph,TG)进行的,触发图可以通过简单的语法分析得到。Aiken提出了基于触发图分析保证主动规则可终止性的一个充分条件:触发图中不含有任何触发环。但触发图中含有触发环的主动规则集仍有可能是可终止的,处理这种情况下主动规则集可终止问题的有Baralis提出的一类自惰化规则形成的规则集,在触发图和活化图提供的信息的基础上的可终止性判定,其中的关键点是利用归约算法计算不可归约规则集。一个规则可能对另一个规则形成活化作用,这不能由简单的语法分析得到,而只能由语义分析得到。Baralis、Widom提供了建立活化图(activation graph,AG)的一种方法,所提出的算法可较准确地确定活化图中有向弧的生成。

14.3.2 在编译阶段执行的主动规则集可终止性静态分析

1)具有不可终止性的触发环和具有不可终止性的规则应具有的特征研究。正确描述主动规则集规则之间的触发关系、活化关系以及触发环与活化环、触发环之间的关系是一个不容忽视的环节,也是一个难点。另外,针对已有的方法对立即执行模式存在缺陷,故选取为所有原型系统都支持的立即执行模式来研究具有不可终止性的触发环和具有不可终止性的规则应当具有的特征。作者主要克服了现有文献的下述理论不足:

①在主动规则集中,若某个规则可以无限次执行,则它一定具有一条来自触发环的入边和一条来自活化环的入边。结合立即执行模型来进行分析的话,若对此规则受到的活化作用与其受到的触发作用不能同步执行,则此规则就不会真正被规则处理过程调度执行。

②在已知的触发图和活化图相结合的分析方法，认为一个不可终止规则集中的规则一定被一个触发环或活化环“双边可达”，从而既能触发可达又能活化可达。此理论仍然存在一定的问题，通过实例检测可简单地表明，不存在“双边可达”性质的规则依然可以在立即执行模式下无限次地执行。作者提出了活化可达、触发可达的概念来替代“双边可达”，从而使得规则之间的关系描述得更为客观、准确。为了标识一个规则可能受到的无限次的活化作用，以活化环的概念为基础，给出了一个规则的活化路径、活化路径集的定义，根据触发环中的规则受到的触发作用和活化作用的“同步”问题，将触发环进一步划分为独立型触发环和非独立型触发环。

2)针对已有的方法给出了基于触发图(TG)和活化图(AG)的分析方法以及基于条件公式的分析方法，在支持立即执行模式下未能考虑下述情形：

①对 TG 或 AG 中一条路径，如果建立的条件公式无法满足，则这条路径将失去触发作用和活化作用。

②对 TG 中一个触发环内任一规则，如果不存在一条活化路径可与之同步地无限次执行，则此规则一定可终止执行。作者给出了一种新的可终止性静态分析方法，比现有的方法能发现更多的可终止性情况。

3)计算不可归约规则集的归约算法的研究。如果不可归约规则集为空集的话，则可直接判定主动规则集是可终止的；否则，需要进行运行阶段的动态分析。

作者采取了逐步深入的分析方法，首先分析了只含独立型触发环的主动规则集的归约算法。理论上的证明和算法的实例检测表明，所提出的归约算法能够较为理想地解决了前面提到的第一个缺陷，即考虑了不可终止的执行规则受到的触发作用和活化作用应同步地无限次存在。

若主动规则集中含有非独立型触发环，则它的可终止性判定更为复杂。经过严格的理论证明，作者提出了当一个规则不仅能由独立型触发环触发可达，而且可由非独立型触发环触发可达的情况下，它能够无限次地执行的充分条件。因此很好地解决了前面提到的第二个缺陷，即触发环之间存在相互影响时，一个规则的归约情况，应主要取决于相互有影响的几个触发环的执行情况。

主动规则集可终止性分析主要包括：TG 和 AG 的构造方法，TG 的构造较简单，只通过简单的语法分析就能够完成，但 AG 构造涉及规则之间的语义分析，相对较为复杂，一种用代数方法分析规则之间的活化关系，能够精确地构造规则集的 AG；给出了基于触发图、活化图，惰化图的终止性静态分析，即基于图的主动规则集终止性静态分析；基于演化图(EG)的主动规则集终止性静态分析，即基于事务的主动规则集终止性静态分析；带有规则优先级的主动规则集终止性静态分析；基于代数法的主动规则集终止性静态分析；基于活化路径和同步关系的分析方法以及基于活化路径和条件公式的分析方法，并给出了相应的算法描述和分析。

14.4　基于执行图的汇流性分析

规则集的汇流性，是指对没有优先级区别的规则的执行次序的选择是否会对最终的数据库状态产生影响。在规则处理过程中，多个规则被同时触发，在规则处理终止后，首先需要考虑最终的数据库依赖哪条规则。如果最终的数据库状态与上述的多个规则被选择执行的顺序没有直接关系，那么就称该规则集是可保证汇流的。主动数据库规则集的汇流性是相当复杂的问题。

分析规则集的汇流性非常有必要考虑规则执行的综合效果，比如考虑触发规则的相互作用和规则的优先级等。例如，不能仅仅考虑相连接的两条规则的动作；必须考虑直接或者间接触发的所有规则的动作，以及这些规则的相对顺序。因为在规则处理过程中，规则行为难以掌握，规则之间的相互触发，导致主动规则集中主动规则无限次地被执行。当规则之间按不同的顺序触发，规则集将具有不同的行为，从而产生意想不到的结果。要使主动数据库发挥其应有的作用，就需要提供对主动规则的设计、原型化、实现以及检测提供帮助的方法和工具。正因为如此，实际应用中对主动规则的使用显得相当小心和保守。Baralis 认为可以通过强加一个确定性的规则执行顺序，即通过用户或系统指定的规则之间的优先级，汇流性就很容易得到。Seung-Kyum Kim 则提出了一个如何分配优先级的方法，所以大量的研究集中在规则集的可终止性研究上。

基于执行图的汇流性分析技巧主要利用规则的可交换性和执行图的特性分析。

14.4.1 规则可交换性

如果执行图中某一状态 S，先执行规则 r_i 再执行规则 r_j 和先执行规则 r_j 再执行规则 r_i，产生相同的执行图状态 S'（如图 14-3 所示），则称这两个规则是可交换的。如果这个相等关系不总为真，则称规则 r_i 和 r_j 是不可交换的。

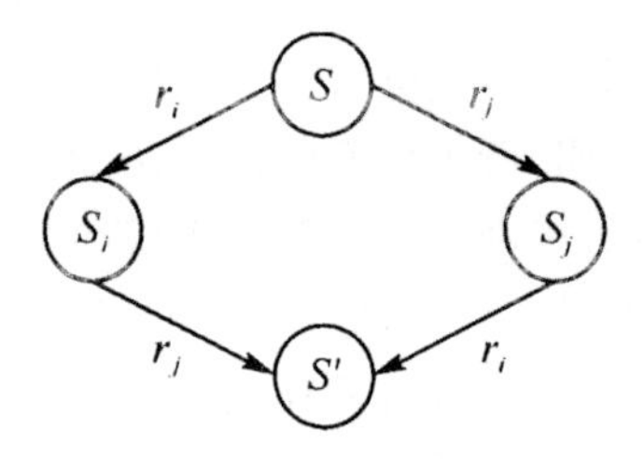

图 14-3 可交换规则

每一个规则显然和其自身可以交换。两个不同的规则只要它们不存在触发或虚触发的关系，并且它们对数据库的读或写操作不交叉，则可交换。

14.4.2 汇流性分析

要想确定规则集 R 中的每一个执行图是否最多只有一个最终状态。对两个执行图状态 S_i 和 S_j，令 $S_i \xrightarrow{*} S_j$ 表示从 S_i 到 S_j 有一条长度为 0 或者是更长的路径。其中$\xrightarrow{*}$是$\xrightarrow{*}$的自反传递闭包。

路径汇流：对任意执行图 EG 及其任意三个状态 S，S_i，S_j，如果有 $S \xrightarrow{*} S_i$ 和 $S \xrightarrow{*} S_j$，且存在第四个状态 S'有 $S_i \xrightarrow{*} S'$和 $S_j \xrightarrow{*} S'$，那么 EG 最多只有一个终态 S'［如图 14-4(a)所示］。

边汇流：对任意无线路径的执行图，有三个状态 S，S_i，S_j，如果有 $S \longrightarrow S_i$ 和 $S \longrightarrow S_j$，且存在第四个状态 S'有 $S_i \xrightarrow{*} S'$ 和 $S_j \xrightarrow{*} S'$。那么对任何的三个状态 S，S_i，S_j，有 $S \xrightarrow{*} S_i$ 和 $S \xrightarrow{*} S_j$，且有第四个状态 S'使得 $S_i \xrightarrow{*} S'$和 $S_j \xrightarrow{*} S'$［如图 14-4(b)所示］。

一般情况下，使用的是汇边流作为汇流分析技术的基础。基于路径汇流和边汇法，如果能够满足以下条件的话，则规则集的汇流性就能够得到有效保证。

1)在规则集的任何执行图中没有无穷的路径。(也就是在 R 中的规则保证终止)。

2)在规则集 R 的任何执行图中,对任何三个状态 S,S_i,S_j,如果有 $S\longrightarrow S_i$ 和 $S\longrightarrow S_j$,且存在第四个状态 S',使得 $S_i\xrightarrow{*}S'$ 和 $S_j\xrightarrow{*}S'$。

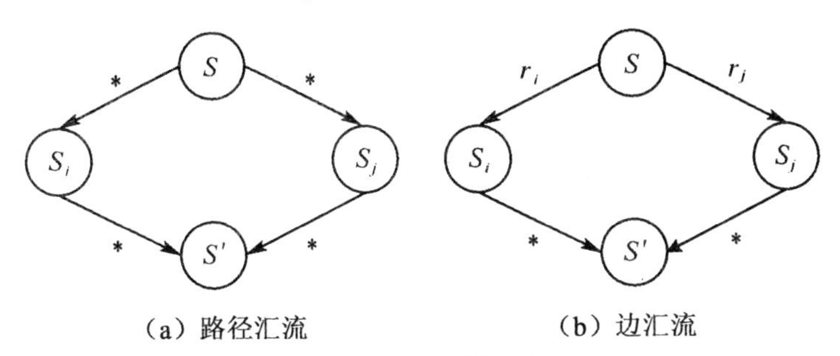

图 14-4　汇流性条件

其中,第一个条件可以由规则集终止性分析方法来解决,也就是保证规则集是可终止的。

汇流定理:如果规则集 R 汇流条件为真,并且在规则集 R 中的任何执行图中没有无穷的路径,则规则集 R 的任何执行图只有一个最终状态,即为规则集 R 中的规则汇流。

14.4.3　规则集汇流性判定算法

基于前面的分析,给出判定规则集 R 是否能够保证汇流的算法。如果不能保证汇流该算法求出了可能导致不可汇流的无序规则对的集合。下面介绍一下规则集汇流性判定算法 PConfluence。

PConfluence 算法:

输入:规则集 R;

输出:规则集 R 是否是保证汇流的,若不可保证汇流求出就可能导致不可汇流的无序规则对的集合 PR;

begin

　　$PR=\emptyset$;

　　R'=规则集中全部无序规则的集合;

　　for R'中的每条规则 r_i do

　　　　for R'中的每条规则 r_j, $r_i\neq r_i$ do

　　　　　　$R_1=\{r_i\}$;

　　　　　　$R_2=\{r_j\}$;

　　　　repeat

　　　　　　$R_1=R_1\cup\{r\in \text{Triggers}(r_1), r_1\in R_1$ 且 $r>r_2\in P, r_2\in R_2, r\neq r_j\}$;

　　　　　　$R_2=R_2\cup\{r\in \text{Triggers}(r_2), r_2\in R_1$ 且 $r>r_1\in P, r_1\in R_1, r\neq r_i\}$;

　　　　until R_1 和 R_2 不再变换为止;

　　　　if 存在 $r_1\in R_1$ 和 $r_2\in R_2$, r_1 和 r_2 是不可交换的 then

　　　　$PR=PR\cup\{(r_i, r_j)\}$;

　　　　if $PR=\emptyset$ then

　　　　　　return (规则集 R 是可以保证汇流的);

else

return(规则集 R 是不可保证汇流的,求出可能导致不可汇流的无序规则对的集合 PR);

end.

算法 PConfluence 对规则集 R 汇流性的判定是正确的。如果规则集不能保证汇流,该算法正确地求出了可能导致不可汇流的无序规则对的集合。该算法保证终止的话,且时间复杂度为 $O(n^5)$,其中 n 为规则集中的规则数。

14.5 可观察的确定性

如果一个规则的动作是数据检索或事务回退操作,就可以说这个规则的动作是可观察的。

在规则执行时,如果多个规则被选择执行的顺序对可观察动作的结果为产生影响,我们就称规则集是可观察确定的。

在规则执行时,如果有多个规则同时被触发的话,这多个规则被选择执行的顺序对可观察动作的结果产生影响(例如,一个规则动作为数据检索操作,如果因为上面多个规则被选择执行的顺序使得检索的数据存在差异,我们就称这个规则的可观察的动作受到了影响)。我们就称这规则集是不可观察确定的。

为了更进一步分析,可以向数据库增加一个表 Obs,该表的用途是将对所有可观察确定性动作的规则的可观察动作登记到表 Obs。对 $T_{obs}=T\cup\{Obs\}$,$C_{obs}=\{(Obs,c\}$,$Uses_{obs}$和 Perform-s_{obs}可以做如下扩展:对每一个规则 $r\in R$,如果 Observable(r),加 Obs. c 到 Uses(r),加 <I,Obs>到 Performs(r)中,此外,对每一个 $r\in R$,如果 Observable(r),即规则 r 的动作是可观察的,则将规则 r 的数据检索操作中所检索数据表的列 t. c 加到 User(r)中。O_{obs}是相应的被扩展的操作集。

可观察的确定性:当采用上述扩展的定义 T_{obs},C_{obs},O_{obs},U_{obs},$Uses_{obs}$和 $Performs_{obs}$,使用局部汇流分析的方法确定了规则集 R 对 Obs 是汇流的,则在 R 中的规则是可观察确定的。

第 15 章　数据挖掘原理及技术

数据挖掘融合了数据库技术、统计分析、模式发现、信息检索、信号处理、人工智能、可视化技术等多种技术，目前正在不断地发展智能化数据挖掘。要真正透彻理解数据挖掘技术不是一件易事，一是数据挖掘技术涉及范围太广了，从理论到应用，从概念到算法的完整过程来理解；另一方面作为新型交叉学科，背景不同的研究人员其视角不同，且其本身也在发展中。故系统、正确的数据挖掘理论的运用对实践的数据挖掘项目的成功非常重要。

15.1　概述

数据挖掘这一概念包含丰富的内涵，它作为一个多学科交叉研究领域，仅从从事研究和开发的人员来说，其涉及范围之广恐怕是其他领域所不能比拟的。既有大学里的专门研究人员，也有商业公司的专家和技术人员。即使是在研究领域，研究背景也有人工智能、统计学、数据库以及高性能计算等之分。不同角色会从不同的角度来看待数据挖掘这一概念。因此，理解数据挖掘的概念没有一个标准的、统一的定义。

数据挖掘过程可以与用户或知识库交互，将有趣的模式提供给用户，或作为新的知识存放在知识库中。比较广义的观点是：数据挖掘是从存放在数据库、数据仓库或其他信息中的大量的数据中挖掘有趣知识的过程。

按照这样的观点，典型的数据挖掘系统具有如图 15-1 所示的组成：

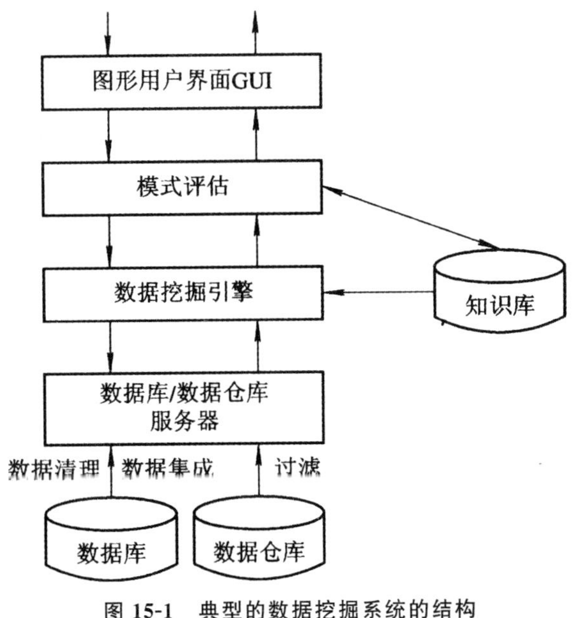

图 15-1　典型的数据挖掘系统的结构

1）数据库、数据仓库或其他信息库：这是一个或一组数据库、数据仓库、电子表格或其他类型的信息库。可以在此数据集上进行数据清理和集成。

2）数据库或数据仓库服务器：根据用户的数据挖掘请求，数据库或数据仓库服务器负责提取相关数据。

3）知识库：存放领域知识，用于指导搜索，或评估结果模式的兴趣度。这种知识可能包括概念分层及用户确信度方面的知识。

4）数据挖掘引擎：数据挖掘的基本组成部分，由一组功能模块组成，用于特征化、关联、分类、聚类分析以及演变或偏差分析。

5）模式评估模块：通常使用兴趣度来测试，并与数据挖掘模块交互，以便将搜索聚焦在有趣的模式上。可使用兴趣度阈值过滤所发现的模式。模式评估模块也可以与挖掘模块集成在一起，其不同在于所用的数据挖掘方法的实现。但是，有效的数据挖掘应将模式评估集成到数据挖掘的一定过程之中，从而可使搜索限制在感兴趣的模式上。

6）图形用户界面：本模块在用户和数据挖掘系统之间通信，允许用户与系统交互，指定数据挖掘查询或任务，提供信息，帮助搜索聚焦，根据数据挖掘的中间结果进行探索式数据挖掘。此外，该模块还允许用户浏览数据库和数据仓库模式或数据结构，评估挖掘的模式，以不同的形式对模式进行可视化。

15.1.1 数据挖掘产生的需求分析

现代社会是一个信息社会，知识信息繁多、无序，加上大型数据系统的广泛使用，人们对于将数据转换成有用知识具有迫切需要。

20 世纪 60 年代，为了适应信息的电子化要求，信息技术一直从简单的文件处理系统向有效的数据库系统变革。20 世纪 70 年代，数据库系统的三个主要模式：层次、网络和关系型数据库的研究和开发取得了重要进展。20 世纪 80 年代，关系型数据库及其相关的数据模型工具、数据索引及数据组织技术被广泛采用，并且成为了整个数据库市场的主导。从 20 世纪 80 年代中期开始，关系型数据库技术和新型技术的结合成为数据库研究和开发的重要标志。从数据模型上看，例如扩展关系、面向对象、对象-关系（Object-Relation）以及演绎模型等被应用到数据库系统中。从应用的数据类型上看，包括空间、时态、多媒体以及 Web 等新型数据成为数据库应用的重要数据源。并且，事务数据库（Transaction Database）、主动数据库（Active Database）、知识库（Knowledge Base）、办公信息库（Information Base）等技术也得到迅速发展。数据的分布角度看，分布式数据库（Distributed Database）及其透明性、并发控制、并行处理等成为必须面对的课题。进入 90 年代，分布式数据库理论上趋于成熟，分布式数据库技术得到了广泛应用。目前，由于各种新型技术与数据库技术的有机结合，使数据库领域中的新内容、新应用、新技术层出不穷，形成了庞大的数据库家族。但是，这些数据库的应用都是以实时查询处理技术为基础的。从本质上说，查询是对数据库的被动使用。由于简单查询只是数据库内容的选择性输出，因此它和人们期望的分析预测、决策支持等高级应用仍有很大距离。

近年来由于数据采集技术的更新，如商业条码的推广、企业和政府利用计算机管理事务的能力增强，出现了大规模的数据。数以百万计的数据库系统在运行，且每天都在增加。决策所面对的数据量在不断增长，即使像使用 IC 卡和打电话这样简单的事务也能产生大量的数据。随着数据的急剧增长，现有信息管理系统中的数据分析工具已无法适应新的需求。因为无论是查询、统计还是报表,其处理方式都是对指定的数据进行简单的数字处理,而不能对这些数据所包含的内在信息进行提取。人们希望能够提供更高层次的数据分析功能,自动和智能地将待处理的数据转化为有用的信息和知识。

数据分析是科学研究的基础,许多科学研究都是建立在数据收集和分析基础上的,而数据挖掘的基础则是数据分析方法。在目前的商业活动中,数据分析总是和一些特殊的人群的高智商行为联系起来,因为并不是每个人都能从过去的销售情况预测将来的发展趋势或做出正确决策的。但是,随着一个企业或行业业务数据的不断积累,特别是由于数据库的普及,面对庞大的数据源,人工整理和理解必然会出现效率、准确性等问题。因此,数据的自动化的数据分析技术,这种能够带来商业利润的决策信息技术就必然会引起专家学者的研究兴趣和引起商业厂家的广泛关注。

广义数据具有不同的表现形式,例如,数据(Data)、信息(Information)和知识(Knowledge)等,在信息数据发达的现代社会,各类计算机、网络等高科技技术加速了人们收集数据的范围和容量,但却出现了"数据丰富而信息贫乏(Data Rich & Information Poor)"现象。数据库是目前组织和存储数据的最有效方法之一,但是面对日益膨胀的数据,数据库查询技术已表现出它的局限性。直观上说,信息或称有效信息是指对人们有帮助的数据。

面对计算机中的海量数据,让人们处于尴尬境地,缺乏获取有效信息的手段。知识作为一种概念、规则、模式和规律等,它不会像数据或信息那么具体,但它却是人们一直不懈追求的目标。事实上,在我们的生活中,人们只是把数据看作是形成知识的源泉。我们是通过正面的或反面的数据或信息来形成和验证知识的,同时又不断地利用知识来获得新的信息。因此,随着数据的膨胀和技术环境的进步,人们对联机决策和分析等高级信息处理的要求越来越迫切。在强大的商业需求的驱动下,商家们开始注意到有效地解决大容量数据的利用问题具有巨大的商机。学者们开始思考如何从大容量数据集中获取有用信息和知识的方法。因此,在20世纪80年代后期,数据仓库和数据挖掘等信息处理思想应运而生。

15.1.2 数据挖掘产生的技术分析

有了需求还要有一定的技术支撑,才能真正实现该技术。数据挖掘技术的提出和普遍接受就是由于计算机及其相关技术的发展为其提供了研究和应用的技术基础。

可归纳下列相关技术为数据挖掘产生的决定性技术背景。

1)数据库、数据仓库和Internet等信息技术的发展。

2)计算机性能的提高和先进的体系结构的发展。

3)统计学和人工智能等方法在数据分析中的研究和应用。

20世纪80年代开始,数据库技术得到广泛的普及和应用。在关系型数据库的研究和产品提升过程中,人们一直在探索组织大型数据和快速访问的相关技术。高性能关系型数据库引擎以及相关的分布式查询、并发控制等技术的使用,已经提升了数据库的应用能力。在数据的快速访问、集成与抽取等问题的解决上积累了经验。数据仓库作为一种新型的数据存储和处理手段,被数据库厂商普遍接受并且相关辅助建模和管理工具快速推向市场,成为多数据源集成的一种有效的技术支撑环境。另外,Internet的普及也为人们提供了丰富的数据源。且其速度惊人,而Internet技术本身的发展,也已经不仅是简单的信息浏览,以Web计算为核心的信息处理技术可以处理Internet环境下的多种信息源。因此,人们已经具备利用多种方式存储海量数据的能

力。在这种背景下,数据挖掘技术的诞生、研究和应用等各方面都有了强有力的需求和技术基础

计算机芯片技术的发展,使计算机的处理和存储能力日益提高。由摩尔定律易知,计算机硬件的关键指标大约以每18个月翻一番的速度在增长,而且现在看来仍有日益加速增长的趋势。随之而来的是硬盘、CPU等关键部件的价格大幅度下降,使得人们收集、存储和处理数据的能力和需求不断提高。经过几十年的发展,计算机的体系结构,特别是并行处理技术已经逐渐成熟并获得普遍应用,而且成为支持大型数据处理应用的基础。计算机性能的提高和先进的体系结构的发展使数据挖掘技术的研究和应用成为可能。

此外,基于统计学、人工智能等在内的理论与技术成果被成功地应用到商业处理和分析中等,从某种程度上为数据挖掘技术的提出和发展起到了极大的推动作用。这些都是理论和技术都是数据挖掘系统的核心模块技术和算法。从某种意义上讲,这些理论本身的发展和应用为数据挖掘提供了有价值的理论和应用积累。

强大有效的数理统计方法和工具,已成为信息咨询业的基础。然而它和数据库技术的结合性研究近十几年来被广泛重视。而大多数的统计分析技术是基于严格的数学理论和高超的应用技巧的,这使得一般的用户很难从容地驾驭它。一旦人们有了从数据查询到知识发现、从数据演绎到数据归纳的需求,概率论和数理统计就获得了新的生命力。从这个意义上说,数据挖掘技术是数理统计分析应用的延伸和发展。假如人们利用数据库的方式从被动地查询变成了主动发现知识的话,那么概率论和数理统计这一古老的学科可以为我们从数据归纳到知识发现提供理论基础。

除了上述技术累积的基础外,还有人工智能这一计算机科学研究中争议最多而又始终保持强大生命力的研究领域。其中,专家系统曾经是人工智能研究工作者的骄傲,但近些年专家系统的各种难题,例如,从领域专家那里获取知识较难;规则表达局限性太大;主观的偏见和错误等这些难题大大限制了专家系统的应用。而数据挖掘继承了专家系统的高度实用性的特点,并且以数据为基本出发点,客观地挖掘知识。机器学习应该说是得到了充分的研究和发展,从事机器学习的科学家们,不再满足自己构造的小样本学习模式的象牙塔,开始正视现实生活中大量的、不完全的、有噪声的、模糊的、随机的大数据样本,进而也走上了数据挖掘的道路。

15.1.3 数据挖掘发展的理论基础

数据挖掘方法可以是基于数学理论的,也可以是非数学的;可以是演绎的,也可以是归纳的。从研究的历史上看,它们可能是数据库、人工智能、数理统计、计算机科学以及其他方面的学者和工程技术人员,在数据挖掘的探讨性研究过程中创立的理论体系。1997年,Mannila对当时流行的数据挖掘的理论框架给出了综述。结合最新的研究成果,有下面一些重要的理论框架可以帮助我们准确地理解数据挖掘的概念与技术特点。

(1)微观经济学观点

在这种理论框架下,数据挖掘技术被看作是一个问题的优化过程。1998年,Kleinberg等人建立了在微观经济学框架里判断模式价值的理论体系。他们认为,如果一个知识模式对一个企业是有效的话,那么它就是有趣的。有趣的模式发现是一个新的优化问题,可以根据基本的目标函数,对“被挖掘的数据”的价值提供一个特殊的算法视角,导出优化的企业决策。

(2)基于概率和统计理论

在这种理论框架下,数据挖掘技术被看作是从大量源数据集中发现随机变量的概率分布情

况的过程。例如,贝叶斯置信网络模型等。目前,这种方法在数据挖掘的分类和聚类研究和应用中取得了很好的成果。这些技术和方法实际上是概率理论在机器学习中应用的发展和提高。统计学作为一个古老的学科,已经在数据挖掘中得到广泛的应用。近年来统计学已经成为支撑数据仓库、数据挖掘技术的重要理论基础。实际上,大多数的理论构架都离不开统计方法的介入,统计方法在概念形成、模式匹配以及成分分析等众多方面都是基础中的基础。

(3)模式和规则发现架构

在模式发现理论框架下,数据挖掘技术是从源数据集中发现知识模式的过程。这是对机器学习方法的继承和发展,是目前比较流行的数据挖掘研究与系统开发架构。按这种架构,可以针对不同的知识模式的发现过程进行研究。目前,在关联规则、分类/聚类模型、序列模式(Sequence Model)以及决策树(Decision Tree)归纳等模式发现的技术与方法成果较多。

基于规则发现的数据挖掘构架是数据挖掘研究的常用方法。它由 Agrawal 等学者综合机器学习与数据库技术,将三类数据挖掘目标即分类、关联及序列作为一个统一的规则发现问题来处理。给出了统一的挖掘模型和规则发现过程中的几个基本运算,解决了数据挖掘问题如何映射到模型和通过基本运算发现规则的问题。

(4)基于数据压缩理论

在该理论框架下,数据挖掘技术是对数据的压缩的过程。根据这种观点,关联规则、决策树、聚类等算法实际上都是对大型数据集的不断概念化或抽象的压缩过程。按 Chakrabarti 等人的描述,最小描述长度(MDL Minimum Description Length)原理可以评价一个压缩方法的优劣,即最好的压缩方法应该是概念本身的描述和把它作为预测器的编码长度都最小。

(5)基于归纳数据库理论

在这种理论框架下,数据挖掘技术是对数据库的归纳的问题。一个数据挖掘系统必须具有原始数据库和模式库,数据挖掘的过程就是归纳的数据查询过程。这种构架也是目前研究者和系统研制者倾向的理论框架。

上面所述的理论框架不是孤立的,也不是互斥的。对于特定的研究和开发领域来说,它们是相互交叉并且有所侧重的。综上所述易知,数据挖掘的研究是在相关学科充分发展的基础上提出并不断发展的,它的概念和理论一直在发展中。

15.1.4　数据挖掘技术的未来研究方向

当前,对于数据挖掘的研究方兴未艾。同时,数据、数据挖掘任务和数据挖掘方法的多样性也对数据挖掘提出了许多挑战性的研究问题。预计在未来的发展中,数据挖掘研究还会形成更大的高潮,其研究的焦点可能会集中在以下几个方面:

1. 数据库系统、数据仓库系统和 Web 数据库系统的数据挖掘集成

目前,数据库系统、数据仓库系统和 Web 数据库系统已经成为主流信息处理系统,作为数据挖掘技术,就应该努力与这些系统紧密耦合,并作为一种基本数据分析组件平滑地集成到这些系统中,从而确保数据的可用性,数据挖掘的可移植性、可扩展性与高性能。

2. 数据挖掘语言的标准化

标准的数据挖掘语言的应用将有助于数据挖掘的系统化开发,并对于提高多个数据挖掘系

统之间的互操作性,促进数据挖掘系统的应用和推广具有重要的意义。

3.可伸缩的算法和交互的方法

通常要求数据挖掘必须能够有效地处理大量数据,这样可伸缩的算法就显得尤为重要了。一种解决方法是基于约束的数据挖掘,它允许用户使用约束,引导数据挖掘系统搜索用户感兴趣的知识,并通过增加用户交互,全面提高数据挖掘的总体效率。

4.复杂数据类型的挖掘

随着应用领域的不断拓展,数据挖掘技术已经不再仅仅局限于处理简单的结构化数据,同时还必须能够处理复杂的或独特的半结构化或非结构化数据,如文本数据、图形图像数据、音频视频数据、综合多媒体数据、Web数据、生物数据、流数据、空间数据、时态数据等。为了处理这些复杂数据类型,就需要扩展已有的数据挖掘基本技术,发展新的和更好的分析和建立模型的方法,如链接分析模型、动态挖掘模型、空间数据挖掘等。

5.数据挖掘可视化

数据挖掘过程与结果的可视化,将更有利于用户参与数据挖掘过程,理解数据挖掘结果,同时在数据挖掘的应用与推广过程中还可能将它作为数据分析基本工具进行使用。

6.探索新的应用领域

早期的数据挖掘主要用于帮助企业获得竞争优势。目前数据挖掘技术开始被越来越多地应用于零售业、金融业、电信业、生物医学、天文学等商业与科学领域。相信在不久的将来,数据挖掘将会应用到更多的领域,促进这些领域的发展,同时也会丰富数据挖掘技术及应用。

7.数据挖掘中的隐私保护和信息安全

随着数据挖掘技术及应用的发展,对个人隐私与信息安全造成了威胁。如何在数据挖掘的同时保护个人隐私和增强信息安全就成为了当前数据挖掘研究的又一热点。

无论如何,数据挖掘本着满足信息时代用户急需的目标,将会有大量的基于数据挖掘的决策支持软件产品问世。但是,只有从数据中有效地提取信息,从信息中及时地发现知识,才能为人类的思维决策和战略发展服务。但那时,数据才能够真正成为与物质、能源相媲美的资源。

15.2 基于关联规则的数据挖掘技术

关联规则是一个满足支持度和可行度阀值的、只包含蕴含连接词的一阶谓词逻辑公式。关联规则是一种隐藏在关联型数据库中的一种特殊的、有价值的知识,通常可用来反映项集之间的频繁模式、关联、相关性或因果关系。

关联规则常用来揭示数据与数据之间未知的相互依赖关系,即给定一个事务数据库D,在基于支持度-可信度框架中,发现数据与项目之间大量有趣的相关联系,生成所有支持度和可信度分别高于用户给定的最小支持度和最小可信度的关联规则。

15.2.1　频繁项集挖掘算法

Agrawal 等人建立了用于事务数据库挖掘的项目集空间理论。这个理论核心的原理是：频繁项目集；非频繁项目集的超集是非频繁项目集。该原理一直作为经典的数据挖掘理论被应用。

1. Apriori 算法

Apriori 算法可挖掘出所有的频繁项集，它使用宽度优先的迭代搜索方法，首先找出频繁 1－项集集合 F_1，用 F_1 找频繁 2－项集集合 F_2，用 F_2 找 F_3，依次循环，直到不能找到频繁 k-项集为止，找每个 F_k 需要一次数据库扫描。Apriori 算法在第一次迭代时，直接扫描数据库可以找出频繁的 1－项集集合 F_1；算法在第 $k(k>2)$ 次迭代中，先根据上一次迭代过程中找到的频繁项集集合 F_{k-1}，产生本次迭代的候选项集的集合 C_k，然后为 C_k 中的每一个项集分配一个初始值为 0 的计数器，依次扫描数据库 D 中的事务，确定包含在每条事务中且属于 C_k 的项集，增加这些项集的计数值，当所有事务都被扫描完成之后即可得到 C_k 中各项集的支持度，根据事务数据库 D 中的事务总数和给定的最小支持度确定 C_k 中的频繁项集。具体算法如下：

算法 15-1　Apriori 算法，逐层迭代挖掘频繁项集。

输入：事务数据库 D；最小支持度阀值 minsup。

输出：D 中的频繁项集 F。

过程：

```
F_1 = find_frequent_1_itemsets(D)
对(k=2;F_{k-1}≠∅;k++){
G_k = aproiri_gen(F_{k-1})
    //扫描 D 对项进行计数
    对每个事务 t∈D{
    //得到 t 的子集，它们是候选项目集
    C_t = subset(C_k, t)
    对每个候选 c∈C_t
        c.count++
    }
    F_k = {c∈C_k | c.countd≥min_sup}
}
返回 F = ∪_k F_k
过程 apriori_gen(F_{k-1}:频繁(k-1)－项集集合)
    对每个项集 J_1∈F_{k-1}
        对每个项集 J_2∈F_{k-1}
            如果(J_1[1]－J_2[2])∧…∧(J_1[k-2]=J_2[k-2])∧(J_1[k-1]<J_2[k-2])
            那么{
                //连接步：产生候选
                c = J_1⊗J_2
                如果 has_infrequent_subset(c, F_{k-1})，那么
```

```
                //剪枝步:删除非频繁的候选
                删除 c
            否则
                添加 c 到 C_k
        }
    返回 C_k
    procedure has_infrequent_subset(c:候选 k-项集集合;F_{k-1}:频繁(k-1)一项集集合)
        //使用先验知识
        对每个 c 的(k-1)阶子集 s
            如果 es∉F_{k-1},那么
                返回 TRUE
        返回 FALSE
```

Apriori 算法的核心部分是 apriori_gen(F_{k-1})函数,该函数的输入参数为频繁(k-1)一项集集合 F_{k-1},输出结果为候选 k-项集集合 C_k,它通过如下两个步骤来完成。

1)连接:通过 F_{k-1}与自身进行连接($F_1 \otimes F_1$)产生候选 k-项集 C_k 其中 F_{k-1}中的元素是可连接的。

2)剪枝:C_k 是 F_k 的超集,即它的成员可能是也可能不是频繁的,但所有的频繁 k-项集都包含在 C_k 中。扫描数据库,确定 C_k 中每一个候选项集的计数,计数值不小于最小支持度阈值的所有候选项集都是频繁的,从而属于 F_k。然而,C_k 可能很大,这样所涉及的计算量就很大。使用如下性质压缩 C%:频繁项集的所有非空子集也是频繁的。因此,如果一个候选 k-项集的子集(k-1)一项集不在 F_{k-1}中,则该候选项集也不可能是频繁的项集,可以从 C_k 中剪掉。C_k 经过压缩以后,再对其中每个候选项集的支持度进行计数,从而可以提高频繁项集的生成效率。

2. Apriori 算法改进

Apriori 算法是一种多层迭代算法。如果数据集中项数为 n,则 Apriori 算法将要计算 $2n-1$ 个项目,当 n 较大时,会产生组合爆炸问题。Apriori 算法发现频繁项集所花费的时间主要是读取数据库(I/O)时间和计算候选项集支持度的时间。Apriori 算法的改进主要体现在以下几个方面:

1)引入并行算法。

2)引入抽样技术。

3)减少计算候选项集支持度的时间。

4)减少扫描事务数据库的次数,降低 I/O 代价。

为了提高 Apriori 算法的效率,出现了一系列的改进算法。这些算法虽然仍然遵循上面的理论,但是由于引入了相关技术(如数据分割、抽样等),在一定程度上改善了 Apriori 算法的适应性和效率。

(1)基于数据分割(Partition)

Apriori 算法在执行过程中先生成候选集然后剪枝。可是生成的候选集并不都是有效的,有些候选集根本就不是事务数据集中的项目集。候选集的产生具有很大的代价。尤其是内存空间不够导致数据库与内存之间不断交换数据,会使算法的效率变得很差。

把数据分割技术应用到关联规则挖掘中，可以改善关联规则挖掘在大容量数据集中的适应性。它的基本思想是，首先把大容量数据库从逻辑上分成几个互不相交的块，每块应用挖掘算法（如 Apriori 算法）生成局部的频繁项目集，然后把这些局部的频繁项目集作为候选的全局频繁项目集，通过测试它们的支持度来得到最终的全局频繁项目集。

这种方法可以改善诸如 Apriori 这样的传统关联规则挖掘算法的性能。至少在下面两个方面起到作用。

1）合理利用主存空间。大容量数据集无法将全部数据一次性导入内存，因此一些算法不得不支付昂贵的 I/O 代价。数据分割为块内数据为一次性导入主存提供了机会，因而提高了对大容量数据集的挖掘效率。

2）支持并行挖掘算法。由于引入数据分割技术，每个分块的局部频繁项目集是独立生成的，因此可以把块内的局部频繁项目集的生成工作分配给不同的处理器完成。因此，为开发并行数据挖掘算法提供了良好机制。

基于数据分割的关联规则挖掘方法理论基础可以通过下面的定理来保证。

定理 15-1　设数据集 D 被分割成分块 D_1、D_2、…、D_n，全局最小支持度为 minsupport，为了便于推算，假设对应的最小支持数为 minsup_count。如果一个数据分块 D_i 的局部最小支持数记为 minsup_count_i（$i=1,2,\cdots,n$）的话，那么局部最小支持数 minsup_countt 府按如下方法生成：

$\text{minsup\_count}_i = \text{\_minsup\_count} * \|D_i\| / \|D\|\ (i=1,2,\cdots,n)$。

可以保证所有的局部频繁项目集成为全局频繁项目集的候选（即所有的局部频繁项目集涵盖全局频繁项目集）。

证明　只需证明“如果一个项目集 IS 在所有的数据分块内都不（局部）频繁，那么它在整个数据集中也不（全局）频繁”。

如果 IS 在所有的数据分块内都不（局部）频繁，即

$\forall i=1,2,\cdots,n: \text{sup\_count}_i(\text{IS}) < \text{minsup\_count}_i$，

其中 sup count:(IS)是项目集 IS 在分块 D:中的支持数，则

$$
\begin{aligned}
\text{sup\_count}(\text{IS}) &= \sum \text{sup\_count}_i(\text{IS}) < \sum \text{minsup\_count}_i \\
&= \sum(\text{minsup\_count} * \|D_i\| / \|D\|) \\
&= \text{minsup\_count} * (\sum \|D_i\|) / \|D\| \\
&= \text{minsup\_count} * \|D\| / \|D\| \\
&= \text{minsup\_count}。
\end{aligned}
$$

因此 IS 在整个数据集中也不（全局）频繁。

（2）基于散列（Hash）

1995 年，Park 等提出了一个基于散列（Hash）技术的产生频繁项目集的算法。他们通过实验发现寻找频繁项目集的主要计算是在生成 2-频繁项目集 L_2 上。因此，Park 等利用了这个性质引入散列技术来改进产生 2 频繁项目集的方法。这种方法把扫描的项目放到不同的 Hash 桶中，每对项目最多只可能在一个特定的桶中。这样可以对每个桶中的项目子集进行测试，减少了候选集生成的代价。这种方法也可以扩展到任何的 k-频繁项目集生成上。

下面以候选 2-项目集生成为例来讨论基于散列技术的频繁集生成问题。当扫描数据库中每个事务时，我们可以对每个事务产生所有的 2-项目集，并将它们散列到相应的桶中。在

哈希表中对应的桶计数大于等于人为定义的 min_sup(支持度最小值)的 2-项目集是频繁 2-项目集。

例如,表 15-1 所示的数据,若使用 Hash 函数“$(10x+y)\text{mod}7$”生成$\{x,y\}$对应的桶地址,那么扫描数据库的同时可以把可能的 2-项目集$\{x,y\}$放入对应桶中,并对每个桶内的项目集进行计数,其结果如表 15-2 所示。假如 minsupport_count＝3,则根据表 15-2 的计数结果,L_2＝{(I2,I3),(I1,I2),(I1,I3)}。

表 15-1　事务数据库示例

TID	Items	TID	Items
1	I1,I2,I5	6	I2,I3
2	I2,I4	7	I1,I3
3	I2, I3	8	I1,I2,I3,I5
4	I1,I2,I4	9	I1,I2,I3
5	I1, I3		

表 15-2　2-项目集的桶分配示例

桶地址	0	1	2	3	4	5	6
桶计数	2	2	4	2	2	4	4
桶内容	{I1,I4}	{I1,I5}	{I2,I3}	{I2,I4}	{I2,I5}	{I1,I2}	{I1,I3}
	{I3,I5)	{I1,I5}	{I2,I3}	{I2,I4}	(I2,I5)	{I1,I2}	{I1,I3}
			{I2,I3}			{I1,I2}	{I1,I3}
			{I2,I3}			{I1,I2}	{I1,I3}

另外值得注意的是,虽然文献中只提出了用哈希技术生成 2-项目集的问题,但是笔者认为这种方法可以扩展到 k-项目集($k\geqslant 3$)中,有兴趣的读者可以尝试一下。

(3)基于采样(Sampling)

1996 年,Toivonen 提出了一个基于采样(Sampling)技术产生频繁项目集的算法。这个方法的基本思想是:先使用数据库的抽样数据得到一些可能成立的规则,然后利用数据库的剩余部分验证这些关联规则是否正确。Toivonen 提出的基于采样的关联规则挖掘算法相当简单,并且可以显著地降低因为挖掘所付出的 I/O 代价。但是,它的最大问题是抽样数据的选取以及由此而产生的结果偏差过大,即存在所谓的数据扭曲(DataSkew)问题。采样方法是统计学经常使用的技术,虽然它可能得不到非常精确的结果,但是如果使用适当,可以在满足一定精度的前提下提高挖掘效率或者在有限的资源下处理更多的数据。也有人专门针对这一问题进行研究。

从本质上说,使用一个抽样样本而不使用整个数据集的原因是效率问题。许多情况下使用庞大的整个数据库在时间和所需运算方面是行不通的,仅对样本进行运算可以使计算变得更简单和更迅速。因此,基于采样的数据挖掘技术的基础是从数据库中抽取一个能反映数据库中整个数据分布的模型。一般地讲,使用随机过程抽取一个样本,应该把样本选取机制设计为数据库中的每一条记录具有相同的被抽取机会。在统计学上,有放回抽样和不放回抽样之分。对于前者,一条已经抽取的记录有机会被再次抽取,对于后一种情况,一条记录一旦被抽出就不可能再次被抽到。在数据挖掘中,因为样本容量相对总体容量经常是很小的,所以这两种过程的差异通常是被忽略的。

15.2.2　多层关联规则挖掘

对于事务或关系型数据库来说，一些项或属性所隐含的概念是有层次的。例如，商品“羽绒服”，对于一个分析和决策应用来说，就可能关心它的更高层次概念：“冬季服装”、“服装”等。对不同的用户而言，可能某些特定层次的关联规则更有意义。同时，由于数据的分布和效率方面的考虑，数据可能在多层次粒度上存储，因此，挖掘多层次关联规则就可能得出更深入的、更有说服力的知识。

1.多层次关联规则

根据规则中涉及的层次，多层次关联规则可以分为同层次关联规则和层间关联规则。

(1)同层次关联规则

若一个关联规则对应的项目是同一个粒度层次，那么它是同层次关联规则。如图15-2所示，一个关于商品的多层次概念树。针对这样的概念层次划分，“牛奶→面包”和“羽绒服→酪奶”都是同层次关联规则。

(2)层间关联规则

如果在不同的粒度层次上考虑问题，那么可能得到的是层间关联规则。例如，“夏季服装→酸奶”。

目前，多层次关联规则挖掘的度量方法基本上沿用了“支持度一可信度”的框架。不过，对支持度的设置还需要考虑不同层次的度量策略。

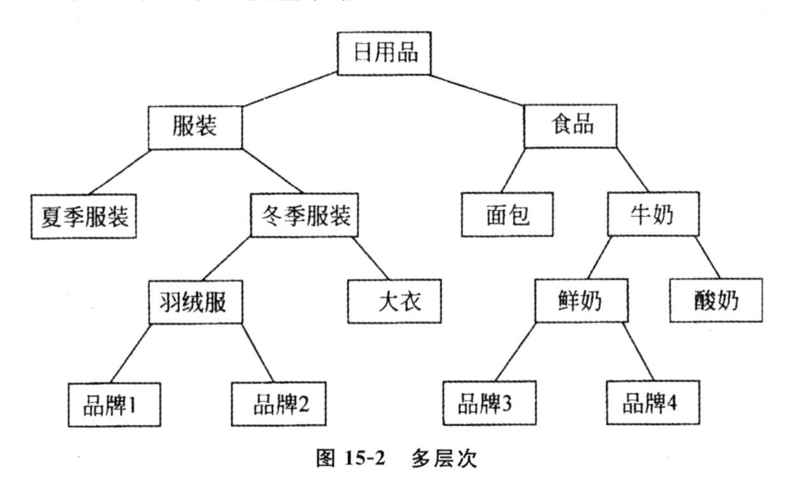

图15-2　多层次

2.设置支持度的策略

多层次关联规则挖掘有两种基本的设置支持度的策略。

(1)同一最小支持度

对于所有层次，都使用同一个最小支持度。这样对于用户和算法实现来说，相对容易，而且很容易支持层间的关联规则生成。但是弊端也是显然的。首先，不同层次可能考虑问题的精度不同、面向的用户群不同。对于一些用户，可能觉得支持度太小，产生了过多不感兴趣的规则。而对于另外的用户来说，又认为支持度太大，有用信息丢失过多。

(2)不同层次使用不同的最小支持度

每个层次都有自己的最小支持度。较低层次的最小支持度相对较小,而较高层次的最小支持度相对较大。这种方法增加了挖掘的灵活性,但也留下了许多相关问题需要解决。首先,不同层次间的支持度应该有所关联,只有正确地刻画这种联系或找到转换方法,才能使生成的关联规则相对客观。另外,由于具有不同的支持度,层间的关联规则挖掘也是必须解决的问题。例如,有人提出层间关联规则应该根据较低层次的最小支持度来定。

3. 多层次关联规则挖掘方法

对于多层次关联规则挖掘的策略问题,可以根据应用特点,采用灵活的方法来完成。

(1)自上而下方法

先找高层的规则,如“冬季服装→牛奶”,再找它的下一层规则,如“羽绒服→鲜奶”。如此逐层自上而下挖掘。不同层次的支持度可以一样,也可以根据上层的支持度动态生成下层的支持度。

(2)自下而上方法

先找低层的规则,再找它的上一层规则,不同层次的支持度也可以动态生成。

(3)在一个固定层次上挖掘

用户可以根据情况,在一个固定层次挖掘,如果需要查看其他层次的数据,可以通过上钻和下钻等操作来获得相应的数据。

另外,多层次关联规则可能产生冗余问题。例如,规则“夏季服装→酸奶”完全包含规则“衬衫→酸奶”的信息。有时,可能需要考虑规则的部分包含问题、规则的合并问题等。因此,对于多层次关联规则挖掘需要根据具体情况确定合适的挖掘策略。

15.2.3 多维关联规则挖掘

在 OLAP 中挖掘多维、多层关联规则是一个很自然的过程,事实上,在对多维数据库进行挖掘时,人们常常也对多个维之间的关联感兴趣。通常引入一阶逻辑谓词来表示多维关联规则,其中谓词表示维,谓词中的一个项表示某个对象,其他项表示维中的某些属性。

在进行多维关联规则的挖掘时,还要考虑属性的类型。数据库属性可以分为两种类型,一种叫类别属性,也叫标称属性,另一种叫量化属性,是数值型的。类别属性具有有限个不同的值,并且值之间没有顺序,而量化属性的值之间存在着隐含的顺序。

在挖掘多维关联规则时,对类别属性,原先的算法都可以使用,而对量化属性,则需要进行一定的预处理。根据处理量化属性的方法,可以将涉及量化属性的关联规则分为静态数量关联规则、量化关联规则、基于距离的关联规则、布尔数量关联规则等类型。

1. 挖掘静态数量关联规则

利用预定义的概念分层对量化属性离散化,经过这种处理后得出的规则称为静态数量关联规则。在挖掘之前,先用概念层次将量化属性离散化,数值被替换为区间范围。必要时,将类别属性泛化到较高的概念层。在构造挖掘算法时,只需将 Apriori 算法稍加改动,但必须注意,该算法不是寻找所有的频繁项集,而是寻找所有的频繁谓词。

2. 挖掘量化关联规则

根据数据的分布，动态地将量化属性离散化到“箱”，数值型数据被处理成了量，而不是预定义的区间或分类，经过这种处理得出的规则称为量化关联规则。

对于量化关联规则，这里将只关注一类特殊的 2-维规则。该类规则只包含两个量化维，规则左边是量化属性，右边是一个类别属性。例如，如果考虑年龄、收入两个量化属性与顾客购买的计算机的类型之间的关联关系，那么就可以得到类似于下面这个例子的一个 2-维量化规则，即

年龄(X,“20…35”)，收入(X,“3000…5000”)→购买(X,“计算机”)

怎样寻找这种规则？ARCS 系统(Association Rule Clustering System，关联规则聚类系统)中使用了一个效果比较好的方法。该方法的思想来源于图像处理技术，通过将量化属性对映射到给定类别属性条件的 2-维网格上，然后搜索网格点的聚类，并由聚类导出关联规则。

ARCS 方法的主要步骤如下：

1)分箱。对于涉及两个量化属性的每种可能的箱组合，可创建一个 2 维数组，规则类别属性的每个类对应的计数分布分别保存在数组的不同元素中。使用这种数据结构，任务相关的数据只需要扫描一遍。基于相同的两个量化属性，使用这种数据结构可以产生分类属性任何值的规则。

2)寻找频繁谓词集。扫描分箱过程中创建的 2 维数组，找出满足最小可信度和最小支持度的频繁谓词集，再由这些谓词集产生关联规则。

3)关联规则聚类。将步骤 2)产生的强关联规则映射到 2 维网格上。下面是给定量化属性年龄和收入，预测规则右边条件为购买(X,“高清晰度彩电”)的四个 2-维量化关联规则

年龄(X,30)，收入(X,“21K…30K”)→购买(X,“高清晰度彩电”)

年龄(X,31)，收入(X,“21K…30K”)→购买(X,“高清晰度彩电”)

年龄(X,30)，收入(X,“31K…40K”)→购买(X,“高清晰度彩电”)

年龄(X,31)，收入(X,“31K…40K”)→购买(X,“高清晰度彩电”)

这四个规则在网格中彼此相连，形成了一个矩形的聚类。ARCS 使用聚类算法找出这种矩形聚类(也可以是其他形状的聚类)，并把它们合并，形成一个新的量化关联规则。上述四个规则可以合并为

年龄(X,“30…31”)，收入(X,“21K…40K”)→购买(X,“高清晰度彩电”)

3. 挖掘基于距离关联规则

通过分箱的方法对量化属性离散化，不能体现数据间隔的语义。若采用基于距离的方法对量化属性进行离散化，可以避免这种不足。基于距离的划分既考虑了区间内点的个数，又可以表达区间内点的接近性，这样的划分有助于产生更有意义的离散化。每个量化属性的区间划分可以通过对该属性的值进行聚类得到。表 15-3 是几种方法得到的区间的对照表。

表 15-3　几种方法得到的区间的对照表

价格(单位:美元)	等宽(宽度为 10)	等深(深度为 2)	基于距离
7	[0,10]	[7,20]	[7,7]
20	[11,20]	[22,50]	[20,22]

续表

价格(单位:美元)	等宽(宽度为10)	等深(深度为2)	基于距离
22	[21,30]	[51,53]	[50,53]
50	[31,40]		
51	[41,50]		
53	[51,60]		

一个两遍算法可以用于挖掘基于距离的关联规则。第一遍使用聚类找出区间或簇,第二遍搜索频繁出现在一起的簇组,并由这些簇组构成关联规则。

15.2.4 基于约束的关联规则

对于给定的任务相关的数据集,使用数据库挖掘可以从中挖掘出大量的规则。在这些规则中,有许多对用户并没有什么意义。为了尽可能使挖掘出来的规则有意义,可以使挖掘过程在用户提供的各种约束的指导下进行。这就是基于约束的数据库挖掘。在数据库挖掘中经常使用下列几种约束。

1)维或层次约束。用于限定所用的维或概念层次结构中的层。这种约束遵循多维数据库模型。

2)知识类型约束。用于指定要挖掘的知识类型,如概念描述、关联规则、分类、聚类等,这种约束通常在挖掘开始前被指定。

3)兴趣度约束。用于指定规则的兴趣度阈值或其他统计度量,如支持度和可信度,从统计学的角度看什么范围内的规则是有趣的或有用的。

4)数据约束。用于指定与任务相关的数据集。通常在挖掘过程中使用一种类似于SQL的数据挖掘查询语言来处理这种约束。

5)规则约束。用于指定要挖掘的规则形式,规则约束的使用可分为两种情况:一种是在挖掘过程中使用,用于缩小规则的搜索空间;另一种是在挖掘过程结束后,用于过滤发现的规则。知识类型约束和数据约束在数据挖掘之前使用,不与挖掘过程捆绑在一起。运用这两种约束可以挖掘出所有可能的规则,然后用其他三种约束过滤出有用的规则,但是这样做会使得挖掘的代价太大。通常都是在挖掘过程中使用后三种约束,这样做可使挖掘过程非常有效,并且降低挖掘的代价。

对于频繁项集的挖掘,规则约束可分为反单调的、单调的、简洁的、可转变的和不可转变的五种类型。

1)单调和反单调的规则约束。假设一个约束规则是单调的,当且仅当对于任意给定的满足该约束规则的项集S,其超集都能够满足该约束规则。

若一个约束规则是反单调的,当且仅当对于任意给定的不满足该约束规则的项集S,不存在能够满足该约束规则的S的超集。

反单调约束能够较深地推进到挖掘过程中,而单调约束却不能。

2)可转变和不可转变的约束。有些约束既不是单调性约束,也不是反单调性约束。若把项集中的项以特定的顺序进行排列,则那些约束可能会成为单调或反单调。例如,约束“avg(items. price)”既不是单调的，也不是反单调的。但是，如果事务中的项以单价递增的顺序添加到项集中，则该约束就变成了反单调的；如果事务中的项以单价递减的顺序添加到项集中，则该约束就变成了单调的。

有些约束是不可转变的。但是，大部分使用 SQL 内部聚集函数的简单 SQL 表达式都不是不可转变的。

3)简洁性约束。在每一次 Apriori 类型的算法迭代之后，就产生一次由非单调约束引起的“修剪”。简洁性约束也能提供一种有效的“修剪”方法。

图 15-3 所示为几种约束的关系示意。

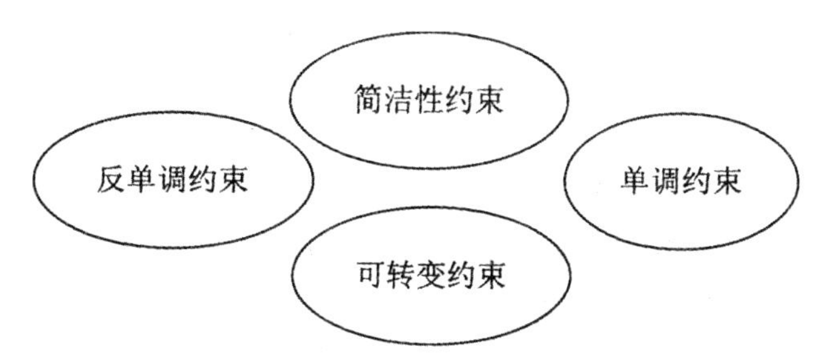

图 15-3　几种约束的关系

此外，还有一种特殊的约束规则——元规则。元规则是形如

$$P_1 \wedge P_2 \wedge \cdots P_b \rightarrow Q_1 \wedge Q_2 \wedge \cdots Q_m$$

的规则模板，其中只(P_i，$i=1,\cdots,n$)和 Q_j，($j=1,\cdots,m$)是示例谓词或谓词变量。

一般来说，利用元规则可表明用户感兴趣的规则的语法形式通过元规则，可知道挖掘，提高挖掘的性能。元规则可根据分析者的经验、期望或对数据的直觉或根据数据库模式自动产生。

15.3　时间序列与序列模式挖掘技术

15.3.1　时间序列挖掘技术

时间序列(Time Series)挖掘通过对过去历史行为的客观记录分析，揭示其内在规律(如波动的周期、振幅、趋势的种类等)，进而完成预测未来行为等决策性工作。人们希望通过对时间序列的分析，从大量的数据中发现和揭示某一现象的发展变化规律或从动态的角度刻画某一现象与其他现象之间的内在数量关系，以掌握和控制未来行为。

简言之，时间序列数据挖掘就是要从大量的时间序列数据中提取人们事先不知道的、但又是潜在有用的与时间属性相关的信息和知识，并用于短期、中期或长期预测，指导人们的社会、经济、军事和生活等行为。从经济到工程技术，从天文到地理和气象，几乎在各种领域都会遇到时间序列。例如，某地区的逐月降雨量，其实际记录结果按月份先后排列，便是一个时间序列。再如，心电图和脑电图是典型的按时间的活动记录，包含着关于人健康状况的丰富信息，对其进行时间序列分析具有很重要的价值。还有，证券公司的计算机积累了大量的股票信息，商场的 POS 系统搜集了大量的销售信息，人造卫星观测的气象信息和科学仪器所检测到的大量生物、地矿等信息等，越来越多的直接或间接时间序列信息为人们提供丰富而有效的分析和挖掘的数据源。

1. 基于 ARMA 模型的序列匹配方法

ARMA 模型(特别是其中的 AR 模型)是时序方法中最基本的、实际应用最广的时序模型。早在 1927 年,G. U. Yule 就提出了 AR 模型,此后,AR 模型逐步发展为 ARMA 模型、多维 ARMA 模型。ARMA 通常被广泛用于预测。由于 ARMA 模型是一个信息的凝聚器,可将系统的特性与系统状态的所有信息凝聚在其中,因而它也可以用于时间序列的匹配。

(1)三种模型

1)ARMA 模型。对于平稳、正态、零均值的时序 $X=\{x_t\,|\,t=0,1,2,\cdots,n-1\}$,如果 X 在 t 时刻的取值不仅与其前 n 步的各个值 $x_{t-1},x_{t-2},\cdots,x_{t-n}$ 有关,而且还与前 m 步的各个干扰 $\alpha_{t-1},\alpha_{t-2},\cdots,\alpha_{t-m}(n,m=1,2,\cdots)$ 有关,则按多元线性回归的思想,可得到最一般的 ARMA(n,m) 模型:

$$x_t = \sum_{i=1}^{n}\varphi_i x_{t-i} - \sum_{j=1}^{m}\theta_j \alpha_{t-j} + \alpha_t$$

其中 $\alpha_t \approx \mathrm{NID}(0,\delta_a^2)$。

2)AR 模型。AR(n)模型是 ARMA(n,m)模型的一个特例。在上面 ARMA(n,m)模型表达式中,当 $\theta_j=0$ 时,有:

$$x_t = \sum_{i=1}^{n}\varphi_i x_{t-i} + \alpha_t$$

其中 $\alpha_t \approx \mathrm{NID}(0,\delta_a^2)$。由于此时模型中没有滑动平均部分,所以称为 n 阶自回归模型,记为 AR(n)。

3)MA 模型。MA(m)模型是 ARMA(n,m)模型的另一个特例。在上面 ARMA(n,m)模型表达中,当 $\varphi_i=0$ 时,有:

$$x_t = \alpha_t - \sum_{j=1}^{m}\theta_j \alpha_{t-j}$$

其中 $\alpha_t \approx \mathrm{NID}(0,\delta_a^2)$。因为模型中没有自回归部分,所以称为 m 阶滑动平均(Moving Average)模型,记为 MA(m)。

从上面这些模型形式上就可以看出,AR 模型描述的是系统对过去自身状态的记忆,MA 模型描述的是系统对过去时刻进入系统的噪声的记忆,而 ARMA 模型则是系统对过去自身状态以及各时刻进入的噪声的记忆。

(2)利用基本概念建立模型

解决问题的首要任务是建立序列对应的 ARMA 模型,然后通过构造判别函数来进行序列的相似性判断。如果从计算速度的要求上看,建立 AR 模型是一种经济的选择。

建立 AR 模型的最常用方法是最小二乘法。具体方法如下:

对于 AR(n)模型,有

$$x_t=\varphi_1 x_{t-1}+\varphi_2 x_{t-2}+\cdots+\varphi_n x_{t-n}+\alpha_t$$

其中 $\alpha_t \approx \mathrm{NID}(0,\delta_a^2)$,即可以用以下线性方程组表示:

$$\begin{aligned}
x_{n+1}&=\varphi_1 x_n+\varphi_2 x_{n-1}+\cdots+\varphi_n x_1+\alpha_{n+1}\\
x_{n+2}&=\varphi_1 x_{n+1}+\varphi_2 x_n+\cdots+\varphi_n x_2+\alpha_{n+2}\\
&\vdots\\
x_N&=\varphi_1 x_{N-1}+\varphi_2 x_{N-2}+\cdots+\varphi_n x_{N-n}+\alpha_N
\end{aligned}$$

或者写成如下矩阵形式：

$$\boldsymbol{y}=\boldsymbol{x\varphi}+\boldsymbol{\alpha}$$

其中

$$\boldsymbol{y}=[x_{n+1}\quad x_{n+2}\quad \cdots \quad x_N]^{\mathrm{T}}$$

$$\boldsymbol{\varphi}=[\varphi_1\quad \varphi_2\quad \cdots \quad \varphi_n]^{\mathrm{T}}$$

$$\boldsymbol{\alpha}=[\alpha_{n+1}\quad \alpha_{n+2}\quad \cdots \quad \alpha_N]^{\mathrm{T}}$$

$$\boldsymbol{x}=\begin{bmatrix} x_n & x_{n-1} & \cdots & x_1 \\ x_{n+1} & x_n & \cdots & x_2 \\ \vdots & \vdots & \vdots & \vdots \\ x_{N-1} & x_{N-2} & \cdots & x_{N-n} \end{bmatrix}$$

根据多元线性回归理论，参数矩阵 $\boldsymbol{\varphi}$ 的最小二乘估计为：

$$\bar{\boldsymbol{\varphi}}=(x^{\mathrm{T}}x)^{-1}x^{\mathrm{T}}y$$

(3)构造判别函数

1)Euclide。假设 $\boldsymbol{\varphi}_X$ 表示待检模型，$\boldsymbol{\varphi}_Y$ 表示参考模型，那么序列的相似性查找问题可以转化为 $\boldsymbol{\varphi}_X$ 与 $\boldsymbol{\varphi}_Y$ 的 Euclide 距离计算。$\boldsymbol{\varphi}_X$ 与 $\boldsymbol{\varphi}_Y$ 之间的 Euclide 距离表示如下：

$$D_E^2(\boldsymbol{\varphi}_X,\boldsymbol{\varphi}_Y)=(\boldsymbol{\varphi}_X-\boldsymbol{\varphi}_Y)^{\mathrm{T}}(\boldsymbol{\varphi}_X-\boldsymbol{\varphi}_Y)$$

如果待检模型与某个参考模型的 Euclide 距离最小，则它和这个参考序列最相似。

Euclide 的最大缺陷是没有考虑模式向量 $\boldsymbol{\varphi}$ 中各元素重要性的不同，即将 $\boldsymbol{\varphi}$ 中的所有 $\boldsymbol{\varphi}_i$ 均等同对待。为了克服这一缺陷，可将 Euclide 距离进行加权处理，加权后 Euclide 函数形式为：

$$D_w^2(\boldsymbol{\varphi}_X,\boldsymbol{\varphi}_Y)=(\boldsymbol{\varphi}_X-\boldsymbol{\varphi}_Y)^{\mathrm{T}}W(\boldsymbol{\varphi}_X-\boldsymbol{\varphi}_Y)$$

其中，W 为相应的加权矩阵。

2)残差偏移距离判别。ARMA 模型的残差向量 $\boldsymbol{\alpha}$ 中包含了时间序列与自回归参数两部分的信息，所以也可以根据 $\boldsymbol{\alpha}$ 来构造距离函数。

$\boldsymbol{\varphi}_X$ 与 $\boldsymbol{\varphi}_Y$ 之间的残差偏移距离函数为：

$$D_\alpha^2(\boldsymbol{\varphi}_X,\boldsymbol{\varphi}_Y)=N(\boldsymbol{\varphi}_X-\boldsymbol{\varphi}_Y)^{\mathrm{T}}r_X(\boldsymbol{\varphi}_X-\boldsymbol{\varphi}_Y)$$

其中 $\boldsymbol{r}_X$ 是待检序列的协方差矩阵，N 表示待检序列的长度。

3)Mahalanobis 距离判别。$\boldsymbol{\varphi}_X$ 与 $\boldsymbol{\varphi}_Y$ 之间的 Mahalanobis 距离函数为：

$$D_{Mh}^2(\boldsymbol{\varphi}_X,\boldsymbol{\varphi}_Y)=\frac{N}{\delta_Y^2}(\boldsymbol{\varphi}_X-\boldsymbol{\varphi}_Y)^{\mathrm{T}}r_Y(\boldsymbol{\varphi}_X-\boldsymbol{\varphi}_Y)$$

其中 $\boldsymbol{r}_Y$ 是参考序列的协方差矩阵。

4)Mann 距离判别。$\boldsymbol{\varphi}_X$ 与 $\boldsymbol{\varphi}_Y$ 之间的 Mann 距离函数为：

$$D_{Mn}^2(\boldsymbol{\varphi}_Y,\boldsymbol{\varphi}_X)=\frac{N}{\delta_X^2}(\boldsymbol{\varphi}_Y-\boldsymbol{\varphi}_X)^{\mathrm{T}}r_X(\boldsymbol{\varphi}_Y-\boldsymbol{\varphi}_X)$$

其中 $\boldsymbol{r}_X$ 为待检序列的协方差矩阵，δ_X^2 为待测时序的方差。

上面介绍的四个距离函数，均具有明显的几何距离的形式，其实质都是加权的 Euclide 距离函数，只不过是形式不同而已。Euclide 距离 D_E^2 的权矩阵是单位矩阵 $\boldsymbol{I}$。残差偏移距离 D_α^2 的权矩阵是待检序列的协方差矩阵。Mann 距离中还含有待测时序的方差 δ_X^2 这一特性，所以其判别能力一般较残差距离强。

AR 模型对序列的长度要求并不是很苛刻，只要序列足够长，就可以获得相应的参数模型。

为了方便比较，对每个序列都提取 AR(n)模型，实质上并不是每个序列都适合 AR(n)模型，这是该方法的缺点，另外利用 ARMA 模型很难实现子序列匹配问题。

2. 基于离散傅里叶变换的时间序列相似性快速查找

下面分别描述一下如何进行基于离散傅里叶变换的完全匹配和子序列匹配。

(1)完全匹配

所谓完全匹配必须保证被查找的序列与给出的序列有相同的长度。所以，与子序列匹配相比，工作就相对简单一些。

1)特征提取。给定一个时间序列 $X=\{x_t \mid t=0,1,2,\cdots,n-1\}$，对 X 进行离散傅里叶变换，得到

$$X_f = 1/\sqrt{n}\sum_{t=0}^{n-1} x\exp(-i2\pi ft/n), f = 0,1,2,\cdots,n-1$$

这里 X 与 x_t 代表时域信息，而$\vec{X}$与 X_f 代表频域信息，$\vec{X}=\{X_f \mid f=0,1,2,\cdots,n-1\}$，$X_f$ 为傅里叶系数。

2)首次筛选。根据 Parseval 的理论，时域能量谱函数与频域能量谱函数相同，得到

$$\|X-Y\|^2 \equiv \|\vec{X}-\vec{Y}\|^2$$

衡量两个序列是否相似的一般方法是用欧氏距离。如果两个序列的欧氏距离小于 ε 的话，则认为这两个序列相似，即满足如下式子：

$$\|X-Y\|^2 = \sum_{f=0}^{n-1} |x_i - y_t|^2 \leqslant \varepsilon^2$$

按照 Parseval 的理论，下面的式子也应该成立：

$$\|\vec{X}-\vec{Y}\|^2 = \sum_{f=0}^{n-1} |X_f - Y_f|^2 \leqslant \varepsilon^2$$

对大多数序列来说，能量集中在傅里叶变换后的前几个系数，也就是说一个信号的高频部分相对来说并不重要。所以我们只取前面 f_c 个系数，即

$$\sum_{f=0}^{f_c-1} |X_f - Y_f|^2 \leqslant \sum_{f=0}^{n-1} |X_f - Y_f|^2 \leqslant \varepsilon^2$$

那么

$$\sum_{f=0}^{f_c-1} |X_f - Y_f| \leqslant \varepsilon^2$$

首次筛选所做的工作就是，从提出特征后的频域空间中找出满足上面式子的序列。这样就滤掉一大批与给定序列的距离大于 ε 的序列。

3)最终验证。在首次筛选后，已经滤掉了一大批与给定序列的距离大于 ε 的序列。但是，因为只考虑了前面几个傅里叶系数，所以并不能保证剩余的序列就相似。因此，还需要进行最终验证工作，即计算每个首次被选中的序列与给定序列在时域空间的欧氏距离，如果两个序列的欧氏距离小于或等于 ε，则接受该序列。

实践表明，上述完全匹配查找方法非常有效，而且只取 1～3 个系数就可以达到很好的效果，随着序列数目的增加和序列长度的增加执行效果更好。

(2)子序列匹配

子序列匹配比完全查找要复杂。它的目标是在 n 个长度不同的序列 $Y_1, Y_2, \cdots, Y_n$ 中找到

与给定的查询序列 X 相似的子序列。如果对 $Y_1,Y_2,\cdots,Y_n$ 的任何一个可能匹配的位置都扫描，则其复杂度为 $O(n^2l^2)$（l 为 $Y_1,Y_2,\cdots,Y_n$ 的平均长度），那么在子序列匹配处理中必须考虑效率问题，所以准确、快速、适合任意查找长度的子序列匹配算法是非常必要的。因为离散傅里叶变换在完全匹配方面非常成功，所以基于离散傅里叶变换的子序列匹配方法也是一个较好的选择。

滑动窗口技术是实现子序列匹配的一种成功方法。通过设定滑动窗口，不需要对整个序列进行特征提取，而是对滑动窗口内的子序列进行特征提取。滑动窗口的长度依据查找长度而定。

Christos 给出了利用滑动窗口实现子序列匹配的大致过程：

1）先定义一个查找长度 $\omega(\omega\geqslant1)$。ω 的选定与具体的应用有关。例如，在股票分析中，人们所感兴趣的往往是一周或一个月的模式（时间太短，容易受噪声的影响），所以相应的 ω 为 7 天或 30 天。

2）把长度为 ω 的滑动窗口放置在每一个序列上的起始位置，此时滑动窗口对应序列上的长度为 ω 的一段子序列，对这段序列进行傅里叶变换，这样每一个长度为 ω 的子序列对应 f 维特征空间上的一个点。

3）滑动窗口向后移，再以序列的第二个点为起始单位，形成另一个长度为 ω 的子序列，并对这段序列进行傅里叶变换。

4）依次类推，一共可以得到 $\text{Len}(s)-\omega+1$ 个 f 维特征空间上的点。

显然，特征空间上的点组成的数据库远远大于原来的序列数据库，几乎序列上的每个点都要对应 f 维空间上的一个点，这样带来了索引的困难。为了方便计算，可以只取前 f_c 个（通常 2～3 个就足够了）傅里叶系数，因为能量主要集中在前 f_c 个系数上。每个傅里叶系数都有一个模，f_c 个傅里叶系数就有 f_c 个模，把 f_c 个模映射到 f_c 维空间，这样每个滑动窗口对应的序列就转化为 f_c 维空间上的点。因为相邻的滑动窗口内的序列内容非常相似，所以得到的模的轨迹应该是很平滑的。

为了加快查找速度，把模的轨迹分成几段子轨迹，每一段用最小边界矩形 MBR 来代替，用 R^* 树来存储和检索这些 MBR。当提出一个查找子序列请求的时候，首先在 R^* 上进行检索，找到包含该子序列的 MBR，从而避免了对整个轨迹的搜索。

如何将模的轨迹转化为 MBR，也就是如何把轨迹分段的问题。一种非常直观的方法是，根据一个事先给定的长度（例如 50）来将模的轨迹分段，还可以用一些简单的函数（如 $\sqrt{\text{Len}(s)}$ 来分段。一般地，这样的简单的静态分段结果是不会太理想的。图 15-4 和图 15-5 显示了一个有 9 个点的轨迹的分段情况，如果按 $\sqrt{\text{Len}(s)}$ 来划分轨迹，则分段如图 15-4 所示，显然它不如图 15-5。图 15-5 中每个 MBR 所包含的点的个数并不固定，而是自适应的（Adaptive）。

为得到类似图 15-5 所示的自适应分段，Christos 给出了一个贪心算法。具体做法是：以模的轨迹的第一个点和第二个点为基准建立第一个 MBR（此时 MBR 仅包括这两个点），计算出边界代价函数值 mc，然后考虑第三个点，并计算新的边界代价函数值 mc，如果 mc 增大，则开始另外一个 MBR，否则把这个点加入到原来的 MBR 中，继续。

Christos 给出的边界代价函数如下：

$$mc=\frac{\text{DA}(\vec{L})}{k}$$

其中 $\text{DA}(\vec{L})=\prod_{i=1}^{n}(L_i+0.5)$，$\vec{L}=(L_1,L_2,\cdots,L_n)$ 表示 MBR 的边。

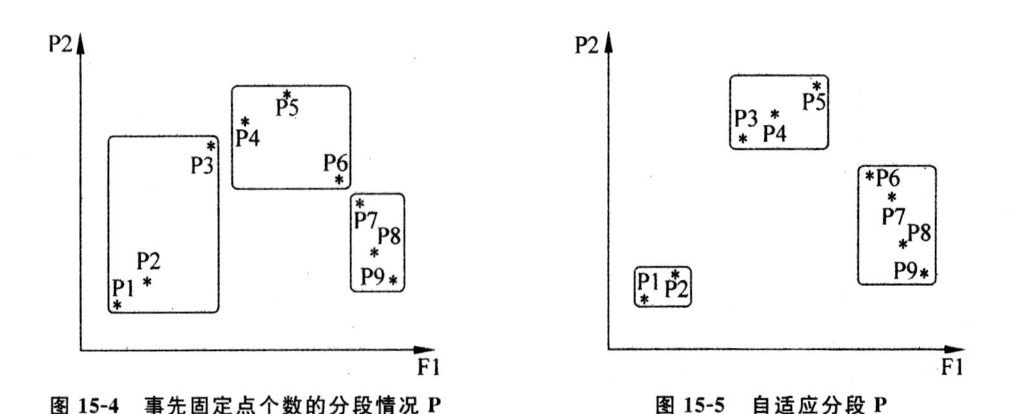

图 15-4　事先固定点个数的分段情况 P　　**图 15-5　自适应分段 P**

上面讨论了如何建立索引的问题，下面讨论如何查找。

如果查找长度正好等于 ω，待查找序列 X 被映射为 f_c 维特征空间上的点 X'，查找结果是一个以 X'为中心，以 ε 为半径的球体。如果待查找序列 X 的长度大于 ω 的话，处理起来就相对复杂些，因为从 R^* 树上只能索引到长度等于 ω 的子序列。目前在解决这一问题上采用了两种方法：一种方法是前缀查找(prefix search)；另外一种是二次分段查找法，设想 $\sqrt{\text{Len}(s)}$ 是 ω 的整倍数，把 X 分为 p 段长度为 ω 的子序列，处理每一段子序列，并将查找结果合并起来。

尽管离散傅里叶变换较好地解决了时间序列的完全匹配与子序列匹配问题。但是该方法并没有考虑序列取值问题，有些情况下两个序列的取值相差很大，而变化趋势却很相似。例如，有两种股票的历史数据，一个价格是在 10 元附近波动，另一种是在 100 元附近波动，但是它们却可能有类似的变化趋势。因此在比较这两个序列是否相似之前，应该适当做一些偏移变换(offset Translation)和幅度调整(amplitude scaling)。

3. 基于规范变换的查找方法

Agrawal 认为如果两个序列有足够多的、不相互重叠的、按时间顺序排列的、相似的子序列，则这两个序列相似。基于这样的概念，我们对序列相似的形式化描述为如下定义 15-1。

定义 15-1　如果序列 X 所包含的不相互重叠的子序列 $X_{S1},\cdots,X_{Sm}$ 和与 Y 所包含的不相互重叠的子序列 $Y_{S1},\cdots,Y_{Sm}$ 满足如下 3 个条件，可以认为 X 与 Y 是 ξ-similar：

1)对任意的 $1\leqslant i<j\leqslant m$，$X_{Si}<X_{Sj}$ 与 $Y_{Si}<Y_{Sj}$ 都成立。

2)存在一些比例因子 λ 和一些偏移 θ 使得下式成立：

$$\forall_{i=1}^{m}\theta(\lambda(X_{Si}))\approx Y_{Si}$$

其中"≈"表示两个子序列相似，$\theta(\lambda(X_{Si}))$表示对子序列 X_{Si} 以 λ 为比例因子进行缩放，按照 θ 进行偏移变换。

3)给定 ξ，下式成立：

$$\frac{\sum_{i=1}^{m}\text{Len}(X_{Si})+\sum_{i=1}^{m}\text{Len}(Y_{Si})}{\text{Len}(X)+\text{Len}(Y)}\geqslant\xi$$

这个定义意味着如果序列 X 与 Y 匹配的长度之和与这两个序列的长度之和的比值不小于 ξ，则认为序列 X 与 Y 是 ξ-similar。这样事先给定的阈值 ξ，就找到一个序列相似的评价函数。

上面是对序列相似的一般性定义，根据具体的应用可以对上述公式进行适当修改。例如，当

被比较的序列 X 与 Y 的长度非常悬殊，我们可以用如下函数来评价相似度：

$$\frac{\sum_{i=1}^{m}\mathrm{Len}(X_{Si})+\sum_{i=1}^{m}\mathrm{Len}(Y_{Si})}{2\times\min(\mathrm{Len}(X),\mathrm{Len}(Y))}\geqslant\xi$$

Agrawal 把 X 与 Y 的相似性比较问题分为三个子问题：原子序列匹配、窗口缝合、子序列排序。

(1)原子序列匹配

与基于离散傅里叶变换的时间序列查找方法相同，原子序列匹配(atomic matching)也采用了滑动窗口技术。根据用户事先给定的一个 ω(通常为 5～20)，将序列映射为若干长度为 ω 的窗口，然后对这些窗口进行幅度缩放与偏移变换。

我们首先讨论窗口中点的标准化问题。通过下面的转换，可以将窗口内不规范的点转换成标准点：

$$\widetilde{W}[i]=\frac{W[i]-\frac{W_{\max}+W_{\min}}{2}}{\frac{W_{\max}-W_{\min}}{2}}$$

其中 $W[i]$表示窗口中第 i 个点的值，$W_{\max}$，$W_{\min}$ 分别表示窗口内所有点的最大值与最小值。通过上面的公式使得窗口内的每个点的值落在(−1,+1)之间。把这种标准化后的窗口称为原子。

定义 15-2　给定阈值 ε，如果 $\forall_i$，$|\widetilde{W}_1[i]-\widetilde{W}_2[i]|\leqslant\varepsilon$，则可认为原子$\widetilde{W}_1$，$\widetilde{W}_2$ 是 ε-similar。

有了关于原子匹配的定义，相似匹配工作就是将所有相似的原子找出来。为了提高查找速度，把每个原子看作 ω 维空间上的一个点，可以采用 R^* 树来建立索引。

(2)窗口缝合

窗口缝合(window stitching)，即子序列匹配，其主要任务是将相似的原子连接起来形成比较长的彼此相似的子序列。

$\widetilde{X}_1,\cdots,\widetilde{X}_m$ 和$\widetilde{Y}_1,\cdots,\widetilde{Y}_m$ 分别为 X 与 Y 上 m 个标准化后的原子，将$\widetilde{X}_1,\cdots,\widetilde{X}_m$ 和$\widetilde{Y}_1,\cdots,\widetilde{Y}_m$ 缝合，使它们形成一对相似的子序列的条件如下：

1)对于任意的 i 都有相似。

2)对于任何 $j>i$，$\mathrm{First}(X_{\omega i})\leqslant\mathrm{First}(X_{\omega j})$，$\mathrm{First}(Y_{\omega i})\leqslant\mathrm{First}(Y_{\omega j})$。

3)对任何 $i>1$，如果$\widetilde{X}_i$ 不与$\widetilde{X}_{i-1}$重叠，且$\widetilde{X}_1,\cdots,\widetilde{X}_m$ 之间的 Gap 小于等于 r，同时 Y 也满足这个条件；如果$\widetilde{X}_i$ 与$\widetilde{X}_{i-1}$重叠，重叠长度为 d，$\widetilde{Y}_i$ 与$\widetilde{Y}_{i-1}$也重叠且重叠长度也为 d。

4)X 上的每个窗口进行标准化时所用的比例因子大致相同，Y 上的每个窗口进行标准化时所用的比例因子也大致相同。

例如，有 X 与 Y 两个序列，在原子匹配过程中，得到 3 个相似的原子对$(\widetilde{X}_1,\widetilde{Y}_1)$、$(\widetilde{X}_2,\widetilde{Y}_2)$、$(\widetilde{X}_3,\widetilde{Y}_3)$，并且满足上述窗口缝合的条件，所以可以把它们缝合起来得到一对相似的子序列。图 15-6～图 15-8 描述了窗口缝合的过程。在图 15-6 中，原子$\widetilde{X}_1$ 与$\widetilde{X}_2$ 重叠，重叠长度为 d，$\widetilde{Y}_1$ 与$\widetilde{Y}_2$ 也重叠，重叠长度也为 d，满足上面的条件 3)，同时它们满足窗口缝合的其他条件. 可以把$\widetilde{X}_1$ 与$\widetilde{X}_2$ 缝合。图 15-7 中，原子$\widetilde{X}_2$ 与$\widetilde{X}_3$ 不重叠，两者之间有一个长度不大于 r 的 Gap，$\widetilde{Y}_2$ 与$\widetilde{Y}_3$ 也不重叠，两者之间也有一个长度不大于 r 的 Gap，满足上面的条件 3)，同时它们满足窗口缝合的其

他条件，把$\widetilde{X}_2$与$\widetilde{X}_3$缝合，$\widetilde{Y}_2$与$\widetilde{Y}_3$缝合。图 15-8 表示了窗口缝合过程对相似的原子对($\widetilde{X}_1$，$\widetilde{Y}_1$)、($\widetilde{X}_2$，$\widetilde{Y}_2$)、($\widetilde{X}_3$，$\widetilde{Y}_3$)的缝合结果。

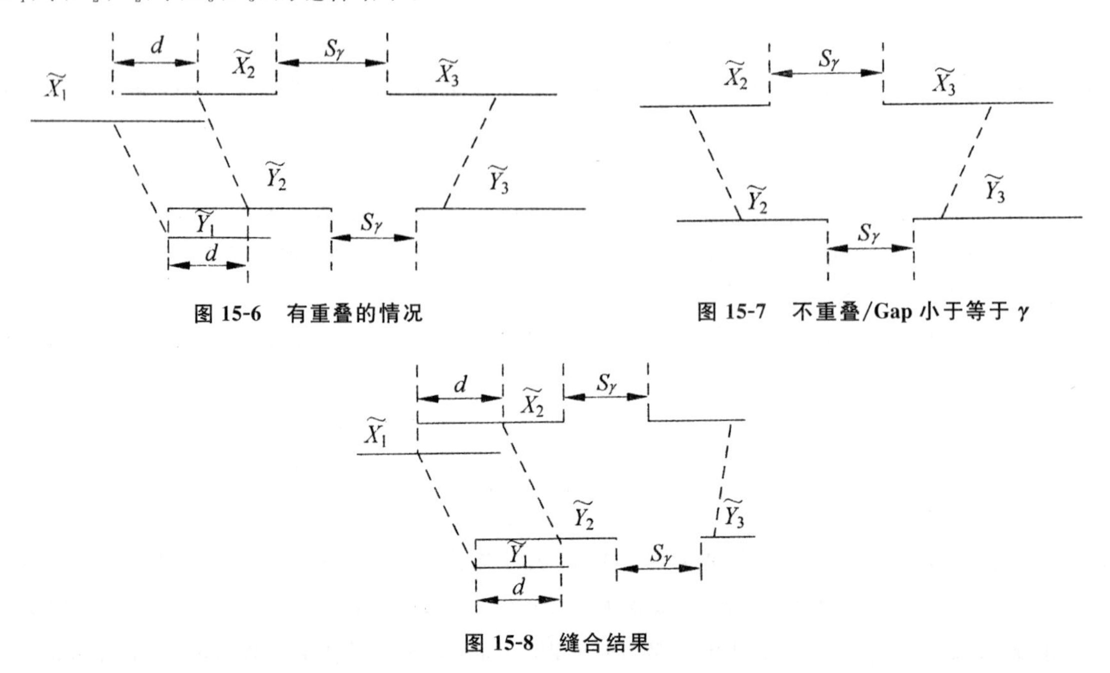

图 15-6 有重叠的情况

图 15-7 不重叠/Gap 小于等于 γ

图 15-8 缝合结果

窗口缝合技术中考虑了 Gap，这样就把一些噪音数据和两个序列上有差异但在相似性比较时可以忽略的部分过滤。

(3)子序列排序

通过对窗口缝合得到一些相似的子序列，再对这些子序列排序(Subsequence Ordering)，则可以找到两个彼此匹配的序列。子序列排序的主要任务是从没有重叠的子序列匹配中找出匹配得最长的那些序列。如果把所有相似的原子对看作图论中的顶点，两个窗口的缝合看作两个顶点之间的边的话，那么从起点到终点有多条路径，子序列排序就是寻找最长路径。

经过原子匹配与窗口缝合就找出了相似的子序列，通过对子序列排序完成了序列的相似查找，因此该方法不仅适用于完全匹配，而且还适用于子序列匹配。另外，这种方法过滤掉了一些 Gap，而且对序列作幅度缩放和偏移变换，所以该方法具有良好的鲁棒性，在算法的具体执行中用户可以设定 ω，γ，ε，增加了算法的适用性。

上面内容中我们讨论了目前数据挖掘领域中主要采用的三种时序匹配方法：ARMA 模型、基于傅里叶变换的时间序列查询和基于规范变换的时间序列查询方法。对于 ARMA 模型，要求对待检模型 φ_X 的阶数与所有参考模型 φ_Y 的阶数相同。基于傅里叶变换的时间序列查询方法，不仅适用于完全匹配查找，而且还适用于子序列匹配查找。基于规范变换的方法考虑了噪音、幅度和偏移问题，从而使查找的适应性增强。

15.3.2 序列模式挖掘技术

序列模式挖掘最早是由 Agrawal 等人提出的，它的最初动机是想通过在带有交易时间属性的交易数据库中发现频繁项目集以发现某一时间段内客户的购买活动规律。近年来，序列模式挖掘已经成为数据挖掘的一个重要方面，其应用范围也不局限于交易数据库，在 DNA 分析等尖端科学研究领域、Web 访问等新型应用数据源等众多方面得到针对性研究。

时间序列分析和序列模式挖掘有许多相似之处，在应用范畴、技术方法等方面也有很大的重合度。但是，序列挖掘一般是指相对时间或者其他顺序出现的序列的高频率子序列的发现，典型的应用还是限于离散型的序列。

1. 数据源的形式

(1)带交易时间的交易数据库

带交易时间的交易数据库的典型形式是包含客户号(Customer-id)、交易时间(Transaction-time)以及在交易中购买的项(Item)等的交易记录表。表 15-4 给出了一个这样数据表的示例(为了清楚起见，我们对所有的交易按照客户号和交易时间进行了排序)。

表 15-4　带交易时间的交易数据源示例

客户号(Cust_id)	交易时间(Tran_time)	物品(Item)
1	June 25’99	30
1	June 30’99	90
2	June 10’99	10,20
2	June 15’99	30
2	June 20’99	40,60,70
3	June 25’99	30,50,70
4	June 25’99	30
4	June 30’99	40,70
4	July 25’99	90
5	June 12’99	90

这样的数据源需要进行形式化的整理，其中一个理想的预处理方法就是转换成顾客序列，即将一个顾客的交易按交易时间排序成项目集。例如，表 15-5 给出了表 15-4 对应的所有顾客序列表。

表 15-5　顾客序列表示例

客户号(cust_id)	顾客序列(Customer Sequence)
1	＜(30)(90)＞
2	＜(10,20)(30)(40,60,70)＞
3	＜(30,50,70)＞
4	＜(30)(40,70)(90)＞
5	＜(90)＞

于是，对顾客购买行为的分析可以通过对顾客序列的挖掘得到实现。

(2)系统调用日志

操作系统及其系统进程调用是评价系统安全性的一个重要方面。通过对正常调用序列的学习可以预测随后发生的系统调用序列、发现异常的调用。因此序列挖掘是从系统调用等操作系统审计数据中发现有用模式的一个理想的技术。表 15-6 给出了一个系统调用数据表示例,它是利用数据挖掘技术进行操作系统安全性审计的常用数据源。

表 15-6　系统进程调用数据示例

进程号(Pro_id)	调用时间((Call_time)	调用号(Call_id)
744	04:01:10:30	23
744	04:01:10:31	14
1069	04:01:10:32	4
9	04:01:10:34	24
1069	04:01:10:35	5
744	04:01:10:38	81
1069	04:01:10:39	62
9	04:01:10:40	16
−1		

这样的数据源可以通过适当的数据整理使之成为调用序列,再通过相应的挖掘算法达到跟踪和分析操作系统审计数据的目的。表 15-7 给出了一个可能的调用序列生成结果,它把每个进程的所有调用按照调用时间组织成序列。

表 15-7　系统调用序列数据表示例

进程号(Pro_id)	调用序列(call_scquence)
744	＜(23,14,81)＞
1069	＜(14,24,16)＞
9	＜(4,5,62)＞

(3)Web 日志

Web 服务器中的日志文件记录了用户访问信息,这些信息包括客户访问的 IP 地址、访问时间、URL 调用以及访问方式等。考察用户 URL 调用顺序并从中发现规律,可以为改善站点设计和提高系统安全性提供重要的依据。对 URL 调用的整理可以构成序列数据。如果这些序列数据是通过固定时间间隔整理而成,那么其整理后的序列数据库可能如表 15-8 所示。

表 15-8　Web 日志文件对应序列整理示例

IP 地址	URL 调用序列
192.168.120.10	＜(a)(b,c)(d)＞
192.168.120.20	＜(b)(c)(d,e)＞
192.168.120.30	＜(a,b)(d)＞

在表 7-5 中，诸如(b,c)这类含有一个以上的序列元素记录了在采集的时间间隔内被访问的 URL 的全体。当然，由于受采集间隔的限制，这里的 b 和 c 对应的 URL 的调用顺序就无法再区分了。

2.序列模式挖掘的一般步骤

我们分五个具体阶段来介绍基于上面概念发现序列模式的方法。这些步骤分别是排序阶段、大项集阶段、转换阶段、序列阶段以及选最大阶段。

(1)排序阶段

对数据库进行排序(Sort)，排序的结果将原始的数据库转换成序列数据库(比较实际的可能需要其他的预处理手段来辅助进行)。例如，上面介绍的交易数据库，如果以客户号(Cust_id)和交易时间(Trans-time)进行排序，那么通过对同一客户的事务进行合并就可以得到对应的序列数据库。

(2)大项集阶段

这个阶段要找出所有频繁的项集(即大项集)组成的集合 L。实际上，也同步得到所有大 1-序列组成的集合，即$\{\langle l\rangle \mid l \in L\}$。

在上面表 15-5 给出的顾客序列表示例中，假设支持数为 2，则大项集分别是(30)，(40)，(70)，(40,70)和(90)。实际操作中，经常将大项集映射成连续的整数。例如，上面得到的大项集映射成表 7-6 对应的整数。当然，这样的映射纯粹是为了处理的方便和高效。

表 15-9 大项集映射成整数示例

Large Itemsets	Mapped To
(30)	1
(40)	2
(70)	3
(40,70)	4
(90)	5

(3)转换阶段

在寻找序列模式的过程中，要不断地检测一个给定的大序列集合是否包含于一个客户序列中。

为了使这个过程尽量得快，我们用另一种形式来替换每一个客户序列。在转换完成的客户序列中，每条交易(Transaction)被其所包含的所有大项集所取代。如果一条交易不包含任何大项集，在转换完成的序列中它将不被保留。但是，在计算客户总数的时候，它仍将被计算在内。

表 15-10 给出了表 15-5 数据库经过转换后的数据库。比如，在对 ID 号为 2 的客户序列进行转换的时候，交易(10,20)被剔除了，因为它并没有包含任何大项集；交易(40,60,70)则被大项集的集合{(40),(70),(40,70)}代替。

表 15-10　转换后的序列数据库示例

Cust_id	Original Customer Sequence	Transformed Customer Sequence	After Mapping
1	<(30)(90)>	<{(30)}{(90)}>	<{1}{5}>
2	<(10,20)(30)(40,60,70)>	<{(30)}{(40),(70),(40,70)}>	<{1}{2,3,4}>
3	<(30,50,70)>>	<{(30),(70)}>	<{1,3}>
4	<(30)(40,70)(90)>	<{(30)}{(40),(70),(40,70)}{(90)}>	<{1}{2,3,4}{5}>
5	<(90)>	<{(90)}>	<{5}>

(4)序列阶段

利用转换后的数据库寻找频繁的序列，即大序列(Large Sequence)。

(5)选最大阶段

在大序列集中找出最长序列(Maximal Sequences)。

15.3.3　GSP 算法

GSP(Generalized Sequential Patterns)算法，类似于 Apriori 算法大体分为候选集产生、候选集计数以及扩展分类 3 个阶段。与 AprioriAll 算法相比，GSP 算法统计较少的候选集，并且在数据转化过程中不需要事先计算频繁集。这是 GSP 算法优越之处。此外，GSP 算法时间复杂度与序列中的元素个数成线性比例关系；GSP 算法的执行时间随数据序列中字段的增加而增加，但是其增长并不显著。

GSP 算法主要包括 3 个步骤：

1)扫描序列数据库，得到长度为 1 的序列模式 L_1，作为初始的种子集。

2)根据长度为 i 的种子集 L_i，通过连接操作和剪切操作生成长度为 $i+1$ 的候选序列模式 C_{i+1}；然后扫描序列数据库，计算每个候选序列模式的支持数，产生长度为 $i+1$ 的序列模式 L_{i+1}，并将 L_{i+1} 作为新的种子集。

3)重复第 2)步，直到没有新的序列模式或新的候选序列模式产生为止。

其中，产生候选序列模式主要分两步。

①连接阶段：如果去掉序列模式 S_1 的第一个项目与去掉序列模式 S_2 的最后一个项目所得到的序列相同，则可以将 S_1 与 S_2 进行连接，即将 S_2 的最后一个项目添加到 S_1 中。

②剪切阶段：如果某候选序列模式的某个子序列不是序列模式，则此候选序列模式不可能是序列模式，将它从候选序列模式中删除。

候选序列模式的支持度计算按照如下方法进行：

对于给定的候选序列模式集合 C，扫描序列数据库 D_T，对于其中的每一条序列 d，找出集合 C 中被 d 所包含的所有候选序列模式，并增加其支持度计数。

GSP 算法的步骤如下：

输入：大项集阶段转换后的序列数据库 D_T

输出:最大序列

1)L_1={large 1-sequences};　　//大项集阶段得到的结果

2)FOR ($k=2;L_{k-1}\neq\emptyset;k++$) DO BEGIN

3)C_k=GSP_generate(L_{k-1});

4)FOR each customer-sequence c in the database D_T DO

5)Increment the count of all candidates in C_k that are contained in c;

6)L_k=Candidates in C_k with minimum support;

7)END

8)Answer=Maximal Sequences in $U_k L_k$;

在上述算法中,GSP_generate(L_{k-1})是比较关键的一步,下面我们通过举例说明该步骤的主要思想。

例 15-1　表 15-11 演示了从长度为 3 的序列模式产生长度为 4 的候选序列模式的过程。

表 15-11　GSP 算法举例

Sequential patterns With Length 3	Candidate4-Sequences	
	After Join	After Pruning
<(1,2),3>	<(1,2),(3,4)>	<(1,2),(3,4)>
<(1,2),4>	<(1,2),3,5>	
<1,(3,4)>		
<(1,3),5>		
<2,(3,4)>		
<2,3,5>		

在连接阶段,序列<(1,2),3>可以与<2,(3,4)>连接,因为<(* ,2),3>与<2,(3, *)>是相同的,两序列连接后为<(1,2),(3,4)>,<(1,2),3>与<2,3,5>连接,得到<(1,2),3,5>。剩下的序列是不能和任何长度为 3 的序列连接的,比如<(1,2),4>不能与任何长度为 3 的序列连接,这是因为其他序列没有<(2),(4, *)>或者<(2),(4)(*)>的形式。

在修剪阶段<(1,2),3,5>将被剪掉,这是因为<1,3,5>并不在 L_3 中,而<(1,2),(3,4)>的长度为 3 的子序列都在 L_3 因而被保留下来。

关于 GSP 算法分析,如果序列数据库的规模比较大,则有可能会产生大量的候选序列模式;需要对序列数据库进行循环扫描;对于序列模式的长度比较长的情况,由于其对应的短的序列模式规模太大,算法很难处理。

15.4　基于分类规则的数据挖掘技术

分类是数据挖掘的基本功能之一,其目标是构造一个分类函数或分类模型,即分类器,从数据集中提取出能够描述数据类基本特征的模型,并利用这些模型把数据集中的每个对象都归入到其中某个已知的数据类中。目前,数据挖掘中的分类方法很多,如决策树、贝叶斯分类和贝叶斯网络、神经网络、支持向量机和关联规则等基本技术，以及 k-最临近分类、基于案例的推理、遗传算法、粗糙集和模糊逻辑等方法。

15.4.1 决策树分类算法

决策树最早产生于 20 世纪 60 年代，是一种用来表示人们为了做出某种决策而进行的一系列判断过程的有向无环树，其基本思想是利用训练集数据自动构造决策树，然后根据这个决策树进行实例判断。决策树方法具有速度快、分类准确率高、生成的模式简单，相对快捷的学习速度，同时擅长处理非数值型数据的优点。因此，目前决策树方法在数据挖掘中对数据集进行归纳分类方面应用十分广泛。

决策树算法通过构造决策树来发现数据中蕴涵的分类规则。通常可将决策树算法分为以下三类：

1）基于统计学理论的方法，以 CART 为代表。

2）基于信息理论的方法，以 ID3 算法为代表。

3）以 AID，CHAID 为代表的算法。

上述这些算法在分类中应用的过程与思想基本上是一致的。如何构造精度高、规模小的决策树是决策树算法的核心内容。

1. ID3 算法

ID3 算法是一种经典决策树分类算法，是 Quinlan 为了从数据中归纳分类模型而构造的算法。ID3 算法的基本概念包括：

1）决策树的每个内部节点对应样本的一个非类别属性，树枝代表这个属性的值，节点的每棵子树代表这个属性的取值范围的一个子区间（子集）。一个叶节点代表从根节点到该叶节点之间的路径对应的样本所属的类别属性值。

2）在决策树中，每个内部节点都与具有最大信息量的非类别属性相关联，这决定什么是一棵好的决策树。

3）通常用“熵”来衡量一个内部节点的信息量。

ID3 的基本思想是：自上而下地使用贪心算法搜索训练样本集，在每个节点处测试每一个属性，从而构建决策树。为了选择训练样本的最优分枝属性，就要使对一个样本进行分类时需要问的问题最少（即树的深度最小）。需要某种函数来衡量哪些问题将提供最为平衡的划分，信息增益就是这样的函数之一。

设 S 是训练样本集，它包含 n 个类别的样本，这些类别分别用 $C_1, C_2, \cdots, C_n$ 表示，那么 S 的熵（entropy）或者期望信息为：

$$\text{entropy}(S) = -\sum_{i=1}^{n} p_i \log_2 p_i \tag{15-1}$$

式中，p_i 表示类 C_i 的概率。

如果将 S 中的 n 类训练样本看成 n 种不同的消息，那么 S 的熵表示对每一种消息编码平均需要的比特数。$|S| * \text{entropy}(S)$ 就表示对 S 进行编码需要的比特数，其中，$|S|$ 表示 S 中的样本数目。如果 $n=2$，$p_1=p_2=0.5$，那么

$$\text{entropy}(S) = -0.5\log_2 0.5 - 0.5\log_2 0.5 = 1 \tag{15-2}$$

如果 $n=2$，$p_1=0.67$，$p_2=0.33$，那么

$$\text{entropy}(S)=-0.67\log_2 0.67-0.33\log_2 0.33=0.92 \tag{15-3}$$

由上述公式可以看出，样本的概率分布越均匀，它的信息量（熵）就越大，样本集的混杂程度也越高。因此，可以把熵看做是训练集不纯度（impurity）的一个度量，熵越大，不纯度就越高。而决策树的分枝原则就是使划分后的样本的子集越纯越好，即它们的熵越小越好。

设属性 A 将 S 划分成 m 份，根据 A 划分的子集的熵或期望信息由下式给出

$$\text{entropy}(S,A)=-\sum_{i=1}^{m}\frac{|S_i|}{|S|}\text{entropy}(S_i) \tag{15-4}$$

式中，S_i 表示根据属性 A 划分的 S 的第 i 个子集，$|S|$ 和 $|S_i|$ 分别表示 S 和 S_i 中的样本数目。

信息增益用来衡量熵的期望减少值，因此，使用属性 A 对 S 进行划分获得的信息增益为：

$$\text{gain}(S,A)=\text{entropy}(S)-\text{entropy}(S,A) \tag{15-5}$$

式中，$\text{gain}(S,A)$ 为知道了属性 A 的值后导致的熵的期望压缩。

$\text{gain}(S,A)$ 越大，说明选择测试属性 A 对分类提供的信息越多。若对每个属性按照它们的信息增益大小排序，获得最大信息增益的属性被选择为分枝属性。即熵值反映了对样本集合 S 分类的不确定性，也是对样本分类的期望信息。熵值越小，划分的纯度越高，对样本分类的不确定性越低。一个属性的信息增益，就是用这个属性对样本分类导致的熵的期望值下降。因此，ID3 算法在每一个节点选择取得最大信息增益的属性。

ID3 算法在节点处评估属性的信息增益时，会选择获得最大信息增益的属性作为分枝属性。值得注意的是，ID3 算法在计算最优分枝属性时不考虑已经使用过的属性，即在从决策树的根节点到叶节点的一条路径中，所有内部节点选择的分枝属性都是不同的。另外，最初的 ID3 算法不能处理数值属性，在根据分枝属性划分样本时，对该属性的每一个不同取值都产生一个新的节点，并将训练样本按照它们在该属性上的取值分配到这些新的子节点中。显然，ID3 算法的决策树模型是一棵多叉树。

ID3 算法是一种典型的决策树分类算法，但其本身也存在着许多需要改进的地方。

1）ID3 算法只能处理分类属性，而不能处理数值属性。

其改进的办法是：事先将数值属性划分为多个区间，形成新的分类属性，但这将带来大量的计算。

2）每个节点的合法分类数比较少，并且只能用单一属性作为分枝测试属性。

3）ID3 对训练样本质量的依赖性很强。

4）ID3 的决策树模型是多叉树，节点的子树个数取决于分枝属性的不同取值个数，这不利于处理分枝属性的取值数目较多的情况。

5）ID3 算法不包括树的修剪，致使模型受噪声数据和统计波动的影响比较大。

6）在不重建整棵树的条件下，不能方便地对决策树做更改，即当一个新样本不能被正确分类时，就需要对树进行修改以适用于这一新样本。

对 ID3 算法的早期改进算法主要是 ID3 的增量版 ID4、ID5 及 C4.5、CART、FACT 和 CHAID 算法等。后期的改进算法主要有 QUEST 和 PUBLIC 等。

2. C4.5 算法

Quinlan 在 1993 年提出了 C4.5 算法。C4.5 算法是 ID3 算法的改进版本。它与 ID3 算法

的不同点包括：

(1)分枝指标采用增益比例

信息增益是一种衡量最优分枝属性的有效函数，但是它倾向于选择具有大量不同取值的属性，从而产生许多小而纯的子集。根据这样的属性划分的子集都是单元集，对应的决策树节点当然是纯节点。因此，需要新的指标来降低这种情况下的增益。Quinlan 提出使用增益比例来代替信息增益。

首先，来考虑训练样本关于属性值的信息量（熵）split_info(S,A)，其中，S 代表训练样本集，A 代表属性。这个信息量是与样本的类别无关的，它的计算公式如下：

$$\text{split\_info}(S,A)=\sum_{i=1}^{m}\frac{|S_i|}{|S|}\log_2\frac{|S_i|}{|S|} \tag{15-6}$$

式中，S_i 表示根据属性 A 划分的第 i 个样本子集。

样本在以上的取值分布越均匀，split_info 的值就越大。split_info 用来衡量属性分裂数据的广度和均匀性。属性 A 的增益比例计算如下：

$$\text{gain\_ratio}(S,A)=\frac{\text{gain}(S,A)}{\text{split\_info}(S,A)} \tag{15-7}$$

当存在 i 使得 $|S_i|\approx|S|$ 时，split_info 将非常小，从而导致增益比例异常地大。C4.5 为解决此问题，进行了改进。当它在计算每个属性的信息增益时，对于超过平均信息增益的属性，会再进一步根据增益比例来选取属性。

一个属性分割样本的广度越大，均匀性越强，该属性的 split_info 越大，增益比例就越小。因此，split_info 降低了选择那些值较多且均匀分布的属性的可能性。

采用增益比例作为选择属性的标准，尽管能够克服信息增益度的缺点，但是算法偏向于选择取值较集中的属性（即熵值最小的属性），而它不一定是对分类最重要的属性。

(2)按照数值属性值的大小对样本排序

C4.5 在按照数值属性值的大小对样本排序时，会从中选择一个分割点，划分数值属性的取值区间，从而将 ID3 算法的处理能力扩充到数值属性上来。

C4.5 处理数值属性的过程如下：

1)按照属性值对训练样本进行排序。

2)用不同的阈值对训练数据进行动态划分。

3)当输入改变时确定一个阈值。

4)取当前样本的属性值和前一个样本的属性值的中点作为新的阈值。

5)生成两个划分，所有样本分布到这两个划分中。

6)得到所有可能的阈值、增益和增益比例。

(3)用最常用的值或平均值代替训练样本集中的未知属性值

C4.5 处理样本中未知属性值的方法是将未知值用最常用的值代替，或者用该属性的所有取值的平均值代替。当然 C4.5 在对待该问题方面的另一种解决办法是采用概率的办法，对属性的每一个取值赋予一个概论。在划分样本集时，将未知属性值的样本按照属性值的概率分配到子节点中去，这些概率的获取依赖于已知的属性值的分布。

(4)使用 K 次迭代交叉验证，评估模型的优劣程度

交叉验证是一种模型评估方法，它将使用学习样本产生的决策树模型应用于独立的测试样

本，从而对学习的结果进行验证。

如果将学习—验证过程重复 k 次，就称为 k 次迭代交叉验证。k 次迭代交叉验证首先将所有的训练样本平均分成 k 份，每次使用其中的一份作为测试样本，使用其余的 k-1 份作为学习样本，然后选择平均分类精度最高的树作为最后的结果。通常，分类精度最高的树并不是节点最多的树。除了用于选择规模较小的树，交叉验证还用于决策树的修剪。

通常，k 次迭代交叉验证普遍应用于训练样本数目比较少的情况下。但是，由于要构建 k 棵决策树，因此计算量非常大。

(5)根据生成的决策树产生一个 if—then 规则的集合

根据生成的决策树，可以产生一个 if—then 规则的集合，每一个规则代表从根节点到叶节点的一条路径。

此外，C4.5 还提供了将决策树模型转换为 if—then 规则的算法。通常用一个二维数组来存储规则，二维数组的每一行代表一个规则，每一列代表样本的一个属性，列的值代表了属性的不同取值。

3. CART 算法

分类与回归树 CART(classification and regression tree)算法是由 Breiman 等人于 1984 年提出的。利用该算法能够将降低数据无序度的非类别属性从训练样本集中挑选出来。

在建立 CARTE 树时，通常是根据属性在不同预测下对记录划分的好坏程度来进行非类别属性的选择的。对某个给定的非类别属性来说，衡量一个分裂点是否优于另一个分裂点的标准是熵值。

CART 能够将模型的验证和最优通用树的发现嵌入到算法中。其实现的方式为：先生成一棵非常复杂的树，再根据交叉验证和测试集验证的结果对树进行剪枝，从而得到最优通用树。

相对来说，CART 算法对缺少数据的情况是比较稳健的。如果某条记录中缺少某个非类别属性的值，生成树时将不用这条记录来决定最优分裂。实际上，CART 是用它手头上所有可用的信息来决定可能的最优分裂。当使用 CART 对新数据进行分类时，可以用替代属性处理缺少的值。替代属性是模拟树中实际分类的分裂值和非类别属性，当首选非类别属性的数据缺失时可以用它来代替。

CART 方法根据类别属性的类型，将模型分为分类树和同归树：当类别属性是连续型时为同归树，当类别属性是离散型时为分类树。根据给定样本集构建分类树时，需要经过以下三步：

1)使用 S 构建最大树 T_{max}，使得 T_{max} 中每一个叶节点要么很小(节点内部所包含的样本数小于给定值)，要么是纯节点(节点内部样本属于同一个类)，要么不存在非类别属性作为分枝属性。

在构建决策树之前，CART 首先要对这些属性数据进行数据准备工作，但与上面算法不同的是，CART 使用的分枝指标是 gini 指标，而不是信息增益。

CART 的数据准备工作包括降低属性的势和构造属性的标准问题集。

属性的势(cardinality)又称为属性的基数，样本的每个属性的所有取值构成了一个有限集合。对于有限集来说，集合的势就是集合中元素的个数，因此，降低属性的势就是为每一个属性分配一组离散值。属性的标准问题集是所有候选的分枝方案的集合，数值属性和分类属性的标准问题的形式是不一样的。

当数据准备完成后，就可以根据训练样本构建最大样本。首先，初始化决策树的根节点，并将所有的训练样本分配给根节点；然后通过递归来划分训练样本，将之分配给新生成的子节点；最终产生一棵完全生长的决策树，递归结束的条件是所有的叶节点要么很小，要么是纯节点，要么不存在非类别属性作为分枝属性。

CART的决策树模型是二叉树，在对某个节点执行分裂时，首先将节点中的样本划分成两部分，然后将这两部分样本分别分配到该节点的左右子节点中。在划分训练样本、执行节点分裂之前，需要计算节点的分枝方案，分枝方案是从数据准备阶段生成的属性标准问题集中挑选出来的。在每个节点处评估所有属性的每个标准问题的gini指标，然后选择gini指标最大的标准问题作为分枝方案。

2)使用修剪算法构建一个有限的、节点数目递减的有序子树序列。

CART的决策树修剪采用一种称为代价复杂度修剪的策略，产生一个节点数目递减的子树序列。此外，在生成子树序列之后，还要确定叶节点对应的类别。

①生成有序子树序列。采用代价复杂度修剪策略是基于以下两个事实：

· 复杂决策树(节点多)对训练样本有很高的分类精度，但是当将它应用于新的测试样本时，分类精度并不高。

· 理解和解释具有大量叶节点的决策树是一个复杂的过程。

因此，决策树的复杂度可以用叶节点的数目来衡量，而决策树的代价则以分类精度来衡量，一个好的决策树分类模型应该在复杂度与代价之间进行权衡。

②确定叶节点的类别。根据决策树的定义，最简单的类别分配方法就是指定节点中样本数目最多的类为该叶节点的类。如果存在多个类的样本个数都为最大值，那么就任意指定一个类作为该叶节点的类。如果对任意类 i 和 j，将类 j 的样本误分为类 i 的代价是相同的，那么这样的分配方法是合理的。当然，在实际应用的很多领域中，各个类之间误分的代价往往是不同的，这时就可以对节点 t 中每一个类 i 计算它的误分代价期望：

$$\sum_{j} c(i \mid j) p(j \mid t)$$

其中，$c(i|j)$ 表示将类 j 分为类 i 的代价。当 $i=j$ 时，$c(i|j)=0$；$p(j|t)$ 表示节点 t 中属于类 j 的样本的概率。将取得最小误分代价期望的类 j 指定为节点 t 的类。

3)使用评估算法从子树序列中选出一棵最优树，作为最终的决策树。

子树评估的目的是从有序子树序列中选取一棵“最优”子树作为最终的分类模型。CART的子树评估方法有重替代评估、测试样本评估和交叉验证评估，这些评估方法都是根据子树的代价来进行评估的。此外，Breiman等提出了子树评估的1SE(one standard error)规则，考虑了决策树复杂度的因素。下面是几种常用的评估方法。

①重替代评估。重替代评估使用构建决策树的样本来评估决策树的误分代价。将学习样本应用于每个子树，子树的重替代评估定义为：

$$R(T) = \frac{1}{N} \sum_{i * j} c(i \mid j) N_{ij}$$

式中，N 为训练样本的个数；$c(i|j)$ 表示将类 j 误分为类 i 的代价；N_{ij} 表示将类 j 误分为类 i 的样本个数；$R(T)$ 值最小的子树即为“最优”子树。

重替代评估最主要的缺点在于它的自学习样本，会低估实际的分类错误，而倾向于选择更为“枝繁叶茂”的子树。

②测试样本评估。这种评估方法适用于训练样本数目比较多的情况。测试样本评估的计算

方法与重替代评估一样，不同的是它使用独立于学习样本的测试样本来评估决策树的误分代价$R^{ts}(T)$，测试样本的数目一般小于学习样本的数目。

③交叉验证评估。使用交叉验证评估子树的关键是复杂度参数的选取，Breiman 等给出了复杂度参数的选取方法，当其确定之后，“最优”子树即可确定。

④1SE 规则。1SE 规则如下：

定义 T_{k0} 为满足 $R^{ts}(T_{k0})=\min\limits_{k} R^{ts}(T_k)$ 的子树，则最优子树为 T_{k1}，其中 $k1$ 是满足以下条件的最小的 k：

$$R^{ts}(T_{k1})\leqslant R^{ts}(T_{k0})+SE(R^{ts}(T_{k0})) \tag{15-10}$$

通过上述步骤就可以确定一棵代价接近于最小，且复杂度也最小的子树。

4. CHAID 算法

卡方自动交互检测算法 CHAID(Chisquared Automatic Interaction Detection)是一种基于目标变量自我分层的方法，它以目标最优为依据，具有目标选择、变量筛选和聚类功能的分析方法。在分类的过程中，可以选择使用一个最佳分类变量并根据选择的结果和目标函数判断下一步分裂的方向，即在分类中识别下一次分类的最佳变量，同时对分类过程进行控制。

CHAID 以原始数据处理为出发点，首先选定分类的目标变量，然后选定分类指标与分类目标变量进行交叉分类，产生一系列二维频数表，分别计算所生成的二维频数表的卡方统计量或似然估计统计量，比较统计量的大小，以最大统计量的二维表作为最佳初始分类表。然后在最佳初始分类表的基础上继续使用分类指标对目标变量进行分类，重复上述过程，直到分类条件满足为止。其具体算法步骤为以下几步：

(1)建立交叉分类表

假定 Y 为目标次序等级或分类变量；$X_1, X_2, X_3, \cdots, X_m$ 为 m 个分类变量。对变量 $X_i(1\leqslant j\leqslant m)$与 Y 进行交叉分类，交叉分类的结果形成一个二维交叉分类表。由于使用 m 个分类指标与目标变量进行交叉分类，因此可以产生 m 个交叉分类表。

(2)计算卡方统计量或似然估计统计量

卡方统计量为：

$$\chi^2=\sum_i\sum_j\frac{(f_{ij}-\hat{F}_{ij})^2}{\hat{F}_{ij}} \tag{15-11}$$

似然估计统计量为：

$$L^2=2\sum_i\sum_j f_{ij}\ln\left(\frac{f_{ij}}{\hat{F}_{ij}}\right) \tag{15-12}$$

式中，f_{ij} 为实际分布频率；n 为全部样本数。

其中，

$$\hat{F}_{ij}=\left(\frac{Y_i}{n}\right)\times\left(\frac{Y_j}{n}\right) \tag{15-13}$$

式中，Y_i 为二维交叉分类表中第 i 行元素求和；Y_j 为二维交叉分类表中第 j 列元素求和。

(3)选定分类变量

比较 m 个交叉分类表的卡方统计量或似然估计统计量的大小。假定 Y 与 X_i 交叉分类的统计值最大，则选定 X_i 为最佳交叉分类方法. 即 Y 与 X_i 交叉分类最能体现 Y 的分布差异。

(4)分类方向确定

对已分好的最优二维表继续根据 X_i 对 Y 进行交叉分类,以形成 i 维交叉表。重复以上三步就可得到多维交互表并找到针对目标变量 Y 的最优分类。

确定停止的条件如下:

1)设计统计量阈值:如果统计量小于设定的有统计意义的最小统计值则分类停止。

2)设置交叉分类维数:如果交叉分类维数大于预先设置的维数则迭代停止。

3)设置每组的最少样本数:如果继续进行交叉分类的组内样本数小于设定的样本数则迭代停止。

从 CHAID 的算法可以看到:CHAID 的分类过程采用逐步探查的方法。由于 CHAID 采用定性数据,目标变量 W 根据分类特征指标进行多种分类。CHAID 方法对众多分类加以比较并找到最佳分类变量和最佳分类结果,按照最优分类线索找到的最佳结果成为继续进行最优分类的依据。在分类过程中,随着分类维数的增加,样本特征的描述越来越准确。同时,样本对目标的反应也越来越突出。

5. SLIQ 和 SPRINT 算法

上面讨论的算法对于小的数据集是很有效的。当这些算法用于现实世界中非常大的数据库的挖掘时,有效性和可伸缩性就成了需要关注的问题。大部分决策树算法都限制训练样本驻留主存,这一限制制约了这些算法的可伸缩性。为解决这一问题,一些可伸缩性的决策树算法相继推出,如 SLIQ(Supervised Learning in Quest)和 SPRINT(Scalable Parallelizable Induction of Decision Trees)等。

SLIQ 分类器是一个基于决策树分类算法的分类器,是第一种对大的数据训练集分类的算法,用于处理数值属性和分类属性。SLIQ 分类器是可扩展的,它不仅能够对内存数据进行分类,还能够对驻留在磁盘上的数据集进行分类。SLIQ 在决策树的构造过程中采用了“预排序”和“广度优先”技术,使用 Gini 指标(Gini index)代替信息量(information)。SLIQ 算法采用二分查找树结构。对每个节点都需要先计算最佳分裂方案,然后执行分裂。但由于驻留主存的数据结构的应用,随着训练数据集的增大,SLIQ 算法仍然有它所能处理的数据集的上限。

SLIQ 分类器能够通过一定的算法改进决策树生成的速度,并产生结构紧凑而精确的决策树。

SLIQ 算法的步骤如下:

1)用队列的数据结构输入训练样本集。

2)创建决策树的根节点。

3)建立属性表和类表,做预处理排序。

4)判断训练样本集合是否为空集。

5)寻找最佳分裂点,进行二叉分裂。

6)遍历所有叶子节点。

7)进行新的分裂,更新类标号。

8)删除训练样本集中的内部叶子节点。

9)输入测试样本集。

10)MDL 剪枝。

下面对使用SLIQ算法构建决策树的具体方法进行阐述：

(1)数据的预处理

使用SLIQ算法时，在树的构建阶段之前还有一个预处理阶段，通过预处理对数值属性进行排序，可以减少根据数值属性计算分枝方案时的代价。预排序时，首先要分解训练样本，对附加在样本中的类标号建立一个类表，它的每个表项包括类标号和指向决策树叶节点索引的两个字段，对样本的每一个属性，建立一个属性表，通常属性表表项包括属性值和指向类表表项的索引两个字段。每个类表表项都有与其对应的训练样本。

在SLIQ算法中，每次只需要对一个属性表进行操作，因此只要内存能够存储类表和一个属性表就可以处理驻留在磁盘上大量数据集的分类。预处理完毕之后，类表中所有对叶节点的索引都指向决策树的根节点。

(2)树的构建

使用SLIQ算法构建决策树时，可分为以下两步：

1)扫描每个属性表，计算当前每个叶节点的最优分枝方案。

2)使用最优的分枝方案生成训练样本集的划分，并修改类表指针。

如何确定每个分枝属性的最优分枝是决策树构建阶段最复杂的问题。此时可以通过选择一个评估不同分枝方案优劣的指标，来确定最优分枝方案。常见的分枝指标有信息增益和gini指标，SLIQ通常选用gini指标作为分枝指标。

完成分枝指标的选定后，在划分样本集时就需要先计算每个属性在每个节点处的分枝指标的值。为了计算分枝指标，我们需要每个节点所对应的样本集合所在的类的频率分布，这些分布信息保存在与每个节点相关联的类直方图中。对于数值属性，在每个节点中保存两个数值属性类直方图，分别表示分枝后序右子节点的类频率分布。它们是由二元组(类别，个数)组成的一个表。对于分类属性，每个节点保存一个分类属性类直方图，是由二元组(属性值、类别、个数)组成的一个表。

数值属性的gini指标计算与数值属性表的扫描同时进行。在计算gini指标以前，要更新对应页节点的数值属性类直方图。

在计算分类属性的gini指标时，先要扫描整个属性表，统计好各个属性值对应的类在该节点的分布情况之后，再使用贪心算法求解最佳分枝方案。扫描完整个属性表后就可以根据类直方图里的信息计算最优分枝，并更新各个节点上的gini指标以及用于分枝的属性。

计算出最优分枝方案后，就可以根据当前叶节点中保存的分枝方案信息，执行节点分裂。首先对每个叶节点生成其子节点，初始化新生成的节点的类直方图，同时更新类表，使指向叶节点的索引域指向新的节点。因为在新的叶节点中重新分配样本只需要修改类表的节点指针值，属性表保持原来的有序状态不变，所以不需要在每个节点处对样本重新排序。

(3)决策树的修剪

SLIQ分类器使用一种基于最小描述长度MDL(Minimum Description Iength)原理的修剪策略。MDL原理指出，对数据进行编码的最好的模型是使用该模型编码的数据代价与描述模型的代价之和最小的模型。MDL原理类似于最小消息长度MML(Minimun Message Length)原理，主要用于归纳决策树。

应用MDL原理对规则集的精确度及精简程度进行描述，是一种可行的解决方案，其长度概念是所需编码的比特长度。一个规则集的消息长度可定义如下：

总的消息长度、描述模型的消息长度＋给定模型后描述数据的消息长度

如果用 M 表示编码模型，用 D 表示数据，那么编码的总代价 cost(M,D)就可以用公式表示为：

$$\mathrm{cost}(M,D)=\mathrm{cost}(D|M)+\mathrm{cost}(M) \tag{15-14}$$

式中，cost(M,D)是使用模型 M 编码的数据 D 占用的比特数；cost(M)是对模型编码的比特数。

基于 MDL 原理的决策树算法有决定数据编码代价和模型编码代价的编码模式，包括数据编码和模型编码，以及比较各个子树，确定是否剪枝的算法两个部分。其中，数据编码是指根据数据结构特点和使用目标需求，将数据转换为代码的过程，用决策树可以将训练数据集编码的代价定义为所有分类错误和。所谓分类错误，就是指用产生的决策树对样本分类的结果与样本原始的类标号不一致。可以在树的构建阶段就统计这些分类错误，因此计算数据编码代价并不昂贵。模型编码则是指描述决策树的结构的代价和描述决策树内部节点的分枝测试的代价，在这里分别标为树编码和分枝编码。

1)树编码。树编码需要的比特数取决于许可的树结构。通常可以提供以下三种树编码方法：

①节点只允许有 0 个或者两个子节点。由于只有两种可能的情况，因此对每个节点只需要一个比特编码。

②节点可以有 0 个子节点，或一个左子节点，或一个右子节点，或两个子节点，基于这四种区分情况，需要两个比特。

③只考虑内部节点，因此节点允许有一个左子节点或右子节点，或者有两个子节点，需要 $\log_2(3)$ 比特。

2)分枝编码。分枝编码的代价取决于分枝属性的类型。有数值属性和分类属性两种。

MDL 修剪在每个节点处计算编码长度，并决定是否把内部节点转变为叶节点，或只剪去左右子节点之一，或保持不变。

SLIQ 算法使用的改善程序运行效率的策略主要有树的宽度优先增长策略和与之结合的数值属性的预排序技术，以及使用贪心算法计算分类属性的最优分割子集。其主要动机是实现决策树分类器的可扩展性，即支持驻留在磁盘上的海量数据的快速分类，其中使用的几个重要策略在很大程度上降低了决策树算法的时间复杂度，这与对它处理大量数据的能力的要求是分不开的。

SPRINT 和 SLIQ 一样对非常大而不能放入主存的驻留磁盘的数据集进行预排序。但它使用与 SLIQ 不同的属性表数据结构，这样的设计易于并行化，增强了算法的可伸缩性。SPRINT 算法消除了所有主存限制，但仍然需要使用与训练集大小成比例的散列树。随着训练的增长，这可能变得代价昂贵。

6. QUEST 和 PUBLIC 算法

基于无遗漏搜索算法的决策树倾向于选择能提供更多的分裂变量，QUEST 弱化了这种偏见。它采用分裂选择策略，即统计学测试指导变量选择方法。QUEST 算法能够产生二元分裂，并且最终的决策树可通过直接的停止规则或通过剪枝获得。与无遗漏搜索算法相比，QUEST 算法更快。对于不同的数据库，在分裂的精确性、分裂点的可变性以及树的大小方面，QUEST 算法和无遗漏算法各有长短。QUEST 树基于线性连接分裂块比基于单变量分裂块的树更短且

更精确。

PUBLIC 是一种基于 MDL 剪枝的算法，它改变传统算法中决策树的建立和剪枝分开的做法，把剪枝阶段整合到建树阶段。对于可能被剪枝的节点在建树时不予以扩充，减少了工作量(如 I/O)。在建树阶段，为决定节点是否可能被剪枝，需要知道在节点中编码子树的开销。因此 PUBLIC 算法发展了三种技术计算这种开销的下限值，产生三种 PUBLIC 算法，即 PUBLIC(1)、PUBLIC(S)和 PUBLIC(V)。

15.4.2　贝叶斯分类算法

贝叶斯分类是统计学分类方法，是一种具有最小错误率的概率分类方法，可以用数学公式的精确方法表示出来，并且可以用很多种概率理论来解决。它可以预测类成员关系的可能性，如给定元组属于一个特定类的概率。

贝叶斯分类基于贝叶斯定理，分类算法的比较研究发现，一种称为朴素贝叶斯分类法的简单贝叶斯分类算法可以与决策树和经过挑选的神经网络分类算法相媲美。用于大型数据库时，贝叶斯分类算法也已表现出高准确率和高速度。

朴素贝叶斯分类法假定一个属性值对给定类的影响独立于其他属性值。这一假定称为类条件独立性。做此假定是为了简化所需的计算，并在此意义下称为“朴素的”。贝叶斯信念网络是图形模型。不像朴素贝叶斯分类法，它能表示属性子集间的依赖。贝叶斯信念网络也可以用于分类。

贝叶斯定理用 Thomas Bayes 的名字命名。若设 X 是数据元组，在贝叶斯的术语中，X 被看做“证据”。照例，X 用 n 个属性集的测量描述。令 H 为某种假设，如数据元组 X 属于某特定类 C。对于分类问题，希望确定 $P(H|X)$，即给定“证据”或观测数据元组 X，假设 H 成立的概率。换言之，给定 X 的属性描述，找出元组 X 属于类 C 的概率。

贝叶斯分类是基于贝叶斯定理的。贝叶斯定理如下：

$$P(H|X)=\frac{P(H|X)P(H)}{P(X)} \tag{15-14}$$

以下是参数说明。

1)X：样本数据，即所研究问题的实例，如一张图像、一篇文章、一个句子等。

2)H：某种假设，如样本 X 属于某特定类 C。

3)$P(H)$：H 的先验概率，即任意样本属于类 C 的概率，此时样本 X 的属性完全未知。

4)$P(H|X)$：在条件 X 下，H 的后验概率，即已知某一样本的各个属性后，这一样本属于类 C 的概率。

5)$P(X)$：X 的先验概率，即此样本出现的概率。

6)$P(X|H)$：条件 H 下 X 的后验概率，即已知样本属于类 C 的情况下，该样本具有属性 X 的概率。

其中，$P(X)$，$P(H)$，$P(X|H)$可以由给定的数据估计，因此，完全可以利用贝叶斯定理计算后验概率 $P(H|X)$。也就是说，可以由样本的各个属性特征值估算出样本所属的类别。

15.4.3　神经网络分类算法

人工神经网络以模拟人脑神经元的数学模型为基础而建立，是由大量并行分布式处理单元

(神经元)组成的简单处理单元。它有通过调整连接强度而从经验知识进行学习的能力,并可以将这些知识进行运用。人工神经网络的特色在于信息的分布式存储和并行协同处理。虽然单个神经元的结构极其简单、功能有限,但大量神经元构成的网络系统所能实现的行为却是丰富多彩的。

神经元是人工神经网络的基本单元,人工神经元具有多个输入和一个输出,每一个输入都是前一层神经元的输出,并且每一个输入都有可以改变的权重,输入加权求和后通过一定的函数关系产生输出。对应于人体生理神经系统的概念是:神经元的每一输入为相关神经元的轴突输出,输入的权重为本神经元与相关神经元的突触的连接强度,并且权重的值可正可负,正表示兴奋性突触、负表示抑制性突触。人工神经元的输出与输入之间的函数关系为一个单调上升且有界的函数,这是因为在生物体中,神经细胞单元的脉冲发放率不能无限增大的缘故。

神经网络的单元通常按层次排列,根据网络的层次数,可以将神经网络分为单层神经网络、两层神经网络及三层神经网络等结构。结构简单的神经网络,在学习时收敛的速度快,但准确度较低。神经网络的层数和每层的单元数由问题的复杂程度而定。一般来说,问题越复杂,神经网络的层数也应该越多。例如,两层网络常用来解决线性问题,而多层网络就可以解决多元非线性问题。下面以单层感知器为例介绍其工作原理。

最简单的感知器只有一组输入单元和一个输出单元。输出单元与输入单元相连,权重系数记为 W_i,偏置 θ 表示单元的活性。输出单元的净输出值 U 等于输入数据 X 与 W 的加权和,再加上偏置 θ。净输入经过活化函数 f 的作用就得到单元的输出值 Y。设有 n 个输入单元,输入数据记为 $X(X_1,X_2,\cdots,X_n)$,输入单元和输出单元之间的权系数记为 $W(W_1,W_2,\cdots,W_n)$,则单元的输出值的计算公式如下:

$$U=\sum_{i=1}^{n}X_iW_i+\theta$$

$$Y=f(U)$$

常用的活化函数如下:

阶跃型:$f(U)=\begin{cases}1 & U>0\\0 & U\leqslant 0\end{cases}$

线性型:$f(U)=KU$

Sigmod 型:$f(U)=\dfrac{1}{1+e^{-U}}$

具有非线性、单调性、无限次可微的特点。

单层感知器的结构图 15-9 所示。由于单层感知器只有一个输出单元,常用于二分类问题。假设样本有两类:A 和 B,当样本 X 的类别为 A 类时,期望输出值等于 1,样本 X 的类别为 B 类时,期望输出值等于 0。它的学习算法是一个迭代的过程,目的是找到恰当的权系数,使网络对样本的输出接近期望值。人工神经网络首先要以一定的学习准则进行学习,然后才能工作,所以本网络学习的准则应该是:如果网络作出错误的判决,则通过网络的学习,使得网络减少了下次犯同样错误的可能性。单层感知器的学习步骤如下:

1)初始化权系数:对权系数 W 的各分量和偏置 θ 赋初值,通常取较小的随机值。令 $W_i(t)$ 为 t 时刻第 i 个输入单元与输出单元间的权系数,$\theta(t)$ 为 t 时刻的偏置。初始权系数记为 $W(0)\{W_1(0),W_2(0),\cdots,W_n(0)\}$,初始偏置记为 $\theta(0)$。

2)输入训练样本:输入一个样本 $X\{X_1, X_2, \cdots, X_n\}$ 和 X 的期望输出值 Y。

3)计算实际输出值 Y':

$$Y' = f\left(\sum_{i=1}^{n} W_i(t) X_i + \theta(t)\right)$$

4)计算实际输出值和期望输出值之间的误差 e:$e = Y - Y'$。

5)用误差 e 去修改权系数:

$$W_i(t+1) = W_i(t) + \eta \cdot e \cdot W_i, \theta(t+1) = \theta(t)$$

其中,η 为学习率,满足 $0 < \eta \leqslant 1$。如果 η 的取值太大就会影响 W 的稳定;相反,如果 η 的取值太小,就会使 W 的收敛速度过慢。

6)判断是否满足终止条件,否则转到第2)步,直到满足终止条件为止。迭代的终止条件通常是训练集中被正确分类的样本达到一定的比例,或者权系数趋近稳定。

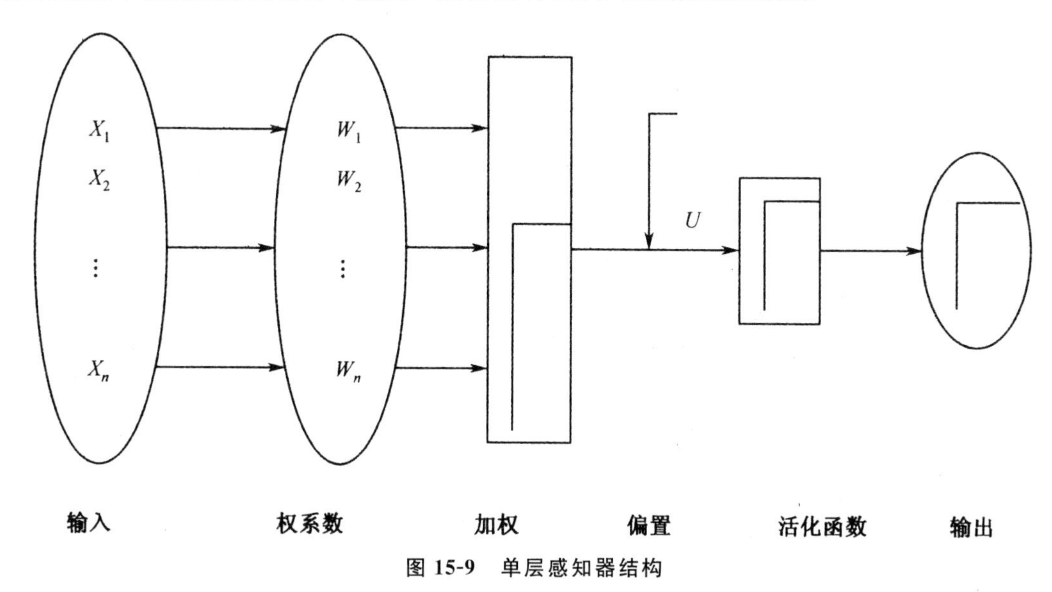

图 15-9　单层感知器结构

首先,给网络的各连接权值赋予(0,1)区间内的随机值,将"A"所对应的图像模式输入给网络,网络将输入模式加权求和,与门限比较,再进行非线性运算,得到网络的输出。在此情况下,网络输出为"1"和"0"的概率各为50%,也就是说是完全随机的。这时如果输出为"1"(结果正确),则使连接权值增大,以便使网络再次遇到"A"模式输入时,仍然能作出正确的判断。

如果输出为"0"(即结果错误),则把网络连接权值朝着减小综合输入加权值的方向调整,其目的在于使网络下次再遇到"A"模式输入时,减小出现同样错误的可能性。如此操作调整,当给网络轮番输入若干个手写字母"A"、"B"后,经过网络按以上学习方法进行若干次学习后,网络判断的正确率将大大提高。这说明网络对这两个模式的学习已经获得了成功,它已将这两个模式分布地记忆在网络的各个连接权值上。当网络再次遇到其中任何一个模式时,都能够作出迅速、准确的判断和识别。一般说来,网络中所含的神经元个数越多,则它能记忆、识别的模式也就越多。

神经网络经常用于分类,特别适用于下列情况的分类问题:

1)数据量比较小,缺少足够的样本建立数学模型。

2)数据的结构难以用传统的统计方法来描述。

3)分类模型难以表示为传统的统计模型。

神经网络的主要优点有:分类的准确度高,并行分布处理能力强,分布存储及学习能力高,对噪声数据有较强的鲁棒性和容错能力,能充分逼近复杂的非线性关系,具备联想记忆的功能等。

神经网络的缺点是:需要大量的参数,如网络的拓扑结构(输入单元数、隐层数、各隐层单元数、输出单元数)、权值和阈值的初始值;不能观察中间的学习过程,输出结果较难解释,会影响到结果的可信度及可接受程度;需要较长的学习时间,当数据量较大时,学习速度会制约其应用。

在人工神经网络发展历史中,很长一段时间没有找到调整隐层连接权值问题的有效算法。直到误差反向传播算法(BP 算法)的提出,才成功地解决了求解非线性连续函数的多层前馈神经网络权重调整问题。

BP(Back Propagation)神经网络,即误差反传,误差反向传播算法的学习过程,由信息的正向传播和误差的反向传播两个过程组成。输入层各神经元负责接收来自外界的输入信息,并传递给中间层各神经元;中间层是内部信息处理层,负责信息变换,根据信息变化能力的需求,中间层可以设计为单隐层或者多隐层结构;最后一个隐层传递到输出层各神经元的信息,经进一步处理后,完成一次学习的正向传播处理过程,由输出层向外界输出信息处理结果。当实际输出与期望输出不符时,进入误差的反向传播阶段。误差通过输出层,按误差梯度下降的方式修正各层权值,向隐层、输入层逐层反传。周而复始的信息正向传播和误差反向传播过程,是各层权值不断调整的过程,也是神经网络学习训练的过程,此过程一直进行到网络输出的误差减少到可以接受的程度,或者进行到预先设定的学习次数为止。

BP 神经网络模型包括输入输出模型、作用函数模型、误差计算模型和自学习模型。

1)节点输出模型。

隐节点输出模型:$O_j = f\left(\sum W_{ij} \cdot X_{i-qj}\right)$;节点输出模型:$Y_k = f\left(\sum T_{jk} \cdot O_{j-qk}\right)$。

其中,f 为非线性作用函数;q 为神经单元阈值。

2)作用函数模型是反映下层输入对上层节点刺激脉冲强度的函数,又称刺激函数,一般取(0,1)内连续 Sigmoid 函数:$f(X)=\dfrac{1}{(1+e)}$。

3)误差计算模型是反映神经网络期望输出与计算输出之间误差大小的函数:

$$E_p = \frac{1}{2}\sum (t_{pi} - O_{pi})$$

其中,t_{pi} 为 i 节点的期望输出值;O_{pi} 为 i 节点计算输出值。

4)自学习模型是神经网络的学习过程,即连接下层节点和上层节点之间的权重矩阵 W_{ij} 的设定和误差修正过程。BP 网络有有监督学习方式(需要设定期望值)和无监督学习方式(只需输入模式)之分。自学习模型为

$$\Delta W_{ij}(n+1) = h \times \varphi_i \times O_j + a \times \Delta W_{ij}(n)$$

其中,h 为学习因子;φ_i 为输出节点 i 的计算误差;O_j 为输出节点 j 的计算输出;a 为动量因子。

BP 算法基本流程如下。

1)初始化网络权值和神经元的阈值(最简单的办法就是随机初始化)。

2)前向传播:按照公式一层一层地计算隐层神经元和输出层神经元的输入和输出。

3)后向传播:根据公式修正权值和阈值,直到满足终止条件。

15.4.4　遗传算法

遗传算法(Genetic Algorithm,GA)是一种全局优化算法,一般应用于在一个问题的解集中查找最优解情况。如果一个问题有多个答案,但是想查找一个最优答案,那么使用遗传算法可以达到更快更好的效果。它借用了生物遗传学的观点,通过自然选择、遗传、变异等作用机制,实现各个个体的适应性的提高。这一点体现了自然界中"物竞天择、适者生存"的进化过程。1962 年 Holland 教授首次提出了 GA 算法的思想,从而吸引了大批的研究者,迅速推广到优化、搜索、机器学习等方面,并奠定了坚实的理论基础。

借鉴生物进化论,遗传算法将要解决的问题模拟成一个生物进化的过程,通过复制、交叉、突变等操作产生下一代的解,并逐步淘汰适应度函数值低的解,增加适应度函数值高的解。这样进化 N 代后就很有可能会进化出适应度函数值很高的个体。例如,使用遗传算法解决"0－1 背包问题"的思路:0－1 背包的解可以编码为一串 0－1 字符串(0:不取,1:取);首先,随机产生 M 个 0－1 字符串,然后评价这些 0－1 字符串作为 0－1 背包问题的解的优劣;然后,随机选择一些字符串通过交叉、突变等操作产生下一代的 M 个字符串,而且较优的解被选中的概率要比较高。这样经过 G 代的进化后就可能会产生出 0－1 背包问题的一个"近似最优解"。

用遗传算法解决问题时,首先要对待解决问题的模型结构和参数进行编码,一般用字符串表示,这个过程就将问题符号化、离散化了。它采用简单的编码技术表示各种复杂的结构,并通过对一组编码表示进行简单的遗传操作和优胜劣汰的自然选择来指导学习和确定搜索的方向。遗传算法的操作对象是一群二进制串(称为染色体、个体),即种群。这里每一个染色体都对应问题的一个解。从初始种群出发,采用基于适应值比例的选择策略在当前种群中选择个体,使用杂交和变异来产生下一代种群。如此模仿生命的进化一代代演化下去,直到满足期望的终止条件为止。其基本概念如表 15-12 所示。

表 15-12　遗传算法中的基本概念

自然演变中的概念	遗传算法中的概念
染色体	串
基因	串中的特征
位点	串中的位置
等位值	位置值(通常为 0 或 1)
基因型	串结构
表型	特性(特征)集合

GA 以生物进化过程为背景,模拟生物进化的步骤,将繁殖、杂交、变异、竞争和选择等概念引入到算法中,通过维持一组可行解,并通过对可行解的重新组合,改进可行解在多维空间内的移动轨迹或趋向,最终走向最优解。它克服了传统优化方法容易陷入局部极值的缺点,是一种全局优化算法。

遗传算法的步骤如下:

1)对待解决问题进行编码。

2)将可行解群体在一定的约束条件下初始化,每一个可行解用一个向量 x 来编码,称为一条染色体,向量的分量代表基因,它对应可行解的某一决策变量。

3)计算群体中每条染色体 $x_i(i=1,2,\cdots,n)$ 所对应的目标函数值,并以此计算适应值 F_i,按 F_i 的大小来评价该可行解的好坏。

4)以优胜劣汰的机制,应用选择算子将适应值差的染色体淘汰掉,对幸存的染色体根据其适应值的好坏,按概率随机选择,进行繁殖,形成新的群体。

5)利用其他算子通过杂交和变异的操作,产生子代。杂交是随机选择两条染色体(双亲),将某一点或多点的基因互换而产生两个新个体,变异是基因中的某一点或多点发生突变。

6)对子代群体重复步骤 1)~5)的操作,进行新一轮遗传进化过程,直到迭代收敛(适应值趋稳定)即找到了最优解或准最优解。

15.4.5 支持向量机

"机(Machine,机器)"实际上是一个算法。在机器学习领域,常把一些算法看做一个机器(又叫学习机器,或预测函数或学习函数)。"支持向量"则是指训练集中的某些训练点的输入 x_i。

对于很多分类问题,例如最简单的,一个平面上的两类不同的点,如何将它用一条直线分开?在平面上无法实现,但是如果通过某种映射,将这些点映射到其他空间(比如说球面上等),有可能在另外一个空间中很容易地找到这样一条所谓的"分隔线",将这些点分开。SVM 基本上就是这样的原理,但是 SVM 本身比较复杂,因为它不仅仅应用于平面内点的分类问题。SVM 的一般做法是:将所有待分类的点映射到"高维空间",然后在高维空间中找到一个能将这些点分开的"超平面",这在理论上被完全证明了是成立的,而且在实际计算中也是可行的。

但是仅仅找到超平面是不够的,因为在通常情况下,满足条件的"超平面"的个数不是唯一的。SVM 需要的是利用这些超平面,找到这两类点之间的"最大间隔"。为什么要找到最大间隔呢?这与 SVM 的"推广能力"有关,因为分类间隔越大,对于未知点的判断会越准确,也可以说是"最大分类间隔"决定了"期望风险"。总结起来就是:SVM 要求分类间隔最大,实际上是对推广能力的控制。

1. 数据线性可分的情况

SVM 方法是从线性可分情况下的最优分类面(optimal hyperplane)提出的。

设给定的数据集 D 为 $\{(X_1,y_1),(X_2,y_2),\cdots,(X_n,y_n)\}$,每个 y_i 取二值之一,+1 或 −1,考虑一个基于两个输入属性 A_1 和 A_2 的例子,如图 15-10 所示,可以画出无限多条分离直线将类+1 的元组与类−1 的元组分开。如何找出"最好的"那一条?若数据是 3D 的(即有 3 个属性),则希望找出最佳分离平面。推广到 n 维,希望找出最佳超平面。如何才能找出最佳超平面呢?

SVM 通过搜索最大边缘超平面,即最优分类面来处理该问题,如图 15-11 所示。图 15-11 分离超平面和相关联的边缘,它显示了两个可能的分离超平面和相关联的边缘。两个超平面对所有已知数据元组进行了正确分类。但是 SVM 要搜索具有最大边缘的超平面,所谓边缘,是从超平面到其边缘的一个侧面的最短距离等于从该超平面到其边缘的另一个侧面的最短距离。

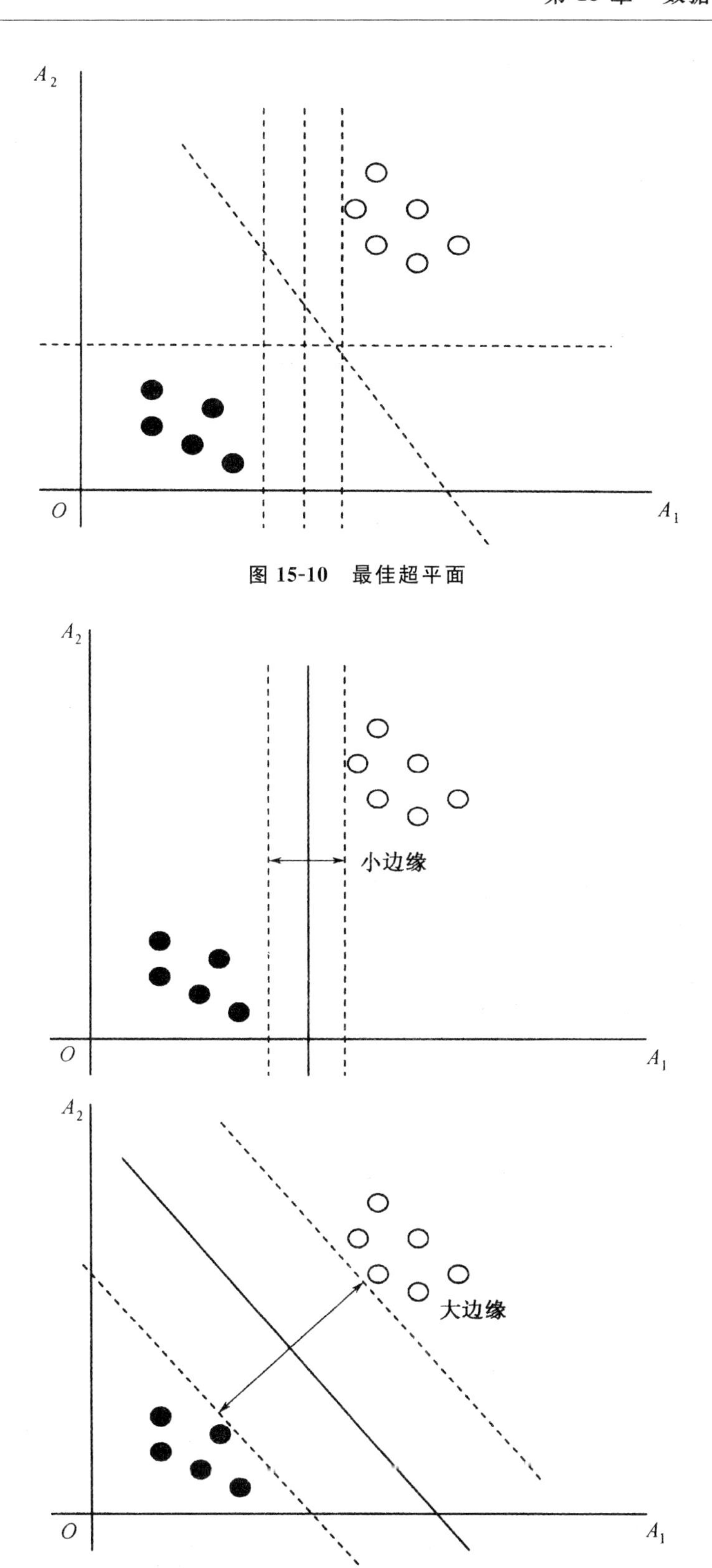

图 15-10　最佳超平面

图 15-11　分离超平面和相关联的边缘

分类超平面可以记作：

$$W \cdot K+b=0$$

其中，W 是权重向量，即 $W=(w_1,w_2,\cdots,w_n)$，n 是属性数，b 是标量，通常称为偏倚。把 b 看做附加权重 w_0，则可以把分离超平面改写成

$$w_0+w_1x+w_2x=0$$

这样，位于分离超平面上方的点满足

$$w_0+w_1x+w_2x>0$$

类似地，位于分离超平面下方的点满足

$$w_0+w_1x+w_2x>0$$

调整权重使得定义边缘"侧面"的超平面记为

$$H_1: w_0+w_1x+w_2x\geqslant 1, \text{对于所有 } y_i=+1$$

$$H_2: w_0+w_1x+w_2x\leqslant -1, \text{对于所有 } y_i=-1$$

落在超平面 H_1 或 H_2 上的训练元组称为支持向量。本质上，支持向量是最难分类的元组，并且给出最多的分类信息。

由上述可以得到最大边缘的计算。从分离超平面到 H_1 上任意点的距离是 $\frac{1}{\|W\|}$，其中 $\|W\|$ 是欧几里得范数。根据定义，它等于 H_2 上任意点到分离超平面的距离。因此，最大边缘是 $\frac{2}{\|W\|}$。

2. 数据非线性可分的情况

当数据不是线性可分的情况，如图 15-12 所示。其中的数据找不到一条将这些类分开的直线，线性 SVM 不能找到可行解。在这种情况下，可以扩展上面介绍的线性 SVM，为线性不可分的数据(也称非线性可分的数据，或简称非线性数据)的分类创建非线性 SVM。这种 SVM 能够发现输入空间中的非线性决策边界(即非线性超曲面)。

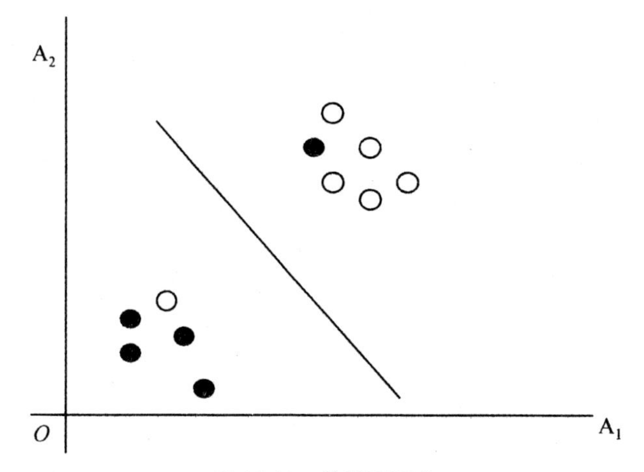

图 15-12　线性不可分

扩展线性 SVM 的方法得到非线性 SVM。有两个主要步骤。第一步，用非线性映射将原输入数据变换到较高维空间。这一步可以使用多种常用的非线性映射。当数据变换到新的较高维

空间，第二步，在新的空间搜索线性分离超平面。此时又遇到二次优化问题，可以用线性 SVM 公式求解。在新空间找到的最大边缘超平面对应于原空间中的非线性的分离超平面。

3. 增量学习

Vapnik 提出支持向量机以后，很多学者对其进行了大量研究，支持向量机在短短的时间内也得到了很多方面的应用。当然其应用的广泛性的原因在于：支持向量机的泛化性能并不依赖全部的训练数据，而是全部数据的一个子集，即所谓的支持向量集。由于支持向量的数目相对于整个训练数据集是很小的，从而使得支持向量机对于增量学习来说是一种很有用的工具，很适合处理大规模的数据集。增量学习分类技术可以应用于随时间不断变化的流数据和大型的数据库。对于 SVM 增量学习来说，增量训练集的加入打破了支持向量集和整个训练样本集的等价关系，从而提出了寻找新的支持向量集的问题。SVM 增量学习算法中需要考虑的问题有：如何利用历史训练结果让再次训练更快；如何在不损失分类精度的前提下抛弃无用的历史样本问题；经过几次增量学习后，新增样本含有的有用信息越来越少，如何提取少量的有用信息；具有增量学习能力是许多在线训练、实时应用的关键，如何找到有效的算法，同时满足在线学习和期望风险控制的要求。

参考文献

[1]张凤荔,文军,牛新征.数据库新技术及其应用[M].北京:清华大学出版社,2012.

[2]徐慧.数据库技术与应用[M].北京:北京理工大学出版社,2010.

[3]Ralf Hartmut Guting,Markus Schneider. Moving Objects Databases[M].金培权,岳丽华译.北京:高等教育出版社,2009.

[4]王占全,张静,郑红等.高级数据库技术[M].上海:华东理工大学出版社,2011.

[5]刘云生.实时数据库系统[M].北京:科学出版社,2012.

[6]韩忠明.XML 数据查询与信息检索系统[M].北京:水利水电出版社,2010.

[7]程昌秀.空间数据库管理系统概论[M].北京:科学出版社,2012.

[8]郝忠孝.时空数据库新理论[M].北京:科学出版社,2011.

[9]郝忠孝.移动对象数据库理论基础[M].北京:科学出版社,2012.

[10]段雪丽,邵芬红,史迎春.数据库原理及应用(Access 2003)[M].北京:人民邮电出版社,2010.

[11]单颀,李建勇.数据库技术与应用基础——Access[M].北京:科学出版社,2012.

[12]冯伟昌.Access 2003 数据库技术与应用[M].北京:高等教育出版社,2011.

[13]刘宏,马晓荣.Access 2003 数据库应用技术[M].北京:机械工业出版社,2012.

[14]高凯,张雪梅,倪素红等.数据库原理与应用[M].北京:电子工业出版社,2011.

[15]张丽娜,杜益虹,刘丽娜.数据库原理与应用[M].北京:化学工业出版社,2013.

[16]王国胤,刘群,夏英,熊安萍.数据库原理与设计[M].北京:电子工业出版社,2011.

[17]郝忠孝.主动数据库系统理论基础[M].北京:科学出版社,2009.

[18]王成良,柳玲,徐玲.数据库技术及应用[M].北京:清华大学出版社,2011.

[19] 武汉厚溥教育科技有限公司. SQL Server 数据库基础[M].北京:清华大学出版社,2014.

[20] 郭晔,王命宇,王浩鸣.数据库原理及应用(Access 2007) [M].北京:电子工业出版社,2014.

[21] 黄崑,白雅楠等.Access 数据库基础与应用[M].北京:清华大学出版社,2014.

[22] 陈锡祥.海迅实时数据库管理系统应用与开发[M].北京:中国电力出版社,2014.

[23] 李海翔.数据库查询优化器的艺术:原理解析与 SQL 性能优化[M].北京:机械工业出版社,2014.

[24]尹为民,李石君,金银秋等.数据库原理与技术(Oracle 版)[M].第 3 版.北京:清华大学出版社,2014.

[25]C. J. Date 著. SQL 与关系数据库理论——如何编写健壮的 SQL 代码[M].单世民等译.北京:机械工业出版社,2014.

[26](英)戴特著.数据库设计与关系理论[M].卢涛译.北京:机械工业出版社,2013.